科学出版社“十三五”普通高等教育本科规划教材
普通高等教育农业农村部“十三五”规划教材

作物品质分析原理与方法

张建奎　主编

科学出版社
北　京

内 容 简 介

本书全面系统地介绍了作物品质分析的主要内容、基本原理与测定分析方法。首先总体介绍了作物品质分析的主要内容、作物主要化学成分的测定原理与方法。然后详细介绍了主要粮食作物、油料作物、纤维作物、嗜好作物的品质指标及分析方法。本书融合理论与实验为一体，既有系统性的理论介绍，又有具体的实验操作，内容翔实，重点突出，系统实用，并附有名词术语的汉英双语对照表。

本书既可作为全国高等院校植物生产类、食品科学与工程等专业本科生、研究生的教材，也可作为科研单位、生产管理部门从事作物遗传育种、栽培、生产、加工、检验工作的科技工作者的工具书和参考书。

图书在版编目（CIP）数据

作物品质分析原理与方法/张建奎主编. —北京：科学出版社，2020.6

科学出版社“十三五”普通高等教育本科规划教材

普通高等教育农业农村部“十三五”规划教材

ISBN 978-7-03-065390-1

Ⅰ. ①作…　Ⅱ. ①张…　Ⅲ. ①作物-品质-分析-高等学校-教材　Ⅳ. ①S331

中国版本图书馆 CIP 数据核字(2020)第 094081 号

责任编辑：丛　楠　赵晓静 / 责任校对：严　娜　王晓茜

责任印制：张　伟 / 封面设计：迷底书装

科学出版社 出版

北京东黄城根北街 16 号

邮政编码：100717

http://www.sciencep.com

北京建宏印刷有限公司 印刷

科学出版社发行　各地新华书店经销

*

2020 年 6 月第　一　版　开本：787 × 1092　1/16

2020 年 6 月第一次印刷　印张：23 1/2

字数：628 000

定价：79.00 元

（如有印装质量问题，我社负责调换）

《作物品质分析原理与方法》编委会名单

主　编　张建奎　（西南大学）

副主编　张晓科　（西北农林科技大学）

　　　　张　建　（西南大学）

编　委（按姓氏汉语拼音排序）

　　　　杜双奎　（西北农林科技大学）

　　　　李得孝　（西北农林科技大学）

　　　　韦善清　（广西大学）

　　　　肖继坪　（云南农业大学）

　　　　张　建　（西南大学）

　　　　张贺翠　（西南大学）

　　　　张建奎　（西南大学）

　　　　张晓科　（西北农林科技大学）

主　审　王三根　（西南大学）

前　言

作物品质分析是综合运用物理、化学和仪器分析等检测技术，按照标准检测方法，研究作物产品的品质性状指标，对粮食、油料及其他经济作物产品的质量进行分析测定的一门应用科学。随着社会经济的发展和人民生活水平的提高，消费需求不断升级，农产品质量受到前所未有的重视。为满足人民群众对美好生活的向往，在深入推进农业供给侧结构性改革的背景下，提高供给体系农产品质量已成为主攻方向，即根据市场需求发展生产，增加优质绿色农产品供给。推动农产品由“量”到“质”的飞跃，实现绿色优质供给，是一个复杂、系统的工程，其中，作物品质分析是一个基础性工作，应贯穿于作物生产的上、中、下游各环节。例如，选育优质、高产、适应性强的作物新品种，在育种各环节需要进行一系列的品质分析工作；研究制定作物优质、高产栽培技术体系，也需要进行一系列的品质分析工作；作物生产获得的农产品进入市场时更需要进行品质检测。因此，作物品质分析已经贯穿于作物学研究、农作物生产、作物产品加工和销售的全过程，所以在实际工作中要掌握规范化的农作物产品品质的检测分析技术和方法。

由于农作物种类繁多，关于不同作物的品质分析方法多散布于不同作物的著作、教材、期刊、国家或行业标准中，站在便于教学的角度，则需要一本全面系统介绍作物品质分析原理与方法的教材。然而目前缺乏系统性、完整性的作物品质分析教材。对于一些现有的教材或著作，由于相关理论和技术的发展，作物品质分析的内容和方法也在快速发生变化，特别是国家或行业标准，有些已作废或已废止，有些标准号进行了调整，有些旧标准被新标准所替代，有些领域制定了新标准。因此，需要对作物品质分析教材进行不断更新和完善。

全书共十章，第一章“作物品质分析概论”与第十章“烟草品质分析原理与方法”，由西南大学张建奎主笔；第二章“作物主要化学成分的测定原理与方法”，由西南大学张贺翠主笔；第三章“水稻品质分析原理与方法”，由广西大学韦善清主笔；第四章“小麦品质分析原理与方法”，由西北农林科技大学张晓科主笔；第五章“玉米品质分析原理与方法”，由西北农林科技大学杜双奎主笔；第六章“马铃薯品质分析原理与方法”，由云南农业大学肖继坪主笔；第七章“油菜品质分析原理与方法”与第九章“棉花品质分析原理与方法”，由西南大学张建主笔；第八章“大豆、花生品质分析原理与方法”，由西北农林科技大学李得孝主笔。全书由西南大学王三根教授担任主审。

虽然我们付出了巨大努力，但由于知识水平与能力有限，本书在很多方面尚有不足，敬请广大读者不吝赐教指正，以便日后修订完善。本书在编写过程中参考和引用了许多教材、专著、期刊论文、国家或行业标准的资料和图片，在此一并表示衷心的感谢！

编　者
2019 年 10 月

目　　录

第一章　作物品质分析概论

我国在20世纪80年代中期之前，受人多地少、粮食不足国情的限制，为了解决温饱问题，作物生产主要以追求高产为目标。经过不懈努力，目前我国作物产量有了大幅度的提高，已经稳定解决了十几亿人的温饱问题，人们的饮食习惯正在发生重大转变，消费观念由“吃得饱”向“吃得好、吃得健康”转变。目前国家正在深入推进农业供给侧结构性改革，把提高供给体系质量作为主攻方向，根据市场需求发展生产，增加优质绿色农产品供给，满足人民群众对美好生活的向往。

作物品质不仅影响作物产品本身的价值及其加工利用，还影响人体健康、家畜生长乃至工业生产。为了满足人们日益增长的物质生活需要，在不影响作物产量继续提高的前提下，发展不同类型的优质稻米、专用优质小麦、特用玉米、优质油料作物、优质糖料作物、优质饲料作物和优质纤维作物等，对推动我国种植业、食品工业、化工工业、纺织业和畜牧业等方面的发展具有十分重要的意义，优质已成为作物生产的主要目标之一。

第一节　作物品质的内涵

农作物种类繁多，产品各异，人们对作物品质的要求，往往因作物种类、用途、市场需要等而异，因此，作物品质是一个综合性的概念，包含作物产品的外观表现、内部成分、加工性能、人的感官反应等方面。

一、作物品质的概念

作物品质(crop quality)是指作物的某一部位以某种方式生产为某种产品或作某种用途时，在加工或使用过程中所表现出的各种性能，或者人类或市场对它们提出的要求。简单地说，作物品质是指人类所需要的农作物的目标产品的质量优劣，也就是作物产品对人类要求的适合程度。适合程度好的称为优质，反之为劣质。能够最大限度地满足人类对各种产品质量要求的农作物产品称为优质作物产品。作物品质与农产品品质是有区别的两个概念，前者是指农作物收获物的质量,后者则涉及大范围的农业产品(植物性产品和动物性产品)的品质。

二、作物品质的特点

(一)作物品质的复杂多样性

因农作物种类不同及产品的用途各异，作物品质性状多种多样。从作物产品的用途角度来看，有食用品质、饲用品质、工业品质、医用品质之分。从理化性质角度来看，有物理品质、化学品质之分。仅从食用品质的角度来看，就有营养品质、食味品质、食品加工品质、卫生品质等。单拿营养品质来讲，不同作物的营养成分存在很大差异，就禾谷类作物而言，主要评价其蛋白质含量、氨基酸组成及其含量，特别是赖氨酸、苏氨酸、色氨酸等人体必需氨基酸的含量；油料作物则以脂肪、不饱和脂肪酸和必需脂肪酸的含量作为评价品质的主要指标；薯类作物以碳水化合物、蛋白质、维生素、次生代谢物等作为评定营养品质的主要指标。这些品质因素对作物品质的贡献并不是等同的，也不是孤立地起作用，而是相互影响、相互制约，共同构成作物品质“复合体”，体现出作物品质的复杂多样性。不能简单地把作物品质理解为某种品质因素。例如，不能片面地把作物品质等同于营养品质，把优质农产品错误地理解为具有高营养价值的产品。

（二）作物品质的相对性

作物品质是否优质是相对的，而不是绝对的。作物产品的优质与否取决于其最终用途，而农作物种类繁多，产品各异，不同作物有不同的产品，甚至同一作物也往往有一种以上的最终加工产品。不同作物或同一作物不同用途的产品，人们对其品质因素的主要关注点不同，有的强调营养品质，有的强调加工品质，有的强调贮藏品质。例如，食用作物重点强调食用品质和营养品质，工艺原料作物则重点强调工艺品质和加工品质。因此，对不同作物的品质要求和评价标准是不同的，即使是同一作物，也可能因产品用途不同，对品质的要求和评价标准完全不同，很难对品质的优异程度制定一个统一的标准。例如，制作面包、饼干、面条、馒头等不同面食食品，对小麦品质的要求是不同的。面包要求体积大，柔软有弹性，空隙小而均匀，色泽好，美味可口，适应这些特性的小麦及面粉要求蛋白质含量高，面筋弹性好，筋力强，吸水力强；而饼干要求酥、脆，相应的小麦和面粉的要求是蛋白质含量低，筋力弱，吸水力低，黏性较大；制作面条的面粉要求延伸性好，筋力中等；馒头则要求皮有光泽，心“蜂窝”小而均匀，松，软，有弹性，韧性适中，相应的小麦及面粉应是蛋白质含量中上，面筋含量稍高，弹性和延伸性好，面筋强度中等，发酵中等。又如，种植大麦收获的是大麦籽粒，大麦籽粒可以用来酿造啤酒，这种大麦称为啤酒大麦，要求籽粒饱满、千粒重和发芽率高，含糖量高，蛋白质含量低；大麦籽粒也可以作为主食食用，制成珍珠米、大麦饭，我国藏族人民食用的“糌粑”就是裸大麦炒熟后磨粉制成的，这种大麦称为食用大麦，要求蛋白质含量高，β-葡聚糖含量高；大麦籽粒还可以作为精饲料，这种大麦称为饲料大麦，要求产量高，蛋白质含量高。再如，用于生产蛋白质产品的大豆要求蛋白质含量高，蛋白质中氨基酸组分有利于人体消化吸收；用于生产油脂的大豆则要求含油量高，且其脂肪酸组成有利于耐贮藏和人体健康。还有，食用油菜要求芥酸含量低（3%以下）；工业用油菜则要求芥酸含量高（55%以上）。因此，作物品质是相对的，对农产品的品质评价不能一概而论，必须把农作物产品的品质评价与它的最终加工用途联系起来考虑。

（三）作物品质的市场性

只有当作物产品在市场上被消费者购买以后，才能体现出作物产品的商品价值；只有受到消费者喜爱的作物产品才能在市场上卖出比普通产品更高的价格，从而体现出优质作物产品比普通产品更高的商品价值。因此，一种作物产品是否优质，在一定程度上取决于市场，只有受到市场认可的作物产品才是优质的产品。

既然作物产品的优质与否取决于市场，那么与市场有关的、消费者关心的因素，就是我们在评价作物产品的品质时必须关注的因素。例如，产品的外形、色泽等外观品质，是交易上的重要依据，又称为商品品质；食用产品的食味品质、营养品质及加工品质等都是影响消费者消费欲望的重要因素，这些方面都是在品质分析时需要考虑的因素。必须注意的是，上述外观品质、加工品质、食用品质和营养品质等品质因素并不是同等重要的，有一些品质因素是消费者重点考虑的因素，这些重点品质因素是我们在进行品质评价和品种改良时应重点考虑的因素。例如，水稻稻米的品质性状包括碾磨品质、外观品质、蒸煮品质、营养品质和食味品质，消费者在购买大米时，主要关注的是该大米做出的米饭或稀饭是否可口、好吃，即重点关注的品质因素是蒸煮品质和食味品质，当然，消费者一般根据经验通过大米的外观品质来判断其蒸煮品质和食味品质。另外，大米加工厂作为水稻初级产品——稻谷的加工者，还非常关注稻谷的碾磨品质。此外，消费者还关心稻米的营养价值，但对于普通食用大米，不同品种、不同来源的大米的蛋白质、矿物质、维生素等营养成分的含量差异不大。《优质食用稻米品种鉴评方法》(DB22/T 1971—2013)对各品质指标采用百分制综合评价，各性状所占的分数分别为：碾磨品质 13 分，外观品质 20 分，蒸煮品质 19 分，营养品质 3 分，食味品质 45 分，其中蒸煮品质和食味两项占总分的 64%，如果再加上与蒸煮品质和食味关系密切的外观品质，则占 84%，而营养品质仅占 3%。因此，我们不能把优质大米理解为营养丰富的大米，实际上优质大米是指具有良好碾磨品质和外观品质，特别是具有良好的蒸煮品质和食味品质的大米。当然，具有特殊营养价值的大米(如富硒米等)也是优质大米。因此，农产品的优质与否取决于市场，要全面重视农产品的外观品质、加工品质、食用品质和营养品质等。

(四)作物品质的民族性和地域性

不同的民族有不同的饮食文化和饮食习惯。以小麦食品为例，欧美地区小麦食品以面包、饼干和糕点为主，而亚洲地区大部分国家小麦食品以面条或馒头为主。即使是同一国家的不同民族、不同地域，对同一作物的品质要求也不相同。例如，对于水稻，中国南方地区消费者喜食优质籼米，而北方地区消费者喜食优质粳米，还有些少数民族喜食糯米。饮食习惯的差异造成了消费者对作物品质要求的千差万别。

第二节　作物品质分析的主要内容

在新的历史条件下，社会要求在提高作物产量的同时，更加注重作物品质的改进，人们不仅需要营养品质好、品质类型多、适应食用及饲用要求的作物产品，还需要具有优良加工品质和工业品质的作物产品。优质已成为作物生产的主要目标之一，而作物品质分析的主要目的就是判定作物产品是否优质。

作物品质分析(crop quality analysis)是综合运用物理、化学和仪器分析等检测技术，按照标准检测方法，研究作物产品的品质性状指标，对粮食、油料及其他经济作物产品的质量进行分析测定的一门应用科学。

人类对各种产品性能和感官的要求，往往要落实到作物本身及其产品的某些有关特性和特征上。这些特性和特征称为作物品质性状(crop quality trait)。作物品质性状较多，根据不同的分类标准可以分为不同类型的品质性状，作物品质性状分类如图 1-1 所示。作物品质分析就是对这些品质性状，从不同的角度进行分析、测定、评价。

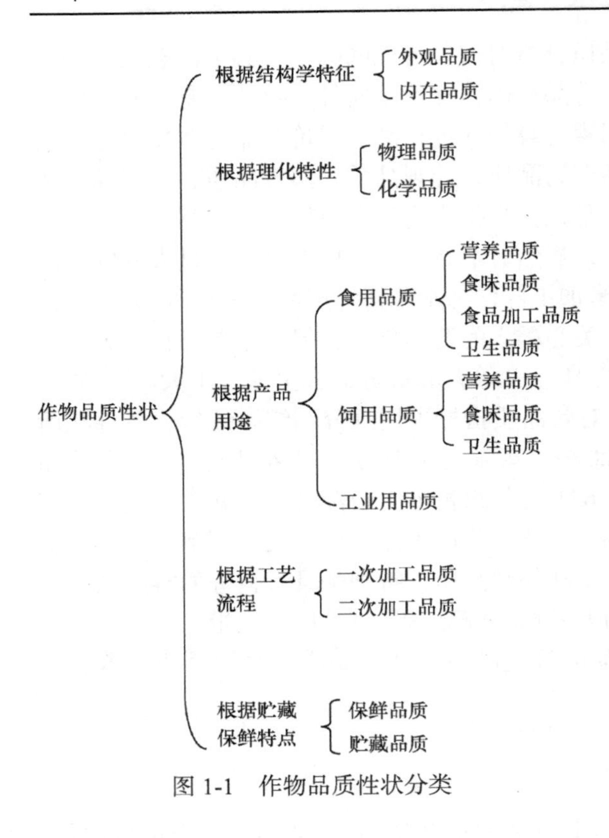

图 1-1　作物品质性状分类

一、根据结构学特征进行分析

根据结构学特征，作物品质分为外观品质和内在品质。

(一) 外观品质

作物的外观品质(appearance quality)是指作物收获物的外部属性，即作物产品外在的、形态的或物理上的表现，包括产品的大小、形状、饱满度、颜色、色泽、光洁度、质地等，是作物内在品质的外在反映。外观品质的优劣与作物产品的市场竞争力、市场销售量有重要关系。

(二) 内在品质

作物的内在品质(interior quality)是指影响作物产品质量的一切内含特点，既包括营养成分、有毒或有害化学成分等在内的内在化学成分，也包括决定产品加工利用特点的一些内在性状，如小麦的面筋含量、烘焙蒸煮品质等。

二、根据理化特性进行分析

根据品质性状的理化特性，作物品质分为物理品质和化学品质。

(一) 物理品质

作物的物理品质(physical quality)是指作物被利用部分所涉及或表现的物理和机械性能，如粮食作物籽粒的形状、大小、整体度、色泽、容重、饱满度、角质率、种皮厚度等。物理品质决定作物产品的结构与加工利用，且与作物产品的机械加工性能有密切关系，所以又被称为机械加工品质；同时，物理品质还与作物产品的外观表现有关，决定了产品的销售情况。例如，小麦磨粉时表现的物理或机械品质性状及食品加工时面粉的流变学特性等，稻米碾磨时表现的物理或机械品质性状，棉花加工时表现的纤维品质性状，都属于物理品质。

(二) 化学品质

作物的化学品质(chemical quality)是指作物被利用部分所含有的对人类健康有益、有害或有毒的化学成分的性质。例如，作物提供给人类和畜禽所需的蛋白质、氨基酸、脂肪、糖类、维生素和矿质元素等的成分和含量。某些作物中含有棉酚、单宁、硫代葡萄糖苷、胰蛋白酶抑制剂、植物凝血素、龙葵素等对人或畜禽有害或有毒的成分，这些物质的存在会降低作物的食用或饲用价值。现对作物主要化学品质介绍如下。

1. 水分(water content)　水分含量是指样品中水分的质量占样品总质量的百分比，它是作物品质分析中最基本的测定项目。适量的水分是粮食、油料等作物种子维持生命和保持其固有的色、气、味，以及种用品质和食用品质所必需的，此时的含水量在储藏时被称为临界水分。一般禾谷类粮食的临界水分为13%～15%；油料的临界水分为8%～10%。水分过量，种子的生命活动会比较旺盛，从而引起营养物质的过度消耗，易引起粮堆发热、变质等，降低储藏的稳定性，也影响加工的出品率和质量。因此，含水量是碾米、制粉和制油等工艺中所必须了解的技术数据，是质量标准中一项重要的限制性项目。

目前测定粮食、油料等作物种子水分含量的方法有加热干燥法、电测法、蒸馏法等。其中，加热干燥法是多年来适用于粮食、油料等作物种子水分含量测定的方法，现在也是我国粮食、油料等作物质量标准中测定水分含量的标准方法。

2. 灰分(ash content)　灰分是指粮油种子等产品经高温灼烧后残留的物质，最终产物主要是不能氧化燃烧、难挥发的无机盐类物质。由于品种、气候、土壤及灌溉条件等不同，各种粮食和油料作物的灰分含量不同，一般在1.5%～3.0%，构成灰分的主要元素有钾、钠、钙、镁、磷等。灰分在粮食的籽粒中分布极不均匀，胚乳灰分含量最低，胚部次之，而皮层含量最高。

灰分含量的测定十分重要，它是直接用于营养评估分析的一部分。灰分的测定包括以下几个方面：总灰分、水溶性灰分、水不溶性灰分、酸溶性灰分及酸不溶性灰分。水溶性灰分大部分是钾、钠、钙、镁等的氧化物与可溶性盐；水不溶性灰分除泥沙外，还有铁、铝等氧化物和碱土金属的碱式磷酸盐；酸不溶性灰分大部分是污染掺入的泥沙和原来存于粮食中的二氧化硅。

测定粮食、油料作物灰分的方法有550℃灼烧法和乙酸镁法等。

550℃灼烧法是根据灰化法的原理，即在空气自由流通的条件下，以高温灼烧试样，使有机物质氧化成二氧化碳和水而蒸发，其中含有的矿质元素生成氧化物残留下来，此残留物即灰分。

乙酸镁法与550℃灼烧法一样，利用灰化法原理破坏有机物而保留试样中的矿物质。粮食在高温下燃烧时不但有机物被破坏，而且矿物质会出现熔融现象，从而将没有氧化完毕的碳粒覆盖，给继续灰化造成困难。为了避免发生上述现象，常常加入乙酸镁、硝酸镁等灰化助剂，使灼烧时试样疏松，氧气易于流通，提高灰分熔点和灼烧温度，缩短灰化时间。此法应做空白实验，以校正加入的镁盐灼烧后分解产生氧化镁(MgO)的量。

3. 蛋白质(protein)和氨基酸(amino acid)　蛋白质是一类存在于所有细胞中含量丰富的成分，除了贮藏蛋白外，几乎所有的蛋白质对生物功能和细胞结构都非常重要，可以说，没有蛋白质就没有生命。由于蛋白质对机体有着巨大的生物学意义，因此它在营养中的重要性也广泛受到人们的重视，所以蛋白质含量就成为评价粮油作物品质和营养价值的重要指标。

测定蛋白质的含量，可以起到充分发挥粮油资源的作用，促进合理用粮、节约用粮，对提高粮油资源的利用率具有重要意义。例如，蛋白质含量高的大麦用于饲料业，淀粉含量高的大麦用于啤酒业，这样在既没有增加粮食总量，又没有增加费用、能源的前提下，增加了粮油资源的利用率，全面提高了粮食部门的经济效益，发挥了粮食资源的最大使用价值。

目前研究工作者已经建立和完善了大量测定蛋白质含量的方法，这些方法可以分为两类：一类是利用蛋白质共性的方法，如凯氏定氮法、双缩脲法等；另一类是利用蛋白质中含有特定氨基酸残基的方法，如酚试剂法、紫外光谱吸收法等。

氨基酸是蛋白质的基本结构单元，也是蛋白质水解的最终产物。为了满足多种蛋白质合成的需要，人体必须从食物中取得各种氨基酸，因此粮食、食品中蛋白质的氨基酸组成、必需氨基酸含量及其组成比例是评价粮食、食品营养品质的重要指标。

有关氨基酸的测定方法很多，近些年来氨基酸分析采用了一系列的微量分析及高效率的分离分析方法，如利用氨基酸自动分析仪、薄层分析、气相色谱、液相色谱等仪器。在缺乏上述仪器的情况下，也可采用茚三酮比色法测定氨基酸总量，操作简便、经济。茚三酮比色法测定氨基酸总量的原理是，除脯氨酸、羟脯氨酸与茚三酮反应生成黄色物质外，所有α-氨基酸和蛋白质的末端氨基酸在碱性条件下与茚三酮反应生成蓝紫色化合物，产生颜色的深浅与氨基酸含量成正比，可用分光光度计测定，其最大吸收波长为570 nm。

4. 糖类(carbohydrate)　糖类是自然界存在最多、分布最广的一类重要的有机化合物，主要由碳、氢和氧三种元素组成，由于它所含氢氧的比例通常为2∶1，和水(H_2O)一样，因此又被称为碳水化合物。

糖类按照化学结构可以分为以下几类。①单糖(monosaccharide)：单糖是不能被水分解成更小分子糖类的化合物，通常含3～7个碳原子，也称为简单糖。单糖包括戊糖(木糖、阿拉伯糖)、已糖(葡萄糖、果糖、半乳糖)等，其中以葡萄糖数量最多，在自然界广泛存在。②寡糖(oligosaccharide)：寡糖也称为低聚糖，是由2～20个单糖通过糖苷键连接而成的糖类物质，其可通过多糖水解而得到。根据糖水解后的残基数量，寡糖又可分为二糖(蔗糖、麦芽糖、乳糖)、三糖(棉子糖、龙胆糖、龙胆三糖和松三糖)和四糖(水苏糖)等。③多糖(polysaccharide)：多糖是由很多单糖(超过20个)单位通过糖苷键连接而成的糖类物质。自然界中的糖类主要以多糖的形式存在，是作物的主要贮藏物质。多糖属于非还原糖，不呈变旋现象，无甜味。多糖按组成的不同分为同多糖(淀粉、糖原、纤维素和壳多糖)和杂多糖(果胶质、半纤维素等)。

糖类是影响作物品质的主要化学成分之一，主要表现在：①糖类是粮食籽粒的重要组成部分，占整个干物质的80%左右，而其中淀粉又是粮食籽粒中糖类的主要成分，常占粮食籽粒干重的65%～80%。糖类是人们获取能量的主要来源，是人体必需的主要营养物质之一。②糖类还与作物的食味品质有关。例如，稻米中直链淀粉与支链淀粉含量的比例与稻米的食味品质有密切关系。甘薯按其用途主要分为淀粉型、食用型等类型。淀粉型甘薯要求淀粉含量高，主要用于生产淀粉、乙醇等；食用型甘薯则主要用于鲜食和食品加工等，其淀粉含量相对较低，可溶性糖含量较高。食用型甘薯块根中淀粉及其组分、可溶性糖等含量与甘薯的营养品质和食味品质有密切关系。③糖类还与作物的贮藏品质有关。品质正常的粮食，在良好的贮藏条件下，粮食籽粒中还原糖和非还原糖的变化不大，但是，当粮食水分含量大，仓温高，遭受虫、霉侵害时，非还原糖含量下降，还原糖含量先上升后很快下降。在粮食贮藏中，还原糖和非还原糖的变化可以作为贮粮稳定性指标之一。因此，对糖类的分析测定是作物品质分析的重要内容之一。

糖类的测定原理主要是根据不同种类糖的溶解性、还原性及分子结构等性质，对不同种类糖的含量进行测定。不同种类的糖具有不同的溶解性，可以用不同的提取方法来提取。例如，总糖可以用1 mol/L盐酸溶液提取；还原糖可以用蒸馏水提取。还原糖是具有羧基的糖，能将其他物质还原而其本身被氧化；非还原糖经水解后可以分解为还原糖。淀粉分子具有不对称碳原子，因而具有旋光性。

根据作物及测定目的不同，糖类的测定指标包括：总糖含量、还原糖含量、可溶性糖含量、总淀粉含量、直链淀粉含量与支链淀粉含量、淀粉酶活性等。

(1) 总糖(total sugar) 总糖主要是指具有还原性的葡萄糖、果糖、戊糖、乳糖，以及在测定条件下能水解为还原性单糖的蔗糖(水解后为1分子葡萄糖和1分子果糖)、麦芽糖(水解后为2分子葡萄糖)和可能部分水解的淀粉(水解后为2分子葡萄糖)。

总糖的测定原理是利用各种糖类的溶解性不同，将植物样品中的单糖、双糖和多糖分别提取出来，再用酸水解法使非还原性的寡糖和多糖彻底水解成还原性的单糖，然后利用其氧化性进行测定。还原糖之所以具有还原性是由于其分子中含有游离的醛基(—CHO)或酮基(—CO—)。测定总糖的经典化学方法都是以还原糖能被各种试剂氧化为基础的，主要有斐林试剂法、铁氰化钾法、蒽酮比色法、3, 5-二硝基水杨酸(DNS)比色法等。斐林试剂法由于反应复杂，影响因素较多，不如铁氰化钾法准确，但其操作简单迅速，试剂稳定，故被广泛采用。

(2) 还原糖(reducing sugar)与非还原糖(non-reducing sugar) 还原糖是分子结构中含有还原性基团(如游离醛基或游离酮基)的糖。所有单糖都是还原糖；大部分双糖也是还原糖，蔗糖例外。因此，还原糖主要包括葡萄糖、果糖、半乳糖、乳糖、麦芽糖等。还原糖含量测定方法有3, 5-二硝基水杨酸(DNS)比色法、铁氰化钾法、斐林试剂法等。

非还原糖是不能还原斐林试剂或托伦斯试剂的糖。蔗糖是非还原糖；多糖的还原链末端反应性极差，实际上也是非还原糖。因此，非还原糖主要包括蔗糖、淀粉等。非还原糖含量测定的基本原理是将非还原糖分解为还原糖，然后用检测还原糖的方法进行检测。

(3) 可溶性糖(soluble sugar) 包括可溶性还原糖与可溶性非还原糖，其测定原理是：在80%的乙醇中，还原糖、蔗糖溶解，而淀粉及大部分蛋白质沉淀，从而分离出可溶性糖，再用蒽酮硫酸法测定。蒽酮能与可溶性糖作用，产生蓝绿色的糠醛衍生物，其颜色深浅与含糖量高低呈正相关。该蓝绿色于波长620 nm处有最大吸收值。

(4) 淀粉(starch) 淀粉是由D-葡萄糖以α-糖苷键连接而成的多聚体，分为直链淀粉(amylose)和支链淀粉(amylopectin)。直链淀粉是由250～300个α-D-葡萄糖通过α-1,4-糖苷键连接而成的线性分子，相对分子质量为10 000～50 000。直链淀粉不溶于冷水，而溶于60～80℃热水，遇碘显蓝色。支链淀粉是由D-葡萄糖通过α-1, 4-糖苷键连接成支链淀粉的主链后，再通过α-1, 6-糖苷键形成分支链。支链淀粉分支很多，每25～30个单位有1个分支点。支链淀粉易溶于水，形成稳定的胶体，静置时不出现沉淀，遇碘显紫红色至棕红色。支链淀粉在糯米和蜡质玉米中含量很高。淀粉可以在淀粉酶的作用下发生水解。

淀粉含量测定方法有淀粉酶法、酸水解法、蒽酮试剂法、旋光法等。

淀粉酶法测定淀粉含量的原理是样品经脱脂处理，除去可溶性糖后，先用淀粉酶将淀粉水解为双糖，再用盐酸将双糖水解为单糖，按还原糖测定方法测定还原糖含量，再乘以换算系数，即可得到淀粉含量。

酸水解法测定淀粉含量的原理是样品经除去脂肪及可溶性糖后，其中淀粉用酸水解成具有还原性的单糖，然后按还原糖进行测定，并折算成淀粉含量。

蒽酮试剂法测定淀粉含量的原理是依据淀粉是由葡萄糖残基组成的多糖，在酸性条件下加热使其水解成葡萄糖。然后在浓硫酸作用下，使单糖脱水生成糖醛类化合物。利用蒽酮试剂与糖醛类化合物反应生成蓝绿色化合物，即可在波长620～625 nm处进行比色测定。

旋光法测定淀粉含量的原理是将酸性氯化钙溶液与磨细的淀粉样品共煮，使淀粉轻度水解，同时钙离子与淀粉分子上的羟基络合，这就使淀粉分子充分地分散到溶液中，由于淀粉分子具有不对称的碳原子，因而具有旋光性，可以利用旋光仪测定淀粉的旋光度，旋光度的大小与淀粉的浓度成正比，据此可以求出淀粉含量。

(5) 直链淀粉与支链淀粉　　淀粉一般都是直链淀粉与支链淀粉的混合物。直链淀粉和支链淀粉的含量及其比例，与作物产品的食味品质、食品加工品质有密切关系。

直链淀粉含量与支链淀粉含量的测定常用双波长比色法。其原理是淀粉与碘作用形成具有螺旋状结构的淀粉-碘复合物，它具有特殊的颜色反应，其色泽主要依赖于淀粉的结构和成分。无分支的直链淀粉与碘生成纯蓝色；支链淀粉与碘作用时，依其分支程度生成紫红色至棕红色，因此两种淀粉与碘作用有着不同的光学特性，表现出特定的吸收谱和吸收峰。一般情况下，直链淀粉的吸收峰波长为 660 nm，支链淀粉的吸收峰波长为 540 nm。

(6) 纤维素　　植物细胞壁中含有大量的纤维素 (cellulose)、半纤维素 (hemi-cellulose)、木质素 (lignin) 和果胶 (pectic) 类物质。纤维素一般也称粗纤维，遇水加热均不溶。纤维素是由葡萄糖分子通过 β-1, 4-糖苷键连接而形成的多糖，通常含数千个葡萄糖单位，是植物细胞壁的主要成分。人体的消化道没有 β-1, 4-糖苷键酶，故不能消化吸收纤维素，只是直肠段以下的微生物对它有一定的分解作用。纤维素虽然不能被人体消化和吸收，营养价值很低，但它能吸收与保留水分使粪便柔软，有利于通便；也能刺激消化液的分泌与肠道的蠕动，在人体消化道中有重要的生理作用，它的保健价值是不可忽视的。

各种粮食的纤维素含量各不相同，与籽粒皮层厚度成正比。以同种粮食来说，原粮纤维素含量最高，加工精度越高，纤维素含量越低。例如，小麦含粗纤维约为 1.9%，标准粉约为 0.7%，特等粉约为 0.2%；稻谷含粗纤维约为 9.0%，糙米约为 1.0%，精米约为 0.4%。

粮食、食品中粗纤维素的测定方法有酸碱醇醚处理法、纤维素测定仪法、酸性洗涤剂法、碘量法和比色法。

酸碱醇醚处理法的原理是利用纤维素不溶于稀酸、稀碱和常用的有机溶剂，以及对氧化剂相当稳定的性质。试样经酸 (1.25%硫酸溶液)、碱 (1.25%氢氧化钠溶液)、醇 (95%乙醇) 和醚 (乙醚) 等相继处理，酸可将淀粉、果胶及部分半纤维素水解除去；碱可溶解除去蛋白质、脂肪和部分半纤维素和木质素；乙醇和乙醚可抽出树脂、单宁、色素、戊糖、剩余的脂肪、蜡质及一部分蛋白质。最后所得的残渣，减去灰分即为“粗纤维素”(由于其中含有少量的半纤维素和木质素等，故称为粗纤维素)。

纤维素测定仪法需要纤维素测定仪，它是一款专门用来测定物质中粗纤维含量的仪器。纤维素测定仪依据目前最常用的酸碱消煮法来消煮被测物质，然后用前后质量差来计算试样中粗纤维的含量。常规的酸碱醇醚处理法的实验过程都是人工操作完成的，比较复杂，而使用纤维素测定仪，部分步骤由仪器自动完成，如此可以免去中间很多复杂的人工环节。其过程是样品相继与热的稀酸、稀碱共煮，并分别经过滤分离、洗涤残留物等操作，再进行干燥、灰化，用质量差法计算得到粗纤维含量。

5. 脂类 (lipids)　　脂类是油 (oil)、脂肪 (fat)、类脂 (lipid) 的总称。食物中的油脂主要是油和脂肪。脂肪是由甘油和脂肪酸组成的甘油三酯，是粮食和油料籽粒中的重要化学成分，也是人体的重要营养物质之一，还是工业的重要原料。粮食、油料中脂类物质大体可以分为两类：结合态脂类物质和游离态脂类物质。

(1) 脂肪含量 (fat content)　　测定粮食、油料中脂肪含量，对评定粮食、油料的品质和营养价值具有重要意义。油料作物的主要用途是制油，因此含油量的高低直接显示油料作物的经济效益，籽粒含油量高低是确定油料等级、价格的重要依据。

油料从收割到加工中间要经过储藏阶段，储藏期的安全和生理生化变化直接影响到油脂品质和出油率，因此，了解储藏期间油料的含油率变化，可以考察储藏方式是否得当，对研究品质变化有一定意义。脂肪含量的测定主要有索氏提取法、脂肪测定仪法。

(2)脂肪酸成分　根据碳链长度不同，脂肪酸可被分成短链（含4～6个碳原子）脂肪酸、中链（含8～14个碳原子）脂肪酸、长链（含16～18个碳原子）脂肪酸和超长链（含20个或更多碳原子）脂肪酸四类。人体内主要含有由长链脂肪酸组成的脂类。

根据饱和度不同，脂肪酸可分为饱和脂肪酸与不饱和脂肪酸两大类。其中，不饱和脂肪酸再按不饱和程度（双键个数的不同），分为单不饱和脂肪酸与多不饱和脂肪酸。单不饱和脂肪酸在分子结构中仅有一个双键，多不饱和脂肪酸在分子结构中含两个或两个以上双键。

饱和脂肪酸是由一条长的饱和烃链和一个末端羧基构成的脂肪酸，即只含饱和键的脂肪酸。大多数天然饱和脂肪酸为偶数碳原子，少于10个碳原子的饱和脂肪酸在室温下呈液态，较长链的脂肪酸则呈固态。实验研究发现，进食大量饱和脂肪酸后肝脏的3-羟基-3-甲基戊二酰辅酶A（HMG-CoA）还原酶的活性增高，使胆固醇合成增加。植物中富含饱和脂肪酸的有椰子油、棉籽油和可可油等。

不饱和脂肪酸是指分子中含有一个或多个双键的脂肪酸。其熔点较饱和脂肪酸低。食物脂肪中，单不饱和脂肪酸主要是油酸，多不饱和脂肪酸有亚油酸、亚麻酸、花生四烯酸等。人体不能合成亚油酸和亚麻酸，必须从膳食中补充。自然界中比较常见的不饱和脂肪酸主要分为三大类：以橄榄油所含的油酸为代表的ω-9系列不饱和脂肪酸、以植物油中所含的亚油酸为代表的ω-6系列不饱和脂肪酸以及以鱼油所含的二十碳五烯酸（EPA）和二十二碳六烯酸（DHA）为代表的ω-3系列不饱和脂肪酸。α-亚麻酸也属于ω-3系列，花生四烯酸属ω-6系列。

不饱和脂肪酸具有重要的生理功能，如保持细胞膜的相对流动性，以保证细胞的正常生理功能；使胆固醇酯化，降低血中胆固醇和甘油三酯含量；是合成人体内前列腺素和凝血恶烷的前体物质；降低血液黏稠度，改善血液微循环；提高脑细胞的活性，增强记忆力和思维能力。因此，不饱和脂肪酸含量是评价食用油营养水平的重要依据。大豆油、玉米油、葵花籽油中，ω-6系列不饱和脂肪酸含量较高，而亚麻油、紫苏油中ω-3系列不饱和脂肪酸含量较高。但由于不饱和脂肪酸极易氧化，因此不饱和脂肪酸影响油品的稳定性及保存。

植物油脂中的脂肪酸大约有50种，主要有棕榈酸（$C_{16:0}$）、棕榈油酸（$C_{16:1}$）、硬脂酸（$C_{18:0}$）、油酸（$C_{18:1}$）、亚油酸（$C_{18:2}$）、亚麻酸（$C_{18:3}$）、花生酸（$C_{20:0}$）、二十碳烯酸（$C_{20:1}$）、正二十二烷酸（$C_{22:0}$）、芥酸（$C_{22:1}$）等。长链的二十碳烯酸和芥酸被看作十字花科的典型脂肪酸，由于其不易被人体消化，吸收慢，利用率低，且易导致人体冠心病和脂肪肝的发生，而成为影响植物油品质的不良脂肪酸。亚油酸和油酸有降低人体内血清胆固醇和甘油三酯及软化血管与阻止血栓形成等作用。亚油酸易被人体消化吸收，热能高，为必需脂肪酸；油酸易氧化成饱和脂肪酸，变得难以吸收。亚麻酸易为人体吸收，含有较高的能量，为必需脂肪酸以及不饱和脂肪酸的前体，但有3个双键，极易氧化产生异味。

作物品质分析中对脂类的评价，除测定总脂肪含量外，对不同脂肪酸成分及其含量的测定也非常重要。脂肪酸成分及含量测定常用气相色谱和液相色谱技术。

三、根据产品用途进行分析

按用途不同，作物可分为食用、饲用、工业用等类别，其品质也相应地分为食用品质、饲用品质、工业用品质等。

(一)食用品质

作物的食用品质(food quality)是指作物作为人类食用物品的品质，包括营养品质、食味品质、食品加工品质、卫生品质等。

1. 营养品质(nutritional quality)　作物营养品质是指作物产品中所含营养素的种类以及各种营养素的数量和质量，它们是人类维持正常的生理功能，满足机体正常的生长发育、新陈代谢和劳动工作需要的基本物质，人类如果缺乏某一种营养素，则不能正常生长发育。

营养素在人体内可以发挥三方面的生理作用：其一是作为能源物质，供给人体所需要的能量，主要是糖类、脂类和蛋白质；其二是作为人体“建筑”材料，主要有蛋白质、脂类等；其三是作为调节物质，调节人体的生理功能，主要有维生素、矿物质和膳食纤维等。

营养素中，蛋白质、脂肪和糖类属于宏量营养素，矿物质和维生素属于微量营养素。蛋白质、脂肪、糖类、矿物质、维生素5种营养素与水共同被称为六大营养素，而纤维素则被称为第七大营养素。

(1) 蛋白质(protein)　蛋白质品质包含蛋白质含量、蛋白质的消化吸收性能、蛋白质的氨基酸组分及含量、必需氨基酸的含量、氨基酸的比例与平衡等。

(2) 脂肪(fat)　脂肪品质包含脂肪含量、脂肪酸的成分、各种脂肪酸的含量、饱和脂肪酸与不饱和脂肪酸的比例等。

(3) 糖类(carbohydrate)　糖类包括淀粉(多糖)和单糖、寡糖，大部分是人畜摄取能量的主要来源。

(4) 矿物质(mineral)　矿物质包括常量元素和微量元素。人体必需的常量元素有钙、磷、镁、钾、钠、氯、硫；人体必需的微量元素有铁、锌、碘、硒、铜、钼、铬、钴、锰等。

(5) 维生素(vitamin)　人体必需的维生素分为脂溶性维生素和水溶性维生素，脂溶性维生素有维生素A、维生素D、维生素E、维生素K；水溶性维生素有维生素B_1、维生素B_2、维生素B_6、维生素B_{12}、维生素C、烟酸、泛素、生物素、叶酸。

(6) 膳食纤维(dietary fiber)　膳食纤维是指不能被人体小肠消化吸收、聚合度≥10的碳水化合物聚合物。根据水溶性可将其分为水溶性膳食纤维(soluble dietary fiber，SDF)和非水溶性膳食纤维(insoluble dietary fiber，IDF)两大类。SDF包括果胶、部分半纤维素等；IDF包括纤维素、木质素及部分半纤维素等成分。膳食纤维具有润肠通便、调节控制血糖浓度、降血脂等一种或多种生理功能。

2. 食味品质(eating quality)　食味品质主要是指作物产品作为食物的适口性，是人在食用过程中味觉、嗅觉等的综合反映。食味品质主要包括气味、味道和质地等，其中质地品质主要是指食物在咀嚼过程中的口感，如黏性、弹性、硬度等。例如，稻米食味品质的评价指标有气味、外观结构、适口性、滋味与冷饭质地等。食味品质主要通过感官进行评价。为了弥补感观评价的不足，开发了一些相关仪器进行评价，如用于食品食用品质评价的质构仪、评价大米食用品质的食味计等。

3. 食品加工品质(food processing quality)　食品加工品质是指作物产品加工成食品所具有的品质，主要包括蒸煮品质、烘焙品质、酿造品质等。例如，评价小麦及小麦粉的食用品质最准确的方法是直接进行面包烘焙、蒸制馒头、制成面条及糕点试验。

(1)蒸煮品质(cooking quality) 蒸煮品质是指作物产品(如稻米、面粉等)通过蒸煮方法加工成食品时的适宜性及其质量的好坏。例如，衡量稻米蒸煮品质的主要理化指标有直链淀粉含量、胶稠度、出饭率、米汤固形物、糊化温度等。我国的传统小麦食品如馒头、面条、饺子等需要通过蒸煮等加工过程，再通过评定其馒头品质、面条品质等来判断其蒸煮品质的好坏。

(2)烘焙品质(baking quality) 烘焙品质是指作物产品(如面粉等)通过烘焙方法加工成食品时(如面包、饼干等)的适宜性及其质量的好坏。

(3)酿造品质(brewing quality) 酿造品质指作物产品(如大麦、高粱、糯米等)通过酿造方法加工成食品(如啤酒、白酒、醪糟、酱油、食醋等)时的适宜性和其质量的好坏。

4. 卫生品质(hygienic quality) 卫生品质是指作物产品作为食物时的无毒性。例如，豆类作物中的胰凝乳蛋白酶抑制剂等。

(二)饲用品质

作物的饲用品质(forage quality)是指作物作为动物畜禽饲料的品质，包括动物食用的营养品质、食味品质、卫生品质等。作物产品作为动物饲料对营养品质的要求，与作物产品作为人类食品对营养品质的要求基本一致，主要评价指标有蛋白质和氨基酸、脂类、糖类、矿物质、维生素等物质的含量，如评价饲料大麦、饲用玉米籽粒的蛋白质含量和必需氨基酸含量。食味品质主要是指作物产品作为饲料时的适口性，如评价青贮饲用玉米、牧草和黑麦的适口性、消化率、吸收率等。卫生品质是指作物产品作为饲料时的无毒性。例如，大豆和油菜榨油后的豆饼和油菜饼粕常被用作畜禽饲料，其中的硫代葡萄糖苷、单宁、酚化物、植酸等有毒物质含量也属于饲用品质指标。

(三)工业用品质

作物的工业用品质(industrial quality)是指作物作为工业加工原料的品质，如作为纺织工业主要原料的棉花的纤维品质(纤维长度、细度、强度、麦克隆值等)。

四、根据工艺流程进行分析

农产品在进行加工过程中表现出的品质称为加工品质(processing quality)。根据作物产品加工时的工艺流程可分为一次加工品质和二次加工品质。

(一)一次加工品质

一次加工品质(primary processing quality)是指作物产品进行初次加工的品质。例如，小麦籽粒加工成面粉时表现出的品质性状为小麦的一次加工品质，要求是出粉率高、面粉洁白、灰分含量低、易研磨和筛理、耗能低。水稻一次加工品质是指稻谷加工成稻米表现出的品质，也称碾米品质，主要指标有糙米率、精米率、整精米率等。再如，向日葵、花生的子仁率；棉花的衣分、籽指、衣指；油菜等油料作物的出油率；甘蔗、甜菜等糖料作物的出糖率；甘薯、木薯、玉米等淀粉作物的淀粉率等。

(二)二次加工品质

二次加工品质(secondary processing quality)是指一次加工后的产品进行再加工时的品

质。例如，小麦一次加工形成的面粉进一步加工成面食食品时表现出的品质为小麦的二次加工品质，包括小麦面粉在制作面包、饼干和糕点时表现出的烘烤性能(即烘烤品质)，在制作馒头、面条、饺子等食品时表现出的蒸煮性能(即蒸煮品质)。棉麻纤维的纺织品品质也属于二次加工品质。

五、根据贮藏保鲜特点进行分析

贮藏保鲜品质(storage and preservation quality)是指作物产品耐贮藏和持久保鲜的能力，可以分为保鲜品质和贮藏品质。例如，植物油分中如果亚麻酸含量过高，贮藏过程中易氧化变质，影响油分的贮藏寿命。

六、安全性分析

作物产品的安全性分析包括食用(饲用)作物产品中的毒性成分、抗营养因子、过敏原的分析，农药残留分析，转基因分析等。

(一)食用(饲用)作物产品中的毒性成分、抗营养因子、过敏原的分析

作物产品除含有人或畜禽动物所需要的营养成分外，有一些作物产品还可能含有对人畜健康有害或有毒的化学成分，其中，有些属于毒性物质，有些属于抗营养因子，有些属于过敏原。这些成分往往是植物为抵御各种生存威胁而产生的一些代谢物。这些有害化学成分虽然含量很低，但却严重影响食品或饲料安全，因此对作物产品中的毒性成分、抗营养因子、过敏原的分析，是作物品质分析的重要内容。

1. 毒性成分　食用(饲用)作物产品中的毒性成分是指作物自身产生的对食用(饲用)者有毒害作用的成分。

龙葵素又名龙葵碱、茄碱、龙葵毒素、马铃薯毒素，是由葡萄糖残基和茄啶组成的一种弱碱性糖苷。龙葵素广泛存在于马铃薯、番茄及茄子等茄科植物中。在番茄呈青绿色未成熟时，里面含有龙葵素。马铃薯中龙葵素的含量随品种和季节的不同而有所不同，一般为0.005%～0.01%，在贮藏过程中含量逐渐增加，马铃薯发芽后，其幼芽和芽眼部分的龙葵素含量高达0.3%～0.5%。龙葵素口服毒性较低，对动物经口的LD_{50}为：绵羊500 mg/kg体重，小鼠1000 mg/kg体重，兔子450 mg/kg体重。人食入0.2～0.4 g龙葵素即可引起中毒。

硫代葡萄糖苷(glucosinolate)简称硫苷，是油菜等十字花科蔬菜中一种重要的次生代谢产物。在植物体中，内源芥子酶和硫苷同时存在于不同的部位，完整的硫苷并不具有生理活性。但是当其被食用或机械破碎时，硫苷在内源芥子酶的作用下容易水解产生异硫氰酸酯、硫氰酸酯和腈类等对动物具有较强毒害作用的化合物。油菜籽榨油后的饼粕中含有大量蛋白质，是优质的饲料蛋白来源，但必须将硫苷降低到安全线以下。我国对双低油菜品种的要求是菜饼中硫代葡萄糖苷含量低于30 μmol/g饼。

此外，木薯中的氰苷、棉籽中的棉酚、蓖麻毒素、黄花菜中的秋水仙碱等，也会对人或畜禽产生毒性，也属于毒性成分。

大多数植物的有害成分是在植物体内代谢过程(主要是次生代谢)中生成的，如上述龙葵素、硫苷、氰苷等，但也有一些有害成分是因植物对某些化学成分的富集而形成的。例如，植物对重金属的吸收造成重金属在产品中的富集或积累，因铅、汞、砷、镉、铬等重金属对

人畜健康具有很大危害，故需对这些有害成分进行检测。

2. 抗营养因子　抗营养因子(antinutritional factor)是指具有干扰营养物质消化吸收，并对养分的消化、吸收和利用产生不利影响的生物因子。抗营养因子有很多，已知的抗营养因子主要有蛋白酶抑制剂、植酸、植物凝集素、单宁等。一些抗营养因子对人体健康具有特殊的作用，如大豆异黄酮、大豆皂苷等，这些物质在食用过多的情况下，会对人体的营养素吸收产生影响，甚至会造成中毒。

蛋白酶抑制剂主要存在于豆类、花生等及其饼粕内。目前在自然界中已经发现数百种蛋白酶抑制剂，它们可抑制胰蛋白酶、胃蛋白酶和糜蛋白酶的活性。胰蛋白酶抑制因子的抗营养作用主要表现在以下两方面：一是与小肠液中的胰蛋白酶结合生成无活性的复合物，降低胰蛋白酶的活性，导致蛋白质的消化率和利用率降低；二是引起动物体内蛋白质的内源性消耗。胰蛋白酶因与胰蛋白酶抑制剂结合后经粪便排出体外而减少，小肠中胰蛋白酶含量下降，导致胆囊收缩素分泌量增加，进而使肠促胰酶肽分泌量增多，反馈引起胰腺机能亢进，促使胰腺分泌更多的胰蛋白酶原到肠道中。胰蛋白酶原的大量分泌造成了胰腺的增生和肥大，导致消化吸收功能失调和紊乱，严重时还会出现腹泻。由于胰蛋白酶中含硫氨基酸特别丰富，因此胰蛋白酶大量补偿性分泌，导致体内含硫氨基酸的内源性丢失，加剧了由于豆类饼粕含硫氨基酸短缺而造成的体内氨基酸代谢不平衡，使家禽生长受阻和停滞，甚至发生疾病。

植物凝集素主要存在于豆类籽粒、花生及其饼粕中。大多数植物凝集素在消化道中不被蛋白酶水解，对糖分子具有高度的亲和性，其分子亚基上的专一位点，可识别并结合红细胞、淋巴细胞或小肠壁表面的特定受体细胞外被多糖糖基，破坏小肠壁刷状缘黏膜结构，使得绒毛产生病变和异常发育，并干扰多种酶(肠激酶、碱性磷酸酶、麦芽糖酶、淀粉酶、蔗糖酶、谷氨酰转移酶和肽酰转移酶等)的分泌，导致糖、氨基酸和维生素 B_{12} 的吸收不良以及离子运转不畅，严重影响和抑制肠道的消化吸收功能，使动物对蛋白质的利用率下降，生长受阻甚至停滞。

多酚类抗营养因子包括单宁、酚酸、棉酚和芥子碱等，主要存在于谷实类、豆类籽粒、棉籽与油菜籽及其饼粕和某些块根饲料中。单宁又称鞣质，是水溶性多酚类物质，味苦涩，分为具有抗营养作用的缩合单宁和具有毒性作用的可水解单宁。缩合单宁是由植物体内的一些黄酮类化合物缩合而成。高粱和菜籽饼中的单宁均为缩合单宁，它使菜籽饼颜色变黑，产生不良气味，降低动物的采食量。缩合单宁一般不能水解，具有很强的极性而能溶于水。单宁以羟基与胰蛋白酶和淀粉酶或其底物(蛋白质和碳水化合物)反应，从而降低了蛋白质和碳水化合物的利用率；还通过与胃肠黏膜蛋白质结合，在肠黏膜表面形成不溶性复合物，损害肠壁，干扰某些矿物质(如铁离子)的吸收，影响动物的生长发育。单宁既可与钙、铁和锌等金属离子化合形成沉淀，也可与维生素 B_{12} 形成络合物而降低它们利用率。

植酸即肌醇-6-磷酸酯，其磷酸根可与多种金属离子(如 Zn^{2+}、Ca^{2+}、Cu^{2+}、Fe^{2+}、Mg^{2+}、Mn^{2+}、Mo^{2+}和 Co^{2+}等)螯合成相应的不溶性复合物，形成稳定的植酸盐，而不易被肠道吸收，从而降低了动物体对它们的利用，特别是植酸锌几乎不为畜禽所吸收，若钙含量过高，又会形成植酸钙锌，更降低了锌的生物利用率。植酸广泛存在于植物体内，在禾谷类籽实的外层(如麦麸、米糠)中含量尤其高；豆类、棉籽、油菜籽及其饼粕中也含有植酸。植酸可结合蛋白质的碱性氨基酸残基，抑制胃蛋白酶和胰蛋白酶的活性，导致蛋白质的利用率下降。植酸盐还能与内源淀粉酶、蛋白酶、脂肪酶结合而降低它们的活性，使整个日粮的消化受到影响。常用植物性饲料中的磷大约有 2/3 是以植酸磷的形式存在的，因家禽的消化道中缺乏植酸酶而不能利用它们，造成营养物质的浪费。

生大豆中的脲酶在适宜的水分、温度和 pH 条件下被激活，将含氮化合物分解成氨，降低蛋白质、非蛋白质氮的利用率，产生的大量氨气还可引起动物中毒。大豆蛋白本身的抗原性也会影响饲料报酬和饲料的利用率，饲喂动物生大豆饼粕会引起血清中抗大豆球蛋白抗体(IgG)的含量升高，日增重下降。

3. 过敏原　食用性作物产品中有些成分对过敏人群存在潜在的危险，此为“过敏原”。随着人们生活质量的提高，食物过敏等食品安全问题已成为全球关注的问题。据联合国粮食及农业组织(FAO)1995 年报告，90%以上的食物过敏是由牛奶、鸡蛋、鱼、贝壳水产品、花生、大豆、坚果类和小麦引起的。

花生是“十大长寿食品”之一，也是“八大过敏原食品”之一，是重要的食物过敏原。目前发现的花生过敏原蛋白有 17 种，可以归类为：Cupin 超家族(Ara h 1, Ara h 3)，醇溶蛋白超家族(Ara h 2, Ara h 6, Ara h 7, Ara h 9)，抑制蛋白家族(Ara h 5)，Bet V1 同源蛋白(Ara h 8)，Oleosin 油质蛋白(Ara h 10, Ara h 11)，Defensin 抵抗素(Ara h 12, Ara h 13)等。其中 Ara h 1 和 Ara h 3、Ara h 2 和 Ara h 6 都被认定是花生中主要的过敏原蛋白。为了最大限度地减少花生过敏带来的危害，加强食品中花生过敏原检测是非常必要的。检测花生过敏原的方法主要有免疫学方法、紫外光谱分析法和针对过敏原基因的 PCR 方法等。

(二)农药残留分析

我国是世界上农药生产和消费大国，作物产量有很大比例是靠施用农药以减少或消灭病虫灾害来保证的，农药在农业生产上应用范围也在日益扩大，从开始的植物病虫害防治扩展到了除草、植物生长调节等诸多领域。有机合成农药从 20 世纪 40 年代初起在农业生产中大规模推广应用，目前，农药品种很多，在世界各国注册的农药已有 5000 多种，其中常用的农药达 300 余种，每年使用的农药量已超过 300 万 t。农药按其防治对象可分为：杀虫剂、杀菌剂、除草剂、植物生长调节剂、杀螨剂、杀鼠剂、杀软体动物剂、杀线虫剂、杀有害动物剂以及杀生剂等。按照化学结构及其用途，常用的农药包括：有机氯类、有机磷类、氨基甲酸酯类、拟除虫菊酯类、沙蚕毒素类等杀虫剂；有机磷类、有机氯类、有机硫类、有机砷类、杂环类、取代苯类、铜类等杀菌剂；有机氯类等杀螨剂；苯氧羧酸类、二苯醚类、三氮苯类、脲类、氨基甲酸酯类、酰胺类、磺酰脲类等除草剂。农药对农业生产是必不可少的，但如果管理、使用不当，会污染环境和农产品，对人类健康、生物安全、生态平衡、农产品出口等产生不利影响。

农药残留(pesticide residue)是指农药使用后残存于生物体、农副产品和环境中的微量农药原体、有毒代谢物、降解物和杂质的总称。残存的数量叫残留量，以每千克样本中有多少毫克(或微克、纳克)表示。农药残留是使用农药后的必然现象，只是残留的时间有长有短，残留量有大有小，是不可避免的。

农药残留检测最主要使用的是气相色谱(GC)、高效液相色谱(HPLC)、区带毛细管电泳(CZE)、薄层色谱(TLC)等。综合使用这些方法对农药组分进行分离，可以实现具体农药的实验室检测，但实验室检测周期过长。随着现代分析技术的发展，近年来农药残留检测向简单、快速、低成本、易推广的方向发展。首先是发展快速筛选检测技术，如农药检测专用试剂盒，可以对某些农药进行快速筛选检测；其次是采用酶抑制法的速测卡法、检测箱法、pH 测量法、传感器法及酶催化动力学光度法等，可以实现对有机磷及氨基甲酸类农药的快速筛选检测。这些快速筛选检测方法的优点是可以现场原位粗筛检测，具有很强的使用价值，但不足的是，有可能出现假阳性结果。因此，通过粗筛方法检测出阳性的，需要进行结构确证检测，一般通过气相色谱-质谱联用(GC-MS)、液相色谱-质谱联用(HPLC-MS)进行阳性确证实验。

(三)转基因分析

转基因是一项新技术，也是一个新产业，具有广阔的发展前景，我国的基本态度是“研究上要大胆，坚持自主创新；推广上要慎重，做到确保安全；管理上要严格，坚持依法监管”。

1. 转基因的生物安全性评价　转基因作物的生物安全性包括生态安全性和食品安全性两方面。

(1)转基因作物的生态安全性

1)转基因作物转变为杂草的可能性。转基因作物具有了特定的抗逆性后是否会扩张至原先不能生存的生态空间，赋予了全新性状的转基因作物是否会具有超强的竞争能力，这种转基因作物一旦释放到自然环境中，是否会破坏原有的生态平衡，甚至转基因作物本身是否会转变为新的杂草?

一种植物的杂草化是其本身的优势性状与其生存环境间的复杂互作过程。在长期的品种选育过程中，许多对于杂草有利的性状(落粒性、二次休眠、成熟期不一致等)都已被不断淘汰，因此，作物品种的综合竞争能力一般都比其野生亲缘种弱得多。对转基因的水稻、马铃薯、棉花、油菜、烟草、杨树、甜瓜、亚麻、芦笋等的田间试验结果表明，转基因植株与非转基因植株在生长势、种子活力及越冬能力等方面均没有明显差异。即使转基因作物在抗虫、抗病、抗除草剂等抗逆方面比其亲本具有较大的优势，当离开特定的选择压后，其竞争优势也会立即丧失。由此看来，转基因作物本身转变成杂草的风险性极小。

2)转基因漂移导致新型杂草产生的可能性。基因漂移(gene flow)是自然界广泛存在的事实。如果转基因作物中的抗除草剂、抗病虫及抗旱等抗逆基因通过基因流漂移到某些杂草中，那么是否会赋予这些杂草更强的生命力，甚至使其演变成恶性杂草？如果这些抗逆基因漂移到转基因作物的某些野生近源种中，是否会使这些野生种转变为新的杂草？对此需要特别注意研究和评估。

3)转基因作物导致新型病毒产生的可能性。对抗病毒转基因作物的安全性担忧主要有两方面：一是病毒的异源包装或称转移包装，二是病毒的异源重组。迄今在田间试验中尚未发现病毒的异源包装。据推测，即使在转基因植物中发生病毒的异源包装，新病毒再次入侵非转基因寄主时，也会因无法形成外壳蛋白而消亡。实际上，植物病毒的异源重组在自然界广泛存在，转基因抗病毒作物只是加大了对某些病毒的选择压，并不是造成病毒异源重组的直接原因。

4)转基因作物对非靶标生物造成伤害的可能性。这方面的主要担心是抗病虫的转基因作物是否会对非靶标的微生物和昆虫造成伤害。例如，转几丁质酶基因的作物在田间分解时是否会对土壤中的菌根(一种真菌)种群造成伤害？抗虫基因的表达是否会对非靶标昆虫或天敌造成某种伤害?

(2)转基因作物的食品安全性

1)标记基因的水平转移。基因水平转移是指不同物种或细胞器之间进行的遗传物质交流。有人担心转基因作物中的抗生素标记基因会水平转移至肠道微生物，致使某些致病菌产生较强的抗药性，进而影响抗生素在临床治疗中的有效性。一般来说，DNA 从植物细胞中释放出来后，很快被降解成小片段，甚至核苷酸。转基因食品在进入有肠道微生物存在的小肠下段、盲肠及结肠前，植物细胞中 99.9%的 DNA 已被降解。即使有极少数完整的基因存在，其水平转移进入受体细胞的可能性也极小。转基因作物中的标记基因发生水平转移并表达的可能性几乎没有，对于经食品加工后的植物材料则更不可能。

2) 转基因本身的安全性。就转基因本身的化学成分而言，转基因食品和其他非转基因食品并没有什么两样，所有的 DNA 都是由 4 种核苷酸组成的生物大分子，人类一日三餐中都会摄取大量的各种类型的 DNA 分子。理论上，转基因本身不会对食用者产生任何不利影响。

3) 转基因表达产物的安全性。关于外源基因编码蛋白的安全性，长期以来一直是转基因育种工作者高度关注和谨慎对待的问题。一方面，要对目的基因的编码蛋白进行足够的分析，防止其对消费者产生任何毒性作用；另一方面，任何一种新型植物材料在首次作为食品进行生产或制备前都需做相应的过敏性或毒性试验，导入了新基因的转基因作物在其产业化前也必须进行科学严格的安全性评价。一般而言，转基因食品导致食用者产生过敏反应有以下几种可能：一是所转基因编码的蛋白质为过敏蛋白；二是目的基因的来源植物中含有某些过敏蛋白；三是转基因表达的蛋白质与已知过敏蛋白的氨基酸序列在免疫学上有明显的同源性（如果有 8 个以上连续的氨基酸相同，则不宜食用）；四是转基因表达的蛋白质属于某类蛋白的成员，而这类蛋白家族中的有些成员是过敏蛋白。不过，可以通过细致的研究排除掉上述的不安全因素。

2. 转基因的检测　目前转基因成分的检测方法主要有以下四大类：一是基于核酸的检测方法，包括基因芯片和 PCR，根据原理不同 PCR 方法又分为普通 PCR、多重 PCR、巢式 PCR、竞争 PCR、实时荧光 PCR、数字 PCR，以及包含交叉引物扩增、LAMP、滚环扩增、依赖核酸扩增的恒温扩增的方法。二是基于蛋白质的检测方法，包括蛋白质印迹法（Western blot）、酶联免疫吸附法（ELISA）、免疫层析法，但这些方法都依赖于目标蛋白抗体的获得，故存在一定难度。三是基于代谢物的检测方法，包括直接分析检测物成分的高效液相色谱法，以及双向电泳法。四是其他的检测方法，包括蛋白质和核酸试纸条等快速检测的方法。虽然方法很多，但是目前检测中最常用的还是普通 PCR 和实时荧光 PCR。

国家标准《转基因产品检测》（GB/T 19495—2004）适用于转基因动物、植物、微生物及其加工产品中转基因成分的检测。GB/T 19495—2004 为系列标准，包括：《转基因产品检测 通用要求和定义》（GB/T 19495.1—2004）、《转基因产品检测 实验室技术要求》（GB/T 19495.2—2004）、《转基因产品检测 核酸提取纯化方法》（GB/T 19495.3—2004）、《转基因产品检测 实时荧光定性聚合酶链式反应（PCR）检测方法》（GB/T 19495.4—2018）、《转基因产品检测 实时荧光定量聚合酶链式反应（PCR）检测方法》（GB/T 19495.5—2018）、《转基因产品检测 基因芯片检测方法》（GB/T 19495.6—2004）、《转基因产品检测 抽样和制样方法》（GB/T 19495.7—2004）、《转基因产品检测 蛋白质检测方法》（GB/T 19495.8—2004）、《转基因产品检测 植物产品液相芯片检测方法》（GB/T 19495.9—2017）。

第二章　作物主要化学成分的测定原理与方法

作物产品或收获器官中的化学成分组成及含量，与作物的食用品质、饲用品质、营养品质、食味品质、加工品质、外观品质、贮藏性能等有密切关系，因此，对作物产品或收获器官中化学成分及其含量的分析是作物品质分析的重要内容。

虽然作物的化学成分种类非常复杂，不同作物之间的化学成分类别及含量差异较大，但是，包括蛋白质、脂肪、碳水化合物、矿质元素等在内的主要化学成分，往往是各种作物所共同具有的。因此，本章对蛋白质、氨基酸、脂肪、淀粉、可溶性糖、矿质元素、纤维素等几种化学成分测定的一般原理与方法进行介绍。

当然，对不同作物的品质分析来说，其需要重点关注和测定化学成分是不完全相同的，对这些化学成分的测定方法在作物之间也可能有所差异，特别是样品的准备和前处理，每种作物都有其特殊性。因此，在具体作物的品质分析应用中，要根据该种作物的实际情况，灵活选择测定的化学成分，选用合适的测定方法，特别要注意采用合适的样品的准备和前处理方法。

第一节　蛋白质含量的测定

蛋白质是生命活动重要的物质基础，几乎所有蛋白质对细胞的结构和功能都非常重要，它在营养学中的重要性越来越受到人们的重视，因此蛋白质含量成为评价作物品质和营养价值的重要指标。测定蛋白质的含量可以充分发挥粮油资源的作用，促进合理用量、节约用量，对提高粮油资源的利用率具有重要意义。

蛋白质含量的测定方法有多种，其测定原理、准确性、适用对象等各有差异，应根据实际情况灵活选用合适的方法。

蛋白质含量的测定方法中，一类方法是把样品中的蛋白氮转化成无机氮，然后测定无机氮的含量，再根据氮元素与蛋白质的换算系数计算蛋白质的含量，这类方法有凯氏定氮法、分光光度法、燃烧法。另一类方法是根据蛋白质或其所含氨基酸的物理化学或生物化学性质来测定，如Folin-酚试剂法(Lowry法)、考马斯亮蓝法(Bradford法)、紫外吸收法。

我国《食品安全国家标准 食品中蛋白质的测定》(GB 5009.5—2016)中有三种测定蛋白质含量的方法，第一种方法是凯氏定氮法，第二种方法是分光光度法，第三种方法是燃烧法。这三种方法都是通过测定样品中的含氮量来换算蛋白质的含量。其中第一和第二种方法适用于各种食品中蛋白质的测定，第三种方法适用于蛋白质含量在10 g/100 g以上的粮食、豆类奶粉、米粉、蛋白质粉等固体试样的筛选测定。这三种方法的测定效率都较高，但都不适用于测定添加无机含氮物质、有机非蛋白质含氮物质的食品。如果添加了非蛋白氮，如三聚氰胺，则用这三种方法测定出的蛋白质含量会比实际蛋白质含量偏高。2008年的毒奶粉事件就是由奶粉或牛奶中非法添加三聚氰胺引起的。

Folin-酚试剂法测定蛋白质含量是根据蛋白质中酪氨酸或色氨酸与酚试剂起颜色反应

的原理，通过比色进行测定，其灵敏度较高，但缺点是容易受到酚类等物质的干扰。考马斯亮蓝法测定蛋白质含量是根据蛋白质与考马斯亮蓝染料相结合的原理设计的，其操作简便，所用试剂较少，显色剂易于配制，灵敏度非常高，可测微克级蛋白质含量。紫外吸收法测蛋白质含量是根据蛋白质溶液在 280 nm 处的吸光度值与其浓度成正比的原理，通过比色进行测定。

下面对几种蛋白质含量的测定原理与方法分别予以详细介绍，供不同作物的品质分析选择应用。

一、凯氏定氮法测定蛋白质含量

（一）原理

蛋白质是含氮的有机化合物。作物产品或食品与硫酸和催化剂一同加热消化，使蛋白质分解，分解的氨与硫酸结合生成硫酸铵。然后碱化蒸馏使氨游离，用硼酸吸收氨后再以硫酸或盐酸标准溶液滴定。主要反应过程如下。

1）消化：有机物的蛋白质氮在强热和催化剂及浓 H_2SO_4 的作用下，消化生成 $(NH_4)_2SO_4$，反应式为

$$\text{有机物(含 N、C、H、O、P、S 等元素)} + H_2SO_4 \xrightarrow{\triangle} CO_2\uparrow + (NH_4)_2SO_4 + H_3PO_4 + SO_2\uparrow + SO_3\uparrow$$

2）在凯氏定氮仪中与碱作用，通过蒸馏释放出 NH_3，收集于 H_3BO_3 溶液中，反应式为

$$(NH_4)_2SO_4 + 2NaOH = 2NH_3\uparrow + 2H_2O + Na_2SO_4$$

$$2NH_3 + 4H_3BO_3 = (NH_4)_2B_4O_7 + 5H_2O$$

3）用已知浓度的 H_2SO_4（或 HCl）标准溶液滴定，根据酸的消耗量来计算出氮的含量，然后乘以相应的换算系数，即得到蛋白质的含量。反应式为

$$(NH_4)_2B_4O_7 + H_2SO_4 + 5H_2O = (NH_4)_2SO_4 + 4H_3BO_3$$

$$(NH_4)_2B_4O_7 + 2HCl + 5H_2O = 2NH_4Cl + 4H_3BO_3$$

（二）仪器和设备

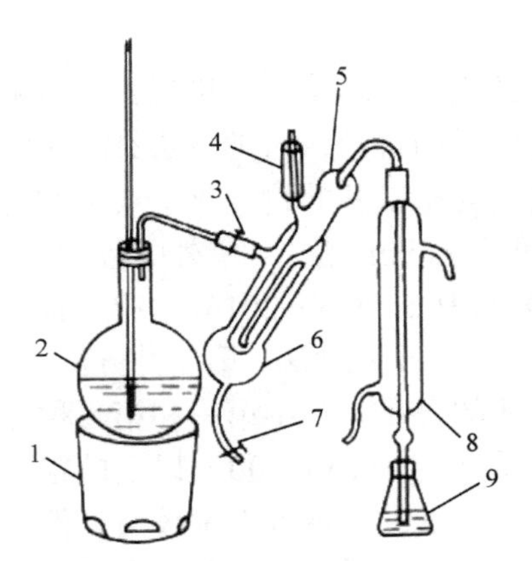

图 2-1　定氮蒸馏装置示意图

1．电炉；2．水蒸气发生器（2 L 烧瓶）；3．螺旋夹；4．小玻璃杯及棒状玻璃塞（样品入口处）；5．反应室；6．反应室外层；7．橡皮管及螺旋夹；8．冷凝管；9．蒸馏液接收瓶

1）天平（感量为 1 mg）、容量瓶、小漏斗、消化管和消化炉等。

2）定氮蒸馏装置示意图如图 2-1 所示。

3）自动凯氏定氮仪。

（三）试剂

除非另有规定，本方法中所用试剂均为分析纯，水为 GB/T 6682—2008 规定的三级水。

1）硫酸铜（$CuSO_4 \cdot 5H_2O$）。

2）硫酸钾（K_2SO_4）。

3）硫酸（H_2SO_4，密度为 1.84 g/L）。

4）硼酸（H_3BO_3）。

5）甲基红（$C_{15}H_{15}N_3O_2$）。

6）溴甲酚绿（$C_{21}H_{14}Br_4O_5S$）。

7）亚甲基蓝（$C_{16}H_{18}ClN_3S \cdot 3H_2O$）。

8）氢氧化钠（NaOH）。

9）95%乙醇（C_2H_5OH）。

10）硼酸溶液（20 g/L）：准确称取 20 g 硼酸，加少量水溶解后稀释定容至 1000 mL。

11）氢氧化钠溶液（400 g/L）：准确称取 40 g 氢氧化钠，加水溶解后，放冷，稀释定容至 100 mL。

12）硫酸标准滴定溶液（0.05 mol/L）或盐酸标准滴定溶液（0.05 mol/L）。

13）甲基红乙醇溶液（1 g/L）：准确称取 0.1 g 甲基红，溶于 95%乙醇，用 95%乙醇稀释定容至 100 mL。

14）亚甲基蓝乙醇溶液（1 g/L）：准确称取 0.1 g 亚甲基蓝，溶于 95%乙醇，用 95%乙醇稀释定容至 100 mL。

15）溴甲酚绿乙醇溶液（1 g/L）：准确称取 0.1 g 溴甲酚绿，溶于 95%乙醇，用 95%乙醇稀释定容至 100 mL。

16）混合指示液：2 份 0.1%甲基红乙醇溶液与 1 份 0.1%亚甲基蓝乙醇溶液临用时混合（A 混合指示液），也可用 1 份 0.1%甲基红乙醇溶液与 5 份 0.1%溴甲酚绿乙醇溶液临用时混合（B 混合指示液）。

（四）操作步骤

1. 凯氏定氮法

（1）试样处理　准确称取充分混匀的固体试样 0.2～2 g、半固体试样 2～5 g 或液体试样 10～25 g（相当于 30～40 mg 氮），精确至 0.001 g，移入干燥的 100 mL、250 mL 或 500 mL 定氮瓶中，加入 0.4 g 硫酸铜、6 g 硫酸钾及 20 mL 硫酸，轻摇后于瓶口放一小漏斗，将定氮瓶以 45°角斜支于有小孔的石棉网上。小心加热，待内容物全部炭化，泡沫完全停止后，加强火力，并保持瓶内液体微沸，至液体呈蓝绿色并澄清透明后，再继续加热 0.5～1 h。取下放冷，小心加入 20 mL 水。放冷后，移入 100 mL 容量瓶中，并用少量水洗涤定氮瓶，洗液并入容量瓶中，再加水至刻度，混匀备用。同时做试剂空白试验。

（2）蒸馏　按图 2-1 装好定氮蒸馏装置，向水蒸气发生器内加水至 2/3 处，加入数粒玻璃珠，加甲基红乙醇溶液数滴及数毫升硫酸，以保持水呈酸性，加热煮沸水蒸气发生器内的水并使其保持沸腾。

（3）测定　向蒸馏液接收瓶内加入 10.0 mL 硼酸溶液及 1 或 2 滴 A 混合指示液或 B 混合指示液，并使冷凝管的下端插入液面下，根据试样中氮含量，准确吸取 2.0～10.0 mL 试样处理液由小玻璃杯注入反应室，以 10 mL 水洗涤小玻璃杯并使之流入反应室，随后塞紧棒状玻璃塞。将 10.0 mL 氢氧化钠溶液倒入小玻璃杯，提起玻璃塞使其缓缓流入反应室，立即将玻璃塞盖紧，并水封。夹紧螺旋夹，开始蒸馏。蒸馏 10 min 后移动蒸馏液接收瓶，液面离开冷凝管下端，再蒸馏 1 min。然后用少量水冲洗冷凝管下端外部，取下蒸馏液接收瓶。尽快以硫酸或盐酸标准滴定溶液滴定至终点，如用 A 混合指示液，终点颜色为灰蓝色；如用 B 混合指示液，终点颜色为浅灰红色。同时做试剂空白试验。

2. 自动凯氏定氮仪法　准确称取充分混匀的固体试样 0.2～2 g、半固体试样 2～5 g 或液体试样 10～25 g(相当于 30～40 mg 氮)，精确至 0.001 g，至消化管中，再加入 0.2 g 硫酸铜、6 g 硫酸钾及 20 mL 硫酸于消化炉内进行消化。当消化炉温度达到 420℃之后，继续消化 1 h，此时消化管中的液体呈绿色透明状，取出冷却后加入 50 mL 水，于自动凯氏定氮仪(使用前加入氢氧化钠溶液、盐酸或硫酸标准滴定溶液以及含有 A 或 B 混合指示剂的硼酸溶液)上实现自动加液、蒸馏、滴定和记录滴定数据的过程。具体按照仪器说明书的要求进行检测。

(五)结果计算

试样中的蛋白质含量按以下公式计算：

$$X(\%)=\frac{(V_1-V_2)\times c\times 0.0140}{m\times V_3/100}\times F\times 100$$

式中，X 为样品中蛋白质的含量(%)；V_1 为样品消耗硫酸或盐酸标准滴定溶液的体积(mL)；V_2 为试剂空白消耗硫酸或盐酸标准滴定溶液的体积(mL)；V_3 为吸取消化液的体积(mL)；c 为硫酸或盐酸标准滴定溶液的浓度(mol/L)；0.0140 为 1.0 mL 硫酸[$c(1/2H_2SO_4)$=1.000 mol/L]或盐酸[$c(HCl)$=1.000 mol/L]标准滴定溶液相当的氮的质量(g)；m 为样品的质量(g)；F 为氮换算为蛋白质的系数，各种样品的蛋白质折算系数见表 2-1；分母中 100 为样品的定容体积(mL)。

表 2-1　蛋白质折算系数表

样品类别		折算系数	样品类别		折算系数
小麦	全小麦粉	5.83	大米及米粉		5.95
	麦糠麸皮	6.31	鸡蛋	鸡蛋(全)	6.25
	麦胚芽	5.80		蛋黄	6.12
	麦胚粉、黑麦、普通小麦、面粉	5.70		蛋白	6.32
燕麦、大麦、黑麦粉		5.83	肉与肉制品		6.25
小米、裸麦		5.83	动物明胶		5.55
玉米、黑小麦、饲料小麦、高粱		6.25	纯乳与纯乳制品		6.38
油料	芝麻、棉籽、葵花籽、蓖麻、红花籽	5.30	复合配方食品		6.25
	其他油料	6.25	酪蛋白		6.40
	菜籽	5.53	胶原蛋白		5.79
坚果、种子类	巴西果	5.46	豆类	大豆及其粗加工制品	5.71
	花生	5.46		大豆蛋白制品	6.25
	杏仁	5.18	其他食品		6.25
	核桃、榛子、椰果等	5.30			

在重复性条件下获得的两次独立测定结果的绝对差值不得超过算术平均值的 10%。

本方法当称样量为 5.0 g 时，定量检出限为 8 mg/100 g。

（六）注意事项

1）样品应是均匀的。固体样品应预先研细混匀，液体样品应振摇或搅拌均匀。

2）样品放入定氮瓶内时，不要黏附在瓶颈上。万一黏附可用少量水冲下，以免被检样品消化不完全，使检验结果偏低。

3）消化时如不容易呈透明溶液，可将定氮瓶放冷后，慢慢加入 30%过氧化氢（H_2O_2）2～3 mL，促进氧化。

4）在整个消化过程中，不要用强火。保持缓和的沸腾，使火力集中在凯氏瓶底部，以免蛋白质黏附在壁上处于无硫酸存在的情况下而使氮产生损失。

5）如硫酸缺少，过多的硫酸钾会引起氨的损失，这样会形成硫酸氢钾，而不与氨作用。因此，当硫酸过多地被消耗或样品中脂肪含量过高时，要增加硫酸的量。

6）加入硫酸钾的作用是增加溶液的沸点，硫酸铜作为催化剂，在蒸馏时也作为碱性反应的指示剂。

7）混合指示剂（A 或 B 均可）在碱性溶液中呈绿色，在中性溶液中呈灰色，在酸性溶液中呈红色。如果没有溴甲酚绿，可单独使用 0.1%甲基红乙醇溶液。

8）氨是否完全蒸馏出来，可用 pH 试纸测试馏出液是否为碱性。

9）以硼酸为氨的吸收液，可省去标定碱液的操作，且硼酸的体积要求并不严格，也可免去用移液管，操作比较简便。

10）向蒸馏瓶中加入浓碱时，往往会出现褐色沉淀物，这是由于分解作用促进碱与加入的硫酸铜反应，生成氢氧化铜，经加热后又分解生成氧化铜沉淀。有时铜离子与氨作用，生成深蓝色的配合物$[Cu(NH_3)_4]^{2+}$。

11）这种检测方法本质是测出氮的含量，再进行蛋白质含量的估算。只有在被测物的成分是蛋白质时才能用此方法来估算蛋白质含量。

二、分光光度法测定蛋白质含量

（一）原理

样品中的蛋白质在催化加热条件下被分解，分解产生的氨与硫酸结合生成硫酸铵，在 pH 4.8 的乙酸钠-乙酸缓冲溶液中与乙酰丙酮和甲醛反应生成黄色的 3, 5-二乙酰-2, 6-二甲基-1, 4-二氢化吡啶化合物。在波长 400 nm 下测定吸光度值，与标准系列比较定量，结果乘以换算系数，即为蛋白质含量。

（二）仪器和设备

1）分光光度计、定氮装置、漏斗、比色管、比色杯、容量瓶等。

2）电热恒温水浴锅：（100±0.5）℃。

3）10 mL 具塞玻璃比色管。

4）天平：感量为 0.001 g。

（三）试剂

除非另有规定，本方法中所用试剂均为分析纯，水为 GB/T 6682—2008 规定的三级水。

1）硫酸铜（$CuSO_4 \cdot 5H_2O$）。

2）硫酸钾（K_2SO_4）。

3）硫酸（H_2SO_4，密度为 1.84 g/L）：优级纯。

4）氢氧化钠（NaOH）。

5）对硝基苯酚（$C_6H_5NO_3$）。

6）乙酸钠（$CH_3COONa \cdot 3H_2O$）。

7）无水乙酸钠（CH_3COONa）。

8）乙酸（CH_3COOH）：优级纯。

9）37%甲醛（HCHO）。

10）乙酰丙酮（$C_5H_8O_2$）。

11）氢氧化钠溶液（300 g/L）：称取 30 g 氢氧化钠加水溶解后，放冷，稀释定容至 100 mL。

12）对硝基苯酚指示剂溶液（1 g/L）：称取 0.1g 对硝基苯酚溶于 20 mL 95%乙醇中，加水稀释定容至 100 mL。

13）乙酸溶液（1 mol/L）：量取 5.8 mL 乙酸，加水稀释定容至 100 mL。

14）乙酸钠溶液（1 mol/L）：称取 41 g 无水乙酸钠或 68 g 乙酸钠，加水溶解后稀释定容至 500 mL。

15）乙酸钠-乙酸缓冲溶液：量取 60 mL 乙酸钠溶液与 40 mL 乙酸溶液混合，该溶液 pH 为 4.8。

16）显色剂：15 mL 甲醛与 7.8 mL 乙酰丙酮混合，加水稀释定容至 100 mL，剧烈振摇混匀（室温下放置稳定 3 d）。

17）氨氮标准储备液（以氮计）（1.0 g/L）：称取 105℃干燥 2 h 的硫酸铵 0.4720 g，加水溶解后移于 100 mL 容量瓶中，并稀释定容至刻度，混匀，此溶液每毫升相当于 1.0 mg 氮。

18）氨氮标准使用溶液（0.1 g/L）：用移液管吸取 10.00 mL 氨氮标准储备液于 100 mL 容量瓶内，加水定容至刻度，混匀，此溶液每毫升相当于 0.1 mg 氮。

（四）操作步骤

1. 试样消解　称取经粉碎混匀过 40 目筛的固体试样 0.1～0.5 g（精确至 0.001 g）、半固体试样 0.2～1 g（精确至 0.001 g）或液体试样 1～5 g（精确至 0.001 g），移入干燥的 100 mL 或 250 mL 定氮瓶中，加入 0.1 g 硫酸铜、1 g 硫酸钾及 5 mL 硫酸，摇匀后于瓶口放一小漏斗，将定氮瓶以 45°角斜支于有小孔的石棉网上。缓慢加热，待内容物全部炭化，泡沫完全停止后，加强火力，并保持瓶内液体微沸，至液体呈蓝绿色澄清透明后，再继续加热半小时。取下放冷，慢慢加入 20 mL 水，放冷后移入 50 mL 或 100 mL 容量瓶中，并用少量水洗涤定氮瓶，洗液并入容量瓶中，再加水至刻度，混匀备用。按同一方法做试剂空白试验。

2. 试样溶液的制备　吸取 2.00～5.00 mL 试样或试剂空白消化液于 50 mL 或 100 mL 容量瓶内，加 1 或 2 滴对硝基苯酚指示剂溶液，摇匀后滴加氢氧化钠溶液中和至黄色，再滴加乙酸溶液至溶液无色，用水稀释定容至刻度，混匀。

3. 标准曲线的绘制　吸取 0.00 mL、0.05 mL、0.10 mL、0.20 mL、0.40 mL、0.60 mL、

0.80 mL 和 1.00 mL 氨氮标准使用溶液（相当于 0.00 μg、5.00 μg、10.0 μg、20.0 μg、40.0 μg、60.0 μg、80.0 μg 和 100.0 μg 氮），分别置于 10 mL 比色管中。加 4.0 mL 乙酸钠-乙酸缓冲溶液及 4.0 mL 显色剂，加水稀释定容至刻度，混匀。置于 100℃水浴中加热 15 min。取出用水冷却至室温后，移入 1 cm 比色杯内，以零管为参比，于波长 400 nm 处测量吸光度值，根据各点吸光度值绘制标准曲线或计算线性回归方程。

4. 试样测定　吸取 0.50～2.00 mL（相当于氮＜100 μg）试样溶液和等量的试剂空白溶液，分别于 10 mL 比色管中。以下按上一步自“加 4.0 mL 乙酸钠-乙酸缓冲溶液及 4.0 mL 显色剂……”起操作。试样吸光度值与标准曲线比较定量或代入线性回归方程求出蛋白质含量。

（五）结果计算

试样中蛋白质的含量按以下公式进行计算：

$$X(\%)=\frac{c-c_0}{m\times\frac{V_2}{V_1}\times\frac{V_4}{V_3}\times10^6}F\times100$$

式中，X 为试样中蛋白质的含量（%）；c 为试样测定液中氮的质量（μg）；c_0 为试剂空白测定液中氮的质量（μg）；V_1 为试样消化液定容体积（mL）；V_2 为制备试样溶液的消化液体积（mL）；V_3 为试样溶液的总体积（mL）；V_4 为测定用试样溶液的体积（mL）；m 为试样的质量（g）；F 为氮换算为蛋白质的折算系数，各种食品（含作物）的蛋白质折算系数见表 2-1；10^6 为 g 与 μg 的换算系数。

在重复性条件下获得的两次独立测定结果的绝对差值不得超过算术平均值的 10%。

本方法当称样量为 5.0 g 时，定量检出限为 0.1 mg/100 g。

三、燃烧法测定蛋白质含量

（一）原理

试样在 900～1200℃高温下燃烧，燃烧过程中产生混合气体，其中的碳、硫等干扰气体和盐类被吸收管吸收，氮氧化物被全部还原成氮气，形成的氮气气流通过热导检测仪（TCD）进行检测。

（二）仪器和设备

天平（感量为 0.0001 mg）、氮/蛋白质分析仪、磨口回流器、烧杯、燃烧反应炉、还原炉等。

（三）操作步骤

按照仪器说明书的要求称取 0.1～1.0 g 充分混匀的试样（精确至 0.0001 g），用锡箔包裹后置于样品盘上。试样进入燃烧反应炉（900～1200℃）后，在高纯氧（≥99.99%）中充分燃烧。燃烧炉中的产物（NO_x）被载气 CO_2 运送至还原炉（800℃）中，经还原生成氮气后检测其含量。

（四）结果计算

试样中蛋白质的含量按以下公式进行计算：

$$X=C\times F$$

式中，X 为试样中蛋白质的含量(%)；C 为试样中氮的含量(%)；F 为氮换算为蛋白质的系数。各种食品(含作物)的蛋白质折算系数见表 2-1。

在重复性条件下获得的两次独立测定结果的绝对差值不得超过算术平均值的 10%。

本方法当称样量为 0.1 g 时，定量检出限为 0.02%。

四、Folin-酚试剂法测定蛋白质含量

(一)原理

蛋白质或多肽分子中有带酚基的酪氨酸或色氨酸，在碱性条件下，可使酚试剂中的磷钼酸化合物还原成蓝色(生成钼蓝和钨蓝化合物)。蓝色的深浅与蛋白质的含量成正比，可用比色法测定。

Folin-酚试剂法反应过程分为两步：首先，在碱性溶液中，蛋白质分子中的肽键与碱性铜试剂中的 Cu^{2+}作用生成蛋白质-Cu^{2+}复合物；然后，蛋白质-Cu^{2+}复合物中所含的酪氨酸或色氨酸残基还原磷钼酸和磷钨酸，生成蓝色的钼蓝和钨蓝混合物。

(二)仪器和设备

分析天平、容量瓶、试管和具塞试管、回流器、移液管、小烧杯、漏斗、分光光度计等。

(三)试剂

试剂纯度均为分析纯。

1)0. 5 mol/L NaOH 溶液：称取 2.0 g NaOH，适量水溶解后定容至 100 mL。

2)试剂甲：称取 10 g Na_2CO_3，2 g NaOH 和 0.25 g 酒石酸钾钠，溶解后用蒸馏水定容至 500mL，此为 A 液。称取 0.5 g $CuSO_4 \cdot 5H_2O$，溶解后用蒸馏水定容至 100 mL，此为 B 液。每次使用前将 A 液 50 份与 B 液 1 份混合，即为试剂甲，其有效期为 1 d，过期失效。

3)试剂乙(Folin 试剂)：将 100 g 钨酸钠($Na_2WO_4 \cdot 2H_2O$)、700 mL 蒸馏水、50 mL 85%磷酸和 100 mL 浓盐酸充分混匀，注入 1.5 L 的磨口回流器中，接上回流冷凝管，以小火回流 10 h。回流结束后，加入 150 g 硫酸锂和 50 mL 蒸馏水及数滴液体溴，开口继续沸腾 15 min，驱除过量的溴，冷却后溶液呈黄色(倘若仍呈绿色，再滴加数滴液体溴，继续沸腾 15 min)。然后稀释定容至 1 L，过滤，滤液置于棕色试剂瓶中保存，使用前大约加水 1 倍，使最终浓度相当于 1 mol/L。

注：也可以购买 Folin-酚测定试剂盒，按照说明书配制试剂甲和试剂乙。

4)标准牛血清白蛋白溶液：在分析天平上精确称取 0.0250 g 结晶牛血清白蛋白，倒入小烧杯内，用少量蒸馏水溶解后转入 100 mL 容量瓶中，烧杯内的残液用少量蒸馏水冲洗数次，冲洗液一并倒入容量瓶中，用蒸馏水定容至 100 mL，则配成 250 μg/mL 的牛血清白蛋白溶液。

(四)操作步骤

1. 标准曲线的制作

(1)系列标准牛血清白蛋白溶液的配制　取 6 支普通试管，按表 2-2 加入标准浓度的牛血清白蛋白溶液和蒸馏水，配成一系列不同浓度的牛血清白蛋白溶液，做两组平行。

表 2-2　Folin-酚试剂法的牛血清白蛋白标准曲线制作

试管编号	0	1	2	3	4	5
标准牛血清白蛋白溶液/mL	0.0	0.2	0.4	0.6	0.8	1.0
蒸馏水/mL	1.0	0.8	0.6	0.4	0.2	0.0

(2)显色和比色　每个试管各加试剂甲 5 mL，混合后在室温下放置 10 min，再各加试剂乙 0.5 mL，立即混合均匀(这一步速度要快，否则会使显色程度减弱)。30 min 后，以不含蛋白质的 0 号试管为对照，用分光光度计于 500 nm 波长下测定各试管中溶液的吸光度值并记录结果。

(3)绘制标准曲线　以牛血清白蛋白含量(μg/mL)为横坐标，以吸光度值平均值为纵坐标，用 Origin、Excel 等软件绘制标准曲线，并计算线性回归方程。

2. 样品的制备及测定　以小麦为例，取面粉 0.15 g 置于具塞试管中，加入 4 mL 0.5 mol/L NaOH 溶液，于 90℃水浴提取 15 min，冷却后转入 100 mL 容量瓶，加蒸馏水定容至刻度，用洁净干燥的漏斗过滤于小烧杯中，滤液即为待测液。

一支试管中加 1.0 mL 待测液，另一支试管中加 1.0 mL 蒸馏水作为空白对照，分别加入试剂甲 5 mL，混匀后放置 10 min，再分别加试剂乙 0.5 mL，迅速混匀，室温放置 30 min，于 500 nm 波长下测定吸光度值，并记录数据。将样品的吸光度值代入回归方程，计算出样品溶液的浓度(C)，再计算样品的蛋白质含量。

(五)结果计算

样品的蛋白质含量按下式计算：

$$\text{蛋白质含量}(\%)=\frac{C\times V}{W\times 10^6}\times 100$$

式中，C 为标准曲线计算所得的样品蛋白质的质量(μg)；V 为稀释倍数，上例面粉样品的 V 为 100；W 为样品质量(g)；10^6 为 μg 与 g 的换算系数。

(六)注意事项

进行测定时，加试剂乙要特别小心，因为试剂乙仅在酸性 pH 条件下稳定，但此实验的反应只在 pH 10 的情况下发生，所以当加试剂乙时，必须立即混匀，以便在磷钼酸-磷钨酸试剂被破坏之前发生还原反应，否则会使显色程度减弱。

五、考马斯亮蓝法测定蛋白质含量

(一)原理

考马斯亮蓝法是根据蛋白质与染料相结合的原理设计的。考马斯亮蓝是一种有机染料，在游离状态下呈红色，在稀酸溶液中与蛋白质的碱性氨基酸(特别是精氨酸)残基和芳香族氨基酸残基结合后变为蓝色，其最大吸收波长从 465 nm 变为 595 nm，蛋白质测量范围为 1～1000 μg，蛋白质-色素结合物在 595 nm 波长下的吸光度与蛋白质含量成正比，故可用于蛋白质的定量测定。

(二) 仪器和设备

分光光度计、离心机、电子天平、普通试管、离心管、容量瓶、滴管、移液管、洗耳球、烧杯、研钵、洗瓶、试管架、移液管架、玻璃棒等。

(三) 试剂

1) 考马斯亮蓝试剂：考马斯亮蓝 G-250 100 mg 溶于 50 mL 95%乙醇，加入 100 mL 85% H_3PO_4，加蒸馏水稀释定容至 1000 mL，滤纸过滤。最终试剂中含 0.01% (*m/V*) 考马斯亮蓝 G-250、4.7% (*m/V*) 乙醇、8.5% (*m/V*) H_3PO_4。该试剂常温下可保存 1 个月。

2) 标准蛋白质溶液：纯的牛血清白蛋白，预先经微量凯氏定氮法测定蛋白氮含量，根据其纯度用 0.15 mol/L NaCl 配制成 100 μg/mL 蛋白质溶液。

(四) 操作步骤

1. 标准曲线的制作　取 6 支普通试管，按表 2-3 加入标准蛋白质溶液和 NaCl 溶液，配成一系列不同浓度的牛血清白蛋白和 NaCl 混合溶液，做两组平行。然后各加考马斯亮蓝试剂 5 mL，以不含蛋白质的 0 号试管为对照，1 h 内用分光光度计于 595 nm 波长下测定各试管中溶液的吸光度值并记录结果。

表 2-3　考马斯亮蓝法的牛血清白蛋白标准曲线制作

试管编号	0	1	2	3	4	5
100 μg/mL 标准蛋白质溶液/mL	0.0	0.2	0.4	0.6	0.8	1.0
0.15 mol/L NaCl 溶液/mL	1.0	0.8	0.6	0.4	0.2	0.0
考马斯亮蓝试剂/mL	5	5	5	5	5	5

2. 样品蛋白质含量的测定

(1) 样品液的制备　称取水分少的植物材料 1.0 g 左右，准确记录样品称取量，将样品置于研钵中，研磨成匀浆后，准确加入 10 mL 蒸馏水定容，将上述匀浆液在研钵中浸提 10 min，使蛋白质充分溶解在水中，将浸提液转移到 10 mL 离心管内，以 10 000 r/min 离心 10 min，取上清液 5 mL 转入 100 mL 容量瓶中，以蒸馏水定容到 100 mL，摇匀，作为样品待测液，备用。

(2) 样品的测定　取 3 支试管，分别加入 1 mL 待测液，5 mL 考马斯亮蓝试剂，充分混匀后，室温放置 5 min 后用 10 mm 光径比色杯在波长为 595 nm 下比色，其中以标准曲线的 0 号试管作空白对照。

(五) 结果计算

1) 根据 0～5 号管的数据，以 A_{595nm} 为纵坐标，以标准蛋白质含量为横坐标 (5 个点的标准蛋白质含量分别为 20 μg、40 μg、60 μg、80 μg、100 μg)，在坐标轴上绘制标准曲线，或者用 Origin、Excel 等软件作图，计算线性回归方程。要求回归方程的相关系数应达到 0.999 以上。

2)求样品管的 A_{595nm} 平均值。

3)由 A_{595nm} 从标准曲线上求样品管中蛋白质的质量 A (μg)。

$$样品蛋白质含量(\mu g/g\ 鲜重)=\frac{A\times V}{V_1\times m}$$

式中，A 为根据标准曲线求得的样品管中蛋白质的质量(μg)；V 为提取液总体积(mL)；V_1 为测定取用体积(mL)；m 为样品质量(g)。

(六)注意事项

一般被测样品的 A_{595nm} 值在0.05～0.1，所以如果上述样品 A_{595nm} 值太大，可以稀释后再测 A_{595nm} 值，然后再计算。

六、紫外吸收法测定蛋白质含量

(一)原理

蛋白质分子中的酪氨酸、色氨酸等残基的苯环含有共轭双键，因此在280 nm波长处具有最大的吸收值。由于各种蛋白质中大都含有酪氨酸和色氨酸等芳香族氨基酸，因此在280 nm波长处的吸光度值是蛋白质的一种普遍性质。在一定程度上蛋白质溶液在280 nm波长处的吸光度值与其浓度成正比，因此可以做定量测定。碱基(嘌呤、嘧啶)及含有碱基的核苷酸、核酸也在280 nm下有很强的吸光值，但其最大吸收峰值在260 nm，因此，对于含有核苷酸、核酸的蛋白质溶液，可分别在280 nm和260 nm测定吸光值，根据吸光值差值来计算出蛋白质含量。

(二)仪器和设备

天平、研钵、容量瓶、刻度吸管、定量加样器、离心机、紫外分光光度计等。

(三)试剂

1)30% NaOH：称取氢氧化钠30 g溶于适量水中，定容至100 mL，置于具有橡皮塞试剂瓶中备用。

2)60%碱性乙醇：称取氢氧化钠2 g，溶于少量60%乙醇中，然后在容量瓶中用60%乙醇定容至1000 mL。

(四)操作步骤

1. 提取蛋白　称取粉碎过40目筛的样品1 g，置于研钵中加少量石英砂和2.0 mL 30% NaOH，研磨2 min，再加3 mL的60%碱性乙醇，研磨5 min，然后用60%碱性乙醇将研磨好的样品无损地洗入25 mL容量瓶中，定容后静置片刻。取部分浸提液3500 r/min离心10 min。吸取上清液1 mL于25 mL容量瓶中，用60%碱性乙醇稀释并定容，摇匀后比色。

在做样品的同时，做空白，比色时以空白调零。

2. 比色　在紫外分光光度计上，于280 nm和260 nm波长处分别测其吸光度值。

(五)结果计算

$$蛋白质含量(\%)=\frac{(1.45A_{280}-0.74A_{260})\times 稀释倍数}{m\times 1000}\times 100$$

式中，A_{280}为蛋白质溶液在 280 nm 处测得的吸光度值；A_{260}为蛋白质溶液在 260 nm 处测得的吸光度值；m 为样品质量(g)；1.45 和 0.74 是根据蛋白质和核酸在 260～280 nm 波长扫描曲线特征而得到的经验校正系数；1000 为 g 与 mg 的换算系数。

第二节　氨基酸的测定

氨基酸是蛋白质的基本结构单位，是蛋白质的水解产物，人体或动物需要从食物中取得各种氨基酸来满足生理机能的正常运行，因此粮食、食品中蛋白质的氨基酸组成、含量及其组成比例成为评价粮食、食品营养品质的重要指标。

生物体内的各种蛋白质是由 20 种基本氨基酸构成的，通常根据 R 基团的化学结构或性质将 20 种氨基酸分为脂肪族氨基酸、芳香族氨基酸、杂环族氨基酸和杂环亚氨基酸；从营养学的角度分为必需氨基酸、半必需氨基酸和非必需氨基酸。

有些氨基酸是人和非反刍动物体内不能合成的，需要从食物中摄取，以保证生命活动的需要，这种氨基酸叫作必需氨基酸。成人的必需氨基酸有 8 种，分别是赖氨酸(lysine)、色氨酸(tryptophane)、苯丙氨酸(phenylalanine)、甲硫氨酸(methionine)、苏氨酸(threonine)、异亮氨酸(isoleucine)、亮氨酸(leucine)、缬氨酸(valine)。人体内虽然可以合成组氨酸(histidine)和精氨酸(arginine)，但合成量不足，不能满足人体需要，人们把这两种氨基酸称为半必需氨基酸。婴儿和少儿几乎不能合成组氨酸，所以组氨酸是婴儿和少儿的必需氨基酸。非反刍动物的必需氨基酸有 10 种，即成人所需的 8 种必需氨基酸，加上组氨酸和精氨酸。其余的 10 种氨基酸，人体和动物可以自己合成，不必靠食物补充，称为非必需氨基酸。食物中的各种氨基酸配比应与人和动物体的氨基酸比例相似，若某种必需氨基酸供应不足，则不能发挥食品的最大营养效益，对身体健康也不利。因此，对粮食作物和饲料作物中氨基酸成分及含量的分析具有重要意义。

一、氨基酸含量的测定

氨基酸含量的测定可以用茚三酮比色法或甲醛滴定法。茚三酮比色法中，茚三酮容易受阳光、空气、温度、湿度等影响而被氧化成淡红色或深红色，使用前须进行纯化。甲醛滴定法准确快速，可用于各类样品游离氨基酸含量测定，对于浑浊和色深样液可不经处理而直接测定。

(一)茚三酮比色法测定氨基酸含量

1. 原理　氨基酸的游离氨基与水合茚三酮作用后，可产生二酮茚或二酮茚胺的取代盐等蓝紫色化合物，其颜色深浅与氨基酸含量成正比，据此可以比色测定氨基酸含量。

2. 仪器和设备　试管、研钵、容量瓶、移液管、天平、锥形瓶、水浴锅、分光光度计、干燥器等。

3. 试剂

1) 2%茚三酮溶液：1 g 茚三酮($C_9H_4O_3\cdot 2H_2O$)溶于 25 mL 热水中，加入 40 mg 氯化亚锡

($SnCl_2 \cdot 2H_2O$)作为防腐剂，搅拌溶解，滤去残渣，滤液放在4℃冰箱过夜，再用水定容至50 mL，保存于冷暗处。

如茚三酮有微红色，配成的溶液也带红色，将影响比色测定，需将茚三酮重结晶后再用，方法是：取5 g茚三酮溶于20 mL热水中，加入0.2 g活性炭，轻轻摇动，放30 min后过滤，滤液置冰箱中过夜，次日过滤，用1 mL冷水淋洗结晶，然后放在干燥器中干燥，装瓶保存。

2）磷酸盐缓冲液(pH 8.0)：取磷酸二氢钾(KH_2PO_4)0.9070 g溶于100 mL水中制成磷酸二氢钾溶液(A液)；取磷酸氢二钠($Na_2HPO_4 \cdot 12H_2O$)23.8760 g溶于水，加水至1000 mL制成磷酸氢二钠溶液(B液)；取A液5 mL与B液95 mL混匀。

3）10%乙酸：取10 mL冰醋酸，加水至100 mL。

4）氨基酸标准溶液(200 mg/L)：称取干燥的标准氨基酸0.2000 g溶解于水，定容至1000 mL。

4. 操作步骤

(1)标准曲线的制作　取6容量瓶，按表2-4编号，分别吸取200 mg/L氨基酸标准溶液0 mL、0.5 mL、1.0 mL、1.5 mL、2.0 mL、2.5 mL置于25 mL容量瓶中，分别加水补充至4.0 mL，各加入磷酸盐缓冲液1 mL，加入茚三酮溶液1 mL，摇匀。置沸水浴中加热15 min，取出迅速冷却至室温，用水定容至25 mL。放置15 min，在570 nm波长处测定吸光度值，以氨基酸浓度与吸光度值绘制标准曲线。氨基酸浓度分别为0 mg/L、4.0 mg/L、8.0 mg/L、12.0 mg/L、16.0 mg/L、20.0 mg/L。

表2-4　氨基酸标准曲线的制作

试管编号	0	1	2	3	4	5
氨基酸标准溶液(200 mg/L)/mL	0.0	0.5	1.0	1.5	2.0	2.5
H_2O /mL	4.0	3.5	3.0	2.5	2.0	1.5
磷酸盐缓冲液/mL	1.0	1.0	1.0	1.0	1.0	1.0
茚三酮溶液/mL	1.0	1.0	1.0	1.0	1.0	1.0

(2)样品测定

1）提取样品：称取1.00～2.00 g植物样品(新鲜样或干样)，加5 mL 10%乙酸，在研钵中研碎，用水洗并移入100 mL容量瓶，用水定容，过滤到锥形瓶中，取滤液测定。

2）样品液测定：移取样品待测液1 mL，放入25 mL容量瓶中，加水至4.0 mL，加磷酸盐缓冲液1 mL，加茚三酮溶液1 mL，摇匀。置沸水浴中加热15 min，取出用冷水迅速冷却至室温，加水定容至25 mL。放置15 min后，在570 nm波长处测定吸光度值。

同时测定待测液空白值，扣除空白值后，从标准曲线上查得氨基酸的浓度。

5. 结果计算　样品中的氨基酸含量按下式计算：

$$\text{氨基酸含量(mg/100 g)}=\frac{A\times 100\times 25\times 100}{m\times V\times 1000}=\frac{A\times 250}{m\times V}$$

式中，A为由标准曲线查得的样品待测液氨基酸浓度(mg/L)；m为样品质量(g)；V为吸取样品待测液的体积(mL)；100为稀释倍数；25为反应液体积(mL)；1000为mg与g的换算系数；100为转换至100 g的扩大倍数。

6. 注意事项

1）配制茚三酮溶液的茚三酮和氯化亚锡都应该用无色晶体，配成的溶液一般应在10 d内用完。

2) 应控制反应溶液的 pH 才能得到重现性好的结果，反应液 pH 以 6.2～6.4 为宜，所加茚三酮溶液和磷酸盐缓冲液的量的比例可为 2∶1 或 1∶1。

3) 应控制加热的温度和时间，温度过高容易褪色，温度过低显色不全。沸水浴中加热发色快，但可能受热不均匀及容易褪色，可以降低温度(80℃)，延长加热时间，使发色均匀。也可以在烘箱中加热，105℃烘 10 min。

4) 茚三酮与氨基酸反应生成的颜色在 1 h 内稳定，浓度高时褪色较快，应在发色稳定、加水定容后，在 30 min 内比色。

5) 明显带色的试样，可以用活性炭脱色，但某些氨基酸(酪氨酸等)也会被活性炭吸附，使测定结果偏低。

6) 茚三酮与氨、胺类、氨基糖类、尿素、蛋白质等也发生反应，这些物质会干扰测定。

7) 植物样品处理方法不同，游离氨基酸组成会有变化，应用分析结果时应说明样品处理方法。

(二) 甲醛滴定法测定氨基酸含量

1. 原理 水溶液中的氨基酸为兼性离子，因而不能直接用碱滴定氨基酸的羧基。甲醛可与氨基酸上的—N^+H_3 结合，形成—NH—CH_2OH、—$N(CH_2—OH)_2$ 等羟甲基衍生物，使—N^+H_3 上的 H^+ 游离出来，这样就可以用碱滴定—N^+H_3 释放出 H^+，测出氨基氮，从而计算氨基酸的含量。

若样品中只含有单一的已知氨基酸，则可由此法的滴定结果算出氨基酸的含量；若样品中含有多种氨基酸(如蛋白质水解液)，则不能由此法算出氨基酸的含量。

脯氨酸与甲醛作用后，生成的化合物不稳定，导致滴定结果偏低；酪氨酸含酚基结构，导致滴定结果偏高。

2. 仪器和设备 锥形瓶、碱式滴定管、移液管、洗耳球、天平、容量瓶、试剂瓶、量筒、玻璃棒、烧杯等。

3. 试剂

1) 0.5%酚酞乙醇溶液：称 0.5 g 酚酞溶于 100 mL 60%乙醇。

2) 0.05%溴麝香草酚蓝溶液：取 0.05 g 溴麝香草酚蓝溶于 100 mL 20%乙醇溶液。

3) 1%甘氨酸溶液：取 1 g 甘氨酸溶于 100 mL 蒸馏水。

4) 0.100 mol/L 氢氧化钠标准溶液：称 4.0 g 氢氧化钠，用适量水溶解后定容至 1000 mL。

5) 中性甲醛溶液：取甲醛溶液 50 mL，加 0.5%酚酞指示剂约 3 mL，滴加 0.1 mol/L NaOH 溶液，使溶液呈微粉红色，临用前中和。

4. 操作步骤

1) 取 3 支 100 mL 锥形瓶，按表 2-5 加入试剂。

表 2-5 试剂加入量

试剂	样品 1	样品 2	空白
1%甘氨酸溶液或样品/mL	2.0	2.0	—
蒸馏水/mL	5.0	5.0	7.0
中性甲醛溶液/mL	5.0	5.0	5.0
0.05%溴麝香草酚蓝溶液/滴	2	2	2
0.5%酚酞乙醇溶液/滴	4	4	4

2）混匀后用 0.100 mol/L 氢氧化钠标准溶液滴定至紫色（pH 8.7～9.0）。

5. 结果计算　1 mL 氨基酸溶液中氨基氮的质量（X）的计算公式为

$$X=\frac{(V_1-V_2)\times 1.4008}{2}$$

式中，X 为 1 mL 氨基酸溶液中氨基氮的质量（mg）；V_1 为滴定样品消耗氢氧化钠标准溶液的体积（mL）；V_2 为滴定空白消耗氢氧化钠标准溶液的体积（mL）；1.4008 为 1 mL 0.100 mol/L 氢氧化钠标准溶液相当的氮量（mg）；2 为样品体积（mL）。

6. 注意事项　甲醛滴定法可以用来测定蛋白质的水解程度。随着蛋白质水解程度的增加，滴定终点的数值也增加，当蛋白质水解完成后，滴定终点的数值不再增加。

二、氨基酸组分的测定

（一）原理

用氨基酸自动分析仪（茚三酮柱后衍生离子交换色谱仪）测定氨基酸组分和含量。食物中蛋白质经盐酸水解成为游离氨基酸，经氨基酸分析仪的离子交换柱分离后，与茚三酮溶液产生颜色反应，再通过分光光度计比色测定氨基酸含量。一份水解液可同时测定天冬氨酸、苏氨酸、丝氨酸、谷氨酸、脯氨酸、甘氨酸、丙氨酸、缬氨酸、甲硫氨酸、异亮氨酸、亮氨酸、酪氨酸、苯丙氨酸、组氨酸、赖氨酸和精氨酸 16 种氨基酸，其最低检出限为 10 pmol。

（二）仪器和设备

真空泵，恒温干燥箱，水解管（耐压螺盖玻璃管或硬质玻璃管，体积 20～30 mL，用去离子水冲洗干净并烘干），真空干燥器（温度可调节），氨基酸自动分析仪，天平，匀浆机，组织粉碎机或研磨机，容量瓶等。

（三）试剂

全部试剂除注明外均为分析纯，实验用水为去离子水。

1）浓盐酸：优级纯。

2）50%氢氧化钠溶液。

3）6 mol/L 盐酸：浓盐酸与水 1∶1 混合而成。

4）苯酚：需重蒸馏。

5）0.0025 mol/L 混合氨基酸标准液（仪器制造公司出售）。

6）缓冲液：包括以下 4 种。

a. pH 2.2 的柠檬酸钠缓冲液：称取 19.6 g 柠檬酸钠（$Na_3C_6H_5O_7\cdot 2H_2O$）和 16.5 mL 浓盐酸，加水稀释到 1000 mL，用浓盐酸或 50%氢氧化钠溶液调节 pH 至 2.2。

b. pH 3.3 的柠檬酸钠缓冲液：称取 19.6 g 柠檬酸钠和 12 mL 浓盐酸，加水稀释到 1000 mL，用浓盐酸或 50%氢氧化钠溶液调节 pH 至 3.3。

c. pH 4.0 的柠檬酸钠缓冲液：称取 19.6 g 柠檬酸钠和 9 mL 浓盐酸，加水稀释到 1000 mL，用浓盐酸或 50%氢氧化钠溶液调节 pH 至 4.0。

d. pH 6.4 的柠檬酸钠缓冲液：称取 19.6 g 柠檬酸钠和 46.8 g 氯化钠（优级纯）加水稀释到 1000 mL，用浓盐酸或 50%氢氧化钠溶液调节 pH 至 6.4。

7) 茚三酮溶液：①先配制 pH 5.2 的乙酸锂溶液，称取氢氧化锂($LiOH \cdot H_2O$) 168 g，加入冰醋酸(优级纯) 279 mL，加水稀释到 1000 mL，用浓盐酸或 50%氢氧化钠调节 pH 至 5.2。②取 150 mL 二甲基亚砜(C_2H_6OS)和 50 mL 乙酸锂(CH_3COOLi)溶液，加入 4 g 水合茚三酮($C_9H_4O_3 \cdot H_2O$)和 0.12 g 还原茚三酮($C_{18}H_{10}O_6 \cdot 2H_2O$)，搅拌至完全溶解。

8) 高纯氮气：纯度 99.99%。

9) 冷冻剂：市售食盐与冰按 1∶3 混合。

(四) 操作步骤

1. 样品处理 固体或半固体试样使用组织粉碎机或研磨机粉碎，液体试样用均浆机打成匀浆，于低温冰箱中冷冻保存，测定时将其解冻后使用。

2. 称样 准确称取一定量均匀性好的样品，精确到 0.0001 g(使试样蛋白质含量在 10～20 mg)，将称好的样品放于水解管中。

3. 水解 在水解管内加 6 mol/L 盐酸 10～15 mL(视样品蛋白质含量而定)，加入新蒸馏的苯酚 3 或 4 滴，再将水解管放入冷冻剂中，冷冻 3～5 min，再接到真空泵的抽气管上，抽真空(接近 0 Pa)，然后充入高纯氮气；再抽真空充氮气，重复三次后，在充氮气的状态下封口或拧紧螺丝盖将已封口的水解管放在(110±1)℃的恒温干燥箱内，水解 22 h 后，取出冷却。

打开水解管，将水解液过滤后，用去离子水多次冲洗水解管，将水解液全部转移到 50 mL 容量瓶内，用去离子水定容。吸取滤液 1 mL 于 5 mL 容量瓶内，用真空干燥器在 40～50℃干燥，残留物用 1～2 mL 水溶解，再干燥，反复进行两次，最后蒸干，用 1 mL pH 2.2 的缓冲液溶解，供仪器测定用。

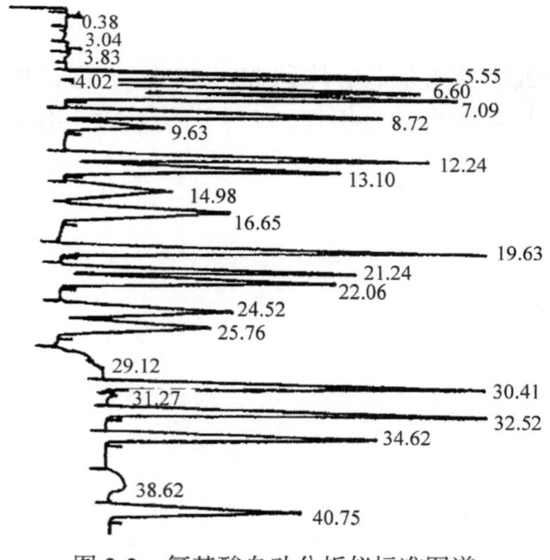

图 2-2 氨基酸自动分析仪标准图谱

4. 测定 准确吸取 0.2 mL 标准混合氨基酸溶液，用 pH 2.2 的缓冲液稀释到 5 mL，稀释后浓度为 5 nmol/50 μL，作为上机测定用的氨基酸标准，用氨基酸自动分析仪以外标法通过峰面积计算样品测定液的氨基酸含量。

测定条件具体如下：

缓冲液流量：20 mL/h。

茚三酮溶液流量：10 mL/h。

柱温：50℃、60℃和 70℃。

色谱柱：20 cm。

分析时间：42 min。

标准图谱见图 2-2，标准出峰顺序和保留时间见表 2-6。

表 2-6 氨基酸自动分析仪标准出峰顺序和保留时间

出峰顺序		保留时间/min	出峰顺序		保留时间/min
1	天冬氨酸	5.55	4	谷氨酸	8.72
2	苏氨酸	6.60	5	脯氨酸	9.63
3	丝氨酸	7.09	6	甘氨酸	12.24

续表

出峰顺序		保留时间/min	出峰顺序		保留时间/min
7	丙氨酸	13.10	12	酪氨酸	24.52
8	缬氨酸	16.65	13	苯丙氨酸	25.76
9	甲硫氨酸	19.63	14	组氨酸	30.41
10	异亮氨酸	21.24	15	赖氨酸	32.57
11	亮氨酸	22.06	16	精氨酸	40.75

(五)结果计算

样品中的氨基酸含量按下式计算：

$$X(\%)=\frac{C\times\frac{1}{50}\times F\times V\times M}{m\times 10^9}\times 100$$

式中，X为样品的氨基酸含量(%)；C为样品测定液中氨基酸的含量(nmol/50 μL)；F为样品稀释倍数；V为水解后样品定容体积(mL)；M为氨基酸的摩尔质量(g/mol)；m为样品质量(g)；1/50为折算成每微升样品测定的氨基酸含量系数；10^9为ng与g的换算系数。

16种氨基酸的相对分子质量：天冬氨酸，133.1；苏氨酸，119.1；丝氨酸，105.1；谷氨酸，147.1；脯氨酸，115.1；甘氨酸，75.1；丙氨酸，89.1；缬氨酸，117.2；甲硫氨酸，149.2；异亮氨酸，131.2；亮氨酸，131.2；酪氨酸，181.2；苯丙氨酸，165.2；组氨酸，155.2；赖氨酸，146.2；精氨酸，174.2。

样品氨基酸含量在1.00 g/100 g以下，保留两位有效数字；样品氨基酸含量在1.00 g/100 g以上，保留三位有效数字。

精密度要求：在重复性条件下获得的两次独立测定结果的绝对差值不得超过算术平均值的12%。

三、个别氨基酸的定量测定

(一)胱氨酸含量的测定——氨基酸自动分析仪法(过甲酸氧化)

1. 原理　在用盐酸水解蛋白质的过程中，胱氨酸易被破坏，现多采用过甲酸氧化法将蛋白质中的胱氨酸及半胱氨酸氧化成半胱磺酸，生成的半胱磺酸可在氨基酸自动分析仪上进行测定，与标准半胱磺酸比较，计算其含量。

2. 仪器和设备　除本节第二部分氨基酸自动分析仪法测定16种氨基酸所需的仪器及试剂外，还需要以下设备。

1)水解瓶：耐压螺盖玻璃管或硬质试管，体积20～30 mL，用去离子水冲净并烘干。

2)电热减压蒸发器。

3. 试剂

1)过甲酸(取9 mL分析纯甲酸加入1 mL 30%过氧化氢混合，在室温放置2 h以上)。

2)其他试剂：95%乙醇、盐酸、去离子水、柠檬酸钠缓冲液(同本节二)。

4. 操作步骤

(1)过甲酸氧化　称取3一定量的样品置于水解瓶中，使样品含蛋白质在5～10 mg，加入 1 mL 过甲酸，在室温放置 3 h。加 1 mL 95%乙醇终止氧化。将样品瓶置于电热减压蒸发器中，于 45℃减压蒸干，用 1 mL 去离子水淋洗瓶壁，再蒸干，反复 3 次，以除去过甲酸。

(2) 盐酸水解　同本节第二部分氨基酸自动分析仪法测定 16 种氨基酸的水解方法。

(3) 测定　在氨基酸自动分析仪上，在柱温 50℃时用 pH 3.3 柠檬酸钠缓冲液（见本节二、）洗脱，半胱磺酸的出峰时间约在 1.78 min。

5. 结果计算

$$\text{上机样品液(50μL)中半胱磺酸量(nmol)}=\frac{\text{上机标准液中半胱磺酸量(nmol)}\times\text{样品峰面积}}{\text{半胱磺酸标准峰面积}}$$

$$\text{100g样品中胱氨酸量(mg)}=\frac{\text{上机样品中半胱磺酸量(nmol)}\times D\times M\times 100}{W\times E\times 10^6}$$

式中，D 为样品稀释倍数；M 为胱氨酸的摩尔质量(g/mol)；W 为样品质量(g)；E 为上机时的进样量(此处为 50 μL)；10^6 为 ng 与 mg 的换算系数；100 为转换至 100 g 的扩大倍数。

（二）色氨酸含量的测定——荧光分光光度法

1. 原理　样品中蛋白质在酸水解过程中，其色氨酸极易被分解，本法用碱水解蛋白质，直接测定色氨酸的天然荧光。在蛋白质水解液中，只有色氨酸和酪氨酸可以检测到荧光。在 pH 为 11 时，色氨酸的荧光强度比酪氨酸大 100 倍，且两种氨基酸的荧光峰相差超过 40 nm，利用此特点，可在有大量酪氨酸存在的情况下，检测色氨酸的含量。

2. 仪器和设备　天平、试管、荧光分光光度计、减压蒸发器、螺旋盖大口玻璃瓶（瓶盖要有橡皮垫）、聚四氟乙烯管、小玻璃球、烘箱、容量瓶等。

3. 试剂

1) 5 mol/L NaOH：内含 0.5%可溶性淀粉，临用前配制。

2) 4 mol/L 尿素(pH 11)。

3) 6 mol/L 盐酸。

4) 0.005 mol/L 氢氧化钠溶液。

5) 溴百里酚蓝（溴麝香草酚蓝）指示剂：称取 0.1 g 溴百里酚蓝，加 0.1 mol/L 氢氧化钠溶液 1.6 mL，配成 0.05%水溶液。

6) 高纯氮（含量 99.999%）。

7) 辛醇甲苯溶液：内含 1%辛醇。

8) 色氨酸标准储备液(1 mg/mL)：称取色氨酸标准品 100.0 mg，用 0.005 mol/L 的氢氧化钠溶液溶解并定容至 100 mL，贮存于冰箱。

4. 操作步骤

(1) 色氨酸标准曲线的制作　用前将色氨酸标准储备液稀释成每 1 mL 含 100 μg、200 μg、300 μg、400 μg 的系列色氨酸标准溶液。取每种浓度的标准溶液各 1 mL（双份），用 pH 11 的 4 mol/L 尿素溶解稀释定容至 10 mL，在波长为 280 nm、360 nm 条件下测定荧光强度。同时水解，以色氨酸浓度为横坐标、荧光强度为纵坐标绘制标准曲线。

(2) 测定　称取含粗蛋白质约 5 mg 的样品，置于聚四氟乙烯管中，加含可溶性淀粉的 5 mol/L 氢氧化钠 1 mL，加入 1 滴辛醇甲苯溶液。将各管分别盖上小玻璃球，放入 1 支带螺旋盖的大口玻璃瓶中，将瓶置于减压蒸发装置中，加冰和盐降温，减压至真空度 1.3 kPa 以下，继续保持 15 min，充氮气再减压，如此反复 3 次，迅速旋紧大口瓶的螺旋盖。将充氮气的大口瓶置于烘箱内，在 110℃水解样品 22 h。冷却大口瓶，用双蒸水将样品分别洗至 25 mL 容量瓶中（内含 6 mol/L HCl 0.7 mL），以溴百里酚蓝为指示剂调节 pH 至中性，用双蒸水定容至刻度。

吸取样品液 1 mL，于 10 mL 带盖试管内，用 pH 11 的 4 mol/L 尿素溶液稀释定容至刻度，在激发波长为 280 nm、发射波长为 360 mm 条件下测定荧光强度，根据色氨酸标准曲线，计算样品中色氨酸含量。

5. 结果计算

$$每100g样品中的色氨酸质量(mg) = \frac{A \times D \times 100}{1000 \times W}$$

式中，A 为根据标准曲线得到的每 1 mL 测定液中色氨酸的质量（mg）；D 为稀释倍数；W 为取样量（g）；100 为转换至 100 g 的扩大倍数；1000 为 g 与 mg 的换算系数。

第三节　可溶性糖含量的测定

植物体中的可溶性糖，通常包括可溶性还原糖和可溶性非还原糖。它们都溶于水（故也称水溶性糖），也易溶于乙醇。可溶性糖是光合作用的初级产物，通过测定可溶性糖的含量，可以了解光合作用的强度和效率。了解作物的 C、N 代谢状况，有助于了解不同的生产技术条件（如施肥、灌溉、气温等）对作物糖分含量的影响，以便改进生产技术条件从而达到作物高产优质的需要。品质正常的粮食，在良好的贮存条件下，粮食籽粒中还原糖和非还原糖的变化不大，但是，当粮食水分含量大，仓温高，遭受虫、霉侵害时，非还原糖含量下降，还原糖含量先上升后很快下降，因此还原糖和非还原糖的变化可以作为贮粮稳定性指标之一。

可溶性糖的测定对于鉴定作物品质、改进栽培技术和选择合适的贮藏方法都具有很大意义。常用的方法主要是比色法，包括硫酸苯酚法、蒽酮硫酸法、3, 5-二硝基水杨酸法。硫酸苯酚法的影响因素较蒽酮硫酸法多，试剂反应剧烈，可能造成液体飞溅，而且苯酚易氧化，这些均会影响测定结果，因此对于实验的操作要求也比较苛刻。蒽酮硫酸法的特点是几乎可测定所有的糖类，不但可测定戊糖和己糖，而且可测定所有的寡糖类和多糖类（因为反应液中的浓硫酸可把多糖水解成单糖而发生反应），包括淀粉、纤维素等。

一、硫酸苯酚法测定可溶性糖含量

（一）原理

可溶性糖主要有能溶于水及乙醇的可溶性单糖和寡聚糖。糖在浓硫酸作用下脱水生成糠醛或羟甲基糠醛，后者能与苯酚反应生成一种橙红色化合物，含量在 10～100 mg 时其颜色的深浅与糖的含量成正比，且在 485 nm 波长处有最大吸收峰，因此可用比色法在此波长下测定。硫酸苯酚法可以用于甲基化的糖、戊糖和多聚糖的测定，方法简单，灵敏度高且不受蛋白质的影响，产生的颜色稳定时间在 160 min 以上。

（二）仪器和设备

分析天平、试管、具塞刻度试管、移液管、50 mL 比色管 7 支、分光光度计、容量瓶等。

（三）试剂

1）90%苯酚溶液：称取 90 g 苯酚，加蒸馏水溶解并定容至 100 mL。

2）9%苯酚溶液：取 3 mL 90%苯酚溶液，加蒸馏水定容至 30 mL，现配现用。

3）浓硫酸（相对密度为 1.84）。

4）1%蔗糖标准液：将分析纯蔗糖在 80℃下烘至恒重，精确称取 1.000 g，加少量水溶解，移入 100 mL 容量瓶，加入 0.5 mL 浓硫酸，用蒸馏水定容至刻度。

5）100 μg/L 蔗糖标准液：精确吸取 1%蔗糖标准液 1 mL 加入 100 mL 容量瓶，加蒸馏水定容至 100 mL。

（四）操作步骤

1. 标准曲线的制作　取 20 mL 刻度试管 6 支，从 0～5 分别编号，按表 2-7 依次加入蔗糖标准液和蒸馏水，然后按顺序向试管内加入 1 mL 9%苯酚溶液，摇匀，再按试管编号顺序依次快速加入 5 mL 浓硫酸，摇匀。比色液总体积为 8 mL，在室温下放置 30 min，显色。然后以空白为参比，在 485 nm 波长处比色测定，以糖含量为横坐标、吸光度值为纵坐标，绘制标准曲线，并求出标准曲线方程。

表 2-7　蔗糖标准曲线的制作

试管编号	0	1	2	3	4	5
100 μg/L 蔗糖标准液/mL	0.0	0.2	0.4	0.6	0.8	1.0
蒸馏水/mL	2.0	1.8	1.6	1.4	1.2	1.0

2. 可溶性糖的提取　称取样品 0.1～0.3 g，放入 1 支刻度试管中，加入 5～10 mL 蒸馏水，塑料薄膜封口，于沸水中提取 30 min（提取 2 次），提取液过滤入 25 mL 容量瓶中，反复冲洗试管及残渣，定容至刻度。

3. 测定　吸取 0.5 mL 样品液于试管中（重复 2 次），加蒸馏水 1.5 mL，同制作标准曲线的步骤，按顺序分别加入苯酚、浓硫酸，显色并测定吸光度值。由标准曲线方程求出糖的含量，再计算测试样品中糖的含量。

（五）结果计算

$$X(\%)=\frac{C\times D}{M}\times 100$$

式中，X 为可溶性糖含量（%）；C 为在标准曲线上查得的糖的质量（g）；D 为稀释倍数；M 为样品质量（g）。

（六）注意事项

测定时根据吸光度值确定取样的量，吸光度值最好在 0.1～0.3。如小于 0.1 可以考虑取样质量为 2 g，仍取 0.2 mL 样品液；如大于 0.3 可以减半取 0.1 mL 样品液进行测定。

二、蒽酮硫酸法测定可溶性糖含量

（一）原理

糖在浓硫酸作用下，可经脱水反应生成糖醛，生成的糖醛或羟甲基糖醛可与蒽酮反应生成蓝绿色糖醛衍生物，在一定范围内，颜色的深浅与糖的含量成正比。糖类与蒽酮反应生成的有色物质，在可见光区的吸收峰为620 nm，可在此波长下进行比色，故可用于糖的定量测定。

（二）仪器和设备

分光光度计、分析天平、离心管、离心机、试管、锥形瓶、移液管、容量瓶、剪刀、瓷盘、玻璃棒、水浴锅、电炉、漏斗、滤纸等。

（三）试剂

1）浓硫酸。

2）葡萄糖标准溶液（200 μg/mL）：准确称取200 mg分析纯无水葡萄糖，溶于蒸馏水并定容至100 mL，使用时再稀释10倍（100 μg/mL）。

3）蒽酮试剂：称取 1.0 g蒽酮，溶于50 mL乙酸乙酯中，贮存于具塞棕色瓶内，黑暗情况下可以保存数周。

（四）操作步骤

1. 标准曲线的制作 取6支大试管，从0～5分别编号，按表2-8加入各试剂。

表2-8 蒽酮硫酸法测可溶性糖制作标准曲线的试剂用量

试管编号	0	1	2	3	4	5
葡萄糖标准溶液/mL	0.0	0.2	0.4	0.6	0.8	1.0
蒸馏水/mL	2.0	1.8	1.6	1.4	1.2	1.0

在每支试管中立即加入蒽酮试剂0.5 mL，再加入浓硫酸5 mL，将各试管快速摇动混匀后，室温放置10 min，在620 nm波长下，用空白调零测定吸光度值，以吸光度值为纵坐标、葡萄糖质量（μg）为横坐标绘制标准曲线。

2. 样品中可溶性糖的提取 称取剪碎混匀的新鲜样品1.0 g或干样粉末100 mg，放入大试管中，加入25 mL蒸馏水，在沸水浴中煮沸20 min，取出冷却，过滤入50 mL容量瓶中，用蒸馏水冲洗残渣数次，定容至刻度。

取待测样品提取液 2.0 mL，加蒽酮试剂0.5 mL，再加入浓硫酸5 mL，将各管快速摇动混匀后，室温放置10 min后比色，同时以标准曲线0号管作为空白对照，记录波长620 nm处的吸光度值，重复3次。

（五）结果计算

1）以A_{620nm}为纵坐标，以标准葡萄糖含量为横坐标（5个点的标准葡萄糖含量为40 μg、

80 μg、120 μg、160 μg、200 μg)，绘制标准曲线。

2)求样品管 A_{620nm} 的平均值。

3)根据 A_{620nm} 从标准曲线中求得样品管中葡萄糖的质量 B(μg)。

4)按以下公式计算样品的可溶性糖含量：

$$可溶性糖含量(\%)=\frac{B\times D}{m\times 10^6}\times 100$$

式中，B 为由 A_{620nm} 从标准曲线中求得到样品管中葡萄糖的质量(μg)；D 为稀释倍数；m 为样品质量(g)；10^6 为 g 与μg 之间的换算系数。

(六)注意事项

1)蒽酮试剂含有浓硫酸，使用时应小心。

2)离心时要平衡。

3)在蒽酮反应前样品应稀释 10～20 倍。

三、3, 5-二硝基水杨酸法测定还原糖含量

(一)原理

还原糖在碱性条件下加热被氧化成糖酸及其他产物，3, 5-二硝基水杨酸则被还原为棕红色的 3-氨基-5-硝基水杨酸。在一定范围内，还原糖的量与棕红色物质颜色的深浅成正比，利用分光光度计，在 540 nm 波长下测定吸光度值，参考标准曲线，便可求出样品中还原糖和总糖的含量。由于多糖水解为单糖时，每断裂一个糖苷键需加入一分子水，因此在计算多糖含量时应乘以 0.9。

COOH, OH, O_2N, NO_2 + 还原糖 $\xrightarrow[碱性]{加热}$ COOH, OH, O_2N, NH_2

(二)仪器和设备

25 mL 具塞刻度试管、烧杯、锥形瓶、容量瓶、刻度吸管、水浴锅、制冰机、扭力天平、分光光度计等。

(三)试剂

1)1 mg/mL 葡萄糖标准液：准确称取 80℃烘至恒重的分析纯葡萄糖 100 mg，置于小烧杯中，加少量蒸馏水溶解后，转移到 100 mL 容量瓶中，用蒸馏水定容至 100 mL，混匀，4℃冰箱中保存备用。

2)3,5-二硝基水杨酸(DNS)试剂：将 6.3 g DNS 和 262 mL 2 mol/L NaOH 溶液，加到 500 mL 含有 185 g 酒石酸钾钠的热水溶液中，再加 5 g 结晶酚和 5 g 亚硫酸钠，搅拌溶解，冷却后加蒸馏水定容至 1000 mL，贮于棕色瓶中备用。

(四)操作步骤

1. 制作葡萄糖标准曲线　取 7 支 25 mL 具塞刻度试管并编号，按表 2-9 分别加入浓度为 1 mg/mL 的葡萄糖标准液、蒸馏水和 DNS 试剂，配成不同葡萄糖含量的反应液。

表 2-9　葡萄糖标准曲线的制作

试管编号	0	1	2	3	4	5	6
葡萄糖标准液/mL	0.0	0.2	0.4	0.6	0.8	1.0	1.2
蒸馏水/mL	2.0	1.8	1.6	1.4	1.2	1.0	0.8
DNS 试剂/mL	1.5	1.5	1.5	1.5	1.5	1.5	1.5

将各管摇匀，在沸水浴中准确加热 5 min，取出，冰浴冷却至室温，用蒸馏水定容至 25 mL，加塞后颠倒混匀，在分光光度计上进行比色。调波长至 540 nm，用 0 号管调零点，测出 1～6 号管的吸光度值。以吸光度值为纵坐标、葡萄糖质量(mg)为横坐标，做出标准曲线，得出线性回归方程。

2. 样品中还原糖的测定

1)样品中还原糖的提取：准确称取 3 g 干样粉末，放在 100 mL 的烧杯中，先以少量蒸馏水调成糊状，然后加 50 mL 蒸馏水，搅匀，置于 50℃恒温水浴中保温 20 min，使还原糖浸出。离心或过滤，用 20 mL 蒸馏水洗残渣，再离心或过滤，将两次离心的上清液或滤液全部收集在 100 mL 容量瓶中，用蒸馏水定容至刻度，混匀，作为还原糖待测液。

2)显色和比色：取 3 支 25 mL 刻度试管，编号，分别加入还原糖待测液 2 mL、3, 5-二硝基水杨酸试剂 1.5 mL，其余操作均与制作标准曲线相同，测定各管的吸光度值。

(五)结果计算

分别在标准曲线上查出各样品相应的还原糖质量(mg)，按下式计算还原糖百分含量：

$$\text{还原糖百分含量}(\%)=\frac{C\times\frac{V}{a}}{W\times 10^3}\times 100$$

式中，C 为由标准曲线方程求得的还原糖的质量(mg)；V 为提取液的体积(mL)；a 为显色时吸取样品液的体积，a=0.01 mL；W 为样品的质量(g)；10^3 为 g 与 mg 的换算系数。

(六)注意事项

制作标准曲线与测定样品含糖量应同时进行，一起显色和比色。

第四节　淀粉含量的测定

淀粉是由葡萄糖分子聚合而成的，是自然界中最丰富的碳水化合物，是植物中主要的能量贮存物质，是人们获取能量的主要来源，是粮食籽粒的重要组成部分，通常占粮食籽粒干重的 65%～80%。商品淀粉主要从谷类和块根类农作物中分离得到。淀粉有直链淀粉和支链淀粉两类，直链淀粉、支链淀粉之比一般为(15%～28%)：(72%～85%)，因植物种类、品种、生长时期的不同而异。虽然淀粉经加工销售于食品行业，但是淀粉在非食品行业(报纸、纺织品、化妆品、清洁剂和医药品)也具有重要的经济和商业价值。淀粉作为具有明确化学性质的生物可降解聚合物，在多用途、可再生资源开发方面也有巨大的应用前景，具有重要的商业价值。

一、总淀粉含量的测定

总淀粉、直链淀粉及支链淀粉的含量是判断粮食品质的一个重要指标，因此，快速准确地测定淀粉含量具有重要的实际意义。淀粉含量测定方法有淀粉酶水解法、酸水解法、旋光法等。酸水解法操作简单，但选择性和准确性不够高，适用于淀粉含量较高，而半纤维素和多缩戊糖等其他多糖含量较少的样品；对富含半纤维素、多缩戊糖及果胶质的样品，因其也会被水解为木糖、阿拉伯糖等还原糖，测定结果会偏高。采用酶水解法和酸水解法时操作烦琐、试剂种类多、分析速度慢。而旋光法重现性好，操作简便、快速，对于可溶性糖类含量不高的谷物样品具有较高的准确度。但是针对蛋白质含量较高的样品，还有一些未知或性质不清楚的样品及已经受热或变性的样品，如高蛋白营养米粉，用旋光法测定时误差较大。

(一)酶水解法测定总淀粉含量

1. 原理 样品经除去脂肪及可溶性糖类后，其中淀粉用淀粉酶水解成双糖，再用盐酸将双糖水解成单糖，最后按还原糖测定，并折算成淀粉。

2. 仪器和设备 分析天平、烧杯、漏斗、滤纸、水浴锅、量筒、酸式滴定管、玻璃棒、表面皿、G4 砂芯坩埚等。

3. 试剂

1) 0.5%淀粉酶溶液：称取淀粉酶 0.5 g，加 100 mL 水溶解，加数滴甲苯或三氯甲烷，防止长霉，贮存于冰箱中。

2) 碘溶液：称取 3.6 g 碘化钾溶于 20 mL 水中，加入 1.3 g 碘，溶解后加水稀释定容至 100 mL，贮存于棕色试剂瓶中。

3) 乙醚。

4) 85%乙醇。

5) 6 mol/L 盐酸：量取 50 mL 盐酸加水稀释定容至 100 mL。

6) 甲基红指示液：称取 0.20 g 甲基红溶于 20 mL 乙醇，用水稀释定容至 100 mL。

7) 20%氢氧化钠溶液。

8) 碱性酒石酸铜甲液：称取 34.639 g 硫酸铜($CuSO_4·5H_2O$)，加适量水溶解，加 0.5 mL 硫酸，再加水稀释定容至 500 mL，用精制石棉过滤。

9) 碱性酒石酸铜乙液：称取 173 g 酒石酸钾钠与 50 g 氢氧化钠，加适量水溶解，并稀释至 500 mL，用精制石棉过滤，贮存于具橡胶塞玻璃瓶内。

10) 0.10 mol/L 高锰酸钾标准溶液：称取 1.58 g 高锰酸钾，加适量水溶解，并稀释至 100 mL。

11) 硫酸铁溶液：称取 50 g 硫酸铁，加入 200 mL 水溶解后，加入 100 mL 硫酸，冷却后加水稀释定容至 1000 mL。

4. 操作步骤

(1) 样品处理 称取 2～5 g 样品磨碎，置于放有折叠滤纸的漏斗内，先用 50 mL 乙醚分5次洗除脂肪，再用约100 mL 85%乙醇洗去可溶性糖类，将残留物移入250 mL烧杯内，并用50 mL水冲洗滤纸及漏斗，洗液并入烧杯内，将烧杯置沸水浴上加热15 min，使淀粉糊化，冷却至60℃以下，加20 mL 0.5%淀粉酶溶液，在55～60℃条件下保温1 h，并一直搅拌。然后取1滴此液加1滴碘溶液，应不显现蓝色，若显蓝色，再加热糊化并再加20 mL 0.5%淀粉酶溶液，继续保温，直至加碘不显蓝色为止。加热至沸，冷后移入250 mL容量瓶中，并加水至刻度，混匀，过滤，弃去初滤液。取50 mL滤液，置于250 mL锥形瓶中，沸水浴中回流1 h，冷后加2滴甲基红指示液，用20%氢氧化钠溶液中和至中性，溶液转入100 mL容量瓶中，洗涤锥形瓶，洗液并入100 mL容量瓶中，加水至刻度，混匀备用。

（2）测定　吸取50 mL处理后的样品溶液，于400 mL烧杯内，加入25 mL碱性酒石酸铜甲液及25 mL碱性酒石酸铜乙液。于烧杯上盖一表面皿，加热，控制在4 min内沸腾，再准确煮沸2 min，趁热用铺好石棉的G4砂芯坩埚抽滤，并用60℃热水洗涤烧杯及沉淀，至洗液不呈碱性为止。将G4砂芯坩埚放回原400 mL烧杯中，加25 mL硫酸铁溶液及25 mL水，用玻璃棒搅拌使氧化亚铜完全溶解，以0.10 mol/L高锰酸钾标准溶液滴定至微红色为终点。同时量取50 mL水及与样品处理时相同量的淀粉酶溶液，按同一方法做试剂空白实验。

5. 结果计算　按以下公式计算样品的淀粉含量：

$$\text{淀粉含量}(\%)=\frac{(A_1-A_2)\times 0.9}{m\times 50/250\times V/100\times 1000}\times 100$$

式中，A_1为样品中还原糖的质量（mg）；A_2为试剂空白中还原糖的质量（mg）；0.9为还原糖（以葡萄糖计）换算成淀粉的换算系数；m为称取样品的质量（g）；V为样品处理液的体积（mL）；250为样品定容的总体积（mL）；分母中的50和100分别为取出的滤液体积（mL）及其定容体积（mL）；1000为g与mg的换算系数。

6. 注意事项　酶水解法无法将淀粉分解的极限糊精进一步分解为葡萄糖，测定结果可能会偏低，而且结果受实验条件和经验的影响加大。

（二）酸水解法测定总淀粉含量

1. 原理　样品经除去脂肪及可溶性糖类后，其中淀粉用酸水解成具有还原性的单糖，然后按还原糖测定，并折算成淀粉。

2. 仪器和设备　精密pH试纸、分析天平、量筒、锥形瓶、烧杯、容量瓶、漏斗、滤纸、水浴锅、高速组织捣碎机（1200 r/min）、皂化装置并附250mL锥形瓶、玻璃棒、石棉网、G4砂芯坩埚等。

3. 试剂

1）乙醚。

2）85%乙醇溶液。

3）6 mol/L盐酸溶液：量取50 mL盐酸加水稀释定容至100 mL。

4）40%氢氧化钠溶液。

5）甲基红指示液：称取0.20 g甲基红，用乙醇溶解，用水稀释定容至100 mL。

6）20%乙酸铅溶液。

7）10%硫酸钠溶液。

8）碱性酒石酸铜甲液：配制方法同酶水解法。

9）碱性酒石酸铜乙液：配制方法同酶水解法。

10）硫酸铁溶液：配制方法同酶水解法。

11）0.1000 mol/L 高锰酸钾标准溶液。

4. 操作步骤

（1）样品处理

1）较干燥的样品：称取 2.0～5.0 g，磨碎过 40 目筛，置于放有慢速滤纸的漏斗中，用 30 mL 乙醚分 3 次洗去样品中的脂肪，弃去乙醚。再用 150 mL 85%乙醇溶液分数次洗涤残渣，除去可溶性糖类物质。并滤干乙醇溶液，以 100 mL 水洗涤漏斗中残渣并转移至 250 mL 锥形瓶中，加入 30 mL 6 mol/L 盐酸溶液，接好冷凝管，置沸水浴中，通过皂化装置回流 2 h。回流完毕后，立即置流水中冷却。待样品水解液冷却后，加入 2 滴甲基红指示液，先以 40%氢氧化钠溶液调至黄色，再以 6 mol/L 盐酸溶液校正至水解液刚变红色。若水解液颜色较深，可用精密 pH 试纸测试，使样品水解液的 pH 约为 7，然后加 20 mL 20%乙酸铅溶液，摇匀，放置 10 min，再加 20 mL 10%硫酸钠溶液，以除去过多的铅。摇匀后将全部溶液及残渣转入 500 mL 容量瓶中，用水洗涤锥形瓶，洗液合并于容量瓶中，加水稀释定容至刻度。过滤，弃去初滤液 20 mL，剩余滤液供测定用。

2）含水量较高的样品：按 1∶1 加水在高速组织捣碎机中捣成匀浆（蔬菜、水果需先洗净，晾干，取可食部分），称取 5～10 g 匀浆（液体样品可直接量取），于 250 mL 锥形瓶中，加 30 mL 乙醚振摇提取（除去样品中脂肪），用滤纸过滤除去乙醚，再用 30 mL 乙醚淋洗两次，弃去乙醚。以下按上步 1）自“再用 150 mL 85%乙醇溶液……”起操作。

（2）测定　吸取 50 mL 处理后的样品溶液，于 400 mL 烧杯内，加 25 mL 碱性酒石酸铜甲液及 25 mL 碱性酒石酸铜乙液。于烧杯上盖一表面皿，加热，控制在 4 min 内沸腾，再准确煮沸 2 min，趁热用铺好石棉的 G4 砂芯坩埚抽滤，并用 60℃热水洗涤烧杯及沉淀，至洗液不呈碱性为止。将 G4 砂芯坩埚放回原 400 mL 烧杯中，加 25mL 硫酸铁溶液及 25mL 水，用玻璃棒搅拌使氧化亚铜完全溶解，以 0.10 mol/L 高锰酸钾标准溶液滴定至微红色为终点。同时吸取 50 mL 水，加与测样品时相同量的碱性酒石酸铜甲液和乙液、硫酸铁溶液及水，按同一方法做试剂空白试验。

5. 结果计算　按以下公式计算样品的淀粉含量：

$$淀粉含量(\%)=\frac{(A_1-A_2)\times 0.9}{m\times V/500\times 1000}\times 100$$

式中，A_1 为测定用样品中还原糖的质量（mg）；A_2 为试剂空白中还原糖的质量（mg）；0.9 为还原糖（以葡萄糖计）换算成淀粉的换算系数；m 为称取样品的质量（g）；500 为试样液总体积（mL）；V 为测定用样品处理液的体积（mL）；1000 为 g 与 mg 的单位换算系数。

6. 注意事项

1）样品中加入乙醇溶液后，混合液中乙醇的浓度应在 80%以上，以防止糊精随可溶性糖类一起被洗掉。如要求测定结果不包括糊精，则用 10%乙醇洗涤。

2）水解条件要严格控制，保证淀粉水解完全，并避免因加热时间过长对葡萄糖产生影响。

（三）旋光法测定总淀粉含量

1. 原理　在加热及稀盐酸的作用下，样品中淀粉轻度水解。淀粉分子具有不对称碳原子，因而具有旋光性。在一定的水解条件下，不同谷物淀粉的比旋光度（$[\alpha]_D^{20}$）是不同的，一般在171～195[(°)·m²/kg]。利用旋光仪能够测定淀粉溶胶的旋光度(α)，旋光度的大小与淀粉的浓度成正比，因此可用旋光法测定粗淀粉的含量。

2. 仪器和设备　旋光仪、水浴锅、容量瓶、锥形瓶、分析天平、烧杯等。

3. 试剂

1)1%盐酸溶液：将23.3 mL相对密度为1.19的盐酸用蒸馏水稀释定容至1000 mL，标定后的浓度为(0.274±0.001) mol/L。

2)30%硫酸锌溶液。

3)15%亚铁氰化钾溶液。

4. 操作步骤

1)称取粉碎过40目筛的样品2.50 g(精确至0.01 g)，放入200 mL烧杯中，沿器壁缓慢加入50 mL 1%盐酸溶液，并轻轻摇动使样品全部湿润，然后将烧杯放入沸水浴中。在3 min内使其沸腾，准确沸腾15 min，立即取出，迅速冷却至室温。

2)先加入1 mL 30%硫酸锌溶液，充分混匀后，再加入1mL 15%亚铁氰化钾溶液，摇匀，并全部转移至100 mL容量瓶中，用少量蒸馏水将锥形瓶冲洗几次。若泡沫过多，加几滴无水乙醇消泡，用蒸馏水定容至刻度。混匀后过滤，弃去初始滤液15 mL，收集其余滤液充分混匀后进行旋光测定。

5. 结果计算　按以下公式计算样品的淀粉含量：

$$\text{淀粉含量}(\%)=\frac{\alpha\times 100}{[\alpha]_{\mathrm{D}}^{20}\cdot L\cdot m}\times 100$$

式中，α为测得的旋光度(°)；$[\alpha]_{\mathrm{D}}^{20}$为淀粉的比旋光度[(°)·m²/kg](表2-10)；L为旋光管长度(dm)；m为样品的质量(g)；分子中的100为定容体积(mL)。

表2-10　不同作物淀粉的比旋光度　[单位：(°)·m²/kg]

类别	$[\alpha]_{\mathrm{D}}^{20}$	类别	$[\alpha]_{\mathrm{D}}^{20}$
小麦	182.7	马铃薯	195.4
黑麦	184.0	小米	171.4
大麦	181.5	荞麦	179.5
水稻	185.9	燕麦	181.3
玉米	184.6		

6. 注意事项

1)配制1%盐酸溶液的方法是将盐酸用玻璃棒引流缓慢加到900 mL蒸馏水中，并不断搅拌，冷却后用蒸馏水定容至1000 mL。

2)实验中，沸水浴时要准备足量的水，用计时器准确计时。

3)提前打开旋光仪，使其进入稳定工作状态。

二、直链淀粉和支链淀粉含量的测定

淀粉一般都是直链淀粉和支链淀粉的混合物。直链淀粉和支链淀粉含量和比例因植物种类而不同，决定着谷物种子的出粉率和食物品质，并影响着谷物的贮藏加工性能。目前，直链淀粉和支链淀粉的测定常用双波长比色法，近年来有很多文献报道将其用于小麦、薯类、板栗、高粱、葛根和豆类等不同农作物中直链淀粉含量的测定。

1. 原理　根据双波长比色原理，如果溶液中某溶质在两个波长下均有吸收，则两个波长的吸收差值与溶质浓度成正比。直链淀粉与碘作用产生蓝色，支链淀粉与碘作用产生紫红色至棕红色。分别用直链淀粉和支链淀粉的标准溶液与碘反应，用分光光度计进行可见光波段(400～960 nm)扫描或做吸收曲线，可以在同一个坐标系下得到直链淀粉和支链淀粉的 2 条吸收曲线，然后根据作图法可以确定直链淀粉的测定波长(λ_2)和参比波长(λ_1)、支链淀粉的测定波长(λ_4)和参比波长(λ_3)。再将待测样品与碘显色，在选定的 4 个波长下做 4 次比色，然后利用直链淀粉和支链淀粉标准曲线即可分别求出样品中两类淀粉的含量。

2. 仪器和设备　分析天平、pH 计、容量瓶、吸管、双光束分光光度计(带波段扫描)等。

3. 试剂

1) 乙醚。

2) 无水乙醇。

3) 0.5 mol/L KOH 溶液。

4) 0.1 mol/L HCl 溶液。

5) 碘试剂：称取碘化钾 2.0 g，溶于少量蒸馏水，再加碘 0.2 g，待溶解后用蒸馏水稀释定容至 100 mL。

6) 直链淀粉标准溶液：称取直链淀粉纯品 0.1000 g，放在 100 mL 容量瓶中，加入 0.5 mol/L KOH 溶液 10 mL，在热水中溶解后，取出加蒸馏水定容至 100 mL，即为 1 mg/mL 直链淀粉标准溶液。

7) 支链淀粉标准溶液：用 0.1000 g 支链淀粉按同样方法制备成 1 mg/mL 支链淀粉标准溶液。

4. 操作步骤

(1) 确定直链淀粉、支链淀粉的测定波长和参比波长

1) 直链淀粉：取 1 mg/mL 直链淀粉标准溶液 1 mL，放入 50 mL 容量瓶中，加蒸馏水 30 mL，以 0.1 mol/L HCl 溶液调 pH 至 3.5 左右，加入碘试剂 0.5 mL，并以蒸馏水定容。静置 20 min，以蒸馏水为空白，用双光束分光光度计进行可见光全波段扫描，绘出直链淀粉吸收曲线，然后根据作图法确定直链淀粉的测定波长(λ_2)和参比波长(λ_1)。

2) 支链淀粉：取 1 mg/mL 支链淀粉标准溶液 1 mL，放入 50 mL 容量瓶中，加蒸馏水 30 mL，以 0.1 mol/L HCl 溶液调 pH 至 3.5 左右，加入碘试剂 0.5 mL，并以蒸馏水定容。静置 20 min，以蒸馏水为空白，用双光束分光光度计进行可见光全波段扫描，绘出支链淀粉吸收曲线，然后根据作图法确定支链淀粉的测定波长(λ_4)和参比波长(λ_3)。

如果实验室没有带波段扫描的双光束分光光度计，或者为了简化实验操作、缩短实验时间，也可以直接使用以下经验测定波长和参比波长：直链淀粉测定波长(λ_2)为 563 nm，参比波长(λ_1)为 511 nm；支链淀粉测定波长(λ_4)为 542 nm，参比波长(λ_3)为 722 nm。

(2) 制作双波长直链淀粉标准曲线　按照表 2-11 的量依次加入试剂。吸取 1 mg/mL 直

链淀粉标准溶液 0.3 mL、0.5 mL、0.7 mL、0.9 mL、1.1 mL、1.3 mL，分别放入 6 支 50 mL 容量瓶中，加蒸馏水 30 mL，以 0.1 mol/L HCl 溶液调 pH 至 3.5 左右，加入碘试剂 0.5 mL，并以蒸馏水定容。静置 20 min，以蒸馏水为空白，在λ_1和λ_2波长下分别比色读取吸光度值 A_{λ_1}、A_{λ_2}，计算吸光度差值 $\Delta A_{直}=A_{\lambda_1}-A_{\lambda_2}$，以吸光度差值 $\Delta A_{直}$ 为纵坐标、直链淀粉量(mg)为横坐标绘制双波长直链淀粉标准曲线。

表 2-11　制作双波长直链淀粉标准曲线的试剂量

试管编号	1	2	3	4	5	6
直链淀粉标准溶液/mL	0.3	0.5	0.7	0.9	1.1	1.3
蒸馏水/mL	30.0	30.0	30.0	30.0	30.0	30.0
盐酸溶液/mL	调 pH 至 3.5 左右					
碘溶液/mL	0.5	0.5	0.5	0.5	0.5	0.5
蒸馏水/mL	定容至 50					

(3) 制作双波长支链淀粉标准曲线　按表 2-12 分别吸取 1 mg/mL 支链淀粉标准溶液 2.0 mL、2.5 mL、3.0 mL、3.5 mL、4.0 mL、4.5 mL，放入 6 支 50 mL 容量瓶中，加蒸馏水 30 mL，以 0.1 mol/L HCl 溶液调 pH 至 3.5 左右，加入碘试剂 0.5 mL，并以蒸馏水定容。静置 20 min，以蒸馏水为空白，在λ_3、λ_4波长下比色读取吸光度值 A_{λ_3}、A_{λ_4}，计算吸光度差值 $\Delta A_{支}=A_{\lambda_4}-A_{\lambda_3}$，以吸光度差值 $\Delta A_{支}$ 为纵坐标、支链淀粉质量(mg)为横坐标绘制双波长支链淀粉标准曲线。

表 2-12　制作双波长支链淀粉标准曲线的试剂量

试管编号	1	2	3	4	5	6
支链淀粉标准溶液/mL	2.0	2.5	3.0	3.5	4.0	4.5
蒸馏水/mL	30.0	30.0	30.0	30.0	30.0	30.0
盐酸溶液/mL	调 pH 至 3.5 左右					
碘溶液/mL	0.5	0.5	0.5	0.5	0.5	0.5
蒸馏水/mL	定容至 50					

(4) 样品中直链淀粉、支链淀粉及总淀粉的测定　样品粉碎过 60 目筛，用乙醚脱脂，称取脱脂样品 0.1 g 左右，置于 50 mL 容量瓶中。加 0.5 mol/L KOH 溶液 10 mL，在沸水浴中加热 10 min，取出，以蒸馏水定容至 50 mL，静置。吸取样品液 2.5 mL 两份(即样品液和空白液)，均加蒸馏水 30 mL，以 0.1 mol/L HCl 溶液调 pH 至 3.5 左右，样品中加入碘试剂 0.5 mL，空白液不加碘试剂，然后定容至 50 mL。静置 20 min，以空白液为对照进行比色。

5. 结果计算　按以下公式计算直链淀粉含量、支链淀粉含量及总淀粉含量：

$$直链淀粉含量(\%)=\frac{X_1\times 50}{2.5\times m\times 1000}\times 100$$

$$支链淀粉含量(\%)=\frac{X_2\times 50}{2.5\times m\times 1000}\times 100$$

总淀粉含量(%)=直链淀粉含量(%)+支链淀粉含量(%)

式中，X_1为查双波长直链淀粉标准曲线得到的样品中直链淀粉质量(mg)；X_2为查双波长支链淀粉标准曲线得到的样品中支链淀粉质量(mg)；m 为样品的质量(g)；50 为定容后的体积(mL)；2.5 为吸取样品体积(mL)；1000 为 g 与 mg 的换算系数。

第五节　纤维素含量的测定

纤维素由葡萄糖基组成，广泛存在于各种植物体内。它是组成植物细胞壁的基本成分，其含量的多少关系到植物的机械组织是否发达，作物抗倒伏、抗病虫害的能力是否较强，并且影响粮食作物、纤维作物和蔬菜作物等的产量和品质。不同粮食的纤维素含量各不相同，与籽粒皮层厚度成正比，根据纤维素含量，可以判断籽粒皮层的厚度和粮食加工的精度，也可评估粮食的营养价值。

纤维素的测定方法有酸碱醇醚(洗涤)法、酸性洗涤剂法、比色法及纤维素测定仪法。酸碱醇醚(洗涤)法是国际法，但比较烦琐。

一、酸碱醇醚(洗涤)法测定纤维素含量

1. 原理　该方法利用纤维素不溶于稀酸、稀碱和通常的有机溶剂，以及对氧化剂相当稳定的性质来测定纤维素的含量。稀酸、稀碱与含纤维素的样品共煮时，酸可将淀粉、果胶质和部分半纤维素等水解除去；而碱则能溶解去除蛋白质、部分半纤维素和木质素、脂肪；然后再用乙醇、乙醚处理去除单宁、色素、残余的脂肪、蜡、戊糖等。所得的残渣，减去经高温灼烧后的灰分(如其中含有不溶于酸、碱的物质，可灰化除去)，剩下的即为粗纤维。

2. 仪器和设备　分析天平，烧杯，砂芯坩埚，锥形瓶，高温炉，回流装置，电炉，抽滤装置(玻璃棉抽滤管)，石棉(加 5%氢氧化钠溶液浸泡石棉，在水浴中回流 8 h 以上，再用热水充分洗涤；然后用 20%盐酸在沸水浴中回流 8 h 以上，再用热水充分洗涤，干燥；在 600～700℃条件下灼烧 2 h 后，加水使其成混悬物，贮存于玻璃塞瓶中)等。

3. 试剂　1.25%硫酸溶液、1.25%氢氧化钾溶液、乙醇、乙醚、石蕊试纸、甲基红指示剂、酚酞指示剂等。

4. 操作步骤

(1) 脱脂　称取 2～3 g 粉碎样品倒入 500 mL 烧杯中。若试样的脂肪含量较高时，可用抽提脱脂后的残渣作为试样，或将试样的脂肪用乙醚抽提除去。

(2) 酸液处理　向装有试样的烧杯中加入事先在回流装置下煮沸的 1.25%硫酸溶液 200 mL，标记烧杯中的高度，盖上表面皿，置于电炉上，在 1 min 内煮沸，再继续慢慢煮沸 30 min。在煮沸过程中，要加沸水保持液面高度，经常转动烧杯，到时离开热源，待沉淀下降后，用玻璃棉抽滤管吸去上层清液，吸净后立即加入 100～150 mL 沸水洗涤沉淀，再吸去清液，用沸水如此洗涤沉淀，直至用石蕊试纸检测呈中性为止，蓝色石蕊试纸不变色(pH 6 红色，pH 8 蓝色)(或用甲基红作指示剂检查)。

(3) 碱液处理　将抽滤管中的玻璃棉并入沉淀中，加入事先在回流装置下煮沸的 1.25%

氢氧化钾溶液 200 mL，按照酸液处理法加热微沸 30 min，取下烧杯，待沉淀下降后，趁热用处理到恒重的砂芯坩埚抽滤，用沸水将沉淀无损失地转入坩埚中，洗至中性，用酚酞作指示剂（pH 8 无色、pH 10 红色）。

(4) 乙醇和乙醚处理　先用热至 50～60℃的 95%乙醇 20～25 mL，分 3 或 4 次洗涤沉淀（除去剩余的单宁、脂肪等），然后用乙醚 20～25 mL，分 3 或 4 次洗涤沉淀，最后抽净乙醚。

(5) 烘干与灼烧　先将砂芯坩埚和沉淀在 105℃温度下烘至恒重，称重（m_1）。然后送入 550℃高温炉中灼烧 30 min，取出冷却，称重，再烧 20 min，灼烧至恒重为止，称重（m_2）。

5. 结果计算　按以下公式计算样品中的纤维素含量：

$$\text{纤维素含量}(\%)=\frac{m_1-m_2}{m}\times 100$$

式中，m_1 为纤维素灼烧前质量（砂芯坩埚+粗纤维+残渣中灰分）(g)；m_2 为纤维素灼烧后质量（砂芯坩埚+残渣中灰分）(g)；m 为样品的质量（扣除水分后的干样质量）(g)。

6. 注意事项

1) 此方法测得的粗纤维不是纯纤维素，其中有部分是半纤维素、戊聚糖及含氮物质。

2) 若样品脂肪含量＞1%，应先脱脂。

3) 如果要求不太精密，回流冷凝步骤可改在电炉上加热。

二、酸性洗涤剂法测定纤维素含量

1. 原理　利用季铵盐，如十六烷基三甲基溴化铵（CTAB）等表面活性剂，将植物样品在硫酸溶液中加热煮沸，其中的蛋白质、多糖、核酸等成分可水解、湿润、乳化、分散，而纤维素和木质素则很少变化。然后再过滤、洗涤、烘干，残渣即为酸性洗涤纤维。

本法适用于谷物、饲料、牧草、果蔬等植物茎秆、叶、果实及测定粗脂肪后的任何样品中粗纤维的测定。

2. 仪器和设备　分析天平、40 目筛、量筒、回流装置、玻璃砂芯坩埚、干燥箱、玻璃棒、容量瓶、抽滤装置等。

3. 试剂

1) 丙酮。

2) 2.0 mol/L 硫酸溶液：量取 27.87 mL 浓硫酸（分析纯，相对密度 1.84，98%），用玻璃棒引流缓慢加入已装有 500 mL 蒸馏水的烧杯中，并不断搅拌，冷却后用 1000 mL 容量瓶定容。

3) 酸性洗涤剂：称取 20 g 十六烷三甲基溴化铵溶于 1000 mL 的 2.0 mol/L 硫酸溶液中，搅拌溶解，必要时过滤。

4. 操作步骤

1) 称取 1～2 g 风干磨细过 1 mm 孔径筛的样品或相当量的鲜样，放入回流装置的容器中，加入 100 mL 酸性洗涤剂。加热使之尽快在 5～10 min 内煮沸。从刚沸时开始计时，加热保持微沸回流 60 min。

2) 取下回流容器，用事先烘至恒重（m_1, g）的玻璃砂芯坩埚过滤，必要时抽滤。

3) 用 90～100℃热水反复洗涤残渣，抽滤，将酸性洗涤剂洗净。

4) 用丙酮洗涤残渣 2 或 3 次，直至滤液无色，抽干丙酮。

5) 将滤器连同残渣置于 100℃干燥箱中干燥 3 h，冷却后称重（m_2, g）。

5. 结果计算　按以下公式计算纤维素含量：

$$纤维素含量(\%)=\frac{m_2-m_1}{m}\times 100$$

式中，m_2为坩埚与残留物的质量(g)；m_1为坩埚的质量(g)；m为样品的质量(g)。

6. 注意事项

1)抽滤样品中酸性洗涤剂时不要抽气过猛，以免残渣堵塞滤器孔隙。用热水洗涤残渣时，可用玻璃棒轻轻搅拌，浸泡15～30 s后，开始缓缓抽滤。

2)抽滤时要使每次溶液抽净后再加蒸馏水，洗涤效果才会好，待酸洗涤完全后再全部抽滤。

3)用酸性洗涤剂法测得的残留物除了包括全部的纤维素和木质素以外，还包含一些无机物质，若要精确计算，应将灰分除去。

4)煮沸的时间应严格控制，并使整个过程保持微沸状态以获得准确的结果。

5)样品中酸性洗涤剂纤维＜5%时，允许误差0.5%；样品中酸性洗涤剂纤维为5%～25%时，允许误差1%；样品中酸性洗涤剂纤维＞25%时，允许误差2%。

6)样品细度为1 mm、酸浸时间为1.5 h、溶液处在微沸状态下、热水洗涤量为250 mL时，测定结果的准确度高、重现性好。

7)过滤时间不应太长，应尽量在10 min内完成。

三、比色法测定纤维素含量

1. 原理　纤维素是由葡萄糖基组成的多糖，在酸性条件下加热可使其水解成葡萄糖。然后在浓硫酸作用下，使单糖脱水生成糠醛类化合物。利用蒽酮试剂与糠醛类化合物的蓝绿色反应即可进行比色测定。

2. 仪器和设备　试管、移液管、恒温水浴锅、电炉、玻璃坩埚、漏斗、计时器、分光光度计、容量瓶、制冰机等。

3. 试剂

1)60% H_2SO_4溶液。

2)浓H_2SO_4(98%)。

3)2%蒽酮试剂：2 g蒽酮溶解于100 mL乙酸乙酯中，贮存于棕色试剂瓶中。

4)纤维素标准液：准确称取100 mg纯纤维素，放入100 mL容量瓶中，将容量瓶放入冰浴中，然后加冷的60% H_2SO_4溶液60～70 mL，在冷的条件下消化处理20～30 min，然后用60% H_2SO_4溶液定容至刻度，摇匀。吸取此液5.0 mL放入50 mL容量瓶中，将容量瓶放入冰浴中，加蒸馏水稀释刻度，此溶液1 mL含100 μg纤维素。

4. 操作步骤

(1)绘制纤维素标准曲线　取6支试管，按表2-13分别加入0.0 mL、0.4 mL、0.8 mL、1.2 mL、1.6 mL、2.0 mL纤维素标准液。然后分别加入2.0 mL、1.6 mL、1.2 mL、0.8 mL、0.4 mL、0.0 mL蒸馏水，摇匀，每管依次含纤维素0 μg、40 μg、80 μg、120 μg、160 μg、200 μg。分别向每管加入0.5 mL 2%蒽酮试剂，再沿管壁加5.0 mL浓H_2SO_4，塞上塞子，微微摇动，促使乙酸乙酯水解，当管内出现蒽酮絮状物时，再剧烈摇动促进蒽酮溶解，然后立即放入沸水浴中加热10 min，取出冷却。在分光光度计上于620 nm波长下比色，测出各管吸光度值。以所测得的吸光度值为纵坐标，以纤维素含量为横坐标，绘制纤维素标准曲线。

表 2-13 蒽酮法测纤维素制作标准曲线的试剂量

试管编号	0	1	2	3	4	5
纤维素标准液/mL	0.0	0.4	0.8	1.2	1.6	2.0
蒸馏水/mL	2.0	1.6	1.2	0.8	0.4	0.0
2%蒽酮试剂/mL	0.5	0.5	0.5	0.5	0.5	0.5
浓 H_2SO_4/mL	5.0	5.0	5.0	5.0	5.0	5.0

(2) 样品的测定　准确称取风干的样品 100 mg，放入 100 mL 容量瓶中，将容量瓶放入冰浴中，加入冷的 60% H_2SO_4溶液 60～70 mL，在冷的条件下消化处理 30 min，然后用 60% H_2SO_4溶液定容至刻度，摇匀，用玻璃坩埚漏斗过滤。吸取上述滤液 5.0 mL，放入 5 mL 容量瓶中，将容量瓶置于冰浴中，加蒸馏水稀释定容至刻度，摇匀。吸取上述溶液 2.0 mL，加 0.5 mL 2%蒽酮试剂，再沿管壁加 5.0 mL 浓 H_2SO_4溶液，塞上塞子，以后操作同纤维素标准液，测出样品在 620 nm 波长下的吸光度值。

5. 结果计算　以样品测定吸光度值，在标准曲线上查出相应的纤维素质量，然后均按下式计算样品中的纤维素含量：

$$纤维素含量(\%)=\frac{A\times10^{-6}\times C}{B}\times100$$

式中，A 为在标准曲线上查得的纤维素质量(μg)；B 为样品的质量(g)；10^{-6} 为将 μg 换算成 g 的系数；C 为样品稀释倍数。

6. 注意事项

1) 此法需用纯纤维素样品制作标准曲线。

2) 纤维素加 60% H_2SO_4溶液时，一定要在冰浴条件下进行。

四、纤维素测定仪法测定纤维素含量

1. 原理　纤维素测定仪是以酸碱洗涤法为原理，集酸碱水解、冲洗、过滤过程于一体来测定纤维含量的分析仪器。纤维素测定仪适用于植物、饲料、食品及其他农副产品中纤维素的测定。

2. 仪器和设备　分析天平、量筒、粉碎机、18 目筛、干燥箱、烧瓶、坩埚、吸管、干燥器、高温炉、纤维素测定仪、pH 试纸等。

3. 试剂　1.25%硫酸、1.25%氢氧化钠、正辛醇、95%乙醇等。

4. 操作步骤

1) 将样品用粉碎机粉碎，过 40 目筛，烘干至恒重，贮存于干燥器中备用。样品中若脂肪含量大于 10%，则必须脱脂，脂肪含量若小于 10%可不脱脂。

2) 将坩埚用蒸馏水洗净，置于干燥箱内(温度在 100℃左右)烘 30 min 左右，然后移入干燥器内冷却至室温，称重(m_0)并将其编号，置于干燥器内备用。

3) 在仪器顶部的酸、碱、蒸馏水烧瓶中分别加入已配制好的酸、碱、蒸馏水，应基本加满，将瓶盖盖上。

4) 在坩埚内放入 1～2 g 试样，称重(m_1)，并将装好试样的坩埚分别放入 6 个抽滤座中。

5) 打开进水开关。打开电源开关。调整定时器的设定时间为 30 min。

6) 开启酸、碱、蒸馏水预热开关。

7) 等酸、碱、蒸馏水沸腾时，将预热电压调小至酸、碱、蒸馏水微沸。

8) 打开加酸开关，分别按 1～6 号加液按钮在消煮管中加入已沸的酸液 200 mL，约到消煮管中间刻度线，再在每个消煮管内加 2 mL 正辛醇。关闭酸预热开关，开启消煮加热开关，待消煮管内酸液再次沸腾后调至使酸液保持微沸，打开消煮定时开关，保持酸微沸 30 min。

9) 将消煮加热开关关闭，将消煮定时开关关闭，打开 1～6 号抽滤开关，再打开抽滤泵开关，将酸液抽掉。排完酸液后，先关闭抽滤泵开关，再关闭抽滤开关。打开蒸馏水开关，再按下 1～6 号加液按钮，在消煮管中加入蒸馏水后再抽干，连续 2 或 3 次，直至用 pH 试纸测试显中性后关闭加蒸馏水开关。洗涤完毕后关闭所有抽滤开关及抽滤泵开关。

10) 打开加碱开关，分别在消煮管中加入微沸的碱溶液 200 mL 后关闭加碱开关，再在每个消煮管中加入 2 滴正辛醇后重复第 8 步后半部分和第 9 步的操作，进行碱消煮、抽滤和洗涤。

11) 以上工作完成以后，用吸管分别在消煮管上口加入 25 mL 左右 95%乙醇，浸泡十几秒钟后抽干。

12) 将坩埚取出，移入干燥箱，在 130℃下烘干 2 h，取出后在干燥器中冷却至室温，称重后得到 m_2。

13) 将称重后的坩埚再放入 500℃的高温炉内灼烧 1 h，取出后置于干燥器中冷却至室温后称重后得到 m_3。

5. 结果计算　按以下公式计算粗纤维含量：

$$粗纤维含量(\%)=\frac{m_2-m_3}{m_1-m_0}\times 100$$

式中，m_0 为坩埚质量(g)；m_1 为放入试样后坩埚及试样的质量(g)；m_2 为 130℃烘干后坩埚及试样残渣的质量(g)；m_3 为 500℃灼烧后坩埚及试样残渣的质量(g)。

第六节　脂肪和脂肪酸含量的测定

脂肪是由甘油和脂肪酸组成的三酰甘油酯，是生物体的组成部分和储能物质，是粮食和油料籽粒中的重要化学成分，也是人体的重要营养物质之一，还是工业的重要原料。花生、油菜、向日葵、蓖麻、松子、核桃等植物都含有较多的脂肪，这些植物的脂肪多储存在它们的种子里，也是食用植物油的主要成分。

一、脂肪含量的测定

测定脂肪含量可以用来评价食品品质，衡量食品的营养价值。不同作物或食物，由于脂肪含量及其存在形式不同，因此测定脂肪的方法各不相同。常用的测定方法有：索氏提取法、酸水解法等。

（一）索氏提取法测定脂肪含量

1. 原理　利用脂肪能溶于有机溶剂的性质，在索氏提取器中将样品用无水乙醚或石油醚等溶剂反复萃取，提取样品中的脂肪后，蒸去溶剂，所得的物质即为脂肪或称粗脂肪。

2. 仪器和设备　分析天平、索氏提取器（图 2-3）、电热恒温鼓风干燥箱、干燥器、滤纸筒、恒温水浴锅、称量瓶、蒸发皿、毛玻璃片、脱脂棉等。

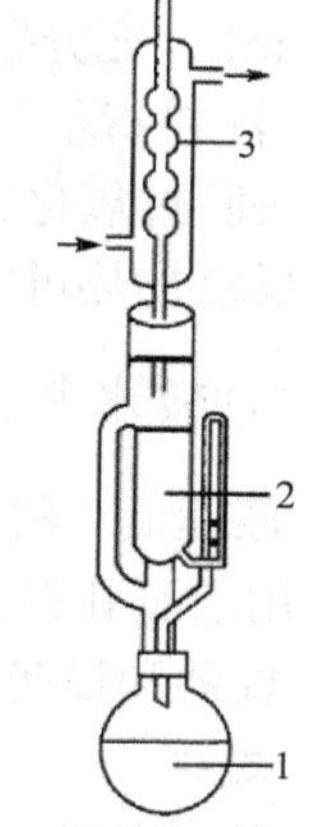

图 2-3　索氏提取器示意图

1. 接收瓶；2. 提取筒；3. 冷凝管

3. 试剂　无水乙醚（不含过氧化物）或石油醚（沸程 30～60℃）、石英砂等。

4. 操作步骤

（1）样品处理

1）固体样品：准确称取均匀样品 2～5 g（精确至 0.001 mg），装入滤纸筒内。

2）液体或半固体：准确称取均匀样品 5～10 g（精确至 0.001 mg），置于蒸发皿中，加入石英砂约 20 g，搅匀后于沸水浴上蒸干，然后在 95～105℃干燥。研细后全部转入滤纸筒内，用沾有乙醚的脱脂棉擦净所用器皿，并将脱脂棉也放入滤纸筒内。

（2）索氏提取器的清洗　将索氏提取器各部位充分洗涤并用蒸馏水清洗后烘干。接收瓶在（103 ± 2）℃的烘箱内干燥至恒重（前后两次称量差不超过 2 mg）。

（3）样品测定　将滤纸筒放入索氏提取器的抽提筒内，连接已干燥至恒重的接收瓶，由提取器冷凝管上端加入乙醚或石油醚至接收瓶内容积的 2/3 处，通入冷凝水，将接收瓶底浸没在水浴中加热，用一小团脱脂棉轻轻塞入冷凝管上口。

提取温度的控制：水浴温度应控制在使提取液在每 6～8 min 回流一次为宜。

提取时间的控制：提取时间视试样中粗脂肪含量而定，一般样品提取 6～12 h，坚果样品提取约 16 h。提取结束时，用毛玻璃板接取一滴提取液，如无油斑则表明提取完毕。

提取完毕。取下接收瓶，回收乙醚或石油醚。待烧瓶内乙醚仅剩下 1～2 mL 时，在水浴上赶尽残留的溶剂，于 95～105℃干燥 2 h 后，置干燥器中冷却至室温，称量。继续干燥 30 min 后冷却称量，反复干燥至恒重（前后两次称量差不超过 2 mg）。

5. 结果计算　按以下公式计算粗脂肪的含量：

$$X(\%)=\frac{m_1-m_0}{m_2}\times 100$$

式中：X 为试样中脂肪的含量（%）；m_1 为恒重后接收瓶和脂肪的质量（g）；m_0 为接收瓶的质量（g）；m_2 为试样的质量（g）。

6. 注意事项

1）抽提剂乙醚是易燃、易爆物质，应注意通风并且不能有火源。

2）样品滤纸筒的高度不能超过虹吸管，否则上部脂肪不能提尽而造成误差。

3）样品和醚浸出物在烘箱中干燥时，时间不能过长，以防止极不饱和脂肪酸受热氧化而增加质量。

4）接收瓶在烘箱中干燥时，瓶口侧放，以利于空气流通。而且先不要关上烘箱门，于 90℃

以下鼓风干燥 10～20 min，驱尽残余溶剂后再将烘箱门关紧，升至所需温度。

5）乙醚若放置时间过长，会产生过氧化物。过氧化物不稳定，当蒸馏或干燥时会发生爆炸，故使用前应严格检查，并除去过氧化物。检查方法：取 5 mL 乙醚于试管中，加 KI（100 g/L）溶液 1 mL，充分振摇 1 min。静置分层。若有过氧化物则放出游离碘，水层是黄色（或加 4 滴 5 g/L 淀粉指示剂显蓝色），则该乙醚需处理后再使用。

6）去除过氧化物的方法：将乙醚倒入蒸馏瓶中加一段无锈铁丝或铝丝，收集重蒸馏乙醚。

7）反复加热可能会因脂类氧化而增重，质量增加时，以增重前的质量为恒重。

（二）酸水解法测定脂肪含量

1. 原理 将试样与盐酸溶液一同加热进行水解，使结合或包藏在组织里的脂肪游离出来，再用乙醚和石油醚提取脂肪，回收溶剂，干燥后称量，提取物的质量即为脂肪含量。

2. 仪器和设备 玻璃棒、水浴锅、具塞刻度试管、量筒、大试管、锥形瓶、烘箱等。

3. 试剂 盐酸、95%乙醇、乙醚、石油醚等。

4. 操作步骤

（1）样品处理

1）固体样品：精密称取约 2 g，置于 50 mL 大试管内，加 8 mL 水，混匀后再加 10 mL 盐酸。

2）液体样品：称取 10.0 g，置于 50 mL 大试管内，加 10 mL 盐酸。

（2）脂肪的提取 将试管置于 70～80℃水浴中，每隔 5～10 min 以玻璃棒搅拌一次，至样品消化完全为止，40～50 min 后取出试管，加入 10 mL 乙醇，混合。冷却后将混合物移于 100 mL 具塞量筒中，以 25 mL 乙醚分次清洗试管，一并倒入量筒中。待乙醚全部倒入量筒后，加塞振摇 1 min，小心开塞，放出气体，再塞好。静置 12 min，小心开塞，并用石油醚-乙醚等量混合液冲洗塞及筒口附着的脂肪。静置 10～20 min，待上部液体清晰，吸出上清液于已干燥至恒重的锥形瓶内，再加 5 mL 乙醚于具塞量筒内，振摇，静置后，仍将上层乙醚吸出，放入原锥形瓶内。将锥形瓶置水浴上蒸干，置 95～105℃烘箱中干燥 2 h，取出放入干燥器内冷却 0.5 h 后称重。

5. 结果计算 按以下公式计算样品中的脂肪含量：

$$\text{脂肪含量}(\%) = \frac{m_1 - m_2}{m} \times 100$$

式中，m 为样品的质量（g）；m_1 为锥形瓶与脂肪的质量（g）；m_2 为锥形瓶的质量（g）。

6. 注意事项 酸水解法测定的是食品中的总脂肪，包括游离态脂肪和结合态脂肪，样品经加热、加酸水解，其内的蛋白质及纤维组织被破坏，使结合脂肪游离后，再用乙醚提取。只要严格按照标准要求操作，样品就可以达到完全水解。

二、脂肪酸成分及含量的测定

脂肪是由甘油和脂肪酸组成的三酰甘油酯，其中甘油的分子比较简单，而脂肪酸的种类和长短却不相同。因此脂肪的性质和特点主要取决于脂肪酸，不同食物中的脂肪所含有的脂肪酸种类和含量不一样。脂肪酸从营养角度分为非必需脂肪酸和必需脂肪酸。非必需脂肪酸是机体可以自行合成，不必依靠食物供应的脂肪酸，它包括饱和脂肪酸和一些单不饱和脂肪酸。而必需脂肪酸为人体健康和生命所必需，但机体自己不能合成的脂肪酸，必须依赖食物供应，它们都是不饱和脂肪酸，均属于 ω-3 系列和 ω-6 系列多不饱和脂肪酸。必需脂肪酸不仅为营养所必需，而且与儿童生长发育和成长健康有关，更有降血脂、预防冠心病等作用，且与智力发育、记忆等生理功能有一定关系。因此脂肪酸成分及含量是作物品质的重要指标之一。下面介绍两种测定脂肪酸的方法，气相色谱法(gas chromatography，GC)和气相色谱-质谱法(gas chromatography-mass spectrometry，GC-MS)。

(一)气相色谱法(GC)

GB5009.168—2016《食品安全国家标准 食品中脂肪酸的测定》规定了用气相色谱法测定食品中脂肪酸含量的方法，适用于食品中总脂肪、饱和脂肪(酸)、不饱和脂肪(酸)的测定，其中，水解-提取法适用于食品中脂肪酸含量的测定；酯交换法适用于游离脂肪酸含量不大于2%的油脂样品的脂肪酸含量测定；乙酰氯-甲醇法适用于含水量小于5%的乳粉和无水奶油样品的脂肪酸含量测定。对于农作物种子脂肪酸含量的测定，常用水解-提取法，因此本书仅介绍其中的水解-提取法。

精密度要求：在重复性条件下获得的两次独立测定结果的绝对差值不得超过算术平均值的10%。

定量限见表2-14。

表2-14　脂肪酸的定量限

序号	脂肪酸简称	定量限(固体类)/(g/100 g)	定量限(液体类)/(g/100 g)
1	$C_{4:0}$	0.0033	0.0013
2	$C_{6:0}$	0.0033	0.0013
3	$C_{8:0}$	0.0033	0.0013
4	$C_{10:0}$	0.0066	0.0026
5	$C_{11:0}$	0.0033	0.0013
6	$C_{12:0}$	0.0066	0.0026
7	$C_{13:0}$	0.0033	0.0013
8	$C_{14:0}$	0.0033	0.0013
9	$C_{14:1n5}$	0.0033	0.0013
10	$C_{15:0}$	0.0033	0.0013
11	$C_{15:1n5}$	0.0033	0.0013
12	$C_{16:0}$	0.0066	0.0026
13	$C_{16:1n7}$	0.0033	0.0013
14	$C_{17:0}$	0.0066	0.0026
15	$C_{17:1n7}$	0.0033	0.0013
16	$C_{18:0}$	0.0066	0.0026
17	$C_{18:1n9t}$	0.0033	0.0013
18	$C_{18:1n9c}$	0.0066	0.0026
19	$C_{18:2n6t}$	0.0033	0.0013
20	$C_{18:2n6c}$	0.0033	0.0013
21	$C_{20:0}$	0.0066	0.0026
22	$C_{18:3n6}$	0.0066	0.0026
23	$C_{20:1}$	0.0033	0.0013

续表

序号	脂肪酸简称	定量限(固体类)/(g/100 g)	定量限(液体类)/(g/100 g)
24	$C_{18:3n3}$	0.0033	0.0013
25	$C_{21:0}$	0.0033	0.0013
26	$C_{20:2}$	0.0033	0.0013
27	$C_{22:0}$	0.0066	0.0026
28	$C_{20:3n6}$	0.0033	0.0013
29	$C_{22:1n9}$	0.0033	0.0013
30	$C_{20:3n3}$	0.0033	0.0013
31	$C_{20:4n6}$	0.0033	0.0013
32	$C_{23:0}$	0.0033	0.0013
33	$C_{22:2n6}$	0.0033	0.0013
34	$C_{24:0}$	0.0066	0.0026
35	$C_{20:5n3}$	0.0033	0.0013
36	$C_{24:1n9}$	0.0033	0.0013
37	$C_{22:6n3}$	0.0033	0.0013

方法一：内标法

1. 原理　加入内标物的试样经水解、乙醚溶液提取其中的脂肪后，在碱性条件下皂化和甲酯化，生成脂肪酸甲酯，经毛细管柱气相色谱分析，内标法定量测定脂肪酸甲酯含量。依据各种脂肪酸甲酯含量和转换系数计算出总脂肪含量、饱和脂肪(酸)含量、单不饱和脂肪(酸)含量、多不饱和脂肪(酸)含量。

动植物油脂试样不经脂肪提取，加入内标物后直接进行皂化和脂肪酸甲酯化。

2. 仪器和设备

1)匀浆机或实验室用组织粉碎机或研磨机。

2)气相色谱仪：具有氢火焰离子检测器(FID)。

3)毛细管色谱柱：聚二氰丙基硅氧烷强极性固定相，柱长 100 m，内径 0.25 mm，膜厚 0.2 μm。

4)恒温水浴：控温范围 40～100℃，控温误差±1℃。

5)分析天平：感量 0.1 mg。

6)旋转蒸发仪、回流冷凝器。

7)烧瓶、烧杯、沸石、不同规格容量瓶、试管、分液漏斗等。

3. 试剂

(1)主要药品与试剂　盐酸(HCl)、焦性没食子酸($C_6H_6O_3$)、乙醚($C_4H_{10}O$)、石油醚(沸程 30～60℃)、95%乙醇(C_2H_6O)、甲醇(CH_3OH，色谱纯)、氢氧化钠(NaOH)、正庚烷[$CH_3(CH_2)_5CH_3$，色谱纯]、15%三氟化硼甲醇溶液、无水硫酸钠(Na_2SO_4)、氯化钠(NaCl)、氢氧化钾(KOH)、高纯氮气(纯度 99.99%)等。

(2)具体配制

1)盐酸溶液(8.3 mol/L)：量取 250 mL 盐酸，用 110 mL 水稀释，混匀，室温下可放置 2 个月。

2)乙醚-石油醚混合液(1+1)：取等体积的乙醚和石油醚，混匀备用。

3)氢氧化钠甲醇溶液(2%)：取 2 g 氢氧化钠溶解在 100 mL 甲醇中，混匀。

4)饱和氯化钠溶液：称取 360 g 氯化钠溶解于 1.0 L 水中，搅拌溶解，澄清备用。

5)氢氧化钾甲醇溶液(2 mol/L)：将 13.1 g 氢氧化钾溶于 100 mL 无水甲醇中，可轻微加热，加入无水硫酸钠干燥，过滤，即得澄清溶液。

(3)标准品　十一碳酸甘油三酯($C_{36}H_{68}O_6$，CAS 号：13552-80-2)、混合脂肪酸甲酯标准品、单个脂肪酸甲酯标准品(表 2-15)。

表 2-15　单个脂肪酸甲酯标准品的分子式及 CAS 号

序号	脂肪酸甲酯	脂肪酸简称	分子式	CAS 号
1	丁酸甲酯	$C_{4:0}$	$C_5H_{10}O_2$	623-42-7
2	己酸甲酯	$C_{6:0}$	$C_7H_{14}O_2$	106-70-7
3	辛酸甲酯	$C_{8:0}$	$C_9H_{18}O_2$	111-11-5
4	癸酸甲酯	$C_{10:0}$	$C_{11}H_{22}O_2$	110-42-9
5	十一碳酸甲酯	$C_{11:0}$	$C_{12}H_{24}O_2$	1731-86-8
6	十二碳酸甲酯	$C_{12:0}$	$C_{13}H_{26}O_2$	111-82-0
7	十三碳酸甲酯	$C_{13:0}$	$C_{14}H_{28}O_2$	1731-88-0
8	十四碳酸甲酯	$C_{14:0}$	$C_{15}H_{30}O_2$	124-10-7
9	顺-9-十四碳一烯酸甲酯	$C_{14:1}$	$C_{15}H_{28}O_2$	56219-06-8
10	十五碳酸甲酯	$C_{15:0}$	$C_{16}H_{32}O_2$	7132-64-1
11	顺-10-十五碳一烯酸甲酯	$C_{15:1}$	$C_{16}H_{30}O_2$	90176-52-6
12	十六碳酸甲酯	$C_{16:0}$	$C_{17}H_{34}O_2$	112-39-0
13	顺-9-十六碳一烯酸甲酯	$C_{16:1}$	$C_{17}H_{32}O_2$	1120-25-8
14	十七碳酸甲酯	$C_{17:0}$	$C_{18}H_{36}O_2$	1731-92-6
15	顺-10-十七碳一烯酸甲酯	$C_{17:1}$	$C_{18}H_{34}O_2$	75190-82-8
16	十八碳酸甲酯	$C_{18:0}$	$C_{19}H_{38}O_2$	112-61-8
17	反-9-十八碳一烯酸甲酯	$C_{18:1n9t}$	$C_{19}H_{36}O_2$	1937-62-8
18	顺-9-十八碳一烯酸甲酯	$C_{18:1n9c}$	$C_{19}H_{36}O_2$	112-62-9
19	反,反-9, 12-十八碳二烯酸甲酯	$C_{18:2n6t}$	$C_{19}H_{34}O_2$	2566-97-4
20	顺,顺-9, 12-十八碳二烯酸甲酯	$C_{18:2n6c}$	$C_{19}H_{34}O_2$	112-63-0
21	二十碳酸甲酯	$C_{20:0}$	$C_{21}H_{42}O_2$	1120-28-1
22	顺,顺,顺-6,9,12-十八碳三烯酸甲酯	$C_{18:3n6}$	$C_{19}H_{32}O_2$	16326-32-2
23	顺-11-二十碳一烯酸甲酯	$C_{20:1}$	$C_{21}H_{40}O_2$	2390-09-2
24	顺,顺,顺-9,12,15-十八碳三烯酸甲酯	$C_{18:3n3}$	$C_{19}H_{32}O_2$	301-00-8
25	二十一碳酸甲酯	$C_{21:0}$	$C_{22}H_{44}O_2$	6064-90-0
26	顺,顺-11,14-二十碳二烯酸甲酯	$C_{20:2}$	$C_{21}H_{38}O_2$	61012-46-2
27	二十二碳酸甲酯	$C_{22:0}$	$C_{23}H_{46}O_2$	929-77-1
28	顺,顺,顺-8,11,14-二十碳三烯酸甲酯	$C_{20:3n6}$	$C_{21}H_{36}O_2$	21061-10-9
29	顺-13-二十二碳一烯酸甲酯	$C_{22:1n9}$	$C_{23}H_{44}O_2$	1120-34-9

续表

序号	脂肪酸甲酯	脂肪酸简称	分子式	CAS 号
30	顺-11,14,17-二十碳三烯酸甲酯	$C_{20:3n3}$	$C_{21}H_{36}O_2$	55682-88-7
31	顺-5,8,11,14-二十碳四烯酸甲酯	$C_{20:4n6}$	$C_{21}H_{34}O_2$	2566-89-4
32	二十三碳酸甲酯	$C_{23:0}$	$C_{24}H_{48}O_2$	2433-97-8
33	顺-13,16-二十二碳二烯酸甲酯	$C_{22:2}$	$C_{23}H_{42}O_2$	61012-47-3
34	二十四碳酸甲酯	$C_{24:0}$	$C_{25}H_{50}O_2$	2442-49-1
35	顺-5,8,11,14,17-二十碳五烯酸甲酯	$C_{20:5n3}$	$C_{21}H_{32}O_2$	2734-47-6
36	顺-15-二十四碳一烯酸甲酯	$C_{24:1}$	$C_{25}H_{48}O_2$	2733-88-2
37	顺-4,7,10,13,16,19-二十二碳六烯酸甲酯	$C_{22:6n3}$	$C_{23}H_{34}O_2$	2566-90-7

(4) 标准溶液的配制

1) 十一碳酸甘油三酯内标溶液(5.00 mg/mL)：准确称取 2.5 g(精确至 0.1 mg) 十一碳酸甘油三酯至烧杯中，加入甲醇溶解，移入 500 mL 容量瓶后用甲醇定容，在冰箱中冷藏可保存 1 个月。

2) 混合脂肪酸甲酯标准溶液：取出适量混合脂肪酸甲酯标准品，移至 10 mL 容量瓶中，用正庚烷稀释定容，贮存于−10℃以下冰箱，有效期 3 个月。

3) 单个脂肪酸甲酯标准溶液：将单个脂肪酸甲酯标准品分别从安瓿中取出转移到 10 mL 容量瓶中，用正庚烷冲洗安瓿，再用正庚烷定容，分别得到不同单个脂肪酸甲酯标准溶液，贮存于−10℃以下冰箱，有效期 3 个月。

4. 操作步骤

(1) 试样制备　在采样和制备过程中，应避免试样污染。固体或半固体试样使用组织粉碎机或研磨机粉碎，液体试样用匀浆机打成匀浆，于−18℃以下冷冻保存，分析时将其解冻后使用。

(2) 试样前处理

1) 试样的称取。称取均匀试样 0.1～10 g(精确至 0.1 mg，含脂肪 100～200 mg)，移入 250 mL 平底烧瓶中，准确加入 2.0 mL 十一碳酸甘油三酯内标溶液。加入约 100 mg 焦性没食子酸和几粒沸石，再加入 2 mL 95%乙醇和 4 mL 水，混匀。

注：根据实际工作需要选择内标物，对于组分不确定的试样，第一次检测时不应加内标物。观察在内标物峰位置处是否有干扰峰出现，如果存在，可依次选择十三碳酸甘油三酯、十九碳酸甘油三酯或二十三碳酸甘油三酯作为内标物。

2) 试样的水解。酸水解法：加入盐酸溶液 10 mL，混匀。将烧瓶放入 70～80℃水浴中水解 40 min。每隔 10 min 振荡一下烧瓶，使黏附在烧瓶壁上的颗粒物混入溶液中。水解完成后，取出烧瓶冷却至室温。

3) 脂肪提取。水解后的试样，加入 10 mL 95%乙醇，混匀。将烧瓶中的水解液转移到分液漏斗中，用 50 mL 乙醚-石油醚混合液冲洗烧瓶和塞子，冲洗液并入分液漏斗中，加盖。振摇 5 min，静置 10 min。将醚层提取液收集到 250 mL 烧瓶中。按照以上步骤重复提取水解液 3 次，最后用乙醚-石油醚混合液冲洗分液漏斗，并收集到 250 mL 烧瓶中。旋转蒸发仪浓缩至干，残留物为脂肪提取物。

4）脂肪的皂化和脂肪酸的甲酯化。在脂肪提取物中加入2%氢氧化钠甲醇溶液8 mL，连接回流冷凝器，(80±1)℃水浴上回流，直至油滴消失。从回流冷凝器上端加入7 mL 15%三氟化硼甲醇溶液，在(80±1)℃水浴中继续回流2 min。用少量水冲洗回流冷凝器。停止加热，从水浴上取下烧瓶，迅速冷却至室温。

准确加入10～30 mL正庚烷，振摇2 min，再加入饱和氯化钠溶液，静置分层。吸取上层正庚烷提取溶液大约5 mL，至25 mL试管中，加入3～5 g无水硫酸钠，振摇1 min，静置5 min，吸取上层溶液到进样瓶中待测定。

(3) 测定

1）色谱参考条件：取单个脂肪酸甲酯标准溶液和混合脂肪酸甲酯标准溶液分别注入气相色谱仪，对色谱峰进行定性。混合脂肪酸甲酯标准溶液气相色谱图见图2-4。脂肪酸甲酯的保留时间和相对保留时间参考表2-16。

表2-16　脂肪酸甲酯的保留时间和相对保留时间

序号	脂肪酸甲酯	脂肪酸简称	保留时间/min	相对于$C_{11:0}$的保留时间
1	丁酸甲酯	$C_{4:0}$	12.56	0.47
2	己酸甲酯	$C_{6:0}$	15.54	0.59
3	辛酸甲酯	$C_{8:0}$	19.83	0.75
4	癸酸甲酯	$C_{10:0}$	24.32	0.92
5	十一碳酸甲酯	$C_{11:0}$	26.46	1.00
6	十二碳酸甲酯	$C_{12:0}$	28.49	1.08
7	十三碳酸甲酯	$C_{13:0}$	30.46	1.15
8	十四碳酸甲酯	$C_{14:0}$	32.45	1.23
9	顺-9-十四碳一烯酸甲酯	$C_{14:1}$	34.31	1.30
10	十五碳酸甲酯	$C_{15:0}$	34.56	1.31
11	顺-10-十五碳一烯酸甲酯	$C_{15:1}$	36.62	1.38
12	十六碳酸甲酯	$C_{16:0}$	36.87	1.39
13	顺-9-十六碳一烯酸甲酯	$C_{16:1}$	38.81	1.47
14	十七碳酸甲酯	$C_{17:0}$	39.42	1.49
15	顺-10-十七碳一烯酸甲酯	$C_{17:1}$	41.59	1.57
16	十八碳酸甲酯	$C_{18:0}$	42.27	1.60
17	反-9-十八碳一烯酸甲酯	$C_{18:1n9t}$	43.73	1.65
18	顺-9-十八碳一烯酸甲酯	$C_{18:1n9c}$	44.38	1.68
19	反,反-9,12-十八碳二烯酸甲酯	$C_{18:2n6t}$	46.16	1.74
20	顺,顺-9,12-十八碳二烯酸甲酯	$C_{18:2n6c}$	47.73	1.80
21	二十碳酸甲酯	$C_{20:0}$	48.90	1.85
22	顺,顺,顺-6,9,12-十八碳三烯酸甲酯	$C_{18:3n6}$	50.50	1.91
23	顺-11-二十碳一烯酸甲酯	$C_{20:1}$	51.51	1.95

续表

序号	脂肪酸甲酯	脂肪酸简称	保留时间/min	相对于 $C_{11:0}$ 的保留时间
24	顺,顺,顺-9,12,15-十八碳三烯酸甲酯	$C_{18:3n3}$	52.15	1.97
25	二十一碳酸甲酯	$C_{21:0}$	52.95	2.00
26	顺,顺-11,14-二十碳二烯酸甲酯	$C_{20:2}$	55.99	2.12
27	二十二碳酸甲酯	$C_{22:0}$	57.75	2.18
28	顺,顺,顺-8,11,14-二十碳三烯酸甲酯	$C_{20:3n6}$	59.78	2.26
29	顺-13-二十二碳一烯酸甲酯	$C_{22:1n9}$	61.35	2.32
30	顺-11,14,17-二十碳三烯酸甲酯	$C_{20:3n3}$	62.12	2.35
31	顺-5,8,11,14-二十碳四烯酸甲酯	$C_{20:4n6}$	63.04	2.38
32	二十三碳酸甲酯	$C_{23:0}$	63.53	2.40
33	顺-13,16-二十二碳二烯酸甲酯	$C_{22:2}$	67.68	2.56
34	二十四碳酸甲酯	$C_{24:0}$	69.99	2.64
35	顺-5,8,11,14,17-二十碳五烯酸甲酯	$C_{20:5n3}$	70.36	2.66
36	顺-15-二十四碳一烯酸甲酯	$C_{24:1}$	72.98	2.76
37	顺-4,7,10,13,16,19-二十二碳六烯酸甲酯	$C_{22:6n3}$	81.72	3.09

a. 毛细管色谱柱：聚二氰丙基硅氧烷强极性固定相，柱长 100 m，内径 0.25 mm，膜厚 0.2 μm。

b. 进样器温度：270℃。

c. 检测器温度：280℃。

d. 程序升温：初始温度 100℃，持续 13 min；100～180℃，升温速率 10℃/min，保持 6 min；180～200℃，升温速率 1℃/min，保持 20 min；200～230℃，升温速率 4℃/min，保持 10.5 min。

e. 载气：高纯氮气。

f. 分流比：100：1。

g. 进样体积：1.0 μL。

h. 检测条件应满足理论塔板数（n）至少 2000/m，分离度（R）至少 1.25。

2）试样测定：在上述色谱条件下将脂肪酸标准溶液及试样测定液分别注入气相色谱仪，以色谱峰面积定量。

5. 结果计算

（1）试样中单个脂肪酸甲酯含量　试样中单个脂肪酸甲酯含量按下面的公式计算：

$$X_i(\%)=F_i \times \frac{A_i}{A_{C11}} \times \frac{\rho_{C11} \times V_{C11} \times 1.0067}{m} \times 100$$

式中，X_i 为试样中脂肪酸甲酯 i 的含量（%）；F_i 为脂肪酸甲酯 i 的响应因子；A_i 为试样中脂肪酸甲酯 i 的峰面积；A_{C11} 为试样中加入的内标物十一碳酸甲酯的峰面积；ρ_{C11} 为十一碳酸甘油三酯的浓度（mg/mL）；V_{C11} 为试样中加入十一碳酸甘油三酯的体积（mL）；1.0067 为十一碳酸甘油三酯转化成十一碳酸甲酯的转换系数；m 为试样的质量（mg）。

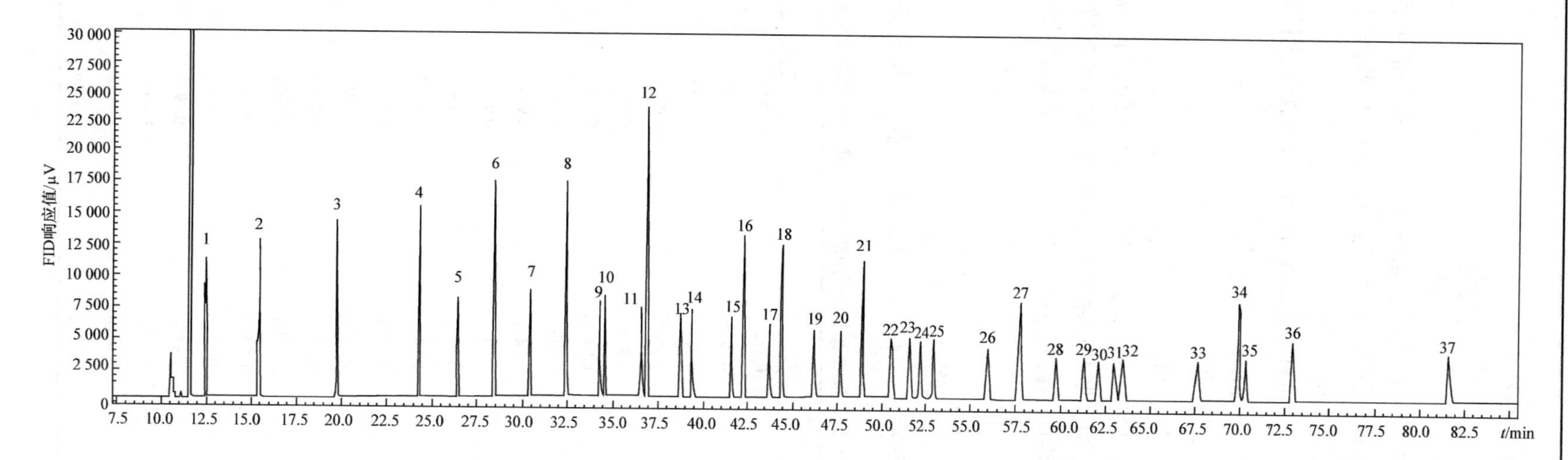

图 2-4 37 种脂肪酸甲酯标准溶液参考色谱图

图中1～37 分别对应以下脂肪酸：1. C4:0，2. C6:0，3. C8:0，4. C10:0，5. C11:0，6. C12:0，7.C13:0，8. C14:0，9. C14:1，10. C15:0，11. C15:1，12. C16:0，13. C16:1，14. C17:0，15. C17:1，16. C18:0，17. C18:1n9t，18. C18:1n9c，19. C18:2n6t，20. C18:2n6c，21. C20:0，22. C18:3n6，23. C20:1，24. C18:3n3，25. C21:0，26. C20:2，27. C22:0，28. C20:3n6，29. C22:1n9，30. C20:3n3，31. C20:4n6，32. C23:0，33. C22:2，34. C24:0，35. C20:5，36. C24:1，37. C22:6n3

脂肪酸甲酯 i 的响应因子 F_i 按下式计算：

$$F_i = \frac{\rho_{Si} A_{11}}{A_{Si} \rho_{11}}$$

式中，F_i 为脂肪酸甲酯 i 的响应因子；ρ_{Si} 为混合脂肪酸甲酯标准溶液中各脂肪酸甲酯 i 的浓度(mg/mL)；A_{11} 为十一碳酸甲酯的峰面积；A_{Si} 为脂肪酸甲酯 i 的峰面积；ρ_{11} 为混合脂肪酸甲酯标准溶液中十一碳酸甲酯的浓度(mg/mL)。

(2) 试样中饱和脂肪(酸)含量　试样中饱和脂肪(酸)含量按下式计算：

$$X_{\text{Saturated Fat}} = \sum X_{\text{SFA}i}$$

试样中单饱和脂肪酸含量按下式计算：

$$X_{\text{SFA}i} = X_{\text{FAME}i} \times F_{\text{FAME}i\text{-FA}i}$$

式中，$X_{\text{Saturated Fat}}$ 为饱和脂肪(酸)含量(%)；$X_{\text{SFA}i}$ 为单个饱和脂肪酸含量(%)；$X_{\text{FAME}i}$ 为单个饱和脂肪酸甲酯含量(%)；$F_{\text{FAME}i\text{-FA}i}$ 为脂肪酸甲酯转化成脂肪酸的转换系数。

脂肪酸甲酯转换为脂肪酸的转换系数 $F_{\text{FAME}i\text{-FA}i}$ 见表 2-17。脂肪酸甲酯 i 转化成为脂肪酸的转换系数按照下式计算：

$$F_{\text{FAME}i\text{-FA}i} = \frac{M_{\text{FA}i}}{M_{\text{FAME}i}}$$

式中，$M_{\text{FA}i}$ 为脂肪酸 i 的相对分子质量；$M_{\text{FAME}i}$ 为脂肪酸甲酯 i 的相对分子质量。

表 2-17　脂肪酸甲酯、脂肪酸和脂肪酸甘油三酯之间的转化系数

序号	脂肪酸简称	$F_{\text{FAME-FA}}$	$F_{\text{FAME-TG}}$	$F_{\text{TG-FA}}$
1	$C_{4:0}$	0.8627	0.9868	0.8742
2	$C_{6:0}$	0.8923	0.9897	0.9016
3	$C_{8:0}$	0.9114	0.9915	0.9192
4	$C_{10:0}$	0.9247	0.9928	0.9314
5	$C_{11:0}$	0.9300	0.9933	0.9363
6	$C_{12:0}$	0.9346	0.9937	0.9405
7	$C_{13:0}$	0.9386	0.9941	0.9441
8	$C_{14:0}$	0.9421	0.9945	0.9474
9	$C_{14:1n5}$	0.9417	0.9944	0.9469
10	$C_{15:0}$	0.9453	0.9948	0.9503
11	$C_{15:1n5}$	0.9449	0.9947	0.9499
12	$C_{16:0}$	0.9481	0.9950	0.9529
13	$C_{16:1n7}$	0.9477	0.9950	0.9525
14	$C_{17:0}$	0.9507	0.9953	0.9552
15	$C_{17:1n7}$	0.9503	0.9952	0.9549
16	$C_{18:0}$	0.9530	0.9955	0.9573
17	$C_{18:1n9t}$	0.9527	0.9955	0.9570
18	$C_{18:1n9c}$	0.9527	0.9955	0.9570
19	$C_{18:2n6t}$	0.9524	0.9954	0.9567
20	$C_{18:2n6c}$	0.9524	0.9954	0.9567
21	$C_{20:0}$	0.9570	0.9959	0.9610

续表

序号	脂肪酸简称	$F_{FAME\text{-}FA}$	$F_{FAME\text{-}TG}$	$F_{TG\text{-}FA}$
22	$C_{18:3n6}$	0.9520	0.9954	0.9564
23	$C_{20:1}$	0.9568	0.9959	0.9608
24	$C_{18:3n3}$	0.9520	0.9954	0.9564
25	$C_{21:0}$	0.9588	0.9961	0.9626
26	$C_{20:2}$	0.9565	0.9958	0.9605
27	$C_{22:0}$	0.9604	0.9962	0.9641
28	$C_{20:3n6}$	0.9562	0.9958	0.9603
29	$C_{22:1n9}$	0.9602	0.9962	0.9639
30	$C_{20:3n3}$	0.9562	0.9958	0.9603
31	$C_{20:4n6}$	0.9560	0.9958	0.9600
32	$C_{23:0}$	0.9619	0.9964	0.9655
33	$C_{22:2n6}$	0.9600	0.9962	0.9637
34	$C_{24:0}$	0.9633	0.9965	0.9667
35	$C_{20:5n3}$	0.9557	0.9958	0.9598
36	$C_{24:1n9}$	0.9632	0.9965	0.9666
37	$C_{22:6n3}$	0.9590	0.9961	0.9628

注：$F_{FAME\text{-}FA}$ 为脂肪酸甲酯转换成脂肪酸的转换系数；$F_{FAME\text{-}TG}$ 为脂肪酸甲酯转换成相当于单个脂肪酸甘油三酯(1/3)的转换系数；$F_{TG\text{-}FA}$ 为脂肪酸甘油三酯转换为脂肪酸的转换系数

(3) 试样中单不饱和脂肪(酸)含量　试样中单不饱和脂肪(酸)含量($X_{\text{Mono-Unsaturated Fat}}$)按下式计算：

$$X_{\text{Mono-Unsaturated Fat}} = \sum X_{\text{MUFA}i}$$

试样中每种单不饱和脂肪酸甲酯含量按下式计算：

$$X_{\text{MUFA}i} = X_{\text{FAME}i} \times F_{\text{FAME}i\text{-FA}i}$$

式中，$X_{\text{Mono-Unsaturated Fat}}$ 为试样中单不饱和脂肪(酸)含量(%)；$X_{\text{MUFA}i}$ 为试样中每种单不饱和脂肪酸含量(%)；$X_{\text{FAME}i}$ 为每种单不饱和脂肪酸甲酯含量(%)。

(4) 试样中多不饱和脂肪(酸)含量　试样中多不饱和脂肪(酸)含量($X_{\text{Poly-Unsaturated Fat}}$)按下式计算：

$$X_{\text{Poly-Unsaturated Fat}} = \sum X_{\text{PUFA}i}$$

单个多不饱和脂肪酸含量按下式计算：

$$X_{\text{PUFA}i} = X_{\text{FAME}i} \times F_{\text{FAME}i\text{-FA}i}$$

式中，$X_{\text{Poly-Unsaturated Fat}}$ 为试样中多不饱和脂肪(酸)含量(%)；$X_{\text{PUFA}i}$ 为试样中单个多不饱和脂肪酸含量(%)；$X_{\text{FAME}i}$ 为单个多不饱和脂肪酸甲酯含量(%)。

(5) 试样中总脂肪含量　试样中总脂肪含量按下式计算：

$$X_{\text{Total Fat}} = \sum X_i \times F_{\text{FAME}i\text{-TG}i}$$

式中，$X_{\text{Total Fat}}$ 为试样中总脂肪含量(%)；X_i 为试样中单个脂肪酸甲酯 i 的含量(%)；$F_{\text{FAME}i\text{-TG}i}$ 为脂肪酸甲酯 i 转化成甘油三酯的系数。

各种脂肪酸甲酯转化成甘油三酯的系数见表 2-17。脂肪酸甲酯 i 转化成为脂肪酸甘油三

酯的系数 $F_{FAMEi\text{-}TGi}$ 按下式计算：

$$F_{FAMEi\text{-}TGi}=\frac{M_{TGi}\times\frac{1}{3}}{M_{FAMEi}}$$

式中，M_{TGi} 为脂肪酸甘油三酯 i 的相对分子质量；M_{FAMEi} 为脂肪酸甲酯 i 的相对分子质量。

以上所有结果保留 3 位有效数字。

方法二：外标法

1. 原理　试样经水解-乙醚溶液提取其中的脂肪后，在碱性条件下皂化和甲酯化，生成脂肪酸甲酯，经毛细管柱气相色谱分析，外标法定量测定脂肪酸的含量。

动植物纯油脂试样不经脂肪提取，直接进行皂化和脂肪酸甲酯化。

2. 仪器和设备

1) 匀浆机或实验室用组织粉碎机或研磨机。

2) 气相色谱仪：具有氢火焰离子检测器(FID)。

3) 毛细管色谱柱：聚二氰丙基硅氧烷强极性固定相，柱长 100 m，内径 0.25 mm，膜厚 0.2 μm。

4) 恒温水浴：控温范围 40～100℃，控温误差±1℃。

5) 分析天平：感量 0.1 mg。

6) 离心机：转速≥5000 r/min。

7) 旋转蒸发仪、容量瓶、烧杯、烧瓶、沸石等。

8) 螺口玻璃管(带有聚四氟乙烯内垫的螺口盖，15 mL)。

9) 离心管(50 mL)、回流冷凝器等。

3. 试剂

(1) 主要药品试剂　盐酸(HCl)、氨水($NH_3\cdot H_2O$)、焦性没食子酸($C_6H_6O_3$)、乙醚($C_4H_{10}O$)、石油醚(沸程 30～60℃)、95%乙醇(C_2H_6O)、甲醇(CH_3OH，色谱纯)、氢氧化钠(NaOH)、正庚烷[$CH_3(CH_2)_5CH_3$，色谱纯]、15%三氟化硼甲醇溶液、无水硫酸钠(Na_2SO_4)、氯化钠(NaCl)、无水碳酸钠(Na_2CO_3)、甲苯(C_7H_8，色谱纯)、乙酰氯(C_2H_3ClO)、异辛烷[$(CH_3)_2CHCH_2C(CH_3)_3$，色谱纯]、硫酸氢钠($NaHSO_4$)、氢氧化钾(KOH)等。

(2) 具体配制

1) 盐酸溶液(8.3 mol/L)：同内标法。

2) 乙醚-石油醚混合液(1+1)：同内标法。

3) 氢氧化钠甲醇溶液(2%)：同内标法。

4) 饱和氯化钠溶液：同内标法。

5) 乙酰氯甲醇溶液(体积分数为 10%)：量取 40 mL 甲醇于 100 mL 干燥的烧杯中，准确吸取 5.0 mL 乙酰氯逐滴缓慢加入，不断搅拌，冷却至室温后转移并定容至 50 mL 干燥的容量瓶中。临用前配制。

注：乙酰氯为刺激性试剂，配制乙酰氯甲醇溶液时应不断搅拌防止喷溅，注意防护。

6) 碳酸钠溶液(6%)：称取 6 g 无水碳酸钠于 100 mL 烧杯中，加水溶解，转移并用水定容至 100 mL 容量瓶中。

7) 氢氧化钾甲醇溶液(2 mol/L)：同内标法。

(3) 标准品　混合脂肪酸甲酯标准品(同内标法)、单个脂肪酸甲酯标准品(同内标法)、脂肪酸甘油三酯标准品(纯度≥99%)。

(4) 标准溶液配制

1) 单个脂肪酸甲酯标准溶液：同内标法。

2) 脂肪酸甘油三酯标准工作液：根据试样中所要分析脂肪酸的种类选择相应甘油三酯标准品，用甲苯配制适当浓度的标准工作液，于−10℃以下的冰箱中保存，有效期 3 个月。

4. 操作步骤

(1) 试样制备　操作步骤同内标法。

(2) 试样前处理

1) 试样的称取：称取均匀试样 0.1～10 g(精确至 0.1 mg，含脂肪 100～200 mg) 移入 250 mL 平底烧瓶中，加入约 100 mg 焦性没食子酸和几粒沸石，再加入 2 mL 95%乙醇混匀。

2) 试样的水解：操作步骤同内标法。

3) 脂肪提取：操作步骤同内标法。

4) 脂肪的皂化和脂肪酸的甲酯化：操作步骤同内标法。

(3) 标准测定液的制备　准确吸取脂肪酸甘油三酯标准工作液 0.5 mL，按内标法相应步骤进行相同的前处理。

(4) 色谱测定　色谱参考条件同内标法。

5. 结果计算

(1) 试样中各脂肪酸含量　以色谱峰峰面积定量。试样中各脂肪酸含量按下式计算：

$$X_i(\%)=\frac{A_i\times m_{Si}\times F_{\mathrm{TG}i\text{-}\mathrm{FA}i}}{A_{Si}\times m}\times 100$$

式中，X_i 为试样中各脂肪酸的含量(%)；A_i 为试样测定液中各脂肪酸甲酯的峰面积；m_{Si} 为在标准溶液的制备中吸取的脂肪酸甘油三酯标准工作液中所含有的标准品的质量(mg)；$F_{\mathrm{TG}i\text{-}\mathrm{FA}i}$ 为各脂肪酸甘油三酯转化为脂肪酸的转换系数，见表 2-17；A_{Si} 为标准溶液中各脂肪酸的峰面积；m 为试样的质量(mg)。

(2) 试样中总脂肪酸含量　试样中总脂肪酸含量按下式计算：

$$X_{\text{Total FA}}=\sum X_i$$

式中，$X_{\text{Total FA}}$ 为试样中总脂肪酸的含量(%)；X_i 为试样中各脂肪酸的含量(%)。

方法三：归一化法

1. 原理　试样经水解-乙醚溶液提取其中的脂肪后，在碱性条件下皂化和甲酯化，生成脂肪酸甲酯，经毛细管柱气相色谱分析，用面积归一化法定量测定脂肪酸百分含量。

动植物油脂试样不经脂肪提取，直接进行皂化和脂肪酸甲酯化。

2. 仪器和设备　同内标法。

3. 试剂

(1) 主要药品试剂　同内标法。

(2) 具体配制　同内标法。

(3) 标准品　混合脂肪酸甲酯标准品同内标法、单个脂肪酸甲酯标准同内标法。

(4) 标准溶液配制　单个脂肪酸甲酯标准溶液配制同内标法。

4. 操作步骤

(1) 试样制备　操作步骤同内标法。

(2) 试样前处理

1) 试样的称取：称取均匀试样 0.1～10 g（精确至 0.1 mg，含脂肪 100～200 mg）移入 250 mL 平底烧瓶中，加入约 100 mg 焦性没食子酸和几粒沸石，再加入 2 mL 95%乙醇，混匀。

2) 试样的水解：操作步骤同内标法。

3) 脂肪提取：操作步骤同内标法。

4) 脂肪的皂化和脂肪酸的甲酯化：操作步骤同内标法。

(3) 色谱测定　色谱参考条件同内标法。

5. 结果计算　试样中某个脂肪酸占总脂肪酸的百分比 Y_i(%) 按下式计算，通过测定相应峰面积占所有成分峰面积总和的百分比来计算给定组分 i 的含量。

$$Y_i(\%) = \frac{A_{Si} F_{\mathrm{FAME}i\text{-}\mathrm{FA}i}}{\sum A_{Si} F_{\mathrm{FAME}i\text{-}\mathrm{FA}i}} \times 100$$

式中，A_{Si} 为试样测定液中各脂肪酸甲酯的峰面积；$\sum A_{Si}$ 为试样测定液中各脂肪酸甲酯的峰面积之和。结果保留 3 位有效数字。

（二）气相色谱-质谱法（GC-MS）

1. 原理　对于复杂多组分混合物的分析，单种方法往往是难以解决的，而需要两种或两种以上分析方法才能有效解决。

气相色谱法是利用不同物质在固定相和流动相中的分配系数不同，因此从色谱柱流出的时间不同，达到分离化合物的目的。质谱法是利用带电粒子在磁场或电场中的运动规律，按其质荷比 (*m/z*) 实现分离，测定离子质量及强度分布，它可以给出化合物的分子质量、元素组成、分子式和分子结构信息。

气相色谱-质谱联用仪兼备了色谱的高分离能力和质谱的强定性能力，可以把气相色谱理解为质谱的进样系统，把质谱理解为气相色谱的检测器。

试样经石油醚-乙醚溶液提取出脂肪酸后，在碱性条件下皂化和甲酯化，生成脂肪酸甲酯，经毛细管色谱柱气相色谱-质谱分离，用面积归一化法定量测定脂肪酸含量。

2. 仪器和设备　组织粉碎机或研磨机、分析天平（感量 0.1 mg）、离心机（4500 r/min）、毛细管色谱柱、气相色谱-质谱联用仪［配备电子轰击离子源（EI）］、10 mL 具塞试管、涡旋振荡器。

3. 试剂

1) 石油醚、乙醚、甲醇、氢氧化钾、无水硫酸钠、混合脂肪酸甲酯标准溶液。

2) 石油醚-乙醚混合液（1∶1）：取等体积的石油醚和乙醚，混匀备用。

3) 氢氧化钾甲醇溶液（0.4 mol/L）：将 2.62 g 氢氧化钾溶于 100 mL 无水甲醇中充分溶解，加入无水硫酸钠干燥，过滤，即得澄清溶液。

4. 操作步骤

(1) 试样制备　选取有代表性的样品，用组织粉碎机或研磨机粉碎，过 40 目筛，备用。

(2) 试样的甲酯化处理　称取均匀试样 200～400 mg（精确至 0.1 mg）移入 10 mL 具塞试管中，加入 2 mL 石油醚-乙醚混合液，加入 1 mL 氢氧化钾甲醇溶液为甲基化试剂；涡旋振荡，静止反应 1 h；再次涡旋振荡，加入 2 mL 去离子水；静止 30 min 分层，以 4500 r/min 离心 2 min，取上清液，用石油醚稀释 20 倍，放入气相色谱-质谱联用仪测定。

(3) 测定

1) 色谱参考条件为：①毛细管色谱柱：聚二氰丙基硅氧烷强极性固定相，柱长 100 m，内径 0.25 mm，膜厚 0.2 μm；②进样口温度：220℃；③升温程序：见表 2-18；④载气：氦气，载气流速为 1.2 mL/min；⑤分流比：20∶1；⑥进样量：1 μL；⑦接口温度：280℃。

表 2-18　升温程序

起止温度/℃	升温速率/(℃/min)	保持时间/min
100	—	0.2
100～215	10	0.1
215～224	2	0.2

2）质谱参考条件：①离子源温度：250℃；②四级杆温度：150℃；③电离模式：EI；④溶剂延迟时间：3 min；⑤数据采集方式：离子监测方式（SIM），监测粒子：m/z=55，67，74，79。

3）试样测定　将混合脂肪酸甲酯标准溶液及试样测定液分别注入气相色谱仪，利用气相色谱-质谱联用仪工作站的自动积分和手动积分功能，获得信噪比大于 10 的色谱峰的峰面积，识别出相对含量顺序为 m/z 74＞55＞67、79 的色谱峰，根据保留时间依次识别饱和脂肪酸，利用它们的保留时间按下式计算其他色谱峰的等效链长。

$$\mathrm{ECL}(x)=n+\frac{\mathrm{RT}(x)-\mathrm{RT}(n)}{\mathrm{RT}(n+1)-\mathrm{RT}(n)}$$

式中，ECL（x）为目标化合物的等效链长；n 为目标化合物之前直链饱和脂肪酸的碳原子数目；RT（x）为目标化合物的保留时间（min）；RT（n）为目标化合物之前直链饱和脂肪酸甲酯的保留时间（min）；RT（n+1）为目标化合物之后直链饱和脂肪酸甲酯的保留时间（min）。

采用与标准品质谱特征和等效链长对比推断脂肪酸甲酯结构。脂肪酸组成以百分含量表示。

5. 结果计算　试样中某个脂肪酸 i 占总脂肪酸的百分比 X_i（%）按下式计算，通过测定相应峰面积占所有成分峰面积总和的百分数来计算给定组分 i 的含量。

$$X_i(\%)=\frac{A_i}{\sum A}\times 100$$

式中，A_i 为脂肪酸 i 的峰面积；$\sum A$ 为脂肪酸甲酯的峰面积之和。

结果保留 3 位有效数字。在重复性条件下获得的 2 次独立测定结果的绝对差值不得超过算数平均值的 10%。

第七节　矿质元素和重金属含量的测定

当干燥的植物体经过充分燃烧后，会留下一些呈灰白色的残渣，这就是所谓的灰分。将灰分进行化学分析，就会发现其中含有磷、钾、钙、镁、铁、钴等多种元素，通常将这些元素称为灰分元素，也称为矿质元素。矿质元素在粮食的籽粒中分布极不均匀，胚乳含量最低，胚部次之，而皮层中含量最高。灰分含量的测定十分重要，是直接用于营养评估分析的一部分。

重金属污染严重影响植物的生长发育，影响作物的产量和品质，并通过生物链的放大作用进一步给人类和环境造成严重危害，因此，作物中重金属含量是作物品质的重要指标。

一、直接灰化法测定粗灰分含量

常用的灰分测定方法是“直接灰化法”，包括一般灰化法、灰化后的残灰用水浸湿后再次灰化、灰化后的残灰用热水溶解过滤后再次灰化残渣。

1. 原理 总灰分常用简单、快速、节约的干灰化法测定，即将样品小心加热炭化和灼烧，除尽有机质，剩下的无机矿物质冷却后称重，即可计算出样品的总灰分含量。由于燃烧时生成的炭粒不易完全烧尽，样品上可能黏附少量的尘土或加工时混入的泥沙等，而且样品灼烧后无机盐组成有所改变，如碳酸盐增加，氯化物和硝酸盐挥发损失，有机磷、硫转变为磷酸盐和硫酸盐等，质量均有改变。因此实际测定的总灰分只能是“粗灰分”。

2. 仪器和设备

1) 灰化器皿：15～25 mL 的瓷坩埚或白金坩埚、石英坩埚。

2) 高温电炉：在 525～600℃能自动控制恒温。

3) 干燥器：干燥剂一般使用 135℃下烘几个小时的变色硅胶。

4) 分析天平、表面皿、无尘滤纸等。

5) 水浴锅或调温鼓风烘箱。

6) 可调电炉。

3. 试剂

1) 硝酸（1∶1）溶液。

2) 过氧化氢（质量分数为 30%）。

3) 100 g/L NH_4NO_3 溶液：称硝酸铵（NH_4NO_3，分析纯）10.0 g，溶于 100 mL 水中。

4) 蒸馏水。

4. 操作步骤

（1）*样品预处理* 可以采用测定水分或脂肪后的残留物作为样品。

需要预干燥的试样：含水较多的果汁，可以先在水浴上蒸干；含水较多的果蔬，可以先用烘箱干燥（先在 60～70℃吹干，然后在 105℃烘干），测得它们的水分损失量；富含脂肪的样品，可以先提取脂肪，然后分析其残留物。

谷物、豆类、种实等干燥试样一般先粉碎均匀，再磨细过 1 mm 筛即可，不宜太细，以免燃烧时飞失。

（2）*灰分测定* 将洗净的坩埚置于 550℃高温电炉内灼烧 15 min 以上，取出，置于干燥器中平衡后称重，必要时再次灼烧，冷却后称重直至恒重为止。准确称取待测样品 2～5 g（水分多的样品可以称取 10 g 左右），疏松地装于坩埚中。

（3）*炭化* 将装有样品的坩埚置于可调电炉上，在通风橱里缓缓加热，烧至无烟。对于特别容易膨胀的试样（如蛋白质、含糖和淀粉多的试样），可以添加几滴纯橄榄油再同上预炭化。

（4）*高温灰化* 将坩埚移到已烧至暗红色的高温电炉门口，片刻后再放进高温电炉内膛深处，关闭炉门，在（550±25）℃灼烧 4 h[淀粉类样品可升高到（900±25）℃，1 h 可灰化完毕]。如果灰化不彻底（黑色炭粒较多），可以取出放冷，滴加几滴蒸馏水，或稀硝酸、过氧化氢、100 g/L NH_4NO_3 溶液等，使包裹的盐膜溶解，炭粒暴露，在水浴上蒸干，再移入高温电炉中，同上继续灰化。灰化完全后，待炉温降至约 200℃时，再移入干燥器中，冷却至室温后称重。

必要时再次灼烧，直至恒重。

5. 结果计算

$$粗灰分含量(\%)=\frac{m_2-m_1}{m_3-m_1}\times 100$$

式中，m_1 为空坩埚的质量(g)；m_2 为灰化后坩埚与灰分的总质量(g)；m_3 为灰化前空坩埚与样品的总质量(g)。

6. 注意事项

1)灰化容器一般使用瓷坩埚，如果测定灰分后还测定其他成分，可以根据测定目的使用白金、石英等坩埚。也可以用一般家用铝箔自制成适当大小的铝箔杯来代替，因其质地轻，能在525～600℃的一般灰化温度范围内稳定地使用，特别是用于灰分量少、试样采取量多、需要使用大的灰化容器的样品，如淀粉、砂糖、果蔬及它们的制成品，效果会更好。

2)各种试样因灰分量与样品性质相差较大,其灰分测定时称样量与灰化温度不完全一致。

3)新的瓷坩埚及盖可以用 $FeCl_3$ 和蓝黑墨水(也含 $FeCl_3·6H_2O$)的混合液编写号码，灼烧后即留有不易脱落的红色 Fe_2O_3 痕迹的号码。

4)由于灰化是将试样放入达到规定温度的电炉内，如不经炭化而直接将试样放入，因急剧灼烧，一部分残灰将飞散。特别是谷物、豆类、干燥食品等灰化时易膨胀飞散的试样，以及灰化时因膨胀可能逸出容器的食品，如蜂蜜、砂糖，还有含有大量淀粉、鱼类、贝类的样品，一定要进行预炭化。

5)对于一般样品并不规定灰化时间,要求灼烧至灰分呈全白色或浅灰色并达到恒重为止。但也有例外，如对谷类饲料和茎秆饲料灰分的测定，则有规定为600℃灼烧2 h。

6)即使完全灼烧的残灰有时也不一定全部呈白色，内部仍然残留有炭块，所以应充分注意观察残灰。

7)有时灰分量按占干物重的质量分数表示，如欧洲标准化委员会(法文缩写 CEN)的谷物、豆类及其制品的灰分测定标准(EN ISO 2171—2010)及国际谷物科技协会(ICC)的谷物及其产品的灰分测定标准(ICC No. 104/1)均按此表示。

二、水溶性灰分和水不溶性灰分含量的测定

在上述测定的粗灰分中加入蒸馏水25 mL，盖上表面皿，加热至沸，用无灰尘滤纸过滤，并以热水洗坩埚等容器、残渣和滤纸，至滤液总量约为60 mL。将滤纸和残渣再置于原坩埚中，再进行干燥、炭化、灼烧、放冷、称重。残留物质量即为水不溶性灰分。粗灰分与水不溶性灰分之差，就是水溶性灰分，再根据样品质量分别计算水溶性灰分与水不溶性灰分的百分含量。结果计算如下。

$$水不溶性灰分含量(\%)=\frac{m_2-m_0}{m}\times 100$$

$$水溶性灰分含量(\%)=粗灰分含量(\%)-水不溶性灰分含量(\%)$$

式中,m_0 为灰化容器质量(g);m_2 为灰化容器和水不溶性灰分的质量(g);m 为试样的质量(g)。

三、酸溶性灰分和酸不溶性灰分含量的测定

取水不溶性灰分或测定粗灰分所得的残留物，加入100 g/L HCl 25 mL，放在小火上轻微

煮沸 5 min。用无灰尘滤纸过滤后，再用热水洗涤至滤液无氯离子反应为止(用硝酸银溶液检查无沉淀产生)。将残留物连同滤纸一起置于原坩埚中进行同上干燥、灼烧，放冷并且称重。结果计算如下。

$$酸不溶性灰分含量(\%)=\frac{m_3-m_0}{m}\times 100$$

$$酸溶性灰分含量(\%)=粗灰分含量(\%)-酸不溶性灰分含量(\%)$$

式中，m_0 为灰化容器的质量(g)；m_3 为灰化容器和酸不溶性灰分的总质量(g)；m 为试样的质量(g)。

四、金属元素的测定——原子吸收光谱法

原子吸收光谱法操作简便、重现性好、有效光程大、对大多数元素有较高灵敏度，在重金属的检测中得到广泛的使用。

1. 原理　原子吸收光谱法(atomic absorption spectroscopy，AAS)，又称原子吸收分光光度法，是基于待测元素的基态原子蒸气对其特征谱线的吸收，由特征谱线的特征性和谱线被减弱的程度对待测元素进行定性定量分析的一种仪器分析的方法。

2. 仪器和设备　主要仪器是原子吸收分光光度计及配套的乙炔空气燃烧器等辅助设备。根据所用原子吸收分光光度计的特点和要求不同、测定样品种类不同、测定目标重金属不同，需要采取的样品处理方法可能不同，因此所用其他仪器设备、材料、试剂会有差异。常用到的仪器设备有：分析天平、索氏提取器及配套的冷凝管和圆底烧瓶、容量瓶、移液管、高温电炉、坩埚、硬质玻璃器皿、电热板、烘箱、16 目筛、微波消解仪、滤纸等。

3. 试剂　水(符合 GB/T 6682，三级)、硝酸、高氯酸、过氧化氢、金属标准溶液等。测定不同目标元素需要用不同的金属标准溶液。举例说明如下：

测定铜、锌、铅、镉的标准溶液：①标准贮备溶液(1.000 g/L)：称取 1.000 g 光谱纯金属，准确到 0.001 g，用硝酸溶解，必要时加热，直至溶解完全，然后用水稀释定容至 1 L。②中间标准溶液：用 0.2%硝酸溶液稀释金属贮备液配制，此溶液中铜、锌、铅、镉的浓度分别为 50.00 mg/L、10.00 mg/L、100.00 mg/L 和 10.00 mg/L。

测定铜、铁、锰、锌的标准溶液：①标准贮备溶液：可以使用市售的标准溶液，也可以配制。配制方法如下：取 100 mL 水、125 mL 盐酸于 1 L 容量瓶中，混匀，称取 392.9 mg 硫酸铜、702.2 mg 硫酸亚铁铵、307.7 mg 硫酸锰、439.8 mg 硫酸锌，于容量瓶中溶解并用水定容至 1 L，此贮备溶液中 Cu、Fe、Mn、Zn 的含量均为 100 μg/mL。②中间标准溶液：准确移取 20.0 mL 的贮备溶液加入 100 mL 容量瓶中，用水稀释定容。此标准溶液中 Cu、Fe、Mn、Zn 的含量均为 20 μg/mL。

测定钙、钾、镁、钠的标准溶液：①标准贮备溶液：可以使用市售的标准溶液，也可以配制。配制方法如下：称取 1.907 g 氯化钾、2.028 g 硫酸镁、2.542 g 氯化钠于 1 L 容量瓶中。另称取 2.497 g 碳酸钙放入烧杯中，加入 50 mL 盐酸溶液，在电热板上加热 5 min，冷却后将溶液转移到含有 K、Mg、Na 盐的容量瓶中，用盐酸定容至 1 L。此贮备溶液中 Ca、K、Na 的含量均为 1 mg/mL，Mg 的含量为 200 μg/mL。②中间标准溶液：准确移取 25.0 mL 贮备溶液加入 250 mL 容量瓶中，用 0.6 mol/L 盐酸定容。此标准溶液中 Ca、K、Na 的含量均为 100 μg/mL，Mg 的含量为 20 μg/mL。

4. 操作步骤

(1) 样品处理　根据样品种类、测定的目标金属的不同，灵活采取不同的样品处理方法。举例说明如下：测定淀粉及其制品中的砷、汞、铅、镉等重金属含量，需要对样品进行消化。消化装置用配套有冷凝管和圆底烧瓶的索氏提取器。称取 5 g 样品（精确至 0.001 g）置于烧瓶中，加入 27.5 mL 硝酸、1 mL 过氧化氢，打开活塞，蒸馏回流 4h 后关闭活塞，继续加热，蒸馏到抽提管内收集到（20±1）mL 液体时停止加热，使烧瓶冷却。从抽提管上取下烧瓶，向装有蒸馏残余物的烧瓶内加入 20 mL 水煮沸，几分钟后停止加热，冷却后将溶液转移到 100 mL 容量瓶中，用蒸馏水稀释到刻度，摇匀备用。

测定饲料中的钙、铜、铁、镁、锰、钾、钠和锌含量，样品处理方法是：根据金属的估计含量称取 1～5 g 试样（精确到 1 mg），放入坩埚中。将坩埚放在电热板上加热，直到试样完全炭化。将坩埚转到 550℃预热 15 min 以上的高温电阻炉中灰化 3 h。冷却后用 2 mL 水湿润坩埚内试样。取 6 mol/L 盐酸溶液 10 mL，开始慢慢一滴一滴加入，边加边旋动坩埚，直到不冒泡为止，然后再快速加入，旋动坩埚并加热直到内容物接近干燥。用 6 mol/L 盐酸溶液 5 mL 加热溶解残渣后，分次用 5 mL 左右的水将试样溶液转移到 50 mL 容量瓶。冷却后用水稀释定容并用滤纸过滤。

(2) 制作标准曲线　根据测定目标元素不同，用不同的标准溶液制作标准曲线。以测定铜、锌、铅、镉为例说明如下：

1) 配制工作标准溶液。参照表 2-19，在 100 mL 容量瓶中，用 0.2%硝酸溶液稀释中间标准溶液，配制至少 4 个工作标准溶液，其浓度范围应包括样品中被测元素的浓度。测定金属总量时，如果样品需要消化，则工作标准溶液也需进行消化。

表 2-19　工作标准溶液配制

中间标准溶液加入体积/mL		0.50	1.00	3.00	5.00	10.00
工作标准溶液浓度/(mg/L)	铜	0.25	0.50	1.50	2.50	5.00
	锌	0.05	0.10	0.30	0.50	1.00
	铅	0.50	1.00	3.00	5.00	10.00
	镉	0.05	0.10	0.30	0.50	1.00

注：定容体积为 100 mL

2) 测定吸光度。参照表 2-20 选择原子吸收分光光度计波长和调节火焰，吸入 0.2%硝酸溶液，将仪器调零。吸入空白对照（以 0.2%硝酸溶液代替）、工作标准溶液，记录吸光度。

表 2-20　特征谱线波长

被测元素	特征谱线波长/nm	被测元素	特征谱线波长/nm
Cd	228.8	Ni	232.0
Co	240.7	Pb	283.3
Cu	324.7	Sb	217.5
Fe	248.3	Se	196.0
Mg	285.2	V	318.4
Mn	279.5	Zn	213.9

3)绘制标准曲线。用测得的吸光度与对应的浓度绘制标准曲线。

(3)样品测定　按照做标准曲线同样的方法，选择原子吸收分光光度计波长和调节火焰，吸入 0.2%硝酸溶液，将仪器调零。吸入空白对照(以 0.2%硝酸溶液代替)、样品，记录吸光度。

(4)结果计算　根据扣除空白对照吸光度后的样品吸光度，在标准曲线上查出样品中的金属浓度。

第八节　近红外光谱法测定作物主要化学成分含量

近红外光谱(near infrared spectrum, NIR)分析技术是光谱测量技术与化学计量学有机结合的光谱分析技术，是近年来分析化学领域迅猛发展的高新分析技术，其测量信号的数字化和分析过程的绿色化使该技术具有典型的时代特征，越来越引起国内外分析专家的关注，被誉为分析的“巨人”。

近年来，随着近红外光谱技术和化学计量学的快速发展，近红外光谱技术已成功应用于食品、药品、饲料及石油化工等诸多行业产品的分析测定。在农业领域可以测定作物及其产品、制品的蛋白质、糖类、脂肪、水分含量等。近红外光谱技术在分析复杂物质成分时具有操作简便、非破坏性测定、快速，以及测定一次光谱可同时获得多种品质成分含量的独特优点，因而在现代农产品品质分析中被广泛应用。农产品中的大多数有机化合物如蛋白质、脂肪、氨基酸、糖类(如还原糖、纤维素、半纤维素、淀粉、果胶)等都含有各种含氢基团，因此运用近红外光谱仪扫描农产品的近红外光谱，可以得到农产品中有机分子含氢基团的特征振动信息，从而通过对农产品的近红外光谱分析可以测定农产品中各种化学成分的含量，而农产品的品质或品性与它所含有的各种化学成分直接相关。同时，近红外光谱技术目前正转向以分析弱信号和多组分多元信息处理为基础的高精度快速在线分析，这样可进一步建立关于农产品品质优劣、级别及品种鉴定等的一系列快速分析模型。

我国自 20 世纪 80 年代后陆续开展了近红外光谱分析技术的应用研究，目前已在小麦、油菜、玉米、水稻、豆类等作物及其产品的品质分析中广泛应用，并制订了一系列国家标准、农业行业标准、地方标准和行业协会团体标准。它们包括：小麦粉灰分含量测定(GB/T 24872—2010)，小麦水分含量测定(GB/T 24898—2010)，小麦粉粗蛋白质含量测定(GB/T 24871—2010)，小麦粗蛋白质含量测定(GB/T 24899—2010)，小麦、玉米粗蛋白质含量近红外快速检测方法(DB12/T 347—2007)，玉米淀粉含量测定(GB/T 25219—2010)，玉米粗脂肪含量测定(GB/T 24902—2010)，玉米水分含量测定(GB/T 24900—2010)，玉米粗蛋白质含量测定(GB/T 24901—2010)，稻谷水分含量测定(GB/T 24896—2010)，稻谷粗蛋白质含量测定(GB/T 24897—2010)，植物油料中油酸、亚油酸的测定(NY/T 3299—2018)，油菜籽中总酚、生育酚的测定(NY/T 3297—2018)，植物油料中粗蛋白质的测定(NY/T 3298—2018)，花生仁中氨基酸含量测定(NY/T 2794—2015)，大豆粗蛋白质、粗脂肪含量的测定(GB/T 24870—2010)，油菜籽中芥酸、硫代葡萄糖苷的测定(NY/T 3295—2018)，植物油料含油量测定(NY/T 3105—2017)等。国内外近红外光谱检测标准的制订为农产品品质性状的表征、筛选优质种质资源提供了快速、规范的检测方法。

一、近红外光谱法的基本原理

近红外光谱(NIR)是介于可见光和中红外光之间的电磁波谱，波长在780～2526 nm，波数为10 000～4000 cm^{-1}。近红外光谱法是利用含氢(H)基团[X—H，X为碳(C)、氧(O)、氮(N)、硫(S)等]的伸缩振动倍频和合频，在近红外区产生吸收光谱，通过选择适当的化学计量学多元校正方法，把校正样品的近红外吸收光谱与其成分浓度或性质数据进行关联，建立校正样品吸收光谱与其成分浓度或性质之间的关系——校正模型。在进行未知样品预测时，应用已建好的校正模型和未知样品的吸收光谱，就可定量预测其成分浓度或性质。另外，通过选择合适的化学计量学模式识别方法，也可分离提取样本的近红外吸收光谱特征信息，并建立相应的类模型。在进行未知样品的分类时，应用已建立的类模型和未知样品的吸收光谱，便可定性判别未知样品的归属。

二、近红外光谱法的特点

近红外光谱技术之所以成为一种快速、高效在线分析的有力工具，是由其技术特点决定的，近红外光谱分析的主要技术特点如下。

(1)分析速度快　由于光谱的测量过程一般可在1 min内完成(多通道仪器可在1 s内完成)，通过建立的校正模型可迅速测定出样品的组成或性质。

(2)分析效率高　通过一次光谱的测量和已建立的相应的校正模型,可同时对样品的多个组成或性质进行测定。在工业分析中，可实现由单项目操作向车间化多指标同时分析的飞跃，这一点对多指标监控的生产过程分析非常重要，在不增加分析人员的情况下可以保证分析频次和分析质量，从而保证生产装置的平稳运行。

(3)分析成本低　近红外光谱在分析过程中不消耗样品,自身除消耗一点电外几乎无其他消耗，与常用的标准或参考方法相比，可大幅度降低测试费用。

(4)测试重现性好　由于光谱测量的稳定性,测试结果很少受人为因素的影响,与标准或参考方法相比，近红外光谱法一般显示出更好的重现性。

(5)样品测量一般不用预处理,光谱测量方便　由于近红外光具有较强的穿透能力和散射效应，因此根据样品物态和透光能力的强弱可选用透射或漫反射测谱方式。通过相应的测样器件可以直接测量液体、固体、半固体和胶状类等不同物态的样品。

(6)便于实现在线分析　由于近红外光在光纤中具有良好的传输特性,通过光纤可以使仪器远离采样现场，将测量的光谱信号实时地传输给仪器，调用建立的校正模型计算后可直接显示出生产装置中样品的组成或性质结果。另外，通过光纤也可测量恶劣环境中的样品。

(7)典型的无损分析技术　光谱测量过程中不消耗样品,从外观到内在都不会对样品产生影响。鉴于这一特点，该技术在活体分析和医药临床领域正在得到越来越多的应用。

(8)现代近红外光谱分析也有其固有的弱点　一是测试灵敏度相对较低,这主要是因为近红外光谱作为分子振动的非谐振吸收跃迁概率较低，一般近红外倍频和合频的谱带强度是其基频吸收的10^{-4}～10^{-1}，就对组分的分析而言，其含量一般应大于0.1%；二是作为一种间接分析技术，其方法所依赖的模型必须事先用标准方法或参考方法对一定范围内的样品测定出组成或性质数据，因此模型的建立需要一定的化学计量学知识、费用和时间，另外分析结果的准确性与模型建立的质量和模型的合理使用也有很大的关系。

三、近红外光谱法的分析步骤

(1) 具有代表性样品的收集　将样品分为两类：一类用于建立校正模型(校正集样品)；另一类用于验证校正模型(验证集样品)。近红外光谱测量的样品应包括分析未知样品的组分或性质。

(2) 测量样品被测组分的化学分析值　近红外光谱分析技术所建立的模型是以样品被测组分的化学值和样品光谱图的吸光度进行回归得到的，标准方法测得的化学值决定了模型预测结果的准确性，要保证所测的化学值准确才能提高预测样品的精准性。

(3) 样品近红外图谱的测量　在采集图谱的同时，应尽可能保持仪器的测量条件一致，如温度、湿度等。

(4) 建立校正模型　对校正集样品测量的光谱和用标准方法测得的基础数据，通过化学计量学方法，如偏最小二乘法(partial least squares，PLS)，对近红外光谱与待测成分含量间的关系进行关联，建立校正模型。

(5) 验证模型的检验　用已知基础数据的验证集样品对校正模型进行评价。高质量的校正模型，在用验证集样品进行分析时，其预测结果与实际结果应有良好的一致性。模型的好坏采用残差、相关系数、校正集样本的标准偏差、预测及样本的标准偏差等统计数字来评定。

(6) 未知样品测定　采集未知样品的近红外图谱后，带入已建好的模型，通过对其组成或性质进行检验，判定模型是否能用于日常分析，若不能，则将未知样品纳入校正集样品重新建立模型。

第三章　水稻品质分析原理与方法

水稻是世界上最重要的粮食作物之一，全世界近 1/2 的人口以稻米为主食。中国是世界上最大的稻米生产国和消费国，2/3 的人口以稻米为主粮，国内年总消费量在 2 亿 t 左右，其中口粮消费约 1.65 亿 t。随着国民经济的快速发展和生活水平的日益提高以及出于国际贸易的需要，人们越来越关注稻米的品质，对稻米的需求已由数量型逐渐转向质量型。我国颁布了水稻品质分析方面的一系列国家标准、农业行业标准、粮食行业标准，主要有：稻谷出糙率检验（GB/T 5495—2008）、稻谷整精米率检验法（GB/T 21719—2008）、稻谷整精米率测定（GB/T 35865—2018）、稻谷粒型检验方法（GB/T 24535—2009）、稻谷粗蛋白质含量测定（GB/T 24897—2010）、大米直链淀粉含量测定（GB/T 15683—2008）、大米胶稠度测定（GB/T 22294—2008）、大米及米粉糊化特性测定（GB/T 24852—2010）、大米蒸煮过程中米粒糊化时间的评价（GB/T 25226—2010）、水稻蒸煮食用品质感官评价方法（GB/T 15682—2008）、食用稻品种品质（NY/T 593—2013）、食用粳米（NY/T 594—2013）、食用籼米（NY/T 595—2013）、香稻米（NY/T 596—2002）、米质测定方法（NY/T 83—2017）、稻米整精米率、粒型、垩白粒率、垩白度及透明度的测定（NY/T 2334—2013）、稻米及制品中抗性淀粉的测定（NY/T 2638—2014）、稻米直链淀粉的测定（NY/T 2639—2014）等。我国稻米的质量等级标准和检测技术标准的研究、制定与实施，有利于我国稻米品质的改良，也加快了品种结构的调整，同时促进了粮食生产的市场化和产业化。

第一节　稻米品质概述

稻米品质（rice quality）是指稻米的质量表现，与稻米品种品质有关的各种参数称为品质指标。稻米品质主要分为加工品质（processing quality）、外观品质（appearance quality）、蒸煮食用品质（cooking and eating quality）、营养品质（nutrient quality）、卫生品质（hygienic guality）与陈化品质（aging guality），每一类型的品质都有相对应的评价指标。其中，外观品质和蒸煮食用品质是最重要的稻米品质性状和评价指标，而粒形、垩白、整精米率和直链淀粉含量是稻米品质的定级指标。

一、加工品质

稻谷加工品质（rice processing quality）又称碾磨品质（milling quality），是指稻谷加工后其糙米率、精米率、整精米率的高低。一定的净稻谷（clean paddy）经碾磨加工后，以稻谷质量为基数，分别计算其糙米、精米及整精米的质量百分率。

1. 糙米率（brown rice yield）　糙米（brown rice）是指谷粒去掉颖壳（谷壳）后得到的颖果。糙米率是指净稻谷试样脱壳后的糙米占试样的质量分数。

2. 精米率（milled rice yield）　精米（milled rice）是指经精米机加工后除去糠层的大米米粒。精米率是指在规定加工精度下，精米占净稻谷试样的质量分数。精米率是稻米品质中较重要的一个指标。精米率高说明同样数量的稻谷能碾出较多的精米，稻谷的经济价值较高。

3. 整精米率(head rice yield)　整精米(head rice)是指糙米碾磨成加工精度为国家标准(GB/T 1354—2018)的三级大米时，长度达到试样完整米粒平均长度的3/4及以上的米粒。整精米率是指整精米占净稻谷试样或精米试样的质量分数。整精米率的高低关系到大米的商品价值，碎米多，其商品价值就低。

稻米加工品质与稻谷结构有一定的关系。稻谷由谷壳和糙米两部分组成。谷壳即外颖和内颖，一般占谷重的20%左右。糙米由果皮和种皮(两者愈合，占5%～6%)、胚(占2%～3%)、胚乳(占91%～92%)组成。

果皮由外果皮、中果皮、横细胞和管细胞等组成。未成熟米粒的管细胞含有叶绿素，故幼嫩的稻米米粒为绿色，成熟时由于叶绿素分解转化，米粒绿色消失。

种皮由内珠被发育而成，内含有色体，有色体中含有色素，可使种皮呈现不同颜色。有色米是指具有特殊颜色的大米，如紫色米、黑色米、红色米、绿色米、金色米等。少数有色稻米品种的少量有色体能深入胚乳中，使加工后的精米仍具有浅色。大多数有色米碾磨加工后有色体脱落于米糠中，故大多数有色米以糙米的形式出售，以保持有色米的特色。

糊粉层是米粒种皮与胚乳之间的一到几层糊粉细胞。由于糊粉层细胞的细胞膜比较厚，降低了米饭的黏性，影响食味品质，因此在加工时将糊粉层连同糊粉层外部的种皮、果皮一起磨掉。

胚是稻米中有生命的组织，是植物的雏体，内含有极为丰富的营养物质。但在稻米加工过程中，大部分的胚部已脱落于米糠中，造成部分营养的浪费。胚芽米是指通过特殊的加工机械和加工工艺，在大米加工时使胚留存率达到80%以上的大米。我国一些省份已加工出胚芽米，提高了稻米的营养价值。

胚乳是稻米的主要部分，是积累和贮藏淀粉的场所。胚乳中的淀粉粒在胚乳发育过程中有一个聚合作用，形成了复合淀粉粒，也叫淀粉复合体。稻米淀粉粒的理化特性对稻米的蒸煮食用品质影响很大。

米糠是稻谷加工后，除去精米所剩余的颖壳、果皮、种皮、糊粉层、胚和碎米等的混合物，营养仍然丰富。我国米糠资源丰富，米糠的深度加工利用前景广阔。

稻米的加工品质是稻米的一项重要指标。我国稻米的糙米率一般为78%～82%，最高为86%，精米率为60%～70%，有些水稻品种在70%以上，而整精米率的变幅较大。

二、外观品质

精米外观品质(rice appearance quality)又称商品品质(commodity quality)、市场品质(market quality)，是指稻米的长度(length)、宽度(width)、粒型(grain shape)、垩白(chalkiness)、垩白粒率(chalky rice percentage)、垩白面积(chalkiness area)、垩白度(chalkiness degree)、透明度(translucency)、光泽(gloss)、裂纹(fissure)等方面的品质表现。外观品质是精米籽粒(或糙米籽粒)的外表物理特性，体现其吸引消费者的能力。

1. 精米粒形(长宽比)　精米粒长(grain length)是指完整无破损精米籽粒两端的最大距离，以毫米(mm)为单位。依据其米粒长短将籼稻和籼糯稻分别分为长粒、中粒和短粒三种：长粒形籼米，粒长大于6.5 mm；中粒形籼米，粒长5.6～6.5 mm；短粒形籼米，粒长小于5.6 mm。

根据食用稻的亚种、黏糯特性，结合籼稻和籼糯稻籽粒长短，把食用稻品种分为 4 类：籼稻（长粒形籼稻、中粒形籼稻、短粒形籼稻）、粳稻、籼糯稻（长粒形籼糯稻、中粒形籼糯稻、短粒形籼糯稻）和粳糯稻。

精米粒宽（grain width）是指精米米粒最宽处的距离。

精米粒形（又称长宽比）是稻米粒长与粒宽的比值。

研究表明，稻米粒形与稻米品质相关性很大。一般认为，长粒形的品种米质较好，而粒长太大时又会出现整精米率下降，粒宽太大时也会出现垩白增大的现象。对同一类型（籼稻、粳稻）来说，谷粒绝对长度较大、粒形较好（长宽比大于 3.0）和千粒重较小是优质米的目标。

2. 垩白度 垩白是指米粒胚乳中的白色不透明部分。它是由稻米胚乳充实不良、淀粉和蛋白质颗粒排列疏松、颗粒间充气引起的空隙而导致光的散射，在外观上形成白色不透明区域。垩白使稻米透明度、硬度降低且易碎，是一种不良特性。根据垩白发生的部位不同，可将垩白分为心白、腹白和背白三种。

垩白粒（chalky grain）是指含有垩白的米粒。

垩白粒率是指垩白米粒占试样整精米粒数的百分率。

垩白面积又称垩白大小，是指平放的完整垩白米粒中垩白部分占该米粒平面投影面积的百分率。垩白面积可在垩白观测仪上通过目测来确定，以加权平均值来表示，计算公式为

$$\text{垩白面积平均值}=\frac{\sum \text{各米粒垩白面积百分率}}{\text{试样米粒数}}$$

垩白度是指垩白米的垩白面积总和占试样整精米粒面积总和的百分率。计算公式为

$$\text{垩白度}=\text{垩白面积}\times\text{垩白粒率}$$

垩白是衡量稻米品质的重要性状之一，它不仅直接影响稻米的外观品质，还影响稻米的加工品质和蒸煮食用品质。

3. 阴糯米率（translucent glutinous rice grain percentage） 阴糯米（translucent glutinous rice）是指胚乳透明或半透明的糯米颗粒。阴糯米率是指整精糯米中阴糯米粒占整个米样粒数的百分率。

在 NY/T 593—2013《食用稻品种品质》中，一级糯米的阴糯米率要求≤1%，二级糯米的阴糯米率要求≤3%，三级糯米的阴糯米率要求≤5%。

4. 白度（whiteness） 白度是指整精米籽粒呈白的程度。测定时，从糯米样品中取出适量的整精糯米粒，用白度计测量获得。规定以镁条燃烧发出的白光为白度标准值（100%）。在 NY/T 593—2013《食用稻品种品质》中，白度＞50.0%为 1 级；47.0%～50.0%为 2 级；＜47.0%为 3 级。

5. 透明度（translucency） 透明度是指整精米籽粒的透明程度，用稻米的相对透光率表示。透明度反映精米在光的透视下的晶亮程度，即透光特性，表现胚乳细胞中淀粉体的充实情况。透明度可用透明度仪来测定。

6. 裂纹（fissure） 裂纹是指精米中裂缝的多少。裂纹是稻米加工过程中产生碎米的主要原因，据报道，裂纹米率大于 60%时，碎米率则超过 50%，严重影响稻米的商品性和经济价值。裂纹米的形成与品种、灌浆优劣、收获期和稻谷入库前遭受的机械损伤有关。

三、蒸煮食用品质

蒸煮食用品质是指稻米在蒸煮食用过程中所表现的各种理化特性及感官体验，如吸水性（water absorption）、溶解性（water solubility）、延伸性（elongation）、糊化性（pasting property）、膨胀性（swelling）以及热饭或冷饭的柔软性（softness）、黏弹性（viscoelasticity）、香（aroma）、色（color）、味（taste）等。

1. 大米食用品质感官评价（sensory evaluation of rice eating quality）　是指大米在规定的条件下蒸煮成米饭后，品评人员通过眼观、鼻闻、口尝等方法对所测米饭的色泽、气味、滋味、米饭黏性及软硬适口程度进行综合品尝评价的过程。

蒸煮食用品质最直接的鉴定方法是通过蒸煮后食用（口感品尝）来评定其优劣，即借助人们的感官，对米饭直接进行品尝试验，判断其食用品质的优劣。因为品尝试验是以人们的感官为基础的，通过视觉、嗅觉、味觉和触觉等感官来判断大米的食用品质，特别是触觉，即咀嚼米饭时的感觉与食用品质关系最密切，最易为人们所接受，能够直接反映大米的香气、滋味、硬度等。但是，由于蒸煮和品尝过程复杂，因此米饭品尝评定也变得困难和复杂。所以在评定大米食用品质时，还需辅以与米饭食用关系密切相关的理化性状、流变学特性的测定，从而得出较客观的评价，使评定更加科学、合理。大米的食用品质与大米本身的某些理化指标，如直链淀粉含量、碱消值、胶稠度，以及米饭黏性、硬度、气味、色泽与冷饭质地等密切相关，通过检测这些理化指标，可以间接了解各种大米的食用品质。由于稻米的理化特性主要是由稻米淀粉粒的理化特性所决定的，因此在蒸煮食用品质鉴定时，大米的直链淀粉含量、胶稠度、碱消值三项指标尤为重要。

2. 碱消值（alkali spreading value）　是指碱液对整精米粒的侵蚀程度。它是稻米淀粉粒的物理属性表现，既反映了米粒的膨胀性和需水性，又反映了胚乳的硬度。一般来说，碱消值小的稻米，煮饭时需较高的温度，蒸煮时间较长，蒸煮时吸水量比较多，米饭较硬，米饭不易煮透，米饭的延长性较差，米粒基本保持原形。碱消值大的稻米，煮饭时需较低的温度，蒸煮时间较短，蒸煮时吸水量比较少，米饭柔软，米饭的延长性好，若蒸煮时间过长，放水过多，米饭易解体“开花”，米饭易糊化。

3. 胶稠度（gel consistency）　是指在规定的条件下，精米粉经碱液糊化后的米胶冷却后的流动长度，以毫米（mm）为单位。胶稠度的测定，一般用米胶延展法，即测定 4.4%的米胶在冷却后的水平延长性（延展性）。胶稠度是稻米淀粉的一种物理特性，是评价米饭柔软性和蓬松性的标准之一。

胶稠度与稻米直链淀粉含量有关，直链淀粉低于 24%的稻米，胶稠度值偏大；直链淀粉含量在 25%及以上的稻米，胶稠度值差异明显。一般来讲，稻米胶稠度值较大，米胶水平延长性大，米饭较软且偏黏；稻米胶稠度值较小，米胶水平延长性较小，米饭偏硬而不黏。

4. 直链淀粉含量（amylose content）　淀粉是稻米的主要组成成分。糙米的淀粉含量约为 72%，精米的淀粉含量约为 77%。大米淀粉可分为直链淀粉和支链淀粉两种，两种淀粉的特性有所不同。

稻米的直链淀粉含量一般为 0～34%。糯稻米的直链淀粉含量一般为 0～2%，黏稻米的直链淀粉含量一般为 6%～34%，分为极低（＜8%）、低（8%～20%）、中（20%～25%）和高（≥25%）4 个等级。黏米中的粳稻和籼稻有所差异。粳黏稻米的直链淀粉含量为 13%～20%。籼黏稻米则有三种类型：高直链淀粉含量类型（≥25%）、中直链淀粉含量类型（20%～25%）和低直链淀粉含量类型(≤20%)。由此可见，糯稻米、粳稻米属于低直链淀粉含量的稻米类型。

稻米胚乳中直链淀粉含量的高低，与稻米蒸煮的理化特性有关，与米饭的黏性、柔软性、透明度与光泽有关，并影响米饭的质地和适口性，从而影响稻米的蒸煮特性及食用品质。高直链淀粉含量的稻米的米粒吸水性强，米饭的膨胀性大，饭粒干燥、蓬松、光泽差，冷却后易变硬，结团，食味较差；中、低直链淀粉含量的稻米的米粒吸水性弱，米饭的膨胀性小，饭粒湿黏、有光泽，米饭柔软又不失蓬松，适口性较好。但有时直链淀粉并不完全决定米饭的质地，有些直链淀粉含量相近的米饭质地也有明显的差异。例如，直链淀粉含量相近的早籼米和晚籼米的食味相差较远。

5. 香味(aroma) 香味是稻米品质中一个比较次要的性状。随着人民生活水平的提高，香味也渐渐为人们所重视。稻米的香味有多种类型，不同人群对香味的要求也有所差异。

四、营养品质

营养品质是指稻米中蛋白质及其氨基酸等养分的含量与组成，以及脂肪、维生素、矿物质的含量等。

蛋白质在稻米籽粒上分布不均匀，胚及胚乳表面的糊粉层中的含量较高，胚乳内的含量较低。在测定稻米蛋白质含量时，为了避免碾米精度的影响，一般用糙米测定蛋白质含量。

根据溶解性的不同，可将蛋白质分成4类。①谷蛋白：比例最高，占蛋白质总量的85%～90%，呈难溶性。②球蛋白：占2%～8%，可溶于中性盐，也称盐溶蛋白。③胶蛋白：占1%～5%，可溶解于低浓度(70%～80%)的乙醇。④白蛋白：含量很少，可溶解于水，也称水溶性蛋白。

分析发现，大部分稻米品种的蛋白质含量都在7%～10%，有少数可达18%以上。一般糙米的蛋白质含量为8%左右，精米的蛋白质含量为7%左右，游离氨基酸含量约为蛋白质的4%。稻米的蛋白质品质是谷类作物中最好的，其氨基酸配比合理，人体易吸收，营养价值高。

五、卫生品质

卫生品质(hygienic quality)主要是指稻米中的农药及重金属元素(如砷、镉、汞、铅、铬)等有害成分的残留状态，主要包括有毒化学农药、重金属离子、黄曲霉毒素、硝酸盐等有毒物质的残留量。它是稻米的首要品质指标，因为作为食品的稻米，首先必须达到安全卫生的标准。

稻米中的有毒物质如重金属和黄曲霉毒素等，其含量与栽培环境、栽培管理、贮藏、包装、运输等过程中所采取的措施有关。由于使用过量的农药和环境污染等因素，稻米受到不同程度污染的现象时有发生，卫生品质越来越被人们所关注。为此，各国为了防止有毒稻米对人畜健康造成危害，制定了相应的粮食卫生标准，以及绿色大米、生态有机米的标准和生产规程。我国稻米的生产与流通，应符合中国粮食卫生标准的各项指标。对国际贸易中的稻米，应符合国际卫生食品的要求。

六、陈化品质

陈化品质(aging quality)是指在稻米贮藏过程中，所发生的各种生理生化现象对稻米品质所产生的各种影响。稻谷、稻米在贮藏一段时间以后，果皮、种皮发生吸湿或散湿现象，发芽率降低，游离脂肪酸增加，淀粉组织的细胞膜变厚、硬化，酶活性改变，这些现象的发生使稻米的理化特性发生改变，降低稻米的品质，以上这一系列变化称为陈化作用。陈化稻米的变化表现为气味劣变，米色发暗，白度下降，加工时整精米率下降，直链淀粉含量下降，蛋白质含量下降，脂肪酸值显著增加，黏度下降，米饭变硬，最终使食味变劣，品质下降。

陈化是粮食自身的生化过程，可以采取一定措施使陈化的速度变慢，减少陈化作用对稻米品质的影响。

第二节　稻米品质分析方法

稻米品质的分析与评定，有利于促进优质稻品种选育、配套高产优质栽培技术制定和稻米加工、流通、消费等方面的发展。目前，国内外评价稻米品质的指标基本相同，一般包括加工品质、外观品质、蒸煮食用品质和营养品质等方面的指标。

一、加工品质分析

（一）材料和用具

1. 材料　待测水稻品种若干个（收获后晒干并存放 90 d 以上）。

2. 用具　分析天平（感量 0.01 g）、实验砻谷机、实验碾米机、谷物选筛（孔径 1.5 mm）、碎粉分离器、图像扫描仪、带稻米外观品质分析软件的计算机、样品盘、小镊子等。

（二）检验方法

1. 糙米率检验

方法一：常量法

（1）仪器调整　根据待测试样谷粒厚度，调节实验砻谷机辊轮的适宜间距（宜为 0.50～1.00 mm），用待测试样或相同粒型的稻谷经实验砻谷机脱壳，以调整实验砻谷机至最佳工作条件。不应出现糙米皮层的损伤，试样谷粒经二次处理后，应基本上完全脱壳。

（2）操作步骤　称取 140 g 稻谷试样（精确到 0.01 g），倒入进样斗；启动机器，打开进样闸口，使样品均匀进入机内脱壳。经二次脱壳后，拣出糙米中残留的谷粒，分别称量糙米及谷粒质量（精确到 0.01 g）。

（3）结果计算　试样的糙米率以质量分数计，计算公式为

$$X(\%)=\frac{m_2}{m-m_1}\times 100$$

式中，X 为糙米率（%）；m_2 为糙米质量（g）；m 为试样质量（g）；m_1 为糙米中残留的谷粒质量（g）。

计算结果表示到小数点后 1 位。在重复性条件下获得的 2 次独立测试结果的绝对差值不大于 1%。根据农业部行业标准 NY/T 593—2013《食用稻品种品质》规定（表 3-1～表 3-4）判定样品糙米率的等级。

表 3-1　籼稻品种品质等级

品质性状	等级		
	一	二	三
糙米率/%	≥81.0	≥79.0	≥77.0
整精米率/%	≥58.0	≥55.0	≥52.0
垩白度/%	≤1	≤3	≤5
透明度/级	≤1	≤2	

续表

品质性状			等级		
			一	二	三
蒸煮食用	Ⅰ	感官评价/分	≥90	≥80	≥70
	Ⅱ	碱消值/级	≥6.0		≥5.0
		胶稠度/mm	≥60		≥50
		直链淀粉含量(干基)/%	13.0～18.0	13.0～20.0	13.0～22.0

表 3-2　粳稻品种品质等级

品质性状			等级		
			一	二	三
糙米率/%			≥83.0	≥81.0	≥79.0
整精米率/%			≥69.0	≥66.0	≥63.0
垩白度/%			≤1	≤3	≤5
透明度/级			≤1	≤2	
蒸煮食用	Ⅰ	感官评价/分	≥90	≥80	≥70
	Ⅱ	碱消值/级	≥7.0		≥6.0
		胶稠度/mm	≥70		≥60
		直链淀粉含量(干基)/%	13.0～18.0	13.0～19.0	13.0～20.0

表 3-3　籼糯稻品种品质等级

品质性状			等级		
			一	二	三
糙米率/%			≥81.0	≥79.0	≥77.0
整精米率/%			≥58.0	≥55.0	≥52.0
阴糯米率/%			≤1	≤3	≤5
白度/级			≤1	≤2	
蒸煮食用	Ⅰ	感官评价/分	≥90	≥80	≥70
	Ⅱ	碱消值/级	≥6.0		≥5.0
		胶稠度/mm	≥100		≥90
		直链淀粉含量(干基)/%	≤2.0		

表 3-4　粳糯稻品种品质等级

品质性状	等级		
	一	二	三
糙米率/%	≥83.0	≥81.0	≥79.0
整精米率/%	≥69.0	≥66.0	≥63.0
阴糯米率/%	≤1	≤3	≤5
白度/级	≤1	≤2	

续表

品质性状			等级		
			一	二	三
蒸煮食用	Ⅰ	感官评价/分	≥90	≥80	≥70
	Ⅱ	碱消值/级	≥7.0		≥6.0
		胶稠度/mm	≥100		≥90
		直链淀粉含量（干基）/%	≤2.0		

方法二：小量法

(1) 操作步骤　　从净稻谷试样称取 20～25 g 试样(m_0)，精确至 0.01 g，先拣出生芽粒，单独剥壳，称量生芽粒糙米质量(m_1)。然后将剩余试样用实验砻谷机脱壳，除去谷壳，称量砻谷机脱壳后的糙米质量(m_2)，感官检验拣出糙米中不完整粒糙米，称量不完整粒糙米质量(m_3)。

(2) 结果计算　　稻谷糙米率计算公式为

$$X_1(\%)=\frac{(m_1+m_2)-(m_1+m_3)/2}{m_0}\times 100$$

式中，X_1 为稻谷糙米率(%)；m_1 为生芽粒糙米质量(g)；m_2 为砻谷机脱壳后的糙米质量(g)；m_3 为不完整粒糙米质量(g)；m_0 为试样质量(g)；除以 2 是指不完整粒和生芽粒按折半计算。

在重复性条件下，获得的 2 次独立测试结果的绝对差值不大于 0.5%，求其平均数，为测试结果，测试结果保留 1 位小数。根据农业部行业标准 NY/T 593—2013《食用稻品种品质》规定（表 3-1～表 3-4）判定样品糙米率的等级。

2. 精米率检验

(1) 仪器调整　　根据实验碾米机推荐的碾米量和碾米时间，用待测试样或相同粒型的糙米进行最适碾磨量和最适碾磨时间试验，以得到均匀的国家标准三级加工精度大米为判定标准。

(2) 操作步骤　　按最适碾磨量缩分糙米，并称量(精确到 0.01 g)。将试样倒入碾磨室，调节至最适碾磨时间，使碾米的精度达到国家标准三级水平，将碾磨后精米倒入孔径 1.5 mm 的谷物选筛中，除去胚片和糠屑。待其冷却至室温后，称量精米质量(精确到 0.01 g)。

(3) 结果计算　　试样的精米率以质量分数 X_1 计，计算公式为

$$X_2=\frac{m_4}{m_3}\times X_1$$

式中，X_2 为精米率(%)；m_4 为精米质量(g)；m_3 为糙米试样质量(g)；X_1 为糙米率(%)。

计算结果表示到小数点后 1 位。在重复性条件下，获得的 2 次独立测试结果的绝对差值不大于 1%。根据农业部行业标准 NY/T 593—2013《食用稻品种品质》规定（表 3-1～表 3-4）判定样品精米率的等级。

3. 整精米率检验

方法一：人工法

(1) 操作步骤　　将精米试样混匀，分取 10～35 g 样品(精确到 0.01 g)。借助碎米分离器，人工分选出整精米(长度达到完整精米粒平均长度的 3/4 及以上的米粒)，称量整精米的

质量(精确到 0.01 g)。

(2) 结果计算　试样的整精米率以质量分数 X_2 计，计算公式为

$$X_3 = \frac{m_6}{m_5} \times X_2$$

式中，X_3 为整精米率(%)；m_6 为整精米质量(g)；m_5 为精米试样质量(g)；X_2 为精米率(%)。计算结果表示到小数点后 1 位。

方法二：图像分析法

(1) 操作步骤　按 GB/T 21719《稻谷整精米率检验法》的规定执行精米率检测，即按上述“2. 精米率检验”得到精米率(X_1)。再将精米试样混匀，并用分样器分取 10～35 g 试样，将试样置于扫描仪的玻璃板上，轻微晃动至米粒之间散开不重叠，扫描试样，获得稻米试样图像。用大米外观品质分析软件，人工引导识别完整精米，计算试样的整精米率。

(2) 结果计算　稻谷试样的整精米率以质量分数计，计算公式为

$$X_3 = \frac{h \times X_2}{100}$$

式中，X_3 为整精米率(%)；h 为用大米外观品质分析软件人工引导识别完整精米读出的数值；X_2 为精米率(%)。

计算结果表示到小数点后 1 位。在重复性条件下，获得的 2 次独立测试结果的绝对差值不大于 1.5%。根据农业部行业标准 NY/T 593—2013《食用稻品种品质》规定(表 3-1～表 3-4)判定样品整精米率的等级。

二、外观品质分析

(一) 材料和用具

1. 材料　待测水稻品种的精米。

2. 用具　微粒子计、直尺、垩白度观测仪、聚光灯、黑色背景的玻璃板、数字式稻米透明度仪、振荡器、图像扫描仪及带稻米外观品质分析软件的计算机等。

(二) 检验方法

1. 粒型检验

方法一：图像分析法

操作方法同整精米率图像分析法。用稻米外观品质分析软件，自动识别计算完整精米的平均粒长、平均粒宽及长宽比。

方法二：微粒子计法

从精米样品中随机取出完整精米 10 粒，一粒一粒测量；用镊子夹紧米粒，将米粒的下端抵住微粒子计卡口下端的中央，轻捏微粒子计卡口，使上端中央与米粒的另一端接触，读出粒子计指针的读数(精确至 0.1 mm)即粒长；再同法操作，测出粒宽。计算平均值，求出长宽比。

试样长宽比(X_4)的计算公式为

$$X_4 = \frac{L}{W}$$

式中，X_4为长宽比；L为完整精米平均长度(mm)；W为完整精米平均宽度(mm)。

计算结果表示到小数点后1位。

方法三：直尺法

(1)操作步骤　从精米样品中随机取出完整精米试样2份，每份10粒，将10粒完整精米首尾相接，不重叠、不留隙，紧靠直尺排成一条直线，用直尺量出总长度，然后再把这10粒米并侧排列，量出其总宽度(均精确到0.1 mm)。计算试样的平均长度、平均宽度和长宽比。2次结果的差距应小于0.1 mm，求其平均数。

(2)精密度　粒长：在重复性条件下获得的2次独立测试结果的绝对差值不大于0.5 mm。粒宽：在重复性条件下获得的2次独立测试结果的绝对差值不大于0.3 mm。长宽比：在重复性条件下获得的2次独立测试结果的绝对差值不大于0.1。

2. 垩白检验

方法一：图像分析法

(1)操作步骤　操作方法同整精米率图像分析法。从扫描图中自动随机选取不少于100粒完整精米试样图像，辅以人工剔除误将试样留皮或胚判为垩白的米粒图像，最后由稻米外观品质分析软件计算出垩白粒率及垩白度。重复测定平行样。

(2)精密度　当试样垩白粒率＜50%时，在重复性条件下获得的2次独立测试结果的绝对差值小于5%；当试样垩白粒率≥50%时，在重复性条件下获得的2次独立测试结果的绝对差值小于10%；当试样垩白度＜10%时，在重复性条件下获得的2次独立测试结果的绝对差值小于1.0%；当试样垩白度≥10%时，在重复性条件下获得的2次独立测试结果的绝对差值小于2.0%。

方法二：目测法

(1)操作步骤　垩白粒率检验：打开垩白度观测仪，从整精米样品中随机取出100粒，置于垩白度观测仪上(或置于玻璃板上，在聚光灯下观察)，拣出有垩白(包括心白、腹白和背白)的米粒。

垩白度检验：从上述垩白米粒中随机取出10粒完整精米，在垩白度观测仪或聚光灯下逐粒目测垩白部分占整粒米平面投影面积的百分率，求出垩白面积的平均值。

(2)结果计算　试样的垩白粒率计算公式为

$$X_5(\%) = \frac{n_1}{n} \times 100$$

式中，X_5为垩白粒率(%)；n为总整精米粒数(粒)；n_1为垩白米粒数(粒)。

2次平行测定的结果以算术平均数表示，垩白粒率保留至整数位。

试样的垩白度计算公式为

$$X_6 = \frac{X_5 \times S}{100}$$

式中，X_6为垩白度(%)；S为垩白相对面积的平均值，用百分率(%)表示。

2次平行测定的结果以算术平均数表示，垩白度保留至小数点后1位。根据农业部行业标准NY/T 593—2013《食用稻品种品质》规定(表3-1，表3-2)判定样品垩白度的等级。

3. 透明度检验

方法一：透明度仪法

(1) 操作步骤　接通仪器电源，转动调整旋钮，使读数为 1.00。将整精米样品装入样品杯中，手持样品杯置于振荡器上振荡约 5 s 以减少米粒空隙，在透明度仪上测出其透明度。

(2) 结果计算　计算结果以 2 次测定的算术平均值表示，保留到小数点后 2 位。在重复性条件下获得的 2 次独立测试结果的绝对差值不大于 0.02。

(3) 透明度的分级　透明度的分级按 NY/T 83—2017《米质测定方法》，透明度＞0.70%为 1 级，0.61%～0.70%为 2 级，0.46%～0.60%为 3 级，0.31%～0.45%为 4 级，＜0.31%为 5 级。

方法二：图像分析法

(1) 操作步骤　操作方法同整精米率图像分析法。用稻米外观品质分析软件，自动计算精米试样的透明度等级。

(2) 结果计算　在重复性条件下获得的 2 次独立测试结果的绝对差值小于 1。

4. 阴糯米率检验　从待测糯米样品中随机取出 100 粒整精糯米，拣出阴糯米粒(糯米中胚乳透明或半透明的糯米粒)，阴糯米率计算公式为

$$T(\%)=\frac{t}{100}\times 100$$

式中，T 为阴糯米率(%)；t 为阴糯米(粒)；100 为整精糯米粒数。

结果以重复测定的平均值表示，计算结果表示到小数点后 1 位。根据农业部行业标准 NY/T 593—2013《食用稻品种品质》规定(表 3-3，表 3-4)判定糯米样品阴糯米率的等级。

5. 白度检验　从糯米样品中随机取出白度计测定时所需用量的整精糯米，用白度计测量。按规定以镁条燃烧发出的白光为白度标准值，即 100%。根据糯米样品实际测定得出的白度值，参照农业部行业标准 NY/T 593—2013《食用稻品种品质》规定(表 3-5)判定糯米样品的白度等级。

表 3-5　糯米白度的分级

级别	1	2	3
白度/%	＞50.0	47.0～50.0	＜47.0

三、蒸煮食用品质分析

稻米蒸煮食用品质检验包括稻米理化指标检验(胶稠度、碱消值、直链淀粉含量)和蒸煮食用品质感官评价。

除非另有规定，仅使用分析纯试剂，水为 GB/T 6682—2008《分析实验室用水规格和试验方法》规定的三级水。

(一) 胶稠度检验

大米淀粉经稀碱糊化、回生形成米胶，利用米胶流动性的差异，反映大米的胶稠度。

1. 仪器和设备　分析天平(感量 0.0001 g)，恒温培养箱，圆底试管(内径为 11 mm，长度为 100 mm)，涡旋振荡器，谷物选筛(0.15 mm)，沸水浴，冰水浴，玻璃球，吹风机，

水平操作平台(铺有毫米格纸)，水平尺等。

2. 试剂

1) 95%乙醇(CH_3CH_2OH)。

2) 氢氧化钾标准储备液[c(KOH)=1.0 mol/L]：配制方法见本章附录 3.1。配制后，常温保存，有效期 2 个月。

3) 氢氧化钾使用液[c(KOH)=0.200 mol/L]：用氢氧化钾储备液于使用前稀释配制(见本章附录 3.1)。

4) 百里酚蓝指示剂：称取 50 mg 百里酚蓝，溶于 100 mL 95%乙醇中。

3. 操作步骤 按照 GB/T 1354—2018《大米》的规定，将样品制备成国家标准三级精米，分取约 10 g 精米，粉碎，过 0.15 mm 筛(至少 95%以上样品通过 0.15 mm 筛)。称取折合(88 ± 0.2) mg 干样的样品于圆底试管内，加入 0.2 mL 百里酚蓝指示剂，在涡旋振荡器上振荡 4～5 s，使样品充分湿润分散。再加入 2.0 mL 0.200 mol/L 氢氧化钾溶液，再次振荡混匀后，立即插入剧烈沸腾的水浴锅的网架上，用玻璃球盖住试管口；根据米胶沸腾情况，用吹风机吹试管外壁，使沸腾的米胶高度保持在试管长度的 2/3 左右；8 min 后取出试管，除去玻璃球，在室温下冷却 5 min，再于冰水浴中冷却 20 min。将其从冰水浴中取出，平置于恒温培养箱内预先调好水平并铺有毫米格纸的水平操作台上，在(25±2)℃条件下静置 1 h 后，立即测量自管底至米胶前沿的长度，以毫米(mm)表示。

4. 结果计算 计算结果以 2 次测定的算术平均值表示，保留至整数位。在重复性条件下获得的 2 次独立测试结果的绝对差值不大于 7 mm。根据农业部行业标准 NY/T 593—2013《食用稻品种品质》规定(表 3-1～表 3-4)判定所测样品的胶稠度等级。

(二)碱消值检验

1. 仪器和设备 玻璃棒、恒温培养箱、5 cm × 5 cm × 2 cm 有机或塑料具盖方盒等。

2. 试剂 氢氧化钾使用液[c(KOH)=0.304 mol/L]：用氢氧化钾标准储备液[c(KOH)=1.0 mol/L]于使用前稀释配制。

3. 操作步骤 从样品中随机选取成熟饱满的完整精米 6 粒，放入方盒内，加入 10.0 mL 0.304 mol/L 的氢氧化钾溶液，立即用玻璃棒将盒内米粒排列均匀，加盖。将方盒平稳移至(30 ± 2)℃ 的恒温培养箱内(移动方盒时防止米粒移动)，保温约 23 h，再平稳地取出，逐粒观测米粒胚乳的消解情况，按标准进行分级记录。

4. 碱消值分级 碱消值的分级按表 3-6 执行(以分解度为主)。

表 3-6 碱消值分级标准

级别	分解度	清晰度
1	米粒无变化	米心白色
2	米粒膨胀	米心白色，有粉末状环
3	米粒膨胀，环不完全或狭窄	米心白色，环棉絮状或云雾状
4	米粒膨大，环完整而宽	米心棉白色，环云雾状
5	米粒开裂，环完整而宽	米心棉白色，环清晰
6	米粒部分分散溶解，与环融合在一起	米心云白色，环消失
7	米粒完全分散	米心与环均消失

5. 结果计算　试样碱消值(X_7)的计算公式为

$$X_7 = \frac{\sum(G \times N)}{6}$$

式中，X_7为碱消值(级)；G为米粒消解级别(级)；N为同一级别的米粒数(粒)；6是总米粒数。

计算结果表示到小数点后1位。在重复性条件下获得的2次独立测试结果的绝对差值不大于0.5级。根据农业部行业标准NY/T 593—2013《食用稻品种品质》规定(表3-1～表3-4)判定所测样品的碱消值等级。

(三)直链淀粉含量检验

直链淀粉含量的测定原理是利用稻米淀粉与碘形成显色复合物，在波长620 nm处测定显色复合物的吸光度值，其吸光度值与直链淀粉含量成正比。

1. 仪器和设备　分光光度计或流动注射分析仪，分析天平(感量0.0001 g)，实验室用粉碎机(可将大米粉碎，并过0.25 mm筛)，纸袋，水浴锅，容量瓶等。

2. 试剂　除非另有规定，仅使用分析纯试剂，水为GB/T 6682—2008中规定的三级水。

1) 95%乙醇(CH_3CH_2OH)。

2) 乙酸溶液[$c(CH_3COOH)$=1 mol/L]：量取57.8 mL冰醋酸，用水定容至1000 mL。

3) 柠檬酸溶液：称取5.6 g柠檬酸($C_6H_8O_7·2H_2O$)，用水溶解，加入5.0 mL冰醋酸，定容至1000 mL。

4) 氢氧化钠溶液[$c(NaOH)$=1 mol/L]：称取40.0 g氢氧化钠溶于1000 mL水中，混匀。

5) 氢氧化钠工作液[$c(NaOH)$=0.005 mol/L]：吸取5.0 mL氢氧化钠溶液[$c(NaOH)$=1 mol/L]，定容至1000 mL，临用前配制。

6) 碘液(母液)：称取(2.000±0.005) g碘(I_2)和(20.000±0.001) g碘化钾(KI)，用少量水溶解，定容至1000 mL，避光保存。

7) 碘工作液：吸取12.5 mL碘液(母液)于250 mL容量瓶中，加入5.0 mL乙酸溶液，定容。临用前配制。

3. 直链淀粉参比样　糯米及高、中、低直链淀粉含量的大米参比样品各一个(其直链淀粉含量预先经GB/T 15683—2008《大米　直链淀粉含量的测定》中的方法准确测定)。

4. 操作步骤

(1) 试样制备　稻谷试样需先行脱壳并碾磨成精米。将精米试样混匀，分取约10 g试样，粉碎并过0.25 mm筛，装入纸袋。将其与直链淀粉参比样在相同的条件下放置2 d，以平衡水分。

(2) 试液制备　称取试样和参比样各(50±0.2) mg，分别置于50 mL容量瓶中，加入0.5 mL 95%乙醇，使样品湿润分散，再沿瓶颈壁加入4.5 mL氢氧化钠溶液，轻轻摇匀，随后将其置于沸水浴中煮沸10 min，取出，冷却至室温，以水定容。作为直链淀粉参比样溶液及试样待测液，备用。

(3) 空白溶液制备　吸取4.5 mL氢氧化钠溶液于50 mL容量瓶中，以水定容。

(4) 测定

方法一：分光光度计测定

1) 标准曲线的绘制：分别吸取糯米及高、中、低直链淀粉含量的参比样溶液和空白溶液2.5 mL于50 mL容量瓶中，加水约25 mL，再加入0.5 mL乙酸溶液和1.0 mL碘液，以水定容，静置 10 min，待测。分光光度计以空白溶液调零，在波长 620 nm 处测定参比标准溶液的吸光度值。以吸光度值为纵坐标、直链淀粉含量为横坐标，绘制标准曲线、直链淀粉含量以精米干基质量分数表示。

2）试液测定：吸取待测液 2.5 mL 于 50 mL 容量瓶中，加水约 25 mL，再加入 0.5 mL 乙酸溶液和 1.0 mL 碘液，以水定容，静置 10 min 后，在波长 620 nm 处测定溶液的吸光度值。

方法二：流动注射分析仪测定

打开流动注射分析仪，预热稳定。按照说明书调整仪器至正常工作状态，测定波长设为 620 nm。按仪器规定调整泵速，清洗管路 10～20 min。按标识将管线分别接入氢氧化钠工作液、碘工作液和柠檬酸溶液中。按照仪器要求编制样品表，将直链淀粉标准溶液及样品溶液依序放入进样架。待基线稳定后测定。

5. 结果计算　将测得试样的吸光度值代入标准曲线方程，得到测试结果。直链淀粉含量以干基质量分数表示。以 2 次平行测定的算术平均值表示测定结果，小数点后保留 1 位。当样品含量大于 10%时，在重现性条件下获得的 2 次独立测试结果的绝对差值不大于 1.0%。当样品含量小于 10%时，在重现性条件下获得的 2 次独立测试结果的绝对差值不大于 0.5%。根据农业部行业标准 NY/T 593—2013《食用稻品种品质》规定（表 3-1～表 3-4）判定样品直链淀粉含量的等级。

（四）大米食味品质感官评价

蒸煮食味品质最直接的鉴定方法是通过对蒸煮后的米饭进行感官评价。稻谷经砻谷、碾白，制备成国家标准三等精度的大米作为试样。商品大米直接作为试样。取一定量的试样，在规定的条件下蒸煮成米饭后，品评人员通过眼观、鼻闻、口尝等方法，对所测米饭的色泽、气味、滋味、米饭黏性及软硬适口程度进行综合品尝评价，评价结果以参加品评人员的综合评分的平均值表示。

1. 仪器和设备

实验砻谷机、实验碾米机、天平（感量 0.01 g）、单屉铝（或不锈钢）蒸锅（直径为 26～28 cm）、电炉或电磁炉（220V，2 kW）、蒸饭皿（60 mL 以上带盖铝盒或不锈钢盒）、直热式电饭锅（3 L，500 W）、盆[洗米用，500 mL（小量样品米饭制备用）或 3000 mL（大量样品米饭制备用）]、沥水筛（CQ16 筛）、小碗（可放约 50 g 试样）、白瓷盘、圆形白色瓷餐盆（直径 20 cm 左右，盘上边缘均等分地贴上红、黄、蓝、绿 4 种颜色的塑料胶带）。

2. 操作步骤

（1）试样制备

1）大米样品的制备。稻谷的扦样按 GB 5491—1985《粮食、油料检验　扦样、分样法》执行。取稻谷 1500～2000 g，用实验砻谷机去壳得到糙米，将糙米在实验碾米机上制备成 GB 1354—2018 中规定的标准三等精度的大米。商品大米则直接分取试样。

2）样品的编号和登记。随机编排试样的编号、制备米饭的盒号和锅号。记录试样的品种、产地、收获或生产时间、储藏和加工及时间等必要信息。

3）参照样品的选择。参照样品应使用蒸煮食用品质感官评价标准品。

（2）米饭的制备

1）小量样品米饭制备。

a. 称样：称取每份 10 g 试样于蒸饭皿中。试样份数按评价人员每人 1 份准备。

b. 洗米：将称量后的试样倒入沥水筛，将沥水筛置于盆内，快速加入 300 mL 自来水，顺时针搅拌 10 圈，逆时针搅拌 10 圈，快速换水重复上述操作 1 次。再用 200 mL 蒸馏水淋洗 1 次，沥尽余水，放入蒸饭皿中。洗米时间控制在 3～5 min。

c. 加水浸泡：NY/T 593—2013 规定了直链淀粉含量不同的试样在米饭制备中加水量与试样量的比值。根据试样的直链淀粉含量，查阅表 3-7，得出米饭制备时要加的蒸馏水量。一般情况下，籼米加蒸馏水量为样品量的 1.6 倍，粳米加蒸馏水量为样品量的 1.3 倍。浸泡水温 25℃左右，浸泡 30 min。

表 3-7　米饭制备时需水量调节表

序号	直链淀粉含量(干基)/%	水米比值
1	≤15.0	1.2
2	15.1～20.0	1.3
3	20.1～25.0	1.4
4	＞25.0	1.5

注：籼米、籼糯米试样水分含量要求≤14.5%；粳米、粳糯米试样水分含量要求≤15.5%；籼糯米、粳糯米试样的水米比值取 1.0

d. 蒸煮：蒸锅内加入适量的水，用电炉或电磁炉加热至沸腾，取下锅盖，再将盛放样品的蒸饭皿加盖后置于蒸屉上，盖上锅盖，继续加热并开始计时，蒸煮 40 min，停止加热，焖制 20 min。

e. 盛饭品评：将制成的不同试样的蒸饭皿放在白瓷盘上(每人 1 盘)，每盘 4 份试样，趁热品尝。

2)大量样品米饭制备。

a. 洗米：称取 500 g 试样放入沥水筛内，将沥水筛置于盆中，快速加入 1500 mL 自来水，每次顺时针搅拌 10 圈，逆时针搅拌 10 圈，快速换水重复上述操作 1 次。再用 1500 mL 蒸馏水淋洗 1 次，沥尽余水，倒入相应编号的直热式电饭锅内。洗米时间控制在 3～5 min。

b. 加水浸泡：根据试样的直链淀粉含量，查阅表 3-7，得出米饭制备时要加的蒸馏水量。浸泡水温 25℃左右，浸泡 30 min。

c. 蒸煮：电饭锅接通电源开始蒸煮米饭，蒸煮过程不能打开锅盖。当电饭锅的开关跳开后，再焖制 20 min。

d. 搅拌米饭：用饭勺搅拌煮好的米饭，首先从锅的周边松动，使米饭与锅壁分离，再按横竖两个方向各平行滑动 2 次，接着用筷子上下搅拌 4 次，使多余水分蒸发之后盖上锅盖，再焖 10 min。

e. 盛饭品评：将约 50 g 试样米饭松松地盛入小碗内，每人 1 份(不宜在内锅周边取样)，然后倒扣在白色瓷餐盆上不同颜色(红、黄、蓝、绿)的位置，呈圆锥形，趁热品评。

(3)品评的要求

1)环境。应符合 GB/T 10220—2012《感观分析　方法学　总论》的规定。

2)品尝实验室。应符合 GB/T 13868—2009《感观分析　建立感官分析实验室的一般导则》的规定。

3)品评人员。依据附录 3.2“评价员挑选办法”挑选出 5～10 名优选评价员或 18～24 名初级评价员。将评价员随机分组，每个评价员编上号码，分成若干组。评价员在品评前 1 h 内不吸烟、不吃东西，但可喝水；品评期间具有正常的生理状态，不使用化妆品或其他有明显气味的用品。

4) 米饭品评份数和品评时间。每次试验品评 4 份试样（包括 1 份参照样品和 3 份被检样品）。当试样为 5 份以上时，应分两次以上进行试验；当试样不足 4 份时，可以将一试样重复品评，但不得告知评价员。同一评价员每天品评次数不得超过 2 次，品评时间安排在饭前 1 h 或饭后 2 h 进行。

5) 品评样品编号与排列顺序。将全部试样分别编成号码 No.1、No.2、No.3、No.4，且参照样品编号为 No.1，其他试样随机编号。同一小组的评价员采用相同的排列顺序，不同小组之间尽量做到品评试样数量均等、排列顺序一致。

(4) 样品品评

1) 品评内容。品评米饭的气味、外观结构、适口性（包括黏性、弹性、软硬度）、滋味和冷饭质地。

2) 品评顺序及要求。

a. 品评前的准备：评价员在每次品评前用温水漱口，漱去口中的残留物。

b. 辨别米饭气味：趁热将米饭置于鼻腔下方，适当用力吸气，仔细辨别米饭的气味。

c. 观察米饭外观：观察米饭表面的颜色、光泽和饭粒完整性。

d. 辨别米饭的适口性：用筷子取米饭少许放入口中，细嚼 3～5 s，边嚼边用牙齿、舌头等各感官仔细品尝米饭的黏性、软硬度、弹性、滋味等项。

e. 冷饭质地：米饭在室温下放置 1 h 后，品尝判断冷饭的黏弹性、黏结成团性和硬度。

3) 评分。

评分方法一

a. 根据米饭的气味、外观结构、适口性、滋味和冷饭质地，对比参照样品进行评分，综合评分为各项得分之和。评分规则和记录表格式见表 3-8。

表 3-8　米饭感官评价评分规则和记录表（评分方法一）

品评组编号：　姓名：　性别：　年龄：　出生地：　品评时间：　年　月　日　午　时　分

一级指标分值	二级指标分值	具体特性描述：分值	样品得分		
			No.2	No.3	No.4
气味（20 分）	纯正性、浓郁性（20 分）	具有米饭特有的香气，香气浓郁：18～20 分			
		具有米饭特有的香气，米饭清香：15～17 分			
		具有米饭特有的香气，香气不明显：12～14 分			
		米饭无香味，但无异味：7～12 分			
		米饭有异味：0～6 分			
外观结构（20 分）	颜色（7 分）	米饭颜色洁白：6～7 分			
		颜色正常：4～5 分			
		米饭发黄或发灰：0～3 分			

续表

一级指标分值	二级指标分值	具体特性描述：分值	样品得分		
			No.2	No.3	No.4
外观结构（20分）	光泽（8分）	有明显光泽：7～8分			
		稍有光泽：5～6分			
		无光泽：0～4分			
	饭粒完整性（5分）	米饭结构紧密，饭粒完整性好：4～5分			
		米饭大部分结构紧密完整：3分			
		米饭粒出现爆花：0～2分			
适口性（30分）	黏性（10分）	滑爽、有黏性、不黏牙：8～10分			
		有黏性，基本不黏牙：6～7分			
		有黏性，黏牙；或无黏性：0～5分			
	弹性（10分）	米饭有嚼劲：8～10分			
		米饭稍有嚼劲：6～7分			
		米饭疏松、发硬，感觉有渣：0～5分			
	软硬度（10分）	软硬适中：8～10分			
		感觉略硬或略软：6～7分			
		感觉很硬或很软：0～5分			
滋味（25分）	纯正性、持久性（25分）	咀嚼时，有较浓郁清香和甜味：22～25分			
		咀嚼时，有淡淡清香滋味和甜味：18～21分			
		咀嚼时，无清香滋味和甜味，但无异味：16～17分			
		咀嚼时，无清香滋味和甜味，但有异味：0～15分			
冷饭质地（5分）	成团性、黏弹性、硬度（5分）	较松散，黏弹性较好，硬度适中：4～5分			
		结团，黏弹性稍差，稍变硬：2～3分			
		板结，黏弹性差，偏硬：0～1分			
综合评分					
备注					

b. 根据每个评价员的综合评分结果计算平均值，个别评价员的品评误差大者(超过平均值10分以上)可舍弃，舍弃后重新计算平均值。最后以综合评分的平均值作为稻米食用品质感官评定的结果，计算结果取整数。按表3-9的格式总结出“结果统计表”。

表3-9　米饭感官评价结果统计表

品评员编号	所属组别	姓名	年龄	性别	综合评分		
					No.2(黄)	No.3(蓝)	No.4(绿)
1							
2							
3							
4							

续表

品评员编号	所属组别	姓名	年龄	性别	综合评分		
					No.2（黄）	No.3（蓝）	No.4（绿）
5							
6							
7							
8							
…							
n							
$\overline{X}$（平均值）							

c. 综合评分在 50 分以下为很差，51～60 分为差，61～70 分为一般，71～80 分为较好，81～90 分为好，90 分以上为优。

评分方法二

a. 分别将试样米饭的气味、外观结构、适口性、滋味、冷饭质地和综合评分与参照样品一一比较评定。根据好坏程度，以“稍”“较”“最”“与参照相同”等 7 个等级进行评分。评分记录表格式见表 3-10。在评分时，可参照表 3-11 所列的米饭感官评价内容与描述。与参照样品比较，根据好坏程度在相应栏内画○。

表 3-10　米饭感官评价评分记录表（评分方法二）

品评组编号：　姓名：　性别：　年龄：　出生地：　品评时间：　年　月　日　午　时　分

参照样品：红　试样编号：No.　黄

项目	与参照样品比较						
	不好			参照样品	好		
	最	较	稍		稍	较	最
评分	−3	−2	−1	0	+1	+2	+3
气味							
外观结构							
适口性							
滋味							
冷饭质地							
综合评分							
备注							

参照样品：红　　试样编号：No.　蓝

<table>
<tr><td rowspan="3">项目</td><td colspan="7">与参照样品比较</td></tr>
<tr><td colspan="3">不好</td><td rowspan="2">参照样品</td><td colspan="3">好</td></tr>
<tr><td>最</td><td>较</td><td>稍</td><td>稍</td><td>较</td><td>最</td></tr>
<tr><td>评分</td><td>−3</td><td>−2</td><td>−1</td><td>0</td><td>+1</td><td>+2</td><td>+3</td></tr>
<tr><td>气味</td><td></td><td></td><td></td><td></td><td></td><td></td><td></td></tr>
<tr><td>外观结构</td><td></td><td></td><td></td><td></td><td></td><td></td><td></td></tr>
<tr><td>适口性</td><td></td><td></td><td></td><td></td><td></td><td></td><td></td></tr>
<tr><td>滋味</td><td></td><td></td><td></td><td></td><td></td><td></td><td></td></tr>
<tr><td>冷饭质地</td><td></td><td></td><td></td><td></td><td></td><td></td><td></td></tr>
<tr><td>综合评分</td><td></td><td></td><td></td><td></td><td></td><td></td><td></td></tr>
<tr><td>备注</td><td colspan="7"></td></tr>
</table>

参照样品：红　　试样编号：No.　绿

<table>
<tr><td rowspan="3">项目</td><td colspan="7">与参照样品比较</td></tr>
<tr><td colspan="3">不好</td><td rowspan="2">参照样品</td><td colspan="3">好</td></tr>
<tr><td>最</td><td>较</td><td>稍</td><td>稍</td><td>较</td><td>最</td></tr>
<tr><td>评分</td><td>−3</td><td>−2</td><td>−1</td><td>0</td><td>+1</td><td>+2</td><td>+3</td></tr>
<tr><td>气味</td><td></td><td></td><td></td><td></td><td></td><td></td><td></td></tr>
<tr><td>外观结构</td><td></td><td></td><td></td><td></td><td></td><td></td><td></td></tr>
<tr><td>适口性</td><td></td><td></td><td></td><td></td><td></td><td></td><td></td></tr>
<tr><td>滋味</td><td></td><td></td><td></td><td></td><td></td><td></td><td></td></tr>
<tr><td>冷饭质地</td><td></td><td></td><td></td><td></td><td></td><td></td><td></td></tr>
<tr><td>综合评分</td><td></td><td></td><td></td><td></td><td></td><td></td><td></td></tr>
<tr><td>备注</td><td colspan="7"></td></tr>
</table>

注：与参照样品比较，根据好坏程度在相应栏内画○；综合评分是按照评价员的感觉、嗜好和参照样品比较后进行综合评价；备注栏填写对米饭的特殊评价（可以不填写）

表 3-11　米饭感官评价内容与描述

<table>
<tr><td colspan="2">评价内容</td><td>描述</td></tr>
<tr><td rowspan="2">气味</td><td>特有香气</td><td>香气浓郁；香气清淡；无香气</td></tr>
<tr><td>有异味</td><td>陈米味和不愉快味</td></tr>
<tr><td>外观结构</td><td>颜色</td><td>颜色正常，米饭洁白；颜色不正常，发黄、发灰</td></tr>
</table>

续表

评价内容		描述
外观结构	光泽	表面对光反射的程度：有光泽、无光泽
	完整性	保持整体的程度：结构紧密；部分结构紧密；部分饭粒爆花
适口性	黏性	黏附牙齿的程度：滑爽、黏性、有无黏牙
	软硬度	臼齿对米饭的压力：软硬适中；偏硬或偏软
	弹性	有嚼劲；无嚼劲；疏松；干燥、有渣
滋味	纯正性 持久性	咀嚼时的滋味：甜味、香味及味道的纯正性、浓淡和持久性
冷饭质地	成团性 黏弹性 硬度	冷却后米饭的口感：黏弹性和回生性(成团性、硬度等)

b. 整理评分记录表，读取表中画○的数值，如有漏画的则作“与参照相同”处理。

c. 根据每个评价员的综合评分结果计算平均值，个别评价员品评误差大者(综合评分与平均值出现正负不一致或相差 2 个等级以上时)可舍弃，舍弃后重新计算平均值。最后以综合评分的平均值作为稻米食用品质感官评定的结果。计算结果保留小数点后两位。按表 3-9 的格式总结出“结果统计表”。

四、粗蛋白质含量分析

粗蛋白质含量(crude protein content)是指糙米中蛋白质占糙米干重的质量分数。粗蛋白质含量检验按照 GB 5009.5—2016《食品安全国家标准 食品中蛋白质的测定》的规定执行。

1. 蛋白质含量的测定方法

(1) 凯氏定氮法　蛋白质在催化加热条件下被分解，产生的氨与硫酸结合生成硫酸铵。碱化蒸馏使氨游离，用硼酸吸收后以硫酸或盐酸标准滴定液滴定，根据酸的消耗量计算氮含量，再乘以换算系数，即为蛋白质的含量。

(2) 分光光度法　蛋白质在催化加热条件下被分解，分解产生的氨与硫酸结合生成硫酸铵，在 pH 4.8 的乙酸钠-乙酸缓冲溶液中与乙酰丙酮和甲醛反应生成黄色的 3, 5-二乙酰-2, 6-二甲基-1, 4-二氢化吡啶化合物。在波长 400 nm 处测定吸光度值，与标准系列比较定量，结果乘以换算系数，即为蛋白质含量。

(3) 燃烧法　试样在 900～1200℃高温下燃烧，燃烧过程中产生混合气体，其中的碳、硫等干扰气体和盐类被吸收管吸收，氮氧化物被全部还原成氮气，形成的氮气气流通过热导检测器(TCD)检测其含量，结果乘以换算系数，即为蛋白质含量。

糙米蛋白质含量的具体检验方法、步骤见本书第二章第一节。

2. 糙米的蛋白质含量折算系数　在计算糙米的蛋白质含量时，氮换算为蛋白质的折算系数取 5.95。

3. 精密度　在重复性条件下获得的 2 次独立测定结果的绝对差值不得超过算术平均值的 10%。

4. 其他　凯氏定氮法当称样量为 5.0 g 时，检出限为 8 mg/100 g。分光光度法当称样量为 5.0 g 时，检出限为 0.1 mg/100 g。

五、食用稻品种品质的等级判定和品质分类

检验的一般规则按 GB/T 5490—2010《粮油检验一般规则》的规定执行。扦样、分样按 GB/T 5491—1985 的规定执行。

根据 NY/T 593—2013《食用稻品种品质》规定，籼稻、粳稻、籼糯稻和粳糯稻的品种品质等级分别见表 3-1～表 3-4。

1. 食用稻品种品质等级判定　根据 NY/T 593—2013，以品质指标全部符合相应水稻等级要求的最低等级判定，即凡检验结果达到品种品质等级要求中一等全项指标的，定为一等；有一项或一项以上指标达不到一等，则降一等为二等；有一项或一项以上指标达不到二等的，则再降一等为三等；依此类推。

2. 品质分类　品种品质三等以上(含三等)为优质食用稻品种，低于三等为普通食用稻品种。根据籼稻和籼糯稻的长、中、短粒类型，可分为长粒优质食用稻品种、长粒普通食用稻品种。

附录 3.1　0.200 mol/L 氢氧化钾溶液的配制

A.1　1.0 mol/L 氢氧化钾标准储备液的配制

称取 56 g 氢氧化钾，置于聚乙烯容器中，先加入少量无二氧化碳蒸馏水(约 20 mL)溶解，再将其稀释定容至 1000 mL，密闭放置 24 h。吸取上层清液至另一聚乙烯容器中备用。

A.2　1.0 mol/L 氢氧化钾标准储备液的标定

称取在 105℃烘 2 h 并在干燥器中冷却后的邻苯二甲酸氢钾 4.8 g(精确至 0.0001 g)于 150 mL 锥形瓶中，加入 50 mL 不含二氧化碳蒸馏水溶解，滴加酚酞-95%乙醇指示液 3～5 滴，用配制的氢氧化钾标准储备液滴定至微红色，以 30 s 不褪色为终点，记下所耗氢氧化钾标准储备液的体积(V_1)，同时做空白实验(不加邻苯二钾酸氢钾，同上操作)，记下所耗氢氧化钾标准储备液的体积(V_0)。按下式计算氢氧化钾标准储备液的浓度。

$$c(\mathrm{KOH})=\frac{m\times1000}{(V_1-V_0)\times204.22}$$

式中，c(KOH)为氢氧化钾标准储备液的浓度(mol/L)；m 为邻苯二甲酸氢钾的质量(g)；1000 为换算系数；V_1 为滴定所耗氢氧化钾标准储备液的体积(mL)；V_0 为空白试验所耗氢氧化钾标准储备液的体积(mL)；204.22 为邻苯二甲酸氢钾的摩尔质量(g/mol)。

注：氢氧化钾标准储备液在 15～25℃ 条件下保存时间一般不超过两个月。当溶液出现浑浊、沉淀、颜色变化等现象时，应重新制备。

A.3　0.200 mol/L 氢氧化钾溶液的配制

计算出的结果准确移取体积为 V_3(mL)标定好的 1.0 mol/L 氢氧化钾标准储备液，用无二氧化碳蒸馏水稀释定容至 V_4(mL)，摇匀后盛放于聚乙烯塑料瓶中。临用前稀释。

$$V_3=\frac{0.200\times V_4}{c(\mathrm{KOH})}$$

式中，V_3 为 1.0 mol/L 氢氧化钾标准储备液的体积(mL)；V_4 为需配制 0.200 mol/L 氢氧化钾标准溶液的体积(mL)；c(KOH)为氢氧化钾标准储备液浓度(mol/L)。

附录 3.2　评价员挑选办法

1. 总体要求　评价员应由不同性别、不同年龄的人员组成。通过鉴别试验来挑选，感官灵

敏度高的人员可作为评价员。

2. 挑选办法 按标准规定蒸制 4 份米饭，其中有两份米饭是同一试样蒸制成的，同时按标准规定进行品评，要求品评人员鉴别出相同的两份米饭(在两份相同的米饭编号后打√)，记录表格及示例见表 3-12。

表 3-12 鉴别试验表及示例

品评人：	日期：
试样号	鉴别结果
1	√
2	
3	
4	√

鉴别试验应重复两次，品评人员成绩汇总表及示例见表 3-13。答对者打“√”，答错者打“×”，如果两次都答错的人员，则表明其品评鉴别灵敏度太低，应予淘汰。

表 3-13 品评人员成绩汇总表及示例

品评人员编号	鉴别试验结果		成绩
	1	2	
P1	×	√	良
P2	√	√	优
P3	√	×	良
P4	×	×	差
P5	√	√	优
P6	√	√	优

挑选出的评价员，按 GB/T 10220—2012 的有关规定进行培训并选定评价人员。

第四章 小麦品质分析原理与方法

小麦(wheat)是世界上广泛种植的禾本科植物，是世界上总产量仅次于玉米的第二大粮食作物，世界上约40%的人口以小麦为主要食粮。我国是世界上最大的小麦生产国和消费国，小麦是我国第三大粮食作物，约占当年世界小麦生产总量的17%和消费总量的16%。随着人民生活水平的提高，广大消费者在吃饱吃好的基础上对市场上优质、营养、健康的小麦产品有越来越高的要求，优质专用小麦尚不能完全满足市场需求。考虑到我国人民群众的饮食生活习惯和不断提高的生活水平，应培育适合加工馒头、面条、面包、饼干、糕点等多样化食品类型的优质专用小麦，不断提高小麦产品的营养成分和风味品质。

小麦因其含有其他谷物都不含有的面筋(gluten)，可以加工成花样丰富、种类繁多的食品。国内外研究者从小麦制粉特性、面粉理化特性、面团流变学特性、烘烤蒸煮品质等方面进行了研究，明确了不同品质特性之间的关系，规定了小麦及其食品品质分析评价的方法和标准。

第一节 小麦品质分析概述

一、小麦品质的概念

小麦品质主要是指形态品质(morphologic quality)、营养品质(nutritional quality)和加工品质(processing quality)。形态品质包括籽粒形状、籽粒整齐度、腹沟深浅、千粒重、容重、病虫粒率、粒色和胚乳质地(角质率、硬度)等。营养品质包括蛋白质、淀粉、脂肪、核酸、维生素、矿物质的含量和质量。其中蛋白质又可分为清蛋白、球蛋白、醇溶蛋白和麦谷蛋白，淀粉又可分为直链淀粉和支链淀粉。加工品质可分为一次加工品质(又称制粉品质或磨粉品质)和二次加工品质(又称食品制作品质)。

小麦品质一般是指品种的籽粒品质，是一个综合概念，不同行业或领域有不同的评价标准。从小麦遗传育种角度来讲，遗传和综合抗性好、比对照产量高，才是优质小麦；从种植角度来讲，生态适应性能好、栽培管理简单、产量高、成本低、效应高，才是优质小麦；从制粉角度来讲，病虫危害少、杂质含量低、磨粉性能好、出粉率高、灰分低、粉色白，才是优质小麦；从食品生产角度来讲，由面粉制成食品的过程中具有较好的加工特性，制成的食品具备良好产品特性，才是优质小麦；从营养角度来讲，营养丰富、全面且比例平衡，才是优质小麦。因此，小麦的品质是依据小麦不同的应用目的和不同的评价角度而言的；小麦品质是指小麦籽粒对于某种特定最终用途的间接和直接适应性，适应程度越高，品质就越佳。

二、小麦品质分析的主要内容

影响小麦品质的因素，首先是小麦不同品质的遗传特性，同时栽培技术，土壤气候条件，收获、干燥、贮存的方法与条件均对其有影响。而小麦粉的品质，除受小麦本身品质的影响外，还受制粉工艺的影响。小麦粉可制作成不同种类的食品，因各自加工工艺和评价标准不同，对原料具有不同的品质要求。食品品质的优劣首先取决于原料品质，因此原料品质分析评价显得尤为重要。为此，需对小麦不同品质进行层次评价，并规定了不同的品质指标和测定方法。

营养品质、磨粉品质(milling quality)和食品加工品质是评价小麦品质的三个主要层次。营养品质主要是指蛋白质含量及其氨基酸组成的平衡程度，因赖氨酸是小麦的第一限制性氨基酸，故可用它的含量来衡量小麦的营养价值。近年来，国内外已开始重视Fe、Zn等微量元素的含量、生物价(bioavailability)以及抗营养素因子(如植酸)等营养品质的评价和遗传改良。籽粒大小、整齐度、皮层厚度、腹沟深浅、饱满度、胚乳质地(硬度)、容重等影响磨粉品质。常用的评价指标包括容重、千粒重、硬度、淀粉破损率、出粉率、灰分含量和面粉颜色等，其中后三者最为重要。影响面粉或面团颜色的主要遗传因素包括面粉白度、黄色素含量、多酚氧化酶活性和脂肪氧化酶活性等。

食品的加工品质则取决于蛋白质含量、面筋质量和淀粉特性或品质，因食品不同而各有侧重。蛋白质或面筋的质量主要是指面筋强度及其延伸性，Zeleny或SDS沉降值(沉淀值)或比沉降值(沉降值/蛋白质含量)能大致反映面筋的强弱，而较准确的评价则需要测定面团流变学特性，常用的仪器包括揉面仪、粉质仪、拉伸仪、吹泡示功仪等。揉面仪因需要样品量小、时间短等优点，在世界各国的育种项目中广泛使用，主要指标包括揉面时间和耐揉性等。粉质仪、拉伸仪和吹泡示功仪在面粉企业应用较多。常用的粉质仪参数包括吸水率、面团形成时间、面团稳定时间、耐揉指数和软化度。拉伸仪能较全面地反映面团的强度和延展性，常用的参数包括延展性(长度)、最大抗延阻力(高度)、曲线面积和长度(高度)。吹泡示功仪的原理与拉伸仪相似，最早在法国等国家应用，在饼干和糕点加工业应用较为广泛。曲线的长度和高度分别表示面团的张力和延展性，测定曲线面积并换算成1 g面团变形所需的比功(能量)可用来表示面团的强度。降落数值能较好地反映α-淀粉酶的活性，直链淀粉和支链淀粉的比例、峰值黏度、稀懈值等可反映淀粉品质，碱水保持力对软质小麦的评价也较为重要。

食品品质是评价小麦加工品质的最终指标。小麦粉通过烘烤、蒸煮可以加工成不同面制食品，不同食品对面粉品质和加工工艺过程要求不同，评价标准也不同。西式面包和饼干糕点的制作方法和评价早已规范化，并在国际上沿用多年。制作面包的工艺包括一次发酵法、二次发酵法和快速面团法。澳大利亚的品质实验室多用一次发酵法和快速面团法，而加拿大和美国的品质实验室则因本国小麦面筋强度较高，多用二次发酵法。至于面包评价，国外科研单位各有自己的方法和标准，但大同小异，主要有面包体积和质地两个指标。我国现有面包制作工艺和评价方法与国际标准仍有较大差距，评价过于烦琐，主观性成分较大。国内有关软质小麦食品的研究较少，饼干、蛋糕的方法和评价标准主要参考国外的方法，如酥性饼干的标准包括折断强度、延展度、比容、外形、色泽、内部结构、食用品质和风味等，而蛋糕则要求体积大、比容大、压缩值小等。面条和馒头是我国的传统食品，早在1993年商业部就颁布了相关国家标准或行业标准(LS/T 3204—1993《馒头用小麦粉》)，与澳大利亚和加拿大等小麦出口国相比，我国还缺乏一套规范化的制作评价标准，而现有国家标准或行业标准主观性太强，不易量化。

第二节　小麦制粉特性分析

小麦籽粒在植物学上称为颖果，由果皮、种皮、胚和胚乳组成。小麦籽粒在解剖学上分为三部分，即麦皮、胚乳和胚。麦皮分为果皮和种子果皮，在制粉工艺学上又将果皮分为表皮、外果皮和内果皮；种子果皮分为种皮、珠心层和糊粉层，糊粉层位于胚乳的外层。制粉中把糊粉层及其以外的珠心层、种皮、果皮均作为麸皮层。制粉过程通过碾磨过筛，使胚和麸皮与胚乳分离，由胚乳制成小麦粉。优质的制粉品质要求制粉时设备耗能较少、易碾磨、胚乳与麸皮易分开、易过筛、易清理、出粉率高、灰分低、粉色好。

小麦果皮成熟后无色，种皮则由透明层(内种皮、外种皮)和夹在其中的色素层构成，小麦的皮色主要由色素层的色素决定。糊粉层是麸皮层的最里一层，也是灰分含量最高的一层，其质量占皮层质量的40%～50%，营养价值丰富，蛋白质、维生素含量均较高，粗纤维素含量较少，故在磨制标准粉时可尽量将其磨入小麦粉内，以提高出粉率和营养价值。但由于糊粉层富含维生素、多聚糖和灰分，在磨制优质小麦粉时，不宜磨入。小麦胚中含有大量脂肪、蛋白质，糖和维生素含量也比较多，磨入粉内可提高其营养价值。但由于脂肪易变质，不利于小麦粉的储存，而且，胚呈黄色，灰分含量也较高，故磨制优质粉时不宜将胚磨入。现代化制粉设备可将胚单独分离出来另作别用。

在面粉厂，大批小麦要经历清理和制粉两个流程，最终将其制成小麦粉。为了清理杂质、保证面粉质量，将各种清理设备合理地组合在一起构成清理流程，俗称麦路，包括初清、毛麦清理、润麦、净麦4个阶段。经过清理的小麦利用研磨(皮磨和心磨)、筛理、清粉、打麸等工艺制成小麦粉的整个过程称为制粉工艺流程，俗称粉路。我国面粉厂迄今主要采用前路出粉工艺：小麦一入磨就被强烈碾磨，一皮磨可出50%的面粉，后路货料大大减少。它具有粉路短、出粉多、耗能低的优点，但由于大部分麸皮被粉碎，面粉精度低、麸星多。先进的制粉工艺应该有较长的粉路，如碾磨系统可有4道皮磨、9道心磨、2道渣磨。小麦入皮磨后先剥开麦粒提取大量麦心，供心磨磨碎成面粉。麸皮片大完整，使后路易于刮净麸皮上的胚乳，又不使麸皮被磨碎混入面粉。粉路中所产生的连麸胚乳能在清粉系统中与纯胚乳分开。连麸胚乳送入渣磨，纯胚乳送入心磨。心磨系统全部采用光辊，避免小麸皮被磨碎，经过多次磨碎与筛理，最后可得到出粉率高、灰分含量低的精白粉。

为满足评价小量样品的育种材料制粉品质的需要，已研制出实验制粉设备和方法。评价制粉品质的指标主要有出粉率(flour yield)、小麦粉灰分含量(ash content)、淀粉破损率(damaged starch content)和面粉色泽(flour color)等。

一、制粉试验

为了正确地评价小麦样品制粉品质，常需要在实验室利用专门设备进行制粉试验(milling test)，同时也要进行二次加工适应性试验，测定小麦粉的化学性质和面团物理特性。由于制粉条件不同，制出的小麦粉质量也不同，因此需统一设备、工艺及制粉条件，如此才能客观评价供试样品的优劣。

根据样品质量的多少，可以选用不同公司不同型号的试验磨进行制粉。能够用来评价较大样品(1 kg以上)制粉品质的试验磨有瑞士的布勒(Buller)磨、德国布拉本德(Brabender)公司的Quadrumat Senior试验磨、美国的Allis试验磨或改进的Allis-Chalmers试验磨等。样品质量超过5 kg时可选用MIAG Multomat试验磨。评价小样品(40～100 g)可用改进的布拉本德Quadrumat Juior试验磨或Senior试验磨。前者用样可少至20 g，不经润麦，因水分影响出粉率，可根据籽粒含水量对出粉率进行校正。

应用最广泛的试验磨是布勒磨。它有两组磨辊，每组分3道，一组分为1皮、2皮、3皮；

另一组分为 1 心、2 心、3 心。通过研磨可将小麦分为 3 种皮磨粉、3 种心磨粉、大麸和小麸共 8 种物料。

用新收获的小麦制粉，出粉率降低 1%～2%，筋力小，食用品质不好。小麦完成后熟后则加工品质及食用品质得到改良，且趋于稳定。故小麦收获后要经过 3 个月的后熟工艺才能制粉。制粉试验前至少要进行 30 min 的预研磨，以提高磨辊温度。如果只是为了了解制粉品质，需 1 kg 去除杂质的小麦样品即可；如还需要测定二次加工品质，则需 3 kg 左右。3 kg 小麦最好分 3 次制粉，求其平均值，以提高精确度。润麦后标准水分要求为：硬麦 15%左右，软麦 14%左右。目前，一般国产小麦出粉率在 65%以上，进口小麦在 72%～75%，并以此为基本标准。以 3 次皮磨粉质量合计为 B，3 次心磨粉质量合计为 M，则试验制粉出粉率计算公式为

$$试验制粉出粉率(\%)=\frac{B+M}{B+M+大麸+小麸}\times 100$$

如要提取精粉，按 1 皮+1 心+2 皮+2 心+3 皮+3 心的顺序称取，充分混合。

制粉的灰分转移率(%)=[(小麦灰分－60%小麦面粉的灰分)/小麦灰分]×出粉率

其数值越大，意味着小麦皮层与胚乳越易分离，即制粉品质好或制粉工艺优良。将小麦面粉放入塑料袋内密封保存，尽可能排出其中空气，以备测试小麦面粉的成分和色泽。

小麦的制粉品质与样品处理方法有关。一般小麦粉制出后，夏季保存 2 周，冬季保存 3 周，才能进行面团流变学试验，但放置时间也不宜太长，否则会发生氧化作用，使面筋强度降低。小麦粉放置时间，冬季最长不超过 3 个月，夏季不超过 45 d。小麦粉应存放在低温、干燥条件下，最好放入塑料袋内密封保存，以备进行理化性质、面团流变学特性测定和食品加工试验。

二、出粉率

小麦经碾磨变成各种类型的小麦粉，小麦粉产量的高低即出粉率。出粉率的高低不仅直接关系到小麦粉厂的效益，也是衡量小麦制粉品质的重要指标之一。

小麦出粉率是根据制粉厂制粉和实验室制粉分别计算的。实验室制粉所用的制粉机与小麦粉厂相比差异很大，这里侧重介绍实验室制粉及出粉率的计算方法。一般实验室的制粉设备规模较小，制粉量在 0.5～10 kg，出粉率低，很难得到与小麦粉厂出粉率相吻合的数值。另外，不同实验制粉机型之间差异也很大，即使用同一原料，生产同一类型小麦粉，其出粉率也不相同。

为了弥补上述不足，缩小实验制粉和制粉厂制粉的差距，国内外已研制出供试验室制粉和专门用以测定小麦出粉率的小型试验磨。目前，国内外应用最多的试验磨有 3 种类型：瑞士布勒磨；德国布拉本德公司生产的 Quadrumat Senior（中型）试验磨和 Quadrumat Junior（小型）试验磨；德国肖邦公司生产的 CDI AUTO 型试验磨。开封市茂盛粮食机械有限公司和郑州良源分析仪器有限公司生产的试验磨与布勒磨相似；无锡锡粮机械制造有限公司生产的试验磨与肖邦公司生产的 CDI AUTO 型试验磨相似。布勒磨是十分理想的试验磨粉机，它通过研磨逐步把小麦分为 3 种皮粉、3 种心粉和大麸皮与小麸皮 8 种物料。用该磨测得的出粉率比较接近制粉厂的实际值，但是该磨价格昂贵，而国产此磨价格为进口的 1/5。德国布拉本德公司设计制造的 Quadrumat Junior 试验磨通过研磨把小麦分为小麦粉和麸皮 2 种物料，皮粉和心粉不分，大麸皮与小麸皮不分。利用这种磨制粉 1 次最多可磨样品 500 g 左右，最少可至 20 g。该机

价格便宜，易清理，适合一些小型实验室使用。然而，小型磨1次制粉量较少，测定的出粉率误差较大。布拉本德 Quadrumat Senior 试验磨和肖邦公司生产的 CDI AUTO 型试验磨的价格、功能介于上述两种试验磨之间，它们通过研磨逐步将小麦分为皮粉、心粉和麸皮3种物料，大麸皮与小麸皮不分，心粉只有小麦粉的15%左右。

实验室计算出粉率的方法有两种：一种是小麦粉质量（皮粉+心粉）占所有物料质量之和的百分比，即

$$出粉率(\%)=\frac{小麦粉质量}{小麦粉质量+麸皮质量}\times 100$$

这种方法应用较为普遍；另一种是小麦粉质量占小麦质量（润麦后质量）的百分比，即

$$出粉率(\%)=\frac{小麦粉质量}{润麦质量}\times 100$$

一般认为后一种方法真正反映了小麦品种的商业性出粉率。

采用布勒磨制粉时，目前国产普通小麦出粉率一般在65%以上，进口小麦在72%～75%。这是在实验室标准制粉方法下测定的小麦出粉率，对小麦粉品质无明确的规定，如果要了解在某一小麦粉等级下的出粉率，那就是另一回事了。例如，用布勒磨生产标准粉时，我国小麦出粉率最高为87.1%，最低为79.0%，平均为84.6%。一般来讲，生产70粉的出粉率大于72%，或生产85粉的出粉率大于86%，这样的小麦品种是受欢迎的。因此，考察品种的出粉率，一定要有可比性。

虽然试验磨（制粉机）对出粉率有一定影响，但起决定作用的还是小麦的籽粒特性，如籽粒容重、硬度、饱满程度、种皮厚度等因素。一般出粉率高的小麦，具有籽粒饱满、粒度适中且均匀、种皮薄、腹沟宽或浅等共同特性。胚乳质地是决定小麦出粉率的主要因素。硬质小麦出粉率高，软质小麦出粉率低。这是因为硬质小麦在研磨时胚乳和麸皮易于分离，所得粉粒较粗，颗粒均匀，易于筛理，所以出粉率高；软质小麦在研磨时所得面粉表面粗糙，浮在筛子表面，难以筛理，所以出粉率低，且面粉中麸皮污染现象严重。另外，倒伏会导致小麦籽粒容重降低，出粉率下降，灰分增加。

三、灰分

小麦粉经高温灼烧后留下的残余物称为灰分（ash）。灰分是衡量小麦面粉加工精度的重要品质指标，反映小麦粉中各种矿物质和氧化物的多少。面粉灰分含量与出粉率、清理程度和小麦内源性灰分含量有关；小麦粉灰分含量高，说明粉中含麸星多、加工精度低、小麦清理效果差、小麦内源性灰分含量高。一般出粉率越低，灰分含量就越低。灰分在小麦籽粒不同组成部分的分布明显不同：胚乳灰分含量最低，一般在0.3%～0.6%；胚灰分含量较高，在5.0%～6.7%；糊粉层灰分含量最高，可达7.3%～11.0%。一般发达国家规定了面粉的灰分含量在0.55%以下，我国特制一等粉的灰分含量为0.75%，新规定的面包用小麦粉灰分含量≤0.75%。从加工优质面粉的角度来看，面粉中的灰分含量应尽可能低。

四、淀粉损伤

小麦加工成小麦粉的过程中，由于磨粉机磨辊的切割、挤压等机械力的作用，不可避免地会使小麦粉中的淀粉内部结构和外表性状受到伤害，出现裂纹和碎片。受到伤害的淀粉粒称为损伤淀粉（damaged starch）。淀粉损伤会影响小麦粉的品质，改变小麦粉的流变学特性，增加

小麦粉的吸水率，提高酶的敏感性，降低对水解酶的抵抗力，加大小麦粉可消化性和可溶性组分的提取率，还会对其面制食品的品质产生一定的影响。

1. 产生损伤的原因　小麦淀粉损伤程度与小麦的类型、磨粉机磨辊类型、加工工艺、小麦粉粒粗细度等因素有关。

(1) *小麦的类型*　小麦硬度是影响淀粉损伤的重要因素。硬质小麦蛋白质与淀粉粒之间的结合力强，结构紧密，质地坚硬；软质小麦蛋白质与淀粉粒之间结合力弱，结构与质地松软，胚乳中存在空气间隙。加工过程中受到磨辊的机械力作用，硬质小麦易于产生损伤淀粉，而软质小麦所产生的损伤淀粉明显低于硬质小麦。硬质小麦加工的小麦粉损伤淀粉值为 15～23 UCD，而软质小麦粉损伤淀粉值为 8～12 UCD。硬质小麦加工精度越高，碾磨次数越多，则越易产生损伤淀粉。

(2) *磨粉机磨辊类型*　小麦粉生产线上，皮磨使用齿辊，心磨使用光辊。小麦经过有齿的皮磨辊研磨后，损伤淀粉值上升程度不大，而经过光辊的心磨辊研磨后，损伤淀粉值明显上升。使用高速锤式磨(撞击松粉机)粉碎小麦，其损伤淀粉值比其他形式磨辊低。

(3) *加工工艺*　从小麦生产线上分别取得不同粉路的小麦粉，其淀粉损伤程度是不同的。一般来讲，心磨系统的损伤淀粉值高于皮磨系统。因为心磨系统得到的物料已经过多次碾磨，所以损伤程度加大。此外，粉路越长，后路小麦粉中淀粉损伤越大。

(4) *小麦粉粗细度*　小麦粉的粗细度表示了小麦加工过程中研磨的程度。一般来讲，小麦粉越细，其损伤程度也越大。目前，我国不少小麦粉厂为了降低灰分，增加白度，配合筛绢较密，所产生的小麦粉细度高，因此淀粉损伤程度也随之上升，高损伤淀粉的小麦粉会明显改变小麦粉特性，应引起注意。

2. 测定方法　损伤淀粉的测定方法很多，从测定原理区分有酶解法和碘吸收法两种。

(1) *酶解法*　酶解法是利用损伤淀粉对α-淀粉酶敏感性高，易于被水解成还原糖的原理。在一定温度、pH、酶活性条件下，α-淀粉酶作用于小麦粉样品，使淀粉分解成还原糖。根据生成还原糖的数量，计算出损伤淀粉含量。依据还原糖测定方法的不同，又分为法兰德法、滴定法、比色法、分光光度法、旋光法、液相色谱法、酶联呈色法等。其中滴定法和分光光度法分别成为美国谷物化学师协会 AACC 76-30.2 和 AACC 76-31.01 标准，酶联呈色法成为国际谷物科技协会 ICC 164 标准。我国国家标准(GB/T 9826—2008)也采用了酶解法。

(2) *碘吸收法*　1965 年，Medcalf 和 Gill 首先使用碘吸收法测定了损伤淀粉含量，它是利用损伤淀粉易于吸收游离碘的原理，在一定浓度游离碘溶液中，被损伤淀粉所吸收的碘越多，残留的游离碘越少，根据残留的游离碘浓度，计算出损伤淀粉的含量。残留的游离碘浓度越低，表示淀粉损伤越严重。法国肖邦(Chopin)公司的 RFT 损伤淀粉测定仪或 SD4 损伤淀粉测定仪就是利用碘吸收法原理测定损伤淀粉含量。

酶解法和碘吸收法两种测定方法原理不同，测定单位表示法也不同。AACC 75-30 酶解法(AACC 法)以 100 g 淀粉转化生产的麦芽糖质量表示损伤淀粉百分含量。肖邦碘吸收法(肖邦法)用 UCD 单位表示。肖邦法与 AACC 法可以进行相互换算。其换算公式为

$$\text{AACC}=0.92\ \text{UCD}-9.98 \text{ 或 } \text{UCD}=0.95\ \text{AACC}+10.17$$

AACC 法测定步骤繁杂，要求技术人员操作熟练，测定结果易受酶的来源、种类、活性、pH、温度条件的影响，比较费时。肖邦法采用 RFT 仪器，测定步骤简单，使用方便、重复性好，测定时间 10 min。2002 年肖邦公司对 RFT 仪器进行了改进，采用了新型的电极，改变了游离碘产生方法，增加了反应溶液温度测量元件，进一步简化了试剂制备和测定步骤，改变了仪器外形，提

高了测定的准确性，仪器名称为 SD matic。肖邦 SD matic 损伤淀粉测定仪是法国特里百特-雷诺集团推出的第三代产品，仪器操作简单、检测数据准确、易于维护、有自动校正功能。

SD matic 损伤淀粉测定仪的工作原理是将小麦粉加入一定浓度的碘溶液中，损伤淀粉含量高的小麦粉吸收碘多，留在溶液中的碘浓度就低，利用损伤淀粉吸收碘多的原理，采用安培法(电流法)测定损伤淀粉的含量，并在显示屏上显示测定结果。测定时间约 10 min，比酶解法快 30 倍，而且测定重复性更好，数据更准确，操作更方便，是小麦粉厂、面包厂、饼干厂、挂面厂、方便面厂、淀粉厂和相关科研单位的重要检测仪器。

五、色泽与麸星

小麦粉的色泽与麸星(bran speck)是小麦重要的磨粉品质，是国家小麦粉标准的主要检测项目。测定粉色和麸星的方法很多，如小麦粉厂常用的搭粉板法和蒸馒头法等，其操作方法可参照《粮食检验　小麦粉加工精度检验法》(GB 5504—2011)进行。这些方法简单易行，缺点是无法定量测定，对粉色差异较小的小麦粉难以分辨，常常造成人为误差。测定粉色的仪器有粉色麸星测定仪、白度仪、麸星斑点测定仪等几种。国外应用较多的为粉色麸星测定仪，国内则广泛采用白度仪。下面针对这些方法进行简要介绍。

(一)搭粉板法

搭粉板法可分为干法、干烫法、湿法、湿烫法 4 种，通过比较待测样品与标准品的感官评价进行粉色和麸星量鉴定。

在干法检验过程中，用洁净粉刀取少量标准品置于搭粉板的一端，用粉刀压平；再取少量待测样品置于搭粉板的另一端，用粉刀压平，注意勿使二者互混，对比粉色和麸星量。

在干烫法检验过程中，按干法制好粉板，然后连同搭粉板一起倾斜慢慢地插入刚煮沸的水中，放置约 1 min 后取出，用粉刀轻轻刮去粉样受烫而浮起的部分，对比粉色和麸星量。

在湿法检验过程中，将干法检验过的粉样连同搭粉板一起倾斜慢慢地插入清水中，直至粉样不产生气泡为止，取出搭粉板，待粉样表面微干时，对比粉色和麸星量。

在湿烫法检验过程中，将湿法检验过的粉板，按干烫法同样的操作，对比粉色和麸星量。

湿烫法是对比粉色标准法，干烫发是对比麸星量标准法，其他几种方法可作为参考。另外，样品粉色、麸星量是指与标准品对比鉴别，因此，操作中一定要细心，没有标准品时，不能主观臆断。

(二)蒸馒头法

称取标准品及待测样品各 30 g，分别置于两个瓷碗中，各加入 15 mL 酵母液(称取 5 g 鲜酵母或 2 g 干酵母，加入 100 mL 35℃左右的温水，搅拌均匀，现配现用)，和成面团，并揉至表面光滑，放于 38℃、85%湿度的恒温恒湿醒发温箱中发酵，约 30 min 后面团内部呈蜂窝状，将此面团分别用标准品粉及待测样品粉揉至软硬适度，做出馒头形置于铺有湿纱布的蒸锅格上，置于 38℃、85%湿度的恒温恒湿醒发温箱中醒发约 20 min，取出后放在沸水锅上蒸 15 min，取出比对粉色、麸星。

以上两种方法都存在缺陷，即需要小麦粉标准品，小麦粉标准品在冬季可存放 3～5 个月，夏季只能存放 2 个月，超过时限小麦粉粉色变化较大，就失去了标准的意义。所以我国大多数小麦粉生产企业采用白度仪来评判小麦粉的色泽。

(三) 白度仪法

小麦粉的色泽和白度是磨粉品质的重要指标，也是小麦粉加工精度的标志。小麦粉的色泽与小麦品种胚乳颜色、胚乳质地、制粉工艺水平、小麦粉的粗细度和小麦粉的含水量有关，而与皮层(色素层)颜色无关。通常软质小麦比硬质小麦的粉色好。小麦粉的含水量过高或颗粒过粗都会使小麦粉白度下降。新鲜小麦粉的白度稍差，因为新鲜小麦粉内含有胡萝卜素，常呈微黄色，小麦粉储藏时间长会因胡萝卜素被氧化而使粉色变白。在制粉过程中，高质量的麦心在前路提出，颜色较白，灰分含量较低；后路出粉的颜色深灰，灰分含量略高。可见，小麦粉颜色的深浅在一定程度上反映了灰分的高低，但不同品种小麦的灰分不同，因此不能仅仅由灰分含量的高低来反映小麦粉的色泽。

国产的白度仪有 LYBD-1、SBD-1、WSB-Ⅳ、WSB-Ⅴ、WGB-Ⅳ、WGB-2000、DN-B 等多种型号，都是采用卤钨灯为光源，通过滤光、积分球的漫反射，测量小麦粉表面对 457 nm 反射光强度与标准白板的比值，从而得出小麦粉白度值。因此需经常用黑筒校零、工作标准白板校准。黑筒和工作标准白板使用 2 年以上均与初始值有较大差别，如不更换，其测定值会有 2～4 度的差异。

(四) 粉色麸星测定仪法

粉色麸星测定仪是通过发光二极管发出的光照射到小麦粉表面，由高分辨率 CCD 传感器对小麦粉表面图像进行采集，并将采集信号传输到计算机，由计算机通过专用软件对粉色的红色值、黄色值、蓝色值进行准确计量，并可对图像中的斑点(麸星)进行确认，然后计量影像范围内的麸星斑点总数。粉色麸星测定仪使用发光二极管，所以光源很难产生变化，即使随着时间的推移发生变化，但由于有自动校正功能，因此不需对基准板的白度进行校正。从这一点上讲，它比采用卤钨灯为光源的白度仪因电压波动、灯泡寿命等的影响要小。因此粉色麸星测定仪在国外应用较多，同时也有用麸星斑点测定仪的。

第三节　小麦面粉理化特性分析

小麦面粉的理化特性与其食品加工品质有密切关系。评价小麦面粉品质的理化指标很多，常用小麦粉的面筋含量与质量、沉降值、伯尔辛克值、降落数值等指标进行评价。

一、面筋含量与质量分析

小麦粉经加水揉制成面团后，在水中揉洗，淀粉和麸皮微粒呈悬浮状分离出来，其他水溶性和溶于稀盐溶液的蛋白质等物质被洗去，剩余的有弹性和黏弹性的胶体物质，即为面筋(gluten)，用占小麦粉的质量百分数(%)表示。面筋是小麦蛋白质存在的一种特殊形式，面筋中所含蛋白质约为小麦粉总蛋白质的 90%，其他 10%为可溶性蛋白质，如球蛋白和清蛋白，它们在洗面筋时溶于水中而流失。小麦粉之所以能加工成种类繁多的食品，就在于它具有特有的面筋。

面筋主要由水、醇溶蛋白和麦谷蛋白所组成，另外还含有少量的脂肪、糖、淀粉等物质。醇溶蛋白的分子较小而且具有紧密的三维结构，产生面筋的黏性。麦谷蛋白团聚体的相对分子质量高达几百万，分子多肽链中的二硫键和许多次级键的共同作用使面筋具有弹性，黏弹性是面筋特殊的性质。

一些学者指出，面筋是小麦能够制作成特有食品的物质基础，小麦粉的好坏主要取决于面筋的含量和质量。面筋含量(gluten content)与蛋白质含量呈正相关，它对小麦粉和面团特性的影响类似于蛋白质含量，而且与之相比更直接、更明显。面筋既是营养品质性状，又是重要的加工品质性状。我国已将湿面筋含量(wet gluten content)作为小麦收购质量的检验标准之一。

不同等级或用途的小麦粉，对面筋含量有不同的要求。根据湿面筋含量(14%水分)，强筋小麦粉的湿面筋含量≥32%，北方中筋小麦粉的湿面筋含量≥28.0%，南方中筋小麦粉的湿面筋含量≥24.0%，低筋小麦粉的湿面筋含量≤24.0%。

测定面筋含量的方法有物理法和化学法，目前广泛采用的是物理洗面筋法。洗面筋可用手工法，也可用机械法。手工洗面筋操作方便，多数小型小麦粉厂都采用手工洗面筋，每个人搓揉面团的方法和力度不同，环境温度、面团静置时间、试验用水的 pH 对结果都有影响，所以误差较大，精确度低。机械洗面筋使揉面、洗涤、烘干过程机械化、自动化，操作简便，而且结果可靠，重复性好。国内外均已研制出洗面筋仪，国外洗面筋仪有代表性的是瑞典波通公司研制生产的 Glutomatic 2100/2200 型洗面筋仪，国内有代表性的是郑州良源分析仪器公司研制生产的 LYMJ-2 型洗面筋仪和 LYMJ-3 型洗面筋仪，均采用电子计量泵提供洗涤水，流量均衡，利用其在测定干面筋含量、湿面筋含量的同时，还可以测定面筋指数(gluten index)。面筋指数可作为评价面筋质量(强度)的指标，它与沉淀值、面团流变学特性均呈显著正相关性。新标准规定强筋小麦粉面筋指数≥70%，对其他类型小麦粉的面筋指数未作规定。

测定面筋指数是一种快速测定面筋质量的方法，它是将面筋仪离心机上的筛子改为筛盒，筛盒中有一定孔径的筛板(88 μm)，把洗出的面筋球放在筛盒中离心 1 min，在高速旋转产生的离心力作用下面筋筋力较弱的部分穿过筛板，面筋筋力越弱穿过筛板的数量越多，分别收集筛板前后的湿面筋，加以称量，计算出面筋指数和湿面筋含量。面筋指数是留存在筛板上的湿面筋占全部湿面筋质量的百分比，其值越大，表明面筋筋力越强，反之，面筋指数越小表示面筋筋力越弱。

这个方法已成为国际谷物科技协会(ICC)标准，面筋指数为双实验误差，在指数值 70～100 时为 11 个单位，指数值 70 以下为 15 个单位，面筋指数测定的误差较大，所以在评价指标时应注意。强筋力小麦粉面筋指数≥75，弱筋力小麦粉面筋指数＜30。

湿面筋含量和面筋指数测定受到许多因素的影响，如环境温度、洗涤水流量、试验用水的 pH、NaCl 溶液的浓度等。在这些因素中，环境温度、洗涤水流量影响最大，ICC 标准要求温度为 20～24℃，洗涤流水量 50～54 mL/min，此外，面筋指数还受离心机转速和在高速下运转的时间的影响，ICC 标准和国家标准都要求转速为 6000 r/min 运转 1 min 自停，有的厂家生产的面筋指数离心机提速快，运转平稳，结果重现性好；有的厂家生产的面筋指数离心机提速慢，运转中有振动，双实验误差大。

此外，还可以用化学法测定面筋含量，其原理是面粉中的含氮物，一部分是盐水可溶的酰胺化合物、球蛋白和白蛋白等，另一部分是不溶于水的蛋白质即面筋。测定小麦粉总氮量和盐水可溶物氮量，二者之差即为面筋含氮量。此法比上述物理法测定结果的准确度更高。

二、沉降值测定

沉降值（sedimentation value）是蛋白质数量与质量的综合反映，又叫沉淀值。沉降值测定试验分为泽伦尼试验和 SDS 试验。

沉降试验最初由德国的泽伦尼（L. Zeleny）于 1947 年提出，故又称泽伦尼试验。通过不断发展和完善，现在该方法已标准化，美国谷物化学师协会（AACC）、国际谷物科技协会（ICC）、国际标准化组织（ISO）和我国均已制定出测定的标准方法，这些标准方法基本上都是一致的。此外，还有改进的小麦沉降试验标准方法（AACC 56-62）、小麦微量沉降试验标准方法（AACC 方法 56-63）。其原理是一定量的小麦粉在特定条件下，于弱酸介质作用下吸水膨胀，形成絮状物并缓慢沉淀，在规定标准时间内的沉降体积，称为沉降值，以 mL 为单位。在沉降试验中，膨胀面筋的形成数量及沉降速度取决于面筋蛋白质的水合能力和水合率。在乳酸-异丙醇溶液中面筋蛋白质的氢键等疏水键被破坏，麦谷蛋白则以纤维状存在，使溶胀的面粉颗粒形成絮状物。因此，面筋含量越高，质量越好，形成的絮状物就越多，沉降速度就越缓慢，一定时间内沉降的体积就越大。

1978 年 Axford 等又提出了 SDS（十二烷基硫酸钠）沉降法，此方法在英国、法国、澳大利亚和加拿大等国广泛应用于评价小麦品质。该方法主要以乳酸与 SDS 为介质制备悬浮液，面筋与表面活化剂 SDS 结合，在乳酸的作用下发生膨胀，形成絮状物沉积，适合于全麦粉和面粉。其试验程序与泽伦尼试验相似，主要区别在于加入小麦粉悬浮液的液体是 SDS 和乳酸的混合液。一般用 6 g 全麦粉或 5 g 小麦粉，微量法可用 1 g 全麦粉。

SDS 是一种表面活化剂，可连接在蛋白质分子的某些位置上，改变其可溶性，使不溶于稀酸的面筋蛋白质的部分分子（如与脂肪分子相联系的部分）转变为可溶，从而增加水合能力。

沉降试验，无论是泽伦尼法还是 SDS 法，都受面粉粒大小、含水量的影响。大粒样品沉降较快，沉降值较低，因此，必须用同一制粉机在相同条件下制粉或粉碎的样品才能相互比较；小麦粉的含水量对沉降值有一定影响，宜校正为 14%湿基；损伤淀粉也影响沉降值；试剂温度应在 20～30℃。一般应采用标准方法，便于交流比较。

比沉降值（沉降值除以蛋白质含量百分数）可消除蛋白质数量影响，便于比较其品质差异。

泽伦尼法与 SDS 沉降法相比较，系统误差小，结果准确可靠，且与 SDS 法具有极显著的直线相关关系。SDS 法实用性强，可进行全麦粉的测定，与烘烤品质显著相关，可综合反映蛋白质含量和品质，受蛋白质含量影响小，较稳定，准确性高。尤其是微量 SDS 法，速度快，用量少，可用于小麦品质育种早代筛选品质性状。但 SDS 法受温度影响较大，测定时应注意室内温度条件的一致性。

沉降值与蛋白质含量和质量有关，与小麦粉食品加工（烘烤、蒸、煮等）品质显著或极显著相关；而且沉降值遗传力较高，在育种早代选择有效。许多研究表明，蛋白质含量与小麦籽粒产量呈负相关，而沉降值与籽粒产量不一定相关。因此，在育种中以沉降值为选择指标，可以缓解产量和品质的矛盾，取得产量与蛋白质含量双向协调的改良效果。

用标准方法测定的沉降值可将小麦品质分为以下几个等级：高筋小麦粉，＞50 mL；强筋小麦粉，35～49 mL；中筋小麦粉，20～34 mL；低筋小麦粉，＜20 mL。不同沉降值的面粉用途不同。50 mL 以上的面粉可以制作优质面包，20 mL 以下的面粉适合制作饼干和蛋糕，35 mL 左右的面粉适于制作馒头和面条。

三、伯尔辛克值测定

伯尔辛克试验方法最初由 Saunders 提出，后经德国伯尔辛克(L. Pelshenke)完善后得以广泛应用，也称伯尔辛克法，能反映烘烤品质复杂的生化过程，代表面团强度的稳定性，与面包体积有显著相关性。根据小麦全麦粉发酵持续时间来测定面筋品质，又称小麦全麦粉发酵时间法或小面球试验，其原理是面团随着发酵产生 CO_2，面团体积增大，相对密度降低而升至水面，面团继续发酵到一定时间就破裂。这表明面筋对发酵时产生的气体压力有抗性，反映面粉强度，强度大时，对气体抗性强，维持时间长；反之，面团易被气体冲破。

其程序是将加有酵母的全麦粉(4 g)面团放入玻璃杯中，保持水温 30℃，随着发酵产生 CO_2，面团相对密度降低而升至水面，继续发酵，直到破裂，下面一半落入水底，从放入面团到面团破裂后下面一半落入水底的持续时间即为伯尔辛克值(Pelshenke velum，*P*)，以分钟(min)为单位。

品质不同的小麦品种的伯尔辛克值为 20～400 min。根据伯尔辛克值可将小麦分类。

硬质小麦或面包小麦：弱，150～225 min；中强，225～300 min；强，300～400 min；很强，＞400 min。

软质小麦或蛋糕小麦：很弱，＜30 min；弱，30～50 min；中强，50～100 min；强，100～175 min。

欧洲根据伯尔辛克值将小麦品质分为三类：低品质品种，＜30 min；中等品质品种，30～80 min；优质品种，＞80 min。

伯尔辛克值与小麦蛋白质含量比值的百分数称为面筋品质指数。

四、淀粉糊化特性与淀粉酶活性测定

淀粉占小麦胚乳质量的 3/4，是决定小麦品质的重要因素。小麦粉的蒸煮、烘焙品质除与面筋的数量和质量有关外，还在很大程度上受到小麦粉淀粉糊化特性(starch pasting property)和淀粉酶活性(amylase activity)的影响。面筋在面团中构成网络结构时，淀粉即充塞于其中。淀粉的糊化特性直接影响面包、馒头的组织结构和面条的弹性和黏性，而淀粉的糊化特性与淀粉的物理结构、化学组成及α-淀粉酶活性有关。

在烘烤过程中，开始糊化的淀粉颗粒从面团内部吸水膨胀，其体积逐渐增加，固定在面筋的网络结构中。同时淀粉所需要的水是从面筋所吸收的水分转移而来的，致使面筋在逐步失水状态下，网状结构变得更有黏性和弹性。小麦淀粉的糊化温度一般为 59～64℃，在发酵和烘烤的最初阶段它受到α-淀粉酶的影响。面团中酶作用适当，能使淀粉达到适当的浓度而促使面团膨胀，成为面团的骨架。当面团在发酵阶段时，面筋是面团的骨架，但在烘烤时期面筋不再构成骨架，而且有软化的趋势，此时实际上是由淀粉在维持面包的体积。如果酶活性不足，淀粉糊化不够，淀粉凝胶体太硬，会限制面团的膨胀，使面包的体积变小，结构不良。相反，如果酶活性过大，过度淀粉糊精化，淀粉胶体性质降低，使其无法忍受所增加的压力，小气孔破裂成大气室，使气体溢出，则面包体积小，瓤发黏。

面包的老化是由淀粉物理性质的变化，即由α-淀粉回生为β-淀粉所致。其机制是经热加工后的α-淀粉，在逐步冷却和储藏过程中，分子动能下降，淀粉分子的羟基与水分子间形成的氢键断开，淀粉分子间相邻的羟基生产缔结，形成氢键，挤出水分子，转移给面筋，恢复微晶状结构，硬度增加，即产生老化现象。在烘烤面包时，可溶性直链淀粉溶出淀粉粒，故直链淀粉在面包冷却过程中已形成硬凝胶而老化，因此它在以后面包的老化中作用不大，新鲜面包在储藏过程中其瓤的老化主要是由支链淀粉引起的。这就是老化面包稍微加热即变得柔软的道理。

(一) 布拉本德糊化仪和黏度仪

小麦淀粉的糊化特性常用德国布拉本德公司生产的糊化仪(amylograph)和黏度仪(viscograph)来测定。黏度仪主要测定小麦粉试样中的糊化温度、最高黏度、最低黏度与回生后黏度增加值，也可以测定α-淀粉酶的活性。其工作原理是：以 80 g(14%的含水量)小麦粉加 450 mL 蒸馏水搅拌均匀成悬浮液，倒入测量钵内，放下针式测量探头，启动仪器，测量钵以 75 r/min 的速度旋转，测量钵内流体由其外部的辐射加热器以 1.5℃/min 的速度加热。随着温度的增高，淀粉粒开始糊化，吸水量加大，体积膨胀，黏度逐渐上升到最大值。之后，淀粉粒膨胀破裂，又受α-淀粉酶活性的影响，小麦粉糊黏度下降。当温度升到 95℃时，保持 95℃一段时间(10～60 min，根据具体目的而定)，由于探头与测量钵的机械搅拌作用，淀粉糊黏度降低，出现最低黏度值。再通过测量钵中的冷却器以 1.5℃/min 的速度冷却到 50℃，随着温度降低，分子运动减弱，淀粉分子之间产生更多的氢键，重新组成无序的混合微晶束，从而使黏度增加。其增加值因品种而异，如含直链淀粉多，回生程度就大。黏度仪自动记录开始糊化的温度、最高黏度值、最低黏度值、最终黏度值，计算出黏度降低值，回生后黏度增加值。黏度值单位原用 BU，现用 VU。从黏度曲线上能够反映下面参数。

1) 开始糊化温度(gelatinization temperature，GT)：生淀粉起始黏度值很低，黏度曲线不变。随温度升高，淀粉开始糊化，这时的温度称为开始糊化温度。

2) 最高黏度(maximum viscosity，MaxV)：黏度显著升高后，阻力增加，曲线发生突变，形成峰值，称为顶峰黏度或最高黏度，又称麦芽指数。淀粉糊化的难易取决于淀粉分子间的结合力，直链淀粉结合力较强，故糊化需要时间较长。

3) 最低黏度(minimum viscosity，MinV)：黏度曲线在 95℃保温过程中出现最低黏度值。此最低黏度通常出现在保温的末端降温的起点，所以又叫降温起点黏度。

4) 最终(冷糊)黏度值(final viscosity)：淀粉糊逐渐冷却至 50℃时的黏度值。

5) 黏度破损值(breakdown value)：最高黏度与最低黏度之差，也称为淀粉粒崩解值。

6) 黏度回生值(setback value)：最终黏度与最低黏度之差，也称为淀粉糊回冷老化值。

最高黏度(MaxV)反映α-淀粉酶的活性与小麦二次加工适应性关系。MaxV 过高，则小麦粉酶活性弱，做面包时发酵性能差，面包品质不良，但做面条时，MaxV 值高的小麦粉较好，MaxV 过低时，酶的活性过强，面团发黏，无论制作面包、面条、蛋糕，都对操作不利，制品品质较差。日本的研究者认为，制面条用的小麦粉，以开始糊化温度低、黏度破损值大、最高黏度值高的食感较好。例如，制面条品质好的澳大利亚软麦与日本‘农林 61’，其开始糊化温度、最高黏度和黏度破损值分别为 81℃和 84℃、955 VU 和 745 VU、200 VU 和 160 VU；而制面条品质差的加拿大西部红春麦依次为 91℃、670 VU 和 60 VU。

德国布拉本德公司随后开发的微型黏度糊化仪(micro visco-amylograph)，结构简单、自动化程度高、测定时间短(加热和冷却速度可达到 10℃/min)，样品用量少。微型黏度糊化仪具有自动分析黏度或糊化曲线，以及将分析结果与黏度曲线、温度曲线及实验参数同时打印的功能，还可通过校正软件，同时比较多达 15 种不同样品的黏度曲线，以及自动计算分析结果并以数字或曲线的形式显示测定结果的平均值和标准差。这种仪器的推出为谷物品质分析提供了新技术，也代表了谷物品质检测仪器今后的发展方向。

（二）快速黏度分析仪

近年来，澳大利亚也开发了快速黏度分析仪（rapid viscograph analyzer，RVA），加拿大开发了热糊黏度指示仪（paste viscograph indicator），美国开发了芽损谷物指示仪等。其中，德国的微型黏度糊化仪、澳大利亚的快速黏度分析仪以其样品用量少、测定速度快等优点得到了迅速推广和使用。目前，澳大利亚生产的 RVA 已被 AACC（AACC22-08）和 ICC（ICC No.161）接受为淀粉酶活性测定标准仪器，并成为 ICC（ICC No.162）的快速糊化测定标准仪器。

在 RVA 的操作过程中，先在连接的电脑上设定实验条件（标准实验：混合速度 960 r/min、测定速度 160 r/min、升温 5.83℃/min、95℃保温 4 min、降温 11.25℃/min，整个测定时间为 20 min），向 RVA 专用铝杯中加入（25.0±0.1）mL 的蒸馏水，然后称取（3.50±0.01）g 小麦粉（14%的含水量）放入装有蒸馏水的铝杯中，用 RVA 专用搅拌器上下搅拌水与小麦粉的混合物直至水面上无干粉存在，将搅拌器连同铝杯一起放入 RVA 中，按下测试头，仪器开始自动运转，并记录下糊化温度、峰值黏度、峰值时间、保持强度、糊化黏度衰减度、最终黏度、回生值、破损值（峰值黏度与低谷黏度之差）和稀释值，其中，稀释值计算公式为

$$\text{稀释值}=\frac{\text{峰值黏度}-\text{热糊黏度}}{13.5-\text{到达峰值黏度时间}}$$

为了抑制小麦粉中的 α-淀粉酶的活性，可在测定时加入 170 mg/L $AgNO_3$ 25 mL。

（三）降落数值仪

1960 年瑞典 Mr. Perten 发明了降落数值（falling number，FN）仪，最早的 1200 型仪器为人工操作；后来的 1400 型采用电子机械系统自动搅拌和数字显示，1 次只能测 1 个样品；1600 型可同时测 2 个平行样品。1500 型及 1800 型是新一代产品，1500 型可测定 1 个样品，1800 型可测定 2 个样品，最新型的 1900 型可测真菌 α-淀粉酶活性。国产降落数值仪与瑞典波通公司 1600 型大体相同。自 1967 年以后，降落数值测定方法已被美国谷物化学师协会（AACC）和国际谷物科技协会（ICC）先后作为测定 α-淀粉酶活性和谷物发芽损坏程度的标准方法，许多国家把降落数值作为小麦粉的等级指标，以及检验进出口谷物和计算产品价格的依据。还有的把降落数值转化为液化值用于配粉的计算，或用人为的方法调节小麦粉的 α-淀粉酶活性，使之适合制作某种食品。

降落数值仪是根据落球式黏度的基本原理而设计的。其测定值以一定质量的搅拌器（兼具搅拌和落球功能）在被 α-淀粉酶液化的热凝胶糊化液中下降一段特定高度所需的时间来表示，单位为秒（s）。降落数值小，表明黏度小，酶活性强。

降落数值是反映小麦粉中 α-淀粉酶活性的指标。面包粉的降落数值在 250～300 s 是合适的，但采用常规降落数值仪测定面包粉的降落数值往往在 350 s 以上，其原因是企业生产面包粉时，在基础粉中加入一定量的酶制剂来降低基础粉的降落数值。真菌淀粉酶和谷物淀粉酶（麦芽粉）都可以作为酶制剂应用于面包粉中，二者相比，真菌淀粉酶在使用上有一定的优越性：一是由于真菌淀粉酶失活温度低（60℃），没有过量添加的危险，而谷物淀粉酶失活温度高（80℃），存在过量添加的危险；二是真菌淀粉酶可以在工业化条件下培养、繁殖、提取、纯化，能够得到稳定活性的产品，易于标准化，同时体积小、比活性高，易于操作。因此企业一般采用添加含真菌淀粉酶的制剂来增加 α-淀粉酶活性。

真菌淀粉酶失活温度低，常规降落数值仪主要是用来测定谷物淀粉酶活性，无法准确测定真菌淀粉酶活性，导致实际测定值偏高，因此只有采用 1900 型才能测定真菌 α-淀粉酶活性。

为了说明 α-淀粉酶对糊化物液化作用的强弱，可将降落数值（FN）换算成液化值（PLN，即 Perten 液化值），它与酶活力呈线性关系。

$$\mathrm{PLN}=\frac{6000}{\mathrm{FN}-50}$$

式中，PLN 为液化值；FN 为降落数值（s）；6000 为常数；50 为淀粉受酶作用完全糊化所需时间（s）。

利用液化值与 α-淀粉酶活性之间的这种线性关系，可进行适宜配粉比的计算，其基本原理是原料粉液化值所占份额之和等于混合粉的液化值。

降落数值仪的操作过程包括样品的准备和测定两大步骤。

（1）样品的准备　对于小麦样品应经旋风式试验磨粉碎后过 710 μm 筛，筛上物不超过 1%时可弃去，充分混合筛下物即为实验样品；对小麦粉应用 800 μm 筛筛选处理，使成块小麦粉分散均匀，充分混合筛下物即为实验样品。先按样品水分称取样品（ICC 和 AACC 标准折算成 14%水分样品量，我国国家标准 GB/T 10361—2008 要求折算成 15%水分样品量），在试样水分为 15%时，试样量为 7.00 g，精确至 0.05 g，试样水分高于或低于 15%时可按照下式计算称样量。

$$\text{称样量}=7.00\times\frac{100-M_0}{100-M}$$

式中，M_0 为标准要求折算水分（%），我国国家标准为 15%；M 为试样的水分百分率（%）。

把称好的试样放入干净的黏度管中，加入 15～25℃的蒸馏水 25 mL，盖紧橡皮塞，用手连续猛烈摇动 20 次（必要时可增加摇动次数），得到均匀无粉状物的悬浮液。

（2）测定　取下橡皮塞，立即将黏度管搅拌器插入黏度管中，在插入的同时把附着在黏度管壁上的所有残留物刮进悬浮液。迅速将黏度管装入黏度管座中，并放入水浴桶内进行沸水浴，即刻按下启动开关，水平臂伸出，计时器计时 5 s 后，抓钩勾住搅拌器以每秒 2 次的速度上下搅拌，59 s 后搅拌器被提至最高位置。60 s 时抓钩松开，搅拌器自由下落，当任一黏度搅拌器降至预定位置时，相应显示窗停止计时，当另一黏度搅拌器也降至预定位置时，相应显示窗也停止计时，此时蜂鸣器响，提示此次测定结束。

当使用 1900 型测定真菌 α-淀粉酶活性时，要确保仪器设置成真菌降落操作模式，将 20～24℃的 0.07 mol/L 的乙酸-乙酸钙缓冲溶液 30 mL 加入干净的黏度管中，称取 5.00 g（14%含水量）马铃薯淀粉，接着称取 5.00 g（14%含水量）小麦粉样品，将马铃薯淀粉和小麦粉样品混合一下，倒入黏度管中盖紧橡皮塞，用手连续猛烈摇动 40 次（必要时可增加摇动次数），得到均匀无粉状物的悬浮液。以下操作同上。

降落数值法不能测定小麦粉中添加的真菌 α-淀粉酶活性，真菌降落数值法才能真正反映出小麦粉中添加的真菌 α-淀粉酶活性，但它不能反映小麦粉中存在的植物 α-淀粉酶活性，所以用它来指导面制品生产是不行的；小麦粉糊化后的最低黏度可以反映小麦粉中存在的植物 α-淀粉酶和添加的真菌 α-淀粉酶的总活性，其值与面包的品质呈显著的正相关，好的面包专用粉的液化黏度应在 360～380 VU。

测定 α-淀粉酶活性的方法除上述黏度法和降落数值法外，还有多种方法，如碘蓝法、自溶法等。这两种方法无须特殊仪器，但测定较费事，准确度也不高。在所有方法中，以降落数值法最为简便快速，但对同一样品多次测定其测定值偏离较大（一般偏离在 40～100 s），其主要影响因素有四：第一，温度对黏度的测定影响很大，现有的降落数值仪对温度的控制不够精确；第二，降落数值仪黏度管的内直径精确度与表面光滑度对测定结果有较大影响；第三，黏度管放置的垂直度也有影响；第四，搅拌器在使用过程中易变形而影响测定结果。而糊化黏度法没有上述缺点，尤其是新型的糊化黏度仪采用了电子计算机控制温度，程序升温速度既可与面包烘烤速度一致，又可与馒头蒸煮升温速度一致，所以它测得的液化黏度与面包、馒头的品质显著相关。因此快速糊化黏度法测定小麦粉 α-淀粉酶活性在实际生产中很有用。

五、蛋白质含量测定

小麦蛋白质的含量与加工品质和营养品质密切相关。蛋白质含量的测定方法常见的有凯氏定氮法、燃烧定氮法、双缩脲法、酸试剂法、染料结合法、茚三酮法、紫外吸收法、荧光法和近红外法等。

凯氏定氮法测定样品中的含氮量，其中包括少量的非蛋白含氮物质，如核酸、生物碱、含氮类脂与色素、含氮碳水化合物等，测得的不完全是蛋白质的含量，准确地说为粗蛋白质的含量。凯氏定氮法的基本原理：样品与硫酸、催化剂加热消化，使蛋白质分解；分解的氮与硫酸结合生成硫酸铵，然后碱化蒸馏使氨游离，用硼酸吸收，用酸标准溶液滴定。此方法一般需 7～8 h，测定时间长，操作烦琐，能源和试剂消耗量大，并且在消化时放出大量有毒气体，对人体危害大。凯氏定氮法中蛋白质含氮量通常以 16%作为蛋白质含量的换算系数，总氮量乘以换算系数得蛋白质含量，蛋白质含量换算系数因蛋白质的来源不同而存在差异，小麦的蛋白质换算系数为 5.70。凯氏定氮法测得的样品中蛋白质含量的数值不是十分准确，但因其有很高的精密度，至今尚无别的方法能取代它，仍作为蛋白质定量的标准方法。凯氏定氮法既是其他蛋白质测定方法的校正标准，也是国家标准和国际标准规定的方法。国外多采用常规或改良的凯氏定氮法测定食品中蛋白质含量。较常用的是缩短消化时间、实现定氮系统的自动化或半自动化，从而缩短检测时间。缩短消化时间可采用快速消化仪。丹麦的福斯公司生产的自动定氮仪测定时间短，测定方法和测得的蛋白质含量结果得到国外相当一部分权威机构的认同。但其也有自身的缺点，如试剂的用量较大，须使用专用的试剂，试剂成本和仪器本身的成本较高，定氮过程中产生的污染物对环境的污染严重等。先进的蛋白质测定仪价格昂贵，且需专门试剂。

在双缩脲法、酸试剂法、染料结合法、茚三酮法等其他方法中，双缩脲法是应用较多的方法。双缩脲法与凯氏定氮法得到的结果基本一致，且实验时间较短，在检验一些要求不太高、成分相对简单的样品时较为方便快捷，结果相对可靠。双缩脲法的原理：铜离子与蛋白质的肽键在碱性条件下生成紫红色的络合物，其颜色的深浅与蛋白质的浓度成正比，符合比尔定律，其最大吸收波长在 540 nm。

燃烧定氮法是近年来美国等国家广泛应用的方法。该方法测定快速，且样品用量很少。燃烧定氮法对研磨过的样品进行称量，使用加热和纯氧来完全氧化(燃烧)样品。从产生的气体中，测定氮的数量并计算出研磨过的样品的蛋白质含量。这种方法非常精确，但在设备上的初始投资很大。以燃烧法得出的数值常常高于用凯氏定氮法测得的数值，这通常是采用凯氏定氮法时样品消化不完全的缘故。

上述方法都需要对样品进行消化处理，需要消耗较长的时间，不符合快速检测的要求。对于育种材料、原粮收购和交易需要对样品进行快速准确检验的情况，这些方法都不符合要求，且对样品进行的是破坏性实验，对于一些数量少、较珍贵的样品，尤其是对于育种有重要意义的作物种子就更不适合了。

近红外分析技术具有分析速度快，分析效率高，适用的样品范围广，样品一般不需要预处理，分析成本较低，测试重现性好，对样品无损伤，便于实现在线分析，对操作人员的要求不苛刻等特点，使其能够满足育种、生产、流通过程中无损快速地在线检测小麦蛋白质含量的要求。近红外的应用原理：近红外光谱属于分子振动光谱的倍频和组频吸收光谱，主要是对含氢基团 X—H(X =C、N、O)的吸收，其中包含了大多数类型有机化合物的组成和分子结构的信息。近红外光照射时，频率相同的光线和基团发生共振现象，光的能量通过分子偶极矩的变化传递给分子；若近红外光的频率和样品的振动频率不同，该频率的红光就不会被吸收。通过测定透射光线携带的信息进行检测，称为近红外透射技术；通过测定反射光线携带的信息进行测定，称为近红外反射技术。近红外光谱技术与其他技术相比，虽然优点很多，但也存在一些问题，如测试灵敏度相对较低，被测组分含量一般应大于 0.1%，需要用标准品进行校正对比，属于间接分析技术。随着近红外技术的高速发展，近红外检测仪可以较准确地测定样品中的蛋白质、水分、面筋、容重、淀粉、硬度、膨胀系数等，但它的测定需要提前制作标准曲线，大量采样，工作量较大，也可购买仪器公司提供的样品库，但成本较高，且每次测定前需要用标准品校准，给使用带来了不便。鉴于近红外测定蛋白质及其他品质指标的快速和高效性，人们对它的研究会越来越深入，使其更能满足今后的工作需要。

六、微量营养元素测定

除空气、水、碳水化合物、蛋白质、脂类，以及钙、磷等常量矿物质营养元素外，人体必需的营养物质还包括至少 10 种微量矿物质元素及 13 种维生素等。微量矿物质元素和维生素统称为微量营养元素，其含量虽低，但对人体生长发育及健康至关重要，尤其是铁、锌和维生素 A。维生素 A 分为动物性(即维生素 A)和植物性(维生素 A 前体或维生素 A 原，即类胡萝卜素)，其中，最普遍的是 β-类胡萝卜素。麦类作物间铁、锌含量存在较大差异，普通小麦及其近缘属的锌含量高低顺序为黑麦＞小黑麦＞大麦＞普通小麦＞燕麦＞硬粒小麦。野生二粒小麦的铁、锌含量分别为 26～86 mg/kg 和 39～140 mg/kg，硬粒小麦的铁、锌含量分别为 33.6～65.6 mg/kg 和 28.5～46.3 mg/kg。普通小麦的铁和锌含量分别为 23～88 mg/kg 和 13.5～76.2 mg/kg。中国小麦品种的铁、锌含量分别为 28.0～65.4 mg/kg 和 21.4～76.2 mg/kg，澳大利亚品种分别为 28.8～56.5 mg/kg 和 25.2～53.3 mg/kg，国际玉米小麦改良中心(CIMMYT)品种分别为 25～56 mg/kg 和 25～53 mg/kg。小麦籽粒的铁、锌含量受基因型、环境及其互作的显著影响，其中环境效应最大；但基因型效应远大于基因型与环境的互作效应。小麦籽粒中铁和锌主要以植酸盐螯合物形式存在，在自然界无法自行降解，只能通过植酸酶分解为无机磷和低磷酸化的肌醇衍生物，才能被人和其他体内缺乏植酸酶的单胃动物加以有效利用，可见，植酸是影响铁和锌生物利用率的主要限制性因子。提高植酸酶活性是提高铁、锌吸收利用率，解决与铁、锌等营养元素含量不足相关问题的重要途径。

电感耦合等离子发射光谱和原子吸收光谱是铁和锌等微量营养元素含量分析的标准方法，但费用较高，难以对育种材料进行大规模分析和筛选。近年来逐渐得到应用的 X 射线荧光光谱(X-ray fluorescence spectroscopy，XRF)采用 X-Supreme 8000 或 Bruker S2 Ranger 仪器，具有不破坏种子、分析前准备简便、检测快速、低成本、高通量等优点，可同时检测多个元素，每天每台仪器可检测 200 份样品，已广泛用于分析育种材料的铁、锌含量，显著提高了育种效率。高效液相色谱法(HPLC)是进行胡萝卜素含量分析的标准方法，但成本高，分析速度慢；分光光度计比色法和近红外光谱法(NIRS)已得到普遍应用，BioAnalyt 公司开发了高通量 iCheck^{TM} Carotene 方法，可用于育种材料的大规模快速分析和筛选。

七、膳食纤维和功能性膳食纤维测定

膳食纤维是指在小肠中无法消化吸收，但在大肠中可被肠道菌群加以降解的碳水化合物，主要包括非淀粉多聚糖和抗性淀粉。高膳食纤维食品可以使餐后血糖反应平稳，有助于维持肥胖症和糖尿病患者的正常身体机能。欧洲国家每人每日膳食纤维的摄入量推荐标准为 11～33 g。

谷物中非淀粉多聚糖主要是指阿拉伯木聚糖(AX)，约占其含量的 70%，包括水溶性(WE-AX)和水不溶性(WU-AX)两种。在植物内源和外源木聚糖酶及结肠菌群的作用下，AX 分解产生阿拉伯木聚糖-低聚多糖(AXOS)，AXOS 具有益生元的功能，AX 和 AXOS 对提高机体免疫功能、减轻过敏反应、增加饱腹感、提高葡萄糖和脂质代谢、抑制肿瘤形成等具有重要作用。阿拉伯木聚糖的主链由 β-D-吡喃木糖残基通过β-1, 4-糖苷键连接而成，其 C(O)-2 和 C(O)-3 位置可单独或同时被取代，最常见的取代基为单个 α-L-阿拉伯呋喃糖和 α-D-葡萄糖醛酸。阿拉伯呋喃糖(Ara)和吡喃木糖(Xly)的比例(A/X)及取代方式是描述 AX 结构特点的重要指标，品种间和籽粒不同部位存在明显差异。某些阿拉伯糖残基的 C(O)-5 位含有由酯键相连的阿魏酸(ferulic acid，FA)，其含量虽仅占 WE-AX 和 WU-AX 的 0.2%～0.4%和 0.6%～0.9%，但通常与木糖残基的 C(O)-3 位相连，对 AX 的结构、理化性质和功能特性有重要影响。FA 含量高、相对分子质量大、主链取代率低均有助于 AX 形成凝胶，使动物肠道中食糜的体积增大、黏度增高，从而降低其表观代谢功能，这是引起 AX 抗营养性的直接原因。

AX 分析包括比色和色谱两种方法。高效液相色谱法是将 AX 水解成单糖后，经液相色谱分离，或将单糖衍生化后经气相色谱分离，分析时 AX 含量为阿拉伯糖和木糖之和。为排除葡萄糖的干扰，分析前需利用淀粉酶除去淀粉。色谱法准确、特异性强，可提供单糖组成信息，但对仪器要求高，流程复杂，费时。比色法是 AX 在强酸作用下水解为戊糖，进而脱水生成糠醛，再与间苯三酚或地衣酚等显色剂反应生成有色复合物，根据其颜色与 AX 含量成正比的关系来计算 AX 含量，可通过双波长比色法来消除样品中己糖的干扰。比色法简便、快速，其中间苯三酚法操作简单高效、无须酸解，所测 WE-AX(水溶性 AX 的黏度)和 TOT-AX(总阿拉伯木聚糖)含量较气相色谱法偏低，但二者分析结果高度相关(r=0.99)。由于面粉水提物相对黏度 WE-AX-viscosity 与 WE-AX 的含量和 A/X 显著相关(r=0.80)，因此也可用于间接测定 WE-AX 的含量。

功能性膳食纤维主要是指抗性淀粉(RS)，指 120 min 内在健康人体的小肠中不能被消化吸收而转移至大肠的淀粉及其降解产物，是当前国内外营养和功能食品领域的研究热点。根据属性和结构，抗性淀粉可分为 5 类，其中 RS1 存在于谷物种子和块茎的细胞壁中，必须采用特殊技术打破细胞壁才能接触到淀粉消化酶，因此，该类淀粉无法消化，对人体作用很小；RS2 具有紧密的晶体结构，在小肠中难以消化；RS3 由老化或重结晶的直链淀粉组成，形成于食物烹饪和淀粉凝胶冷却过程中；RS4 是一类与化学物质发生交联反应的变性淀粉；RS5 是一类由直链淀粉与脂肪组成的高直链淀粉含量复合物，主要成分为不溶于水的多聚葡萄糖，对 α-淀粉酶降解具有一定抗性。抗性淀粉具有以下四大生理功能，具体受其颗粒大小、形状、结晶度及相关脂质、蛋白质和直链淀粉含量等性质影响：①改善肠道环境并预防结肠癌等肠道疾病；②显著降低餐后血糖指数并控制Ⅱ型糖尿病病情；③提高盲肠中短链脂肪酸含量及其吸收利用率并预防脂肪肝和肥胖；④使小肠中不被吸收的矿物质进入盲肠，经发酵加以吸收利用。需要说明的是，与作物改良有关的研究主要集中于直链淀粉和支链淀粉的含量及其比例，与此相关的 RS2 和 RS3 开始受到关注。

抗性淀粉含量测定方法包括活体试验法和体外测定法两种。早期的活体试验法是让已切除结肠的患者食用含抗性淀粉的食物，定时收集并测定其排泄物中的多糖含量，之后发展成通过肠道插管进行小肠和大肠灌注来进行分析。该方法昂贵、不易操作，且结果易受参试人员个体生理特性差异影响。体外测定法是在模拟的胃肠道消化生理环境中，将去除蛋白质和可消化淀粉的抗性淀粉酶促水解，定量分析其水解产物葡萄糖。该方法相对简便、快速，已为大多数研究者所采用。根据蛋白质和可消化淀粉水解酶的不同及其使用差异、淀粉水解产物的去除方法，体外测定法又可分为多种方法，可以分别对 RS1、RS2 和 RS3 进行分析。爱尔兰 Megazyme 公司生产的抗性淀粉试剂盒具有分析精度高、快速、费用合理等优点，已开始得到广泛应用。

八、植物生物活性物质测定

小麦籽粒中常见的植物生物活性物质包括酚酸、黄酮、叶酸、植物固醇、生育酚和生育三烯酚。酚酸和黄酮是谷物中含量最多的酚类化合物，抗氧化能力强，可维持人体内氧化剂和抗氧化剂的平衡。酚酸的主要成分包括阿魏酸、咖啡酸和香草酸、水杨酸，分别属于肉桂酸和苯甲酸衍生物；黄酮的主要成分包括花青素、黄烷-3-醇类、黄酮醇、类黄酮和异黄酮，二者在谷物中均主要以结合态存在，通过酯键或糖苷键与细胞壁结构物质纤维素、木质素和蛋白质等连接，在小肠中经微生物发酵后被消化吸收。谷类作物以小麦籽粒中所含酚酸和黄酮较为丰富，主要存在于种皮和糊粉层。欧洲、加拿大和美国小麦籽粒酚酸含量为 326～1171 μg/g，斯卑尔脱小麦籽粒酚酸含量为 190～720 μg/g，中国小麦籽粒酚酸含量为 541～884 μg/g。欧洲国家小麦籽粒中黄酮总含量为 213～259 μg/g，中国小麦籽粒中黄酮总含量为 147～397 μg/g。

叶酸是一种水溶性 B 族维生素，由蝶呤啶、对氨基苯甲酸和谷氨酸等组成。叶酸缺乏可引发巨幼红细胞性贫血及白细胞减少症，孕妇怀孕前 3 个月内叶酸缺乏可导致胎儿神经管发育缺陷，增加裂脑儿和无脑儿的发生率。普通小麦品种间叶酸含量差异很大，为 300～800 μg/g；二倍体、四倍体和斯卑尔脱小麦的叶酸含量较高，分别为 480～660 μg/g、500～930 μg/g 和 610～900 μg/g。

植物固醇是一类以环戊烷全氢菲为主体，伴以 3 位羟基的甾体化合物，具有降低胆固醇、预防动脉粥样硬化等心血管疾病的作用。美国食品药品监督管理局于 2000 年批准了含植物固醇类物质的功能性食品。普通小麦和斯卑尔脱小麦的植物固醇含量分别为 670～960 μg/g 和 880～1000 μg/g。

自然界中已知的维生素 E 可分为生育酚和生育三烯酚两类，各存在 α、β、γ、δ 四种同分异构体，其中 β-生育三烯酚和 α-生育三烯酚是主要成分。类间区别主要表现在侧链结构，生育酚侧链为饱和脂肪酸，生育三烯酚侧链为含 3 个双键的不饱和脂肪酸。维生素 E 在动物的生殖、抗老化、神经及免疫等系统中必不可少。普通小麦籽粒中生育酚和生育三烯酚含量均为 20～80 μg/g。

上述所有植物生物活性物质均可采用气相色谱（GC）、高效液相色谱、高效液相色谱质谱联用（HPLC-MS）、超高效液相色谱（UPLC）及核磁共振（MRI）等标准检测方法进行分析。

九、杂质检验

小麦粉中泥沙含量超标，不但吃起来“牙碜”，而且说明卫生品质很差，造成的原因是：小麦制粉前没有清泥沙，或制粉时将落地粉掺入。可采用四氯化碳法进行检验，具体操作如下。

取 70 mL 四氯化碳注入细沙分离漏斗中，加入 10 g 样品，用玻璃棒轻轻地在溶液上部搅动 3 次(每隔 5 min 搅动 1 次)，静置 20～30 min，将浮在上面的小麦粉用勺子取出，然后将余下的四氯化碳和泥沙放入已干燥恒重的坩埚内，倾斜四氯化碳，放在有石棉网的电炉上烘干后，置干燥器中，冷至室温称重。按下式计算含沙量。

$$含沙量(\%)=\frac{m_1-m_0}{m}\times 100$$

式中，m_1 为坩埚和细沙的质量(g)；m_0 为坩埚的质量(g)；m 为样品的质量(g)。

第四节　小麦面团流变学特性分析

小麦粉加入一定量水后，进行揉合便可得到黏聚在一起并有黏弹性的团块，这就是所谓的面团。虽然决定面粉和面食品品质的主要因素是面筋的数量和质量，但面筋是在面团中形成的，其性质全部寓于面团性质上，而且制作各种面食品都是使用面团，面团性质与面食品品质的关系比面筋更直接。因此，通过对面团的流变学进行测定，可为小麦与小麦粉品质的评定，小麦的合理加工和利用提供更实际的科学依据。测定面团流变学特性的仪器主要有粉质仪(farinograph)、揉面仪(mixograph)、拉伸仪(extensograph)、吹泡示功仪(alveograph)等。仪器在运行过程中，自动绘制出曲线图，记录面团流变学特性。

一、粉质仪分析

自 20 世纪 20 年代德国布拉本德公司发明生产出粉质仪之后，该仪器目前被世界各国广泛采用。粉质仪是根据揉制面团时会受到阻力的原理设计的。在定量的面粉(14%含水量为基础的 300 g 或 50 g 面粉)中加入水，在恒温(30℃)条件下开机揉成面团。揉制面团过程中混合搅拌所受到的阻力逐渐增大，直到粉质图曲线出现高峰，以后又慢慢下降。阻力通过仿动装置带动记录器自动描绘一条特殊曲线，即粉质图(farinogram)，作为分析面团品质的依据。专用单位原用布拉本德单位(BU)表示，现用粉质仪单位(FU)表示。

图 4-1 是不同筋力小麦粉粉质图。曲线绘制在一张印有标度的专用纸上，垂直曲线之间每移一格需用 0.5 min。曲线图上有 50 条间隔均匀的水平线，代表 1000 个 FU，每格为 20 个单位，用来表示面团的稠度(consistency)。由粉质仪测定的面团特性称为粉质特性，指标参数有吸水率、面团形成时间、稳定时间、软化度、评价值等。

1. 吸水率(absorption)　表示在制作面团时，混合一定质量面粉所需水分的量。这些水一部分吸附在淀粉和蛋白质颗粒(或蛋白质分子)的表面，一部分处于自由状态。吸水率在粉质仪上表现为使面团最大稠度处于(500±20)FU 时所需的加水量，以占 14%湿基面粉质量的百分数表示，准确到 0.1%。以正式测定时 1 次加水(在 25 s 内完成)量为依据。

吸水率是反映面粉蛋白质和损伤淀粉含量的重要参数，是衡量面粉品质的重要指标。吸水率不但与面粉品质有关，而且与面粉的制品产出率有关。一般来讲，湿面筋含量越高，吸

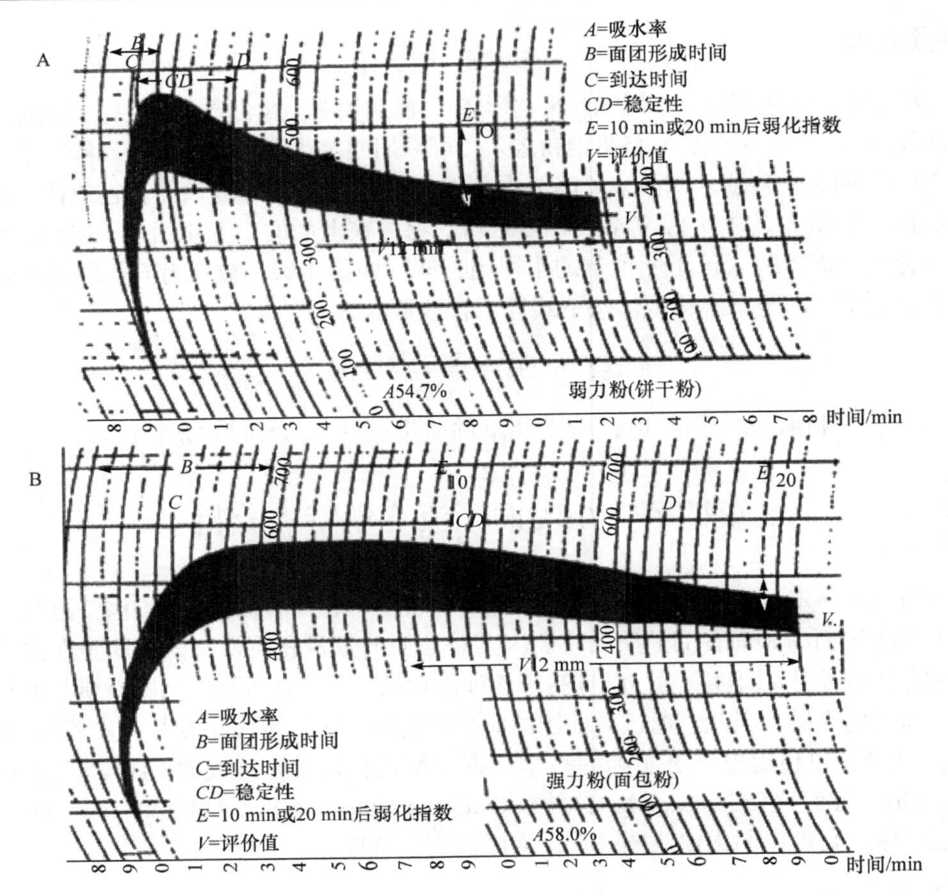

图 4-1　小麦粉的粉质图

A. 弱力粉的粉质曲线；B. 强力粉的粉质曲线

水率越高，高筋小麦粉吸水率在 60%以上，低筋小麦粉吸水率小于 56%。

2. 面团形成时间(development time)　　是指从开始加水(曲线零点)直至面团稠度达到最大时所需揉混的时间，准确到 0.5 min。该值可称“峰高”或“峰高”时间(peak time)。一般面团形成时间为 5～6 min，软质小麦的弹性差，形成时间短，为 1～4 min；硬质小麦的弹性强，形成时间为 4 min。美国面包粉的形成时间要求为(7.5±1.5) min。我国商品小麦的形成时间平均为 2.3 min。

3. 稳定时间(stability time)　　定义为时间差异，指曲线首次穿过 500 FU(到达时间)和离开 500 FU(衰减时间)两点之间的时间差，准确到 0.5 min。如果曲线在最大稠度时不是准确地集中在 500 FU 的标线，如在 490 FU 或 510 FU 水平上，则必须在 490 FU 或 510 FU 处画一条平行于 500 FU 的标准线，用这条标准线来测取曲线达到和离开的时间差。也有用曲线图形中心线到达和离开(500±20) FU 的时间进行计算的。稳定时间即所谓面团的稳定性，以 min 表示。

面团稳定性说明面团的耐搅拌程度。面团稳定性好，反映其对剪切力降解有较强的抵抗力，也就意味着其麦谷蛋白的二硫键牢固，或者这些二硫键处在十分恰当的位置上。稳定时间越长，韧性越好，面筋的强度越大，面团加工性质越好。

稳定性是粉质仪测定的最重要指标。高筋小麦粉理想的稳定时间应为 10 min 以上，低筋小麦粉稳定时间要求在 1.5～2.5 min。美国面包粉的稳定时间要求为(12±1.5) min。我国商品小麦的稳定时间平均为 2.3 min。

4. 软化度(degree of softening) 又叫弱化度或衰减度，是指曲线最高点中心与达到最高点后 10 min 或 12 min 曲线中心之差，用 FU 表示。

软化度表明面团在搅拌过程中的破坏速率，也就是对机械搅拌的承受能力，也代表面筋的强度。指标数值越大，表示面筋越弱，面团越易流变，易塌陷成饼，面团不易加工，面包烘烤品质不良。

高筋粉的理想软化度应小于 50 FU，弱筋粉的软化度则大于 100 FU，面团软化度一般为 35～60 FU。

5. 公差指数(mixing tolerance index) 又叫机械耐力系数，是指粉质曲线最高峰时的 FU 与 5 min 后粉质曲线高度 FU 之间的差值，单位是 FU，比值越小，表示面粉的筋力越强。

6. 面团初始形成时间(arrival time) 是指从面粉加水搅拌开始计算，粉质曲线达到 500 FU 线时所需的时间。此值越大，表示面粉吸水量越大，面筋扩展时间也越长。该时间也表示面粉吸水时间长短，即面团初始形成时间。

7. 离线时间 是指从面粉加水搅拌开始计算到粉质曲线离开 500 FU 线所经过的时间。此值越大，表示面粉筋力越强。

8. 断裂时间(breakdown time) 是指从加水搅拌开始直至曲线峰高处降低 30 FU 所经过的时间。其测定是在峰顶经过曲线中心绘制一条水平线，然后在 30 FU 低水平处再画一条平行线。于是从开始搅拌直至下降曲线中心穿过最低线的时间，即为断裂时间。该值说明，如果继续搅拌，面筋将会断裂，即搅拌过度。它反映了面团搅拌时间的最大值。面包用粉断裂时间应在 10～14 min。我国小麦面粉的断裂时间在 5～7 min。

9. 带宽(width of curve) 是指曲线最宽的垂直距离，以 FU 表示。宽度反映面团或其中面筋的弹性，越宽说明面团的弹性越大。我国小麦面粉平均带宽为 80 FU。

10. 评价值(valorimeter value) 是指从曲线最高处开始下降算起，12 min 后的评价计记分，刻度为 0～100。评价计是粉质仪特制的一种尺子，它根据面团形成时间和面团软化度等给粉质图一个单一的综合记分。评价值越高，表示面粉筋力越好。国外根据评价值将小麦粉进行分类，认为强力粉评价值大于 65，中力粉为 50～65，弱力粉小于 50。我国商品小麦评价值平均为 38，选育品种为平均 49.1，变幅 31.3～82.0(1985 年)；平均 42.3，变幅 23～64(1990 年)。

根据粉质曲线图可将小麦粉划分为下列类型。

1)弱力粉：面团形成时间和稳定时间短，曲线急速从 500 FU 曲线衰退。

2)中力粉：面团形成时间和稳定时间较长。

3)强力粉：面团形成时间和稳定时间长，耐搅拌指数较小。

4)非常强力粉：在正常的粉质仪搅拌器转速(60 r/min)下，稳定时间达 20 min 以上，难以表示面粉质量的有关数据。此时应将转速改为 90 r/min，重新测定。

二、拉伸仪分析

拉伸仪由德国布拉本德公司生产，用以测定面团的抗拉伸强度。仪器由面团揉圆器、搓条器、面条固定器、面条保温室、拉伸装置、杠杆系统、自动记录器、恒温器、计时钟、样品称等部件构成。其原理是将通过粉质仪制备好的面团揉搓成粗短的面条，将面条两端固定，中间钩向下拉，直到拉断为止，抗拉伸阻力以曲线的形式自动记录下来，根据曲线分析计算面团品质和助发剂的影响作用。

做此项试验必须同时具备粉质仪，且费时，样品用量大。为了使所测数据准确可靠，应首先用粉质仪的 300 g 面粉钵，揉混 1 min，加入事先用粉质仪测定出的所需水量(内含 6 g 盐)，其中少加 2%水以抵偿盐的影响。揉混 5 min，使曲线最高处达 500 FU，切成 2 份，每份 150 g，揉制成形后在 30℃的保温室中放置 45 min，再进行拉伸试验。而后再将面团揉制成形，放置 45 min 后进行第 2 次拉伸，同样再进行第 3 次拉伸。

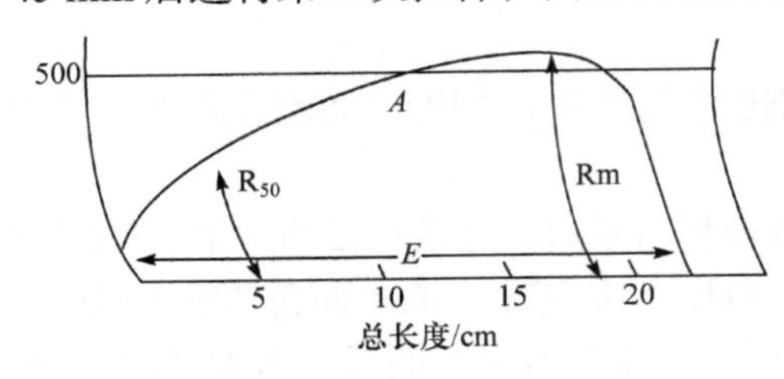

图 4-2　小麦面团的拉伸图
E. 延伸性；R_{50}. 恒定变形拉伸阻力；Rm. 最大拉伸阻力；*A*. 拉伸能量

拉伸图(extensogram)可反映面团的延伸性和韧性的有关性能数据，从拉伸图(图 4-2)中可得出面团延伸性、抗拉伸阻力、拉伸比值和拉伸能量等数据。

1. 延伸性　延伸性(*E*)是以面团从开始拉伸直到断裂时曲线的水平总长度。以 mm 或 cm 为单位。它是面团黏性、横向延展性好坏的标志。延伸性大表明面团流散性大，面筋网络的膨胀能力强。高筋面粉的延伸性应为 200～250 mm，低筋面粉的延伸性为 160～180 mm。

2. 恒定变形拉伸阻力　恒定变形拉伸阻力(R_{50})是曲线开始后在横坐标上达到 5 cm 位置的曲线高度，单位为 EU 。它表示面团的弹性，是面团纵向弹性好坏的标志，即面团横向延伸时的阻抗性。抗拉伸阻力大，表明面筋网络结构较牢固，筋力强，面团持气能力强。

3. 最大拉伸阻力　最大拉伸阻力(Rm)是指曲线最高点的高度，单位为 EU。

4. 拉伸比值　拉伸比值(R/E 值)是指拉伸阻力与延伸性比值，又称为形状系数，单位为 EU/cm(或 mm)。它是衡量面团拉伸阻力和延伸性之间平衡关系的一个重要指标。拉伸比值过大，表示面团拉伸阻力过大、延伸性过小，这样的面团弹性强、流散性差，面团不易起发，成品体积小，结构紧实；拉伸比值过小，表明面团筋力过小、流散性强，面团的持气性能差，成品形状差，体积小。

5. 拉伸能量　拉伸能量(曲线面积,*A*)是指曲线与底线所围成的面积，可用求积仪测量，单位为 cm^2，代表面团强度。曲线面积也称拉伸所需的能量，它表示面团筋力或小麦面粉搭配数据，该值低于 50 cm^2 时，表示面粉烘焙品质很差。拉伸能量越大，表示面粉筋力越强，面粉烘焙品质越好。

实际上，反映面粉特性最主要的指标是拉伸能量与拉伸比值。拉伸能量越大，拉伸比值越高，面团强度越高。拉伸图反映麦谷蛋白赋予面团的强度和抗延伸阻力，以及醇溶蛋白提供的易流动性和延伸所需的黏合力。

根据拉伸图可将小麦划分为下列类型。

1)弱力粉：面团拉伸阻力小于 200 EU，延伸性也小，在 155 mm 以下；或延伸性较大，达 270 mm，拉伸阻力小于 200 EU。延伸性短的适合制作易于溶化的饼干类食品，延伸性长和弹性小的适合制作面条类食品。

2)中力粉：面团抗拉伸阻力较大，延伸性小，或抗阻性中等，延伸性小，比较适合做馒头。

3）强力粉：面团拉伸阻力大，在 300～500 EU，延伸性大或适中，在 200～250 mm，比较适合做面包。

4）特强力粉：面团拉伸阻力大，达 700 EU 左右，而延伸性只有 115 mm 左右。其阻抗力量过强，面团僵硬，不平衡，称为"顽强抵抗面团"，用其做面包则体积小，瓤气孔大而不均匀，孔壁粗糙，干硬。该粉可作为配粉用。

拉伸比值是将面团延伸性和拉伸阻力两个指标综合起来判断面粉品质。比值过小，意味着拉伸阻力小，延伸性大。这样的面团发酵时会迅速变软和流散，做面包或馒头会发生坍塌现象，瓤发黏。若比值过大，意味着拉伸阻力过大，弹性强，延伸性小，发酵时面团膨胀会受阻，起发不好，面团坚硬，面包、馒头体积小，心干硬。故制作面包、馒头的面粉需能量大，比值适中，做出的面包、馒头体积大，形状好，松软而富有弹性。面条 E 值小时则口感差，故 R/E 值可稍小，但若能量小，不管比值大或小，食用品质均不良。发芽或虫蚀小麦加工成的变质小麦面粉，其能量小，比值也小。美国、澳大利亚、阿根廷硬质小麦的拉伸图能量可达 122～180 cm^2。我国商品小麦拉伸能量平均为 57 cm^2，恒定变形拉伸阻力平均为 214 EU，延伸性平均为 180 mm。

三、揉面仪分析

揉面仪（Mixograph）最早由美国 National MFG 公司生产。其原理与粉质仪类似，可以测定和记录揉面时面团的阻力，得到的揉面图显示面团最适宜的形成时间、稳定性及面团的一些其他特性。其特点是样品用量较粉质仪小，一般为 30～35 g 面粉，微量仪器仅用 10 g 面粉，工作效率也较高。可反映不同小麦粉之间的较小差异，但读数不如粉质仪稳定。揉面钵底部固定着 3 个向上的齿，搅拌器有 4 个齿，2 个一组，开动马达后，2 个齿既自转，又随整个搅拌器公转，搅拌速度比粉质仪快，搅拌方式也与烘烤面包试验时用的揉面机相似，因而该仪器测定的面团形成时间可为烘烤面包时的揉面时间提供依据。测定时一般先用粉质仪测定面粉的吸水率，据此计算面粉加水量，这就是烘烤面包时所用的适宜加水量。若不具备粉质仪，加水量用手工制成的面团来确定。此外，也可用标准蛋白质含量的小麦粉来确定吸水量，即 15%的蛋白质需 65%的吸水量（14%湿基），以 15%的蛋白质含量为标准，每增加或降低 1 个百分点，则吸水量相应地增加或降低 1 个百分点，用这种方法得到的曲线，具有大致相同的峰高。因面团流变学性质与温度有密切的关系，测定应在一定室温下进行。美国 AACC 标准方法规定若用恒温座舱，应保持在 25℃。

通过揉面仪记录的揉面图（mixogram），主要包括揉面时间和耐揉性等指标。

1. 揉面时间（mixing time）　是指曲线峰值对应的时间，此时面团流动性最小，而可塑性最大。

2. 耐揉性（mixing tolerance）　是峰值后曲线下降的斜率，也可用曲线衰落角来表示（表 4-1）。

美国内布拉斯加大学将小麦耐揉性分为 8 级，将供试样品的揉面图与 8 个标准级别相对照，即可知其属于哪一级，一目了然。

表 4-1　曲线衰落角与耐揉性分级

衰落角	耐揉性		衰落角	耐揉性	
	得分	面筋强度		得分	面筋强度
≥35°	1	非常弱	13°～19.5°	4	强
27°～34.5°	2	弱	5°～12.5°	5	很强
20°～26.5°	3	中等	<5°	6	极强

揉面时间与面团的关系表现为：揉面时间短、耐揉性差的小麦粉，面团延伸性强，弹性差，不稳定，不适宜烤面包；揉面时间中等或中等偏长（3～4 min）、耐揉性适中（3～4 级）的小麦粉能较好地满足烘烤面包的要求，面包体积大，弹性好；揉面时间过长（耗能费时），耐揉性受揉面时间影响不大，延伸性小；揉面时间大于 4～5 min，面团弹性和延伸性都小，这种小麦粉也不适宜烤面包；揉面时间大于 3 min 时，面包体积不受揉面时间变化影响，但其面粉价值高，用于配粉能有效地改良弱力粉的面团性能。我国各地选送品种的揉面图（1990 年）形成时间平均为 2.3 min，变幅为 1.0～4.5 min，峰高平均为 6.8，变幅为 4.0～9.8，衰落角平均为 20.6°，变幅为 2.0°～53.0°。

四、吹泡示功仪分析

吹泡示功仪最早由法国肖邦（Chopin）公司生产，又称肖邦拉伸仪。其测定原理与拉伸仪相似，都是按面团变形所用的比功、抗拉伸阻力和延伸性来测定面团的强度，同时可测韧性和延伸性的平衡性。不同的是，它用吹泡的方式使面团变形，而不是拉伸。

该仪器的优点是样品用量少，操作简便、快速，在法国、英国和比利时广泛应用。但它测试强度高的小麦品质比较困难，只能鉴定强度较低的小麦。可通过改变工作方法加以克服，或改进仪器本身，或改用拉伸仪。吹泡示功仪不能显示面粉改良剂的影响。这个局限性可以通过提供较长反应时间和结构激活的特殊程序来克服。原苏联制造的微型吹泡仪仅用 5～10 g 面粉，更加简便快速。

吹泡示功仪要与揉面仪配合使用，以揉面时间确定示功仪揉合时间，按面粉吸水率加水，并由揉面仪曲线高度和沉降值大小调整示功仪的加水量。测定时，首先在其揉面器中备一个面团，将面团挤压成面片，再切成圆形，静置 20 min 后将圆面片置于金属底板上，四周用一个金属环夹住。然后从面片下面底板中间的孔中压入空气，面团被吹成一个泡，直至破裂为止。泡中的压力是时间的函数，被仪器自动记录下来，绘成吹泡示功图（alveogram）。其最高处的显著尖形并不反映流变学特性的一种变化，可以用变形的几何学来解释。由吹泡示功图可以测定面团的韧性（强度）、延展性、弹性和烘烤能力等，分别用不同的参数表示。

1. 面团张力　面团张力（P）为吹泡示功图的纵坐标高度，表示吹泡示功仪最大压力时面团的抵抗力，反映面团韧性，以 mm 为单位，面团面筋弹性大时则 P 值高。

2. 面团延伸性　面团延伸性（L）为吹泡示功图的横坐标长度，以 mm 为单位，与发酵面团的体积相适应。

3. 面团变形比功　面团变形比功（W）是由曲线面积换算的能量值，指单位质量的面团变成厚度最小的薄膜所需的功，计算公式为

$$\text{面团变形比功}(W)=\text{曲线面积}(cm^2)\times 6.54\times 10^{-4}$$

式中，6.54 为根据吹泡示功仪的揉面转速、吹气压力、水流速度等确定的换算系数；面团变形比功（*W*）的单位为尔格（ergs），1 ergs=1×10^{-4}J，测定结果通常用 10^{-4} 前边的数据表示。

4. 面团膨胀指数　面团膨胀指数（*G*）为吹泡空气体积的平方根。

另外，通常用 *P*/*L* 表示吹泡的外形比率，即面团弹性和延展性的比例；*P*/*G* 表示面筋强度的平衡性，即韧性和延展性的平衡性；P_{200} 表示面团的弹性，为距曲线始点 4 cm 处压力。

在上述参数中，*W* 和 *P*/*L* 比较重要。根据 *W* 可估计面粉筋力强弱，将小麦面粉分为强筋、中筋和弱筋 3 种。一般强筋粉 *W* 大于 300 ergs；中筋粉 *W* 为 200～300 ergs；弱筋粉 *W* 小于 200 ergs。每种类型按 *P*/*L* 又可分为韧型、平衡型和延伸型。*P*/*L* 较大的面粉，相对来说韧性强、延伸性差。根据 *W* 和 *P*/*L*，可预测小麦粉的食品加工类型。

W 大于 300 ergs 的强筋粉，可做听式面包和法式面包，也可同中筋粉或弱筋粉配粉。其中韧性延伸性适中的平衡型最理想。配粉时应以强筋粉的韧型或延伸型配以弱筋粉的延伸型或韧型。

W 为 200～300 ergs 的中强粉，平衡型粉可做听式面包或法式面包，延伸型粉可做法式面包或扁平状面包，韧型粉需要配粉。

W 小于 200 ergs 的弱筋粉，韧型粉需要配粉，平衡型粉可做扁平状面包，延伸型粉可做曲奇饼、饼干或配以强筋粉做法式面包。

中国馒头一般要求 *W* 为 170～250 ergs，*P*/*L* 为 0.8～1.0；面条要求 *W* 为 170～250 ergs，*P*/*L* 为 0.5～0.8。

生产面包用的面粉，其湿面筋含量应在 35%～40%，*P*/*L* 在 0.8～1.4。面筋过强的面粉需延长发酵时间，难以控制。

第五节　小麦烘焙蒸煮品质分析

小麦及面粉品质的好坏，最终反映在食品成品上，所以面粉的食用品质和利用价值取决于烘焙和蒸煮品质。通过烘焙和蒸煮试验进行直接品尝鉴定，是评价小麦品质是否具有实际经济价值的重要方法，也是小麦品质鉴定最重要、最后的工作。

不同食品对烘焙或蒸煮特性有不同要求，不同面粉的烘焙和蒸煮特性也不同。对小麦烘焙蒸煮品质进行综合测定和评价，间接的方法是指借助各种仪器测定反映面粉品质的物化指标和面团的流变特性，得出对食品适应性指标的评价。直接测定是在间接测定的基础上，用面粉做烘焙、蒸煮等试验，按不同食品的检测标准直接对面粉质量做出鉴定。直接鉴定较为直观，能够充分表现出小麦内在的品质特性，真实客观地反映小麦的实用价值，更接近生产性试验，是小麦在食品工业中进一步被利用不可缺少的环节。

一、面包烘焙品质分析

烘焙一般是指烘烤面包试验，面包为欧美国家主食，且又能更好地反映小麦品质，因此面包在烘焙试验中占独特的地位。各国对试验方法、仪器设备、品质指标等都有一些客观的统一标准。烘焙试验对检验面粉质量或衡量烘焙工艺是可靠的、客观的评价标准。

面包烘焙试验可分为直接发酵法、中种法和中外企业法三种。直接发酵法参照 GB/T 14611—2008 进行。面包出炉后，10 min 内测定面包体积，称量质量，分别以 mL 和 g 表示；面包在室温下冷却 1 h 后，装入塑料袋，并密封，在室温放置 18 h 后对面包进行品质评价。通过感官评价和仪器测试来评价面包品质，一般多采用前者。感官品质评价大多采用国际国内通用的感官评价体系（GB/T 14611—2008），或在此基础上根据实际需要稍加修改（主要是针对各指标所取的权重）。主要评价指标包括质量、体积、比容、表皮色泽、包心色泽、包心平滑度、纹理结构、弹柔性、口感和总评分。仪器测试采用质构仪进行，一般选用压盘式测试探头，设定特定测试模式（压力测定）与参数（表 4-2），可获得面包的硬度、弹性、黏聚性、胶着性、咀嚼性等指标。

表 4-2　质构仪测试设定模式与参数

食品	探头	模式	操作	测试前速度/(mm/s)	测试速度/(mm/s)	测试后速度/(mm/s)	测试距离（压缩率）/(mm/mm)	取点数(PPS)
面包	压盘式	压力测定	TPA	2.0	1.0	1.0	60%	50
馒头	压盘式	压力测定	TPA	2.0	1.0	1.0	60%	100

注：TPA（texture profile analysis）为质构测试；测试距离（压缩率）60%即进入距离 9mm

烘焙的优质面包应是体积大，面包心孔隙小而均匀，壁薄、结构均匀，松软有弹性，洁白美观；面包皮着色深浅适度，无裂缝和气泡，美味可口等。小麦及面粉要求蛋白质及面筋含量高，吸水率高，弹性大，耐揉性强，不粘机器，发酵和烘烤状况良好。但外界条件和加工工艺对面包烘焙也有影响，如加水不当，揉合时间过长或过短，小麦粉蛋白质含量过低且质量低劣，淀粉损伤较少或发酵糖数量不够导致产生气体有限，发酵时间不适合，烘烤温度过高或偏低等均会使面包质量变劣。因此，烘烤试验要严格控制烘烤与发酵的各种条件，尽量消除这些不利因素。

烘焙品质指标很多，主要有面包体积、比容、面包心纹理结构、面包评分等。

1. 面包体积　面包体积（loaf volume）测定，先进的方法可用仪器测量，一般用菜籽置换法。菜籽置换法是将待测面包放进体积测量装置中，再装进菜籽，利用菜籽排空原理测得面包体积，以 cm^3 或 mL 表示。

不同小麦品种制作的面包体积差异很大，同一品种不同栽培条件下面包体积也有一定的差异。具有良好加工品质的优质小麦粉所烤制的面包，不仅其内部质地良好，还有较大的体积。面包体积间接地反映了面粉组成上的差异。所以，面粉的烘焙品质最客观的衡量标准首先是面包体积。一般 100 g 面粉烤制体积在 600 cm^3 左右，达到 800 cm^3 的不多，但个别春小麦品种可达 900 cm^3 以上。面包体积不是越大越好，体积过大会使内部出现过多的气孔，组织不均匀，粗糙；过小会使内部组织紧密，缺乏弹性，易老化。

2. 比容　比容（specific volume）是面包体积（cm^3）与质量（g）之比，也是评价面包烘焙品质的重要指标之一。面包体积越大，比容越大。国外面包比容一般在 4.0～5.0。我国小麦品种面包比容为 2.9～5.1，平均 3.9，一些优质品种的面包比容达 4.6，符合优质面包标准。

3. 面包心的纹理结构　主要是指烤成的面包切开后断面的质地状况及纹理变化。质地优质的面包应是面包心平滑细腻，气孔细密均匀并呈扁长状，面包皮细而薄，无明显大孔洞和坚实部分，呈海绵状。面包心的纹理结构变化是受面团的黏弹性影响和制约的，因此，要求面团本身富有弹性和较大或适中的黏性。

4. 面包评分　面包评分（loaf score）是根据面包体积、皮色、性状、心色、面包切面的平滑度、面包瓤的弹性、纹理结构、口感等多项指标对其进行评分。

世界各国的评分标准虽很不一致，但均以体积为主。国际玉米小麦改良中心(CIMMYT)将面包体积、质量及面包心色泽、纹理结构等综合起来评定其品质；在美国的评分标准中，面包体积占总分的55%，面包结构占20%，面包颜色占15%，面包的外形占10%；在澳大利亚的评分原则中，面包体积占30%，面包心的平滑程度和面包蜂窝状结构各占20%，面包皮无裂纹情况、面包皮色泽和面包心色泽各占10%；我国的面包评分标准中，总分100分，体积为35分，表皮色泽为5分，表皮质地与面包形状为5分，面包心色泽为5分，平滑度为10分，纹理结构为25分，面包弹柔性为10分，面包口感为5分。

二、饼干、蛋糕等烘焙品质分析

除面包外，烘焙食品还有饼干、酥饼、蛋糕等，这类食品以软质小麦为原料，要求小麦蛋白质含量低，面筋弹性差，筋力弱，灰分少，粉色白，颗粒细腻。

饼干、酥饼、蛋糕等的烘焙试验各不相同，但可采用与烘烤面包相似的小型烘焙设备，如LYHP-1型或较大LYHP-2型烘焙设备。饼干、酥饼和蛋糕烘焙试验参照LS/T 3205—1993、LS/T 3206—1993和LS/T 3207—1993方法进行。通过感官评价和仪器测定，来评价饼干、酥饼和蛋糕的品质。

饼干评价标准是以饼干直径与饼干厚度比值或直接以饼干直径为标准，饼干直径越大，越薄，口感越好。蛋糕要求体积大，内部孔隙小，皱纹密而均匀，壁薄，柔松，湿润，瓤色白亮，味美纯正，要求小麦粉要细。酥饼品质的直接评价是测定其直径、厚度、质地和外观。要求直径大，径/厚比值(扩展指数)大，表面裂缝适中，均匀，质地酥脆，口感好。

1. 感官评价　饼干、蛋糕等感官品质的评价，目前一般也采用国际国内通用的感官评价体系(参照LS/T 3205—1993、LS/T 3206—1993、LS/T 3207—1993)，或在此基础上根据实际需要稍加修改(主要是针对各指标所取的权重)。

发酵饼干和酥性饼干品质的评价方法相同。主要评价指标包括表面花纹、形态、黏牙度、酥松度、口感粗糙度、组织结构等，总分为75分。评价时，每种试验饼干在冷却后任意抽取10块，由有一定评分能力和评分经验的评分人员(每次5～7人)按饼干品质评分标准进行评分(取算术平均值)，然后将评分折算成百分制，取整数，平均数中若出现小数则采用四舍、六入、五留双的方法取舍。

蛋糕的品质评价方法参照LS/T 3207—1993进行。主要评价指标包括比容、心部结构、口感、外观等，总分为100分。评价时，每种试验蛋糕在冷却后用锯齿形刀从横向将蛋糕分成3块，由有一定评分能力和评分经验的评分人员(每次5～7人)按蛋糕品质评分标准进行评分，取算术平均值，平均数中若出现小数则采用四舍、六入、五留双的方法取舍。

2. 仪器测试　常用质构分析仪进行测定。将饼干固定在一定间距的两水平支持臂间，然后用三点弯曲探头(HDP/3PB)进行测试。通过一刀刃型探头下压直至试样破裂成两半为止。所测力值越大，其抗破碎能力就越强，硬度就越大。口感的松脆是大多数饼干的主要指标，这就要求有适当的硬度。因为硬度太大，咀嚼费劲、不脆；硬度太小，产品不抗震，不利于产品的包装运输。

目前，应用物性测试仪来对糕点类食品品质进行量化的评价的研究相对较少，大多是对酥性糕点的硬度和脆性以及海绵蛋糕的坚实度和弹性进行研究。可用一种三点弯曲探头(HDP/3PB)对酥性饼干的硬度和脆性进行测试，探头下压直至样品破裂成为两半所需要的最大的力即为硬度，样品破裂的距离即为样品的耐压程度，与样品的脆性有关，在很短的距离内就破裂的样品具有较高的脆性。用柱形探头 P/36R 可测试海绵蛋糕的坚实度和弹性。探头下压样品至样品高度的 25%，并在此位置停留 60 s，然后离开样品并返回起始位置。下压样品至高度的 25%所需要的力即为坚实度，下压 60 s 的力与坚实度的比值乘以 100 所得的数值可衡量样品弹性的大小，该数值越接近于 100%，说明样品的弹性越好。

三、馒头蒸煮品质分析

馒头是我国的传统主食，在北方人民膳食结构中约占到 2/3。据统计，馒头用粉量占小麦粉总消费量的 40%左右。随着传统主食的工业化发展，馒头加工的商品化程度日益提高，对小麦及小麦粉品质提出了更高的要求，对食品品质评价方法、评价指标及其质量控制提出了更高标准。现有馒头品质评价方法、评价指标不统一，且大多采用感官评价，评价的客观性与可比性较差。近年来，研究人员探讨了运用质构仪对馒头品质进行综合评价的方法，并筛选出了主要的评价指标，为馒头的客观评价提供了一定的参考依据。

1. 蒸煮试验　馒头蒸煮试验可参照手工馒头制作程序 LS/T 3204—1993 进行。称取 100 g 小麦粉，加入含有 1 g 干酵母的温水（38℃）约 48 mL，用玻璃棒或筷子混合成面团后，手工揉 3 min，于 38℃恒温恒湿醒发箱（湿度控制在 85%）中醒发 1 h，取出再揉 3 min 成形。在室温放置 15 min，放入已煮沸并垫有纱布的蒸锅屉上蒸 20 min（冒汽起计时）。取出，盖上干纱布冷却 40～60 min。

馒头出笼后，在室温下冷却 20 min 后测定馒头体积，称重，分别以 mL 和 g 表示；馒头在室温下冷却 1 h 后，装入塑料袋并密封，在室温下放置 12 h 后对馒头进行品质评价。

2. 馒头品质评价方法　有关馒头品质的评价指标与方法还处于初期探索阶段，目前，馒头大多借鉴面包的评价指标与方法进行品质评价。馒头评价常采用感官评价，评价指标包括馒头的体积、比容、表皮色泽、外形的对称性、瓤的色泽、内部结构、咬劲、香味、柔韧性等，也有一些报道用仪器测试馒头的品质，并认为评价馒头品质特性的感官评分与仪器测定的相应参数有很好的相关性。

（1）感官评价　参照 LS/T 3204—1993 进行。主要评价指标包括比容、外观形状、色泽、内部结构等。将测量体积和质量后的馒头切成数块，由有一定的评分能力和评分经验的评分人员（每次 4～5 人）按馒头品质评分项目与标准（表 4-3）进行评分。根据总分进行判定，小于 70 分判定为差；70～79 分为一般；80～89 为良好；大于或等于 90 分为优。

表 4-3　馒头品质评分项目与标准

项目	评分标准	满分
比容	2.30 mL/g 为满分，每少 0.1 mL/g 扣 1 分	20
外观形状	表面光滑、对称、挺（高≥6.5cm），12.1～15 分；中等，9.1～12 分；表面粗糙、有硬块、性状不对称，1～9 分	15
色泽	白、乳白、奶白，8.1～10 分；中等，6.1～8 分；发灰、发暗，1～6 分	10
结构	纵剖面气孔小均匀，12.1～15 分；中等，9.1～12 分；气孔大而不均匀，1～9 分	15
弹韧性	用手指按复原性好、有咬劲，16.1～20 分；中等，12.1～16 分；复原性、咬劲均差，1～12 分	20
黏性	咀嚼爽口不黏牙，12.1～15 分；中等，9.1～12 分；咀嚼不爽口、发黏，1～9 分	15
气味	具麦清香、无异味，4.1～5 分；中等，3.1～4 分；有异味，1～3 分	5

不同的小麦采用同一工艺制出的小麦粉制得的馒头品质不同，就是同一种小麦采用不同的工艺制出的小麦粉制得的馒头品质也不同。试验表明，同一种小麦采用同一设备制取小麦粉，出粉率不同所得的馒头品质也不同，出粉率高（≥85%）的小麦粉灰分含量高，馒头品质差；出粉率相同的小麦粉细度细者比粗者馒头品质好。

研究结果表明，小麦粉的物理性状、籽粒化学组成和籽粒表型品质性状对馒头加工品质性状都有显著的影响，其作用顺序：小麦粉物理性状大于籽粒化学组成，籽粒化学组成大于籽粒表型品质性状。优质馒头要求小麦蛋白质和面筋含量中上，弹性和延伸性较好，过强、过弱的小麦粉制作馒头的质量均不好。淀粉是小麦粉的主要成分，在淀粉中，粗淀粉与馒头品质呈负相关，直链淀粉含量高，馒头体积小，发黏，支链淀粉含量应为中等，支、直链淀粉的比值应适宜。

(2) 仪器测试　可用质构仪对馒头的品质进行测定与评价，测定时一般采用压盘式测试探头，所测定的测试模式与参数如表4-2所示。与面包一样，馒头品质评价也可以用物性测试仪对感官评定指标进行量化分析。在所有的物性分析中，质构测试（texture profile analysis，TPA）是一种比较通用的方法。通过两次穿冲（bite）完成对样品的测试，每次穿冲过程均包括下压（compression）和收回（withdrawal）两个阶段。通过对TPA的测试曲线图进行分析，可获得以下与馒头品质有关的主要指标。

1) 硬度（hardness）：样品达到一定变形所必需的力。用第一次下压样品时的压力峰值来表示。

2) 弹性（springness）：指在第一次穿冲过程中样品变形后“弹回”的程度。弹性的度量方法有几种，最具代表性的是第二次穿冲的测量高度与第一次测量高度的比值。

3) 黏聚性（cohesiveness）：指样品抵御第二次穿冲而相对于第一次穿冲的变形程度，用第二次穿冲的用功面积与第一次用功面积的比值来表示。可模拟表示样品内部的黏合力。

4) 黏附性（adhesiveness）：可模拟表示样品为克服与之接触的探头的表面间的吸引力所需要的功。

5) 咀嚼度（chewiness）：该值模拟表示将固体样品咀嚼成稳定的吞咽状态时所需要的能量。其计算公式为咀嚼度=硬度×黏聚性×弹性。

6) 回复性（resilience）：该值能够度量出变形样品在同样的速度和压力条件下回复到原始状态的程度。用第一次穿冲过程中收回阶段的面积同下压阶段面积的比值来表示。

从定义上看，弹性和黏附性分别与品尝评分中的弹性和黏性相对应，而咀嚼度的概念与韧性相似。在上述几项特性中，硬度和黏附性是直接测定力的数值，弹性、黏聚性和回复性是通过计算高或面积的比值得出的，而咀嚼度则是硬度、弹性与黏聚性的乘积。

在馒头感官评价中，色泽、外观形状占有比较重要的地位，体积可作为一项参考指标。质构仪测试的弹性和回复性能够很好地反映馒头的感官弹性，可用来评价馒头的品质。可见，用感官评价（色泽、外观形状）、体积测定与质构仪测试（弹性、回复性）相结合对馒头品质进行评价，效果更好。一般情况下，在馒头色泽好、外观形状较好、体积较大时，质构仪测试的弹性、回复性数值越高，馒头的品质越好。

蛋白质品质与馒头的外观品质（色泽、外观形状）、体积、弹性均呈显著或极显著正相关。蛋白质含量与馒头体积、色泽、外观形状呈显著或极显著正相关；湿面筋含量与馒头体积、色泽呈显著或极显著正相关；沉淀值与馒头的体积、弹性呈显著或极显著正相关。

粉质参数与质构仪测试指标回复性的关系非常密切，表现为形成时间、稳定时间、评价值、粉质质量数值(FQN)与馒头的回复性呈显著正相关，弱化度与其呈显著负相关。

拉伸参数对馒头外形形状有不利影响，但它们与馒头的弹性呈正相关。拉伸长度与馒头色泽呈显著正相关；5 cm 处拉伸阻力、最大拉伸阻力、拉伸能量与馒头的回复性均呈极显著正相关，但拉伸能量与馒头的外观形状呈显著负相关。

可见，蛋白质品质好、筋力不是很强的小麦粉适宜制作馒头。由于麦谷蛋白提供面团的弹性和筋力，醇溶蛋白提供面团的延伸性，因此，优质馒头小麦粉中的麦谷蛋白与醇溶蛋白的比例不宜过大。

四、面条蒸煮品质分析

世界上的面条种类很多，根据生产和食用地域的不同，可主要分为通心面类(pasta)和面条类(noodle)两种，前者主要集中在意大利、德国、美国等西方国家，后者主要在中国、日本、新加坡和韩国等亚洲地区。面条类食品根据加工工艺不同，主要分为手工面和机制面两种，手工面又有擀、拉、揪、压和蒸、煮、炒、炸等不同的面条和地方风味面条，机制面主要有白盐面条、黄碱面条和方便面等，方便面又有即食鲜面、风干方便面和油炸方便面等多种类型。

面条品质包括商品品质(色泽、表观状态、强度)和食用品质(咬劲、食感)。国内外评价面条品质一直沿用感官品尝鉴定方法。不同种类面条的品质评价指标与方法也不同。多年来国外专家一直致力于研究客观、简单易行、标准化程度高的鉴定面条品质的方法，而国内的相关研究较少。目前，有关面条品质的评价主要包括感官评价、仪器分析和化学分析等方法；质构仪、流变质构仪等仪器在面条品质评价方面也得到了一定的应用。

(一)挂面品质分析

1. 蒸煮试验 面条蒸煮试验可参照 LS/T 3202—1993 进行。称取 300 g 小麦粉(以 14%湿基计)，加入该种小麦粉的粉质仪所测吸水率为 44%的 30℃温水，加入量可视小麦粉情况略加调整(白盐面条应含有 6 g 精盐，可预先溶于温水中；黄碱面条应含有 0.5 g 烧碱，可预先溶于温水中)，用揉面机慢速(自转 61 r/min，公转 47 r/min)搅拌 5 min，再用中速(自转 126 r/min，公转 88 r/min)搅拌 2 min，取出料坯放在容器中在室温下静置 20 min，此时的料坯应不含有生粉的松散颗粒，用小型电动组合面条机在压辊间距 2 mm 处压片→合片→合片，然后，把压辊轧距调至 3.5 mm，从 3.5 mm 开始，将面片逐渐压薄至 1 mm，共轧片 6 道，最后在 1 mm 处压片并切成 2.0 mm 宽的细长面条束，将切出的面条挂在圆木棍上，记录上架根数，放入 40℃、相对湿度 75%的恒温恒湿箱内，干燥 10 h，到时间之后打开箱门，取出再继续在室温下干燥 10 h，取出面条束，记录圆木棍上室的面条根数，将干面条切成长 220 mm 的成品备用。

$$断条率=断条根数/上架面条根数\times 100\%$$

2. 品质评价方法 关于面条品质评价方法的研究远不及通心面那样系统，有关面条品质评价方法的专门研究也较少见。面条品质评价多依赖于感官评判；后来，得益于通心面评价方法的改进，以及质构分析仪器的诞生与不断改进，对面条品质进行分析，化学分析方法和仪器测定法也逐步发展和完善起来。

(1)感官评价 挂面的感官评价可参照 LS/T 3202—1993 方法进行。量取 500 mL 自来水于铝锅中(直径 20 cm)，在 2000 W 电炉上煮沸，称取 50 g 干面条样品放入锅中，煮至面条芯的白色生粉消失，立即将面条捞出，以流动的自来水冲淋约 10 s，分放在碗中待品尝。

试验的品尝小组由5～6位事先经过训练、对品尝有经验的人员组成。品尝按面条品质评分标准(表4-4)进行评分。

表4-4 面条品质评分项目与标准

项目	评分标准	满分
色泽	指面条的颜色和亮度。面条白、乳白、奶黄色，光亮为8.5～10分；亮度一般为6～8.4分；色发暗发灰，亮度差为1～6分	10
外观形状	指面条表面光滑与膨胀程度。表面结构细密、光滑为8.5～10分；中等为6～8.4分；表面粗糙、膨胀、变形严重为1～6分	10
适口性(软硬)	用牙咬断一根面条所需力量。力量适中为17～20分；稍偏硬或软为12～17分；太硬或太软为1～12分	20
韧性	面条在咀嚼时，咬劲和弹性的大小。有咬劲、富有弹性为21～25分；一般为15～21分；咬劲差、弹性不足为1～15分	25
黏性	指在咀嚼过程中，面条黏牙程度。咀嚼时爽口、不黏牙为21～25分；较爽口、稍黏牙为15～21分；不爽口、黏牙为10～15分	25
光滑性	指在品尝面条时口感的光滑程度。光滑为4.3～5分；中间为3～4.3分；光滑程度差为1～3分	5
食味	指品尝时的味道。具麦清香味为4.3～5分；基本无味为3～4.3分；有异味为1～3分	5

面条的感官评判指标的种类、评判标准以及各指标得分在总评分中所占的比值等在不同国家的评价体系存有较大的差异。日本对于面条的品质评价指标及其分值分别为：色泽25分、表面状况20分、适口性(软/硬)10分、弹性25分、光滑性10分、口感10分，总分为100分。中国挂面的品质评价指标及其分值分别为：色泽10分、表面状况10分、适口性(软硬)20分、韧性25分、黏性25分、光滑性5分、食味5分，总分100分。中国黄碱面条的品质评价指标及其分值分别为：刚煮时的面条色泽10分、煮后放置24 h后面条色泽20分、面条表面斑点20分、刚煮出时的面条质构20分、口感10分、煮后放置7 min后的面条质构20分，总分100分。

软硬适中，咀嚼时弹性大，食用时嘴唇、舌头及口腔内感觉光滑的面条，一般在相应的指标上赋予较高分值。但是，不同国家、不同地域的人们对各指标进行评价时的得分标准有所不同。例如，日本人喜欢软面条，而中国人则喜欢稍硬一点、有嚼劲的面条。另外，由评分体系可以看出，日本人对面条的颜色和表面状况比较注重，而中国人则比较注重面条的适口性与韧性。另外，不同国家在评价面条品质时，煮制时间和煮后放置时间均不相同。例如，日本的煮面时间一般为20～24 min，放置24 h后，在一种豆酱汤中加热后再进行品尝评价；中国黄碱面条一般在储存24 h后再煮制，煮制时间为3 min，煮后2～3 min再放入热水中浸泡7 min后进行品尝评价；中国挂面的煮制时间和放置时间因研究者和研究目标不同而差异较大。

面条品质评价标准的不统一已成为国际面条贸易中普遍存在的一个问题。Civille等(1996)在美国食品科学技术学会国际年会上提出了一个对世界范围内主要面条品种进行品质评价的较为全面和统一的评价标准。

由于受评价者主观因素影响较大，面条的感官评价结果在国际上很难沟通。于是，人们逐渐倾向于追求能够对面条品质评价结果进行量化的评价方法。对面条进行量化的品质评价指标主要有：煮后面条的白度和断裂强度(breaking stress)、煮后面条的表面硬度(surface firmness）、切断力（cutting stress）、抗压力（resistance to compression）、煮面质量（cooked weight）、煮面吸水率（absorption）和煮制时干物质损失率。

（2）*化学测定法*　化学测定法通过测定在煮制过程中，从面条中流失成分的多少来评价面条的煮制品质和质构品质，其结果反映了面条中蛋白质基质和淀粉颗粒在煮制过程中的变化情况，测定指标主要有以下几种。

1）干面条的最佳煮制时间：取长度为 18 cm 的干面条 10 根，放入 200 mL 沸水中，同时开始计时。保持水处于 98～100℃微沸状态下煮制；从 1 min 开始，每隔 30 s 取出一根面条，用透明玻璃片压开观察面条中间白芯的有无。白芯刚消失时的时间为面条的最佳煮制时间。设 2 次重复。

2）煮制损失率（cooking loss）：可用面汤中的干物质总含量来表示，它是指面汤在经蒸发干燥或冷冻干燥后残余物的含量。它与面条的煮制过程中受到破坏的程度有关，已被作为对面条煮制品质进行评价的一个综合性指标。该指标已在日本和韩国得到较为广泛的使用。

3）总有机物测定值（total organic matter test，TOM）：用煮后面条表面冲洗水中干物质含量来评价面条品质。它是以 $K_2Cr_2O_7$ 和浓 H_2SO_4 混合液及其 $Fe(NH_4)_2(SO_4)_2$ 为氧化剂，以二苯胺磺酸钠作为指示剂，通过化学反应的方法来测定面条表面冲洗水中的有机物含量，面条表面黏附的物质越多，TOM 值越大。D’Egidio 等分析了冲洗水中的总有机物，发现其中主要是支链淀粉含量高的淀粉，所以，一般用淀粉质量表示 TOM 的测定结果。TOM 值对煮面用水的硬度非常敏感，所以在煮面时务必要将水的硬度调整在同一标准水平上（实际上，这种冲洗水除去了煮后面条表面的黏附物，它反映了面条的黏性）。总有机物测定值（TOM）可以代替感官方法对面条煮制品质进行评价，它与面条煮制品质的总体感官评价和黏性间具有很好的相关性。

TOM 值能否代表面条整体煮制品质评价结果，不仅取决于样品的表面黏性，还取决于样品在制备过程中所采用的干燥系统。实际上，经低温干燥的面条黏性与感官评价结果间的相关性最大，在此条件下，TOM 值是面条整体煮制品质很好的代言词；而在高温干燥条件下，只有在所测硬度能代表整体煮制品质的情况下，TOM 值才可以很好地用于评价面条的黏性。

（3）*仪器测定法*　自从在通心面品质评价中应用之后，各种质构测定仪在面条品质评价中也得到了应用，如 Viscoelasticity Meter、General Food Texturometer、Texturecorder、Autograph、Instron Universal Testing Instrument。随后，Instron、Model 4301 也被用于测定日本面条和中国黄碱面条的质构品质。研究发现，一些感官评价结果与仪器（Instron、Model 4301）测定结果间具有很强的相关性。在质构指标中，有关面条的质构特性可以从黏性、弹性、硬度、韧性等方面进行分析。

1）面条黏性（noodle adhesiveness）：挂面的黏性可用质构仪在压缩模式下进行测定。目前，有关面条品质质构仪的测定过程并不统一。黏性的测试方法是将面条煮熟用蒸馏水冲洗 30 s 后滤干晾置 10 min，取 3 根面条用 HDP/PFS（小方平板）探头通过 ndstick.prj 程序测试。也有一些研究者是采用直径为 5 cm 的圆柱形测试探头，每次测定 5 根面条，将 5 根面条并排放入牛皮纸中，在压缩模式下进行测定；还有一种是采用直径为 3 mm 的圆柱形探头进行测定，每次取 1 根面条进行测定。实验参数设定相似，测试速度为 60 mm/min，压缩率为面条厚度的 70%，两次压缩间隔时间为 1 s；起点感应力为 5 g。测试面条的黏性，通过很大的压力压一段时间迅速上提，面条粘住探头的力值即反映其黏性的大小。黏性被定义为曲线最高峰值的力值，该值越大黏性也就越大。

2) 面条弹性(noodle springness)：挂面的弹性可用质构仪在拉伸模式下进行测定。弹性的测试方法是将面条煮熟用蒸馏水冲洗 30 s 后滤干晾置 15 min，取 1 根长约为 20 cm 的面条，两端缠在 A/SPR(辊子夹)探头上，用 elast.prj 程序进行拉伸测试。拉伸起点感应力为 5 g，测试速度为 60 mm/min，起始距离为 20 mm；最终距离为 20～40 mm，视样品断裂长度而调整；拉断一次。每次测定时用一根面条，将面条两端固定在探头上，固定时用力要均匀，以刚好夹住为准，夹好后的面条不应产生扭曲。测试过程中，面条不断被拉紧至超过极限时断裂。所测定值越大，面条弹性越好。

3) 面条硬度(noodle hardness)：挂面的硬度可用质构仪在压缩模式下进行测定。硬度的测试方法是将粗细均匀的面条在沸水中煮至无白芯时捞出，用蒸馏水冲 30 s 后滤干晾置 15 min，取两根面条并排放置，用 P/35(35 mm 圆柱)探头通过 noodle.prj 程序进行测试。测试速度为 60 mm/min，压缩率为面条厚度的 70%，起点感应力为 5 g。硬度为样品达到一定变形时所必需的力，硬度值是指第一次穿冲样品时曲线的压力峰值，该值越大，表明硬度越大。

4) 面条韧性(noodle chewiness)：挂面的韧性也是用质构仪在压缩模式下进行测定的。韧性的测试方法是将面条煮熟用蒸馏水冲洗 30 s 后，取 5 根并排放在测试平台上，用 A/LKB-F(钝切刀)探头通过 noodlefm.prj 程序测试。测试速度为 60 mm/min，起点感应力为 5 g，切断停止。测试曲线下的面积表示试样的韧性，面积越大，韧性就越好。

(二) 方便面品质分析

1. 蒸煮试验 实验室方便面制作过程中，湿面条的制作部分，除了面条厚度变为 0.7 mm 外，其他与挂面完全相同；此后按如下工艺流程进行：50～60 g 湿面条→100℃，常压蒸至最佳煮面时间→取出面条，用手拨散→110～120℃棕榈油油炸 2 min→140～150℃棕榈油油炸 1 min→用吸水纸包裹面饼，自然冷却至室温→用塑料袋密封，在干燥处室温放置 7 d 后进行分析。在对方便面的品质进行评价时，需要将方便面在 5 倍于面条质量的沸水中浸泡至硬芯消失，捞出，按挂条的处理方法进行感官评价和仪器测定。

方便面的最佳蒸面时间的测定：取 50～60 g 湿面条放入蒸锅中，盖上盖子，同时开始计时，从 60 s 起每隔 10 s，取出一根面条，用透明玻璃板压开，观察其中白色界限的有无，当面条中间无明显的界限时，即为最佳煮面时间，重复 2 次。

方便面含油量的测定：按照 GB 5009.6—2016 中规定的索氏提取法测定样品中的粗脂肪含量。

方便面复水时间的测定：按照 LS/T 3211—1995 所规定的方便面复水时间标准测定方法进行。

2. 品质评价指标与方法 方便面的品质评价指标较多，主要涉及小麦粉质量、加工品质、复水时间、口感和储藏品质等方面。

(1) 感官评价 方便面的感官评价方法较为复杂，方便面的种类不同，其品质评价指标也不同。方便面的感官评价主要参照《感官分析 方便面感官评价方法》(GB/T 25005—2010)进行，主要评价指标包括色泽、表观状态、复水性、光滑性、软硬度、韧性、黏性、耐泡性等。

除口感外，厂家和消费者还注重方便面中的α度(淀粉的糊化程度)、含油量、脂肪酸值、汤料的口感等方面，甚至认为汤料的口味比方便面的质构更为重要。

(2) 仪器测定法　方便面的仪器测定方法参照挂面、鲜面条的仪器测定方法。

五、饺子蒸煮品质分析

1. 水饺制作试验

1) 水饺皮制作：在 300 g 小麦粉中加 1%食盐和一定量水(水温为 30℃)，在 PHMG5 多功能混合机内用慢速挡揉面 10 min，然后在恒温恒湿醒发箱内醒发 15 min(30℃、85%相对湿度)，接着在 6QM-20F 切面机的 3.0 mm、2.0 mm、1.5 mm 轧距上分别轧面 4 道、2 道、2 道，再用直径为 80 mm 的镀锌薄钢板制的圆筒切割成若干张饺子皮(50 g 小麦粉做 7 只饺子)，供包饺子用。水饺皮厚 1.5 mm，直径 80 mm。

2) 饺子水煮试验：每次试验用水饺 25 只，放入盛有一半量沸水的 22 mm 的铝锅中煮熟(沸水时下锅，第 1 次沸腾后加冷水 1 次，第 2 次沸腾后 3 min 左右捞出)，用漏匙 1 次捞出后，对水饺进行外观鉴定和品尝评分，对饺子汤进行浑浊程度和沉淀物目测。

2. 分析方法　饺子用小麦粉制品品质评比是将小麦粉按水饺制作试验方法进行饺子试验，由 5 位有经验或经过训练的人员组成评议小组，对水饺进行外观鉴定和品尝评比，对饺子汤进行浑浊程度和沉淀目测，并根据水饺的质量评分标准分别给各种水饺打分。评分一般采用百分制，取整数来进行，评分结果取各评议小组人员评分的算术平均值，平均数中若出现小数，则采用四舍、六入、五留双的方法舍弃。

水饺的质量评分标准如表 4-5 所示。

表 4-5　水饺质量评分表

项目		满分	评分标准
外观(30 分)	颜色	10	白色、奶白色、奶黄色(6～10 分)；黄色、灰色或其他不正常色(0～5 分)
	光泽	10	光亮(7～10 分)；一般(4～6 分)；暗淡(0～3 分)
	透明度	10	透明(7～10 分)；半透明(4～6 分)；不透明(0～3 分)
口感(40 分)	黏性	15	爽口、不黏牙(11～15 分)；稍黏牙(6～10 分)；黏牙(0～5 分)
	韧性	15	柔软、有咬劲(11～15 分)；一般(6～10 分)；较烂(0～5 分)
	细腻度	10	细腻(7～10 分)；较细腻(4～6 分)；粗糙(0～3 分)
耐煮性(15 分)		15	饺子表皮完好无损(11～15 分)；饺子表皮有损伤(6～10 分)；饺子破肚(0～3 分)
饺子汤特性(15 分)		15	清晰，无沉淀物(11～15 分)；较清晰，沉淀物不明显(6～10 分)；浑浊，沉淀物明显(0～5 分)

第六节　小麦粉品质评价标准

一、优质小麦——强筋小麦

强筋小麦(strong gluten wheat)属于优质小麦(high quality wheat)的主要类别之一。国家标

准 GB/T 17892—1999《优质小麦 强筋小麦》的内容如下。

1. 范围　本标准规定了强筋小麦的定义、分类、品质指标、检验方法、检验规则及包装、运输、贮存要求。

本标准适用于收购、贮存、运输、加工销售的强筋商品小麦。

2. 引用标准　下列标准所包含的条文，通过在本标准中引用而构成为条文。本标准出版时，所示版本均为有效。所有标准都会被修订，使用本标准的各方应探讨使用下列标准最新版本的可能性。

GB 1351—2008　《小麦》

GB/T 5506—2008　《小麦和小麦粉 面筋含量》

GB 5009.5—2016　《食品安全国家标准 食品中蛋白质的测定》

GB/T 10361—2008　《小麦、黑麦及其面粉，杜伦麦及其粗粒粉降落数值的测定》

GB/T 14611—2008　《粮油检验 小麦粉面包烘焙品质试验 直接发酵法》

GB/T 14614—2019　《粮油检验 小麦粉面团流变学特性测试 粉质仪法》

3. 定义　本标准采用下列定义。

(1)容重、不完善粒、杂质、色泽、气味　按 GB 1351—2008 中 3.1、3.2、3.3、3.4 执行。

(2)强筋小麦　角质率不低于 70%，加工成的小麦粉筋力强，适合于制作面包等食品。

4. 质量指标

1)强筋小麦应符合表 4-6 的质量要求。

2)卫生检验和植物检疫按国家有关标准和规定执行。

表 4-6　强筋小麦品质指标

<table>
<tr><th colspan="3" rowspan="2">项目</th><th colspan="2">指标</th></tr>
<tr><th>一等</th><th>二等</th></tr>
<tr><td rowspan="8">籽粒</td><td colspan="2">容重/(g/L)</td><td colspan="2">≥770</td></tr>
<tr><td colspan="2">水分/%</td><td colspan="2">≤12.5</td></tr>
<tr><td colspan="2">不完善粒/%</td><td colspan="2">≤6.0</td></tr>
<tr><td rowspan="2">杂质/%</td><td>总量</td><td colspan="2">≤1.0</td></tr>
<tr><td>矿物质</td><td colspan="2">≤0.5</td></tr>
<tr><td colspan="2">色泽、气味</td><td colspan="2">正常</td></tr>
<tr><td colspan="2">降落数值/S</td><td colspan="2">≥300</td></tr>
<tr><td colspan="2">粗蛋白质/%(干基)</td><td>≥15.0</td><td>≥14.0</td></tr>
<tr><td rowspan="3">小麦粉</td><td colspan="2">湿面筋/%(14%水分基)</td><td>≥35.0</td><td>≥32.0</td></tr>
<tr><td colspan="2">面团稳定时间/min</td><td>≥10.0</td><td>≥7.0</td></tr>
<tr><td colspan="2">烘焙品质评分值</td><td colspan="2">≥80</td></tr>
</table>

5. 检验方法

1)检验的一般原则、扦样、分样及色泽、气味、角质率、杂质、不完善粒、水分、容重的检验按 GB 1351—2008 中的 6.1、6.2、6.3、6.4、6.5、6.6、6.7 执行。

2) 降落数值检验按 GB/T 10361—1989 执行。

3) 粗蛋白质检验按 GB/T 5511—1985 执行。

4) 湿面筋检验按 GB/T 5506—1993 执行。

5) 面团稳定时间检验按 GB/T 14614—1993 执行。

6) 烘焙品质评分值检验按 GB/T 14611—1993 执行。

6. 检验规则

1) 可使用有皮磨、心磨系统的制粉设备制备检验用小麦粉。出粉率应控制在 60%～65%，灰分值应不大于 0.65%(以干基计)。制成的小麦粉应充分混匀后装入聚乙烯袋或其他干燥密封容器内放置至少一周时间，待小麦粉品质趋于稳定后，方可进行粉质试验和烘焙试验。

2) 降落数值、粗蛋白质含量、湿面筋含量、面团稳定时间及烘焙品质评分值必须达到表 4-6 中规定的质量指标，其中有一项不合格者，不作为强筋小麦。

7. 包装、运输和贮存　包装、运输和贮存按国家有关标准和规定执行。

二、优质小麦——弱筋小麦

弱筋小麦(weak gluten wheat)属于优质小麦的主要类别之一。国家标准 GB/T 17893—1999《优质小麦 弱筋小麦》的内容如下。

1. 范围　本标准规定了弱筋小麦的有关定义、分类、品质指标、检验方法、检验规则及包装、运输、贮存要求。

本标准适用于收购、贮存、运输、加工、销售的弱筋商品小麦。

2. 引用标准　下列标准所包含的条文，通过在本标准中引用而构成本标准的条文，本标准出版时，所示版本均为有效。所有标准都会被修订，使用本标准的各方应该探讨使用下列标准最新版本的可能性。

GB1351—2008　《小麦》

GB/T 5506—2008　《小麦和小麦粉 面筋含量》

GB 5009.5—2016　《食品安全国家标准 食品中蛋白质的测定》

GB/T 10361—2008　《小麦、黑麦及其面粉，杜伦麦及其粗粒粉降落数值的测定》

GB/T 14614—2019　《粮油检验 小麦粉面团流变学特性测试》

3. 定义　本标准采用下列定义。

(1) 容重、不完善粒、杂质、色泽、气味　按 GB 1351—2008 中 3.1、3.2、3.3、3.4 执行。

(2) 弱筋小麦　粉质率不低于 70%，加工成的小麦粉筋力弱，适用于制作蛋糕和酥性饼干等食品。

4. 质量指标

1) 弱筋小麦应符合表 4-7 的质量要求。

表 4-7　弱筋小麦品质指标

项目			指标
籽粒	容重/(g/L)		≥750
	水分/%		≤12.5
	不完善粒/%		≤6.0
	杂质/%	总量	≤1.0
		矿物质	≤0.5
	色泽、气味		正常
	降落数值/S		≥300
	粗蛋白质/%(干基)		≤11.5
小麦粉	湿面筋/%(14%水分基)		≤22.0
	面团稳定时间/min		≤2.5

2）卫生检验和植物检疫按国家有关标准和规定执行。

5. 检验方法

1）检验的一般原则、扦样、分样及色泽、气味、粉质率、杂质、不完善粒、水分、容重的检验按 GB 1351—2008 中的 6.1、6.2、6.3、6.4、6.5、6.6、6.7 执行。

2）降落数值检验按 GB/T 10361—1989 执行。

3）粗蛋白质检验按 GB/T 5511—1985 执行。

4）湿面筋检验按 GB/T 5506—1985 执行。

5）面团稳定时间检验按 GB/T 14614—1993 执行。

6. 检验规则

1）可使用有皮磨、心磨系统的制粉设备检验小麦粉，出粉率应控制在 60%～65%，灰分值应不大于 0.65%(以干基计)。制成的小麦粉应充分混匀后装入聚乙烯袋或其他密封容器内放置至少一周时间，待小麦粉品质趋于稳定后，方可进行粉质试验和烘焙试验。

2）降落数值、粗蛋白质含量、湿面筋含量、面团稳定时间必须达到表 4-7 中规定的质量指标，其中有一项不合格者，不作为弱筋小麦。

7. 包装、运输和贮存　包装、运输和贮存按国家有关标准和规定执行。

三、高筋小麦粉

高筋小麦粉(high gluten wheat flour)是生产面包等高面筋食品的主要原料。国家标准 GB/T 8607—1988《高筋小麦粉》内容如下。

本标准适用于用硬质小麦加工、提供作为生产面包等高面筋食品的高筋小麦粉。

1. 技术要求

1）高筋小麦粉以面筋质含量和灰分含量等为依据。等级指标及其他质量指标见表 4-8。

表 4-8　高筋小麦粉标准

项目	等级	
	1	2
面筋质/%(以湿基计)	≥30.0	
蛋白质/%(以干基计)	≥12.2	
灰分/(%)(以干基计)	≤0.70	≤0.85
粉色、麸星	按实物标准品对照检验	
粗细度	全部通过 CB36 号筛，留存在 CB42 号筛的不超过 10.0%	全部通过 GB30 号筛，留存在 CB36 号筛的不超过 10.0%
含砂量/%	≤0.02	
磁性金属物量/(g/kg)	≤0.003	
水分/%	≤14.5	
脂肪酸值(以湿基计)	≤80	
气味、口味	正常	

2) 检验粉色、麸星的标准品按照 GB/T 1355—1986《小麦粉》中规定制发的实物标准品。其中，一等高筋小麦粉对应特制一等小麦粉标准品，二等高筋小麦粉对应特制二等小麦粉标准品。

3) 粗细度中的筛上剩余物，在感量 0.1 g 天平上称量不出数的，视为全部通过。

4) 气味、口味：一批高筋小麦粉固有的综合气味和口味。

5) 卫生指标按 GB 2715—2016《食品安全国家标准 粮食》、GB 2761—2017《食品安全国家标准 食品中真菌毒素限量》、GB 2762—2017《食品安全国家标准 食品中污染物限量》、GB 2763—2019《食品安全国家标准 食物中农药最大残留限量》执行。

6) 动植物检疫项目按国家有关规定执行。

2. 检验方法

(1) 扦样　按照 GB 5491—1985《粮食、油料检验 扦样、分样法》执行。

(2) 面筋质测定　按照 GB/T 5506—2008《小麦和小麦粉 面筋含量》执行。

(3) 蛋白质测定　按照 GB 5009.5—2016《食品安全国家标准 食品中蛋白质的测定》执行。

(4) 灰分测定　按照 GB 5009.4—2016《食品安全国家标准 食品中灰分的测定》执行。

(5) 粉色、麸星检验　按照 GB/T 5504—2011《粮油检验 小麦粉加工精度检验》执行，以湿法为准。

(6) 粗细度测定　按照 GB/T 5507—2008《粮油检验 粉类粗细度测定》执行。

(7) 含砂量测定　按照 GB/T 5508—2011《粮油检验 粉类粮食含砂量测定》执行。

(8) 磁性金属物测定　按照 GB/T 5509—2008《粮油检验 粉类磁性金属物测定》执行。

(9) 水分测定　按照 GB 5009.3—2016《食品安全国家标准 食品中水分的测定》执行。

(10) 脂肪酸值测定　按照 GB/T 5510—2011《粮油检验 粮食、油料脂肪酸值测定》执行。

(11) 气味、口味鉴定　按照 GB/T 5492—2008《粮油检验 粮食、油料的色泽、气味、口味鉴定》执行。

3. 包装、运输和贮存　包装、运输和贮存必须符合保质、保量、运输安全和分等贮存的要求，严防霉变、虫蚀、污染。在包装上要注明厂名、品名、毛重、净重、出厂期。

四、低筋小麦粉

低筋小麦粉(low gluten wheat flour)是生产饼干、糕点等低面筋食品的主要原料。国家标准 GB/T 8608—1988《低筋小麦粉》内容如下。

本标准适用于用软质小麦加工、提供作为生产饼干、糕点等低面筋食品的低筋小麦粉。

1. 技术要求

1)低筋小麦粉以面筋质含量和灰分分等。等级指标及其他质量指标见表 4-9。

表 4-9　低筋小麦粉标准

项目	等级	
	1	2
面筋质/%(以湿基计)	≤24.0	
蛋白质/%(以干基计)	≤10.0	
灰分/%(以干基计)	≤0.60	≤0.80
粉色、麸星	按实物标准品对照检验	
粗细度	全部通过 GB36 号筛，留存在 CB42 号筛的不超过 10.0%	全部通过 CB30 号筛，留存在 CB36 号筛的不超过 10.0%
含砂量/%	≤0.02	
磁性金属物量/(g/kg)	≤0.003	
水分/%	≤14.0	
脂肪酸值(以湿基计)	≤80	
气味、口味	正常	

2)检验粉色、麸星的标准品按照 GB/T 1355—1986《小麦粉》中规定制发的实物标准品。其中，一等低筋小麦粉对应特制一等小麦粉标准品，二等低筋小麦粉对应特制二等小麦粉标准品。

3)粗细度中的筛上剩余物，在感量 0.1 g 天平上称量不出数的，视为全部通过。

4)气味、口味：一批低筋小麦粉固有的综合气味和口味。

5)卫生指标按 GB 2715—2016《粮食》、GB 2761—2017《食品中真菌毒素限量》、GB 2762—2017《食品中污染物限量》、GB 2763—2019《食品中农药最大残留限量》执行。

6)动植物检疫项目按国家有关规定执行。

2. 检验方法　同高筋小麦粉。

3. 包装、运输和贮存　包装、运输和贮存必须符合保质、保量、运输安全和分等贮存的要求，严防霉变、虫蚀、污染。在包装上要注明厂名、品名、毛重、净重、出厂期。

五、各种专用小麦粉标准

面包、面条、馒头、饺子、酥性饼干、发酵饼干、蛋糕、糕点等食品对小麦粉的要求不同，我国发布的专用粉标准，从小麦粉的灰分、水分、粉色与麸星、粗细度、湿面筋含量等方面进行了明确规定，现将不同专用小麦粉质量标准汇总于表 4-10。所有专用粉的粉色、麸星检验，均按照实物标准品对照进行；脂肪酸值不应大于 80，以湿基为准。

表 4-10　我国各种专用小麦粉的质量标准

专用粉名称	等级	水分/%	灰分/%（干基）	粗细度	湿面筋/%	粉质曲线稳定时间/min	降落数值/s	含砂量/%	磁性金属物/(g/kg)	气味、口味	LS/T
面包用粉	精制级	≤14.5	≤0.60	全部通过CB30号筛，留存在CB36号筛的不超过15.0%	≥33.0	≥10.0	250～350	≤0.02	≤0.003	无异味	3201—1993
	普通级		≤0.75		≥30.0	≥7.0					
面条用粉	精制级	≤14.5	≤0.55	全部通过CB36号筛，留存在CB42号筛的不超过10.0%	≥28.0	≥4.0	≥200	≤0.02	≤0.003	无异味	3202—1993
	普通级		≤0.70		≥26.0	≥3.0					
馒头用粉	精制级	≤14.0	≤0.55	全部通过CB36号筛	25.0～30.0	≥3.0	≥250	≤0.02	≤0.003	无异味	3204—1993
	普通级		≤0.70		25.0～30.0	≥3.0					
饺子用粉	精制级	≤14.5	≤0.55	全部通过CB36号筛，留存在CB42号筛的不超过10.0%	28.0～32.0	≥3.5	≥200	≤0.02	≤0.003	无异味	3203—1993
	普通级		≤0.70		28.0～32.0	≥3.5					
酥性饼干用粉	精制级	≤14.0	≤0.55	全部通过CB36号筛，留存在CB42号筛的不超过10.0%	22.0～26.0	≤2.5	≥150	≤0.02	≤0.003	无异味	3206—1993
	普通级		≤0.70		22.0～26.0	≤3.5					
发酵饼干用粉	精制级	≤14.0	≤0.55	全部通过CB36号筛，留存在CB42号筛的不超过10.0%	24.0～30.0	≤3.5	250～350	≤0.02	≤0.003	无异味	3205—1993
	普通级		≤0.70		24.0～30.0	≤3.5					
蛋糕用粉	精制级	≤14.0	≤0.53	全部通过CB42号筛	≤22.0	≤1.5	≥250	≤0.02	≤0.003	无异味	3207—1993
	普通级		≤0.65		≤24.0	≤2.0					
糕点用粉	精制级	≤14.0	≤0.55	全部通过CB36号筛，留存在CB42号筛的不超过10.0%	≤22.0	≤1.5	≥160	≤0.02	≤0.003	无异味	3208—1993
	普通级		≤0.70		≤24.0	≤2.0					

六、小麦品质测定的其他标准

1. 中华人民共和国国家标准　《食品安全国家标准 食品中灰分的测定》(GB 5009.4—2016)、《食品安全国家标准 食品中水分的测定》(GB 5009.3—2016)、《粮油检验 粉类磁性金属物测定》(GB/T 5509—2008)、《粮油检验 粮食、油料脂肪酸值测定》(GB/T 5510—2011)、《粮油检验 粉类粮食含砂量测定》(GB/T 5508—2011)、《小麦和小麦粉 面筋含量》(GB/T 5506—2008)、《粮油检验 小麦粉面团流变学特性测试 粉质仪法》(GB/T 14614—2019)、《粮油检验 小麦粉面团流变学特性测试 拉伸仪法》(GB/T 14615—2019)、《粮油检验 小麦粉面包烘焙品质试验 直接发酵法》(GB/T 14611—2008)、《粮油检验 小麦粉面包烘焙品质评价 快速烘焙法》(GB/T 35869—2018)、《面条用小麦粉》(LS/T 3202—1993)、《馒头用小麦粉》(LS/T 3204—1993)。

2. 美国谷物化学师协会(AACC)标准　《灰分测定 常规法》(AACC 08-01)、《小麦粉蛋白质含量测定 近红外反射法》(AACC 39-11)、《面筋含量测定 手洗法》(AACC 38-10)、《湿面筋、干面筋、持水性和面筋指数测定》(AACC 38-12A)、《面粉沉降值测定》(AACC 56-60)、《小麦沉降值测定》(AACC 56-61A)、《降落数值测定》(AACC 56-81B)、《面粉粉质特性测定》(AACC 54-21)、《拉伸特性的一般测定》(AACC 54-10)、《利用快速黏度分析仪测定小麦或黑麦糊化特性的一般方法》(AACC 76-21)。

3. 国际谷物科技协会(ICC)标准　《谷物及其制品中灰分的测定》(ICC No. 104/1)、《谷物及其制品中粗蛋白含量的测定》(ICC No. 105/2)、《小麦面粉湿面筋含量测定 手洗法》(ICC No. 106/2)、《小麦面粉湿面筋含量测定 机械法》(ICC No. 137/1)、《全麦粉及小麦面粉湿面筋含量和质量的测定》(ICC No. 155)、《降落数值测定法(衡量籽粒和面粉中α-淀粉酶活性)》(ICC No. 107/1)、《谷物及其制品中水分含量的测定(基本参照法)》(ICC No. 109/1)、《布拉本德拉伸仪使用方法》(ICC No. 114/1)、《布拉本德粉质仪使用方法》(ICC No. 115/1)、《沉降值测定(泽伦尼法)评价烘焙质量》(ICC No. 116/1)、《沉降值测定用粉的准备》(ICC No. 118)、《布拉本德糊化仪使用方法》(ICC No. 126/1)、《小麦面粉焙烤品质的检验方法》(ICC No. 131)、《蛋白质测定 近红外法(NIR)》(ICC No. 159)、《"搅拌值"测定(衡量籽粒及面粉中α-淀粉酶活性) 快速黏度仪法》(ICC No. 161)、《快速糊化测定方法 快速黏度仪法》(ICC No. 162)、《小麦全籽粒及其粉碎物的NIR反射测定法》(ICC No. 202)。

第五章　玉米品质分析原理与方法

玉米(maize，corn)是禾本科玉蜀黍属一年生草本植物，起源于美洲大陆，原产地是墨西哥或中美洲和秘鲁一带。玉米是世界上主要的粮食作物，也是饲料工业和淀粉加工业的重要原料，种植面积已超过小麦和水稻而居第一位，种植范围从北纬 58°(加拿大和俄罗斯)至南纬 40°(南美)，全球有两大著名玉米黄金带，分别位于美国和中国。全球玉米总产量已多年保持在 10 亿 t 以上，是全球总产量最大的粮食作物。

中国玉米生产包括籽粒玉米、鲜食玉米和青贮玉米，2017 年籽粒玉米种植面积 5.32 亿亩(1 亩≈666.7 m^2)，总产量 2.16 亿 t，为仅次于美国的全球第二大玉米生产国，其次是巴西、墨西哥、阿根廷。玉米在中国的播种面积很大，分布也很广，主要集中在黄淮海平原和东北地区，玉米的播种面积和总产量在中国居第一位，是中国的第一大粮食作物。玉米生产在中国农业生产、饲料工业和淀粉加工业中占有十分重要的地位。

长期以来，玉米主要作为粗粮、杂粮之用。近年来，随着人们生活水平的提高和膳食结构的改变，以及淀粉与油脂工业的发展，还有生物质能源产品的开发，玉米已不再仅仅作为粮食作物，其工业用途的地位迅速上升。玉米品种由追求产量逐渐向产量和用途质量并重转变，玉米品种品质及其专用性变得越来越重要。

第一节　玉米品质概述

一、玉米籽粒品质的内涵

依据玉米的不同用途以及生产、科研和市场等各方面要求，玉米籽粒品质包括营养品质、加工品质、卫生品质和商品品质等。

(一) 营养品质

玉米营养品质(nutritional quality)是指玉米籽粒中所含营养成分的多少及其对人畜的营养价值。玉米籽粒含有 9%～11%的蛋白质、4%～5%的脂肪、70%的淀粉、1%～2%的可溶性糖及一定量的纤维素、矿物质和维生素等。这些营养成分的高低是玉米营养品质优劣的评价尺度。

蛋白质是营养成分中最重要的部分，由醇溶蛋白、谷蛋白、清蛋白和球蛋白组成，四者的理化性质很大程度上决定了玉米蛋白质的功能性质。玉米籽粒蛋白质含量 80%以上集中在胚乳层中，玉米胚乳蛋白中，醇溶蛋白占 60%，谷蛋白占 34%，清蛋白和球蛋白各占 3%。胚蛋白中则是清蛋白含量高，占 60%以上，醇溶蛋白只占胚蛋白的 5%～10%。全籽粒蛋白质中，醇溶蛋白含量为 50%～55%，谷蛋白含量为 30%～35%，球蛋白含量为 10%～20%，清蛋白含量为 2%～10%。育种专家把提高玉米蛋白质含量作为品质育种的目标。与蛋白质营养价值有关的是组成蛋白质的各类氨基酸，特别是那些人畜本身不能合成的必需氨基酸。由于玉米蛋白质中约一半属醇溶蛋白，其赖氨酸和色氨酸的含量不高，因此育种专家开展了高赖氨酸玉米的培育工作，称为优质蛋白质玉米育种。

脂肪也是重要的营养成分，尤其是玉米脂肪具一定的特殊意义。玉米胚芽脂肪含量在17%～45%，占玉米脂肪总含量的80%以上。玉米油中不饱和脂肪酸含量高达80%～85%，且其中不含胆固醇，对血液中胆固醇的积累具有溶解作用，可减少胆固醇对血管产生的硬化作用。由于玉米油中富含维生素E，因此对心脏疾病、血栓性静脉炎、生殖机能类障碍、肌萎缩症、营养性脑软化症均有一定的预防作用。玉米油对心血管系统及其他人体的保健作用极大地提高了玉米的价值，于是相应的高油玉米育种工作也在开展。

淀粉是玉米籽粒中含量最多的营养物质，它是人畜摄取能量的主要来源。玉米淀粉由直链淀粉和支链淀粉组成。不同玉米品种直链淀粉、支链淀粉含量存在差别。普通玉米淀粉中直链淀粉占26%～30%，高直链玉米淀粉中直链淀粉含量占50%～80%，而糯玉米淀粉中直链淀粉含量小于1%。直链淀粉的特性：①具有抗润胀性，水溶性较差；②不产生胰岛素抗性；③成膜性和强度很好，黏附性和稳定性较支链淀粉差；④具有近似纤维素的性能，用直链淀粉制成的薄膜，具有较好的透明度、柔韧性、抗张强度和水不溶性，可应用于密封材料、包装材料和耐水耐压材料的生产。支链淀粉具有优良的缓释、增稠、黏合、保水能力。溶胀性能强，易糊化，不形成凝胶体。支链淀粉作为缓释剂、载体等广泛应用。例如，作为黏合剂、增稠剂，应用于医药、香精、染料等领域；作为保湿剂、增稠剂，应用于个人护理用品领域。不同直/支比淀粉的食品原料具有不同的加工性能。淀粉的颗粒大小、糊化特性对食品的口感、白度、体积等品质性状和蒸煮品质有很大影响，这些因素又与淀粉的组成，即直/支比有关。

另外，相对于中国人目前习惯于精米精面的主食结构，玉米所含的纤维素是可贵的营养成分，在膳食结构调整中具有重要意义。所以，提高玉米籽粒中各种营养成分的含量和质量，对于提高籽粒的食用、饲用和加工利用价值都是十分重要的。

目前，根据玉米的不同品质要求，我国育种专家已开展了优质蛋白玉米、甜玉米、糯玉米、高直链淀粉玉米、高油玉米、优质油玉米、爆裂玉米、青饲玉米和笋玉米等优质特种玉米的品质育种工作，并取得了一定的成果。

（二）加工品质

玉米加工品质是指与主要玉米加工产品紧密相关的品质，主要包括淀粉提取率、淀粉结构（直链淀粉和支链淀粉）、蛋白质提取率、氨基酸组成、出油率、含糖量、玉米出糁率等与加工和制品品质有关的原料性质。加工途径不同，对其品质要求也不同。例如，淀粉工业要求籽粒含高淀粉、高油分；饲料加工则要求籽粒含高蛋白、高赖氨酸。玉米的加工主要是生产淀粉及其相关产品，其次是食用玉米粉、玉米糁及其他玉米食品。

生产淀粉用的玉米，要求其淀粉含量高，且易于提取。一般马齿型玉米较符合这一加工要求，而硬粒型玉米不宜加工生产淀粉，更适合食用。高淀粉玉米是加工业的专用型玉米，其淀粉含量应在72%以上。除此之外，还要求玉米籽粒新鲜、完整、不生霉、不含杂质。

加工食用型的玉米产品时，依不同产品要求玉米有不同的品质。例如，加工玉米糁，则要求玉米籽粒中含角质淀粉较多。如果专门生产玉米油，则要求玉米籽粒胚芽的脂肪含量较高。高油玉米是加工玉米油的专用型玉米，其粗脂肪含量应大于6%。如果加工墨西哥式的玉米粉及食品，则要求玉米籽粒硬度大、易脱皮、籽粒上的凹坑小、穗轴为白色。爆裂玉米的主要加工品质指标是膨化倍数和爆花率。

(三)卫生品质

玉米无论用于食用、饲用还是加工，都必须是安全卫生的，不得含有损害人体健康的物质，这就是卫生品质(hygienic quality)。这类品质指标包括玉米籽粒中各种农药残留和有害重金属的含量，有害微生物及致病菌的有无，黄曲霉毒素 B_1 的含量等。

(四)商品品质

玉米商品品质(commodity quality)是玉米进入市场时要求必备的品质。玉米商品品质主要包括玉米籽粒大小与颜色、形状、百粒重、容重、气味、包装、商标及标签等内容。商品品质是玉米进出口贸易中影响交易价格的重要指标，随着近年来我国玉米进出口数量的增加，玉米的商品品质倍受重视。商品品质主要凭人的感官或简单仪器进行评价，直接影响玉米的市场品质与价值。目前，通过计算机系统可以实现对玉米籽粒大小的灰度值、三色刺激和质构进行分析评价。

二、特种玉米籽粒品质特性

特种玉米(special corn)是指具有较高的经济价值、营养价值或加工利用价值的玉米，这些玉米类型具有各自的内在遗传组成，表现出各具特色的籽粒构造、营养成分、加工品质及食用风味等特征，因而有着各自特殊的用途和加工需求。

(一)甜玉米

甜玉米(sweet corn)籽粒中含有较高的糖分、粗脂肪和淀粉，含有多种维生素和矿物质，尤其含有较高的优质蛋白和氨基酸。经常食用甜玉米可防止血管硬化，降低血液中胆固醇的含量，还可防止肠道疾病。由于遗传因素不同，甜玉米又分普通甜玉米、超甜玉米和加强甜玉米三类。普通甜玉米的籽粒含糖量为 8%～16%，是普通玉米含糖量的 2 倍多，其中可溶性多糖的含量是普通玉米的 10 倍左右。超甜玉米籽粒含糖量高达 25%～35%，其中蔗糖含量高达 22%～30%，比普通甜玉米高出一倍，但超甜玉米的籽粒皮较厚、柔嫩性差、内容物少，食用品质不够理想，其干种子的籽粒秕、发芽率低，苗期生活力也差。加强甜玉米品质介于前两类甜玉米之间，其籽粒含糖量在 15%以上，其风味和食用品质优于超甜玉米。

(二)糯玉米

糯玉米(waxy corn)又名蜡玉米或黏玉米，它是受隐性糯质基因控制的一个基因突变类型。糯玉米起源于我国云南地区，是经人工选择培育而形成的，粒型与硬粒型相似，但无光泽，粒色分为黄、白等色。糯玉米籽粒含糖类 32.05%～34.65%、氨基酸 5.36%～5.86%，100 g 鲜重含赖氨酸 0.31～0.35 mg、维生素 C 42.65 mg、硫胺素 4.5 mg。其胚乳全部由支链淀粉组成，这种淀粉的相对分子质量不足直链淀粉的 1/10，食用消化率比普通玉米高 20%甚至更多。糯玉米含有较多的赖氨酸、谷氨酸、清蛋白和胶蛋白，并含有较低的杂醇油，其可溶性糖高于普通玉米而低于甜玉米；与普通玉米相比，糯玉米的粗蛋白质、粗脂肪和赖氨酸含量较高。

随着科技的进步和经济的飞速发展，糯玉米作为特殊风味食品和工业原料，需求量日渐增大。糯玉米中高含量的支链淀粉利于加工业获得更适合造纸、纺织、食品、医药等领域应用的淀粉及变性淀粉。在食品工业中糯玉米淀粉可以极大地改进食品质地及其均匀性和稳定性。此外，糯玉米食用消化率高，故用于饲料可以提高饲养效率。我国糯玉米的地方品种主要分布在云南、贵州、广西等地。

（三）高油玉米

高油玉米（highoil corn）是指籽粒含油量超过8%的玉米类型。由于玉米油主要存在于胚内，直观上看高油玉米都有较大的胚。玉米油含有丰富的不饱和脂肪酸，主要是亚油酸和油酸，以及维生素A、维生素E。不饱和脂肪酸是人体维持健康所必需的，经常食用可减少人体胆固醇含量，增强肌肉和心血管的机能，增强人体肌肉代谢，提高对传染病的抵抗能力。玉米油在发达国家已成为重要的食用油，如美国，玉米油已占食用油的8%。

（四）高赖氨酸玉米

高赖氨酸玉米（highlysine corn）也称优质蛋白玉米，玉米籽粒中赖氨酸含量在0.4%以上，普通玉米的赖氨酸含量一般在0.2%左右。赖氨酸是人体及其他动物体所必需的氨基酸类型，在食品或饲料中欠缺这种氨基酸就会因营养缺乏而造成严重后果。高赖氨酸玉米的营养价值很高，相当于脱脂奶。用高赖氨酸玉米饲料养猪，猪的日增重较普通玉米提高50%～110%，喂鸡也有类似的效果。随着高产的优质蛋白玉米品种的涌现，高赖氨酸玉米发展前景极为广阔。

（五）爆裂玉米

爆裂玉米（popcorn）的籽粒质地坚硬，其胚乳主要由角质淀粉组成。在高温下，致密的角质淀粉粒周围会产生巨大的压力而使籽粒膨爆，膨胀率可达40倍。优质的爆裂玉米含水量为13.5%～14%，爆花率应达到98%以上，爆裂玉米的粒型分为珍珠型和米粒型两种，粒色包括黄、白、红、紫蓝等，籽粒大小也因品种不同而异。爆裂玉米含有丰富的蛋白质、淀粉、脂肪、无机盐、多种维生素和烟酸。我国爆裂玉米的地方品种主要分布在云南、贵州、四川、广西、山东、山西、陕西、河北等地，一般作为风味方便食品在大中城市流行。

我国特用玉米研究开发起步较晚，除糯玉米原产于我国外，其他种类资源缺乏，加之财力不足，与美国相比还有不小的差距。近年来，我国玉米育种工作者进行了大量的研究试验，在高赖氨酸玉米、高油玉米等育种研究上取得了长足的进步，为我国特用玉米的发展奠定了基础。

第二节　玉米营养品质分析

一、玉米蛋白质品质分析

（一）玉米粗蛋白质含量的测定

蛋白质是玉米籽粒中的重要营养物质，蛋白质的含量和质量决定玉米营养品质。国家标准GB 5009.5—2016《食品安全国家标准　食品中蛋白质的测定》规定了凯氏定氮法、分光光度法、燃烧法三种测定包括谷物在内的食品中蛋白质含量的方法，适用于玉米粗蛋白质含量测定，可参照执行。

玉米粗蛋白质含量的测定常采用凯氏定氮法，其原理是：在催化剂的作用下，用硫酸消化玉米试样，使有机氮分解，分解出来的氨与硫酸结合生成硫酸铵；将硫酸铵碱化蒸馏，用硼酸吸收后以硫酸或盐酸标准滴定溶液滴定，根据酸的消耗量乘以换算系数，即为蛋白质的含量。玉米的蛋白质换算系数为 6.24。

蛋白质含量测定的具体方法步骤详见本书第二章第一节。

（二）玉米氨基酸测定

1. 反相高效液相色谱法（RP-HPLC）

(1) 原理　样品中的蛋白质经酸水解成氨基酸，用内标物 α-氨基丁酸（AABA）稀释和过滤后，取一小部分用 6-氨基喹啉基-*N*-羟基琥珀酰亚胺基氨基甲酸酯（AQC）衍生，衍生后的氨基酸用反式液相色谱进行分析。

(2) 仪器和设备　高效液相色谱仪（带紫外检测器、梯度液相色谱装置、温控装置），ACCQ · Tag 氨基酸分析柱，衍生试管（Φ6 mm×50 mm），水解试管（Φ2.5 mm×150 mm），真空泵，带真空的旋转蒸发器，超声波水浴，容量瓶，60 目筛，天平，涡旋振荡器，微孔滤膜，样品过滤器，制冰机。

(3) 试剂

1) α-氨基丁酸（AABA）内标储备液（2.5 μmol/mL）：称取 25.8 mg AABA 置于 100 mL 容量瓶中，用高纯度水稀释定容至刻度。

2) 磺基丙氨酸储备液（2.5 μmol/mL）：称取 4.23 mg 磺基丙氨酸置于 10 mL 容量瓶中，用高纯度水稀释定容至刻度。

3) 甲硫氨酸矾（$MetSO_2$）储备液（2.5 μmol/mL）：称取 4.53 mg $MetSO_2$ 置于 10 mL 容量瓶中，用高纯度水稀释定容至刻度。

4) 稀释标准储备液：取 1.0 mL 氨基酸混合标准溶液（含 17 种氨基酸），1.0 mL 磺基丙氨酸储备液，1.0 mL 甲硫氨酸矾储备液，与 2.0 mL 高纯水混合，制成 0.5 mol/mL 氨基酸标准液。

5) 标准工作液：将不同体积的稀释标准储备液、AABA 内标储备液和高纯水混合制成一系列不同浓度的标准氨基酸标准液，见表 5-1。

表 5-1　反相高效液相色谱法标准工作液配制

编号	1	2	3	4	5
稀释标准储备液/mL	200	800	1200	1600	1800
AABA 内标储备液/mL	200	200	200	200	200
高纯水/mL	1600	1000	600	200	0

这样制成具有固定浓度内标物 AABA（0.25 mol/mL）的 0.05 μmol/mL、0.20 μmol/mL、0.30 μmol/mL、0.40 μmol/mL、0.45 μmol/mL 的标准氨基酸工作液。

6) 流动相制备。

a. 稀 H_3PO_4：取 100 mL 浓 H_3PO_4 加到 100 mL 高纯水中。

b. EDTA 溶液：称取 100 mg EDTA，加到 100 mL 高纯水中，超声波振荡使其溶解。

c. 流动相 A（140 mmol/L 乙酸钠，17 mmol/L 三乙胺，pH 为 4.95）：称取 19.04 g 乙酸钠，加到 1.0 L 高纯水中搅拌溶解。用 H_3PO_4 调节 pH 至 5.2，加入 1.0 mL EDTA 溶液、0.1 g NaN_3、2.37 mL 三乙胺（1.72 g），用稀 H_3PO_4 调节 pH 至 4.95，用微孔滤膜过滤，滤液作为流动相。

d. 流动相B：用有机过滤器过滤约650 mL色谱纯乙腈，将600 mL滤过的乙腈和400 mL高纯水混合，搅拌，在超声波水浴中真空脱气20 s。

7) Waters公司ACCQ-Flour试剂包(包含硼酸盐缓冲液、衍生剂粉2A、稀释液2B)，衍生用。

8) 甲酸(88%，分析纯)。

9) 过氧化氢(30%，分析纯)。

10) 氢溴酸(48%，分析纯)。

11) 过甲酸制备：加1体积30%过氧化氢到9体积88%甲酸中，混合，放置1 h，不时振荡，在冰浴上放置30 min。

12) 石蜡。

(4) 操作步骤

1) 水解前的样品制备：磨碎样品，过60目筛。

2) 酸解：称取100 mg过筛样品(准确至0.01 mg)，放入Φ2.5 mm×150 mm水解试管中，加入10 mL 6 mol/L HCl，在试管开口2 cm处放在火焰上拉制成薄颈，用液氮或干冰冷冻样品直至固化。将试管抽真空至真空计低于7 Pa，在真空下密封此试管。在(110±1)℃水解22 h。

3) 过甲酸氧化和酸解：对胱氨酸和甲硫氨酸，样品首先用过甲酸在0℃氧化一夜，用氢溴酸除去过量的过甲酸。真空干燥后，进行与上述氨基酸相同的酸解方法处理。

称取50～70 mg样品(精确至0.1 mg)，放入水解试管中，把样品管放在冰浴上30 min，往样品中加入冷的过甲酸。放置16 h，当样品处于0℃时，慢慢加入0.3 mL 48% 氢溴酸，同时振摇，在0℃下放置15 min。在旋转蒸发器中蒸发至干(＜60℃)。后续酸解步骤从“加入10 mL 6 mol/L HCl”开始相同。

4) 水解后样品的制备：待样品冷却，用过滤器过滤水解样品。移取1～2 mL样品于蒸发试管中，在旋转蒸发器上干燥样品(＜50℃)。往试管中加入20 mL AABA内标储备液，加入1.8 mL高纯水重组样品，涡旋混合20 s。盖上试管，在4℃储存备用。

5) 衍生方法：用注射器移取10 mL标准或水解后的样品放入衍生试管的底部，加入70 mL硼酸盐缓冲液，涡旋10 s。加入20 mL AQC，立即充分振荡。用石蜡密封衍生试管或将衍生物转移至自动进样器样品瓶中，加帽密封盖好，在电炉或烘箱中于50℃加热10 min。

6) 衍生样品高效液相色谱测定参考条件：色谱柱，ACCQ·Tag氨基酸分析柱；柱温，对一般氨基酸分析，柱温37℃，对于含硫氨基酸分析，柱温47℃；检测器，紫外检测器，波长248 nm，荧光检测器，激发波长250 nm，发射波长395 nm。

(5) 说明　本方法可以同时测定各种氨基酸：天冬氨酸、丝氨酸、谷氨酸、甘氨酸、组氨酸、精氨酸、苏氨酸、脯氨酸、胱氨酸、酪氨酸、缬氨酸、甲硫氨酸、赖氨酸、异亮氨酸、亮氨酸、苯丙氨酸。

2. 氨基酸自动分析仪法　玉米氨基酸含量及氨基酸组分可用氨基酸自动分析仪进行分析。其原理是：样品在隔绝空气的条件下用盐酸水解，使蛋白质肽键断裂成为游离氨基酸。水解后的样液经氨基酸自动分析仪的离子交换树脂分离，用不同pH和离子浓度的缓冲系统洗脱，洗脱液与茚三酮溶液混合，通过浸在沸水浴中的反应盘管加热，产生蓝紫色混合物，流出液通过分光光度计在波长570 nm和440 nm下测定吸光度。计算记录峰的面积，再与含有已知氨基酸的标准液面积相比。

蛋白质中的胱氨酸、半胱氨酸、甲硫氨酸和色氨酸在酸水解条件下不稳定，需采用其他处理方法。胱氨酸、半胱氨酸和甲硫氨酸首先在控制条件下用过甲酸氧化，使它们转变为对酸稳定的氧化物磺基丙氨酸和甲硫氨酸砜，然后再用盐酸水解法将其从蛋白质中分离出来；而色氨酸则采用碱水解法从蛋白质中分离出来。

氨基酸自动分析仪法测定氨基酸的具体方法步骤详见本书第二章第二节。

二、玉米脂肪品质分析

(一) 粗脂肪含量测定

本方法适用于测定玉米的粗脂肪含量。其测定原理是将粉碎、分散且干燥的试样用有机溶剂回流提取，使试样中的脂肪被溶剂抽提出来，回收溶剂后所得到的残留物即为粗脂肪。

1. 索氏提取法

(1) 仪器和设备　分析天平(感量 0.1 mg)，实验室用粉碎机，研钵，烘盒，脱脂棉，玻璃片，长柄镊子，电热恒温水浴锅，电热恒温箱，滤纸筒(Φ22 mm×100 mm)，备有变色硅胶的干燥器，广口瓶，索氏脂肪提取器(60 mL 或 150 mL，图 5-1)，圆孔筛(直径 1 mm)等。

(2) 试剂　无水乙醚(分析纯)，脱脂细砂等。

(3) 试样制备　将除去杂质的干净试样 30～50 g，磨碎，通过直径为 1 mm 的圆孔筛，然后装入广口瓶中备用。试样应研磨至适当粒度，保证连续测定 10 次，测定相对标准偏差 RSD≤2.0%。

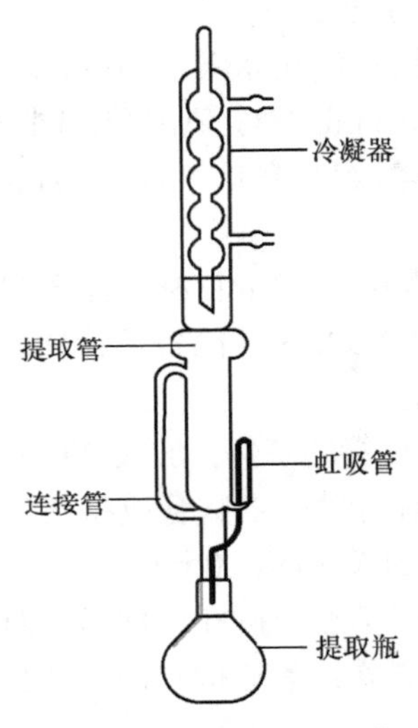

图 5-1　索氏脂肪提取器

(4) 操作步骤

1) 试样包扎：从备用的样品中，用烘盒称取 2～5 g 试样，在 105℃下烘 30 min，趁热倒入研钵中，加入约 2 g 脱脂细砂一同研磨。将试样和细砂研磨到出油状，完全转入滤纸筒内，用脱脂棉蘸少量乙醚揩净研钵上的试样和脂肪，一并放入滤纸筒中，最后再用脱脂棉塞入上部，压住试样。

2) 提取与烘干：将提取器安装妥当，然后将装于试样的滤纸筒置于提取筒中，同时注入乙醚至虹吸管高度以上，待乙醚流净后，再加入乙醚至虹吸管高度的 2/3 处。用一小块脱脂棉轻轻地塞入冷凝管上口，打开冷凝管进水管，开始加热抽提。控制加热温度，使冷凝乙醚的滴速控制在每分钟 120～150 滴，抽提的乙醚每小时回流 7 次以上。抽提时间须视试样含油量而定，一般在 8 h 以上，提取至提取管内的乙醚用玻璃片检查(点滴试验)至无油迹为止。

抽净脂肪后，用长柄镊子取出滤纸筒，再加热使乙醚回流 2 次，然后回收乙醚，取下冷凝管和抽提筒，加热除尽提取瓶中残留的乙醚，用脱脂棉蘸乙醚揩净提取瓶外部，然后将提取瓶放在 105℃温度下烘 90 min，再烘 20 min，烘至恒重为止。提取瓶增加的质量即为粗脂肪质量。

(5) 结果计算　粗脂肪湿基含量、干基含量计算如下。

$$X_s = \frac{m_1}{m} \times 100$$

$$X_g = \frac{m_1}{m \times (100 - M)} \times 10000$$

式中，X_s 为湿基粗脂肪含量(%)；X_g 为干基粗脂肪含量(%)；m_1 为粗脂肪质量(g)；m 为试样质量(g)；M 为试样水分含量(%)。

双实验结果允许误差不超过0.4%，求其平均数作为测定结果。测定结果保留小数点后一位。

2. 直滴式提取法

(1) 仪器和设备　直滴式提取器(图5-2)，其他仪器同索式提取法。

(2) 试剂　同索式提取法。

(3) 试样制备　试样制备同索式提取法。

(4) 操作步骤　仪器处理同索式提取法。使用时，将试样包投入提取管中，用乙醚提取脂肪，脂肪提取净后，取出试样包，关上回流的玻璃活塞，继续回流加热即可回收乙醚。其他方法同索式提取法。

(5) 结果计算　同索式提取法。

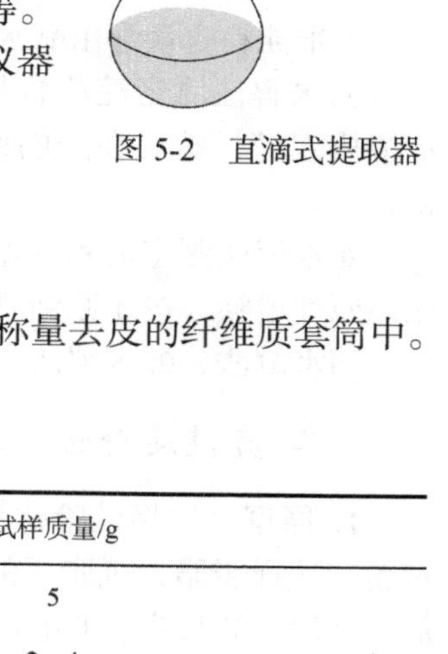

图5-2　直滴式提取器

3. 粗脂肪萃取仪法

(1) 仪器和设备　分析天平(感量0.1 mg)、粉碎机、研钵、干燥器、玻璃珠、恒温干燥箱、圆孔筛(孔径1 mm)、粗脂肪萃取仪、套筒和支架(纤维质套筒和放置套筒的支架)、萃取杯(铝制或玻璃制)等。

注：溶剂萃取系统、套筒与支架、萃取杯均可向粗脂肪萃取仪器制造商购买。

(2) 试剂　同索式提取法。

(3) 试样制备　同索式提取法。

(4) 操作步骤

1) 根据表5-2称量1～5 g试样，精确到0.001 g，直接放入经称量去皮的纤维质套筒中。记录试样质量(S)和萃取套筒序号。

表5-2　试样取样量参考值

粗脂肪/%	试样质量/g
<2	5
5	2～4
10	1～2
>20	1

2) 装有试样的套筒在(102±2)℃干燥2 h。如果干燥过的试样未马上进行萃取，须在干燥器中保存。溶剂和试样都应无水。

3) 在试样颈部放置脱脂棉，保证在萃取步骤中试样完全浸没，防止试样在套筒颈部的任何损失。棉塞大小要适当。

4) 在每个萃取杯中放置3～5粒直径为5 mm的玻璃珠。在(102±2)℃下干燥萃取杯30 min，然后转移到干燥器中冷却至室温。称取、记录萃取杯的质量，精确至0.1 mg(T)。

5) 萃取时，严格遵守萃取仪器的操作说明，按照操作说明来进行操作。

6) 萃取结束后，取下萃取杯，放入通风橱中干燥，挥发去少量的溶剂。

7) 在(102 ± 2) ℃下干燥萃取杯 30 min 除去水汽，防止过度干燥造成脂肪氧化进而导致高的测定结果。干燥后，萃取杯在干燥器中冷却称重，精确 0.1 mg(*F*)。

(5) 结果计算　　粗脂肪计算公式如下。

$$X_{\mathrm{e}}(\%)=\frac{F-T}{S}\times 100$$

式中，X_{e} 为乙醚萃取的粗脂肪含量(%)；F 为萃取杯与脂肪的质量(g)；T 为空萃取杯的质量(g)；S 为试样质量(g)。

(二) 脂肪酸分析

参照 GB 5009.168—2016《食品安全国家标准 食品中脂肪酸的测定》进行脂肪酸分析。

三、玉米淀粉品质分析

(一) 玉米淀粉含量测定

玉米淀粉含量常用酶水解法或酸水解法测定。

酶水解法测定淀粉含量的原理是样品经除去脂肪及可溶性糖类后，其中淀粉用淀粉酶水解成双糖，然后在酸的作用下水解成单糖，按还原糖测定水解所得单糖量，并折算成淀粉含量。

酸水解法测定淀粉含量的原理是样品经除去脂肪及可溶性糖类后，其中的淀粉用酸水解成还原性单糖，按还原糖测定水解所得单糖量，再折算成淀粉含量。

酶水解法、酸水解法测定玉米淀粉含量的具体方法步骤详见本书第二章第四节。

(二) 直链淀粉含量的测定

1. 原理　　将试验材料粉碎至细粉以破坏淀粉胚乳结构，使其易于完全分散及糊化，并对粉碎试样脱脂，脱脂后的试样分散在氢氧化钠溶液中，向一定量的试样分散液中加入碘试剂，然后在波长为 720 nm 处测定显色物的吸光度。

考虑到支链淀粉对试样中碘-直链淀粉复合物的影响，利用马铃薯直链淀粉和支链淀粉的混合标准品制作校正曲线，从校正曲线中读出样品的直链淀粉含量。

该方法实际上取决于直链淀粉-碘的亲和力，在波长为 720 nm 处测定的目的是使支链淀粉的干扰作用降低到最小。

2. 仪器和设备　　实验室常用仪器和专用设备，另外还有以下设备。

1) 实验室用磨粉机：可将玉米粉碎并通过 80～100 目筛。

2) 筛子：80～100 目。

3) 分光光度计：具有 1 cm 比色皿，可在波长为 720 nm 处测量吸光度。

4) 脂肪提取器：采用甲醇回流提取样品，速度为 5～6 滴/s。

5) 容量瓶：100 mL。

6) 具塞比色管：50 mL。

7) 磨口广口瓶、锥形瓶、水浴锅等。

3. 试剂　所用试剂除注明外，均为分析纯，水为蒸馏水或至少相同纯度的水。

1)甲醇：85%(V/V)。

2)乙醇：95%(V/V)。

3)氢氧化钠溶液：1.0 mol/L 氢氧化钠溶液、0.09 mol/L 氢氧化钠溶液，准确标定。

4)脱蛋白溶液：20 g/L 十二烷基苯磺酸钠溶液，使用前加亚硫酸钠至浓度为 2 g/L；3 g/L 氢氧化钠溶液。

5)乙酸溶液(1 mol/L)。

6)碘试剂：用具盖称量瓶称取(2.000±0.005)g 碘化钾，加适量的水以形成饱和溶液，加入(0.200±0.001)g 碘(GB 675)，碘全部溶解后将溶液定量移至 100 mL 容量瓶中，加水至刻度，摇匀。每天用前现配，避光保存。

7)马铃薯直链淀粉标准溶液(1 mg/mL)：称取(100±0.5)mg 脱脂及平衡后的直链淀粉于 100 mL 锥形瓶中，加入 1.0 mL 95%乙醇湿润样品，再加入 9.0 mL 1 mol/L 氢氧化钠溶液，轻摇使直链淀粉完全散开。随后将混合物在沸水浴中加热 10 min 以分散马铃薯直链淀粉。分散后取出冷却至室温，移入 100 mL 容量瓶，加水至刻度，剧烈摇匀。1 mL 此标准分散液含 1 mg 直链淀粉。

8)支链淀粉标准溶液(1 mg/mL)：称取(100±0.5)mg 经除去蛋白质、脂肪并平衡后的蜡质(糯性)大米支链淀粉，按照马铃薯直链淀粉标准溶液制备过程制备支链淀粉标准溶液。

4. 操作步骤

(1)试样制备　用磨粉机粉碎至少 10 g 样品，细度通过 80 目筛，混匀，装入磨口广口瓶中备用。

用甲醇在索氏提取器回流提取试样 4～6 h (5～6 滴/s)，脱脂，将试样分散于盘中静置 2 d，使残余甲醇挥发及水分含量达到平衡。

(2)样品溶液制备　称取(100±0.5)mg 试样于 100 mL 锥形瓶中。小心地向试样中加入 1.0 mL 无水乙醇，将黏附于瓶壁上的试样全部冲下，充分湿润样品，再加入 9.0 mL 1 mol/L 氢氧化钠溶液，并轻轻摇匀，随后将混合物在沸水浴中加热 10 min 以分散淀粉。取出冷却至室温，移入 100 mL 容量瓶，加水至刻度，剧烈摇匀。

(3)空白溶液制备　测定时同时做一空白实验，相同的操作步骤并与测定所用同量试剂，但用 5.0 mL 0.09 mol/L 氢氧化钠溶液代替空白样品溶液。

(4)校正曲线绘制

1)标准系列溶液的制备：按照表 5-3 将一定体积的马铃薯直链淀粉标准溶液、支链淀粉标准溶液及 2.0 mL 0.09 mol/L 氢氧化钠溶液置于具塞比色管中混匀。

表 5-3　直链淀粉含量测定标准系列溶液配制

直链淀粉含量(干基)/%	马铃薯直链淀粉标准溶液/mL	支链淀粉标准溶液/mL	0.09 mol/L 氢氧化钠溶液/mL
0	0	18	2
10	2	16	2
20	4	14	2
25	5	13	2
30	6	12	2
35	7	11	2

2)显色与吸光度测定：准确移取 5.0 mL 标准系列溶液到预先加入大约 50 mL 水的 100 mL

容量瓶中，加入 1.0 mL 1 mol/L 乙酸溶液混匀，再加入 2.0 mL 碘试剂，加水至刻度，摇匀，静置 10 min。

分光光度计用空白溶液调零，在波长 720 nm 处测系列标准溶液的吸光度。

3) 绘制校正曲线：以吸光度为纵坐标、直链淀粉含量为横坐标，绘制校正曲线。直链淀粉含量以样品干基质量的百分率表示。

(5) *样品溶液测定*　准确移取 5.0 mL 样品溶液到预先加入大约 50 mL 水的 100 mL 容量瓶中，后续操作同标准曲线绘制步骤中显色与吸光度测定过程。

用空白溶液调零，在波长为 720 nm 处测样品溶液的吸光度。每一样品溶液应做 2 份平行测定。

5. 结果计算　根据吸光度在校正曲线上查出相应的直链淀粉的百分率。以 2 次测定结果的算术平均值为测定结果，测定结果保留一位小数。

(三) 淀粉提取与分析

1. 原理　玉米淀粉提取常用湿法，即将玉米用温水浸泡，经磨浆，进一步分离去除胚、纤维和蛋白质，而得到高纯度的淀粉产品。得到高纯度玉米淀粉后，可分析淀粉糊的特性、淀粉分子结构、淀粉粒晶体结构、淀粉糊化特性、淀粉热特性。

2. 仪器和设备　微型食用搅拌磨浆机，尼龙筛网 (53 μm)，尼龙微孔膜 (5 μm)，离心机，塑料离心管，自封袋，干燥器皿，电热恒温干燥箱，电子天平，水浴锅，恒温振荡水浴锅，分光光度计，冰箱，具塞刻度试管 (25 mL)，质构仪，凝胶渗透色谱仪，高效排阻色谱仪，多角度激光散射分析仪，示差折光仪，磁力加热搅拌器，离心真空干燥器，通风橱，荧光辅助毛细管电泳系统，N-联糖 (N-CHO) 涂层毛细管柱，X-射线粉末衍射仪，快速黏度分析仪或黏度仪，差示扫描量热仪 (DSC)，DSC样品盘和盖，PCR管等。

3. 试剂　焦亚硫酸钠 ($Na_2S_2O_5$，0.45%)，NaCl (0.1 mol/L，25 mmol/L)，甲苯，无水乙醇，二甲基亚砜 (DMSO)，叠氮化钠 (NaN_3，0.02%，2%)，NaOH (1 mmol/L)，普鲁兰多糖分子质量标准品，乙酸缓冲液 (0.1 mol/L)，异淀粉酶，8-氨基芘-1,3,6-四磺酸 (APTS) 溶液 [0.2 mol/L，3.16 mg APTS溶解于15% (V/V) 醋酸中]，硼氰化钠 ($NaBH_3CN$，1 mol/L)，麦芽六糖，麦芽七糖，蒸馏水，去离子水等。

4. 操作步骤

(1) *淀粉提取*　取玉米籽粒 50 g，用水漂洗 3 次，除去表面灰尘。加入 150 mL 0.45% $Na_2S_2O_5$ 溶液浸泡，放置过夜，用微型食用搅拌磨浆机磨浆，53 μm 尼龙筛网过滤以除去纤维，加入 0.45% $Na_2S_2O_5$ 溶液不断洗涤纤维至没有黏性为止。将所得淀粉乳离心 (4000 r/min)，刮去蛋白质层，加入 450 mL 0.1mol/L NaCl 溶液和 50 mL 甲苯搅拌洗涤数次以除去剩余蛋白质，直到甲苯层清亮，随后加入无水乙醇，离心 (3000 r/min) 5min，重复洗涤数次，洗除甲苯。取下层沉淀物——淀粉平铺于干燥器皿中，置电热恒温干燥箱 30℃干燥 48 h。干燥好的淀粉装入自封袋中备用。

(2) *淀粉糊特性分析*

1) 溶解度与膨润力。溶解度与膨润力反映淀粉与水之间相互作用的大小。淀粉溶解度是指在一定温度下淀粉样品分子的溶解质量百分比。膨润力是指每克干淀粉在一定温度下吸水的质量。称取一定量淀粉样品，配制成质量浓度为 2% (干基) 的淀粉乳浊液，于一定温度下加热搅拌 30 min，取出于 3000 r/min 离心 30 min，取上清液在蒸汽浴上蒸干，于 105℃干燥至恒重，称量溶出物的质量(A)，计算其溶解度；同时称取离心管中沉淀物的质量(P)(若淀粉乳加热后形成低黏度的胶体溶液，导致离心后不分层，则将胶体溶液一并倒出干燥，仅将残留于管壁上的胶体作为沉淀计算膨润力)。按下式计算溶解度和膨胀度：

$$溶解度(S,\%)=\frac{A}{W}\times 100$$

$$膨胀度(B,\%)=\frac{P}{W(100-S)}\times 100$$

式中，A 为上清液中溶出物的质量(g)；W 为绝干样品的质量(g)；P 为管中沉淀物的质量(g)。

2)透明度。称取一定量的淀粉样品，配制成质量浓度为1%的淀粉乳，在沸水浴中加热，搅拌 30 min，并不时加入蒸馏水以保持淀粉糊的原有质量，然后冷却到 25℃。以蒸馏水为参照，在 620 nm 波长下，用分光光度计测定淀粉糊的透光率。以透光率表示淀粉糊的透明度，透光率越高，糊的透明度越高。

3)冻融稳定性。称取一定量的淀粉样品，配制成质量浓度为 6%的淀粉乳，加热到 95℃，保持 30 min，再将淀粉糊转入塑料离心管中，冷却至 25℃。放入–20～–10℃的冰箱内，冷冻一昼夜后取出自然解冻，观察糊的冷冻状况，然后再放入冰箱，冷冻、解冻，直至有清水析出为止。记录冷冻的次数即为淀粉糊的冻融稳定性。冷冻次数越多，冻融稳定性越好。也可采用下述方法评价淀粉糊的冻融稳定性。

配制质量浓度为 6%淀粉乳，在恒温振荡水溶锅恒定振荡下，快速加热到 95℃，保持 30 min，再将淀粉糊转入塑料离心管中，冷却到 25℃。将得到的凝胶在 4℃下冷藏 24 h(为了增加晶核)，再在–18℃下冷冻 24 h，然后在 25℃下融解 2 h，摇 15 s 后，3000 r/min 下离心 20 min，倒掉上清液，称取沉淀物的质量，计算析水率，循环 5 次。

$$I(\%)=\frac{m_1-m_2}{m_1}\times 100$$

式中，I 为析水率(%)；m_1 为淀粉糊质量(g)；m_2 为沉淀物质量(g)。

4)凝沉性。配制质量浓度为 0.01 kg/L (0.15g 干样加 15mL 水)的淀粉糊，在恒定振荡下，沸水浴加热糊化并保温 15 min，保持体积，再冷却至室温，置于 25 mL 的具塞刻度试管中，在 30℃下静置 24 h，前 12 h 每隔 1 h 记录上层清液的体积，后 12 h 每隔 2 h 记录上层清液的体积，用上清液的体积分数随时间的变化来绘制曲线，从而表示淀粉糊的凝沉性。

5)质构特性。淀粉乳浊液(质量浓度 10%)在沸水中加热制成淀粉糊，冷却至 50℃，保温 15 min，再将糊置于带盖盒中并在 4℃下放置 24 h，使其形成淀粉凝胶。将凝胶样品切成直径 4 cm、高度 1.5 cm 的圆柱体。凝胶质构特性采用 Texture Analyzer 质构仪测定，选用 TPA 模式，探头为 P/100，用探头将凝胶压缩，比例为 50%，两次压缩，间隔时间 5 s，探头测前下降速度为 1.0 mm/s，测试速度为 1 mm/s，测后上升速度为 1 mm/s。TPA 测试可测定样品的硬度、回复性、弹性、内聚性和咀嚼性等指标。

(3)淀粉分子结构分析

1)淀粉分子质量分布。淀粉分子质量分布采用凝胶渗透色谱(GPC)分析。GPC 又称体积排阻色谱(SEC)，是利用多孔填料柱将溶液中的高分子按体积大小分离的一种色谱技术，主要用于测定淀粉及级分的相对分子质量分布。0.5 g 淀粉加 5 mL 蒸馏水制成淀粉乳，再与 45 mL DMSO 混合，搅拌并沸水浴 1 h，再在 25℃下搅拌 24 h，制成 1%淀粉溶液；取 2 mL 溶液加 8 mL 无水乙醇使淀粉沉淀，8000 g 下离心 20 min；醇析淀粉再用 10 mL 沸水搅拌 30 min 复溶，冷却至室温，用尼龙微孔膜过滤除去不溶物。取 5 mL 上清液注入以上升模式流动的色谱柱中（Φ 2.6 cm×100 cm）。洗脱剂为 25 mmol/L NaCl、0.02% NaN_3 和 1 mmol/L NaOH 混合物，流动速率为 0.5 mL/min，每杯收集 4.5 mL 馏分用以分析总碳水化合物（CHO）和碘蓝值（BV），CHO 采用苯酚硫酸法在波长为 490 nm 下测定，BV 采用碘比色法在波长 630 nm 下测定。

2）支链淀粉平均分子质量和回转半径。支链淀粉平均分子质量和回旋半径利用高效排阻色谱仪与多角度激光散射分析仪、示差折光仪串联（HPSEC-MALS-RI）的方法进行分析，并得出相关分子特征参数。称取 0.05 g 样品，溶解于 5 mL 90% DMSO 溶液中，配制成浓度 1%（m/V）的溶液。采用磁力加热搅拌器于 90℃下加热搅拌 1 h，再在室温下继续搅拌 16 h，加入 4 倍体积无水乙醇，析出沉淀，7000 r/min 离心 20 min，将沉淀用热去离子水再次分散，制成浓度 0.4 mg/mL 的溶液，沸水浴搅拌加热 1 h，将淀粉液用 5.0 μm 的尼龙微孔膜过滤后进行 HPSEC-MALS-RI 分析。HPSEC 系统由控温箱、双序列连接分析柱（Shodex OHpak SB-806HQ 和 SB-804HQ）、保护柱（Shodex OHpak SB-G）、多角度激光散射分析仪和折光率检测器组成。色谱柱温为 50℃，示差折光仪的温度维持在 35℃，流速 0.5 mL/min。HPSEC-MALS-RI 系统用普鲁兰多糖标准品校准。使用 Astra 数据分析软件对光散射数据进行采集和分析。

3）支链淀粉分支链长分布。称取 20 mg 支链淀粉放入 50 mL 离心管中，用 0.2 mL 去离子水浸湿，再加入 1.8 mL 90% DMSO。将 90% DMSO-淀粉液沸水浴加热 1 h，停止加热，继续搅拌 16 h。取支链淀粉液 2 mL 加入离心管，加入 10 mL 无水乙醇使之沉淀，7000 r/min 离心 20 min，弃掉上清液。用 10 mL 去离子水将沉淀分散，沸水浴加热搅拌 30 min，通过 5 μm 微孔膜过滤。取 80 μL 滤液至微量离心管中，加入 1 μL 2%叠氮化钠溶液，18 μL 0.1 mol/L 乙酸缓冲液和 1 μL 异淀粉酶。将混合物涡旋混匀，45℃水浴 3 h 后沸水浴加热 10 min，使酶失活。取 50 μL 脱支链淀粉液，在 45℃离心真空干燥 2 h。在通风橱中将 2 μL 0.2 mol/L 8-氨基芘-1,3,6-四磺酸（APTS）溶液和 2 μL 1 mol/L $NaBH_3CN$ 溶液加入干燥样中，40℃下反应 16 h，加入 46 μL 去离子水制成 4 mg/50 μL 的支链淀粉染色液。取 10 μL 支链淀粉染色液加入 200 μL PCR 管中，加入 190 μL 去离子水，将管置于带有弹簧和灰色盖子的塑料管（荧光辅助毛细管电泳系统自带的）中。在 3.45 kPa 压强下，5 s 内将 APTS 标记样品液注入荧光辅助毛细管电泳（FACE）系统中。N-CHO 涂层毛细管柱用于分离 APTS 标记分子，测试条件为 25℃，23.5 kV。以麦芽六糖和麦芽七糖为标准。

（4）淀粉颗粒的晶体结构分析　用 X-射线粉末衍射仪测定。靶为 Cu；管压为 40 kV；电流为 40 mA；测量角度为 $2\theta=4°\sim40°$；扫描速度为 8°/min；数据采集步宽为 0.02°；扫描方式为连续扫描。用 Jade5.0 软件分析结果。

（5）淀粉糊化特性分析　淀粉乳浓度为 8%（g/100 g，总质量为 28 g）。快速黏度分析仪（RVA）参数设定：从 50℃开始计时，以 6℃/min 速度升温至 95℃，保温 5 min；再以 6℃/min 速度冷却到 50℃，保温 2 min。搅拌子旋转速度起初为 960 r/min，搅拌 10 s，混匀物料，随后转速设置为 160 r/min。糊化黏度参数包括峰值黏度（peak viscosity）、峰值时间（peak time）、最低黏度（minimum viscosity）、破损值（breakdown）、最终黏度（final viscosity）、回生值（setback）、起糊温度（pasting temperature）。也可用 Brabender 黏度仪分析，具体操作参见 Brabender 黏度仪操作规程。

（6）淀粉热特性分析　淀粉热特性用配有热分析数据库和数据记录软件的差示扫描量热仪（DSC）测量。称取淀粉 3.0 mg 装入 DSC 样品盘中，按质量比 1∶3 的比例加入去离子水，压盖密封后，置于 25℃平衡 2 h 后测定。测定时以空样品铝盒为对照，扫描温度为 10～110℃，加热速率为 10℃/min。热特征参数包括起始温度（onset temperature，T_o）、峰值温度（peak temperature，T_p）、终止温度（conclusion temperature，T_c）及热焓值（enthalpy of gelatinization，ΔH）。将凝胶淀粉样品在4℃下放置7 d后，采用同样的方法进行回生淀粉特性的研究。

第三节　玉米商品品质分析

一、玉米水分测定

玉米水分测定参照国家标准GB 5009.3—2016《食品安全国家标准 食品中水分的测定》中的第一法——直接干燥法。直接干燥法适用于在101～105℃下蔬菜、谷物及其制品、水产品、豆制品、乳制品、肉制品、卤菜制品、粮食（水分含量低于18%）、油料（水分含量低于13%）、淀粉及茶叶类等食品中水分的测定，不适用于水分含量小于0.5 g/100 g的样品。

1. 原理　利用食品中水分的物理性质，在101.3 kPa（一个大气压），温度101～105℃下采用挥发方法测定样品中干燥减少的质量，包括吸湿水、部分结晶水和该条件下能挥发的物质，再通过干燥前后的称量数值计算出水分的含量。

2. 仪器和设备　粉碎机、扁形铝制或玻璃制称量瓶、1.0 mm谷物选筛、电热恒温干燥箱、磨口广口瓶、干燥器（内附有效干燥剂）、天平（感量为0.1 mg）等。

3. 操作步骤

1）试样制备：从玉米样品中取出约30 g，拣出大型杂质和矿物质，用1.0 mm选筛筛除杂质后，将混合均匀的试样迅速磨细至颗粒小于2 mm，装入磨口广口瓶，作为测定水分的试样。

2）烘干铝盒：取洁净扁形铝制或玻璃制称量瓶，置于101～105℃干燥箱中，瓶盖斜支于瓶边，加热1.0 h，盖好取出，置干燥器内冷却0.5 h，称量，并重复干燥至前后两次质量差不超过2 mg，即为恒重。

3）试样称取：将磨口广口瓶内样品混匀，称取2～10 g试样（精确至0.0001 g）放入已知恒重的扁形铝制或玻璃制称量瓶，试样厚度不超过5 mm，如为疏松试样，厚度不超过10 mm。

4）试样烘干：精密称量后，将盛样品的扁形铝制或玻璃制称量瓶置于101～105℃干燥箱中，瓶盖斜支于瓶边，干燥2～4 h后，盖好取出，放入干燥器内冷却0.5 h后称量。然后再放入101～105℃干燥箱中干燥1 h左右，取出，放入干燥器内冷却0.5 h后再称量。并重复以上操作至前后两次质量差不超过2 mg，即为恒重（注：两次恒重值在最后计算中，取质量较小的一次称量值）。

4. 结果计算　试样中水分的含量，按以下公式进行计算。

$$X(\%)=\frac{m_1-m_2}{m_1-m_3}\times 100$$

式中，X为试样中水分的含量（%）；m_1为称量瓶和试样的质量（g）；m_2为称量瓶和试样干燥后的质量（g）；m_3为称量瓶的质量（g）。

水分含量≥1%时，计算结果保留3位有效数字；水分含量＜1%时，计算结果保留2位有效数字。

在重复性条件下获得的2次独立测定结果的绝对差值不得超过算术平均值的10%，求其平均数，即为测定结果。测定结果取小数点后一位。

二、玉米杂质、不完善粒检验

玉米中杂质、不完善粒的测定参照国家标准GB/T 5494—2019《粮油检验 粮食、油料的杂质、不完善粒检验》。本标准适用于粮食、油料中杂质、不完善粒含量的测定。

（一）玉米杂质的区分

玉米中的杂质是指除玉米粒以外的其他物质，包括筛下物、无机杂质和有机杂质。

1）筛下物：通过直径为 3.0 mm 圆孔筛的物质。

2）无机杂质：泥土、砂石、砖瓦块及其他矿物质杂质。

3）有机杂质：无使用价值的玉米粒、异种类粮粒及其他有机杂质。

不完善粒是对有虫蚀、病斑、破碎、生芽、霉变、热损伤等缺陷，但尚有使用价值的玉米颗粒的统称。

1）虫蚀粒：被虫蛀蚀，并形成蛀孔或隧道，伤及胚或胚乳的颗粒。

2）病斑粒：粒面带有病斑，伤及胚或胚乳的颗粒。

3）破碎粒：籽粒破碎达完整颗粒体积 1/5（含）以上的颗粒。

4）生芽粒：芽或幼根突破表皮，或芽或幼根虽未突破表皮但胚部表皮已破裂或明显隆起，有生芽痕迹的颗粒。

5）生霉粒：粒面生霉的颗粒。

6）热损伤粒：受热后籽粒显著变色或受到损伤的颗粒，包括自然热损伤粒和烘干热损伤粒。自然热损伤粒是储存期间因过度呼吸，胚部或胚乳显著变色的颗粒。烘干热损伤粒是指加热烘干时引起表皮、胚或胚乳显著变色，籽粒变形或膨胀隆起的颗粒。

（二）杂质检验

1. 仪器和设备　天平（感量 0.01 g、0.1 g、1 g），谷物选筛，电动筛选器，分析盘，镊子等。

2. 样品准备　检验玉米杂质的试样分大样、小样两种：大样是用于检验大样杂质，包括大型杂质和绝对筛层的筛下物，需要约 500 g 玉米籽粒；小样是从检验过大样杂质的样品中分出少量试样，检验与粮粒大小相似的并肩杂质，大约需要 100 g 样品。

3. 筛选

（1）电动筛选器法　按质量标准中规定的筛层套好（大孔筛在上、小孔筛在下，套上筛底），按规定称取试样放在筛上，盖上筛盖，放在电动筛选器上，接通电源，打开开关，选筛自动地向左向右各筛 1 min（110～120 r/min），筛后静止片刻，将筛上物和筛下物分别倒入分析盘内。卡在筛孔中间的颗粒属于筛上物。

（2）手筛法　按照上法将筛层套好，倒入试样，盖好筛盖。然后将选筛放在玻璃板或光滑的桌面上，用双手以 110～120 r/min 的速度，按顺时针方向和逆时针方向各筛动 1 min。筛动的范围，掌握在选筛直径扩大 8～10 cm。筛后的操作与上法同。

4. 大样杂质检验

（1）操作方法　从平均样品中，称取大样用量（m），精确至 1 g，按筛选法分两次进行筛选，然后拣出筛上大型杂质和筛下物合并称重（m_1）。

（2）结果计算　大样杂质含量（M）以质量分数（%）表示：

$$M(\%)=\frac{m_1}{m}\times 100$$

式中，M 为大样杂质含量（%）；m_1 为大样杂质质量（g）；m 为大样质量（g）。

双实验结果允许差不超过 0.3%，求其平均数，即为检验结果。检验结果取小数点后一位。

5. 小样杂质检验

（1）操作方法　从检验过大样杂质的试样中，按照规定用量（约 100 g）称取试样（m_2），倒入分析盘中，按质量标准的规定拣出杂质，称重（m_3）。

（2）结果计算　小样杂质含量（N）以质量分数（%）表示：

$$N(\%)=(100-M)\times\frac{m_3}{m_2}$$

式中，N 为小样杂质含量（%）；m_3 为小样杂质质量（g）；m_2 为小样质量（g）；M 为大样杂质含量（%）。

双实验结果允许差不超过 0.3%，求其平均数，即为检验结果，检验结果取小数点后一位。

6. 矿物质检验

（1）操作方法　从拣出的小样杂质中拣出矿物质，称重（m_4）。

（2）结果计算　矿物质含量（A）以质量分数（%）表示：

$$A(\%)=(100-M)\times\frac{m_4}{m_2}$$

式中，A 为矿物质含量（%）；m_4 为矿物质质量（g）；m_2 为小样质量（g）；M 为大样杂质含量（%）。

双实验结果允许差不超过 0.1%，求其平均数，即为检验结果，检验结果取小数点后两位。

7. 杂质总量计算　杂质总量（B）以质量分数（%）表示：

$$B(\%)=M+N$$

式中，B 为杂质总量（%）；M 为大样杂质含量（%）；N 为小样杂质含量（%）。

计算结果取小数点后一位。

（三）不完善粒检验

在检验小样杂质的同时，按质量标准的规定拣出不完善粒，称重（m_5）。

不完善粒含量（C）以质量分数（%）表示：

$$C(\%)=(100-M)\times\frac{m_5}{m_2}$$

式中，C 为不完善粒含量（%）；m_5 为不完善粒质量（g）；m_2 为试样质量（g）；M 为大样杂质含量（%）。

双实验结果允许差不超过 1.0%，求其平均数，即为检验结果，检验结果取小数点后一位。

三、玉米容重测定

玉米容重（test weight）是指玉米籽粒在单位体积内的质量，单位以 g/L 表示。容重是玉米的定等指标，玉米容重的大小反映了籽粒的成熟度、饱满度和均匀度。目前玉米生产大国美国、加拿大的玉米标准均采用容重定等。玉米容重与粒型、密度、硬度和水分含量等也有密切关系。籽粒形状是影响容重的重要因素，受遗传控制不同粒型玉米品种之间有差异。爆裂型＞硬粒型＞马齿型，圆形籽粒玉米的容重高于扁平形籽粒。玉米籽粒的含水量越高，硬度越大，容重越低。

1. 仪器和设备

1）GHCS-1000 型谷物容重器或 HGT-1000 型谷物容重器（漏斗下口直径为 40 mm）：主要由谷物筒、中间筒、容量筒（1 L）、排气砣、插片、平衡锤（小标尺刻度 0～100 g，大标尺刻度

0～900 g，大游锤、小游锤）、立柱、横梁支架、木箱、专用铁板底座等部件组成。

2）天平：感量 0.1 g。

2. 试样制备 从平均样品中分取试样约 1000 g，按上筛层 12.0 mm，下筛层 3.0 mm 配置筛层，分两次进行筛选，取下层筛的筛上物混匀作为测定容重的试样。

3. 操作步骤

1）打开箱盖，取出所有部件，盖好箱盖。选用下口直径为 40 mm 的漏斗，按照使用说明书进行安装、校准。

2）在箱盖的插座上安装立柱，将横梁支架安装在立柱上，并用螺丝固定，再将不等臂式双梁安装在支架上。

3）将装有排气砣的容量筒挂在吊环上，将大游锤、小游锤移至零点处，检查空载时的零点。如不平衡，则转动平衡锤调整至平衡。

4）取下容量筒，倒出排气砣，将容量筒安装在铁板底座上，插上插片，放上排气砣，套上中间筒。

5）将制备的试样倒入谷物筒内，装满刮平。再将谷物筒套在中间筒上，打开漏斗开关，待试样全部落入中间筒后关闭漏斗。用手握住谷物筒与中间筒的结合处，平稳地抽出插片，使试样与排气砣一同落入容量筒内，再将插片平稳地插入豁口槽中，依次取下谷物筒，拿起中间筒和容量筒，倒净插片上多余的试样，抽出插片，将容量筒挂在吊环上称重。

4. 结果计算 检验结果为整数，2 次实验结果允许差不超过 3 g/L，求其平均数，即为测定结果。

有关玉米商品品质中的色泽、气味、口味评价参见 GB/T 5492—2008。

第六章　马铃薯品质分析原理与方法

马铃薯(potato)是仅次于玉米、小麦、水稻的世界第四大粮食作物，而中国的马铃薯总产量和种植面积一直居世界首位。马铃薯既是优良的粮、优秀的菜，又是出色的果，它富含淀粉、优质蛋白、矿物质、维生素、膳食纤维，且低热量、低脂肪。2015 年，中国启动马铃薯主粮化战略，把马铃薯加工成馒头、面条、米粉等主食。马铃薯主食化将实现马铃薯由副食消费向主食消费转变、由原料产品向产业化系列制成品转变。此外，将马铃薯作为主食，能极大地改善中国人民的营养膳食水平，并可预防肥胖、糖尿病、心脑血管疾病。随着马铃薯在国家粮食安全战略中地位的提升，对马铃薯品质的要求愈加提高，马铃薯品质分析在马铃薯的育种、栽培、生产、贸易、加工等方面都具有重要意义。

第一节　马铃薯品质概述

一、马铃薯外观品质

马铃薯商品薯块茎的外观品质包括块茎整齐度，块茎大小，薯形，芽眼深浅、多少，薯皮光滑度、皮色、肉色等，它们的鉴定可参照农业部标准《农作物种质资源鉴定技术规程 马铃薯》(NY/T 1303—2007)执行。

(一) 薯形

在收获当日，按图 6-1 以最大相似原则确定薯形。具体薯形分为扁圆形、圆形、卵形、倒

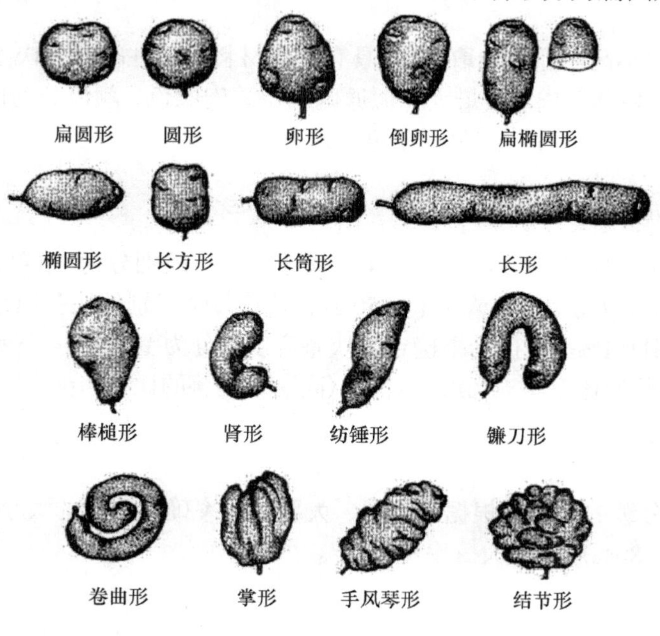

图 6-1　薯形

卵形、扁椭圆形、椭圆形、长方形、长筒形、长形、棒槌形、肾形、纺锤形、镰刀形、卷曲形、掌形、手风琴形、结节形。

（二）皮色

在收获当日，观察未经日光晒过、健康块茎的表皮颜色。在正常光照条件下，按最大相似原则确定薯皮颜色，颜色分为乳白色、浅黄色、黄色、褐色、浅红色、红色、紫色、深紫色、红杂色、紫杂色。

（三）芽眼深浅

在收获当日，于小区内随机选取20个具有种质材料典型性的健康块茎，观察芽眼，芽眼深浅分为凸起（芽眼凸出块茎表面）、浅（无明显凹陷）、中（有较明显凹陷）、深（有明显凹陷）。

（四）芽眼色

在收获当日，观察块茎芽眼颜色，分为白色、黄色、粉红色、红色、紫色。

（五）芽眼多少

计数每个块茎的芽眼数，结果以平均值表示，精确到整数位，芽眼多少分为少（芽眼数＜7）、中（7≤芽眼数≤眼数）、多（芽眼数＞12）。

（六）薯皮光滑度

在收获当日，观察健康块茎的表皮。薯皮光滑度分为光滑（表皮光滑，无网纹）、中（表皮较光滑，有网纹）、粗糙（表皮粗糙，有重麻皮）。

（七）肉色

在收获当日，于小区内随机选取20个具有种质材料典型性的健康块茎，切开块茎，在正常光照条件下，观察块茎薯肉。按最大相似原则确定薯肉颜色，颜色分为白色、奶油色、浅黄色、黄色、深黄色、红色、部分红色、紫色、部分紫色。

（八）块茎整齐度

在收获当日，称重收获的薯块，按照薯块大小分级，级别分为大（单薯质量＞150 g）、中（50 g≤单薯质量≤150 g）、小（单薯质量＜50 g），计算每个级别的块茎质量占小区块茎总质量的比率，结果精确到0.1%。根据结果确定薯块整齐度，分为整齐（同一级别薯的比率＞80%）、中（60%≤同一级别薯的比率≤80%）、不整齐（同一级别薯的比率＜60%）。

（九）块茎大小

采用上述称重分级的样品，根据小、中、大薯的比率确定块茎的大小，分为小（小薯率≥80%）、中（中薯率≥80%）、大（大薯率≥80%）。

（十）块茎产量

收获期（收获块茎的当日），称量小区收获的块茎，结果以平均值表示，精确到 0.1 kg。再换算成每公顷产量，精确到整数位。

（十一）休眠性

收获当日，随机选取 20 个健康块茎，于（20±2）℃、相对湿度 93%～95%的黑暗条件下贮存。记录 75%的块茎幼芽萌动（芽长 2 mm）的日期，计算收获至萌动的天数。结果以平均值表示，精确到整数位。休眠性分为无（收获后即可萌动发芽）、短（收获至萌动天数≤45 d）、中（46 d≤收获至萌动天数≤75 d）、长（收获至萌动天数≥76 d）。

二、马铃薯营养品质

马铃薯块茎营养品质一般是指马铃薯块茎的质量表现，与马铃薯品种品质有关的各种参数称为品质指标，主要有干物质、碳水化合物（淀粉、还原糖、蔗糖、膳食纤维）、蛋白质、氨基酸、矿物质、维生素、次生代谢产物（龙葵素、酚类、花色苷）等（表 6-1）。

表 6-1　100 g 鲜马铃薯中的营养成分

营养成分	蛋白质	碳水化合物	胡萝卜素	硫氨素	维生素 C	粗纤维	脂肪	
质量	2.3 g	16.6 g	0.01 mg	0.03 mg	16 mg	0.3 g	0.1 g	
钙	镁	锌	铁	钾	钠	铜	磷	硒
11 mg	2.29 mg	17.4 mg	1.2 mg	1.02 mg	2.2 mg	17.4 mg	64 mg	2.87 mg

（一）干物质

马铃薯块茎的干物质（dry matter）含量一般占总质量的 25%左右，干物质含量直接关系到块茎的营养品质和加工品质，但干物质含量过高会使加工出来的产品过硬。一般鲜食块茎对于干物质含量的要求为 20%～21%，煎炸食品为 20%～24%，油炸和干制品为 22%～25%。

（二）碳水化合物

马铃薯块茎中的碳水化合物（carbohydrate）可分为淀粉（starch）、非淀粉性多糖（膳食纤维，dietary fibre）和可溶性糖（soluble sugar）（非还原糖和还原糖），其中淀粉占块茎干重的 60%～80%，非淀粉性多糖占 5.6%左右，非还原糖（主要为蔗糖）和还原糖（葡萄糖、果糖、麦芽糖、乳糖等）则分别占干重的 0.25%～1.5%和 0.25%～3.0%。

马铃薯块茎中的淀粉是人们食用马铃薯主要获取的营养物质。马铃薯淀粉在糊化之前属于抗性淀粉，抗性淀粉不能被小肠中的淀粉酶水解，几乎不能被消化吸收，而糊化之后很容易被消化吸收，糊化过后返生的马铃薯淀粉可视为膳食纤维，同样不能被消化吸收。抗性淀粉具有多种功效，能够降低糖尿病患者餐后的血糖值，从而有效控制糖尿病；可增加粪便体积，对于便秘等肛肠疾病有良好的预防作用；还可将肠道中有毒物质稀释从而预防癌症的发生。

马铃薯淀粉包含直链淀粉和支链淀粉，其中支链淀粉是马铃薯的主要淀粉。马铃薯淀粉具有优良的特性和独特的用途，其平均粒径大、粒径分布范围广；糊化温度低、膨胀容易，糊化时吸水、保水力大；糊浆最高黏度及透明度高，在加工面食类、水畜产制品、小糕点、颗粒粉、变性淀粉等制品中利用，具有独特的效果。这为马铃薯主食化的实施奠定了优良的基础。

糖是马铃薯块茎中的主要甜味物质，而还原糖含量是马铃薯育种、深加工的重要指标，还原糖含量不仅影响其营养价值，还影响马铃薯炸片、炸条的加工工艺和食品品质，还原糖含量越低，炸片（条）的颜色越好。加工型马铃薯要求还原糖的含量要低，最好在0.3%以下，因为在油炸过程中还原糖与含氮化合物的α-氨基酸进行美拉德反应（Maillard reaction），使薯片（薯条）变黑。薯肉变黑的程度取决于还原糖的含量，当块茎还原糖含量超过0.5%时就不能用于工业加工。

马铃薯块茎中含有丰富的膳食纤维，并含有丰富的钾盐，属于碱性食品。膳食纤维是来自植物细胞壁的非淀粉多糖，是一类不为人体所消化的化合物，如纤维素、半纤维素、果胶等。因此，胃肠对马铃薯的吸收较慢，马铃薯被食用后，停留在肠道中的时间比米饭长得多，所以更具有饱腹感，同时它还能帮助带走一些油脂和垃圾，具有一定的通便排毒作用。

（三）蛋白质和氨基酸

马铃薯蛋白质的营养价值相当于鸡蛋的蛋白质，容易消化、吸收，优于其他作物的蛋白质。而且组成马铃薯蛋白质的氨基酸（amino acid）有18种，其中包括所有人体必需的氨基酸。马铃薯蛋白质可分为马铃薯块茎特异蛋白Patatin蛋白（分子质量为40～45kDa，约占马铃薯总蛋白质含量的30%～40%）、蛋白酶抑制剂（分子质量为5～25kDa，约占马铃薯总蛋白质含量的40%～50%）和其他蛋白质（分子质量为50kDa以上，约占马铃薯总蛋白质含量的10%～20%）三大类，其中蛋白酶抑制剂含量占马铃薯总蛋白质的40%～50%。新鲜马铃薯块茎蛋白质含量一般为1.5%～2.3%。马铃薯块茎蛋白质含量与干物质含量和淀粉含量成反比。

马铃薯蛋白质的营养价值高是因为必需氨基酸含量高，如赖氨酸、苏氨酸和色氨酸。赖氨酸含量高使马铃薯作为主食非常具有吸引力，谷物蛋白如作为主食的水稻和小麦缺乏赖氨酸，因此将马铃薯作为主食正好能弥补米饭、面条和馒头等的缺陷。然而，马铃薯蛋白质中甲硫氨酸和半胱氨酸的含量都很低，其中半胱氨酸含量低对由其加工成面条、馒头的加工性能造成了严重的影响。但是近年有研究表明，马铃薯蛋白质含硫氨基酸含量低的缺陷可以通过分子育种技术来解决。

（四）矿物质

马铃薯是不同膳食矿物质（mineral substance）的重要来源，它含有钾（K）、镁（Mg）、钙（Ca）、磷（P）、铁（Fe）、锌（Zn）、锰（Mn）和铜（Cu）等元素。马铃薯是富钾作物，钾元素是人体必需的常量元素，其与钠一起作用，维持体内水分的平衡和心率正常。镁元素是人体必需的常量元素，其维持心脏、血管的健康，还是人体内300多种酶的激活剂。钙元素是构成人体骨骼和牙齿的主要成分，且在维持人体循环、呼吸、神经、内分泌、消化、血液、肌肉、骨骼、泌尿、免疫等各系统正常生理功能中起重要调节作用。磷和钙一样，是组成人体骨骼和牙齿的重要成分，也是DNA、RNA、细胞膜的组成成分，此外，磷能调节体内酸碱平衡和维持机体正常的渗透压。铁元素是血红蛋白的组成部分，是血液中输送与交换氧的重要元素，同时也是许多酶的组成成分和氧化还原反应酶的激活剂。锌元素是构成人体多种蛋白质所必需的元素，其维持细胞膜的稳定性，是200多种酶的激活剂，参与核酸代谢和能量代谢进程。锰元素是组成酶的元素，是多种酶系统的辅助因子，合成维生素并参与人体糖、脂的代谢。铜元素是创造红细胞和血红蛋白的重要元素，与血的代谢有重要关系，它是血红蛋白的活化剂，参与许多酶的代谢。

（五）维生素

马铃薯含有多种维生素（vitamin），包括维生素 A（胡萝卜素）、维生素 B_1（硫胺素）、维生素 B_2（核黄素）、维生素 B_3（泛酸）、维生素 B_5、维生素 B_6（吡哆醇）、维生素 B_9（叶酸）、维生素 PP（烟酸）、维生素 C（抗坏血酸）、维生素 H（生物素）、维生素 K（凝血维生素）等。马铃薯所含的维生素是所有粮食作物中最全的，其含量是胡萝卜的 2 倍，大白菜的 3 倍，番茄的 4 倍，B 族维生素更是苹果的 4 倍。马铃薯含有禾谷类粮食所没有的胡萝卜素和维生素 C。新鲜马铃薯块茎维生素 C 含量达 0.02%～0.04%，比去皮的苹果高 50%，且耐加热。成年人每天食用 0.25 kg 的新鲜马铃薯，即可满足人体一昼夜所需的维生素。

维生素 A 可以维持正常视觉功能和骨骼的正常生长发育，维护上皮组织细胞的健康和促进免疫球蛋白的合成。马铃薯对于眼部的健康特别重要，还可降低与年龄相关的黄斑变性风险。

维生素 B_6 也是许多酶的辅助因子，特别是在蛋白质代谢中发挥重要作用，也是叶酸代谢的辅助因子。维生素 B_6 具有抗癌活性，也是很强的抗氧化剂，并在免疫系统和神经系统中参与血红蛋白的合成，以及参与脂质和糖代谢。维生素 B_6 缺乏可能导致的后果包括贫血、免疫功能受损、抑郁、精神错乱和皮炎等。

马铃薯是膳食维生素 B_6 的重要来源。马铃薯中含有丰富的维生素 B_6 和大量的优质纤维素，而这些成分在人体的抗老防病过程中有着重要的作用。

叶酸也叫维生素 B_9，是一种水溶性的维生素。叶酸缺乏与神经管缺陷（如脊柱裂、无脑畸形）、心脑血管疾病、巨幼红细胞贫血和一些癌症的风险增加息息相关。不幸的是，叶酸摄入量在全世界大多数人口中仍然不足，甚至是在发达国家。因此，迫切需要在主食中增加叶酸的含量并提高其生物利用度。

马铃薯在饮食中是一个很重要的叶酸来源。在芬兰，马铃薯是饮食中叶酸的最佳来源，提供总叶酸摄入量高于 10%。Hatzis 等在希腊人口中检测血清中的叶酸状况与食品消费之间的关联，研究表明，增加马铃薯的消费量与降低血清叶酸风险相关。

维生素 C 对众多酶而言是一种辅助因子，用作电子提供体，在植物的活性氧解毒中起重要作用。维生素 C 缺乏最典型的疾病是坏血病，在严重的情况下还会出现牙齿脱落、肝斑、出血等症状。马铃薯含有丰富的维生素 C，而且热量高。可在提供营养的前提下，代替由于过多食用肉类而引起的食物酸碱度失衡。多吃马铃薯可以使人宽心释怀，保持好心情。因此，马铃薯被称为吃出好性情的“宽心金蛋”。但是，维生素 C 在温度超过 70℃以上时就开始受到破坏，在烹调加工马铃薯时不宜长时间高温处理。

从营养角度来看，马铃薯比大米、面粉具有更多的优点，能供给人体大量的热能，可称为“十全十美的食物”。人只靠马铃薯和全脂牛奶就可以维持生命和健康。因为马铃薯的营养成分非常全面，营养结构也较合理，只是蛋白质、脂肪、钙和维生素 A 的含量稍低，而这正好由全脂牛奶来补充。

（六）次生代谢产物

马铃薯含有多种次生代谢产物（secondary metabolic product）。马铃薯的植株和块茎中含有一种有毒性的甾类生物碱配糖衍生物，国外称为总糖苷生物碱（total glycoalkaloid，TGA），国内常称为龙葵素、龙葵碱、茄碱、颠茄碱、马铃薯毒素等。龙葵素并不是单一成分，主要是由茄啶（solanidine）为糖苷配基构成的茄碱（solanine）和卡茄碱（chaconine）等共计 6 种不同的糖苷生物碱组成，其中 95%为α-茄碱和α-查茄碱。龙葵素含量越低，马铃薯品质越好。新鲜块茎龙葵素含量极低，不会中毒，但当其见光变绿或者发芽后，马铃薯块茎中的龙葵素含量就会急剧上升，当达到每 100 g 鲜重（fresh weight，FW）10～15 mg 时，食用有明显的麻苦味；含量超过每 100 g 鲜重 20 mg 时，食后则有中毒或致畸（孕妇）的危险，表现为：先有咽喉部位刺痒或灼热感，上腹部烧灼感或疼痛，继而出现恶心、呕吐、腹泻等胃肠炎症状，中毒较深者可因剧烈呕吐、腹泻而有脱水、电解质紊乱和血压下降症状，此外，还常伴有头晕、头痛、轻度意识障碍等，重症者还会出现昏迷和抽搐，最后因心脏衰竭、呼吸中枢麻痹而导致死亡。因此，马铃薯块茎发芽多的或皮肉变黑绿者不能食用。发芽不多者，可剔除芽及芽眼部，去皮后水浸 30～60 min，高温烹调，并适当加些醋，既可调味又可中和生物碱。目前，一般要求新选育的马铃薯品种龙葵素含量不得超于每 100 g 鲜重 20 mg。

酚类化合物（phenolic compound）是马铃薯的次生代谢产物，块茎中的总酚含量占干重的 0.1%～0.3%，芽中的含量高达 0.8%，其中约 90%是绿原酸（chlorogenic acid），它是由咖啡酸与奎尼酸组成的缩酚酸。其他的包括芥子酸、咖啡酸、阿魏酸、单宁、花青素、酪氨酸、香豆酸、7-羟基-6-甲氧基香豆素、6-羟基-7-甲氧基香豆素及黄酮。

酶促褐化反应是一种在多酚氧化酶（PPO）的催化作用下将单分子酚类化合物氧化成醌后，再将醌转化为黑色素的过程。随着马铃薯产业化程度越来越高，规模化生产带来的损伤、损伤后酶促褐变问题也集中凸现出来。马铃薯的损伤首先引起马铃薯块茎感官品质的降低，同时绿原酸等酚酸的损耗也降低了马铃薯的营养价值，从而降低了马铃薯的商品价值。绿原酸与 PPO 的结合能力很强，是酶促褐变反应的主要底物。研究马铃薯损伤褐变与酚酸的关系，需要对主要底物和具有强抗氧化性的绿原酸等酚酸进行定量研究。

除了普通马铃薯外，还有一类彩色马铃薯（colored potato，pigmented potato），它们是指块茎的皮和（或）肉为红色、橙色、紫色、蓝色或者黑色的马铃薯。彩色马铃薯块茎皮色的形成是由于在周皮和皮层外围存在花色苷（anthocyanin）。花色苷是自然界一类广泛存在于植物中的水溶性天然色素，属黄酮多酚类化合物，由花色素与糖以糖苷键结合而成，是一类具有保健功能的活性成分。花色苷的结构是其生物活性的基础，其颜色、稳定性和功能随羟基（—OH）、甲氧基（—OCH_3）、糖结合的位置及数目和花色素种类的不同而有所差异。Lachman 等对捷克和瑞士的 15 个红色、紫色马铃薯品种的总花色苷和水解后的花色素（anthocyanidin）含量及它们的抗氧化性进行了测定，结果表明总花色苷和水解后的花色素含量与抗氧化性呈高度正相关。

Rodriguez-Saona 等采用紫外-可见分光光度法对 33 个红色马铃薯品种的花色苷含量进行测定，发现其含量为每 100 g 鲜重 2.4～40.3 mg。Brown 等的研究也表明，红色、紫色马铃薯总花色苷含量为每 100 g 鲜重 9～38 mg。Lewis 等的研究表明，紫色普通栽培变种‘Urenika’的花色苷含量高达每 100 g 鲜重 368 mg，红皮品种为每 100 g 鲜重 22 mg，其中紫色马铃薯薯皮的花色苷含量高达每 100 g 鲜重 900 mg，红色马铃薯薯皮含量为每 100 g 鲜重 500 mg。Gisela 对 31 种彩色马铃薯的块茎、薯皮、薯肉分别进行了研究，发现在紫罗兰色马铃薯中薯皮的花色苷含量是整个块茎的 2.1 倍，是薯肉的 2.9 倍。在红色马铃薯中，薯皮的花色苷含量是整个块茎的 2.5 倍，是薯肉的 3 倍，研究还发现花色苷在彩色马铃薯中的分布也存在很大差异，花色苷主要存在于薯皮中。Lachman 等测定的 15 个彩色马铃薯的总花色苷含量为每 100 g 鲜重 0.7～74.3 mg，且各个品种富含的花色苷种类有很大差异，它们的抗氧能力也各不相同。

三、马铃薯加工品质

马铃薯是粮菜兼用型作物，马铃薯块茎含有丰富的营养，素有“地下苹果”“第二面包”之称。随着人们生活水平的提高和生活节奏的加快，方便、营养的马铃薯食品越来越受到消费者青睐。马铃薯既可以鲜食，又可以加工成薯片、薯条作为速食休闲食品，还可以加工全粉、淀粉，也可以进行马铃薯主食化加工。不同加工用途对马铃薯的品质要求不完全相同。

(一)鲜食型马铃薯

在我国，马铃薯作为鲜食占较大比例。对鲜食型马铃薯的品质要求主要有：薯形好，薯圆或椭圆，芽眼浅，商品率达85%以上，薯块大，表皮光滑，干物质含量15%～17%，维生素C含量每100 g鲜薯25 mg左右，粗蛋白质含量2%以上，龙葵素含量每100 g鲜薯不超过10 mg为佳(达到10～15 mg时，食用有明显的麻苦味；含量超过20 mg时，食后有中毒或致畸的危险)，炒食、蒸食风味、口感好，耐贮运。

(二)薯片、薯条加工型马铃薯

薯片(potato chip)是一种由马铃薯制成的零食，制作方法是把马铃薯去皮后切为薄片，然后炸或烤至脆口并加以调味即可，薯片已成为很多国家零食市场的重要部分。

薯条(french fries)是一种以马铃薯为原料，切成条状后油炸而成的食品，是现在最常见的快餐食品之一，流行于世界各地。

对薯片、薯条加工型马铃薯的品质要求主要有：马铃薯收获时还原糖含量不高于0.25%，在冬季正常贮藏条件下，经2个月贮藏后还原糖含量不高于0.4%，块茎淀粉含量在14%以上，块茎大小适中、均匀，芽眼浅而少，分布均匀，不宜有牙缘及着色。薯块圆厚，呈圆球形或扁圆形，薯块大小以薯中央直径5.0～7.6 cm、质量100～180 g为宜。

(三)淀粉加工型马铃薯

鲜马铃薯的淀粉含量一般为9%～25%，是提取淀粉的重要原料之一。马铃薯淀粉与其他种类的淀粉在物理化学性能及应用上均存在较大的差异。马铃薯淀粉由于具有糊化温度低、黏度高、透明度高、膨胀度大等特性，被广泛应用于食品、医药、化工、纺织、造纸、饲料、铸造、石油钻探等众多工业领域。对淀粉加工型马铃薯的要求是淀粉含量达到20%以上。

(四)全粉加工型马铃薯

马铃薯全粉是马铃薯的主要深加工产品之一，涵盖了新鲜马铃薯块茎除薯皮以外的全部干物质，有效保留了马铃薯的营养价值和天然风味，可作为最终产品直接使用，也可作为其他食品深加工的基础原料和配料，提高食品的营养价值和产品的附加值。以一定比例的马铃薯全粉制作馒头、面条、米粉、面包和糕点等大众主食产品，是马铃薯主食化的主要途径。第一代马铃薯主食产品中马铃薯全粉的用量约为 20%～30%，第二代马铃薯主食产品中马铃薯全粉的用量达到45%以上。

马铃薯全粉分为熟化全粉和生粉。传统的马铃薯全粉加工工艺是以新鲜马铃薯为原料，经清洗、去皮、切片、漂洗、预煮、冷却、蒸煮、捣泥等工艺过程，经脱水干燥而得的细颗粒状、片屑状或粉末状产品，这种经过高温蒸煮处理加工成的马铃薯全粉为熟化全粉。马铃薯生粉的制备工艺是经去皮、切丁、护色、干燥、研磨制得。马铃薯熟化全粉的糊化度高，而生粉的糊化度较低。

生产马铃薯全粉需选用芽眼浅、薯形好、薯肉白、干物质含量高、还原糖含量低、营养丰富、龙葵素含量低的品种。一般要求全粉加工型马铃薯的淀粉含量要达到18%以上，还原糖含量不高于0.3%。

四、马铃薯商品品质

（一）马铃薯商品薯等级判定指标

国家标准 GB/T 31784—2015《马铃薯商品薯分级与检验规程》对不同用途（鲜食、薯片加工、薯条加工、全粉加工、淀粉加工）的马铃薯商品薯，从马铃薯薯块大小或质量、腐烂、杂质、缺陷、薯片油炸次品率、炸条颜色不合格率、干物质含量、淀粉含量等方面，来判定马铃薯的商品等级。

1. 薯块大小或质量　马铃薯薯块大小（cm）或质量（g）影响薯块的加工性能，是重要的商品品质指标。鲜食型商品薯要求单个马铃薯质量达到75 g以上。淀粉加工型和全粉加工型商品薯对薯块大小要求低一些，全粉加工型商品薯要求马铃薯块茎的最小直径不小于4 cm。

2. 腐烂　马铃薯腐烂是指由软腐病、湿腐病、晚疫病、青枯病、干腐病、冻伤等造成的薯块腐烂。以腐烂薯的质量百分率（%）来衡量。

3. 杂质　杂质（impurity）是指脱落的马铃薯皮、芽、泥土及其他外来物。以杂质的质量百分率（%）来衡量。

4. 缺陷

（1）机械损伤（mechanical injury）　是指马铃薯块茎在收获、运输和贮藏过程中由外力所造成的目测可见的伤害。以机械损伤薯的质量百分率（%）来衡量。

（2）青皮（greening）　是指马铃薯受到光照而引起的薯皮或薯肉变绿。以青皮薯的质量百分率（%）来衡量。

（3）发芽　是指商品薯的萌芽情况。以萌芽薯的质量百分率（%）来衡量。

（4）畸形　是指马铃薯形状畸形，不符合该品种块茎原有形态特征。畸形马铃薯不便于清洗、去皮、加工等操作。以畸形薯的质量百分率（%）来衡量。

（5）疮痂病　是马铃薯块茎表面出现近圆形至不定形木栓化疮痂状淡褐色病斑或斑块，手摸质感粗糙，一般分为两种发病症状，分别是网纹状病斑和裂口状病斑。病斑占块茎表面积的20%以上或病斑深度达2 mm时为病薯。以疮痂病薯的质量百分率（%）来衡量。

（6）黑痣病　黑痣病又称黑色粗皮病、茎溃疡病，是重要的土传真菌性病害，主要表现为在马铃薯表皮上形成黑色或暗褐色的斑块，即黑痣病菌核。病斑占块茎表面积的20%以上时为病薯。以黑痣病薯的质量百分率（%）来衡量。

（7）虫伤　是指马铃薯受到害虫伤害的情况。以虫伤薯的质量百分率（%）来衡量。

（8）总缺陷　是指存在机械损伤、青皮、发芽、畸形、疮痂病、黑痣病、虫伤等各种缺陷马铃薯的总和。以质量百分率（%）来衡量。

5. 薯片油炸次品率　油炸次品率是薯片加工型马铃薯的重要指标，是指通过油炸表现出异色、斑点的薯片质量占总炸片质量的百分率。

6. 炸条颜色不合格率　是炸条加工型马铃薯的重要指标，根据比色板对比，炸条颜色≥3 级为不合格，炸条颜色不合格率是不合格薯条质量占总炸条质量的百分率。

7. 干物质含量　马铃薯块茎的干物质含量一般占总重的 25%左右，干物质含量的高低直接关系到块茎的营养品质和加工品质的高低。一般鲜食块茎对于干物质含量的要求为 20%～21%，煎炸食品为 20%～24%，油炸和干制品为 22%～25%。

8. 淀粉含量　淀粉是马铃薯块茎中最主要的有用成分，与干物质含量呈极显著正相关。

（二）马铃薯商品薯分级标准

国家标准 GB/T 31784—2015《马铃薯商品薯分级与检验规程》规定了不同用途(鲜食、薯片加工、薯条加工、全粉加工、淀粉加工)的马铃薯商品薯的分级指标。

马铃薯商品薯的等级分为一级、二级、三级 3 个级别，按照用途主要分为鲜食型、薯片加工型、薯条加工型、全粉加工型、淀粉加工型等。

各级别判定方法：①抽检样品应根据商品薯用途按照表 6-2～表 6-6 中的指标进行级别判定；②抽检样品的检测值完全符合表 6-2～表 6-6 中的检测指标，则判定为相应的级别；③其中任何一项检测值不符合表 6-2～表 6-6 中的检测指标时，则按不符合的检测值定级，判定时以最低检测值指标定级；④达不到三级检测指标要求的产品为等外品。

1. 鲜食型　鲜食型商品薯分级指标见表 6-2。

表 6-2　鲜食型商品薯分级指标

检测项目		一级	二级	三级
质量		150g 以上≥95%	100g 以上≥93%	75g 以上≥90%
腐烂/%		≤0.5	≤3	≤5
杂质/%		≤2	≤3	≤5
缺陷	机械损伤/%	≤5	≤10	≤15
	青皮/%	≤1	≤3	≤5
	发芽/%	0	≤1	≤3
	畸形/%	≤10	≤15	≤20
	疮痂病/%	≤2	≤5	≤10
	黑痣病/%	≤3	≤5	≤10
	虫伤/%	≤1	≤3	≤5
	总缺陷/%	≤12	≤18	≤25

注：腐烂. 由软腐病、湿腐病、晚疫病、青枯病、干腐病、冻伤等造成的腐烂；疮痂病. 病斑占块茎表面积的 20%以上或病斑深度达 2 mm 时为病薯；黑痣病. 病斑占块茎表面积的 20%以上时为病薯；发芽指标不适用于休眠期短的品种；本表中质量指标不适用于品种特性结薯小的马铃薯品种

2. 薯片加工型　薯片加工型马铃薯的基本要求：圆形或卵圆形、芽眼浅；还原糖含量小于 0.2%；蔗糖含量小于 0.15 mg/g。薯片加工型商品薯分级指标见表 6-3。

表 6-3　薯片加工型商品薯分级指标

检测项目	一级	二级	三级
大小不合格率/%	≤3	≤5	≤10
腐烂/%	≤1	≤2	≤3
杂质/%	≤2	≤3	≤5

续表

检测项目		一级	二级	三级
品种混杂/%		0	≤1	≤3
缺陷	机械损伤/%	≤5	≤10	≤15
	青皮/%	≤1	≤3	≤5
	空心/%	≤2	≤5	≤8
	内部变色/%	0	≤3	≤5
	畸形/%	≤3	≤5	≤10
	虫伤/%	≤1	≤3	≤5
	疮痂病/%	≤2	≤5	≤10
	总缺陷/%	≤7	≤12	≤17
油炸次品率/%		≤10	≤20	≤30
干物质含量/%		21.00～24.00	20.00～20.99	19.00～19.99

注：大小不合格率. 指块茎的最短直径不是 4.5～9.5 cm 的块茎所占百分率；腐烂. 由软腐病、湿腐病、晚疫病、青枯病、干腐病、冻伤等造成的腐烂；疮痂病. 病斑占块茎表面积的 20%以上或病斑深度达 2 mm 时为病薯；油炸次品率. 通过油炸表现出异色、斑点的薯片质量占总炸片质量的百分率

3. 薯条加工型　薯条加工型马铃薯的基本要求：长形或椭圆形、芽眼浅；还原糖含量小于 0.25%；蔗糖含量小于 0.15 mg/g。薯条加工型商品薯分级指标见表 6-4。

表 6-4　薯条加工型商品薯分级指标

检测项目		一级	二级	三级
大小不合格率/%		≤3	≤5	≤10
腐烂/%		≤1	≤2	≤3
杂质/%		≤2	≤3	≤5
品种混杂/%		0	≤1	≤3
缺陷	机械损伤/%	≤5	≤10	≤15
	青皮/%	≤1	≤3	≤5
	空心/%	≤2	≤5	≤10
	内部变色/%	0	≤3	≤5
	畸形/%	≤3	≤5	≤10
	虫伤/%	≤1	≤3	≤5
	疮痂病/%	≤2	≤5	≤10
	总缺陷/%	≤7	≤12	≤17
炸条颜色不合格率/%		0	≤10	≤20
干物质含量/%		21.00～23.00	20.00～20.99	18.50～19.99

注：大小不合格率. 茎轴长度不是 7.5～17.5 cm 的块茎所占百分率；腐烂. 由软腐病、湿腐病、晚疫病、青枯病、干腐病、冻伤等造成的腐烂；疮痂病. 病斑占块茎表面积的 20%以上或病斑深度达 2 mm 时为病薯；炸条颜色不合格率. 根据比色板对比，炸条颜色≥3 级为不合格，不合格薯条质量占总炸条质量的百分率

4. 全粉加工型　全粉加工型马铃薯的基本要求：块茎还原糖不高于 0.3%；块茎芽眼浅；块茎最小直径不小于 4 cm。全粉加工型商品薯分级指标见表 6-5。

表 6-5　全粉加工型商品薯分级指标

检测项目		一级	二级	三级
腐烂/%		≤1	≤2	≤3
杂质/%		≤3	≤4	≤6
品种混杂/%		≤5	≤8	≤10
缺陷	机械损伤/%	≤5	≤10	≤15
	青皮/%	≤1	≤3	≤5
	空心/%	≤3	≤6	≤10
	内部变色/%	0	≤3	≤5
	畸形/%	≤3	≤5	≤10
	虫伤/%	≤3	≤5	≤10
	疮痂病/%	≤2	≤5	≤10
	总缺陷/%	≤8	≤13	≤18
干物质含量/%		≥21.00	≥19.00	≥16.00

注：腐烂. 由软腐病、湿腐病、晚疫病、青枯病、干腐病、冻伤等造成的腐烂；疮痂病. 病斑占块茎表面积的 20%以上或病斑深度达 2 mm 时为病薯

5. 淀粉加工型　淀粉加工型商品薯分级指标见表 6-6。

表 6-6　淀粉加工型商品薯分级指标

检测项目		一级	二级	三级
腐烂/%		≤1	≤3	≤5
杂质/%		≤3	≤4	≤6
缺陷	机械损伤/%	≤7	≤12	≤17
	虫伤/%	≤3	≤5	≤10
淀粉含量/%		≥16.00	≥13.00	≥10.00

注：腐烂. 由软腐病、湿腐病、晚疫病、青枯病、干腐病、冻伤等造成的腐烂

第二节　马铃薯块茎营养品质分析方法

一、干物质含量的测定

(一)烘干法

1. 仪器和设备　电子天平、恒温干燥箱等。

2. 操作步骤　随机选取有代表性、无损伤、健康块茎 3～5 个(视块茎大小取样)，洗净晾干，切成厚度约为 0.5 cm 的薄片，将薯片均匀混合，称重并记录，置于托盘或信封里，放入恒温干燥箱内，100～105℃杀青 30 min，随后 80℃烘干至恒重，称取干重。

干物质含量计算公式如下。

$$干物质含量(\%)=鲜重/干重\times 100$$

（二）水比重法

本方法是根据水与马铃薯所含的淀粉等干物质的相对密度不同的原理进行的。马铃薯块茎中包含水分和干物质，块茎中水分越多，其相对密度越接近于水，反之块茎中干物质越多，它与水的相对密度相差越大。马铃薯在水中的相对密度与块茎干物质含量存在直接对应的关系。

1. 仪器和设备 天平、大烧杯（水桶）等。

2. 操作步骤 收获后一周内将块茎洗净、晾干（或擦干），从中称出 5 kg 块茎样品（m_1），浸入 17.5℃的水中称重（m_2）（使块茎全部浸没在水中，并避免块茎碰到容器壁）。

3. 结果计算 按以下公式计算块茎相对密度。

$$d=\frac{m_1}{m_1-m_2}$$

式中，d 为块茎的相对密度；m_1 为块茎在空气中的质量（g）；m_2 为块茎在水中的质量（g）。

计算出块茎相对密度（小数点后保留 4 位小数）后，查美尔凯（Mepkep）表（表 6-7），得出干物质含量。重复 3 次，取平均值。

表 6-7 Mepkep 干物质含量表

5 kg 块茎水中质量/g	相对密度	干物质含量/%	淀粉含量/%	5 kg 块茎水中质量/g	相对密度	干物质含量/%	淀粉含量/%
235	1.0493	13.100	7.385	375	1.0811	19.921	14.150
240	1.0504	13.300	7.585	380	1.0822	20.157	14.390
245	1.0515	13.600	7.785	385	1.0834	20.414	14.647
250	1.0526	13.800	8.085	390	1.0846	20.670	14.903
255	1.0537	14.100	8.285	395	1.0858	20.927	15.160
260	1.0549	14.300	8.585	400	1.0870	21.184	15.417
265	1.0560	14.600	8.785	405	1.0881	21.419	15.652
270	1.0571	14.800	8.885	410	1.0893	21.676	15.909
275	1.0582	15.000	9.285	415	1.0905	21.933	16.166
280	1.0593	15.300	9.485	420	1.0917	22.190	16.423
285	1.0604	15.500	9.685	425	1.0929	22.447	16.680
290	1.0616	15.748	9.981	430	1.0941	22.703	16.936
295	1.0627	15.948	10.217	435	1.0953	22.960	17.193
300	1.0638	16.219	10.453	440	1.0965	23.217	17.453
305	1.0650	16.476	10.709	445	1.0977	23.474	17.707
310	1.0661	16.711	10.944	450	1.0989	23.731	17.964
315	1.0672	16.947	11.180	455	1.1001	23.978	18.220
320	1.0684	17.204	11.437	460	1.1013	24.244	18.477
325	1.0695	17.439	11.675	465	1.1025	24.501	18.731
330	1.0707	17.696	11.929	470	1.1038	24.779	19.012
335	1.0718	17.931	12.164	475	1.1050	25.036	19.279
340	1.0730	18.188	12.421	480	1.1062	25.293	19.526
345	1.0744	18.423	12.656	485	1.1074	25.549	19.775
350	1.0753	18.680	12.913	490	1.1086	25.806	20.039
355	1.0764	18.916	13.149	495	1.1099	26.085	20.318
360	1.0776	19.172	13.405	500	1.1111	26.341	20.574
365	1.0787	19.408	13.541	505	1.1123	26.598	20.831
370	1.0799	19.665	13.898	510	1.1136	26.876	21.109

二、碳水化合物的分析测定

(一)总淀粉含量的测定

马铃薯总淀粉含量的测定，目前最常用的方法是比重法和碘比色法，除此之外还有酶水解法和硫酸蒽酮法。其中比重法更为简单易行，不需要太多仪器，在田间就可进行测定。但所需样品量大，方法粗放，结果偏高。

1. 比重法测定总淀粉含量　本方法是根据水与淀粉的相对密度不同的原理进行的，与本节第一条水比重法测定马铃薯干物质含量相同，在测出马铃薯块茎相对密度(小数点后保留4位小数)后，查美尔凯(Mepkep)表(表6-7)，得出淀粉含量。重复3次，取平均值。

2. 碘比色法测定总淀粉含量

(1)原理　淀粉与碘作用变成蓝色。淀粉含量的多少与颜色的深浅呈正相关，颜色越深则代表淀粉含量越高，反之则低。根据这个原理，利用分光光度计进行比色，再通过公式的计算即可得出淀粉的含量。

(2)仪器和设备　电子天平、紫外分光光度度计、刻度试管、容量瓶等。

(3)试剂

1)60%高氯酸：取80 mL 75%高氯酸，加蒸馏水20 mL。

2)碘试剂：称5 g碘化钾溶于50 mL蒸馏水，然后称取2.5 g碘溶于碘化钾溶液中，充分搅拌后即成碘试剂原液。测定时取1份原液加9份蒸馏水稀释后使用。

3)制作标准曲线：在分析天平上称取恒重可溶性淀粉0.1 g，加蒸馏水2 mL调成糊状，边搅边加入60%高氯酸3.2 mL，继续搅拌10 min至全部溶解，定容到250 mL容量瓶中，即得400 mg/kg的原液。量取0.5 mL、1.0 mL、1.5 mL、2.0 mL、2.5 mL、3.0 mL原液分别放入刻度试管中，并加蒸馏水3 mL，各加碘试剂2 mL，摇匀放置5 min，加蒸馏水至10 mL即成20 mg/kg、40 mg/kg、60 mg/kg、80 mg/kg、100 mg/kg、120 mg/kg的标准溶液；用蒸馏水做对照在波长660 nm下比色，以所得吸光度为纵坐标，标准溶液浓度为横坐标，制成标准曲线。

(4)操作步骤　称取马铃薯干粉0.1 g(或鲜薯0.5～1 g)，放在50 mL烧杯中，加蒸馏水2 mL，调成糊状，在搅拌中加入3.2 mL 60%高氯酸，继续搅拌10 min，然后用蒸馏水冲洗到100 mL容量瓶中，加水定容至刻度并摇匀，静置或离心后取上清液1 mL加入刻度试管中，加水3 mL，再加碘试剂2 mL摇动，放置5 min，定容至10 mL，以蒸馏水做对照，放在波长660 nm下比色，得到不同吸光度(若蓝色过深，应稀释后再加碘试剂，作用后比色，如不立即比色，不要事先稀释，可在比色前再稀释)，再用下式计算可得出淀粉含量。

(5)结果计算　按以下公式计算淀粉含量。

$$淀粉含量(\%)=\frac{c\times V_t\times\dfrac{V_2}{V_1}}{m\times10^6}\times100$$

式中，c为根据标准曲线算出的浓度(mg/kg)；V_t为样品定容总体积(mL)；V_1为测定时加入试样体积(mL)；V_2为测定时试样定容体积(mL)；m为样品质量(g)；10^6为mg与kg之间的换算系数。

3. 酶水解法　酶水解法测定马铃薯总淀粉含量的详细测定方法见第二章第四节第一条“酶水解法测定总淀粉含量”。

4. 硫酸蒽酮法

(1)原理　用乙醇溶液去除样品中的可溶性糖，再用高氯酸溶液溶解残留物中的淀粉，使淀粉与其他成分分离，在浓硫酸的作用下，蒽酮与淀粉反应生成蓝绿色的化合物，用分光光度计测定反应液在 640 nm 下的吸光度。

(2) 仪器和设备　电子天平、水浴锅、紫外分光光度计、离心机、烧杯、容量瓶等。

(3) 试剂

1) 80%乙醇溶液。

2) 52%高氯酸溶液。

3) 蒽酮试剂：将 0.4 g 蒽酮溶于 100 mL 浓硫酸溶液中，现用现配。

4) 淀粉标准溶液：将 200 mg 淀粉倒入 100 mL 烧杯中，加入 5 mL 蒸馏水和 65 mL 52%高氯酸溶液，搅拌全部溶解，转入 100 mL 容量瓶中，加水定容，浓度为 2 mg/mL；取上述淀粉标准溶液 10.00 mL 于 250 mL 容量瓶中，加水定容，此淀粉溶液的浓度为 80 μg/mL。

5) 标准曲线制作：在洁净的试管中，分别加入 0.0 μg、10.0 μg、20.0 μg、40.0 μg、60.0 μg、80.0 μg 淀粉标准溶液，每一个浓度 2 个重复，加水调整各试管溶液均为 2.00 mL，在冰水中冷却 2 min，加入 6.00 mL 蒽酮试剂，摇匀，在冰水中冷却 2 min，将试管放入沸水中 5 min，各试管显色呈蓝绿色，取出试管，冷却至室温。用 2.00 mL 蒸馏按照上述操作作为空白参比，于 640 nm 波长下比色，测定各试管溶液的吸光度。以吸光度为横坐标，淀粉浓度为纵坐标，绘制标准曲线，进行曲线拟合，得到吸光度和淀粉浓度之间的回归公式。

(4) 操作步骤

1) 称取 1～2 g 马铃薯块茎干粉于 80 mL 离心管中，称取可溶性淀粉 0.5 g，其中包括 2 个重复，加入 80%乙醇溶液 2 滴使样品湿润。

2) 再加入 5 mL 水摇匀，加入 25 mL 热的 80%乙醇溶液，摇匀后放置 5 min，以 2500 r/min 离心 5 min，倾出上清液。

3) 再用 30 mL 80%乙醇溶液提取 1 次。

4) 于上述残留物中加入 5 mL 水和 30 mL 52%高氯酸溶液，搅拌 10 min，以 2500 r/min 离心 10 min。

5) 将上清液转入 100 mL 容量瓶中，残留物再用 35 mL 52%高氯酸溶液提取，合并提取液，以水定容。

6) 过滤，弃去最初 5 mL 滤液，吸取 4.00 mL 滤液于 100 mL 容量瓶中，加水定容。取上述淀粉提取液 2.00 mL，测定沸水浴显色后溶液的吸光度。

(5) 结果计算　按以下公式计算淀粉含量(%)。

$$\text{淀粉含量}(\%)=\frac{G}{8M}$$

式中，G 为由样品提取液的吸光度经标准曲线回归公式计算出来的淀粉质量(μg)；M 为样品的质量(g)；8 为对稀释倍数、单位换算、百分比等进行综合计算后的系数。

(二) 直链淀粉和支链淀粉含量测定

详细测定方法见第二章第四节第二条“直链淀粉和支链淀粉含量的测定”。

(三) 还原糖含量测定

1. 3, 5-二硝基水杨酸法

(1) 原理　3, 5-二硝基水杨酸与还原糖(各种单糖和麦芽糖)溶液共热后被还原成棕红色的氨基化合物，在一定范围内，还原糖和棕红色物质的颜色深浅程度成一定比例关系，在 460 nm 波

长下测定棕红色物质的吸光度，查标准曲线，便可求出样品中还原糖的含量。

(2)仪器和设备 电子天平、水浴锅、紫外分光光度计、匀浆机、烧杯、容量瓶、具塞刻度试管、离心机等。

(3)试剂

1)1 mg/mL 葡萄糖标准溶液：准确称取 100 mg 分析纯葡萄糖(预先在 80℃烘至恒重)，置于小烧杯中，用少量蒸馏水溶解后，定容转移至 100mL 容量瓶中，以蒸馏水定容至刻度，摇匀，置于冰箱中保存备用。

2)3, 5-二硝基水杨酸试剂：称取 3, 5-二硝基水杨酸 6.3 g，量取 2 mol/L 的 NaOH 溶液 262 mL，加到含有 185 g 酒石酸钾钠的 500 mL 热水溶液中，再加 5 g 结晶酚和 5 g 亚硫酸钠，搅拌溶解。冷却后加蒸馏水定容至 1000 mL，贮于棕色瓶中备用。

3)制作葡萄糖标准曲线：取 7 支 25 mL 具塞刻度试管，编号，按表 6-8 精确加入浓度为 1 mg/mL 的葡萄糖标准液和 3, 5-二硝基水杨酸试剂。将各管摇匀，在沸水浴中加热 5 min，取出后立即放入盛有冷水的烧杯中冷却至室温，再以蒸馏水定容至 25 mL 刻度处，用橡皮塞塞住管口，颠倒混匀。在 540 nm 波长下，用 0 号管调零，分别读取 1～6 号管的吸光度。以吸光度为纵坐标，葡萄糖含量为横坐标，绘制标准曲线，并求得直线方程。

4)80%乙醇等。

表 6-8 3, 5-二硝基水杨酸法测还原糖制作标准曲线的试剂量

管号	0	1	2	3	4	5	6
葡萄糖标准溶液/mL	0	0.2	0.4	0.6	0.8	1.0	1.2
蒸馏水/mL	2.0	1.8	1.6	1.4	1.2	1.0	0.8
3, 5-二硝基水杨酸试剂/mL	1.5	1.5	1.5	1.5	1.5	1.5	1.5
相当于葡萄糖量/mg	0	0.2	0.4	0.6	0.8	1.0	1.2
OD 值							

(4)操作步骤

1)样品中还原糖的提取。

鲜薯：准确称取 15 g 鲜薯，研磨成糊状，放入 100 mL 烧杯中，加入 50 mL 蒸馏水，搅匀，50℃恒温水浴 20 min，使还原糖浸出。离心或过滤，用 20 mL 蒸馏水清洗残渣，再离心或过滤，将两次过滤或离心所得的液体收集到 100 mL 容量瓶中，蒸馏水定容至刻度，混匀，作为还原糖待测液。

干粉：准确称取马铃薯块茎干粉 0.5 g，放入大试管中，加入 30 mL 80%乙醇，85℃水浴 0.5 h，离心(或过滤)，定容至 25 mL 容量瓶中，滤液作为待测液备用。

2)显色和比色：取 3 支 25 mL 刻度试管，编号，分别加入滤液 2 mL，3, 5-二硝基水杨酸试剂 1.5 mL，其余操作均与制作标准曲线相同，测定各管的吸光度。分别在标准曲线上查出相应还原糖的含量。

(5)结果计算 按以下公式计算还原糖含量(%)。

$$还原糖含量(\%)=\frac{C\times\frac{V}{a}}{W\times1000}\times100$$

式中，C 为标准曲线方程求得的还原糖质量(mg)；V 为提取液的体积(mL)；a 为显色时吸取样品液的体积(mL)；W 为样品质量(g)；1000 为 g 与 mg 的换算系数。

2. 斐林试剂比色法

(1) *原理*　还原糖具有醛基和酮基，在碱性、加热的条件下，还原性基团能将斐林试剂中的硫酸铜中的 Cu^{2+}还原成 Cu^{+}，生成 Cu_2O 的红色沉淀，蓝色的斐林试剂溶液因失去部分 Cu^{2+}而脱色。脱色程度与溶液中还原糖含量呈正相关。

(2) *仪器和设备*　电子天平、水浴锅、紫外分光光度计、离心机、移液管、具塞试管、容量瓶、锥形瓶等。

(3) *试剂*

1) 0.1%葡萄糖标准溶液：精确称取于 80℃干燥至恒重的葡萄糖 0.1 g，加蒸馏水溶解，定容至 100 mL 容量瓶中，即为 0.1%葡萄糖标准溶液。

2) 斐林试剂甲：40 g 硫酸铜（$CuSO_4 \cdot 5H_2O$）溶解于蒸馏水中，并用蒸馏水定容至 1000 mL。

3) 斐林试剂乙：称取 200 g 酒石酸钾钠与 150 g 氢氧化钠溶于蒸馏水中，并用蒸馏水定容至 1000 mL。斐林试剂现配现用，使用前将甲液和乙液以 1∶1 的比例混合均匀后再使用，切勿分别加入试样中。

4) 甲基红指示剂、0.1mol/L 氢氧化钠溶液、10%$Pb(Ac)_2$溶液、饱和硫酸钠溶液等。

5) 标准曲线的制作：分别量取 0.1%葡萄糖标准溶液 0 mL、1 mL、2 mL、3 mL、4 mL、5 mL、6 mL，用蒸馏水补充至 6 mL，即得到含葡萄糖为 0 mg、1 mg、2 mg、3 mg、4 mg、5 mg、6 mg 的标准比色系列，依次加入 4 mL 斐林试剂，混合后加塞，于沸水浴中加热 15 min（表 6-9）。取出后用自来水冷却，1500 r/min 离心 15 min。取上清液，用紫外分光光度计在 590 nm 波长下比色，读取吸光度。用空白管的吸光度与不同葡萄糖含量管的吸光度之差作为纵坐标，对应的葡萄糖含量作为横坐标，绘制标准曲线。

表 6-9　斐林试剂法测还原糖制作标准曲线的试剂量

管号	0	1	2	3	4	5	6
0.1%葡萄糖标准溶液/mL	0	1	2	3	4	5	6
蒸馏水/mL	6	5	4	3	2	1	0
斐林试剂/mL	4	4	4	4	4	4	4
葡萄糖浓度/(μg/mL)	0	100	200	300	400	500	600
OD 值							

(4) *操作步骤*

1) 样品中还原糖的提取：称取 0.5 g 鲜薯，研磨成匀浆，转入 100 mL 锥形瓶中，当体积接近 70 mL 左右时，加 2～3 滴甲基红指示剂（用氢氧化钠配制），如呈红色可用 0.1 mol/L 的氢氧化钠中和至微黄色（干粉则称取 0.1 g，在烧杯中用少量水润湿后，用蒸馏水冲洗入 100 mL 锥形瓶中，如显酸性用上述方法中和）。然后将锥形瓶置于 80℃的水浴锅中保温 30 min，其间摇动数次，使还原糖充分浸提出来。蛋白质含量较多的样品，此间可滴加 10% $Pb(Ac)_2$溶液，除去蛋白质，至不再产生白色絮状沉淀时，加饱和硫酸钠溶液除去多余的铅离子。30 min 后取出，冷却，转移至 100 mL 容量瓶，定容至刻度，摇匀后过滤待测。

2) 还原糖含量的测定：取 3 支 10 mL 具塞试管，用移液管分别移取 6 mL 提取液，加 4 mL 斐林试剂并采取和标准曲线同样操作，在 590 nm 波长下比色。最后用不含样品（即不含糖）的空白管的 OD 值减去样品管的 OD 值（空白用蒸馏水），根据此差值在标准曲线上查得糖的含量并乘以样品稀释倍数，计算出单位质量样品中还原糖的百分含量。

（5）结果计算　按以下公式计算还原糖含量（%）。

$$还原糖含量(\%)=\frac{X\times V\times N}{W\times 10^6}\times 100$$

式中，X为根据标准曲线计算所得的还原糖含量（μg/mL）；V为提取液总体积（mL）；N为稀释倍数；W为样品质量（g）；10^6为μg与g的换算系数。

3. 还原糖测定仪法　还原糖测定仪是根据斐林试剂热滴定法测定还原糖含量的原理设计而成的。采用了欧姆加热方式精确控制反应温度，补色光终点判断系统准确判断滴定终点，同时恒定了搅拌力度、滴定速度、蒸发强度等测定条件，自动将生化反应信号转化为电信号，由仪器控制系统自动记录、采样、确定滴定终点，根据终点时消耗标准溶液的量，由控制系统自动计算出样品中的还原糖含量，快速完成还原糖的测定。由于测定的各种条件由计算机控制，因此操作者只需用移液器将微量样品注入反应池即可全自动完成测定过程，并自动显示和打印结果。

（四）可溶性糖含量测定

（1）原理　糖在硫酸作用下生成糠醛，糠醛再与蒽酮作用形成绿色络合物，颜色的深浅与糖含量有关。在625 nm波长下的OD值与糖含量成正比。由于蒽酮试剂与糖反应的呈色强度随时间变化，因此必须在反应后立即在同一时间内比色。

（2）仪器和设备　水浴锅、电子天平、烘箱、容量瓶、锥形瓶、移液管、具塞试管、紫外分光光度计等。

（3）试剂

1）200 μg/mL葡萄糖标准溶液：称取已在80℃烘箱中烘至恒重的葡萄糖200 mg，溶于蒸馏水并定容至100 mL。

2）蒽酮试剂：称取1g蒽酮，溶解于50 mL乙酸乙酯中，并贮于具塞棕色瓶内，当日配制使用，黑暗条件下可以保存数周。

3）葡萄糖标准曲线的制作：取6支具塞试管，分别编号0～5，按表6-10加入各试剂。在上述每支试管中均加入0.5 mL蒽酮试剂，再缓慢加入5 mL浓硫酸，摇匀后打开试管塞，沸水浴10 min，取出冷却至室温，在620 nm波长下比色，测定各管溶液的吸光度，用0号管调零，以吸光度为纵坐标，标准葡萄糖浓度为横坐标，绘制标准曲线。

4）85%乙醇、95%乙醇、活性炭、浓硫酸等。

表6-10　蒽酮法测可溶性糖制作标准曲线的试剂量

管号	0	1	2	3	4	5
葡萄糖标准溶液/mL	0	0.2	0.4	0.6	0.8	1.0
蒸馏水/mL	2.0	1.8	1.6	1.4	1.2	1.0
蒽酮试剂/mL	0.5	0.5	0.5	0.5	0.5	0.5
浓硫酸/mL	5	5	5	5	5	5
葡萄糖浓度/（μg/mL）	0	40	80	120	160	200
OD值						

（4）操作步骤

1）样品中可溶性糖的提取：称取0.5 g鲜薯，研磨成匀浆，转入50 mL具塞试管中，加入

50 mL 95%乙醇(干粉则称取 0.2 g，加入 85%的乙醇)，于 80℃水浴浸提 0.5 h(其间每隔 10 min 摇动一次)。取出试管冷却至室温，5000 r/min 离心 3min，将上清液移入 100 mL 容量瓶中，残渣再用 85%乙醇重复提取 2 次(每次 15～20 mL，浸提 15 min)，合并上清液。在上清液中加 10 mg 活性炭，80℃脱色 30 min，蒸馏水定容，过滤，收集滤液于 100 mL 锥形瓶中，备用。

2) 可溶性糖的测定：移取 10 mL 提取液到 100 mL 容量瓶中，用蒸馏水稀释定容至刻度，转入 100 mL 锥形瓶备用。取 3 支 10 mL 具塞试管，用移液管分别移取 1 mL 提取液，加 1 mL 蒸馏水和 0.5 mL 蒽酮试剂。再缓慢加入 5 mL 浓硫酸(注意：浓硫酸遇水放热)，盖塞后摇匀，沸水浴 10 min(空白用 2 mL 蒸馏水与 0.5 mL 蒽酮试剂混合，再缓慢加入 5 mL 浓硫酸，并与样品一同沸水浴 10 min)。拿出冷却至室温后，在波长 620 nm 下比色，记录吸光度。查标准曲线得知对应的可溶性糖含量(μg)。

(5) 结果计算　按以下公式计算可溶性糖含量(%)。

$$\text{可溶性糖含量}(\%)=\frac{X\times V\times N}{W\times 10^6}\times 100$$

式中，X 为根据标准曲线计算所得的可溶性糖含量(μg/mL)；V 为提取液总体积(mL)；N 为稀释倍数；W 为样品质量(g)；10^6 为μg 与 g 的换算系数。

(五) 纤维素含量测定

1. 粗纤维含量的测定　粗纤维(coarse fiber)含量的详细测定方法见第二章第五节“纤维素含量的测定”。

2. 膳食纤维含量的测定　膳食纤维(dietary fiber)含量的详细测定方法见第八章第五节第八条“大豆膳食纤维含量测定”。由于马铃薯的脂肪含量只有脂肪 0.1%～1.1%，因此在测定膳食纤维时不需要先进行脱脂。

三、蛋白质和氨基酸的测定

(一) 蛋白质含量的测定

蛋白质含量的测定，目前最常用的方法是考马斯亮蓝法和凯氏定氮法，除此之外还有杜马斯(Dumas)燃烧法、双缩脲法和 Folin-酚试剂法。凯氏定氮法和杜马斯燃烧法是先将样品消化后测出含氮量，然后根据氮元素与蛋白质换算系数计算蛋白质的含量，如果添加含氮量高的物质，如三聚氰胺，就可以测出较高的“蛋白质含量”。Folin-酚试剂法是一般实验室中经常使用的方法，这类方法操作简便、迅速、不需要复杂昂贵的设备，又能适合一般实验室的要求，若做一般测定较为适宜，但是容易受到酚类等物质的干扰，且试剂乙的配制较为困难。双缩脲法则灵敏度差，不适合微量蛋白质的测定。而考马斯亮蓝法测定蛋白质含量操作简便，所用试剂较少；显色剂易于配制，灵敏度非常高；可测微克级蛋白质含量；干扰物质少，如糖、缓冲液、还原剂和络合剂等均不影响显色；因此，考马斯亮蓝法是一种比较好的蛋白质定量法。

1. 考马斯亮蓝法测定蛋白质含量

(1) 原理　考马斯亮蓝 G-250 是一种有机染料，在游离状态下呈红色，在稀酸溶液中与蛋白质的碱性氨基酸(特别是精氨酸)和芳香族氨基酸残基结合后变为蓝色，其最大吸收波长从 465 nm 变为 595 nm，蛋白质在 1～1000 μg 时，蛋白质-色素结合物在 595 nm 波长下的吸光度与蛋白质含量成正比，故可用于蛋白质的定量测定。

(2)仪器和设备　电子天平、水浴锅、紫外分光光度计、具塞刻度试管、研钵、容量瓶、锥形瓶、离心机等。

(3)试剂

1)考马斯亮蓝 G-250 试剂：称取考马斯亮蓝 G-250 100 mg 溶于 50 mL 95%乙醇中，加入 100 mL 85% H_3PO_4，蒸馏水定容至 1000 mL，过滤。最终试剂中含 0.01%(*m*/*V*)考马斯亮蓝 G-250，4.7%(*m*/*V*)乙醇，8.5%(*m*/*V*)H_3PO_4。该试剂常温下可保存 1 个月。

2)牛血清白蛋白(1000 μg/mL)：称取 100 mg 牛血清白蛋白，溶于 100 mL 蒸馏水中，配制成标准蛋白质溶液。

3)PBS 缓冲液。

4)标准曲线的制作：取 10 mL 具塞刻度试管，编号，按表 6-11 数据配制牛血清白蛋白标准溶液，混匀。室温放置 2～5 min 后，用 1 cm 光径的比色杯在 595 nm 波长下，用 0 号管调零，分别读取各管吸光度。以吸光度为纵坐标，蛋白质浓度为横坐标，绘制标准曲线，并求得直线方程。

表 6-11　考马斯亮蓝法测蛋白质含量制作标准曲线的试剂量

管号	0	1	2	3	4	5	6
牛血清白蛋白标准溶液/(1000 μg/mL)	0	0.1	0.2	0.4	0.6	0.8	1.0
蒸馏水/mL	2.0	1.9	1.8	1.6	1.4	1.2	1.0
考马斯亮蓝 G-250/mL	5	5	5	5	5	5	5
蛋白质浓度/(μg/mL)	0	100	200	400	600	800	1000
OD 值							

(4)操作步骤

1)样品中蛋白质的提取：称取鲜薯 2 g，放入研钵中，并置于冰上，加入 2 mL PBS 缓冲液，研磨成匀浆，用 PBS 缓冲液冲洗进 50 mL 容量瓶并定容至刻度。摇匀转移到 50 mL 离心管中，浸提 0.5～1 h，5000 r/min 4℃下离心 20 min，上清液转入 100 mL 容量瓶，用蒸馏水定容至刻度，摇匀，转入 100 mL 锥形瓶备用。

2)蛋白质含量的测定：吸取上述蛋白质提取液 0.5 mL 到 10 mL 具塞试管中，加入 5 mL 考马斯亮蓝 G-250 试剂，混匀，室温放置 2～5min 后，用 1 cm 光径的比色杯在 595 nm 波长下比色(比色空白用蒸馏水代替蛋白质提取液与 5 mL 考马斯亮蓝 G-250 试剂混合)，记录 OD 值，求出平均值 OD，从标准曲线上查出所对应样品中蛋白质的浓度(*C*)。

(5)结果计算　按以下公式计算粗蛋白质含量(%)。

$$\text{粗蛋白质含量(\%)} = \frac{X \times V \times N}{W \times 10^6} \times 100$$

式中，*X* 为根据标准曲线计算所得的蛋白质含量(μg/mL)；*V* 为提取液总体积(mL)；*N* 为稀释倍数；*W* 为样品质量(g)；10^6 为μg 与 g 的换算系数。

2. 凯氏定氮法测定蛋白质含量　马铃薯蛋白质是含氮的有机化合物。样品与硫酸和催化剂一同加热消化，释放出二氧化碳、水蒸气和氨气等气体，其中分解的氨与硫酸结合生成硫酸铵。然后碱化蒸馏使氨游离，逸出的氨气被硼酸吸收，使含有指示剂的硼酸溶液颜色发生变化，再用标准酸滴定硼酸接收液至恰好恢复初始的颜色，近而根据消耗标准酸的体积计算氮的含量，最后以 6.25 乘之，便得到样品的蛋白质含量(粗蛋白质含量)。凯氏定氮法测定马铃薯蛋白质含量的原理和仪器和试剂详见本书第二章第一节第一条。具体操作步骤如下。

(1)消解　称取混合均匀的马铃薯块茎干样 0.1 g，装入 250 mL 凯氏瓶的底部，在凯氏瓶上加一个小漏斗，先滴入 1 mL 蒸馏水湿润样品，再加浓硫酸 5 mL，摇匀(放置过夜)。第二天，在电炉上以初始温度 250℃左右先缓缓加热，待浓硫酸分解冒大量白烟时再升高温度(先 330℃再到 380℃)。消煮至溶液呈均匀的棕黑色时(取出消煮管摇晃观察，直到没有固体成分)，取下凯氏瓶，稍冷后提起弯颈漏斗，滴加 30% H_2O_2 10 滴，并不断摇动凯氏瓶，至溶液呈无色或清亮后，再加热 5～10 min(以赶尽剩余的 H_2O_2)，取下凯氏瓶冷却，用少量水冲洗漏斗，洗液流入凯氏瓶中。将消煮液无损地洗入 100 mL 容量瓶中，用水定容，摇匀。转移到小塑料瓶中，可供氮、磷测定。每批消煮的同时，进行空白实验，以校正试剂和方法的误差。

(2)蒸馏和滴定　蒸馏和滴定都用全自动定氮仪测定。为确保测量结果准确可靠，在正式测定处理好的样品前用硫酸铵标准溶液重新做仪器的校准系数。待仪器的回收率在 100%±0.5%时，开始测定消解好的样品。

吸取待测液 5 mL 置于蒸馏管中，将蒸馏管放在定氮仪的相应位置上。在 150 mL 的锥形瓶中，加入 2%硼酸指示剂混合液 5 mL，放在定氮仪冷凝管末端，管口置于硼酸液面以上 3 cm 处。然后向蒸馏室内缓缓加入 20 mL 10 mol/L 氢氧化钠溶液，通入蒸汽蒸馏，待馏出液体积约为 50 mL 时，用少量 pH 已调节至 4.5 的水洗涤冷凝管末端，取下锥形瓶。用 0.01 mol/L 盐酸标准溶液滴定馏出液，使其由蓝绿色至刚变为红紫色。记录所用盐酸标准溶液的体积。

(3)结果计算

$$P\,(\%) = \frac{(V - V_0) \times M \times 0.0140 \times 6.25 \times C}{W \times V_1 / V_2} \times 100$$

式中，P 为某样品的粗蛋白质含量(%，以鲜重计)；M 为盐酸标准溶液的物质的量浓度(mol/L)；W 为样品质量(g)；V_0 为滴定空白所消耗盐酸标准溶液的体积(mL)；V 为滴定样品所消耗盐酸标准溶液的体积(mL)；V_1 为吸取消化液的体积(mL)；V_2 为消化液总量(mL)；C 为某个马铃薯品种的干物质含量(%)，计算鲜块茎的蛋白质含量需要此项，若计算干块茎的蛋白质含量则不需要此项；0.0140 为 1.0 mL 盐酸[c(HCl)=1.000 mol/L]标准滴定溶液相当的氮的摩尔质量(g/mol)；6.25 为氮换算为蛋白质的系数。

每个样品重复测量 3 次，以其平均值代表该样品的蛋白质在干重或鲜重中的含量。

注意：若样品中除了蛋白质还含有其他含氮化合物，需向样品中加入三氯乙酸，使其最终浓度为 5%，再测定未加入和加入三氯乙酸的样品上清液中的含氮量，得出非蛋白质含氮量，再计算出蛋白含氮量，进而折算成蛋白质含量[蛋白氮=总氮–非蛋白氮，粗蛋白质含量(%)=蛋白氮×6.25]。

(二)氨基酸含量的测定

氨基酸总量的测定可以用甲醛滴定法或茚三酮比色法。其中甲醛滴定法准确快速，可用于各类样品游离氨基酸含量的测定，对于浑浊和色深样液可不经处理而直接测定。而茚三酮比色法中，茚三酮受阳光、空气、温度、湿度等影响而被氧化呈淡红色或深红色，使用前须进行纯化。氨基酸组分的测定采用氨基酸分析仪法。

1. 甲醛滴定法测定氨基酸含量　详细测定方法见第二章第二节中的“甲醛滴定法测定

氨基酸含量”。

2. 氨基酸分析仪法测定氨基酸组分

（1）原理　将游离氨基酸或水解氨基酸溶解于 pH 为 2.2 的缓冲液，这种[H^+]很大的环境有利于氨基酸的氨基电离，而不利于羧基电离，因此各种氨基酸都带正电荷。当它们流经离子交换色谱柱时，带正电荷的氨基酸与磺酸型阳离子交换树脂上的 Na^+进行交换并吸附到上面。当用另一种缓冲液洗脱时，每种氨基酸时而解吸附并随流动相一起流动，时而与磺酸型阳离子交换树脂吸附而停止流动。由于各种氨基酸的分子大小和所带电荷不同，它们在离子交换树脂上的吸附能力也不同。洗脱交换柱时，有的氨基酸因吸附能力强而吸附在树脂上的总时间长，有的氨基酸因吸附能力弱而吸附在树脂上总时间短。经同样长的时间前者滞后，所以后流出交换色谱柱，后者领先而先流出交换色谱柱。通过改变缓冲液 pH、流速、离子强度、柱温度等因素多次洗脱，可以实现各种氨基酸逐一分离。分离的氨基酸与茚三酮溶液混合，并在较高的温度下共同发生显色反应。其中脯氨酸反应后呈黄色，在 440 nm 波长可见光下比色测定含量；其余氨基酸反应后呈蓝色，在 570 nm 波长可见光下比色测定含量。以 Biochrom 30^+全自动氨基酸分析仪为例，介绍其方法如下。

（2）仪器和设备　全自动氨基酸分析仪、恒温干燥箱、油泵、酒精喷灯、砂芯过滤器、高精度 pH 计、水解管、磁力搅拌器等。

（3）试剂

1）上样缓冲液（pH 2.2）：称取 19.6 g 二水合柠檬酸三钠，量取 17.3 mL 浓盐酸、20 mL 无水乙醇、1.2 mL 80%苯酚，溶解，调节 pH 至 2.2，定容至 1 L 容量瓶中。

2）缓冲液 1（pH 3.2）：称 19.6 g 二水合柠檬酸三钠，取 13.5 mL 浓盐酸、20 mL 异丙醇、1.2 mL 80%苯酚、2 mL 纯乙醇，溶解，调 pH 至 3.2，定容至 1 L 容量瓶中。

3）缓冲液 2（pH 4.25）：称量 19.6 g 二水合柠檬酸三钠，量取 9.3 mL 浓盐酸、1.2 mL 80%苯酚，溶解，调节 pH 至 4.25，定容到 1 L 容量瓶中。

4）缓冲液 5（pH 6.45）：称量 19.6 g 二水合柠檬酸三钠、58.4 g 氯化钠，量取 0.7 mL 浓盐酸、1.2 mL 80%苯酚，溶解，调 pH 为 6.45，转移到 1 L 容量瓶中定容。

5）缓冲液 6：量取 4 mol/L 氢氧化钠 100 mL，稀释定容到 1 L。

6）茚三酮缓冲液：溶解乙酸钠二水合物 204 g（无水碳酸钠 123 g），冰醋酸 123 mL，乙二醇单甲基醚 401 mL，添加超纯水至 1000 mL，氮气鼓泡 10 min。

7）茚三酮溶液：乙二醇单甲基醚 979 mL，茚三酮 39 g，氮气鼓泡溶解至少 5 min，硼氢化钠 81 mg，氮气鼓泡至少 30 min。

8）6 mol/L 盐酸：浓盐酸与水等体积混合。

9）2.4 mol/L 氢氧化钠：称取 96 g 氢氧化钠，充分溶解，定容于 1 L 容量瓶。

10）99.99 %的氮气、0.0025 mol/L 混合氨基酸标准溶液（仪器制造公司出售）等。

注：配制溶液所用化学药品均为分析纯，溶液配制好后以 0.45 μm 滤膜过滤。

（4）操作步骤

1）样品前处理：准确称量 150 mg 样品于水解管中，加入 10 mL 6 mol/L 的盐酸，水解管在抽真空条件下，用酒精喷灯封管。在恒温干燥箱中 110℃下水解 24 h。冷却开管，将水解液过滤至 25 mL 容量瓶中，再把水解管的涮洗液并入容量瓶，最后用超纯水定容到 25 mL。取上述滤液 2 mL，用等体积的 2.4 mol/L 氢氧化钠中和，再调节 pH 到 2.20±0.05，然后以 0.45 μm 滤膜过滤，待测（试样水解液）。

2）分离程序：见表 6-12。

表 6-12 水解氨基酸分离程序

步骤	分离时间/min	柱温/℃	缓冲液类型	缓冲液流速/(mL/h)	茚三酮泵状态	记录器状态
1	1：00	45	1	35	开	关
2	0：00	45	1	35	开	关
3	1：00	45	1	35	开	关
4	1：00	45	1	35	开	关
5	6：55	45	1	35	开	开
6	12：00	47	2	35	开	开
7	1：30	47	5	35	开	开
8	17：00	98	5	35	开	开
9	4：00	98	6	35	开	开
10	3：30	98	1	35	开	开
11	2：00	45	0	关	关	关
12	9：00	45	1	44	关	关
13	1：00	45	1	35	开	关
14	1：00	45	1	35	开	关

注：第 11 步骤缓冲液类型“0”、流速“关”表示这一步不用缓冲液

其他设定：反应圈温度为 135℃，茚三酮流速为 25 mL/h；通道 1 检测波长为 570 nm，通道 2 检测波长为 440 nm；每次分析进样 20 μL。

3）标准品检测：按使用说明调整仪器的各项参数，并调整分离程序使全部氨基酸组分的分离度约为 1.5，混合氨基酸标准品的色谱图如图 6-2 所示。

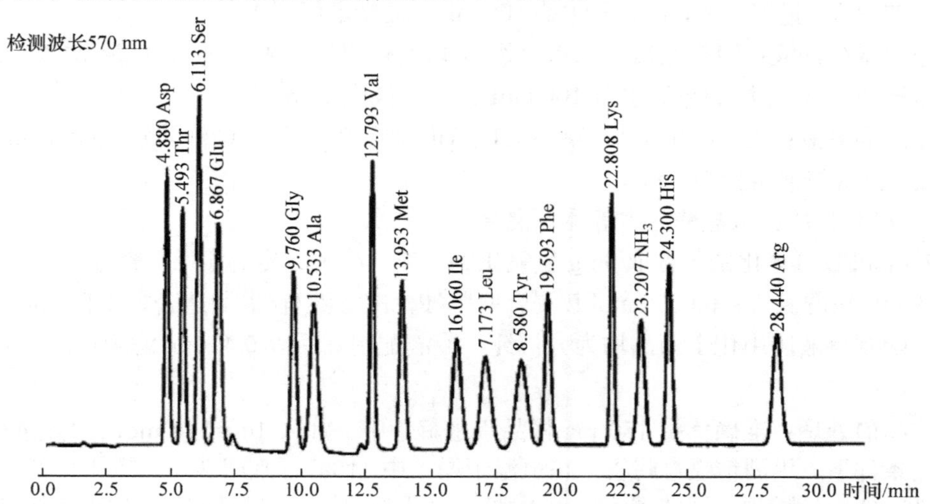

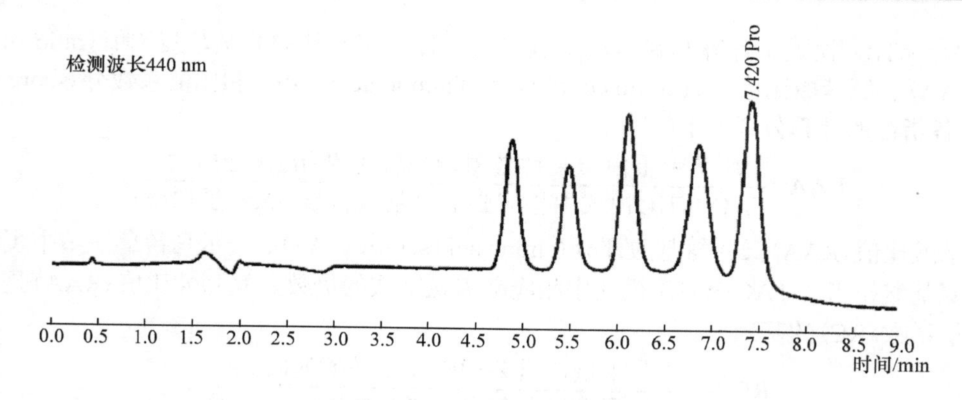

图 6-2　混合氨基酸标准品色谱图

4)氨基酸含量计算公式。

$$AA=\frac{C\times\frac{1}{20}\times V\times F\times D}{M}\times 100$$

式中，AA 为某种氨基酸的含量(mg/100 g 鲜样)；C 为 20μL 进样液中某种氨基酸的含量(μg/mL)；V 为样品定容体积(mL)；F 为样品稀释倍数；D 为某个样品的干物质含量(%)；M 为每次分析的样品质量(150 mg)。

5)结果计算：单次进样体积为 20 μL。以外标法计算各氨基酸含量。每个样品重复称量、测量 3 次，以其平均值代表该样品的测量结果。

3. 荧光分光光度法测定色氨酸含量　详细测定方法见第二章第二节中的“色氨酸含量的测定——荧光分光光度法”。

(三)蛋白质营养价值的评价方法

蛋白质质量的优劣取决于其各组成必需氨基酸(essential amino acid，EAA)含量的比例。如果各种必需氨基酸含量的比例不合适，即便某种氨基酸含量很多，它也不会得到最有效的利用。组成蛋白质的必需氨基酸含量比例越接近人体蛋白质的必需氨基酸构成，则该蛋白质越容易被有效利用，它的质量也就越优。可采用模糊识别法和比值系数法来研究马铃薯块茎中蛋白质的营养价值。

1. 模糊识别法　根据兰氏距离法定义马铃薯块茎中蛋白质 u 和参考蛋白质模式 a 的贴近度 $U(a,u_i)$，$U(a,u_i)$可以反映马铃薯块茎中蛋白质的各必需氨基酸含量与模式蛋白质的接近程度。贴近度 $U(a,u_i)$的计算公式如下。

$$U(a,u_i)=1-0.09\times\sum_{k=1}^{7}\frac{|a_k-u_{ik}|}{a_k+u_{ik}}$$

式中，a_k 表示参考蛋白质的第 k 种必需氨基酸的含量，$1\leqslant k\leqslant 7$；u_{ik} 表示第 i 个马铃薯品种的第 k 种必需氨基酸含量，$1\leqslant i\leqslant 62$，$1\leqslant k\leqslant 7$。

$U(a,u_i)$的值越接近 1，该马铃薯品种块茎中蛋白质的各必需氨基酸含量与参考蛋白质越接近。

2. 比值系数法　各类蛋白质的氨基酸组成比例不尽相同，其所含的必需氨基酸组成比例越接近人体需要氨基酸的比例，则其质量就越优，据此，世界卫生组织(WHO)和联合国粮农组织(FAO)提出了评价蛋白质营养价值的必需氨基酸模式(简称为 FAO/WHO 模式)。FAO/WHO 模式各必需氨基酸含量详见表 6-8。氨基酸比值系数法，即根据氨基酸平衡理论，利用 FAO/WHO 模式，计算马铃薯块茎蛋白质中各必需氨基酸的氨基酸比值(ratio of amino acid，RAA)、氨基酸比值系数(ratio coefficient of amino acid，RC)和比值系数分(score of RC，SRC)。各指标的计算公式如下。

$$RAA=\frac{\text{块茎中蛋白质某种必需氨基酸含量(mg/g蛋白质)}}{\text{FAO/WHO模式中相应必需氨基酸含量(mg/g蛋白质)}}$$

氨基酸比值(RAA)又叫氨基酸评分(amino acid score，AAS)，表示马铃薯块茎中蛋白质某种必需氨基酸相当于 FAO/WHO 模式中相应必需氨基酸的倍数。氨基酸比值(RAA)是计算氨基酸比值系数(RC)的基础。

$$RC=\frac{\text{块茎中蛋白质某种必需氨基酸的RAA}}{\text{块茎中蛋白质各种必需氨基酸RAA的均数}}$$

氨基酸比值系数(RC)的值若为 1，表示块茎中蛋白质的该必需氨基酸含量最适当；氨基酸比值系数(RC)的值大于 1，表明该种必需氨基酸相对过剩；氨基酸比值系数(RC)的值小于 1，意味着该必需氨基酸不足。氨基酸比值系数最低者为该食物的第一限制性氨基酸。若每种必需氨基酸的比值系数(RC)都为 1，表明这种食物中蛋白质的必需氨基酸含量比例与标准模式的相同。

$$SRC=100-CV\times 100$$

式中，CV 表示各必需氨基酸的比值系数(RC)的变异系数，CV=RC 的标准差/RC 的平均数。

SRC 值若为 100，表明块茎中蛋白质的各必需氨基酸含量的比例与标准模式相同。SRC 的值越接近 100，表示块茎蛋白质的各种必需氨基酸含量越均衡，蛋白质营养价值越优；SRC 值越小，表明块茎中蛋白质的各必需氨基酸含量相对于参考模式越不均衡，蛋白质的营养价值越低。

3. FAO/WHO 蛋白质模式和全鸡蛋蛋白质模式中各必需氨基酸的含量　通过上面的模糊识别法和氨基酸比值系数法评价各个马铃薯主栽品种块茎蛋白质的营养价值时，需要用到参考蛋白质。目前参考蛋白质一般采用 FAO/WHO 蛋白质或者全鸡蛋蛋白质，这两种参考蛋白质的各必需氨基酸含量详见表 6-13。由于胱氨酸和酪氨酸(半必需氨基酸)分别由甲硫氨酸和苯丙氨酸转化而来，如果这两种半必需氨基酸供应充足，则机体对甲硫氨酸和苯丙氨酸的需求量可分别减少 30%和 50%，因此将胱氨酸和酪氨酸分别与甲硫氨酸、苯丙氨酸合并计算。含硫氨基酸指的是甲硫氨酸和胱氨酸，而芳香氨基酸指的是苯丙氨酸和酪氨酸。

表 6-13　FAO/WHO 蛋白质模式和全鸡蛋蛋白质模式中各种必需氨基酸含量

(单位：mg/g 蛋白质)

	苏氨酸(Thr)	缬氨酸(Val)	异亮氨酸(Ile)	亮氨酸(Leu)	赖氨酸(Lys)	含硫氨基酸(Cys+Met)	芳香氨基酸(Phe+Tyr)
FAO/WHO 蛋白质模式	40	50	40	70	55	35	60
全鸡蛋蛋白质模式	47	66	54	86	70	57	93

注：色氨酸未列出

四、矿物质和磷含量的测定

(一)矿物质(铁、镁、锰、钾、铜、锌、钙)含量的测定

1. 原理　所有原子均可对光产生吸收，被吸收光线的波长只与特定元素相关。例如，样品中含镍、铅、铜等元素，若将该样品置于镍的特征波长中，那么只有镍原子才会对该特征

光线产生吸收。光程中该原子的数量越多，对其特征波长的吸收就越大，与该原子的浓度成正比。

2. 仪器和设备　原子吸收分光光度计(配置计算机数据收集和处理系统)、电子天平、电炉、1 mm 筛、瓷坩埚、容量瓶、高温电炉等。

3. 试剂　各元素标准品(可从国家标准物质网购买)、1 mol/L HCl 等。

4. 操作步骤

1)样品处理：取 2 g 经粉碎后过 1 mm 筛的马铃薯块茎干样于瓷坩埚中，在电炉上小心炭化至无白烟冒出，转入高温电炉 550℃灰化 10 h 左右，使样品灰化至完全(无黑色碳粒)。待样品冷却后接着将灰化后的样品用 1 mol/L HCl 转入 50 mL 容量瓶中，用 1 mol/L HCl 定容，摇匀，再过滤至白色塑料瓶中。此滤液即 1 mol/L HCl 灰化液。同时做空白溶液。然后将待测液于原子吸收分光光度计上点燃相应元素的空心阴极灯，设定好相应参数，按照标准系列、空白、样品顺序导入原子吸收分光光度计中分别进行测定。对于含量较高的 Mg、Fe，在测定前稀释 5 倍，K 稀释 10 倍，再进行测定。由于钾元素是大量元素，在块茎中的含量也十分高，因此在测定钾元素时可将原子分光光度计的燃烧头偏转 75°，其余元素测定均不需要偏转燃烧头。测定结果以元素在块茎干粉中的含量表示。狭缝、空气及乙炔的流量、燃烧器高度、元素灯电流等均按使用说明调至最佳状态，各元素及其设定的相应参数见表 6-14。

表 6-14　原子吸收分光光度计测定工作条件

元素	波长/nm	狭缝/nm	灯电流/mA	空气流量/(L/min)	乙炔流量/(L/min)	测量时间/s	扣背景	燃烧器高度/mm
Fe	248.3	0.2	6	13.50	2.00	5	开	13.5
Mg	285.2	0.5	5	13.50	2.00	5	开	13.5
Mn	279.5	0.2	6	13.50	2.00	5	开	13.5
K	766.5	1.0	3	13.50	2.00	5	关	13.5
Cu	324.8	0.5	3	13.50	2.00	5	开	13.5
Zn	213.9	1.0	5	13.50	2.00	5	开	13.5
Ca	422.7	1.0	5	13.50	2.00	5	关	13.5

2)计算：回归方程法。

由各元素标准稀释液浓度与对应的吸收度计算出回归方程，计算如下。

$$c=ay+b$$

式中，c 为测定用样品中元素的浓度(μg/mL)；a 为曲线斜率；y 为元素的吸收度；b 为曲线截距。

由回归方程得出的测定样液及试剂空白液的浓度后，再由下式计算。

$$X=\frac{(C-C_0)\times V\times f}{m\times 1000}\times 100$$

式中，X 为样品中某元素的含量(mg/100g)；C 为待测液中元素的含量(μg/mL)；C_0 为试剂空白液中元素的浓度(μg/mL)；V 为样品定容体积(mL)；f 为稀释倍数；m 为样品质量(g)；1000 为μg 与 mg 的换算系数；100 为转换至 100 g 的扩大倍数。

注：测定结果以元素在块茎干粉中的含量表示。

(二)磷含量的测定

钒钼黄吸光光度法是植物全磷测定的主要方法。此法的优点是操作简便，可在室温下显色，黄色稳定。在 HNO_3、HCl、$HClO_4$ 和 H_2SO_4 等介质中都适用，对酸度和显色剂浓度的要求也不十分严格，干扰物小。

1. 原理 样品在浓 H_2SO_4 中，经脱水、炭化和氧化等一系列反应后，使各种形态的磷转变成无机磷酸盐。待测液中的正磷酸与偏钒酸和钼酸能生成黄色的三元杂多酸，其吸光度与磷的浓度成正比，可在波长 400～490 nm 处用吸光光度法测定磷的含量。磷浓度较高时选用较长的波长，较低时选用较短的波长。

2. 仪器和设备 电子天平、紫外分光光度计、容量瓶、电炉、凯式烧瓶等。

3. 试剂

1) 6 mol/L NaOH 溶液：24 g NaOH 溶于蒸馏水，稀释定容至 100 mL。

2) 0.2%二硝基酚指示剂：0.2 g 2, 6-二硝基酚或 2, 4-二硝基酚溶于 100 mL 蒸馏水中。

3) 50 mg/L 磷标准溶液：称取 0.2195 g 干燥的 KH_2PO_4 溶于水，加入 5 mL 浓 HNO_3，蒸馏水定容至 1 L。

4) 钒钼酸铵溶液：称取 25.0 g 钼酸铵[$(NH_4)_6Mo_7O_{24}\cdot 4H_2O$]溶于 400 mL 蒸馏水中，另将 1.25 g 偏钒酸铵(NH_4VO_3)溶于 300 mL 沸水中，冷却后加入 250 mL 浓 HNO_3。将钼酸铵溶液缓缓注入偏钒酸铵溶液中，不断搅匀，最后加蒸馏水稀释定容到 1 L，贮存于棕色瓶中。

4. 操作步骤

(1) 样品消解 称取混合均匀的马铃薯块茎干样 0.1 g，装入 250 mL 凯氏烧瓶的底部，在凯氏烧瓶上加一个小漏斗，先滴入 1 mL 蒸馏水湿润样品，再加浓硫酸 5 mL，摇匀(放置过夜)。第二天，在电炉上以初始温度 250℃左右先缓缓加热，待浓硫酸分解冒大量白烟时再升高温度(先 330℃再到 380℃)。消煮至溶液呈均匀的棕黑色时(取出消煮管摇晃观察，直到没有固体成分)，取下凯氏烧瓶，稍冷后提起弯颈漏斗，滴加 30% H_2O_2 10 滴，并不断摇动凯氏烧瓶，至溶液呈无色或清亮后，再加热 5～10 min(以赶尽剩余的 H_2O_2)，取下凯氏烧瓶冷却，用少量水冲洗漏斗，洗液流入凯氏烧瓶中。将消煮液无损地洗入 100 mL(V_1)容量瓶中，用水定容，摇匀，成为待测液。每批消煮的同时，进行空白实验，以校正试剂和方法的误差。

(2) 反应 吸取定容、过滤或澄清后的消煮液 10.00 mL(V_2 含磷 0.05～0.75 mg)放入 50 mL 容量瓶中，加 2 滴二硝基酚指示剂，滴加 6 mol/L NaOH 中和至刚呈黄色，加入 10.00 mL 钒钼酸铵溶液，用水定容(V_3)。15 min 后用 1 cm 光径的比色杯在波长 440 mm 处进行测定，以空白溶液(空白实验消煮液按上述步骤显色)调节仪器零点。

(3) 制作标准曲线 准确吸取 50 mg/L 的磷标准溶液 0 mL、1 mL、2.5 mL、5 mL、7.5 mL、10 mL、15 mL 分别放入 50 mL 容量瓶中，按上述步骤显色，即得浓度为 0 mg/L、1.0 mg/L、2.5 mg/L、5.0 mg/L、7.5 mg/L、10 mg/L、15 mg/L 的磷标准系列溶液，与待测液一起测定，读取吸光度，然后绘制标准曲线或求直线回归方程。

5. 结果计算 按以下公式计算全磷含量(%)。

$$全磷含量(\%)=\frac{C_p \times V_1 \times V_3}{m \times V_2 \times 10^{-4}}$$

式中，C_p 为由标准曲线或回归方程求得的显色液中磷的浓度(mg/L)；V_3 为显色液的体积(mL)；

V_2 为吸取测定的消煮液体积(mL)；V_1 为消煮液的定容体积(mL)；m 为块茎干粉质量(g)；10^{-4} 为浓度单位与百分含量综合的换算系数。

6. 注意事项

1)显色液中 C_p=1～5 mg/L 时，测定波长用 420 nm；5～20 mg/L，用 490 nm。待测液中 Fe^{3+}浓度高的选用 450 nm，以消除 Fe^{3+}干扰。标准曲线也应用同样波长测定绘制。

2)一般室温下，温度对显色影响不大，但室温太低，如低于 15℃时，需显色 30 min，稳定时间可达 24 h。

3)如试液为 HCl、$HClO_4$ 介质，显色剂应用 HCl 配制；试液为 H_2SO_4 介质，显色剂也用 H_2SO_4 配制。显色液酸的适宜浓度为 0.2～1.6 mol/L，最好是 0.5～1.0 mol/L，酸度高显色慢且不完全，甚至不显色，低于 0.2 mol/L，易产生沉淀物，干扰测定。钼酸盐在显色液中的终浓度适宜范围为 1.6×10^{-3}～10^{-2} mol/L，钡酸盐为 8×10^{-5}～2.2×10^{-3} mol/L。

4)此法干扰离子少，如 Fe^{3+}，当显色液中 Fe^{3+}浓度超过 0.1%时，它的黄色有干扰，可用扣除空白法消除。

五、维生素含量的测定

(一)维生素 C 含量的测定

目前研究维生素 C 含量测定方法的报道较多，有关维生素 C 的测定方法有：紫外分光光度快速测定法、2, 6-二氯靛酚滴定法、碘量法、2, 4-二硝基苯肼法、钼蓝比色法、荧光分析法、化学发光法、电化学分析法及高效液相色谱法等。其中紫外分光光度法是最常用的方法，它具有准确、快速、稳定、试剂易得等优点。2, 6-二氯靛酚滴定法和碘量法都属于滴定法，2, 6-二氯靛酚滴定法具有简便、快速、比较准确等优点，适用于许多不同类型样品的分析。缺点是不能直接测定样品中的脱氢抗坏血酸及结合抗坏血酸的含量，易受其他还原物质的干扰，如果样品中含有色素类物质，将给滴定终点的观察造成困难。碘量法成本较低，且较 2, 6-二氯靛酚滴定法更为简便易行。总的来说，滴定法操作简便、快速，无须特殊仪器，但在测定深色样品时，准确度和精确度欠佳。2, 4-二硝基苯肼法和钼蓝比色法是常见测定维生素 C 含量的光度分析法。2, 4-二硝基苯肼法测定总维生素 C(还原型和氧化型)含量，特异性较好，但操作复杂，它是我国食品中维生素 C 含量测定的标准方法。钼蓝比色法测得的数据稳定性、准确性较好，是一种快速、准确、灵敏度高的测定方法，且受样品颜色影响不大。荧光分析法具有操作简单、精密度高、检出限低等优点，适于推广。化学发光法灵敏度高，设备简单，操作方便，线性范围广，分析快，也便于实现自动化。电化学分析法灵敏度较高，准确度较高，测量范围宽，仪器设备较简单，选择性差。高效液相色谱法具有高效、快速、稳定、结构准确、操作简便等特点，该法分离时间短，对结构不稳定的维生素 C 尤为适合，还特别适用于颜色较深的提取液样品的测定，成为近年来较受欢迎的维生素 C 含量测定方法，但是所用仪器较为昂贵。

本书着重介绍紫外分光光度快速测定法、2,6-二氯靛酚滴定法和钼蓝比色法，因为它们操作简便，只需紫外分光光度计，一般的实验室均能满需求。

1. 紫外分光光度快速测定法

(1)原理　紫外分光光度快速测定法是根据维生素 C 具有对紫外线产生吸收和对碱不稳定的特性，于波长 243 nm 处测定样品溶液与碱处理样品两者吸光度之差，通过查标准曲线，即可计算样品中维生素 C 的含量。此法操作简单、快速、准确、重现性好，结果令人满意。特别适合深色样品的测定。

(2) 仪器和设备　紫外分光光度计、电子天平、高速组织捣碎机、离心机、比色管、容量瓶等。

(3) 试剂

1) 浸提液为 2.0% (*m/V*) 偏磷酸溶液。

2) 0.5 mol/L 氢氧化钠溶液。

3) 100 μg/mL 维生素 C 标准溶液：称取维生素 C 10 mg (准确至 0.1 mg，试剂应为洁白色，如变为黄色则不能用)，用 2%偏磷酸溶液溶解，小心转移到 100 mL 容量瓶中，并用偏磷酸溶液稀释定容到刻度，混匀。

4) 标准曲线的制作：吸取 0.00 mL、0.10 mL、0.20 mL、0.40 mL、0.60 mL、0.80 mL、1.00 mL、1.20 mL 维生素 C 标准溶液，置于 10 mL 比色管中；用 2%偏磷酸溶液定容，摇匀。此标准系列维生素 C 的浓度分别为 0.00 μg/mL、1.00 μg/mL、2.00 μg/mL、4.00 μg/mL、6.00 μg/mL、8.00 μg/mL、10.0 μg/mL、12.0 μg/mL。以蒸馏水为参比，在波长 243 nm 处，用 1 cm 石英比色皿测定标准系列维生素 C 溶液的吸光度。维生素 C 吸光度为 A，试剂空白吸光度为 A_0，计算吸光度差 ΔA ($\Delta A = A - A_0$) 的值。以吸光度差值 ΔA 对维生素 C 的浓度 (C) 绘制标准曲线。

以上试剂均为分析纯，实验用水为蒸馏水。

(4) 操作步骤

1) 样液的制备：维生素 C 在马铃薯块茎的不同部位含量不同，块茎顶部最多，脐部少，茎皮与髓部少，而维管周围较多，而且不同植株不同块茎之间差异也较大。因此，平均取样很重要，一般至少取 15～20 个块茎的试样配成样品。具体的方法是：先将马铃薯块茎纵切，并切下厚度约 0.5 cm 的薄片。在每一半块茎中部与第一切口垂直方向切取另外两个薄片，将获得的薄片迅速切碎。称取具有代表性的样品 100 g，放入高速组织捣碎机中，加入 100 mL 浸提剂，迅速捣成匀浆。称取 10～50 g 浆状样品，用浸提剂将样品移入 100 mL 容量瓶中，并稀释定容至刻度，摇匀。若提取液澄清透明，则可直接取样测定，若有浑浊现象，可 7500 r/min，离心 10 min 后取上清液。

2) 样液的测定：准确移取澄清透明的 0.1～0.5 mL 提取液，置于 10 mL 比色管中，用 2%偏磷酸溶液稀释定容至刻度后摇匀。以蒸馏水为参比，在波长 243 nm 处，用 1 cm 石英比色皿测定其吸光度。

3) 待测碱处理样液的测定：分别吸取 0.1～0.5 mL 澄清透明提取液，加入 6 滴 0.5 mol/L 氢氧化钠溶液，置于 10 mL 比色管中混匀，在室温放置 40 min 后，加入 2%偏磷酸溶液稀释定容至刻度后摇匀。以蒸馏水为参比，在波长 243 nm 处测定其吸光度。

(5) 结果计算　由待测样品与待测碱处理样品的吸光度之差查标准曲线，即可计算出样品中维生素 C 的含量，也可直接以待测碱处理样液为参比，测得待测样液的吸光度，通过查标准曲线，计算出样品的维生素 C 含量。计算公式如下。

$$\text{维生素C含量(mg/100 g)} = \frac{C \times V \times F}{M \times 1000} \times 100$$

式中，C 为从标准曲线上查得的维生素 C 含量 (μg/mL)；V 为测试时吸取提取液的体积 (mL)；F 为稀释倍数；M 为样品质量 (g)；1000 为 mg 与μg 的换算系数。

(6) 注意事项　在处理药品时，如产生泡沫，可加入数滴辛酸消除。

2. 2, 6-二氯靛酚滴定法

（1）原理　维生素 C 具有很强的还原性，它可分为还原型和脱氢型。还原型维生素 C 能还原染料 2, 6-二氯靛酚（DCPIP），本身则氧化为脱氢型。在酸性溶液中，2, 6-二氯靛酚呈红色，还原后变为无色。因此，当用此染料滴定含有维生素 C 的酸性溶液时，维生素 C 尚未全部被氧化前，则滴下的染料立即被还原成无色。一旦溶液中的维生素 C 被全部被氧化时，则滴下的染料立即使溶液变成粉红色。所以，当溶液从无色变成微红色时即表示溶液中的维生素 C 刚刚全部被氧化，此时即为滴定终点。如无其他杂质干扰，样品提取液所还原的标准染料量与样品中所含还原型维生素 C 量成正比。

（2）仪器和设备　紫外分光光度计、电子天平、离心机、研钵、纱布、锥形瓶、微量滴定管、容量瓶等。

（3）试剂

1）2%草酸溶液：草酸 2 g 溶于 100 mL 蒸馏水中。

2）1%草酸溶液：草酸 1 g 溶于 100 mL 蒸馏水中。

3）维生素 C 标准溶液（1 mg/mL）：准确称取 100 mg 纯维生素 C（应为洁白色，如变为黄色则不能用）溶于 1%草酸溶液中，并稀释定容至 100 mL，贮于棕色瓶中，冷藏。最好临用前配制。

4）0.1% 2, 6-二氯靛酚溶液：250 mg 2, 6-二氯靛酚溶于 150 mL 含有 52 mg $NaHCO_3$ 的热水中，冷却后加水稀释定容至 250 mL，贮于棕色瓶中冷藏（4℃），约可保存一周。每次临用时，以维生素 C 标准溶液标定。

（4）操作步骤

1）样品提取与研磨：取样同紫外快速测定法。称取 20 g，加入 20 mL 2%草酸溶液，用研钵研磨，4 层纱布过滤（或离心），滤液备用。纱布可用少量 2%草酸溶液洗几次，合并滤液，滤液总体积定容至 50 mL。

2）标准溶液的滴定：准确吸取维生素 C 标准溶液 1 mL 置 100 mL 锥形瓶中，加 9 mL 1%草酸溶液，用微量滴定管以 0.1% 2, 6-二氯靛酚溶液滴定至淡红色，并保持 15 s 不褪色，即达终点。由所用染料的体积计算出 1 mL 染料相当的维生素 C 量（取 10 mL 1%草酸溶液作空白对照，按以上方法滴定）。

3）样品滴定：准确吸取滤液两份，每份 10 mL，分别放入 2 个锥形瓶内，滴定方法同前。另取 10 mL 1%草酸溶液作空白对照滴定。

（5）结果计算　按以下公式计算维生素 C 含量（mg/100 g）。

$$\text{维生素C含量(mg/100 g)}=\frac{(V_A-V_B)\times C\times T}{D\times W}\times 100$$

式中，V_A 为滴定样品所耗用染料的平均体积（mL）；V_B 为滴定空白对照所耗用染料的平均体积（mL）；C 为样品提取液的总体积（mL）；D 为滴定时所取的样品提取液的体积（mL）；T 为 1 mL 染料能氧化维生素 C 的质量（mg/mL）；W 为待测样品的质量（g）；100 为转换成 100 g 的换算系数。

（6）注意事项

1）若浆状物泡沫太多，可加数滴丁醇或辛醇。

2）整个操作过程要迅速，防止还原型维生素 C 被氧化。滴定过程一般不超过 2 min。滴定所用的染料不应小于 1 mL 或多于 4 mL，如果样品含维生素 C 太多或太少时，可酌情增减样液用量或改变提取液稀释度。

3）马铃薯块茎中可能还含有其他还原物质，其中有些还原物质可使 DCPIP（2,6-二氯靛酚）还原脱色。为了消除这些还原物质对定量测定的干扰，可用抗坏血酸氧化酶处理，破坏样品中还原型维生素 C 后，再用 DCPIP 滴定样品中其他还原物质。然后从滴定未经酶处理样品时 DCPIP 标准溶液的总消耗量中，减去滴定非维生素 C 还原物质 DCPIP 标准溶液的消耗量，即为滴定维生素 C 实际所消耗的 DCPIP 标准溶液的体积，由此可以计算出样品中维生素 C 的含量。另外，还可利用维生素 C 和其他还原物质与 DCPIP 反应速度的差别，并通过将样品溶液 pH 控制在 1～3，进行快速滴定，可以消除或减少其他还原物质的作用，一般在这样的条件下，干扰物质与 DCPIP 的反应是很慢的或受到抑制。

3. 钼蓝比色法

(1) 原理　磷钼酸盐经还原型维生素 C 还原后，可以生成亮蓝色的钼蓝络合物，通过分光比色可以测定还原型维生素 C 的含量，且不受样液颜色的影响。反应如下。

$$HPO_3 + H_2O = H_3PO_4$$

$$24(NH_4)_2MoO_4+2H_3PO_4+21H_2SO_4 = 2(NH_4)_3PO_4 \cdot 12MoO_3+21(NH_4)_2SO_4+24H_2O$$

$$2(NH_4)_3PO_4 \cdot 12MoO_3+C_6H_8O_5\text{(还原型维生素 C)}+3H_2SO_4 = 3(NH_4)_2SO_4$$

$$+C_6H_6O_5\text{(氧化型维生素 C)}+2(Mo_2O_5 \cdot 4MoO_3)_2HPO_4\text{(钼蓝)}$$

若反应体系中钼酸盐和偏磷酸都过量，则钼蓝化合物的生成量即溶液蓝色深浅与还原型维生素 C 含量呈正相关，通过分光光度法可以测定还原型维生素 C 的含量。

(2) 仪器和设备　紫外分光光度计、电子天平、锥形瓶、容量瓶、研钵等。

(3) 试剂

1) 5%钼酸铵溶液（*m*/*V*）：准确称取钼酸铵 25.0 g，加适量水溶解后定容至 500 mL。

2) 草酸 EDTA 溶液：草酸 0.05 mol/L、EDTA 0.2 mol/L，准确称取含结晶水的草酸 6.3 g，EDTA 0.0584 g，充分溶解定容至 1000 mL。

3) 5%硫酸溶液（*V*/*V*）：吸取 5 mL 的浓硫酸稀释定容至 100 mL。

4) 5%盐酸溶液（*V*/*V*）：吸取 5 mL 的浓盐酸稀释定容至 100 mL。

5) 5%硝酸溶液（*V*/*V*）：吸取 5 mL 的浓硝酸稀释定容至 100 mL。

6) 偏磷酸-乙酸溶液：摇动溶解 15 g 片状偏磷酸于 40 mL 乙酸中，稀释定容至 500 mL，用滤纸过滤，取滤液备用。

7) 维生素 C 标准溶液：准确称取 60℃真空干燥 2 h 的维生素 C 0.05 g，用上述配好的草酸 EDTA 溶液定容于 500 mL 容量瓶中，使标准溶液浓度达到 1 mg/mL。

8) 标准曲线的绘制：分别吸取 0.4 mL、0.6 mL、0.8 mL、1.0 mL、1.2 mL、1.4 mL 的维生素 C 标准溶液于 50 mL 容量瓶中，然后加入草酸 EDTA 溶液，使总体积达到 10.0 mL。再加入 1.0 mL 偏磷酸-乙酸溶液和 5%硫酸溶液 2.0 mL，摇匀后加入 4.0 mL 钼酸铵溶液，以蒸馏水在 705 nm 下测定吸光度，绘制标准曲线。

(4) 操作步骤　准确称取一定量的样品，随即加入适量草酸 EDTA 溶液，经捣碎后放入 100 mL 容量瓶中定容，过滤。吸取滤液于 50 mL 容量瓶中，加入 1 mL 的偏磷酸-乙酸溶液，5%硫酸溶液 2.0 mL，摇匀后加入 4.0 mL 钼酸铵溶液，以蒸馏水定容至 50 mL，15 min 后在 705 nm 处测定吸光度。

(5) 结果计算　计算公式如下。

$$\text{还原型维生素C含量(mg/100 g)} = \frac{C \times V_2}{W \times V_1} \times 100$$

式中，C 为测定用样液中还原型维生素 C 的含量（mg/100 g）；V_1 为测定用样液的体积（mL）；

V_2为样液定容总体积(mL)；W为样品质量(g)；100为转换至100 g的扩大倍数。

(二)其他维生素含量的测定

维生素A(胡萝卜素)参照国家标准《食品安全国家标准 食品中胡萝卜素的测定》(GB 5009.83—2016)的方法执行，维生素B_1参照国家标准《食品安全国家标准 食品中维生素B_1的测定》(GB 5009.84—2016)的方法执行，维生素B_2参照国家标准《食品安全国家标准 食品中维生素B_2的测定》(GB 5009.85—2016)的方法执行，维生素B_6参照国家标准《食品安全国家标准 食品中维生素B_6的测定》(GB 5009.154—2016)的方法执行。

六、次生代谢产物含量测定

(一)龙葵素含量的测定

龙葵素(solanine)具有一定的光、热稳定性，呈弱碱性，在酸性条件下溶解成盐，在碱性溶液中产生沉淀析出，这就是常说的“酸溶碱沉”，通常用弱酸和有机溶剂提取龙葵素。目前广泛应用的提取方法有：回流提取法、索氏提取法、超声波提取法、微波提取法和浸提法。

回流提取法利用高温回流达到萃取的效果。回流提取法提取率很高，但是过程冗长、烦琐，耗时长。索氏提取法主要是利用回流和虹吸的原理反复回流萃取。索氏提取法提取率比回流提取率高，过程也更加烦琐，耗时更长，适宜提取热稳定性高的物质。

超声波提取法利用超声波在溶剂和样品之前产生声波空化作用，分散固体样品，增大样品与提取溶剂之间的接触面积，加速目标物从固体样品转移到提取溶剂中。具体操作为：①用70%甲醇超声波提取茄科植物，旋转浓缩，调pH至2.5，冷冻离心，上清液用乙醚萃取后调pH至10.5，冷冻离心，用0.25% HCl溶解沉淀，调pH至10.5，离心，甲醇溶解沉淀，回收率为97.97%。②优化超声波提取方法：最佳提取料液比为1∶10，提取溶剂为70%甲醇，超声温度为50℃，超声时间为60 min，回收率为98.0%。超声提取率高，回收率高，提取时间短，设备简单，逐渐替代回流提取法和索氏提取法。

微波提取法利用微波直接穿透非极性分子，被极性分子选择性吸收的原理加热样品辅助提取。微波提取率高，但提取过程复杂。目前比较少利用微波提取，此方法还有待改进。

浸提法是最简单、最原始的萃取方法，所需操作、设备简单，且成本低，但和回流提取法、索氏提取法一样存在提取时间长、回收率低的特点。不过，浸提法可以和超声波提取法连用以提高提取效率。根据提取溶剂种类和数量的不同，将浸提法主要分为单溶剂法、双溶剂法和混合溶剂法等。

单溶剂法就是用一种溶剂来提取龙葵素，采用的溶剂有甲醇或1%乙酸。甲醇法用甲醇萃取，把甲醇挥发掉后用乙酸溶解，然后调pH＞9，水浴，静置，沉淀，沉淀用冷氨水冲洗，加甲醇溶解，离心，取上清液，旋转蒸发至干(防止烧焦)，即可得样品。单溶剂使用的甲醇有毒，且甲醇没有挥发完全，使龙葵素的提取不完全，回收率较低。为避免甲醇的毒性可采用乙醇代替。用乙酸这种单溶剂提取时，淀粉难以除掉，要利用乙醇去除淀粉，使实验过程复杂，费时费力。

双溶剂法就是用两种溶剂来提取龙葵素，采用的溶剂有甲醇和氯仿(V∶V=2∶1)、96%乙醇与1%乙酸以及1-庚烷磺酸和乙酸。甲醇和氯仿双溶剂法是在样品中加提取液抽滤，滤液加Na_2SO_4，放置于分液漏斗中分层。取甲醇层，旋转蒸发甲醇，浓缩液加H_2SO_4；水浴回流，用碱调节 pH，苯萃取，旋转蒸发苯至干，即可得样品。该方法使用 Na_2SO_4 分层效果欠佳，弃去的氯仿层中仍含有一定数量的甲醇，而甲醇中含有龙葵素，使结果偏低；另外，该法使用硫酸高温回流时，使龙葵素水解，对结果的准确性有一定影响。混合溶剂乙醇与乙酸进行双溶剂法利用酸性环境下，乙醇溶解龙葵素，然后挥发掉乙醇，用碱处理，得到龙葵素粗样品；操作过程中，有脂肪提出，酸溶解龙葵素不完全，造成结果偏小。

混合溶剂法就是利用 3 种以上溶剂来提取龙葵素，采用的溶剂系统有乙醇-乙腈-乙酸（V：V：V=5：3：2）、四氢呋喃-水-乙腈-冰醋酸（V：V：V：V=50：50：20：1）等。样品加混合提取液，G_1 漏斗抽滤，将滤液旋转蒸发至 5 mL 左右。浓缩液加 2 mL 冰醋酸，然后用提取液将其转移至离心管中，超声波处理后，离心。取上清液，加浓氨水，水浴，静置，离心，沉淀即为粗样品。混合溶剂法回收率较高，但溶剂较贵，并且需使用昂贵的仪器，因此成本过高。

马铃薯中龙葵素的测定方法已经有很多报道，主要有比色法、高效液相色谱法（high performance liquid chromatography，HPLC）、液相色谱-质谱联用法（liquid chromatograph-mass spectrometer，LC-MS，简称液-质联用法）、酶联免疫吸收分析（enzyme-linked immunosorbent assay，ELISA）和显色滴定法。

比色法使用的仪器是分光光度计，利用龙葵素酸解后，在浓硫酸环境下与甲醛显色反应的性质，通过测定吸光度确定其含量。比色法的优点就是所需仪器很简单，具有很好的操作性，同时所需时间也不是很长，其缺点就是精确度没有其他方法高，因此多用于龙葵素的初步分析。

高效液相色谱法的原理是龙葵素在流动相中的吸附性不同，因此通过的速度不同，峰的出现时间也不同。国外目前的研究大部分都是采用此方法。流动相为 50%乙腈层含有十二烷基磺酸钠，加 5 mL 硫酸钠，其 pH 用 1%硫酸调节为 4.5。通过速度为 1 mL/min，检测波长为 200 nm。高效液相色谱法的优点是如果各种条件都满足的话，重复性好，回收率也很高，其中 α-茄碱可达 93%±1.3%，而 α-卡茄碱可达 99%±3.1%。在样本数比较多时还具有高通量性、自动化和高灵敏性等优点。其缺点是受很多种因素影响，如柱、溶剂的不同都影响其准确度。另外，色谱的流动相对实验的结果也有影响，而且该方法所使用的仪器很昂贵，需对操作人员进行培训，因此仅限于实验室中研究时使用。

LC-MS 是在高效液相色谱法的基础上发展起来的，其灵敏度比高效液相色谱法高，适合测定龙葵素含量比较低的样品。

酶联免疫吸收分析的原理是酶标记抗原或抗体，再利用免疫反应测定抗原或抗体，其浓度可用酶活力的大小反映出来。Michael 等采用酶联免疫吸收分析测定龙葵素的含量，利用龙葵素-牛血清白蛋白作为抗原有特定的抗血清反应，实验的抗原是通过高碘酸盐裂解法合成的。将样品或标准品以及龙葵素—牛血清白蛋白加入酶联免疫检测微孔板的孔内，加入免疫抗体，然后于 35℃保温 3 h，加入缓冲液后，记录最佳的浓度。龙葵素的浓度通过标准曲线求得。酶联免疫吸收分析中，马铃薯的预处理很简单，只需将马铃薯组织捣碎均匀并稀释即可。同时，该方法具有敏感性、特异性强的特点，有一个很好的判断终点；且该方法不需要昂贵的仪器。但缺点是获得抗原和抗体所经历的时间较长，同时实验的操作时间也比较长。

显色滴定法是最早用来检测龙葵素的方法，利用甲醇-氯仿双溶剂法进行索氏提取，得到的粗产品用无水甲醇溶解，用加了溴酚蓝指示剂的 10%苯酚甲醇溶液滴定。该方法测定的是龙葵素的苷元部分，能定量所有的糖苷生物碱，使用的仪器和试剂成本低，检测速度快。但是需要苷元标准品制作标准曲线，且回收率低，可以进行简单、快速的定性，不适合定量。

龙葵素的提取本书介绍较适用单溶剂（乙醇）和双溶剂（乙醇-乙酸）浸提法。由于一般情况下马铃薯块茎中龙葵素含量比较低，初步判断含量时可采用比色法，精确定量时应选用灵敏度比较高的高效液相色谱法和液相色谱-质谱联用法。

1. 比色法测定龙葵素的含量

(1) 原理　龙葵素是一种弱碱性糖苷。不溶于水、乙醚、氯仿和石油醚，能溶于甲醇、乙醇、戊醇、丙酮等。对碱较稳定，pH>8 时沉淀。经稀酸水解后，可生成茄啶和相应的糖（包括葡萄糖、鼠李糖和半乳糖）。茄啶在酸性环境中与甲醛溶液作用生成橙红色化合物，在一定范围内，颜色的深浅与茄啶含量成正比。可用分光光度计在 520 nm 处测定，测出其吸光度，对照标准曲线，求出其含量。

(2) 仪器和设备　磁力搅拌器、水浴锅、索氏脂肪提取器、紫外分光光度计、圆底烧瓶、滤纸、容量瓶、干燥箱、玻璃珠、旋转蒸发仪、直形冷凝管、电子天平、组织捣碎机、植物样品微粒粉碎机、制冰机等。

(3) 试剂

1) 浓硫酸、浓氨水、冰醋酸、95%乙醇、龙葵素标准品——α-茄碱等。

2) 1%硫酸：量取 5.65 mL 浓硫酸，缓缓注入冷水中，于 1000 mL 容量瓶中定容，摇匀。

3) 5%硫酸：量取 28.25 mL 浓硫酸，缓缓注入冷水中，于 1000 mL 容量瓶中定容，摇匀。

4) 1%甲醛：量取 25 mL 甲醛，加入冷水中，于 1000 mL 容量瓶中定容，摇匀。

5) 1%氨水：量取 45.5 mL 浓氨水，加入冷水中，于 1000 mL 容量瓶中定容，摇匀。

(4) 操作步骤

1) 试样制备：取发芽的马铃薯，洗净，用组织捣碎机捣碎，混匀，60℃烘干，用植物样品微粒粉碎机粉碎，备用。

2) 龙葵素提取。

a. 乙醇法：称取 20 g 马铃薯鲜品，将样品和几个玻璃珠（防止加热沸腾）放置于 250 mL 圆底烧瓶中，添加 100 mL 的 95%乙醇，将圆底烧瓶连接直形冷凝管，放置于水浴锅中，调节温度为 85～95℃，水浴 4 h。冷却，过滤取滤液，将滤液减压旋转浓缩至浸膏状。用 30 mL 的 5%硫酸溶解剩余物，过滤，收取滤液，加入浓氨水调节 pH 为 10～10.5，冷却，放置于冰箱过夜。4℃，5000 r/min 离心，弃去上清液，用 1%氨水洗涤沉淀，再离心，洗涤，至洗涤液澄清，离心，取沉淀即得粗样品。

b. 乙醇-乙酸法：称取 2 g 的烘干马铃薯鲜品，加 100 mL 95%乙醇和 3 mL 冰醋酸，磁力搅拌器搅拌 15 min，过滤。滤液装入索氏脂肪提取器的称脂瓶中，滤渣用滤纸包住，放入索氏脂肪提取器的滤纸筒内，调节温度至 55～65℃，水浴抽提 16 h 后，将滤液减压旋转浓缩至浸膏状。用 30 mL 的 5%硫酸溶解残留物，过滤，收取滤液，加入浓氨水调节 pH 为 10～10.5，冷却，放置于冰箱过夜。4℃，5000 r/min 离心，弃去上清液，用 1%氨水洗涤沉淀，再离心，洗涤，至洗涤液澄清，离心，取沉淀即得粗样品。

3) 龙葵素测定。

a. 龙葵素标准溶液的配制：精确称取 0.0500 g α-茄碱，加入 1%硫酸溶液溶解，移入 50 mL 容量瓶中，加入 1%硫酸溶液至刻度，摇匀。此溶液每 1 mL 含龙葵素 1 mg。

b. 标准曲线的制作：取 0 mL、0.2 mL、0.4 mL、0.6 mL、0.8 mL、1.0 mL 标准溶液以 1%

硫酸稀释定容到 2 mL，置冰浴中逐渐加入 5 mL 硫酸(宜于 3 min 以上时间滴完)，放置 1 min，然后置冰浴中滴加 2.5 mL 1%甲醛(在 2 min 以上时间滴完)，放置 90 min 后，于 520 nm 波长处测定吸光度。

c. 样品的测定：将提取的粗样品用 1%硫酸溶解，定容到 10 mL。取 2 mL 样品溶液，与标准曲线的制备同样操作，先预测其大概浓度，再以 1%硫酸调节样品浓度，使之每毫升在 0.2 mg 以下，取 2 mL 同标准曲线制作的操作，于 520 nm 波长处测定吸光度，计算含量。

(5) 结果计算　按以下公式计算马铃薯中龙葵素含量 X(mg/100 g)。

$$X(\text{mg/100 g})=\frac{P\times V\times 50}{m}$$

式中，P 为测定结果相应的标准浓度(mg/mL)；V 为样品提取之后定容的总体积(mL)；m 为样品质量(g)；50 为换算系数。

2. 高效液相色谱法测定龙葵素的含量

(1) 原理　高效液相色谱法(HPLC)是色谱法的一个重要分支，以液体为流动相，采用高压输液系统，将具有不同极性的单一溶剂或不同比例的混合溶剂、缓冲液等流动相泵入装有固定相的色谱柱，利用待测物在两相之间分配系数的不同而实现各成分的分离，各成分在柱内被分离后，进入检测器进行检测，从而实现对试样的分析。

α-茄碱是龙葵素类化合物中含量较高的一种，监测 α-茄碱的含量基本能反映马铃薯中龙葵素类化合物的含量，所以可以采用 α-茄碱作为龙葵素测定的标准品。

(2) 仪器和设备　高效液相色谱仪、色谱柱、电子天平、超声波清洗仪、擦丝金属工具、中药干燥粉碎机、真空泵、旋转蒸发仪、冷冻离心机、恒温干燥箱、0.45μm 滤膜、Milli-Q 超纯水净化器等。

(3) 试剂

1) 双溶剂提取液：乙醇和乙酸以体积比 100∶10 的比例混合。

2) 3% H_2SO_4：量取 16.95 mL 浓硫酸，缓缓注入冷水中，于 1000 mL 容量瓶中定容，摇匀。

3) 1% H_2SO_4：量取 5.65 mL 浓硫酸，缓缓注入冷水中，于 1000 mL 容量瓶中定容，摇匀。

4) 乙醇、乙酸、磷酸二氢钾、浓硫酸、浓氨水为分析纯，乙腈为色谱纯，龙葵素标准品——α-茄碱(纯度 99.8%)，超纯水等。

(4) 操作步骤

1) 试样制备。

a. 马铃薯干样制备：将洗净晾干外表皮的马铃薯称重，切成厚度为 0.2 cm 左右的片状，60℃烘干至恒重，称重，用中药干燥粉碎机粉碎至 40～100 目，备用。

b. 马铃薯鲜样制备：用擦丝金属工具将洗净晾干外表皮的马铃薯处理成 0.1 cm×0.1 cm×0.5 cm 的块状，备用。

2) 龙葵素提取：取 20 g 马铃薯固体粉末(或 50 g 鲜样)，加入 50 mL(或 150 mL)双溶剂提取液进行超声处理(55 Hz，40 min)，重复 2 次；合并处理液，抽滤，将滤液旋转蒸馏至浸膏状，再加入 10 mL 3% H_2SO_4 溶解，抽滤(0.45 μm 滤膜)；滤液用浓氨水调 pH 至 10.5，置于 4℃保存 8 h 后，4℃ 12 000 r/min 离心 8 min；沉淀用 pH 10.5 的氨水洗涤至无色，获得的沉淀即为粗品，4℃保存备用。

3) 龙葵素测定。

a. 标准曲线的绘制：取 5 mg α-茄碱标准品，用 1% H_2SO_4 定容至 10.00 mL，分别取标准溶液 0.40 mL、0.60 mL、0.80 mL 和 1.00 mL 定容至 5.00 mL，然后过 0.45 μm 滤膜后待用。

b. HPLC 测定龙葵素的色谱条件：色谱柱 Gmini 5 μ C_{18} 110A（Φ 4.6 mm×250 mm），25℃柱温，检测波长为 212 nm，进样量为 10 μL，流动相为 CH_3CN：KH_2PO_4（0.02 mol/L）=60：40（V：V），流速为 0.7 mL/min。测定不同浓度的 α-茄碱标准品的吸收曲线，以 α-茄碱标准品的浓度为横坐标，峰面积为纵坐标绘制 α-茄碱标准品的标准曲线（图 6-3）。

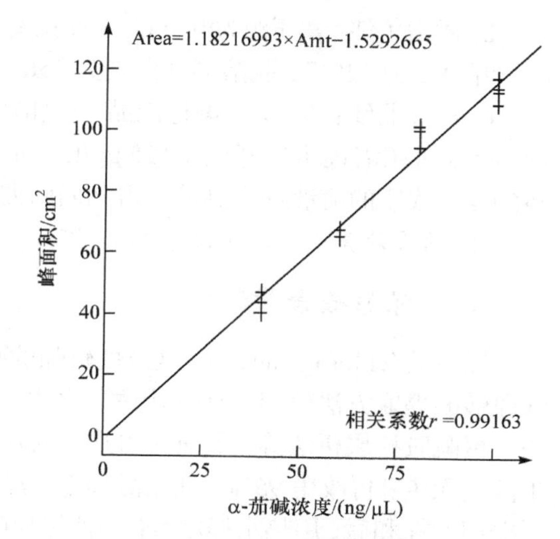

图 6-3　α-茄碱标准品标准曲线

标准溶液的回归方程为

$$Area=1.18216993\times Amt-1.5292665;\ r=0.99163$$

式中，Area 为峰面积；Amt 为定容后样品浓度。

c. 样品的测定：将上述提取得到的马铃薯块茎龙葵素沉淀粗品在 35℃烘干，1% H_2SO_4 定容至 5.00 mL，液体经 0.45 μm 滤膜过滤，按照上述色谱条件测定吸收曲线。

（5）结果计算　依据马铃薯块茎的 HPLC 色谱吸收曲线和 α-茄碱标准曲线的回归方程，计算龙葵素含量。

块茎烘干率=干物质质量/鲜马铃薯质量×100%

马铃薯块茎鲜样龙葵素含量=干样龙葵素含量×块茎烘干率

3. 液相色谱-质谱联用法测定龙葵素的含量

（1）原理　液-质联用法是一种先通过高效液相色谱分离得到目标成分，再经过质谱将物质离子化，按照离子的质荷比分离，从而测量目标离子的离子谱峰的强度的分析方法，可以检测到微量的龙葵素。

（2）仪器和设备　液相色谱-质谱联用仪、色谱柱、电子天平、超声波清洗仪、中药干燥粉碎机、冷冻离心机、Milli-Q 超纯水净化器、锥形瓶、0.22 μm 滤膜等。

（3）试剂

1）双溶剂提取液：甲醇和甲酸以体积比 1：1 的比例混合。

2）龙葵素标准品——α-茄碱（纯度 99.8 %）。

3）甲醇为分析纯，甲酸、乙腈为色谱纯，水为超纯水。

（4）操作步骤

1）龙葵素提取：在靠近马铃薯表皮处均匀的选取 3 个点，取 1 cm^3 的薯肉，匀浆。称取 1 g 匀浆放入 100 mL 锥形瓶中，加入 100 mL 双溶剂提取液，将锥形瓶密闭，超声（10 000 Hz）1 h，取出离心（13 000 r/min，10 min），0.22 μm 滤膜过滤，即得供试液。

2）龙葵素测定

a. 液相色谱条件：以 Waters UPLC-SQD MS 超高效液相色谱串联单四级杆质谱仪为例，色谱柱选用 Unitary C_{18}（2.1 mm×150 mm，5 μm）；流动相 A 为 0.1%甲酸-水；流动相 B 为乙腈；梯度洗脱顺序为 0 min（95% A，5% B）→5 min（50% A，50% B）→6 min（5% A，95% B）；柱温为 35℃，流速为 0.2 mL/min；进样量为 5 L。

b. 质谱条件：离子源为电喷雾，ESI 正离子模式检测，毛细管电压为 2.8 kV，锥孔电压为 30 V，离子源温度为 120℃，脱溶剂气温度为 350℃，脱溶剂气流速为 600 L/h，锥孔气流速为 50 L/h。

c. 标准曲线：以 α-茄碱标准品 m/z[M+H]$^+$=868.78 为目标离子，用选择离子监测模式定量。标准对照液逐步稀释成 7.125 μg/L、14.25 μg/L、28.5 μg/L、57 μg/L、114 μg/L、228 μg/L、456 μg/L 浓度的溶液进行测试，得到回归方程为：y=2664.1x+6505.5，R^2=0.9991。

(5) 结果计算　　取供试液 5 μL 进样，根据标准曲线方程计算样品中 α-茄碱的含量。

(二) 绿原酸含量测定

绿原酸（chlorogenic acid）是极性较强的有机酸，易溶于醇、水，难溶于氯仿、乙醚，因此绿原酸的提取方法较多，有醇（甲醇、乙醇）溶法、水提醇沉法、醇提铅沉法、水提石灰乳沉淀法及聚酰胺柱层析法等。下面介绍其中的几种提取方法。醇溶法：先用氯仿进行连续提取至流出液呈无色；再改用 95%工业乙醇提取，提尽绿原酸；将所得乙醇提取液减压浓缩成浸膏，与干净细沙拌和后，用热水提取数次，使绿原酸转溶于水中，弃去残渣；所得水溶液用乙醚萃取，进一步除去脂溶性杂质；向脱脂后的水溶液中加入饱和无机盐溶液，至沉淀完全，并稍有过量为止，此时，水中的绿原酸与金属离子结合生成不溶性盐；用离心分离法分离出沉淀并除去沉淀中的金属离子后，将所得滤液用有机溶剂萃取数次，回收溶剂，得绿原酸粗品，经分步结晶和重结晶等方法精制，即得绿原酸纯品，得率约为 0.5%。水提醇沉法：采用水为溶剂，加热煮沸提取，但相应地增加其他水溶性成分如蛋白质、多糖、鞣质等杂质，可用传统的醇沉法除去。醇沉过程中伴随吸附和包夹，致使绿原酸有不同程度的损失。提取水提液中绿原酸时，分次醇沉比一次醇沉所得产品纯度高；当乙醇浓度最终为 90%时，一次醇沉的损失率比分次醇沉较大。水提石灰乳沉淀法：在待测物水溶液中，加石灰乳使绿原酸生成钙盐沉淀，用稀酸分解，提取物中绿原酸得率较低，可能由绿原酸是酯类，被强碱水解所致。虽然许多研究者对绿原酸含量的测定方法进行了研究或评述，在分析、测定过程中不乏采用层析方法，但各种方法均有其不完善之处，难以分离出全部绿原酸并得到纯品（不包括绿原酸异构体）。

绿原酸的含量测定方法有许多种。由于许多物质同绿原酸分子结构相似，同存于一种药材或制剂中，因此在进行含量测定时常难以分离。常用分析方法有紫外分光光度法（UV）、高效液相色谱法（HPLC）等。这些方法要么难以完全分离待测物质，要么易受干扰，或者分析时间长、效率低。现在在中药成分分析中开始采用一种新技术即高效毛细管电泳（high performance capillary electrophoresis，HPCE）技术。它具有分离效率高、分析时间短、进样量少、检测限低和重现性好等特点。但由于在中药材的成分分析中才刚应用，效果如何还有待评价。

1. 紫外分光光度法测定绿原酸含量

(1) 原理　　根据绿原酸易溶于甲醇、乙醇等极性有机溶剂的理化特征，一般用有机溶剂提取后，可用紫外分光光度计在绿原酸的最大吸收峰 327 nm 处测定其吸光度，对照标准曲线，求出其含量。

(2) 仪器和设备　　电子天平、电热恒温鼓风干燥箱、粉碎机、40 目筛、电热恒温水浴锅、紫外-可见分光光度计、旋转蒸发仪、真空泵、冷冻干燥机、超声波清洗仪、容量瓶、脱脂棉、相品瓶等。

(3) 试剂　　乙醇、绿原酸标准品等。

(4) 操作步骤

1) 原料预处理：将马铃薯洗净，切成薄片，放入电热恒温鼓风干燥箱中 80℃干燥，取出后用粉碎机粉碎成粉末，过 40 目筛，放入样品瓶中，密封备用。

2）绿原酸提取。

a. 超声波辅助提取法：超声波辅助提取马铃薯多酚类物质的最佳提取工艺条件为：乙醇体积分数为 70%，料液比为 1∶10，超声波辅助提取 3 次，每次 10 min。

b. 乙醇回流法：将索氏提取器的各部位充分洗涤并用蒸馏水清洗后烘干，然后将含盛有马铃薯干粉的滤纸筒放入索氏提取器的提取筒内，连接已干燥至恒质量的脂肪烧瓶，由提取器冷凝管上端加入 85%乙醇至瓶内容积的约 2/3 处，料液比 1∶10，通入冷凝水，将底瓶浸没在水浴中，97℃加热，用一小团脱脂棉轻轻塞入冷凝管上口。回流 3 次，抽提完成后，回收乙醇，然后称质量，可用于计算绿原酸得率（mg/g）[绿原酸的质量（mg）/马铃薯干粉质量（g）]。将此抽提物用 85%乙醇定容至 20 mL，然后以 85%乙醇溶液作为空白对照，放入紫外-可见分光光度计中测定其含量。

3）标准曲线的绘制：准确称取绿原酸标准品 0.005 g，用 70%乙醇溶液溶解并定容于 100 mL 的容量瓶中，制成质量浓度为 0.05 mg/mL 标准溶液，摇匀，备用。分别准确量取上述 0.05 mg/mL 标准溶液 0.0 mL、0.2 mL、0.4 mL、0.6 mL、0.8 mL、1.0 mL 于 10 mL 容量瓶中，用 70%乙醇溶液定容至 10 mL，以空白试剂为对照，327 nm 波长处测定吸光度，以绿原酸质量浓度为横坐标，吸光度为纵坐标作图，得出绿原酸标准曲线。回归方程为 $y=67.4x+0.0014$（相关系数 $R^2=0.9996$）。

4）绿原酸含量测定：吸取 1 mL 待测样液，按标准曲线制作方法于 327 nm 下测定吸光度，得出绿原酸含量。

2. 高效液相色谱法测定绿原酸含量　高效液相色谱法的原理参见本章测定龙葵素含量的内容。

（1）仪器和设备　Agilent 1100 高效液相色谱仪（二极管阵列检测器 DAD）、色谱柱、40 目筛、0.45μm 滤膜、容量瓶、超声波清洗仪、Milli-Q 超纯水净化器、电子天平、真空泵、旋转蒸发仪、冷冻离心机、冷冻干燥机等。

（2）试剂　绿原酸标准品，甲醇、乙腈为色谱纯，冰醋酸、磷酸为分析纯，水为超纯水。

（3）操作步骤

1）制备样品：把马铃薯块茎切成均匀的薄片，60℃烘干 12 h，冷却 30 min 后，粉碎，过 40 目筛，精确称取 0.2 mg 样品，放进 100 mL 锥形瓶中。加入 20 mL 70%甲醇后称重，室温下超声浸提 40 min，冷却后补重，用 0.45 μm 微孔滤膜过滤，即得到样品的绿原酸待测液。

2）制备标准溶液：精密称取绿原酸标准品 2.0 mg，置于 5 mL 棕色容量瓶中，用甲醇溶解并定容，制成 0.4 mg/mL 的标准溶液，并置于–20℃冰箱中保存备用。将配制的 0.4 mg/mL 标准溶液稀释为 5 μg/mL，分别进样 0.4 μL、0.8 μL、1 μL、2 μL、5 μL，以绿原酸对照品进样量（ng）（X）为横坐标，以峰面积（Y）为纵坐标，进行线性回归分析。得到线性回归方程为：$Y=2.7659878X+1.8713845$（$r=0.9993$），绿原酸标准品的进样量在 2～25 ng 时与峰面积呈良好的线性关系。

3）色谱条件：C_{18} 色谱柱，流动相为水-甲醇-冰醋酸（30∶70∶2），流速为 1.0 mL/min，柱温为室温，进样体积为 5 μL，检测波长为 327 nm。

4）含量测定：在相同色谱条件下根据标准品、样品的峰面积与标准品的含量，计算样品中绿原酸的含量。

（三）花色苷含量测定

花色苷（anthocyanin）在中性或弱碱性溶液中不太稳定。因此，通常采用酸醇法提取。最常用的提取溶剂是甲醇、乙醇、乙二醇、丙醇、正丁醇等中性溶剂。甲醇的极性要比乙醇大，因此提取效率比乙醇高 20%，比水高 73%，但如果考虑到食品安全性等方面的要求，可以考虑用酸化乙醇法。酸性溶剂在破坏植物细胞膜的同时溶解水溶性色素。Harborne 最早用甲醇：盐酸(97：3，*V/V*)在室温下进行马铃薯花色苷抽提，然后离心和过滤，在 50～60℃真空条件下浓缩。Hung 等用 0.1%(*V/V*)的盐酸甲醇溶液在黑暗下于 4℃浸提马铃薯切片，24 h 后过滤用于光谱测定或用 HPLC 进一步纯化和分析。Andersen 等也用与 Hung 基本相似的方法从马铃薯薯皮中提取花色苷用于光谱测定。Yanovsky 等用 1%(*V/V*)的盐酸甲醇溶液在 4℃黑暗条件下浸提含花色苷的马铃薯叶柄，提取液用于光谱测定。Jung 等也用与之基本相似的方法从马铃薯薯皮中提取花色苷用于 TLC 分析。

用盐酸酸化可以保持低 pH，防止未酰化的花色苷降解，但高浓度的 HCl 能改变酰化花色苷的原始形态。因此，为获得更接近于天然状态的花色苷，可采用弱有机酸，如甲酸、乙酸、柠檬酸和酒石酸等提取。Lewis 等用 15%(*V/V*)的乙酸甲醇溶液提取马铃薯花色苷后直接用于光谱测定或用 HPLC 分析。Kyu-Ho 等用 5%乙酸、70%乙醇混合作为提取液提取，收集的粗提液在 35℃旋转蒸发仪中浓缩，再用冷冻干燥机冷冻干燥。

花色苷无论是在天然体系还是在模拟体系中，其稳定性都会明显受到温度的影响，加热会使花色苷向无色的查尔酮式结构转变。经初步浸提或过滤的花色苷提取物通常很稀，因此在测定其含量或者纯化或用于食物着色之前需要进行浓缩。为减少色素降解，浓缩最好在真空、温度低于 40℃条件下进行。此外，当花色苷暴露于紫外光、可见光或其他辐射源时，通常很不稳定，所以花色苷在提取纯化、测定过程中尽量避光。

目前较多采用紫外-可见分光光度法来测定彩色马铃薯中花色苷的总含量。由于花色苷标准品的有限性和稳定性，因此限制了用 HPLC 来测定花色苷的相对含量或者绝对含量。由于彩色马铃薯块茎的皮色有粉红色、红色、紫色和紫黑色等，薯肉白色、红色和紫色，也有含红色、紫色的不均匀色，因此彩色马铃薯品种间花色苷含量有着很大差异。此外，同一彩色马铃薯品种在不同的环境、气候和栽培条件下的花色苷含量也有很大的差异。

1. pH 示差法测定花色苷含量 植物在加工或储藏过程中会产生褐色降解物，这些降解物和花色苷具有相同的能量吸收范围，因此，为了排除褐色降解物的干扰，这类花色苷总量的测定通常采用 pH 示差法。

(1) *原理* 花青素是具有 2-苯基苯并吡喃阳离子结构的衍生物，广泛存在于植物的水溶性天然色素中。花青素在自然状态下常与各种单糖形成糖苷，称为花色苷。溶液 pH 不同，花色苷的存在形式也不同。对于一个给定的 pH，在花色苷的 4 种结构之间存在着平衡：蓝色的醌式(脱水)碱、红色的 2-苯基苯并吡喃(花色烊阳正离子)、无色的甲醇假碱和查尔酮。花色苷在 pH 很低时，其溶液呈现最强的红色。随着 pH 的增大，花色苷的颜色将褪至无色，最后在高 pH 时变成紫色或蓝色。pH 示差法测定花色苷含量的依据是花色苷发色团的结构转换是 pH 的函数，而起干扰作用的褐色降解物的特性不随 pH 变化。因此在花色苷最大吸收波长下确定两个对花色苷吸光度差别最大但是对花色苷稳定的 pH。当 pH 为 1.0 时花色苷以红色的 2-苯基苯并吡喃的形式存在，并在 λ_{max} 处有最大吸收峰，而当 pH 为 4.5 时，花色苷转变为无色的甲醇假碱和查尔酮形式，在 λ_{max} 处无吸收峰，因此可用 pH 示差法计算溶液中总花色苷含量。

因为花青素在溶液介质中存在 4 种结构形式，这 4 种结构形式在某一 pH 下处于动态平衡，当 pH 改变时，动态平衡发生转移，总的趋势是 pH 减小时，平衡向红色的 2-苯基苯并吡喃阳离子移动；pH 增大时平衡向蓝色的醌式移动。一定时间后达到一个新的平衡。因此花色苷提取液用缓冲液稀释后，必须静置一段时间，等动态平衡稳定后，才能测定吸光值。

(2) 仪器和设备　电子分析天平、酸度计、旋转蒸发仪、真空泵、超声波清洗仪、紫外-可见光光度计、容量瓶、研钵、烧杯等。

(3) 试剂

1) pH 1.0 缓冲液：使用电子分析天平准确称量 1.86 g 氯化钾，加蒸馏水约 980 mL，用盐酸和酸度计调至 pH 1.0，再用蒸馏水定容至 1000 mL。

2) pH 4.5 缓冲液：使用电子分析天平准确称量 32.81 g 无水乙酸钠，加蒸馏水约 980 mL，用盐酸和酸度计调至 pH 4.5，再用蒸馏水定容至 1000 mL。

3) 1.5 mol/L 盐酸、95%乙醇等。

(4) 操作步骤

1) 花色苷提取：参照 Reyes 和杨玲等的酸醇提取方法并加以改进。洗净新鲜的彩色马铃薯块茎，晾干均匀取样 15 g，液氮研磨成粉，舀入已去零的小烧杯中称取 3 g，加入 60 mL 1.5 mol/L 盐酸和 95 %乙醇（V : V=15 : 85）提取液，超声波提取 30 min，抽滤，收集残渣再加入 30 mL 提取液，超声波提取 30 min，抽滤，合并两次的色素提取液。

2) 采用 pH 示差法测定彩色马铃薯块茎的总花色苷含量。分别取 1 mL 提取液，分别加入 9 mL pH 1.0 和 pH 4.5 的缓冲液，室温平衡 1 h。用提取液作为空白对照，对彩色马铃薯块茎的色素提取液进行波谱扫描，记录最大吸收波长λ_{max}(500～550)，测定彩色马铃薯块茎色素提取液在λ_{max}和 700 nm 处的吸光度，读取 3 次，取平均值。每个品种设 3 个重复。

(5) 结果计算　按以下公式计算总花色苷含量(mg/100 g)。

$$\text{总花色苷含量(mg/100 g)} = \frac{A \times M_{\mathrm{w}} \times \mathrm{DF} \times V}{\varepsilon \times L \times m_{\mathrm{f}}} \times 100$$

$$A = (A_{\max} - A_{700})_{\mathrm{pH\ 1.0}} - (A_{\max} - A_{700})_{\mathrm{pH\ 4.5}}$$

式中，A 为样品提取液的吸光度差值；A_{700} 为样品提取液在波长 700 nm 下的吸光度；A_{max} 为样品提取液在λ_{max} 下的吸光度；M_w 为花色苷的摩尔质量（自然界中分布最广的花色苷——矢车菊素-3-葡萄糖苷的摩尔质量为 449.2 g/moL）；DF 为样液稀释倍数；ε 为花色苷的平均摩尔消光系数(矢车菊素-3-葡萄糖苷的平均摩尔消光系数为 26 900 L/(mol · cm)]；L 为比色皿的宽度(1 cm)；V 为提取液总体积(mL)；m_f 为样品鲜重(g)；100 为转换至 100 g 的扩大倍数。

2. 高效液相色谱法测定花色苷含量　花色苷的种类繁多，而且一般都是几种花色苷并存于某一植物(样品)中，所以通常用总花色苷含量来评价样品中花色苷的多少。目前，花色苷标准品并不易获得，而且有时也不清楚该样品中花色苷的具体成分，因此，在运用高效液相色谱法测定总花色苷含量时，可采用自然界最常见的矢车菊素-3-葡萄糖苷为对照品得到回归方程，再根据各峰的总面积求出总花色苷的含量。这为科学评价花色苷的含量提供了一种切实可行的方法。

(1) 原理　高效液相色谱法(HPLC)是色谱法的原理见本章测定龙葵素的含量。

(2) 仪器和设备　方法Ⅰ：Bio-Rad 高效液相色谱仪(Waters Model 1706 泵，Bio-Rad UV/VIS 检测器)。方法Ⅱ：Agilent 1100 高效液相色谱仪。

其他仪器和设备还有：色谱柱、0.45 μm 滤膜、电子天平、真空泵、大孔吸附树脂柱、旋转蒸发仪、冷冻干燥机、Milli-Q 超纯水净化器等。

(3) 试剂

1) 0.1%盐酸溶液(V/V)：吸取 0.1 mL 浓盐酸稀释定容至 100 mL。

2) 60%乙醇，80%乙醇，1%盐酸甲醇、石油醚。

3) Amberlite XAD-7 大孔吸附树脂。

4) 矢车菊素-3-葡萄糖苷。

5) 盐酸、乙醇为分析纯，磷酸、甲酸、甲醇、乙腈为色谱纯，超纯水等。

(4) 操作步骤

1) 色谱条件。

方法Ⅰ：色谱柱 Hypersil BDS C_{18} 柱；流动相为乙腈-4%磷酸(15：85)；流速为 0.8 mL/min；检测波长为 530 nm：柱温为 25℃。当乙腈比例为 20%时，出峰时间过早，与溶剂峰太近难以区分，分离效果不好；当乙腈所占的比例为 13%时，虽然分离效果明显，但出峰时间过长。

方法Ⅱ：色谱柱 Phenomenon Gmini C_{18} 110A；柱温为 30℃；检测波长为 520 nm；进样量为 10 μL；流动相 A 为水：乙腈：甲酸=87：3：10，B 为水：乙腈：甲酸= 40：50：10；洗脱梯度为 0 min 6% B，10 min 15% B，30 min 25% B，35 min 35% B，40 min 45% B，45 min 55% B，50 min 6% B；流速为 1 mL/min。图 6-4 是分离紫马铃薯花色苷的效果图。

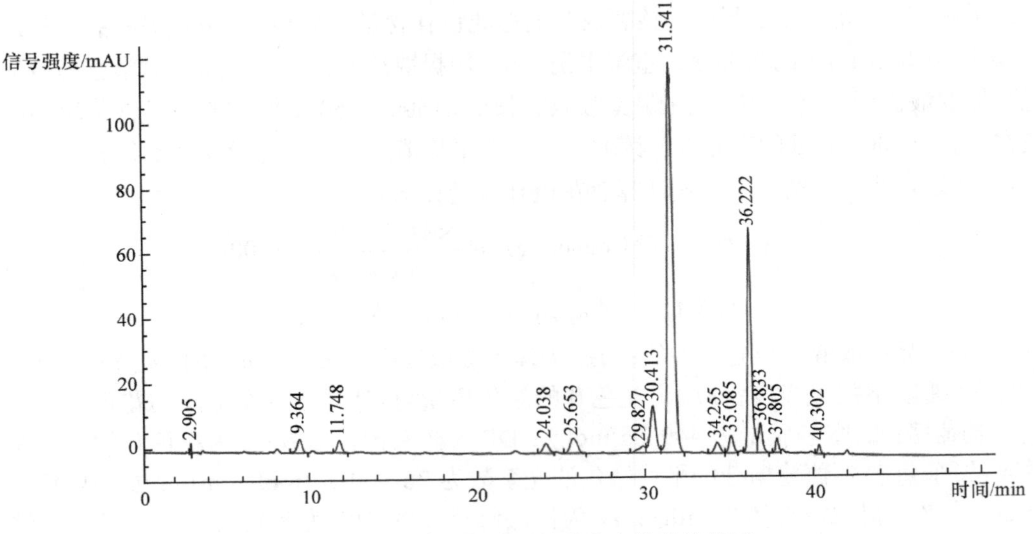

图 6-4　方法Ⅱ分离紫马铃薯花色苷的效果图

2) 标准品溶液的制备及线性关系考察：精确称取花色苷标准品 10 mg 溶于 10 mL 的 1%盐酸甲醇溶液，分别稀释为下列一系列浓度的标准溶液：0.50 mg/mL、0.25 mg/mL、0.10 mg/mL、0.05 mg/mL、0.025 mg/mL、0.0125 mg/mL。分别吸取不同浓度的标准溶液 10 μL 进样，每种浓度重复进样 3 次，计算 3 次平均峰面积。将峰面积 Y 与溶液浓度 X 进行直线回归分析。

3) 样品的制备：称取一定量的彩色马铃薯用含 0.1%浓盐酸(体积比)的 60%的乙醇溶液提取。提取液合并后旋转蒸发至无乙醇，接着用石油醚除去其中的脂溶性成分。得到的滤液通过大孔吸附树脂柱。吸附饱和后，先用微酸化的水溶液将糖类、有机酸及一些未吸附的多酚类等杂质洗去，最后用 80%乙醇将吸附的花色苷洗脱下来。收集的洗脱液旋转蒸发至无乙醇后经冷冻干燥后得到固体粉末。

4) 外标法定量：准确称取 10 mg 提取物溶于 10 mL 的 1%盐酸甲醇中，过 0.45 μm 滤膜后，吸取 10 μL 进样，测定峰面积，并与标准曲线比较求出其对应的含量。

第三节　马铃薯外观商品品质及加工品质分析方法

一、马铃薯外观商品品质分析方法

（一）腐烂、青皮、机械损伤、畸形、虫伤、黑痣病、疮痂病、发芽、杂质、品种混杂等的分析方法

腐烂、青皮、机械损伤、畸形、虫伤、黑痣病、疮痂病、发芽、杂质、品种混杂等指标用目测法检测，具体症状见图 6-5～图 6-13。计算质量百分率，公式如下。

$$w_{\mathrm{i}}(\%)=\frac{m_{\mathrm{i}}}{m_{总}}\times 100$$

式中，w_{i} 为不合格样品质量百分率（%）；m_{i} 为不合格样品的质量（g）；$m_{总}$ 为检验样品的总质量（g）。

（二）空心、内部变色的检测方法

空心、内部变色进行纵切目测法检测，具体症状见图 6-5～图 6-13。（引自 GB/T 31784—2015），并计算质量百分率。

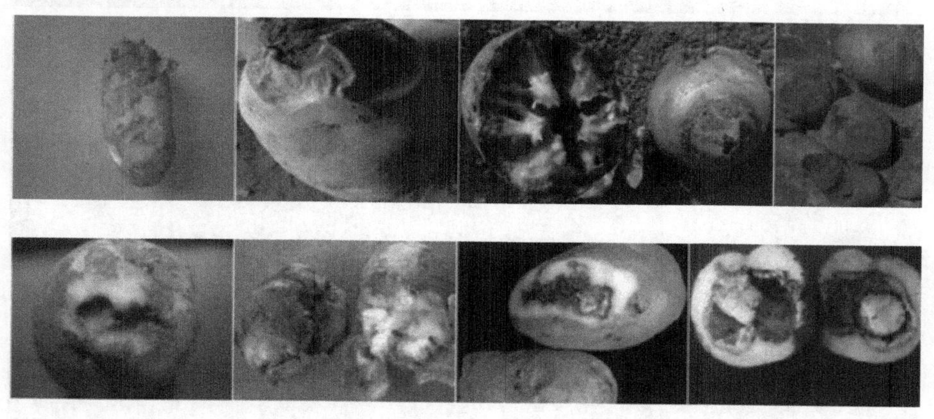

图 6-5　由病害及冻伤造成的各种腐烂薯

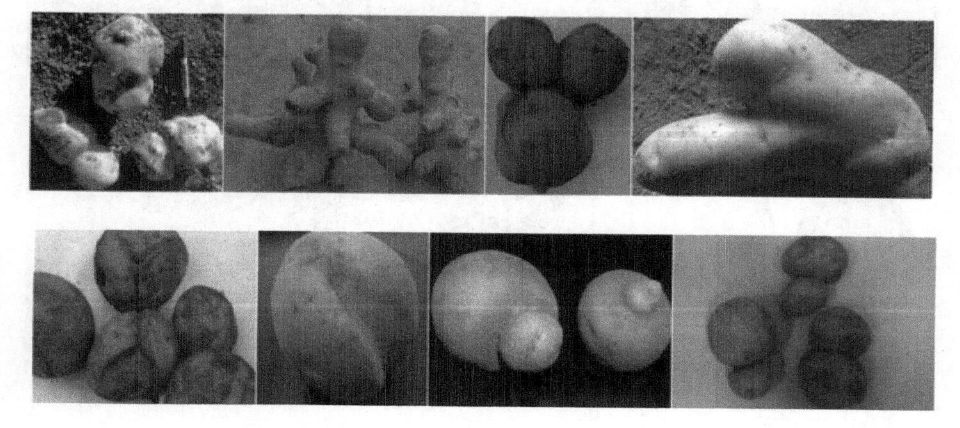

图 6-6　各种畸形薯

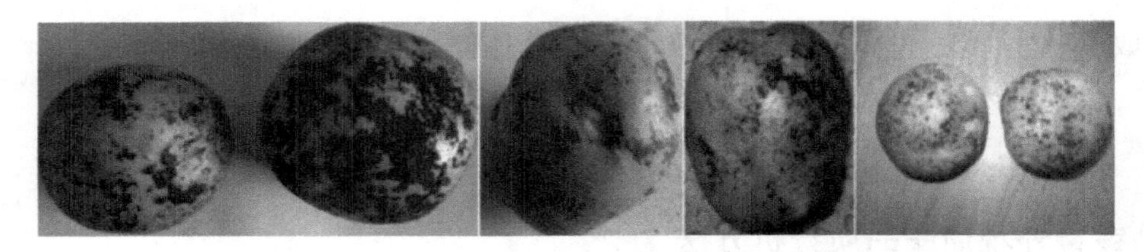

图 6-7　黑痣病薯块

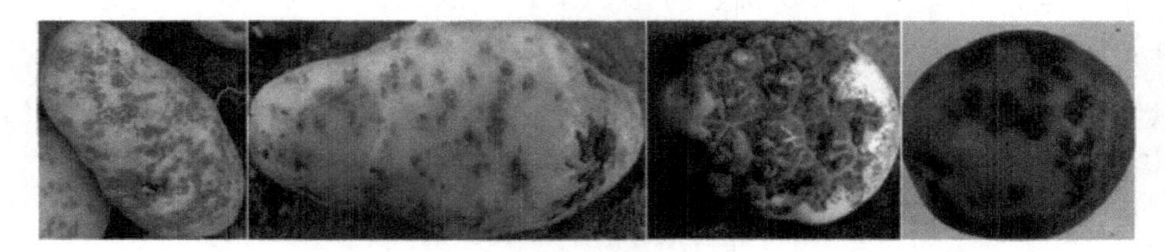

图 6-8　疮痂病薯块

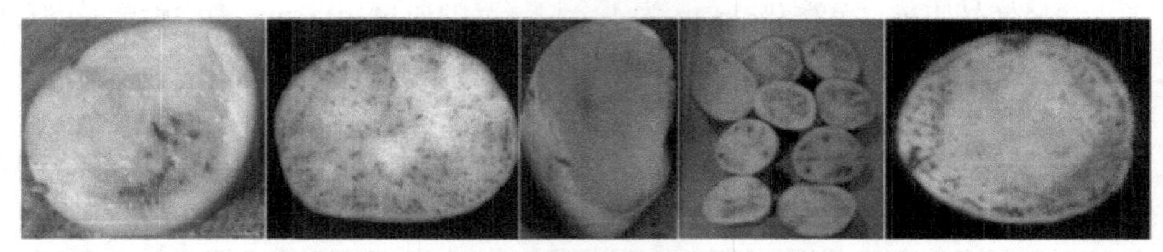

图 6-9　内部变色薯块

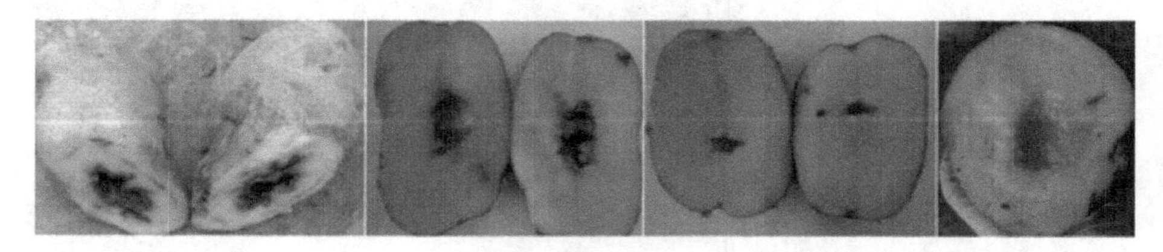

图 6-10　空心薯块

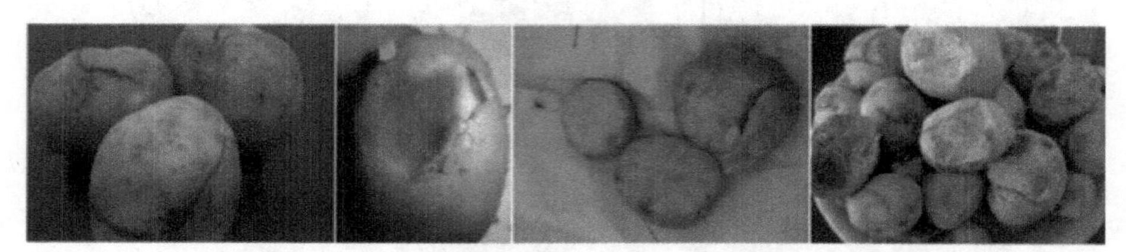

图 6-11　机械损伤薯块

图 6-12　青皮薯块

图 6-13　虫伤薯块

二、马铃薯薯片品质分析方法

（1）材料　食用油。

（2）仪器和设备　恒温炸锅，温度计，定时器，电子秤或其他法定衡器（精确度不低于 1 g），干净毛巾（或厨房纸、滤纸），纸盘等。

（3）取样　从每份样品中随机选出 30 个块茎。

（4）操作步骤　按直径最大方向将马铃薯切成 0.8～1.2 mm 的薄片，每个块茎取中间部位的 2～3 片薯片。用清水漂洗所选的薯片，再用干净毛巾或厨房纸、滤纸将薯片表面的水擦干。在炸锅中放入适量的食用油，加热至 185℃，保持恒温。将准备好的薯片摆入炸篮中，放入 185℃油中，定时油炸 3 min。提起炸篮，将薯片放入纸盘中，移去炸篮。

（5）判定　目测油炸颜色为异色、有斑点的薯片，用电子秤或其他法定衡器称其质量及总油炸薯片质量，计算油炸次品率。

（6）计算方法

$$w_1(\%)=\frac{m_a}{m_b}\times 100$$

式中，w_1 为油炸次品率（%）；m_a 为油炸颜色为异色、斑点的薯片质量（g）；m_b 为油炸薯片的总质量（g）。

三、马铃薯薯条品质分析方法

（1）材料　食用油。

（2）仪器和设备　恒温炸锅、温度计、定时器、电子秤或其他法定衡器（精确度不低于 1 g）等。

（3）取样　从每份样品中随机选出 30 个块茎，不要用那些有明显病害与残缺的块茎。

（4）操作步骤　按直径最大方向将纵切成横截面为 0.2 cm^2 的薯条，一个块茎选 1 根，有时取不到茎端的薯条，就取中心的 1 根。将所选的薯条用清水漂洗后，再用干净毛巾或厨房纸、滤纸将薯条表面的水擦干。在炸锅内放入适量的食用油，加热至 190℃，保持恒温。将准备好的 30 根薯条摆入炸篮中，放入 190℃的油中，定时油炸 3 min。提起炸篮，将薯条放入纸盘中，移去炸篮。

（5）判定　把炸好的薯条置于桌上，目测检验，用比色板（参照 GB/T 31784—2015）进行 0～4 级对比分类。变色区域达到薯条一半长度，或占 2 面或 2 面以上及颜色介于 2 个颜色之间的，均归为较深一档。与比色板对比，油炸颜色≥3 级为不合格。分别记录 30 根薯条的油炸颜色等级，用电子秤或其他法定衡器称量不合格薯条质量及油炸薯条的总质量，并计算炸条颜色不合格率。

(6) 计算方法

$$w_2(\%) = \frac{m_c}{m_d} \times 100$$

式中，w_2 为炸条颜色不合格率(%)；m_c 为根据与比色板对比，油炸颜色≥3 级的薯条的质量(g)；m_d 为油炸薯条的总质量(g)。

四、马铃薯鲜食品质分析方法

马铃薯鲜食食味测定方法如下：在收获期，随机选取有代表性、无损伤、健康、未被晒绿的块茎 30 个，洗净后，将块茎直接放入蒸锅蒸煮，蒸熟后品尝。根据品尝结果确定食味品质，食味品质分为优(有香味、水分适当、质沙)、中(水分适当、无怪味)、劣(水分多、有怪味、口感差)。

第七章　油菜品质分析原理与方法

油菜(rape，oilseed rape)是世界四大油料作物(大豆、向日葵、油菜、花生)之一，是我国第一大油料作物。据2018年报道，中国常年种植油菜面积约700万hm^2，油菜籽(rape seed)总产1185万t，平均单产1650 kg/hm^2，面积和总产均居世界第一，每年可生产约450万t菜籽油，占国内植物油总消费量的19.7%，在国内食用油市场中具有举足轻重的地位。此外，油菜产业每年还为饲料产业提供600多吨的高蛋白饲用饼粕；然而与发达国家相比，我国油菜产业的主要问题是产量低、品质差，每年仍需进口约500万t油菜籽。

油菜籽含油量(oil content)占自身干重的35%～50%，菜籽油含有十多种脂肪酸和多种维生素，特别是维生素E的含量较高，我国人民自古以来就食用菜籽油。普通菜籽油经过脱色、脱臭、脱脂或氢化等精炼加工后，可用于制造色拉油、人造奶油、酥油等产品。油菜籽榨油后得到约60%的饼粕，成分与大豆饼粕相近，是良好的精饲料。

菜籽油在工业加工方面也有广泛应用。芥酸含量在45%以上的普通菜籽油可直接用于加工高温绝缘油和选矿工业的矿物浮选剂等。芥酸含量在55%以上的高芥酸菜籽油是理想的冷轧钢脱模剂及喷气发动机的润滑剂，还是金属工业的高级淬火油。菜籽油硫化、氢化及硫酸化的产物还可以用于生产橡胶、油漆、皮革。

油菜还是能源作物。低芥酸菜籽油的脂肪酸碳链组成与柴油分子十分相近，是理想的生物柴油原料。菜籽油经过脱甘油甲脂化处理后生成的生物柴油，可以任意比例在柴油机上混兑使用，具有燃烧充分、抗爆性好，以及贮存、运输、使用安全等优良性能。

第一节　油菜品质概述

油菜品质主要是指油菜籽本身及其加工延伸所表现出的品质，主要是指油菜籽加工后的菜籽油及饼粕的营养品质，如蛋白质、脂肪、淀粉以及各种维生素、矿质元素、微量元素等的含量与比例。进一步说就是蛋白质中所含的人畜必需氨基酸，如赖氨酸、色氨酸；脂肪中所含的不饱和脂肪酸和亚油酸等。其次是指有害成分的种类及含量，如硫代葡萄糖苷、植酸、酚酸、单宁等。

一、油菜品质指标

油菜的经济价值主要是通过油菜籽体现出来的。油菜籽主要含有水分、脂肪、蛋白质、糖类、维生素、矿物质、植物固醇、酶、磷脂和色素等。油菜品质主要是指油菜籽中粗脂肪含量(含油量)、脂肪酸的种类及芥酸含量、油菜饼粕中的蛋白质含量和硫代葡萄糖苷含量。

(一)粗脂肪含量(含油量)

油菜籽中的脂肪就是甘油和脂肪酸组成的甘油三酯，粗脂肪含量主要是指油菜籽中甘油三酯的含量。油菜籽含油量(oil content)一般占种子质量的 35%～45%。当油菜籽含油量为 40%～41%时，种皮含油量为 16%，胚的含油量为 45%～46%。

(二)脂肪酸组成与芥酸含量

甘油三酯是油菜籽和菜籽油油脂中的主要成分，而脂肪酸又是甘油三酯中的主要成分(约 90%)。油菜籽或菜籽油中含量在 0.5%以上的脂肪酸在 15 种以上，主要有棕榈酸($C_{16:0}$)、棕榈油酸($C_{16:1}$)、硬脂酸($C_{18:0}$)、油酸($C_{18:1}$)、亚油酸($C_{18:2}$)、亚麻酸($C_{18:3}$)、花生酸($C_{20:0}$)、二十碳烯酸($C_{20:1}$)、正二十二烷酸($C_{22:0}$)和芥酸($C_{22:1}$)等。芥酸含量(erucic acid content)是指脂肪酸中芥酸(顺式二十二碳-13-烯酸)的百分含量，是油菜品质的重要指标。

(三)硫代葡萄糖苷含量

油菜籽中所含硫代葡萄糖苷(glucosinolate)简称硫苷，是油菜籽中的主要有害成分。硫苷是一类葡萄糖衍生物的总称，其分子由硫苷键联结非糖部分(苷元)和葡萄糖部分组成，以钾盐或钠盐的颗粒存在于胚的细胞质中。目前发现油菜籽中有 90 多种硫苷。硫苷本身并无毒，但榨过油的菜籽饼粕吸水后，可在油菜籽所含芥子酶的作用下水解产生异硫氰酸盐、硫氰酸盐、噁唑烷硫酮、腈等有害产物。用这种饼粕作饲料会引起牲畜甲状腺肿大和代谢紊乱，严重时会导致家畜死亡。加热可使饼粕中芥子酶失去活性，但禽畜肠道细菌的葡萄糖硫苷水解酶仍可将硫苷水解成有害物质。硫代葡萄糖苷含量(glucosinolate content)以每克饼粕或每克油菜籽中所含硫苷的总物质的量表示。

(四)蛋白质含量

油菜籽中的蛋白质，一般为种子质量的 20%～30%。种子中的蛋白质除少数为结合蛋白外，绝大多数为贮藏蛋白，以蛋白体的形式存在于细胞质中。其中以球蛋白最为丰富，其次为清蛋白。油菜饼粕中的氮约有 80%以蛋白质的形式存在，油菜籽蛋白质的氨基酸组成比较平衡，其中必需氨基酸的数量与大豆的相似。

(五)其他有益成分

油菜籽的毛油通过精制加工和精炼过程在剩下 5%～9%的油渣中，含有磷脂、脂溶性维生素等对人体有益的营养物质，可以进一步加工提炼，形成有用的产品。

(六)其他有害成分

油菜籽中除含硫代葡萄糖苷外，其他有害成分还有植酸、酚酸(芥子碱)和单宁。

二、油菜品质评述

菜籽油所含脂肪酸与其他植物油相比，最大特点之一是含有较多的芥酸、亚麻酸，较少的亚油酸。长链的二十碳烯酸和芥酸，被看作十字花科的典型脂肪酸，芥酸对人体有不良影响，在人体中吸收慢，利用率低，由于不易消化而成为影响油菜品质的不良脂肪酸，且易导致人体冠心病和脂肪肝的发生。亚油酸易被人体消化吸收，热量高，为必需脂肪酸；油酸易氧化成饱和脂肪酸，变得难以吸收，亚油酸和油酸有降低人体内血清胆固醇和甘油三酯及软化血管与阻止血栓形成等作用。亚麻酸易为人体吸收，含有较高的能量，为必需脂肪酸及不饱和脂肪酸的前体，但有 3 个双键，极易氧化产生异味。

普通菜籽油同其他几种作物油脂相比，营养品质及加工品质有一定差距，主要原因是脂肪酸组成不够理想。普通菜籽油的脂肪酸中芥酸含量达 20%～55%，而油酸和亚油酸含量则分别为 14%和 15%左右，亚麻酸含量为 8%左右，棕榈酸含量仅为 3%左右。除亚麻油以外，菜籽油和大豆油是仅有的两个含亚麻酸的主要食用油，亚麻酸含量高的菜籽油有较强的辛辣味，而且它与空气、光、热接触后容易氧化变质，因此菜籽油不耐贮藏。

我国所说的优质油菜主要是指单低（低芥酸）油菜和双低（低芥酸、低硫代葡萄糖苷）油菜。2009 年农业部颁布的《双低油菜籽等级规格》（NY/T 1795—2009）中，规定油菜籽中油的芥酸含量应小于等于 5%，硫苷含量应小于等于 45 μmol/g 饼。2006 年颁布的国家标准《油菜籽》（GB/T 11762—2006）中，规定双低油菜籽中油的芥酸含量应小于等于 3%，硫苷含量应小于等于 35 μmol/g 饼。低芥酸低硫苷油菜（low erucic acid low glucosinolate rapeseed）简称双低油菜，一般是指菜籽油的脂肪酸中芥酸含量不大于 3.0%，粕（饼）中的硫苷含量不大于 35.0 μmol/g 的油菜。中国大多数单位对优质油菜的品质主要提出了 4 个方面的指标：①低芥酸（1%以下）、低硫代葡萄糖苷（每克菜籽饼含 30 μmol/g 以下，不包括吲哚硫苷）、低亚麻酸（3%以下）；②高油分（45%以上）；③高蛋白（占种子重的 28%以上，或饼粕重的 48%以上）；④油酸含量达 60%以上。目前食用菜籽油要求在低芥酸的基础上降低亚麻酸含量（由 10%降至 3%～4%），提高油酸含量（由 60%升至 75%～80%）和亚油酸含量（由 20%升至 40%）。在国家标准《菜籽油》（GB 1536—2004）中，详细规定了普通菜籽油和低芥酸菜籽油的品质特征（表 7-1）。

表 7-1　普通菜籽油和低芥酸菜籽油的特征指标的差异

指标		普通菜籽油	低芥酸菜籽油
相对密度（d_{20}^{20}）		0.910～0.920	0.914～0.920
碘值/（g/100 g）		94～120	105～126
皂化物（KOH）/mg		168～181	182～193
脂肪酸组成/%	十四碳以下的脂肪酸	ND	ND
	豆蔻酸（$C_{14:0}$）	ND～0.2	ND～0.2
	棕榈酸（$C_{16:0}$）	1.5～6.0	2.5～7.0
	棕榈一烯酸（$C_{16:1}$）	ND～3.0	ND～0.6
	十七烷酸（$C_{17:0}$）	ND～0.1	ND～0.3
	十七碳一烷酸（$C_{17:1}$）	ND～0.1	ND～0.3
	硬脂酸（$C_{18:0}$）	0.5～3.1	0.8～3.0
	油酸（$C_{18:1}$）	8.0～60.0	51.0～70.0
	亚油酸（$C_{18:2}$）	11.0～23.0	15.0～30.0
	亚麻酸（$C_{18:0}$）	5.0～13.0	5.0～14.0
	花生酸（$C_{20:0}$）	ND～3.0	0.2～1.2

续表

指标		普通菜籽油	低芥酸菜籽油
脂肪酸组成/%	花生一烯酸（$C_{20:1}$）	3.0～15.0	0.1～4.3
	花生二烯酸（$C_{20:2}$）	ND～1.0	ND～0.1
	山嵛酸（$C_{22:0}$）	ND～2.0	ND～0.6
	芥酸（$C_{22:1}$）	3.0～60.0	ND～3.0
	二十二碳二烯酸（$C_{22:2}$）	ND～2.0	ND～0.1
	木焦油酸（$C_{24:0}$）	ND～2.0	ND～0.3
	二十四碳一烯酸（$C_{24:1}$）	ND～3.0	ND～0.4

注：ND 表示在统计学 0.05%水平上未检出；d_{20}^{20} 表示 20℃植物油的质量与同体积 20℃蒸馏水的质量比值

菜籽油除了直接食用外，很大一部分用于加工人造奶油和起酥油而被间接食用。但菜籽油在室温下为液态，要做成奶油和起酥油必须改变油的物理性质，其实质是增加油中饱和脂肪酸的份额以提高其熔点。现在常用的办法是通过催化加氢减少脂肪酸中的双键，但氢化作用使不饱和脂肪酸双键的构型由顺式向反式转化，不利于人的健康。通过育种途径增加油菜籽中的硬脂酸含量是代替氢化作用以避免油中存在反式构型的一个较为理想的途径。

菜籽油中含有大量的芥酸，芥酸及其衍生物被广泛应用于化学工业。除用作溶剂和润滑剂外，芥酸还是香料、橡胶添加剂、十三烷二酸、高级工程塑料等化学用品的原料。目前芥酸主要从石油中分离，从普通菜籽油中纯化需要较高的成本，如果将油菜籽脂肪酸中的芥酸含量由目前的 50%左右提高到 90%以上，则纯化成本将大大降低，可完全取代石油化工方法。

油菜籽榨油后，约有 60%的饼粕，饼粕含有约 40%的蛋白质（相当于水稻、小麦的 3～4 倍），是优质的饲料蛋白源。然而传统油菜品种饼粕中含有 120～150 μg/g 的硫苷，恶化了饲用品质。因此推广普及双低油菜，不但从根本上改良了菜籽油的品质，而且改良了饼粕的饲料品质。

油菜籽还可用来加工生物柴油，目前德国生产的 60%油菜籽用于加工生物柴油，欧盟生产的生物柴油 80%使用油菜籽为原料。用油菜籽生产生物柴油比用别的油料植物生产生物柴油有更多优势：①能机械化生产，保证原料集中、大量供应；②十八碳脂肪酸占 80%以上，有利于加工生物柴油；③南方利用冬闲田种植与粮食争地矛盾少，中国南方有 0.13 亿 hm^2 冬闲田可扩种油菜；④可通过菜籽饼精深加工增值，降低生物柴油成本。

第二节　油菜品质分析方法

一、油菜籽含油量的测定

1. 原理　常用索氏提取法来测定油菜籽的含油量。其原理是：利用脂肪溶于有机溶剂的特性，用石油醚作溶剂，将油菜籽中的石油醚可溶物提取出来，除去溶剂即得到油菜籽的含油量。

2. 仪器和设备

1）小型捣碎机或适当的磨碎机：能快速将中等大小的油料种子捣碎成均匀的细颗粒状（粒度＜2 mm）。该仪器应易于清洁，粉碎时不发热，使试样水分及挥发物和含油量无明显变化。

2）小型电磁碾磨机：能在短时间将试样研磨成颗粒均匀且细度小于60目，并易于擦净至研磨容器中不留试样及油迹。

3）索氏提取器：回流式或直滴式。提取瓶容量200～250 mL，瓶口内径不小于50 mm。

4）滤纸筒：无石油醚可溶物，筒的高度应超过提取管的虹吸部分5 mm。

5）天平：感量0.001 g和0.01 g两种。

6）电热恒温水浴锅：控温±2℃。

7）脱脂棉和脱脂线、铝盒、烘箱、长柄镊子、水浴锅、分析天平、广口瓶、研钵、漏斗、干燥器等。

3. 试剂

1）石油醚，分析纯，沸程60～90℃。

2）石英砂，粒度0.5～1.0 mm。

4. 操作步骤

（1）试样制备

1）称取除去杂质的油菜籽20 g，装入带盖广口瓶中备用，同时测定其水分含量。

2）称取2～5 g试样于铝盒中，精确至0.01 g。试样含水量大于10%时，需将装有试样的铝盒放入不高于80℃烘箱中烘约30 min，使试样含水量低于10%。

3）试样研磨。

a. 电磁碾磨机研磨：将预干燥并冷却后的试样全部倒入碾磨机的容器内，加入石油醚至容器2/3处，加盖并打开冷却水，研磨2～5 min。

b. 人工研磨：将试样倒入研钵中，加入约2 g石英砂，手工研磨成细粉呈出油状。检验研磨程度是否可行，见5.说明3）。

4）研磨试样转移：将准备好且烘至恒重的（2次质量差不超过2 mg）提取瓶和提取筒连接起来，把已垫好脱脂棉的滤纸筒放入提取筒中，再将碾磨好的试样通过漏斗小心移入滤纸筒中，并用蘸有少量石油醚的脱脂棉擦洗容器内外及漏斗，直到容器内外及漏斗上无试样及油迹为止。将脱脂棉一并移入滤纸筒内，另取脱脂棉封顶。

（2）提取　将石油醚倾入至提取瓶内约1/3处，装上冷凝器，打开冷却水，开始加热提取，水浴温度控制在75℃左右，使石油醚由冷凝器滴入提取筒的液滴保证在每秒3滴，2～3 min回流1次，提取2 h（人工研磨试样提取时间自行确定）。

（3）烘干、称量　提取2 h后，用长柄镊子取出滤纸筒，然后回收石油醚。将提取瓶放在水浴上蒸去大部分溶剂，用干净纱布将提取瓶外部擦净，置于（103±2）℃烘箱中，烘20 min，取出，置于干燥器内，冷却1h，称量，精确至0.0001 g，再放入（103±2）℃烘箱中，烘10 min，取出，冷却1 h，称量，直至2次质量差不超过2 mg。提取瓶增加的质量即为试样中的含油量。

5. 结果计算

（1）试样湿基、干基含油量　计算公式如下。

$$含油量(\%)=\frac{m_2-m_1}{m_0}\times 100 \quad (湿基)$$

$$含油量(\%)=\frac{m_2-m_1}{m_0}\times\frac{100}{100-M}\times 100 \quad (干基)$$

（2）原始样品水杂下含油量　原始样品中含有水分和杂质，在未经处理的情况下计算的含油量。水分以毛样测定，计算公式如下。

$$含油量(\%)=\frac{(m_2-m_1)(100-M_1-M_{杂})}{m_0(100-M)}\times 100$$

水分以净样测定，计算公式如下。

$$含油量(\%)=\frac{(m_2-m_1)(100-M_2)(100-M_{杂})}{m_0(100-M)}$$

水分以除去大杂的半净样测定，计算公式如下。

$$含油量(\%)=\frac{(m_2-m_1)(100-M_3-M_{小杂})(100-M_{大杂})}{m_0(100-M)}$$

(3) 标准水杂下含油量　在标准规定的水分和杂质含量下计算含油量。水分以半净样或毛样测定结果表示，计算公式如下。

$$含油量(\%)=\frac{(m_2-m_1)}{m_0}\times\frac{(100-M_{标水}-M_{标杂})}{100-M}\times 100$$

水分以净样测定结果表示，计算公式如下。

$$含油量(\%)=\frac{(m_2-m_1)}{m_0}\times\frac{(100-M_{标水})(100-M_{标杂})}{100-M}$$

式中，m_0 为试样的质量(g)；m_1 为提取瓶的质量(g)；m_2 为干燥后提取物与提取瓶的质量(g)；M 为试样中水分的含量(%)；M_1 为原始样品(毛样)中水分的含量(%)；M_2 为原始样品(净样)中水分的含量(%)；M_3 为原始样品(除去大杂的半净样)中水分的含量(%)；$M_{杂}$ 为原始样品杂质的含量(%)；$M_{大杂}$ 为原始样品中大杂质的含量(%)；$M_{小杂}$ 为原始样品中小杂质的含量(%)；$M_{标水}$ 为标准规定水分含量(%)；$M_{标杂}$ 为标准规定的杂质含量(%)。

双实验结果允许差不超过 0.4%，取 2 次测定的算术平均值为测定结果。如果 2 次测定结果之差超过 0.4%，则另取 2 份试样进行测定。如果测定结果仍超过 0.4%，而前 2 次测定结果平均值与后 2 次测定结果平均值之差不超过 0.4%，再取 4 次测定的平均值作为测定结果。计算结果取小数点后一位数。

6. 说明

1) 折褶滤纸筒折褶法：将两层正方形的滤纸重叠折对角线，把直径 2.5 cm 左右的试管或任何圆柱体放在对角线中心，然后把滤纸四边拉起紧贴圆柱体，再将四个角旋转折压，使滤纸形成圆柱体，用脱脂线捆住滤纸筒上部，取出圆柱体即成。

2) 提取的油应该是澄清的，否则要测定其中的杂质含量，将全部提取物的质量减去杂质的质量即得油脂的质量。

提取油中杂质测定方法为将适量的石油醚加入含油的提取瓶中，使其溶解，再用一张预先在(103±2)℃烘箱中烘 20 min 并冷却、称量过的滤纸过滤，然后用石油醚反复清洗滤纸，以完全洗去滤纸上的油。把滤纸置空气流中吹掉大部分溶剂后，再将滤纸放在(103±2)℃烘箱中烘 20 min，取出冷却，称量。总质量减去滤纸的质量，即得杂质的质量。

3) 检验人工研磨试样的提取效果。将第一次提取后的试样包(第一次提取最好用滤纸包扎)从提取筒中取出，置空气流中吹掉大部分溶剂，再将试样倒入研钵中，进行第二次研磨，尽可能地研磨成细粉状。然后全部移入原包装滤纸上，用脱脂棉蘸少量石油醚揩净研钵上的试样和脂肪，并入滤纸上一同包扎。将试样包放入滤纸筒，连接放有滤纸筒的提取筒和提取瓶，再次抽提 2 h。提取瓶中油的质量不超过 0.01 g，视为试样碾磨细度合格。

二、油菜籽脂肪酸成分分析

（一）气相色谱法分析油菜脂肪酸成分

本书第二章第六节“脂肪酸成分及含量的测定”详细介绍了气相色谱法（GC）测定脂肪酸含量的原理与方法，适用于食品中总脂肪、饱和脂肪（酸）、不饱和脂肪（酸）的测定，该方法应用范围包含了对油菜脂肪酸成分的分析测定，因此，油菜脂肪酸成分的气相色谱法分析测定可按该方法进行。该方法主要依据《食品安全国家标准 食品中脂肪酸的测定》（GB 5009.168—2016）。该标准中，样品前处理方法有三种，分别是水解-提取法、酯交换法、乙酰氯-甲醇法，其中酯交换法适用于游离脂肪酸含量不大于 2%的油脂样品的脂肪酸含量测定；乙酰氯-甲醇法适用于含水量小于 5%的乳粉和无水奶油样品的脂肪酸含量测定，对于油菜脂肪酸分析，适合用水解-提取法，又分为内标法、外标法、归一化法。内标法是加入内标物的试样经水解-乙醚溶液提取其中的脂肪后，在碱性条件下皂化和甲酯化，生成脂肪酸甲酯，经毛细管柱气相色谱分析，内标法定量测定脂肪酸甲酯的含量，依据各种脂肪酸甲酯的含量和转换系数计算出总脂肪、饱和脂肪（酸）、单不饱和脂肪（酸）、多不饱和脂肪（酸）的含量。外标法是试样经水解-乙醚溶液提取其中的脂肪后，在碱性条件下皂化和甲酯化，生成脂肪酸甲酯，经毛细管柱气相色谱分析，外标法定量测定脂肪酸的含量。归一化法是试样经水解-乙醚溶液提取其中的脂肪后，在碱性条件下皂化和甲酯化，生成脂肪酸甲酯，经毛细管柱气相色谱分析，面积归一化法定量测定脂肪酸的百分含量。如果样品为菜籽油，则试样不经脂肪提取，直接进行皂化和脂肪酸甲酯化处理。所用试剂和材料、仪器设备、分析步骤、结果计算详见本书第二章第六节“脂肪酸成分及含量的测定”。

（二）纸层析法分析油菜脂肪酸成分

1. 原理　由于不同脂肪酸在乙酸-水中的溶解度不一样，当混合脂肪酸溶液在涂有液体石蜡的纸上（固定相）向上行走时，各组分的比移值（Rf）不同。

$$\text{比移值}=\frac{\text{溶质的最高浓度中心至原点中心的距离}}{\text{溶剂前沿至原点中心的距离}}$$

按其先后分配于固定相上，而得到层析点谱，又因被分离物中各组分无色，可让其生成脂肪酸的铜盐，再在显色剂红氨酸中显色，菜籽油中混合的各种脂肪酸成分便显出蓝灰色的谱带斑点，如图 7-1 所示。其主要反应过程如下。

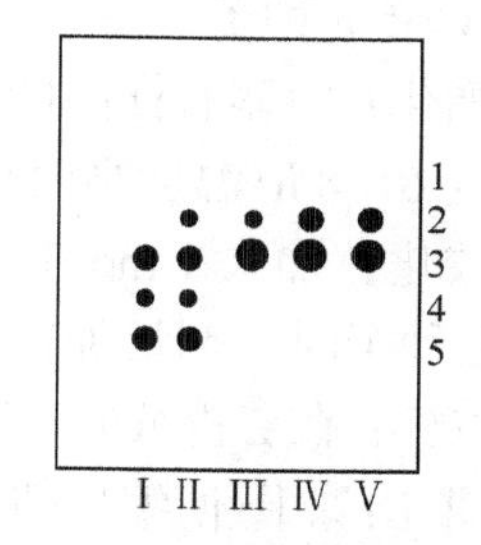

图 7-1　油菜脂肪酸纸层析谱带模式图

1. 亚麻酸；2. 亚油酸；3. 油酸；4. 二十碳烯酸；5. 芥酸

Ⅰ.‘甘油 4 号’；Ⅱ.‘甘油 3 号’；Ⅲ.‘Tower’；Ⅳ.‘Oro’；Ⅴ.‘Regent’

1）酯化。

$$\begin{array}{l} CH_2-O-C(=O)-R_1 \\ | \\ CH-O-C(=O)-R_2 \\ | \\ CH_2-O-C(=O)-R_3 \end{array} \xrightarrow[6\sim8\ h]{KOH—CH_3OH} \begin{array}{l} CH_2OH \\ | \\ CHOH \\ | \\ CH_2OH \end{array} + \begin{array}{l} R_1COOCH_3 \\ R_2COOCH_3 \\ R_3COOCH_3 \end{array}$$

2）酸化。

$$RCOOCH_3+HCl \longrightarrow RCOOH+CH_3Cl$$

3）铜盐生成。

$$RCOOH+CuAc \longrightarrow (RCOO)_2Cu+HAc$$

4）红氨酸显色。

$$(RCOO)_2Cu + \begin{matrix} NH_2 & & S \\ & C & \\ NH_2 & & S \end{matrix} \longrightarrow (RCOO)_2Cu \begin{matrix} \leftarrow NH_2 - C{=}S \\ | \\ \leftarrow NH_2 - C{=}S \end{matrix}$$

2. 仪器和设备　层析纸（可用滤纸代替）、刀片、层析架、层析缸、显色盘（普通搪瓷盘）、试管、纸袋、玻璃棒、烘箱、微量进样器（或毛细管）等。

3. 试剂

1）5% KOH-甲醇溶液：称取 5 g KOH 溶于 100 mL 甲醇中。

2）10%液体石蜡-石油醚溶液：量取 10 mL 液体石蜡，用石油醚稀释定容至 100 mL。

3）95%乙酸溶液、2 mol/L HCl、液体石蜡、1 mol/L HCl、石油醚等。

4）1%乙酸铜溶液：称取 5 g 乙酸铜，用水稀释定容至 500 mL。

5）0.03%红氨酸溶液：称取 50 mg 红氨酸，溶于 500 mL 90%乙醇中。

4. 操作步骤

1）取样：将 1 粒干燥的油菜籽，用刀片沿脉平行方向切下外子叶的一部分（不损伤胚）装入小试管中，剩余大部分种子保存在编号纸袋中备播种用，或单株样品取 5～7 粒种子，群体样品取 3～5 g 种子。

2）酯化：向盛有样品的小试管中加入 0.1 mL KOH-甲醇溶液，然后用玻璃棒尽量将样品研碎，放置 6～8 h（温度高时可缩短），样品为 5 粒以上种子时，则用 0.2 mL 酯化液。

3）酸化：加入 1 mol/L HCl 0.1 mL，再加 0.1 mL 石油醚，振摇 1 min，静置分层。样品为 5 粒以上种子时，剂量加倍。

4）点样：在层析纸的一边用铅笔轻轻画一条直线，编号（材料代号），将层析纸放入液体石蜡中浸透，取出晾干（使编号朝上）。在层析纸各编号处用针刺一个小孔，然后取样品上清液 10 μL（或用毛细管代替微量进样器点样）按编号顺序滴入孔洞处。样品为 5 粒以上种子时，取 5 μL。

5）展开：将点好样的层析纸固定在四脚层析架上（编号朝下），放入盛有乙酸溶液的长方形层析缸中，乙酸溶液的多少以能浸泡层析纸但液面低于点样处为宜，当展开剂前沿接近滤纸上端时（经 2～3 h）取出层析纸，晾干。

6）显色：将层析纸浸入乙酸铜溶液中，40 min 后取出，生成脂肪酸铜盐。用清水稍许冲洗后再放入洁净搪瓷盘中，用流动水冲洗 0.5 h 左右。将层析纸小心取出，用滤纸吸去大部分水分后，置于 40℃烘箱中干燥。然后将层析纸在盛有红氨酸溶液的搪瓷盘中一带而过，脂肪酸立即显出蓝灰色的谱带斑点。

7）固定：当谱带斑点清晰而层析纸底板颜色尚未变深时，立即将层析纸移入 2 mol/L HCl 中作短时处理，再在清水中漂洗片刻，晾干或烘干，使层析纸底色不深，斑点清晰，便于保存。

8）判定结果：根据纸层析谱带上各斑点的位置（Rf 值）来判断脂肪酸的种类；根据斑点大

小来估计其相对含量高低。

三、油菜籽中芥酸含量的测定

（一）分光光度法

本方法依据国家标准 GB/T 23890—2009《油菜籽中芥酸及硫苷的测定　分光光度法》。本方法适用于芥酸含量的快速检测，芥酸的最低检出限为 0.5%。

1. 原理　油菜籽中芥酸含量不同，在聚乙二醇辛基苯基醚乙醇溶液中形成的浊度不同，根据浊度与芥酸含量的相关关系测定芥酸含量。

2. 仪器和设备

1）微孔板光度计：原理图见图 7-2。

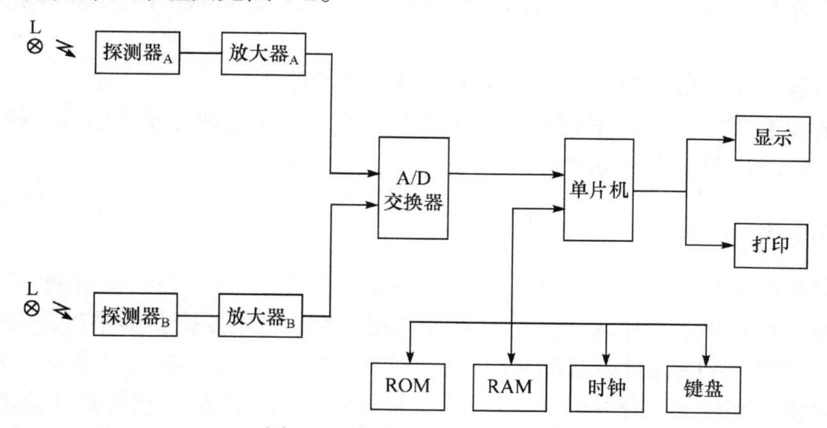

图 7-2　微孔板光度计原理图

下标 A 为硫苷测定系统，下标 B 为芥酸测定系统

2）脂肪制备器：脂肪制备器平面图见图 7-3。

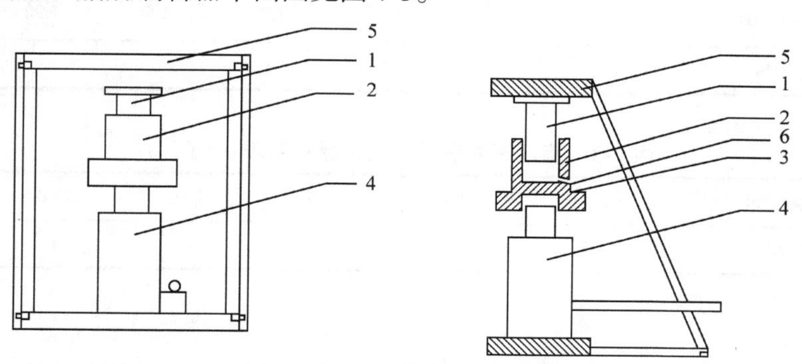

图 7-3　脂肪制备器平面图

1. 压榨塞；2. 压榨缸；3. 环形盛油凹槽；4. 千斤顶；5. 矩形固定框架；6. 导油槽

3）移液管、恒温箱、锥形瓶等。

4）天平：量程 0～200 g，感量 10 mg。

5）可调微量移液器 200 μL、微量移液器 1000 μL。

3. 试剂

1）超纯水。

2) 聚乙二醇辛基苯基醚($C_{34}H_{62}O_{11}$)乙醇溶液(10 mg/mL)：称取 10.0 g 聚乙二醇辛基苯基醚用无水乙醇溶解并定容至 1000 mL。

4. 取样　取样时，应清除外来杂质。样品含水量大于 13%时，需风干或 50℃烘干至水分小于 13%。

5. 操作步骤

1) 预先将石英比色杯和 20 mL 超纯水置于(32±0.5) ℃恒温箱中预热恒温。

2) 取 5～8 g 油菜籽倒入脂肪制备器，制取油样，用取油管收集，静置备用。

3) 称取 0.30 g 油样于 50 mL 具塞锥形瓶中，用移液管加入 25 mL 聚乙二醇辛基苯基醚乙醇溶液，旋紧塞子，用力振摇，充分混匀后，放入(32±0.5) ℃恒温箱中保温 15 min。

4) 在恒温箱内，用微量移液器将 1000 μL 恒温至 32℃的超纯水加入锥形瓶，边滴边摇动锥形瓶，旋紧塞子后摇匀，随即倒入比色杯，用微孔板光度计进行芥酸测定，测定值即为油菜籽芥酸含量。

同一样品进行 2 次重复测定，测定结果取算术平均值。

芥酸含量大于 5%时，2 次平行测定结果绝对相差不大于 1.0%；芥酸含量小于 5%时，2 次平行测定结果绝对相差不大于 0.5%。

(二) 比浊法

菜籽油主要由十八碳、二十碳和二十二碳脂肪酸组成。菜籽油在有机溶剂中的溶解度随脂肪酸碳链的增长和有机溶剂中含水量的增加而降低，芥酸在主要脂肪酸中碳链最长，因此，在同样的有机溶剂中，芥酸含量越高的菜籽油，溶解度越低，或者说芥酸含量越少的菜籽油越能溶解在水分含量较高的有机溶剂中。利用已知芥酸含量的标准品分别溶解于含不同水分的有机溶剂中，得到一系列参数(表 7-2，表 7-3)。由此可测知未知样品中的芥酸含量。

表 7-2　滴定液体积与芥酸含量对照表(油用)

滴定液体积/mL	<1.40	1.50	1.60	1.70	1.80	1.90	>1.90
芥酸含量/%	>6	5	4	3	2	1	<1

表 7-3　滴定液体积与芥酸含量对照表(种子用)

滴定液体积/mL	<1.10	1.10	1.20	1.30	1.40	>1.40
芥酸含量/%	>5	4	3	2	1	<1

1. 试剂

1) 1%曲拉通(聚乙二醇对异辛基苯基醚) X-100 无水乙醇：5 mL 曲拉通 X-100 加入 495 mL 无水乙醇中。

2) 80%乙醇。

2. 用具　DYⅡ型进样器、试管、吸量管等。

3. 操作步骤　取油样 50 μL，加入含 1%曲拉通 X-100 的无水乙醇 3 mL，用 80%乙醇滴定至溶液混浊(白色)，记录滴定液用量。根据滴定液体积与表 7-2 或表 7-3 的对应来获得芥酸含量。

（三）气相色谱法

1. 原理 将菜籽油中脂肪酸甘油酯转化为脂肪酸甲酯后，进行气相色谱测定，按校正峰面积归一化法计算其结果。

2. 仪器和设备 气相色谱仪、分析天平、高速捣碎机、小型粉碎机、小型榨油机、电热恒温水浴锅、电热恒温干燥箱、冷渗管、酯化瓶、微量注射器、研钵、烧杯、锥形瓶、脱脂棉、烧瓶、分液漏斗、具塞试管、具塞瓶、移液管、量筒等。

3. 试剂 石油醚、无水乙醚、无水硫酸钠、正庚烷、氢氧化钾、无水甲醇、钠、氢氧化钾-甲醇溶液、甲醇钠溶液、石油醚-乙醚溶液、盐酸-甲醇溶液、石英砂、沸石等。

4. 操作步骤

（1）操作条件 柱箱温度：175～190℃。汽化室温度：200℃左右。检测器温度：190～250℃。载气：干燥的氮气，其氧含量应小于10 μL/L，其流速为15～60 mL/min。氢气：纯度为99.9%，无有机杂质，其流速与载气相等。空气：碳氢化合物以甲烷计应小于2 μL/L，其流速为氢气的5～10倍。

（2）油样制备

1）称取油菜籽均匀样品约10 g，精确至0.1 g，在80℃下干燥2 h， 装入试管中，加入适量石油醚-乙醚溶液，用高速捣碎机捣碎，过滤，蒸发并回收溶剂，贮入具塞瓶中备用。也可直接吸取滤液2 mL，加入约1 mL 氢氧化钾-甲醇溶液进行甲酯化反应。

2）称取油菜籽均匀样品约10 g，精确至0.1 g，80℃下干燥2 h，倒入研钵中，加入适量石英砂和无水硫酸钠研碎。也可先用粉碎机粉碎，再加入适量无水硫酸钠拌匀。在冷渗管底部塞上适量脱脂棉，加入约1 cm厚的无水硫酸钠，再加入经研碎的油菜籽样品约5 g，后倒入15～20 mL 石油醚，让其经冷渗管流入一小烧瓶，重复上述操作2次，蒸发并回收溶剂，将油贮入具塞瓶中备用。

3）用小型榨油机榨取油样，并通过冷渗管过滤，以除去水分和杂质。

4）如样品是菜籽油，应通过冷渗管过滤。

（3）脂肪酸甲酯的制备及测定

1）称取100～250 mg 菜籽油样，精确至1 mg，装入10 mL 具塞试管中，加入石油醚-乙醚溶液约2 mL，轻轻振摇，待油样溶解后，再加入氢氧化钾-甲醇溶液约1 mL，混匀，在室温下放置约30 min，再沿瓶壁加入水，静置，待分层后，吸取上清液0.5～2 μL 进行气相色谱测定。

2）称取100～250 mg 菜籽油样，精确至1 mg，放入酯化瓶中，加入5 mL 甲醇钠溶液及沸石数粒，接上冷凝管，加热回流约15 min，直至油珠消失，再由冷凝管加入约6 mL 盐酸-甲醇溶液，继续加热回流约10 min，停止加热，冷却后，取下冷凝管，将酯化瓶中的溶液倒入分液漏斗，加入10 mL 水和10 mL 正庚烷，猛烈振摇2min，分层后，弃去水相，将上层正庚烷溶液过滤，吸取0.5～2 μL 正庚烷溶液进行气相色谱测定。

5. 结果计算 测定结果按校正峰面积归一化法计算。

该方法的优点是测定准确，适合国家及部级质检中心用于出具第三方公正数据的检测及品种审定和区域试验材料中芥酸含量的精确测定。缺点是仪器设备昂贵、测试费用高、条件严格等大部分试剂及消耗品均需进口，且分离测定时间长，不适用于油菜籽收购过程中的现场快速测定。

四、油菜籽中硫代葡萄糖苷含量的测定

硫代葡萄糖苷(简称硫苷)是存在于油菜籽及其加工后的饼粕中的一类含硫次生代谢产物，本身无毒，但在与其伴生存在的芥子酶的作用下，降解成有毒的异硫氰酸酯、硫氰酸盐、腈类化合物等，动物多食后可引起甲状腺肿大等，使饼粕难以饲用或降低其饲用价值。因此，硫苷是油菜品质检测中的重要指标。

硫苷的测定方法有多种，根据被分析的对象，硫苷分析方法可分为两类：第一类是测定硫苷降解产物，间接计算硫苷的含量；第二类是直接测定完整硫苷或其衍生物。根据分析目的不同，硫苷的分析方法又可分为总量法和分量法：总量法是测定样品中所有硫苷的总含量，而不考虑其侧链(R—)的差异；分量法是测定样品中每一种硫苷组分的含量，以研究样品中硫苷组成类型的差异及不同硫苷组分的生物效应。按化学方法分类则有质量法、银盐滴定法、碘量法、比色法、色谱法和近红外光谱法。高效液相色谱法、专用速测仪法(分光光度法)和近红外光谱法是目前国内外油菜籽中硫苷含量测定最常用的方法。

(一)分光光度法

本方法依据国家标准 GB/T 23890—2009《油菜籽中芥酸及硫苷的测定 分光光度法》，适用于硫苷含量的快速检测，硫苷的最低检出限为 10 μmol/g。

1. 原理　油菜籽中硫苷与米曲霉硫苷水解酶反应生成硫苷降解产物，和邻联甲苯胺乙醇溶液反应生成有特征吸收峰的有色产物，采用分光光度法测定硫苷含量。

2. 仪器和设备

1)微孔板光度计。

2)微型粉碎机或研钵。

3)天平：量程 0～200 g，感量 10 mg。

4)可调微量移液器 200 μL、具塞试管、移液管、脱脂棉、容量瓶、棕色瓶、离心机等。

5)油菜籽硫苷测试板：使用 96 孔板，试剂为 pH 6.0 的 buffer 溶液和 0.62 mg/mL 邻联甲苯胺溶液。

3. 试剂

1)蒸馏水和超纯水。

2)磷酸二氢钾(KH_2PO_4)溶液(0.1 mol/L)：称取 1.36 g 硫酸二氢钾，用蒸馏水溶解并定容至 100 mL。

3)pH 6.0 的 buffer 溶液：0.5 mg/mL 米曲霉硫苷水解酶和 0.1 mol/L 的 KH_2PO_4 于超纯水中定容，在 pH 计上用稀 H_3PO_4 调节 pH 为 6.0，冰箱中冷藏备用。

4)0.62 mg/mL 邻联甲苯胺乙醇溶液：称取 0.62 g 邻联甲苯胺充分溶解于无水乙醇中，定容至 1000 mL。贮藏于棕色瓶中，冰箱中冷藏，于一周内使用。

4. 取样　取样时，应清除外来杂质。样品含水量大于 13%时，需风干或 50℃烘干至水分小于 13%。

5. 操作步骤

1)取油菜籽样品 3～5 g，用微型粉碎机或研钵磨碎，细度 40 目。

2)称取 0.50 g 粉碎样品，置于 5 mL 具塞试管，用移液管加入 3 mL 水，塞紧塞子，充分混匀后室温下放置 8 min。

3）用脱脂棉过滤，或离心机（3000 r/min）离心 5 min，取上清液 50 μL 加入到硫苷测试板孔内，静置 8 min，用微量移液器加入 150 μL 磷酸二氢钾溶液后静置 2 min。

4）用微孔板光度计测定硫苷，作空白调零后测定值即为每克饼粕或每克油菜籽中所含硫苷总量的物质的量浓度（μmol/g）。

同一样品进行 2 次重复测定，测定结果取算术平均值。饼粕中硫苷 2 次平行测定结果绝对相差不大于 8.0 μmol/g。油菜籽中硫苷 2 次平行测定结果绝对相差不大于 4.0 μmol/g。

（二）专用速测仪法（分光光度法）

1. 仪器和设备　电子天平（精确至 1 mg）、水浴锅、分光光度计、刻度试管、量筒、吸量管等。

2. 试剂

1）0.004 mol/L $PdCl_2$ 显色液：称取 354 mg $PdCl_2$ 于 300 mL 烧杯中，加入 2 mol/L 的盐酸溶液 2 mL 和水 20 mL，加热溶解后加水稀释定容至 250 mL。

2）0.15%羧甲基纤维素钠溶液：称取 1.5 g 羧甲基纤维素钠于少量水中，加热完全溶解后，用水稀释定容至 1000 mL，放置过夜取清液备用。

3）测定液：取 1 份 $PdCl_2$ 显色液和 2 份羧甲基纤维素钠液混合。

3. 操作步骤　准确称取经粉碎的油菜籽或菜饼 100 mg 于 10 mL 试管中，在沸水浴中于蒸 10 min，取出加入约 90℃的热水 8～10 mL，再在沸水浴中蒸煮 20 min 以上，取出静置冷却后，用水稀释定容至刻度摇匀。分取上层清液（否则要进行过滤或离心）0.5 mL 于另一带塞的 5～10 mL 试管中。加入测定液 4 mL 充分摇匀，盖上塞子，置沸水浴中显色 20 min，用分光光度计在波长 540 nm 处比色（1 cm 比色杯，以测定液作参比液）。

4. 结果计算

$$GS=2.035A-0.264$$

式中，GS 为硫代葡萄糖苷含量（%）；A 为吸光值。

（三）高效液相色谱法

本方法依据农业农村部标准 NY/T 1582—2007《油菜籽中硫代葡萄糖苷的测定 高效液相色谱法》。本方法适用于油菜籽中硫代葡萄糖苷含量的测定，不适用于葡萄糖分子被取代的硫代葡萄糖苷样品分析。

1. 原理　用甲醇-水溶液（70+30，V/V）提取硫代葡萄糖苷，然后在阴离子交换树脂上纯化并酶解脱去硫酸根，反相 C_{18} 柱分离，紫外检测器检测硫代葡萄糖苷。

2. 仪器和设备

1）实验室常用仪器设备。

2）研钵或微型研磨机。

3）聚丙烯离子交换微柱，底部筛板为 100 目。

4）离心机：带有 10 mL 转头，并能够获得 5000 g 的相对离心力。

5）0.45 μm 水溶性微孔滤膜。

6）色谱柱：填料颗粒小于或等于 10 μm 的反相 C_{18} 或 C_8 柱。

7）高效液相色谱仪：具备梯度洗脱功能，柱温可控制在 30℃，带紫外检测器。

3. 试剂

1）超纯水。

2) 硫酸酯酶：*Helix pomatia* H1 型(EC3.1.6.1)，每毫升硫酸酯酶活性单位不低于 0.5，硫酸酯酶溶液即配即用。

3) 葡聚糖凝胶悬浮液：称取 10 g DEAE Sephadex A25 葡聚糖凝胶，浸泡在过量的 2 mol/L 乙酸溶液中，静置沉淀，再加入 2 mol/L 乙酸溶液，直到液体体积是沉淀体积的 2 倍，于 4℃冰箱中存放，待用。

4) 甲醇-水溶液(70+30)：量取 70 mL 甲醇与 30 mL 水混合。

5) 0.02 mol/L 乙酸钠溶液：称取 0.272 g 乙酸钠($CH_3COONa \cdot 3H_2O$)，加入 800 mL 水溶解，用乙酸调节溶液的 pH 至 4.0，加水定容至 1 L。

6) 6 mol/L 甲酸咪唑溶液：称取 204 g 咪唑，溶解于 113 mL 甲酸中，待溶液冷却后加水定容至 500 mL。

7) 内标物：用丙烯基硫代葡萄糖苷(M_r=415.49)作内标物，当样品中含有丙烯基硫代葡萄糖苷时，用苯甲基硫代葡萄糖苷(M_r=447.52)作内标物。当样品硫代葡萄糖苷含量低于 20.0 μmol/g 时，可将下述 a～d 中的内标物浓度降为 1～3 mmol/L。内标溶液在 4℃冰箱中可存放 3 周，在 −18℃条件下可保存更长时间。

a. 5 mmol/L 丙烯基硫代葡萄糖苷溶液：称取 207.7 mg 丙烯基硫代葡萄糖苷，溶解于 80 mL 水中，加水定容至 100 mL。

b. 20 mmol/L 丙烯基硫代葡萄糖苷溶液：称取 831.0 mg 丙烯基硫代葡萄糖苷，溶解于 80 mL 水中，加水定容至 100 mL。

c. 5 mmol/L 苯甲基硫代葡萄糖苷溶液：称取 223.7 mg 苯甲基硫代葡萄糖苷，溶解于 80 mL 水中，加水定容至 100 mL。

d. 20 mmol/L 苯甲基硫代葡萄糖苷溶液：称取 895.0 mg 苯甲基硫代葡萄糖苷，溶解于 80 mL 水中，加水定容至 100 mL。

8) 流动相 A：超声波脱气 30 s 的水。

9) 流动相 B：取 200 mL 色谱级乙腈，加入 800 mL 水，混匀，超声波脱气 30 s。

4. 试样制备　如果试验材料中的水分及挥发物含量超过 10%，应在 45℃条件下通风干燥，将干燥后的待测试样在微型粉碎机中粉碎，过 40 目筛，然后立即投入测定。

5. 操作步骤

(1) 称样　分别称取 200.0 mg 待测试样至 A、B 两支离心管中。

(2) 硫代葡萄糖苷提取

1) 将离心管于 75℃水浴 1 min，加入 2 mL 沸甲醇-水溶液(70+30)后，立即加入 200 μL 5 mmol/L 内标溶液至 A 管中，200 μL 20 mmol/L 内标溶液至 B 管中。

2) 75℃水浴 10 min，其间每隔 2 min 取出离心管在漩涡混合器上漩涡混合，然后取出离心管，冷却至室温，5000 *g* 离心 3 min，分别转移上清液至 10 mL 刻度试管 A′、B′中。

3) 分别向 A、B 管中加入 2 mL 70%沸甲醇-水溶液(70+30)，75℃水浴 30 s，漩涡混匀后，75℃水浴 10 min，其间每隔 2 min 取出漩涡混合，取出离心管冷却至室温，5000 *g* 离心 3 min，分别转移上清液至原刻度试管 A′、B′中。

4) 用水调节 A′、B′管中的提取液至 5 mL，混匀。此提取液在低于−18℃的暗处下可保存 2 周。

(3) 离子交换柱的制备　每一个试样的提取液准备一支聚丙烯离子交换微柱，垂直置于试管架上。取 0.5 mL 充分混匀的葡聚糖凝胶悬浮液至每一离子交换微柱中，注意不要使树脂黏附在柱壁上。静置待液体排干后，取 2 mL 6 mol/L 甲酸咪唑溶液冲洗树脂，排干后，再用 1 mL 水冲洗树脂 2 次，每次均让水分排干。

(4) 纯化、脱硫酸根

1) 取 1 mL 提取液缓缓加入已准备好的离子交换微柱中，注意不能振动树脂表面，待液体排干后分别加入 1 mL 0.02 mol/L 乙酸钠溶液 2 次，每次加入后均让液体排干。

2) 加入 100 μL 硫酸酯酶溶液至离子交换微柱，35℃条件下反应 16 h。

3) 分别用 1 mL 水冲洗离子交换微柱 2 次，洗脱液收集于试管中。

4) 用水将洗脱液定容至 5 mL，充分混匀后，用 0.45 μm 水溶性微孔过滤膜过滤，待进样。洗脱液在−18℃的暗处可存放 1 周。

(5) 空白实验　用相同的样品进行相同的前处理，但不加内标物，以鉴定样品中内标物是否存在。

(6) 色谱条件

1) 仪器条件：流动相流速为 1.0 mL/min，柱温为 30℃，紫外检测器检测波长为 229 nm。

2) 洗脱梯度。

a. 对 Spherisorb C_{18} 柱，10 μm (150 mm×4 mm) 和 Nova-pak C_{18} 柱，5 μm (150 mm×3.9 mm)，洗脱梯度见表 7-4。

表 7-4　Spherisorb C_{18} 柱和 Nova-pak C_{18} 柱洗脱梯度

时间/min	流动相 A/%	流动相 B/%
0	15	85
10	100	0
12	100	0
15	15	85
20	15	85

b. 对 Lichrosorb R_p18 柱，5 μm (150 mm×4.6 mm)，洗脱梯度见表 7-5。

表 7-5　Lichrosorb R_p18 柱洗脱梯度

时间/min	流动相 A/%	流动相 B/%
0	100	0
1	100	0
20	0	100
25	100	0
30	100	0

c. 对 Lichrospher R_p8 柱，5 μm (125 mm×4 mm)，洗脱梯度见表 7-6。

表 7-6　Lichrospher R_p8 柱洗脱梯度

时间/min	流动相 A/%	流动相 B/%
0	100	0
2.5	100	0
20	0	100

续表

时间/min	流动相 A/%	流动相 B/%
25	0	100
27	100	0
32	100	0

(7) 色谱测定　进样量 10 μL，记录峰面积。

6. 结果计算

(1) 单组分硫代葡萄糖苷含量的计算

1) 干基饼粕中硫代葡萄糖苷含量：以每克干基脱脂油菜籽中所含硫代葡萄糖苷的物质的量表示，按以下公式计算，计算结果精确到小数点后两位。

$$D_1 = \frac{A_g}{A_s} \times \frac{n}{m} \times K_g \times \frac{1}{1-w}$$

式中，D_1 为干基脱脂油菜籽中硫代葡萄糖苷的含量(μmol/g)；A_g 为脱硫硫代葡萄糖苷峰面积的数值；A_s 为内标物峰面积的数值；K_g 为脱硫硫代葡萄糖苷的相对校正系数(表 7-7)；m 为试样的质量(g)；n 为试样中加入内标物的量(μmol)；w 为试样中水分、挥发物和含油量之和(%)。

表 7-7　脱硫硫代葡萄糖苷相对校正系数

序号	脱硫硫代葡萄糖苷名称	相对校正系数(K_g)
1	2-羟基-3-丁烯基脱硫硫代葡萄糖苷	1.09
2	反式 2-羚基-3-丁烯基脱硫硫代葡萄糖苷	1.09
3	丙烯基脱硫硫代葡萄糖苷	1.00
4	4-甲亚砜丁基脱硫硫代葡萄糖苷	1.07
5	2-羟基-4-戊烯基脱硫硫代葡萄糖苷	1.00
6	5-甲亚砜戊基脱硫硫代葡萄糖苷	1.07
7	3-丁烯基脱硫硫代葡萄糖苷	1.11
8	4-羟基-3-吲哚甲基脱硫硫代葡萄糖苷	0.28
9	4-戊烯基脱硫硫代葡萄糖苷	1.15
10	苯甲基(苄基)脱硫硫代葡萄糖苷	0.95
11	3-吲哚甲基脱硫硫代葡萄糖苷	0.29
12	苯乙基脱硫硫代葡萄糖苷	0.95
13	4-甲氧基-3-吲哚甲基脱硫硫代葡萄糖苷	0.25
14	1-甲氧基-3-吲哚甲基脱硫硫代葡萄糖苷	0.20
15	其他	1.00

2) 含标准水分及挥发物的饼粕中硫代葡萄糖苷含量：以每克脱脂油菜籽含标准水分及挥发物时所含硫代葡萄糖苷的物质的量表示，按以下公式计算，计算结果精确到小数点后两位。

$$D_2 = \frac{A_g}{A_s} \times \frac{n}{m} \times K_g \times \frac{1}{1-w} \times (1-W_s)$$

式中，D_2 为脱脂油菜籽含标准水分及挥发物时硫代葡萄糖苷的含量(μmol/g)；A_g 为脱硫硫代葡萄糖苷峰面积的数值；A_s为内标物峰面积的数值；K_g为脱硫硫代葡萄糖苷的相对校正系数（表7-7）；m为试样的质量（g）；n为试样中加入内标物的量（μmol）；w为试样中水分、挥发物和含油量之和（%）；W_s为标准水分及挥发物含量（%），数值为8.5%或9%。

3）干基油菜籽中硫代葡萄糖苷含量：以每克干基油菜籽中所含硫代葡萄糖苷的物质的量表示，按以下公式计算，计算结果精确到小数点后两位。

$$D_3=\frac{A_g}{A_s}\times\frac{n}{m}\times K_g\times\frac{1}{1-w_t}$$

式中，D_3为干基油菜籽中硫代葡萄糖苷的含量（μmol/g）；A_g为脱硫硫代葡萄糖苷峰面积的数值；A_s为内标物峰面积的数值；K_g为脱硫硫代葡萄糖苷的相对校正系数（表7-7）；m为试样质量（g）；n为试样中加入内标物的量（μmol）；w_t为试样中水分及挥发物的含量（%）。

4）含标准水分及挥发物的油菜籽中硫代葡萄糖苷含量：以每克油菜籽含标准水分及挥发物时所含硫代葡萄糖苷的物质的量表示，按以下公式计算，计算结果精确到小数点后两位。

$$D_4=\frac{A_g}{A_s}\times\frac{n}{m}\times K_g\times\frac{1}{1-w_t}\times(1-W_s)$$

式中，D_4为油菜籽含标准水分及挥发物时硫代葡萄糖苷的含量（μmol/g）；A_g为脱硫硫代葡萄糖苷峰面积的数值；A_s为内标物峰面积的数值；K_g为脱硫硫代葡萄糖苷的相对校正系数（表7-7）；m为试样质量（g）；n为试样中加入内标物的量（μmol）；w_t为试样中水分及挥发物的含量（%）；W_s为标准水分及挥发物的含量（%），数值为8.5%或9%。

（2）硫代葡萄糖苷含量的计算　硫代葡萄糖苷含量等于单组分硫代葡萄糖苷（单组分峰面积大于峰面积总和的1%）含量的总和，以每克样品中所含硫代葡萄糖苷的物质的量表示。如果A、B两管硫代葡萄糖苷含量的测定值满足下述精密度的要求，则硫代葡萄糖苷含量为两测定值的算术平均值。计算结果精确到小数点后两位。

（3）精密度

1）同一试样、同一方法、同一操作者、同一仪器、同一实验室短期内两次测定值：如果硫代葡萄糖苷含量低于20.00 μmol/g，绝对差值不大于2.00 μmol/g；如果硫代葡萄糖苷含量为20.00～35.00 μmol/g，绝对差值不大于4.00 μmol/g；如果硫代葡萄糖苷含量大于35.00 μmol/g，绝对差值不大于6.00 μmol/g。

2）同一试样、同一方法、不同操作者、不同仪器、不同实验室两次测定值：如果硫代葡萄糖苷含量低于20.00 μmol/g，绝对差值不大于4.00 μmol/g；如果硫代葡萄糖苷含量为20.00～35.00 μmol/g，绝对差值不大于8.00 μmol/g；如果硫代葡萄糖苷含量大于35.00 μmol/g，绝对差值不大于12.00 μmol/g。

该方法的优点是测定准确，可测定硫代葡萄糖苷的分量和总量，适于国家及部级质检中心用于出具第三方公正数据的检测及品种审定和区域试验材料中硫代葡萄糖苷含量的精确测定。缺点是仪器设备昂贵、测试费用高、条件严格，硫酸酯酶等大部分试剂及消耗品均需进口，且分离测定时间长，不适用于油菜籽收购过程中的现场快速测定。

五、油菜饼粕中异硫氰酸酯含量的测定

硫代葡萄糖苷本身并不具毒性，但其在芥子酶的作用下会转化成异硫氰酸酯、噁唑烷硫酮、硫氰酸酯或腈类等有毒物质，它们促使甲状腺肥大，对肾上腺、脑垂体和肝脏也有毒害。

菜籽饼粕粗蛋白质含量为 31%～40%，赖氨酸为 1.0%～1.8%，色氨酸为 0.3%～0.5%，甲硫氨酸为 0.5%～0.9%，钙、磷及锌、铁、锰、硒等微量元素含量均较豆饼丰富，是一种理想的、潜在的优质蛋白资源，具有很高的开发利用价值。但若将菜籽饼粕用作饲料，必须对其进行脱毒处理才可饲喂畜禽。对异硫氰酸酯含量进行测定，以便正确评价菜籽饼粕脱毒效果，可为开发新型油菜品种、提供有效菜籽饼粕脱测定毒方法、开发利用菜籽蛋白饲料资源提供科学依据。下面介绍硫脲比色法测定油菜饼粕中异硫氰酸酯的方法，该方法主要依据国家标准 NY/T 1596—2008《油菜饼粕中异硫氰酸酯的测定 硫脲比色法》。

1. 原理　油菜饼粕中硫代葡萄糖苷在 pH 7.0 缓冲液中，在芥子酶作用下，水解生成异硫氰酸酯，然后与 80%氨乙醇作用，生成硫脲，用紫外分光光度计测定其在 235 nm、245 nm、255 nm 波长处的吸光度。

2. 仪器和设备

1）分析天平，感量 0.0001 g。

2）样品磨、60 目筛。

3）涡旋振荡器。

4）离心机。

5）恒温水浴锅、恒温干燥箱。

6）紫外分光光度计，备有 10 mm 石英比色皿。

7）100 μL 微量进样器。

8）10 mL 具塞试管、具塞玻璃瓶。

9）10 mL 离心管、容量瓶等。

3. 试剂

1）无水乙醇。

2）氨水。

3）80%氨乙醇：准确量取 20 mL 氨水与 80 mL 无水乙醇，充分混匀。

4）二氯甲烷。

5）pH 7.0 缓冲液：取 35 mL 0.1 mol/L 柠檬酸（$C_6H_8O_7 \cdot H_2O$）溶液于 250 mL 容量瓶中，加入 200 mL 0.2 mol/L 磷酸氢二钠溶液，用 0.01 mol/L 盐酸或 0.01 mol/L 氢氧化钠溶液调 pH 至 7.0。

6）粗芥子酶：取白芥种子（72 h 内发芽率大于 85%，保存期不得超过两年）粉碎，使 80%过 60 目筛，用石油醚（沸程 30～60℃）提取其中脂肪，在通风橱中用微风吹去残留的石油醚，置于具塞玻璃瓶中 4℃下保存，可在 6 周内使用。

4. 试样制备　将油料饼粕粉碎后，使 80%通过 60 目筛，（103±2）℃下干燥 2～3 h，冷却至室温，装入样品瓶中备用。

5. 操作步骤　准确称取 0.2000 g 试样，加 40 mg 粗芥子酶和 2.0 mL pH 7.0 缓冲液，在涡旋振荡器上充分混合。35℃下酶促反应 2 h。加 2.5 mL 二氯甲烷，用漩涡混合器混合均匀，在室温下振荡 0.5 h。用漩涡混合器将水相、有机相、样品充分混合，4000 r/min 下离心 20 min。取 6 mL 80%氨乙醇于具塞试管，用微量进样器取离心管下层有机相 50 μL，加入装有 80%氨乙醇的具塞试管中，盖上塞。漩涡混合均匀，将具塞试管放入水浴锅，50℃下加热 0.5 h，取出，冷却至室温。用紫外分光光度计，10 mm 石英比色皿测定吸光度，测定波长分别为 235 nm、245 nm、255 nm。同时测定试样空白溶液。

6. 结果计算　试样中异硫氰酸酯的含量(w)以每克干样中异硫氰酸酯的质量(mg/g)表示，按下式计算。

$$w = \left(OD_{245} - \frac{OD_{235} + OD_{255}}{2}\right) \times 28.55$$

式中，OD_{235}为试样在235 nm处的吸光度；OD_{245}为试样在245 nm处的吸光度；OD_{255}为试样在255 nm处的吸光度；28.55为转换系数，校正吸光度为1时，每升溶液中异硫氰酸酯的质量为28.55 mg。

每个试样平行测定2次，计算算术平均值，结果保留两位小数。

重复性要求：在重复性条件下，获得的2次独立测试结果的绝对差值不大于10%，以大于10%的情况不超过5%为前提。

再现性要求：在再现性条件下，获得的2次独立测定结果的绝对差值不大于10%，以大于10%的情况不超过5%为前提。

六、近红外光谱法分析油菜品质

近红外光谱分析技术(NIRS)是一种高效、快速的现代分析技术。该法操作简单、分析速度快、测试效率高，特别是可以非破坏性地同时分析多项指标、测试过程无污染等优点，使其在作物品质检测领域得到了广泛应用。在建立数学模型的基础上，运用近红外光谱法可以测试油菜籽的芥酸含量、硫苷含量、含油量和脂肪酸组成。国内外相关单位先后运用近红外光谱法对油菜籽中的芥酸含量、硫苷含量、含油量和脂肪酸组成进行测试，并且所构建模型的相关系数达0.91～0.97。

(一)测试原理

近红外光谱技术是一种既快速又简便的测试手段，其特点是直接检测样品种子而不破坏样品，并且可一步式对多组分同时进行鉴定。近红外光谱仪适用于对含有C—H、N—H、O—H和S—H化学键的化合物进行组分分析。在700～2500 nm的近红外波长范围内，含有上述化合键的物质会产生吸收。一些物质除在1450～2050 nm产生第一谐波外，往往还会分别在1050～1700 nm和700～1050 nm谱带内产生第二及第三谐波。这些谐波的组合构成了被测物质在近红外光谱带内的特征吸收谱图——指纹图。相同的近红外谱图(样品的指纹图)一定是从相同的物质得到的，这也是应用近红外光谱仪做质量管理的主导基础原理。有机物在近红外光谱带内的吸收强度是在中红外(如FT-IR)的吸收强度的1/1000～1/10。由于这一特殊的弱吸收优点，近红外射线能很容易地穿透未经研磨与稀释等需做预处理的非透明样品，实现透射吸收；而另一部分反射光谱也可很容易地被检测到。但是如何利用近红外图谱来对原材料或产品进行质量监控呢?答案是利用统计学理论建立被测样品的数据库或校正曲线，而统计学的成败与校正曲线(数据库)的相互转移性有决定性的关系。在建立校正曲线或数据库之前，近红外仪器的使用者把日常的测试样品先做近红外扫描，然后再用传统分析法(如GC、HPLC、TKN、FIA、折光仪等)准确测定出样品的数值，具有不同指标的样品在近红外光谱中将产生不同强度的吸收图谱(不是某一吸收峰)，利用专用软件处理，便可得到校正曲线或数据库，分析人员可利用该校正曲线或数据库方便快速地通过测定未知样品的近红外谱图得知其被测指标的数据。

（二）测试步骤

在运用近红外光谱仪测试油菜品质指标时，具体测试步骤及注意事项需要读者严格按照仪器的使用说明进行，在此不做详细介绍，只列出了以下三个过程。

1）正确测定样品的近红外光谱。

2）建立并检验样品近红外光谱与含量间的数学模型。

3）运用数学模型处理未知样品的光谱，算得其成分的含量。

（三）近红外光谱分析技术的特点

与传统的化学分析方法相比，近红外光谱技术有其独特之处，其主要技术特点是：①分析速度快。由于扫描速度快，可在很短时间内获得一个样品的全光谱图，扫描时间的长短可根据实验的需要自行设定，平均光谱扫描时间为 1～60 s，将采集到的光谱输入建立好的数学模型就可迅速测定出样品的某种成分浓度。②多组分同时测定。通过一次全光谱扫描，即可获得样品中各种化学成分的光谱信息，再由相应的数学模型计算，就可得到样品多种化学成分的含量。③样品不需预处理。由于近红外光有较强的穿透能力和散射效应，可根据样品的物质状态和透光能力采用透射或漫反射测定方式，直接测定不经预处理的液态、固态或气态样品。④非破坏性分析。在测定光谱时不破坏或消耗样品，对样品的外观和内在结构都不产生影响，可直接对样品进行活体测定。该特点在生物学研究中对采样技术、试验设计有特别的意义。⑤远距测定和实时分析。具有远距离采集样品光谱和实时分析能力，特别适用于在线分析。利用光导纤维技术远离主机取样，将光谱信号实时传送回主机，可直接计算出样品成分的即时含量或确定样品的性质。⑥测定重现性好。光谱测定有很好的重现性，测试结果受人为干扰少，与常规的化学方法相比，近红外光谱分析一般可显示出更好的重现性和精确性。⑦低分析成本和操作简单。近红外光谱分析只需要电能，不需要任何耗材，避免了有毒化学试剂的使用，是一种绿色的分析方法，测试费用可以大大降低。在操作上也不需要专门的技能和特别的训练，通过简单的培训即可操作。

近红外光谱分析技术虽然有上述许多独特的优点，但也有其固有的弱点。使用者仅使用近红外光谱仪是不能进行任何品质成分测定的。使用者必须为光谱仪安装相应的“软件”（定量分析或定性分析数学模型），才能进行特定成分分析测定。由于专业知识限制和科学研究的多样性，仪器商很少能为使用者提供可通用的数学模型。绝大多数情况下，使用者需要根据自身专业特点和应用目的自行建立特定的数学模型。往往由于使用者对近红外光谱分析技术的陌生或缺乏深入了解，限制了近红外光谱分析技术的应用。另外，数学模型的建立不是一项轻松的工作，尤其是用于天然复杂有机物质成分分析的数学模型，这也是限制近红外光谱分析技术应用的另一个因素。同时也要注意，近红外光谱分析技术是一种间接的分析技术，它必须依赖常规的化学分析方法测定出特定背景范围内多个标准品成分的化学值或性质，利用化学计量学方法建立数学模型，并通过数学模型计算待测样品的成分含量或确定性质。数学模型的预测准确性与常规化学分析方法的准确性、建模样品是否有代表性、数学模型的校正和使用是否合理等因素有很大的关系。另外，与常规化学分析相比，近红外光谱分析的测试灵敏度较低，待测样品的成分含量一般不少于 0.1%。

七、甘蓝型黄籽油菜籽颜色的鉴定

油菜籽成熟时，种皮有黄、褐、黑等颜色。黄籽油菜（yellow-seed rape seed）并不是指油菜籽种皮为黄色，而是指种皮不能合成、积累某些色素而使种皮透明，种子表现出胚的颜色。研究表明，在相同遗传背景下，黄籽油菜比黑籽油菜具有种皮薄、木质素含量低、油分高、油清亮的显著优势，因此对黄籽油菜进行研究具有重要意义。

利用油菜黄籽性状是改善油菜品质的一条重要途径。对黄籽油菜进行研究，首先应科学地鉴定种皮颜色。芥菜型油菜和白菜型油菜种皮颜色遗传稳定，然而，甘蓝型油菜种皮颜色变化复杂，因此，如何客观科学地鉴定种皮颜色显得非常重要。

甘蓝型黄籽油菜的种皮色泽比较复杂，表现为杂黄，即黄色种皮上有黑色斑点、斑块或褐色环带，长期自交后仍得不到稳定遗传的纯黄后代，分离后代中种皮颜色呈现连续性变化，因此，对甘蓝型油菜种皮色泽的分级研究具有重要意义。目前，已有多位研究者对甘蓝型油菜种皮颜色进行了分级。黄继英等（1996）采用肉眼观测法，将单籽种子置于放大镜下进行观察，最终将种皮颜色分为 5 级，该方法虽然简便易行，但是对实验人员的要求比较高，且不同实验人员的观测结果会有主观差异。肖达人（1982）采用光谱分析法，将种皮颜色分为 8 级，该方法虽然精确度高，但需要用专用仪器。张学昆等（2006）探索了种子颜色计算机识别技术鉴定法，采用数码照相机采集原始图像，根据曝光时间计算矫正系数，用 Abode Photoshop CS 对图像进行三原色识别获得色相、亮度和饱和度值，再对种子的颜色进行评价。该方法精度高，较为全面地反映了籽粒颜色的色相、亮度、饱和度等多方面指标。张合等（2008）研究探索了数字图像分析评价方法，RGB（红 R、绿 G、蓝 B）色彩空间参数能较好地反映油菜粒色信息，尤其是 *R*（红色）值。李玉等（2012）利用计算机图像处理技术筛出 RGB 色彩空间参数，并对 *R* 值进行近红外光谱分析，建立了粒色近红外光谱分析模型，该方法具有较高的稳定性和准确性，可同时对油菜粒色进行定性和定量分析。这里主要介绍简便易行的采用曝光时间指数法测定甘蓝型黄籽油菜籽颜色的方法，主要依据 NY/T 1288—2007《甘蓝型黄籽油菜种子颜色的鉴定》。

1. 原理 油菜籽的亮度与其色调有关，种子色调越浅淡，则亮度越大，自动曝光器测得的曝光时间越少；种子色调越深暗，则亮度越小，自动曝光器测得的曝光时间越多。通过曝光时间可以鉴定种子的颜色。

2. 仪器和设备 体式显微镜，自动曝光器，补充光源（20 W，2 个），补充光源变压器（0～6 V，输入 220 V，输出 5 V），稳压器（输出 220 V），培养皿（直径 6 cm），量筒（10 mL）等。

3. 操作步骤 将体式显微镜、稳压器、自动曝光器、补充光源及变压器连接安装调试好，在显微镜镜座上垫一张白色 A4 纸，用镜片夹固定好，标记出放置培养皿位置，要使被测对象与显微镜镜头光路合轴。测定在暗室内进行，不需要其他光源，包括自然光。

用量筒取 10 mL 成熟、饱满、无杂质种子，倒入培养皿中，摇平，放在标记位置处，调焦，目镜观察为最清晰时，通过自动曝光器读取曝光时间。将曝光时间换算为曝光时间指数（exposal time coefficient，ETC）。

4. 仪器测定参考条件

1）体式显微镜：物镜放大倍数 10×；虹彩光圈，最大；摄影目镜 3.3×；透射光源电压，0 V。

2）自动曝光器：Format，35；ASA，100；补偿系数，4；矫正系数，1；曝光方式，Auto；输入电压，220 V。

3）补充光源：灯架对称固定在显微镜升降臂上，灯架（可折旋）与竖直方向垂直，将补充光源灯（去灯罩）固定在灯架上，调节灯架，使光源灯座内侧紧贴显微镜筒，调节灯体与竖直方向约成 45°/135°角。

5. 测定结果的判定

（1）曝光时间指数的计算　曝光时间指数（ETC）按下式进行计算。

$$ETC=(1-A/B)\times 10$$

式中，ETC 为曝光时间指数；A 为被测种子曝光时间；B 为参照品种‘中油 821’种子曝光时间；10 为矫正系数。

（2）判定

1）曝光时间指数＞3.50 为黄籽；曝光时间指数≤3.50 为非黄籽。

2）种子粒色等级分为 6 级，0～2 级为非黄籽（含黑籽），3～5 级为黄籽，粒色等级与曝光时间指数表见表 7-8。

表 7-8　粒色等级与曝光时间指数表

粒色等级	曝光时间指数	粒色
5	＞4.80	全黄或纯黄
4	4.80～3.81	黄褐，以黄为主
3	3.80～3.51	褐黄，较暗
2	3.50～2.91	褐色
1	2.90～1.20	红褐或红黑
0	小于 1.20	黑籽

第八章　大豆、花生品质分析原理与方法

第一节　大豆、花生品质概述

一、大豆品质概述

大豆(soybean)是我国的传统作物，五谷中的“菽”即指大豆。大豆籽粒富含蛋白质和油分，高蛋白大豆是粮饲兼用作物，是动植物蛋白的主要来源；高油大豆可用于榨油，是重要的油料作物；大豆具有根瘤固氮作用，可提高土壤有机质含量，因此也是传统的养地、肥地作物。大豆品质包括商品品质、种子播种品质和营养品质。通常所说的大豆品质是指大豆营养品质，主要关注蛋白质含量和脂肪含量，这两者的总含量接近60%，基本上是一个定值，所以二者存在负相关关系。近年来的育种实践表明，大豆蛋白质含量和脂肪含量可以同步提高，并培育了一批双高品种(蛋脂总和超过63%)。

(一)大豆蛋白质

蛋白质含量在 45.00%以上的大豆称为高蛋白大豆(high protein soybean)，脂肪含量超过21.50%的大豆称为高油大豆(high oil soybean)。除了分别提高蛋白质和脂肪的绝对含量外，大豆育种专家也在不断优化蛋白质和脂肪酸的组成。

大豆籽粒中的蛋白质按照其在不同溶液中的溶解度差异，分为球蛋白(glycinin)、清蛋白(albumin)、谷蛋白(glutenin)和醇溶蛋白(gliadin)，其含量分别约为28.56%、7.50%、5.71%和1.81%；按照沉降系数大小将球蛋白进一步分为2 S、7 S、11 S和15 S，其中7 S和11 S约占球蛋白含量的70%，15 S组分并不是单纯的蛋白质，目前尚未能单独纯化。11 S和7 S球蛋白由于氨基酸组成和结构不同，其营养和功能特性有较大的差异。11 S 球蛋白中含硫氨基酸的含量是7 S球蛋白的4倍。7 S球蛋白疏水氨基酸多，表面活性强，因此乳化性好，但因分子中含二硫键和巯基少，所以凝胶的硬度低。而11 S球蛋白中含有丰富的二硫键及巯基，它所形成的凝胶硬度强。因而，大豆种子蛋白质中11 S和7 S球蛋白的相对含量不仅可直接影响蛋白质的营养特性，还可直接影响其功能和应用。所以，国内外对11 S和7 S球蛋白的研究非常重视。

(二)大豆脂肪酸

大豆脂肪酸(fatty acid)包括棕榈酸(palmitic acid，16：0)、硬脂酸(stearic acid，18：0)、油酸(oleic acid，18：1)、亚油酸(linoleic acid，18：2)和亚麻酸(linolenic acid，18：3)，这5种脂肪酸在大豆油中的含量一般为11%、4%、25%、52%和8%。脂肪酸饱和度越高越稳定，相关产品的商品货架期就越长；相反，如果不饱和脂肪酸过多，则油品在加工和储运过程中就很容易氧化变质，商品货架期缩短。但从人类心血管健康考虑，必须降低油品中的饱和脂肪酸含量。因此，在大豆高油育种中强调提高油酸含量，降低饱和脂肪酸(棕榈酸和硬脂酸)和亚麻酸含量。大豆脂肪酸的遗传优化研究已有50多年的历史。目前已通过分子辅助选择育种和基

因工程的方法获得各种脂肪酸优化的大豆品种(系)。例如，亚麻酸含量现已从 8%降至 1%左右，而油酸含量从 25%提高到 80%以上，棕榈酸从 11%降至 4%以下。

大豆油中亚麻酸含量一般为 8%，变幅 4%～23%。亚麻酸分子含有三个双键，很容易被氧化，使食品变味。所以在油品加工中用化学降解的方法降低其含量。大豆普通种质中，没有发现过亚麻酸含量低于 4%的种质，低亚麻酸大豆种质都是通过诱变获得的。美国目前使用的低亚麻酸(low linolenic acid)大豆品种中亚麻酸含量约为 2.5%，现已鉴定出亚麻酸含量在 1%的种质并正在培育超低亚麻酸含量(ultra-low linolenic acid)的大豆新品种。高亚麻酸含量的干制油可作为染料和其他工业用油，所以亚麻酸育种的另一个方向是提高大豆亚麻酸含量。高亚麻酸含量的种质在野生大豆中被发现(23%)，Cahoon(2003)指出提高 *FAD3* 基因的表达有望将大豆种子中的亚麻酸含量提高到 50%以上，但目前没有相关的种质材料。

大豆中饱和脂肪酸包括硬脂酸(4%)和其他饱和脂肪酸(11%，包括棕榈酸)。出于育种检测的需要，主要考虑硬脂酸和棕榈酸，低饱和脂肪酸(硬脂酸+棕榈酸)含量的育种目标是低于 7.5%。商品大豆油中棕榈酸含量在 11%左右，遗传改良的目标是＜4%或＞40%。饱和脂肪酸会提高人体低密度脂蛋白胆固醇含量，对心血管健康不利，所以每天的饱和脂肪酸摄入量不应超过 10%。高棕榈酸大豆的育种很难超过棕榈油，因此该育种目标的现实意义不大。对大豆硬脂酸的育种常与棕榈酸育种结合，单独的研究较少。

大豆油中油酸含量为 25%。油酸的稳定性要优于其他非饱和脂肪酸，所以大豆高油育种目标集中于提高油酸含量。目前商业育种中大豆油酸含量最高已超过 70%，有些转基因大豆材料油酸含量已超过 80%。亚油酸含量与油酸含量、亚麻酸含量呈极显著负相关，高油酸大豆育种必然降低亚油酸和亚麻酸含量。

总之，现在大豆育种专家已利用突变体开展脂肪酸的优化工作，育种目标有：23%棕榈酸+20%硬脂酸，4%棕榈酸+1%亚麻酸，25%棕榈酸+1%亚麻酸，4%棕榈酸+50%油酸，50%油酸+1%亚麻酸，以及 4%棕榈酸+50%油酸+1%亚麻酸。

(三)大豆其他品质性状

大豆营养品质中除蛋白质和脂肪外，还有大豆异黄酮(soybean isoflavone)、脂肪氧化酶(lipoxygenase，LOX)、胰蛋白酶抑制剂(trypsin inhibitor)、植酸(phytic acid)、大豆低聚糖(soybean oligosaccharides)、皂苷(saponin)、肽(peptide)、膳食纤维(dietary fiber)等也是营养品质测定的指标。其中，针对大豆异黄酮、脂肪氧化酶、胰蛋白酶抑制剂、植酸、大豆低聚糖都已开展了相关的育种改良工作。

大豆是唯一异黄酮含量在营养学上有意义的食物资源，大豆异黄酮除具有防癌作用外，还对心血管疾病、骨质疏松症及更年期综合征具有预防甚至治愈作用。大豆异黄酮是大豆苷、黄豆黄素、染料木苷、黄豆黄素苷元、大豆黄素和染料木素的总称。大豆籽粒中 50%～60%的异黄酮为染料木素，30%～35%为大豆黄素，5%～15%为黄豆黄素苷元。大豆异黄酮主要分布于大豆种子的子叶和胚轴中，种皮含量极少。大豆籽粒中异黄酮含量受大豆品种、产地、生产年份的影响，为 0.5～7 mg/g(干基)。随着对大豆异黄酮保健功能研究的深入，大豆异黄酮已逐渐成为大豆品质育种的一个重要选择指标。

脂肪氧化酶是大豆中的豆腥味因子，在大豆及其制品的储藏、加工过程中极易乳化变质，产生豆腥味，影响大豆及其加工制品的食用和储藏。

胰蛋白酶抑制剂或称抗胰蛋白酶因子是植物中重要的抗营养因子。胰蛋白酶抑制剂在大豆各部位均有分布，但主要存在于大豆种子中。大豆种子中胰蛋白酶抑制剂的含量可达总蛋白质的6%～8%。大豆种子中胰蛋白酶抑制活性在各种作物种子中是最高的。中国农业科学院已培育出Kunitz型胰蛋白酶抑制剂缺失的大豆品种。

植酸以植酸钙镁钾盐的形式广泛存在于植物种子内，是植物种子中磷的主要贮存形式。栽培大豆植酸平均含量为17.6 g/kg，总磷含量平均为6.9 g/kg；总磷和植酸的相关系数为0.94。野生大豆植酸和总磷的含量均较高，分别为22.9 g/kg和9.4 g/kg。低植酸突变体已广泛应用于美国大豆品种育种，但国内的育种才刚刚开始。

大豆低聚糖中的棉子糖、水苏糖不能被单胃动物消化，从而产生难闻的气味，并导致胃部胀气和腹泻。通常大豆食品中的低聚糖含量约为4%。现已鉴定出缺失这两种糖的大豆基因型，美国阿肯色大学也已经开展了相关的育种工作，国内尚没有此类报道。

近年来，随着转基因技术和除草剂的广泛应用，转基因成分和农药残留也成为重要的检测分析指标。

二、花生品质概述

花生(peanut)的品质包括种子品质(seed quality)、花生仁(果)商品品质(commodity quality)、花生营养品质(nutrient quality)。其中营养品质包括粗蛋白质、粗脂肪含量，氨基酸成分，各种脂肪酸含量，油酸与亚油酸比率(O/L)。与大豆相比，花生脂肪酸种类更多，除包括十六碳和十八碳的脂肪酸(棕榈酸、硬脂酸、油酸和亚油酸)外，还包括十四碳(肉豆蔻酸)、二十碳(花生酸和花生一烯酸)、二十二碳(山嵛酸)和二十四碳(木焦油酸)的脂肪酸。花生仁营养品质要求含油量为45%～55%，蛋白质含量为27%～30%，同时还要注意提高甲硫氨酸、赖氨酸、色氨酸和苏氨酸的含量。

O/L是油脂稳定性和花生加工制品耐贮性的指标。亚油酸是食品营养品质的重要指标，兼顾营养品质和耐贮性，O/L一般以1.4～2.5为宜。

第二节　大豆、花生外观商品品质分析

国家标准GB/T 1352—2009《大豆》规定的大豆外观商品品质(appearance quality)包括完整粒率(perfect kernel rate)、损伤粒率(rate of damaged kernel)、热损伤粒率(rate of heat-damaged kernel)、色泽(colour)和气味(odour)等。GB/T 1532—2008《花生》规定的花生果和花生仁的质量指标包括纯仁率(pure kernel yield)、杂质(impurity)、色泽和气味(colour and odour)、纯质率(pure rate)、整半粒限度(total whole half peanut kernel content)等。参照这些标准，本节对大豆、花生的外观商品品质指标及其测定方法介绍如下。

一、大豆完整粒率、损伤粒率和热损伤粒率测定

(一)术语定义

(1)完整粒(perfect kernel)　籽粒完好正常的颗粒。

(2)未熟粒(immature kernel)　籽粒不饱满、皱缩达粒面1/2及以上或子叶青色部分达1/2及以上(青仁大豆除外)、与正常粒显著不同的颗粒。

(3) 损伤粒 (damaged kernel)　受到严重摩擦损伤、冻伤、细菌损伤、霉菌损伤、生芽、热损伤或其他原因损伤的颗粒。分述如下。

1) 虫蚀粒 (insect-bored kernel)：被虫蛀蚀，伤及子叶的颗粒。

2) 病斑粒 (spotted kernel)：粒面带有病斑，伤及子叶的颗粒。

3) 生芽、涨大粒 (sprouted kernel)：芽或幼根突破种皮或吸湿涨大未复原的颗粒。

4) 生霉粒 (moulded kernel)：粒面生霉的颗粒。

5) 冻伤粒 (frost-damaged kernel)：因受冰冻伤害籽粒透明或子叶僵硬呈暗绿色的颗粒。

6) 热损伤粒 (heat-damaged kernel)：因受热而引起子叶变色和损伤的颗粒。

(4) 破碎粒 (broken kernel)　子叶破碎达本颗粒体积 1/4 及以上的颗粒。

(5) 杂质 (impurity)　通过规定筛层和经筛理后仍留在样品中的非大豆类物质，包括以下几种。

1) 筛下物 (passed sieve material)：通过直径 3.0 mm 圆孔筛的物质。

2) 无机杂质 (inorganic impurity)：泥土、砂石、砖块及其他无机物质。

3) 有机杂质 (organic impurity)：无使用价值的大豆粒、异种类粮粒及其他有机物质。

(6) 色泽和气味 (colour and odour)　一批大豆固有的综合色泽和气味。

(二) 完整粒率、损伤粒率和热损伤粒率测定

1. 仪器与用具　天平 (感量 0.01 g)、谷物选筛、分样器、分样板、分析盘、小皿、镊子等。

2. 操作方法　样品扦样和分样方法参考 GB/T 5491—1985，分取 500 g (m_1) 大样试样，利用分选筛或手筛法分 2 次筛选 (分别通过不同孔径的圆孔筛，大孔直径根据大豆试样籽粒大小确定，小孔直径为 3.0 mm)，拣出筛上大型杂质和筛下物合并称重 (m_2)。从检验过大样杂质的试样中，称取 100 g (m_3) 倒入分析盘中，分别拣出杂质、损伤粒、未熟粒和破碎粒并称重 (m_4、m_5、m_6)，其中热损伤粒单独拣出 (必要时剥开皮层，观察子叶是否发生了颜色变化)，称重 (m_7)。

大豆热损伤籽粒判别的标准色卡 (图 8-1) 参考 NY/T 1599—2008《大豆热损伤率的测定》的附录 A。

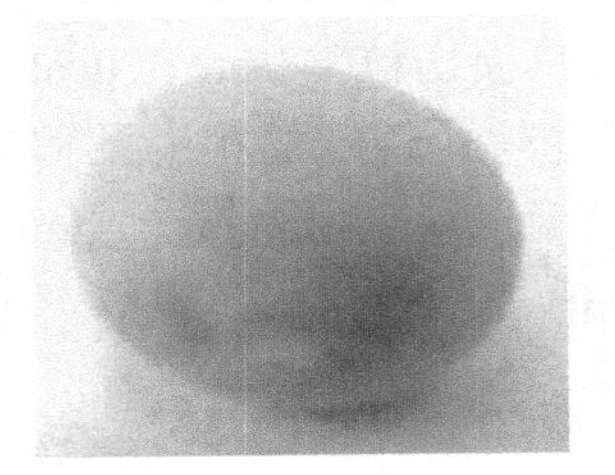
正常大豆

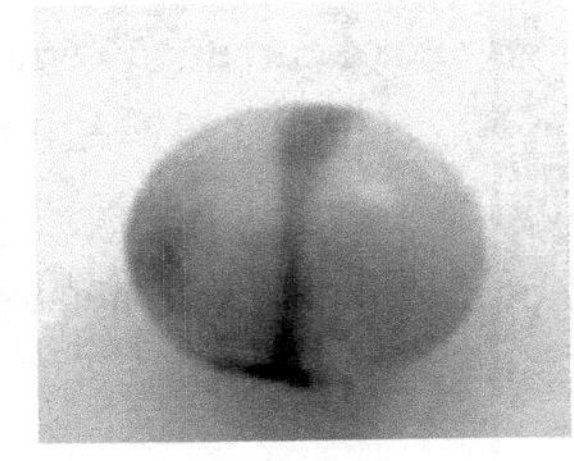
热损大豆

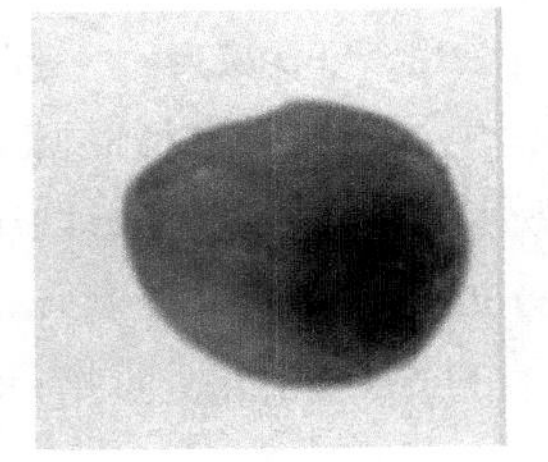
热伤大豆

图 8-1　大豆热损伤籽粒判别的标准色卡

3. 结果计算

$$完整粒率(\%)=\left(1-\frac{m_2}{m_1}\right)\times\left(\frac{m_3-m_4-m_5-m_6}{m_3}\right)\times 100$$

$$损伤粒率(\%)=\left(1-\frac{m_2}{m_1}\right)\times\left(\frac{m_5}{m_3}\right)\times 100$$

$$热损伤粒率(\%)=\left(1-\frac{m_2}{m_1}\right)\times\left(\frac{m_7}{m_3}\right)\times 100$$

式中，m_1为大样质量(g)；m_2为大样杂质质量(g)；m_3为小样质量(g)；m_4为小样杂质质量(g)；m_5为损伤粒(含热损伤粒)质量(g)；m_6为未成熟、破碎粒质量(g)；m_7为热损伤粒质量(g)。

二、花生纯仁率、纯质率和整半粒限度测定

花生质量指标测定参考 GB/T 1532—2008《花生》、GB/T 5499—2008《粮油检验 带壳油料纯仁率检验法》和 GB/T 5494—2008《粮食、油料检验 杂质、不完善粒检验法》。

(一)术语定义

(1)花生仁(peanut kernel)　花生果去掉果壳的果实。

(2)纯仁率(pure kernel yield)　净花生果脱壳后籽仁的质量(其中不完善粒折半计算)占试样的质量分数。

(3)净花生仁(peeled peanut kernel)　花生仁去掉果皮后的果实。

(4)纯质率(pure rate)　净花生仁质量(其中不完善粒折半计算)占试样的质量分数。

(5)不完善粒(unsound kernel)　受到损伤但尚有使用价值的花生颗粒，包括虫蚀粒、病斑粒、生芽粒、破碎粒、未熟粒和其他损伤粒几种。

1)虫蚀粒(injured kernel)：被虫蛀蚀，伤及胚的颗粒。

2)病斑粒(spotted kernel)：粒面带有病斑并伤及胚的颗粒。

3)生芽粒(sprouted kernel)：芽或幼根突破种皮的颗粒。

4)破碎粒(broken kernel)：籽仁破损达到其体积 1/5 及以上的颗粒，包括花生破碎的单片子叶。

5)未熟粒(shrivelled kernel)：籽仁皱缩，体积小于本批正常完善粒 1/2，或质量小于本批平均粒重 1/2 的颗粒。

6)其他损伤粒(damaged kernel)：其他伤及胚的颗粒。

(6)杂质(impurity)　花生果或花生仁以外的物质，包括泥土、砂石、砖瓦块等无机物质和花生果壳，以及无使用价值的花生仁及其他有机物质。

(7)色泽和气味(colour and odour)　一批花生固有的综合色泽和气味。

(8)整半粒花生仁(whole half peanut kernel)　一批花生仁被分成的两片完整的胚瓣。

(9)整半粒限度(total whole half peanut kernel content)　整半粒花生仁占试样的质量分数。

(二)花生纯仁率和纯质率的测定

参考标准 GB/T 5499—2008《粮油检验 带壳油料纯仁率检验法》。

1. 仪器和设备　分样器、天平两台(感量分别为 0.1 g 和 0.01 g)、分析盘、镊子、表面皿。

2. 操作步骤

1)试样准备：除去样品中的杂质，并拣出果外仁，得到净试样。

2)称取试样：称取花生果 200 g 左右(m)，精确到 0.1 g。

3)剥壳：样品经脱壳、挑选分离得到籽仁，剥壳时不应损失籽仁。

4）分拣和称重：从得到的籽仁中挑拣除去无使用价值的籽仁，称重（m_1），精确到 0.01 g；分拣出不完善粒，然后称量得到不完善粒质量（m_2），精确到 0.01 g。

3. 结果计算　纯仁率计算参照 GB/T 5499—2008 的规定；纯质率参照 GB/T 5494—2008 中净粮纯粮（质）率计算公式。

$$纯仁率(\%)=\frac{m_1-m_2/2}{m}\times 100$$

$$纯质率(\%)=\frac{m-m_2/2}{m}\times 100$$

式中，m_1 为籽粒总质量（g）；m_2 为不完善粒总质量（g）；m 为净试样质量（g）；除以 2 是因为不完善粒按折半计算。

计算结果保留小数点后一位。2 次实验结果的误差绝对值不应超过 1.0%，取其平均值。

（三）花生仁整半粒限度的测定

参考 GB/T 1532—2008《花生》附录 A。

1. 仪器与用具　天平（感量为 0.1 g）、分析盘、镊子、表面皿等。

2. 操作方法　称取花生仁样品 200 g 左右（m），精确到 0.1 g，挑取整半粒花生仁并称其质量（m_1）。

3. 结果计算

$$整半粒限度(\%)=\frac{m_1}{m}\times 100$$

式中，m_1 为整半粒花生仁质量（g）；m 为试样质量（g）。

2 次实验结果的误差绝对值不应超过 1.0%，取其平均值，即为检验结果。检验结果保留小数点后一位。

三、大豆、花生色泽和气味鉴定

大豆和花生色泽气味鉴定参考 GB/T 5492—2008《粮油检验　粮食、油料的色泽、气味、口味鉴定》。

1. 仪器与用具　天平、贴有黑纸的平板（20 cm×40 cm）、广口瓶、水浴锅等。

2. 操作步骤

（1）试样准备　试样的扦样和分样按 GB 5491—1985 执行。样品应去除杂质。

（2）色泽鉴定　分取 20～50 g 样品，放在手掌中均匀地摊平，在散射光线下仔细观察样品的整体颜色和光泽。

对色泽不易鉴定的样品，取 100～500 g 样品，在黑色平板上均匀地摊成 15 cm×20 cm 的薄层，在散射光线下仔细观察样品的整体颜色和光泽。

（3）气味鉴定　分取 20～50 g 样品，放在手掌中用哈气或摩擦的方法，提高样品的温度后，立即嗅其气味。

对气味不易鉴定的样品，称取 20 g 样品，放入广口瓶，置于 60～70℃的水浴锅中，盖上瓶塞，颗粒状样品保温 8～10 min，粉末状样品保温 3～5 min，开盖嗅辨气味。

正常的粮食、油料应具有固有的气味。

3. 结果表示　鉴定结果以“正常”或“不正常”表示，对“不正常”的应加以说明。

第三节　大豆、花生物理品质分析

大豆、花生物理品质分析包括籽粒含水量(grain moisture)、籽粒硬度(seed hardness)、尿素酶活性(urease activity)测定。

一、大豆、花生籽粒含水量测定

参考GB 5009.3—2016《食品安全国家标准 食品中水分的测定》。该标准中介绍了4种测定水分的方法，包括直接干燥法、减压干燥法、蒸馏法和卡尔·费休法。其中粮食、谷物和油料等的水分测定采用直接干燥法。

固体试样测定方法：取洁净扁形铝制或玻璃制称量瓶，置于101～105℃干燥箱中，瓶盖斜支于瓶边，加热1.0 h，取出盖好，置干燥器内冷却0.5 h，称量，并重复干燥至前后两次质量差不超过2 mg，即为恒重。将混合均匀的试样迅速磨细至颗粒小于2 mm，不易研磨的样品应尽可能切碎，称取2～10 g试样(精确至0.0001 g)，放入称量瓶中，试样厚度不超过5 mm，如为疏松试样，厚度不超过10 mm，加盖，精密称量后，置于101～105℃干燥箱中，瓶盖斜支于瓶边，干燥2～4 h后，盖好取出，放入干燥器内冷却0.5 h后称量。然后再放入101～105℃干燥箱中干燥1 h左右，取出，放入干燥器内冷却0.5 h后再称量。并重复以上操作至前后两次质量差不超过2 mg，即为恒重。

注：两次恒重值在最后计算中取质量较小的一次。

试样中的水分含量按下式进行计算。

$$X(\%)=\frac{m_1-m_2}{m_1-m_3}\times 100$$

式中，X为试样中水分的含量(%)；m_1为称量瓶和试样的质量(g)；m_2为称量瓶和试样干燥后的质量(g)；m_3为称量瓶的质量(g)。

水分含量≥1%时，计算结果保留三位有效数字；水分含量＜1%时，计算结果保留两位有效数字。

精密度要求：在重复性条件下获得的两次独立测定结果的绝对差值不得超过算术平均值的10%。

二、大豆籽粒膨胀率、石豆率和煮熟籽粒硬度测定

在吸胀吸水过程中，有些大豆籽粒不能吸水膨胀，称为硬实种子(hard seed)或石豆(stone seed)，在大豆加工过程中需要剔除这些籽粒，从而额外增加大豆食品加工的成本。目前石豆率高低具体原因不明，可能与大豆籽粒成熟期间的外界条件(如干旱)和土壤钙含量高低有关。Zhang等(2010)比较了世界各地大豆的石豆率差异，美国大豆的石豆率显著低于亚洲大豆。阿肯色大学(University of Arkansas)大豆课题组对大豆籽粒硬度和钙含量进行了较深入的研究。研究表明，大豆籽粒硬度(seed texture，seed hardness)与钙含量呈正相关，与籽粒吸水性呈负相关。籽粒硬度可用大豆吸水前后的籽粒膨胀率(seed swell ratio)估计，而煮熟大豆种子的硬度可用TMS-2000硬度计测定的最大剪切力表示。

1. 仪器和设备　耐热塑料盒、天平(感量0.001 g)、筛子、硬度测定仪(TMS Texture

System，型号：TMS-2000，配有 16 刃切割柱，图 8-2）等。

图 8-2　硬度测定仪

2. 操作步骤

1）每个试样称取 50 g 种子，放入耐热塑料盒中，加水 250 mL，在室温下不加盖放置 16 h 进行吸胀处理。

2）用筛子沥去水，并用纸巾吸干种子表面水分。

3）拣出未吸胀的石豆，吸胀种子和石豆分别称重，计算石豆率和籽粒膨胀率。

4）塑料盒加盖，将吸胀种子在高温高压条件下（121.1℃和 1.2 kg/cm^2）蒸 20 min。

5）蒸煮过的种子分为两份，每份 30 g，利用 TMS-2000 仪测定最大剪切力（单位：N）。

3. 结果计算

$$籽粒膨胀率(\%)=\frac{吸胀籽粒质量}{试样质量-石豆籽粒质量}\times 100$$

$$石豆率(\%)=\frac{石豆重量}{试样质量}\times 100$$

$$籽粒硬度=最大剪切力/熟籽粒质量$$

三、大豆尿素酶活性测定

尿素酶活性与大豆饼粕加工（热）程度有直接关系，可用尿素酶活性高低表征大豆饼粕类加工是否正确。尿素酶（urease）又名脲酶，为白色细微结晶性粉末。能溶于水，不溶于醇、醚、丙酮等有机溶剂。等电点 pI=5.0～5.1，最适 pH=8.0。酶活性受重金属离子抑制。尿素酶能催化尿素水解成氨和二氧化碳。尿素酶参与某些氮源性腐败物的转化，也是人和动物中某些致病菌的致病因子之一，常用于人和动物胃肠道及泌尿道细菌感染检测。

（一）大豆尿素酶活性测定方法

参考国家标准《饲料用大豆制品中尿素酶活性的测定》（GB/T 8622—2006）。本标准适用于大豆、由大豆制得的产品和副产品中尿素酶活性的测定。此方法可了解大豆制品的湿热处理程度。

大豆制品中尿素酶活性的定义：在（30±0.5）℃和 pH 7 的情况下，每克大豆制品每分钟分解尿素所释放的氨基氮的质量，以尿素酶活性单位每克（U/g）表示。

1. 测定原理　将粉碎的大豆制品与中性尿素缓冲溶液混合，在（30±0.5）℃下精确保温 30 min，尿素酶催化尿素水解产生氨。用过量盐酸中和所产生的氨，再用氢氧化钠标准溶液回滴。

2. 仪器和设备　粉碎机（粉碎时应不产生强热），样品筛（孔径 200 μm），分析天平（感量 0.1 mg），恒温水浴锅［可控温（30±0.5）℃］，酸度计（精度 0.02，附有磁力搅拌器和滴定装置），计时器，实验室常用玻璃仪器（如具塞试管、移液管、烧杯、锥形瓶等）。

3. 试剂　均为分析纯，水应符合 GB/T 6682—2008 的规定。

1）尿素缓冲溶液（pH 7.0±0.1）：称取 8.95 g 磷酸氢二钠（$Na_2HPO_4 \cdot 12H_2O$），3.40 g 磷酸二氢钾（KH_2PO_4）溶于水并稀释定容至 1000 mL，再将 30 g 尿素溶于此缓冲溶液，有效期 1 个月。

2）盐酸溶液[c(HCl)=0.1 mol/L]：移取 8.3 mL 盐酸，用水稀释定容至 1000 mL。

3）氢氧化钠标准溶液：称取 4 g 氢氧化钠溶于水并稀释定容至 1000 mL，按 GB/T 601—2016 规定的方法配制和标定。

4）甲基红、溴甲酚绿混合乙醇溶液（混合指示剂）：称取 0.1 g 甲基红，溶于 95%乙醇并稀释定容至 100 mL，再称取 0.5 g 溴甲酚绿，溶于 95%乙醇并稀释定容至 100 mL，两种溶液等体积混合，储存于棕色瓶中。

4. 试样制备　用粉碎机将具有代表性的样品粉碎，使之全部通过样品筛。对特殊试样（水分或挥发物含量较高而无法粉碎的产品）应先在实验室温度下进行预干燥，再进行粉碎，当计算结果时应将干燥失重计算在内。

5. 操作步骤　称取约 0.2 g 制备好的试样，精确至 0.1 mg，转入玻璃试管中（如活性很高，可称 0.05 g 试样），移入 10 mL 尿素缓冲溶液，立即盖好试管并剧烈振摇，将试管马上置于（30±0.5）℃恒温水浴锅中，计时保持 30 min±10 s。要求每个试样加入尿素缓冲液的时间间隔保持一致。停止反应时再以相同的时间间隔加入 10 mL 盐酸溶液，振摇后迅速冷却到 20℃。将试管内容物全部转入小烧杯中，用 20 mL 水冲洗试管数次，以氢氧化钠标准溶液用酸度计滴定 pH 至 4.70。如果选择用指示剂，则将试管内容物全部转入 250 mL 锥形瓶中加入 8～10 滴混合指示剂，以氢氧化钠标准溶液滴定至溶液呈蓝绿色。

另取试管做空白实验，称取约 0.2 g 制备好的试样，精确至 0.1 mg，与玻璃试管中（如活性很高可称 0.05 g 试样），加入 10 mL 盐酸溶液，振摇后再加入 10 mL 尿素缓冲液，立即盖好试管盖剧烈振摇，将试管马上置于（30±0.5）℃恒温水浴锅中，计时保持 30 min±10 s。停止反应后将试管迅速冷却到 20℃。将试管内容物全部转入小烧杯中，用 20 mL 水冲洗试管数次，以氢氧化钠标准溶液用酸度计滴定 pH 至 4.70。如果选择用指示剂，则将试管内容物全部转入 250 mL 锥形瓶中加入 8～10 滴混合指示剂，以氢氧化钠标准溶液滴定至溶液呈蓝绿色。

6. 结果计算　大豆制品中尿素酶活性 X 以尿素酶活性单位每克（U/g）表示，按式（8-1）计算。若试样经粉碎前的预干燥处理后，则按式（8-2）计算。

$$X = \frac{14 \times c(V_0 - V)}{30 \times m} \tag{8-1}$$

$$X = \frac{14 \times c(V_0 - V)}{30 \times m} \times (1 - S) \tag{8-2}$$

式中，X 为试样的尿素酶活性（U/g）；c 为氢氧化钠标准溶液的浓度（mol/L）；V_0 为空白消耗氢氧化钠标准溶液的体积（mL）；V 为试样消耗氢氧化钠标准溶液的体积（mL）；14 为氮的摩尔质量，$M(N_2)$=14 g/mol；30 为反应时间（min）；m 为试样质量（g）；S 为预干燥时试样失重的质量分数（%）。

重复性：同一分析人员用相同分析方法，同时或连续两次测定活性≤0.2 时，结果之差不超过平均值的 20%；活性＞0.2 时，结果之差不超过平均值的 10%，结果以算术平均值表示。

（二）大豆粕中尿素酶的快速定性检测

大豆粕中尿素酶活性还可以用指示剂快速定性检测，初步判定豆粕的使用价值。常用的方法有两种：尿素-苯酚红法和酚红指示剂法。

1. 尿素-苯酚红法

(1) 原理　在指示剂苯酚红存在的条件下，按尿素转变成氨的方法定性测定豆粕中尿素酶的活性。

(2) 仪器和设备　粉碎机、培养皿、滴管。

(3) 试剂

1) 0.1 mol/L 硫酸：将 6 mL 浓硫酸缓缓注入 1000 mL 水中。

2) 0.2 mol/L 氢氧化钠：取 0.8 g 氢氧化钠加蒸馏水，溶解成 100 mL。

3) 尿素-苯酚红(别名酚磺肽、酚红)试剂：将 1.2 g 苯酚红溶于 30 mL 0.2 mol/L 氢氧化钠溶液中，用蒸馏水稀释定容至 300 mL；加入 90 g 尿素并溶解之，用蒸馏水稀释定容至 2 L；加 70 mL 0.1 mol/L 硫酸，稀释定容至 3 L(注意：配好的溶液应具有明亮的琥珀色，若溶液转变成橘红色，应滴加 0.1 mol/L 硫酸，调至呈琥珀色，试剂最好在实验前配制，现配现用)。该试剂有效期为 90 d。

(4) 操作步骤

1) 取粉碎好的豆粕，均匀地平铺于培养皿中(注意铺薄薄一层)。

2) 用滴管吸取尿素-苯酚红试剂，小心滴在被测定的样品中，将培养皿中豆粕全部浸湿。

3) 放置 5 min 后观察结果，参照表 8-1。

表 8-1　尿素-苯酚红法尿素酶快速定性检测结果解析

结果	解析	豆粕处置
无任何红点出现，再放置 25 min，仍无红点出现	没有尿素酶活性	豆粕加工过熟
有少数红点	有较弱的尿素酶活性	豆粕可用
豆粕表面有 25%的红点覆盖	有较强的尿素酶活性	可用
豆粕表面出现 50%的红点覆盖	尿素酶活性强	慎用
豆粕表面的 75%～100%为红点覆盖	尿素酶活性很强	豆粕过生，无法使用

2. 酚红指示剂法

(1) 原理　酚红指示剂在 pH 6.4～8.2 时由黄变红。在室温下，大豆制品所含尿素酶可将尿素水解，产生氨，释放的氨可使酚红指示剂变红，根据变红时间长短来判断尿素酶活性大小。

(2) 仪器和设备　粉碎装置(粉碎时应不产生强烈发热)；天平(感量 0.01 g)；试管(直径 1.8 cm，长 15 cm)等。

(3) 试剂

1) 尿素：分析纯。

2) 酚红指示剂(1 g/L)：称取 0.1 g 的酚红(分析纯)溶于 100 mL 95%的乙醇溶液。

(4) 操作步骤　将试样研细，称取 0.02 g 试样，称准至 0.01 g，转入试管中，加入 0.02 g 结晶尿素及两滴酚红指示剂，加 20～30 mL 蒸馏水，摇动 10 s。观察溶液颜色，并记下呈粉红色的时间。

尿素酶活性测定结果参照表 8-2。

表 8-2　酚红指示剂法尿素酶快速定性检测结果解析

结果	解析
1 min 内呈粉红色	尿素酶活性很强
1～5 min 呈粉红色	尿素酶活性强
5～15 min 呈粉红色	尿素酶活性弱
15～30 min 呈粉红色	尿素酶活性无

通常 10 min 以上不显粉红色或红色的大豆制品，其尿素酶活性即可认为合格。

第四节　大豆和花生主要营养品质分析

传统的大豆营养品质指标主要包括粗蛋白质含量（crude protein content）和粗脂肪含量（crude fat content），蛋脂总和约为 60%，蛋脂总和超过 63%的大豆被定义为双高大豆。蛋白质含量和脂肪含量通常呈负相关关系，即在有利于大豆种子蛋白质积累的外界条件下，大豆种子中脂肪含量一般较低，而在有利于脂肪积累的外界条件下，大豆种子蛋白质含量不高，所以高蛋白质大豆和高脂肪大豆各有其适生区。随着大豆品质研究的深入，蛋白质组分和脂肪酸含量优化也被纳入评价和分析的范围。同时还增加了异黄酮含量（isoflavone content）、脂肪氧化酶活性缺失（lipoxygenase activity-deficient）、胰蛋白酶抑制剂活性缺失（trypsin inhibitor activity-deficient）、低植酸磷含量（phytate phosphorus content）等品质项目的分析和育种工作，其他性状如低聚糖含量（oligosaccharide content）、皂苷含量（saponin content）、大豆肽含量（peptide content）、总膳食纤维含量（total dietary fiber content）等将来都有可能成为大豆品质分析和育种的目标。本节对这些品质指标的测定方法逐一进行介绍。

一、大豆和花生粗蛋白质、粗脂肪和大豆水溶性蛋白含量测定

普通大豆含有 36%～44%的蛋白质。与几种主要油料作物相比，大豆种子中蛋白质含量高于其他植物油料种子。大豆蛋白质中约有 10%水溶性的清蛋白，其余 90%为球蛋白，由大豆球蛋白和伴大豆球蛋白两部分组成。大豆蛋白质按超速离心法可分为 2 S、7 S、11 S 和 15 S 四个组分。对蛋白质功能特性影响较大的组分是 11 S 和 7 S 球蛋白。大豆蛋白质的等电点为 4.5。大豆蛋白质是一种氨基酸成分较完全、营养价值高的蛋白质。在《农作物品种审定规范 大豆》（NY/T 1298—2007）中，高蛋白质大豆的粗蛋白质含量必须在 45.00%以上，高油大豆的粗脂肪含量必须在 20%以上。新近出台的标准将高油大豆的粗脂肪标准提高到了 21.50%。目前，中国大豆粗蛋白质含量为 41.31%±3.10%，粗脂肪含量为 19.48%。进口大豆含油量略高于国内品种，而粗蛋白质含量一般低于国内品种。花生的蛋白质含量变幅为 23%～36%，粗脂肪含量变幅为 38%～56%。《高蛋白花生生产技术规程》（NY/T 2402—2013）推荐选用蛋白质含量≥26%的花生品种，《高油花生生产技术规程》（NY/T 2397—2013）推荐选用含油量≥53%的花生品种。

（一）大豆和花生粗蛋白质含量和粗脂肪含量测定

蛋白质含量测定常用的方法有凯氏定氮法、双缩脲试剂、Folin-酚试剂法、紫外吸收法、

燃料结合法和胶体测定法等。其中凯氏定氮法是最经典的方法，被国际国内标准广泛采用。最新颁布的标准 GB 5009.5—2016《食品安全国家标准 食品中蛋白质的测定》给出了三种测定蛋白质含量的方法，即凯氏定氮法、分光光度法和燃烧法。其中燃烧法适用于蛋白质含量在 10 g/100 g 以上的粮食、豆类奶粉、米粉、蛋白粉等物体试样的测定。因此，大豆和花生的粗蛋白质含量测定可采用燃烧法，详细测定方法见第二章第一节中的“燃烧法测定蛋白质含量”。

粗脂肪含量测定有提取法、酸水解法、比重法、折射法、电磁和核磁共振法等。目前国内外普遍采用提取法，其中索氏提取法是公认的经典方法，也是我国粮油分析首选的标准方法（GB 5009.6—2016《食品安全国家标准 食品中脂肪的测定》），详细测定方法见第二章第六节中的“索氏提取法测定脂肪含量”。

近红外测定法（near-infrared method）是近年来发展的一种快速无损伤测定技术，适于检测杂交分离世代等籽粒比较少的样品。随着大豆、花生品质育种的开展，有一定精度保证的近红外测定法因其无损伤快速测定而受到育种专家的青睐。近红外测定作物主要成分含量的原理和方法请参见第二章第八节。《粮油检验 大豆粗蛋白质、粗脂肪含量的测定 近红外法》（GB/T 24870—2010）对利用近红外法测定大豆粗蛋白质含量和粗脂肪含量的方法与程序进行了规范。近红外法中选用合适的建模样品集是正确建模的前提。利用近红外技术检测大豆粗蛋白质、粗脂肪含量时应尽可能利用样品数量多、覆盖范围广、样品类型丰富的样品集构建近红外检测模型。

（二）大豆水溶性蛋白含量测定

大豆水溶性蛋白含量测定参考行业标准《大豆水溶性蛋白含量的测定》（NY/T 1205—2006）。该标准的方法原理是用水提取大豆中的水溶性蛋白，硫酸使含氮物转化成硫酸铵，加强碱蒸馏使氨逸出，用硼酸吸收后，用标准盐酸滴定计算含氮量，乘以换算系数计算出大豆中水溶性蛋白含量（凯氏定氮法）。凯氏定氮法测定蛋白质含量的步骤参见第二章第一节。此处仅给出大豆水溶性蛋白含量测定的试样制备和提取步骤。

1）粉碎机粉碎大豆样品，过孔径为 0.25 mm 的筛。

2）称取粉碎试样 5 g，精确至 0.01 g，于 50 mL 离心管中。

3）吸取 50 mL 20℃蒸馏水于离心管中，振摇使试样不结块，均匀分散。

4）将离心管固定于摇床上，温度控制在（20±2）℃，振荡 60 min。

5）取下离心管，以 2000 r/min 离心 10 min。

6）取出离心管，将上清液倒入 250 mL 容量瓶中。

7）向离心管残渣中重新加入 50 mL 20℃蒸馏水，同前再振荡 60 min，离心 10 min，将上清液倒入步骤 6）的容量瓶中。

8）重复步骤 7）操作 2 次，将提取液全部收集倒入步骤 6）的容量瓶中，加蒸馏水定容至 250 mL。

后续消化、蒸馏、滴定等环节参见第二章第一节中的凯氏定氮法步骤。

结果计算：水溶性蛋白含量按下式计算。

$$w=\frac{(V_1-V_0)\times c\times 0.0140}{m(100-X)\times V_2/V_3}\times 6.25\times 100$$

式中，w 为水溶性蛋白含量（%）；V_1 为滴定样品消化液所耗盐酸标准溶液的体积（mL）；V_0 为滴定空白消化液所耗盐酸标准溶液的体积(mL)；V_2为吸取消化液的体积(mL)；V_3为容体积(mL)；c为盐酸标准溶液的浓度(mol/mL)；m为试样质量(g)；X为试样水分含量(%)；0.0140为1.0 mL盐酸[c(HC1)=1.000 mol/L]标准滴定溶液相当的氮的摩尔质量(g/mol)；6.25为大豆含氮量换算成蛋白质的系数。

计算结果保留到小数点后一位。在重复性条件下获得的2次独立测定结果的绝对差值不应超过算术平均数的2%。

二、大豆11 S和7 S球蛋白含量测定

大豆籽粒球蛋白有两个主要组分：7 S球蛋白(β-conglycinin)和11 S球蛋白(glycinin)，二者占籽粒球蛋白总量的70%左右。11 S和7 S球蛋白由于氨基酸组成和结构不同，其营养性和功能性有较大的差异。单位蛋白质中11 S球蛋白中含硫氨基酸的含量是7 S球蛋白的4倍。7 S球蛋白疏水氨基酸多，表面活性强，因此乳化性好；但因分子中含二硫键和巯基少，所以凝胶的硬度低；而11 S球蛋白中含有丰富的二硫键及巯基，所以形成的凝胶硬度强。因而，大豆种子蛋白中11 S和7 S的相对含量不仅可直接影响蛋白质的营养特性，也可直接影响其功能特性和应用。所以，国内外对11 S和7 S球蛋白的研究非常重视。

11 S球蛋白和7 S球蛋白含量呈极显著负相关关系。11 S/7 S比值的最大值和最小值分别为3.70和1.34，平均值为2.36。7 S球蛋白是相对分子质量约为150 000的糖蛋白，含3个基本亚基α′、α和β，分别由*Cgy1*、*Cgy2*和*Cgy3*基因控制，不同亚基相互作用形成三聚体蛋白。11 S球蛋白为六聚体，相对分子质量为350 000，由5个中间亚基组成(A1aB1b、A1bB2、A2B1a、A3B4和A5A4B3，这些亚基分别由*Gy1*、*Gy2*、*Gy3*、*Gy4*和*Gy5*基因控制)，每个亚基由一个酸性肽(acidic)和一个碱性肽(basic)通过二硫键相连。因此，提高11 S/7 S比值可以改善大豆种子蛋白质品质。

大豆球蛋白亚基种类和含量测定常用SDS聚丙烯酰胺凝胶电泳(sodium dodecyl sulfate-polyacrylamide gel electrophoresis，SDS-PAGE)法进行分离鉴定。SDS-PAGE法具有较高的灵敏度，一般只需要不到微克量级的蛋白质，而且通过电泳还可以同时得到关于相对分子质量的情况。

1. SDS-PAGE法的基本原理　聚丙烯酰胺凝胶系统分离蛋白质的原理是利用凝胶形成的三维网状结构所具备的分子筛效应，其分离效果主要受蛋白质相对分子质量、蛋白质形状及所带电荷的影响。在样品介质和丙烯酰胺凝胶中加入离子去污剂和强还原剂后，蛋白质亚基的电泳迁移率主要取决于亚基的相对分子质量(可以忽略电荷因素)，即SDS-PAGE可以仅根据蛋白质亚基相对分子质量的不同就可以将蛋白质分开。

SDS-PAGE系统中SDS(十二烷基硫酸钠)是阴离子去污剂，作为变性剂和助溶试剂，它能断裂分子内和分子间的氢键，使分子去折叠，破坏蛋白质分子的二级、三级结构。而强还原剂如巯基乙醇、二硫苏糖醇能使半胱氨酸残基间的二硫键断裂。在样品和凝胶中加入还原剂和SDS后，分子被解聚成多肽链，解聚后的氨基酸侧链和SDS结合成蛋白质-SDS胶束(SDS多肽复合物)，所带的负电荷大大超过了蛋白质原有的电荷量，这样就消除了不同分子间的电荷差异和结构差异。此SDS多肽复合物在丙烯酰胺凝胶电泳中的迁移率只与多肽的大小有关。

当分子质量为15～200 kDa时，蛋白质的迁移率和分子质量的对数呈线性关系，即

$$\lg MW=k-bX$$

式中，MW 为分子质量（kDa, molecular weight）；X 为迁移率；k、b 均为常数。若将已知分子质量的标准蛋白质的迁移率对分子质量对数作图，可获得一条标准曲线，未知蛋白质在相同条件下进行电泳，根据它的电泳迁移率即可在标准曲线上求得分子质量，也可以建立直线回归模型进行预测。如果蛋白质是由不同亚基组成的，它在电泳中可能会形成分别对应于各个亚基的几条带。

2. SDS-PAGE 实验准备

（1）所需试剂及仪器设备

试剂：丙烯酰胺（acrylamide）、双丙烯酰胺（bis-acrylamide）、Tris-base、TEMED、SDS、过硫酸铵、甘油、溴酚蓝、甘氨酸、DTT、考马斯亮蓝 R-250、甲醇、乙醚、冰醋酸、蛋白质 Marker 5 支（50 μL 装）等。

仪器设备：电泳仪、槽、板 5 套，10 mL 小烧杯 10 支，微量移液器 5 把，普通移液器 5 套，足量滤纸，0.45 μm 滤器，摇床等。

（2）母液配制

1）2 mol/L Tris-HCl（pH 8.8）：24.2g Tris-base，50 mL 蒸馏水，加入浓盐酸调 pH 至 8.8，最后定容至 100 mL。高压灭菌处理。

2）1 mol/L Tris-HCl（pH 6.8）：12.1g Tris-base，50 mL 蒸馏水，加入浓盐酸调 pH 至 6.8，最后定容至 100 mL。高压灭菌处理。

3）10% SDS：10 g SDS，加入 70 mL 蒸馏水，60℃搅拌溶解，待泡沫消失后，定容至 100 mL。

4）50%（V/V）甘油：50 mL 甘油，50 mL 蒸馏水，混匀即可。

5）1%（m/v）溴酚蓝：100 mg 溴酚蓝，蒸馏水定容至 10 mL。

6）0.01 mol/L 乙酸钠溶液：0.139 g 乙酸钠溶于 100 mL 蒸馏水中，调 pH 至 5.2。

7）1 mol/L DTT：20 mL 0.01 mol/L 乙酸钠溶液溶解 3.09 g DTT，过滤除菌后分装成 1 mL 每份，−20℃保存。

（3）工作液配制

1）30%聚丙烯酰胺母液（A 液）：丙烯酰胺 29 g，双丙烯酰胺 1 g，去离子水在 37℃溶解，定容到 100 mL。0.45 μm 滤器过滤除菌，棕色瓶保存。pH≤7.0。

2）4×分离胶缓冲液（B 液）：75 mL 2 mol/L Tris-HCl（pH 8.8），4 mL 10% SDS，21 mL 蒸馏水，混合成 100 mL，4℃存放。

3）4×浓缩胶缓冲液（C 液）：50 mL 1 mol/L Tris-HCl（pH 6.8），4 mL 10% SDS，46 mL 蒸馏水，混合成 100 mL，4℃存放。

4）10%过硫酸铵（D 液）：0.5 g 过硫酸铵，5 mL 蒸馏水，0.1 mL 分装。

5）TEMED（E 液）：TEMED（四甲基乙二胺）可以催化 APS 产生自由基，从而加速丙烯酰胺凝胶的聚合，可作为一种促凝剂使用。一般用棕色瓶子遮光 4℃保存。

6）1×Tris-甘氨酸缓冲液：Tris-base 3 g，甘氨酸 14.4 g，SDS 1 g，蒸馏水定容到 1 L，pH 8.3 左右。

7）5×上样缓冲液：0.5 mL 1 mol/L Tris-HCl（pH 6.8），1 mL 1 mol/L DTT，2 mL 10% SDS，1 mL 1%溴酚蓝，5 mL 50%甘油，0.5 mL 蒸馏水。

8）考马斯亮蓝染色液（0.2%）：考马斯亮蓝 R-250 2.0 g，甲醇（或乙醇）450 mL，冰醋酸 100 mL，蒸馏水 450 mL，加入的先后顺序为：考马斯亮蓝 R-250，甲醇（或乙醇），蒸馏水，冰醋酸。

充分混匀后进行过滤，收集滤液备用。当过滤速度变慢时要更换滤纸，快速过滤完，不可隔夜，以免影响染色效果。

9）考马斯亮蓝脱色液：甲醇 100 mL，冰醋酸 100 mL，蒸馏水 800 mL。

10）蛋白质提取液：50 mmol/L 的 Tris-HCl（pH 8.0），0.01 mol/L 的 β-巯基乙醇。

11）样品缓冲液：1% SDS，0.01 mol/L β-巯基乙醇，0.5 mol/L Tris-HCl（pH 6.8），50%甘油，1%溴酚蓝。

12）BCA 蛋白质定量试剂盒。

3. 实验步骤

（1）大豆蛋白质样品液的制备　将待测的大豆种子磨成粉，加乙醚脱脂过夜，得到脱脂豆粉。取 0.25 g 豆粉，加 5 mL 蛋白提取液，室温下提取 1 h（其间每 10 min 涡旋混匀 1 次），室温 10 000 r/min 离心 20 min，取上清，用 1 mol/L HCl 调 pH 至 4.5，沉淀总球蛋白，再 5000 r/min 离心 10 min，弃上清，沉淀经真空低温干燥后即为大豆蛋白质，备用。将球蛋白 1.5 mg 溶解于 500 μL 样品缓冲液中，其浓度为 0.3%，振摇至全部溶解。盖紧盖子，置于 100℃水浴中加热 3 min，取出冷却至室温，样品溶液置于 4℃冰箱内备用。点样前涡旋混匀。

或者大豆磨粉后取 3 mg 豆粉，用 250 μL 蛋白质提取液在室温下提取 1 h。15 000 *g* 离心 10 min，取上清液，用 BCA 蛋白质定量试剂盒测定蛋白质含量（以牛血清白蛋白为对照）。取适量大豆蛋白质提取液进行点样。

（2）组装模具　用海绵蘸取少量清洁剂，擦洗干净两块玻璃板，用自来水冲洗 3～5 遍，再用无水乙醇冲洗 2 遍，晾干待用。将已清洗干净的两块玻璃板用封条封严。组装在电泳架上，浅玻璃板朝外（靠近操作者一侧），然后固定结实（注意：清洗玻璃板时动作要轻柔，切勿划破玻璃面；清洗干净之后，不要用手碰玻璃面）。

（3）制胶

1）配 12%分离胶 10 mL：吸取 A 液 3.3 mL，B 液 2.5 mL，蒸馏水 4.2 mL，D 液 100 μL，在小烧杯中摇匀，再加入 E 液 10 μL，立即混匀并用 10 mL 注射器吸取大约 8 mL 混合溶液，沿着玻璃板之间缝隙左上处，缓慢灌胶，一直到距前玻璃板上沿 1.5 cm 处为止（注意：当凝胶完全浸没玻璃板底的时候，留意观察是否漏胶。若漏胶，则立即停止灌胶，重新固定模具之后再继续。灌胶应缓慢进行，避免产生气泡）。

2）水膜封闭空气：在分离胶上面小心加入一层蒸馏水，以隔绝空气，促进凝胶聚合。等待 20～30 min，胶界面有明显的折光线，且倾斜模具，胶界面不随之改变，为凝胶凝固良好。用滤纸小心洗干水分。

3）配 5%浓缩胶 5 mL：吸取 A 液 0.67 mL，C 液 1.0 mL，蒸馏水 2.3 mL，D 液 50 μL，在小烧杯中摇匀，再加入 E 液 5 μL，立即混匀，灌胶，到前玻璃板上沿即可。

4）插上齿梳，确保无气泡。等待凝胶完全聚合，约需 30 min。

5）小心拔出梳子，卸下封条，将玻璃板颠倒放置，使浅玻璃板朝内，固定在电泳架上。将整个电泳架放入电泳槽，在内外槽中倒入电泳缓冲液，内槽液面应在前后玻璃板之间。

（4）点样

1）吸取 20 μL 蛋白质样品到 EP 管中，加入 4 μL 上样缓冲液，混匀，沸水中加热 5 min。

2）全部样品上样，不要使样品漂散。

3）同时吸取蛋白质 Marker 10～20 μL 点样。

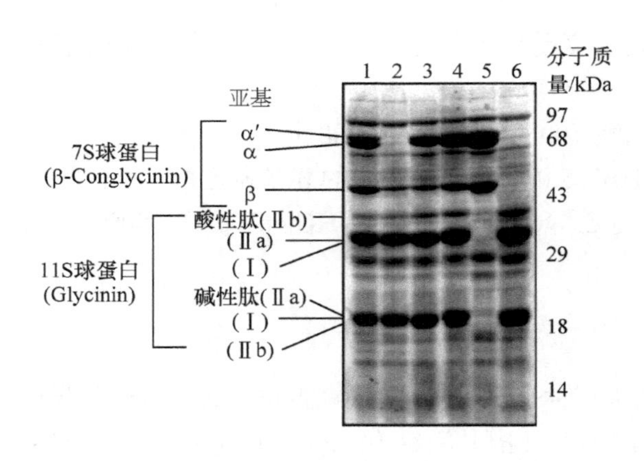

图 8-3　大豆种子贮藏蛋白的遗传变异

（引自 Teraishi et al., 2001）

图中 1～6 泳道分别是不同的大豆品种

(5) 电泳　连接好正负极导线，打开电源将电压调到 80 V，待样品跑过浓缩胶后将电压调到 120 V 至样品电泳到胶底部为止。

(6) 染色　将凝胶小心取下放入容器中，加入染色液，用摇床摇 2～3 h。待条带清晰后倒出染色液，加入脱色液过夜。

(7) 拍照分析　用凝胶成像系统对电泳后的凝胶拍照，分析蛋白质谱带，得到大豆贮藏蛋白的亚基类型和含量数据，如图 8-3 所示。

三、大豆氨基酸组分测定

大豆蛋白质属完全蛋白质。大豆蛋白质中含有 18 种氨基酸。其中，谷氨酸、天冬氨酸、精氨酸、亮氨酸和赖氨酸含量在 5%以上，其余均在 5%以下。大豆蛋白质 8 种必需氨基酸含量比禾谷类高，多数氨基酸含量高于肉、蛋、奶的含量，且各种氨基酸的组成比例与人体必需氨基酸相当，与氨基酸模式最好的鸡蛋蛋白质氨基酸相近，只有甲硫氨酸含量及比值较低(表 8-3)。大豆蛋白质消化率为 90%，生物价为 73%，净利用率为 66%，氨基酸评分为 46%，都接近于牛肉、鱼和鸡肉，为营养价值很高的蛋白质，素有“植物肉”之称。过多摄入动物蛋白质，常伴随动物脂肪和胆固醇的摄入量增加，易诱发心脑血管及肾脏疾病的风险。而大豆蛋白质既能增加人体必需氨基酸的供给，又没有动物蛋白质食品可能产生的副作用，故大豆蛋白质的营养价值和保健功能越来越受到重视。

表 8-3　几种食物中必需氨基酸含量及相互间比值

必需氨基酸	鸡蛋		大豆		稻米		面粉		花生	
	含量/%	比值	含量/%	比值	含量/%	比值	含量/%	比值	含量/%	比值
色氨酸(Trp)	1.5	1.0	1.4	1.0	1.3	1.0	0.8	1.0	1.0	1.0
苯丙氨酸(Phe)	6.3	4.2	5.3	3.2	5.0	3.8	5.5	6.9	5.1	5.1
赖氨酸(Lys)	7.0	4.7	6.8	4.9	3.2	2.3	1.9	2.4	3.0	3.0
苏氨酸(Thr)	4.3	2.9	3.9	2.8	3.8	2.9	2.7	3.4	1.6	1.6
甲硫氨酸(Met)	4.0	2.7	1.7	1.2	3.0	2.3	2.0	2.5	1.0	1.0
亮氨酸(Leu)	9.2	6.1	8.6	5.7	8.2	6.3	7.0	8.8	6.7	6.7
异亮氨酸(Lle)	7.7	5.1	6.0	4.3	5.2	4.0	4.2	5.3	4.6	4.6
缬氨酸(Val)	7.2	4.8	5.3	3.2	6.2	4.8	4.1	5.1	4.4	4.0

大豆氨基酸组分种质挖掘和改良已经受到相关研究者的重视。中国农业科学院作物科学研究所韩天富研究团队将拟南芥甲硫氨酸合成途径关键基因 *At D-CGS*(胱硫醚-γ-合酶基因)导

入大豆基因组，已经创制出甲硫氨酸含量高、综合性状好的大豆新种质（韩庆梅等，2016）。大豆氨基酸组分含量测定方法可参见第二章第二节，此处不再赘述。

四、大豆和花生脂肪酸含量测定

大豆和花生的脂肪酸种类主要有 5 种：棕榈酸（$C_{16:0}$）、硬脂酸（$C_{18:0}$）、油酸（$C_{18:1}$）、亚油酸（$C_{18:2}$）、亚麻酸（$C_{18:3}$），这些组分的含量测定常用气相色谱技术、液相色谱技术和质谱技术、气相色谱和质谱联用技术（GC-MS）、近红外光谱法等。利用近红外光谱法快速测定大豆脂肪酸含量的具体方法与本章近红外法测定粗蛋白质含量相近。这里主要介绍气相色谱法。

1. 原理 脂肪酸在甲醇钠的催化作用下通过酯基转移反应转化为脂肪酸甲酯，游离脂肪酸则被盐酸的甲醇溶液甲酯化。用毛细管气相色谱分离，色谱图中色谱峰用已知组成的参比样品根据标准品进行鉴别，并以内标法定量。

2. 试剂与主要仪器

1）试剂：无水乙醚、甲醇钠、甲醇、乙酸、正己烷（均为分析纯）、亚油酸标准品等。

2）主要仪器：索氏提取器、气相色谱仪［配备氢火焰离子化（FID）检测器和氢气发生器］、石英毛细管色谱柱（DB-WAX Φ0.25 mm×30 m, 0.25 μm）等。

3）0.5 mol/L 甲醇钠的甲醇溶液：称取 27.01 g 甲醇钠溶于 1 L 甲醇中（注：甲醇钠甲醇溶液在配制过程中会有剧烈放热的现象，所以在滴加甲醇之前一定要降温，滴加速度不要太快。建议在反应瓶下方放上冷却水，用来冷却甲醇稀释甲醇钠时放出的热。先将固体甲醇钠小心倒入反应瓶内，然后慢慢滴加甲醇，直至滴加结束。反应瓶上最好有电磁搅拌，等到后期反应结束时可以开动，增加稀释效果）。

4）2.0%的乙酸：冰醋酸 2 mL 溶于 98 mL 蒸馏水中即可。

3. 测定步骤

1）大豆样品处理：每个样品称取 1.5 g 左右的粉碎过 1 mm 筛的豆粉，放入半自动索氏提取器的样品杯中，添加一定量无水乙醚回流提取大豆油 6 h，然后检测各个样品的油分含量。

2）样品甲酯化处理：将提取的豆油取 30 mg 放入试管底部，加入 2.0 mL 0. 5 mol/L 的甲醇钠混匀，60℃温浴 5 min，然后加入 2.0%的乙酸 4.0 mL 混匀，再添加 2.0 mL 正己烷，充分混匀，静置片刻，待溶液分层后，取上层含脂肪酸甲酯的正己烷溶液上机测定。

3）色谱检测条件设定：根据气相色谱仪厂家提供的操作说明书优化仪器条件；根据色谱柱制造商推荐优化载气流量。前人在大豆脂肪酸测定研究中采用的检测条件基本相同：柱温 190℃持续 25 min；进样口温度 270℃，检测器温度 290℃；总载气量 16 mL/min；氢气 35 kPa；空气 350 kPa；氮气 30 kPa；分流比 10：1。

每个样品进样量 2 μL，检测 2 次，取平均值。

4）大豆主要脂肪酸组分含量按质量比计算（g/kg 豆粉干重）：包括棕榈酸（$C_{16:0}$）、硬脂酸（$C_{18:0}$）、油酸（$C_{18:1}$）、亚油酸（$C_{18:2}$）、亚麻酸（$C_{18:3}$）和饱和脂肪酸（$C_{16:0}$，$C_{18:0}$）。

4. 方法研究进展 张颖君等（2008，图 8-4）针对大豆育种需要，通过对脂肪酸的提取和甲酯化过程的简化和优化，最终确定进行气相色谱（GC）分析前处理条件为：用 0.040 g 大豆样品（1/4 粒大小），脂肪提取液（苯：石油醚=1：1）1 mL 提取 5 min，加入 1.5 mL 0.5 mol/L 甲醇钠，在常温下甲酯化 7 min，加 2 mL 饱和 NaCl 静置分层，吸取上清液即可。崔贺成（2011）改进了脂肪酸提取和甲酯化方法，使气相色谱测定方法更加快速。

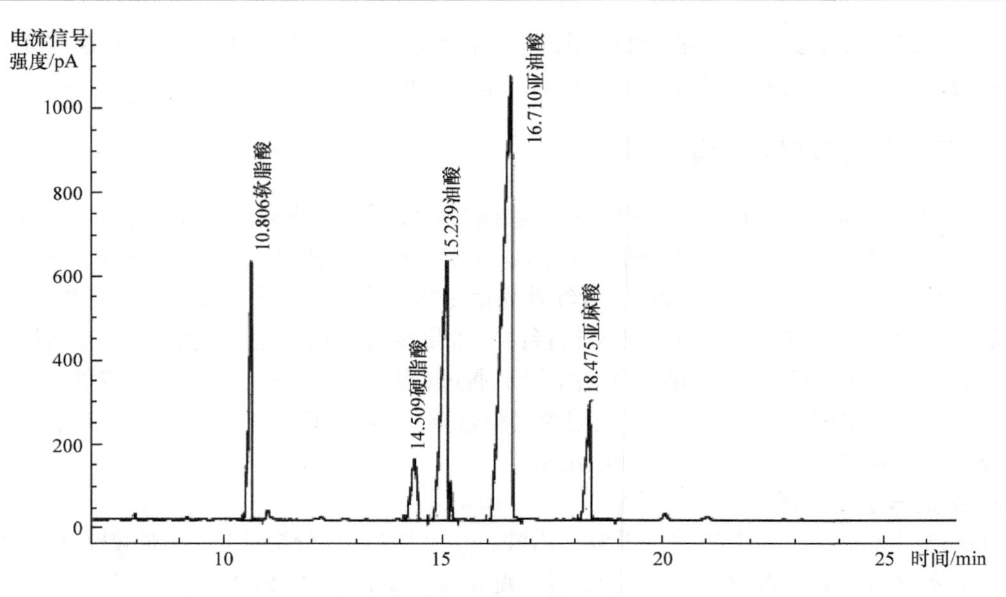

图 8-4　索氏提取法大豆脂肪酸 GC 分析结果(引自张颖君等，2008)

第五节　大豆特殊营养品质分析

一、大豆异黄酮含量测定

大豆异黄酮(soybean isoflavone)是大豆苷(daidzin, $C_{21}H_{20}O_9$)、黄豆黄素(glycitin, $C_{22}H_{22}O_{10}$)、染料木苷(genistin, $C_{21}H_{20}O_{10}$)、大豆黄素(daidzein, $C_{15}H_{10}O_4$)、黄豆黄素苷元(glycitein, $C_{16}H_{12}O_5$)、染料木素(genistein, $C_{15}H_{10}O_5$)的总称。大豆异黄酮主要分布于大豆种子的子叶和胚轴中，种皮含量极少。大豆籽粒中异黄酮含量受大豆品种、产地、生产年份的影响，为 0.5～7 mg/g 干大豆。大豆籽粒中 50%～60%的异黄酮为染料木素，30%～35%为大豆黄素，5%～15%为黄豆黄素苷元。随着对大豆异黄酮保健功能研究的深入，大豆异黄酮测定已逐渐成为大豆品质育种的一个重要目标。关于大豆异黄酮含量的测定标准有《大豆中异黄酮含量的测定　高效液相色谱法》(NY/T 1740—2009)、《粮油检验　大豆异黄酮含量测定　高效液相色谱法》(GB/T 26625—2011)。下面给出了 GB/T 26625—2011 测定方法(适用于大豆、豆奶粉、豆豉中大豆异黄酮含量的测定)。单个异黄酮化合物的最低检出限为 2.5 mg/kg。

1. 原理　试样用甲醇-水溶液超声波振荡提取，提取液经离心、浓缩、定容、过滤，用高效液相色谱仪测定，外标法定量。

2. 仪器和设备　高效液相色谱仪(配紫外检测器)，超声波清洗器(50 W)，旋转蒸发器，分析天平(感量 0.01 g、感量 0.01 mg)，离心机(10 000 r/min)，粉碎机，组织捣碎机，浓缩瓶(250 mL)，样品筛(孔径 2.0 mm)，滤膜(孔径为 0.45 μm)等。

3. 试剂　除另有说明外，所用试剂均为分析纯，水符合 GB/T 6682—2008 一级水的标准。

1)乙腈(色谱纯)、甲醇、乙酸等。

2)90%甲醇溶液：取 900 mL 甲醇，加入 100 mL 水，混匀。

3)60%甲醇溶液：取 600 mL 甲醇，加入 400 mL 水，混匀。

4) 10%甲醇溶液：取 100 mL 甲醇，加入 900 mL 水，混匀。

5) 0.1%乙酸溶液：取 1 mL 乙酸，置于 1000 mL 容量瓶中，用水定容至刻度。

6) 0.1%乙酸乙腈溶液：取 1 mL 乙酸，置于 1000 mL 容量瓶中，用乙腈溶解并定容至刻度。

7) 大豆异黄酮标准品：大豆苷(纯度不低于 98%)、染料木苷(纯度不低于 99%)、大豆黄素(纯度不低于 98%)、染料木素(纯度不低于 98%)、黄豆黄素(纯度不低于 98%)、黄豆黄素苷元(纯度不低于 98%)。

8) 大豆异黄酮标准储备液：分别称取适量的大豆苷、染料木苷、大豆黄素、染料木素、黄豆黄素、黄豆黄素苷元，分别用 60%甲醇配成浓度为 1 mg/L 的标准储备液。−18℃避光保存，有效期 6 个月。

9) 大豆异黄酮混合标准中间溶液：分别移取上述各组分大豆异黄酮标准储备液 0.5 mL 于同一个 10 mL 容量瓶中，用 60%甲醇定容至刻度，配制成各组分浓度为 50 μg/mL 的大豆异黄酮混合标准中间溶液，0～4℃冷藏避光保存，有效期 3 个月。

10) 大豆异黄酮混合标准工作溶液：分别吸取 50.0 μL、100.0 μL、200.0 μL、300.0μL、1000 μL 上述大豆异黄酮标准中间溶液于 10 mL 容量瓶中，用 10%甲醇溶液配制成各组分浓度 0.25 μg/mL、0.50 μg/mL、1.00 μg/mL、1.50 μg/mL、5.00 μg/mL 系列的大豆异黄酮混合标准工作溶液，0～4℃冷藏避光保存，有效期一周。

4. 操作步骤

1) 制备试样：取有代表性大豆样品约 500 g，用粉碎机粉碎使其全部通过孔径 2.0 mm 样品筛，混匀，装入洁净容器作为试样，密封备用。粉碎试样于 4℃以下保存。试样制备过程中，应防止样品污染或组分变化。

2) 提取：称取 5 g(精确到 0.01 g)试样于 250 mL 具塞锥形瓶中，加 90 mL 90%甲醇溶液，置于超声波清洗器中 60℃提取 30 min，在离心机中 10 000 r/min 离心 10 min，上清液转移至 250 mL 浓缩瓶中，残渣再加入 60 mL 90%甲醇溶液进行提取，上清液也转入 250 mL 浓缩瓶，在旋转蒸发器 60℃浓缩至约 40 mL。浓缩液转入 50 mL 容量瓶，用 10%甲醇溶液冲洗浓缩瓶并定容至刻度。取 1 mL 提取液通过 0.45 μm 滤膜，供高效液相色谱仪测定。

3) 色谱分析。色谱条件：RPC_{18}柱，250 mm×4.6 mm，5 μm 或性能相当的色谱柱；流动相为 0.1%乙酸溶液和 0.1%乙酸乙腈溶液；流速 1.0 mL/min；柱温 40℃；波长 260 nm；进样量 20 μL。液相色谱流动相梯度洗脱表见表 8-4。

表 8-4　液相色谱流动相梯度洗脱表

时间/min	1	12.5	17.5	18.5	21.0	22.5	26.0
0.1%乙酸溶液/mL	90	70	60	0	0	90	90
0.1%乙酸乙腈溶液/mL	10	30	40	100	100	10	10

4) 参考上述色谱条件调节高效液相色谱仪，使大豆异黄酮各组分的色谱峰完全分离。分别吸取 20 μL 适当浓度的大豆异黄酮混合标准工作溶液和样液进行液相色谱测定，分别得到大豆异黄酮各组分的标准工作液峰面积(A_{si})和样液大豆异黄酮各组分峰面积(A_i)。如果大豆异黄酮某组分峰面积与标准工作溶液中的该组分峰面积相差较大时，稀释样液或调整标准工作液浓度后再行测定。

在上述色谱条件下，大豆异黄酮各组分的保留时间约为：大豆苷 8.2 min、黄豆黄素 8.8 min、染料木苷 11.0 min、大豆黄素 15.3 min、黄豆黄素苷元 16.3 min、染料木素 19.4 min。大豆异黄酮标准色谱图如图 8-5 所示。

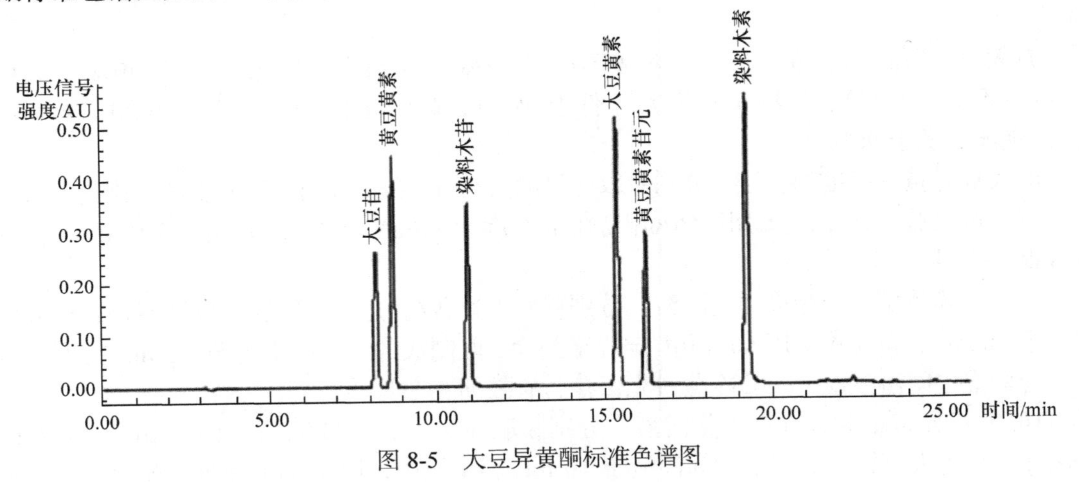

图 8-5　大豆异黄酮标准色谱图

空白试验：除不加试样外，其他操作步骤同前。

5. 结果计算　　试样中大豆异黄酮各组分的含量分别按下式计算。

$$X_i = \frac{A_i \times C_{si} \times V}{A_{si} \times m}$$

式中，X_i 为试样中某一大豆异黄酮组分含量(mg/kg)；A_i 为试样中提取液中某一大豆异黄酮组分的峰面积；A_{si} 为大豆异黄酮混合标准工作液中某一组分的峰面积；C_{si} 为大豆异黄酮混合标准液中某一组分的浓度(μg/mL)；V 为试样中提取液最终定容体积(mL)；m 为试样质量(g)。

注：计算结果应扣除空白值。

本标准 6 种异黄酮已包括大豆中异黄酮的绝大部分组分，可认为是大豆总异黄酮含量，因此，试样大豆异黄酮总含量的计算公式如下。

$$X = \sum X_i$$

结果表示与精密度要求：取 2 次测定结果绝对差值小于重复性限 r 的平均值为测定结果，单位为 mg/kg，保留 3 位有效数字。如果 2 次独立测定结果的绝对差值超过重复性限 r，应弃去该测试结果，再重新完成 2 个独立测试(表 8-5)。

表 8-5　大豆中异黄酮独立测定结果的精密度判别依据

组分名称	重复性限 r 计算方程	再现性限 R 计算方程
大豆苷	r=0.1357m+0.4000	R=0.2239m–0.2762
黄豆黄素	r=0.0973m+0.7047	R=0.2351m+0.3089
染料木苷	r=0.1860m+0.2568	R=0.1836m+0.4832
大豆黄素	r=0.1241m+0.4810	R=0.1598m+0.5105
黄豆黄素苷元	r=0.1223m+0.5448	R=0.1613m+0.6762
染料木素	r=0.0982m+0.6643	R=0.1370m+0.7502

注：各组分的含量都为 2.1～30 mg/kg；m 为该组分的含量，即该组分两个独立测定结果的算术平均数

二、大豆脂肪氧化酶同工酶鉴定

大豆籽粒中脂肪氧化酶具有 3 种性质不同的同工酶：Lox1、Lox2、Lox3（表 8-6）。在形成豆制品挥发性气味物质和豆腥味物质中，Lox2 起主要作用，Lox1 次之，Lox3 作用最小。目前，脂肪氧化酶鉴定常用等电聚焦聚丙烯酰胺凝胶电泳（IEF-PAGE）技术。

表 8-6　大豆中几种脂肪氧化酶同工酶性质比较

性质	Lox1	Lox2	Lox3a	Lox3b
等电点（pI）	5.70	5.85	5.95	6.20
最适 pH	9	6.8	7	7
热稳定性	加热稳定	加热易钝化	加热最易钝化	加热易钝化
底物专一性	阴离子底物	脂化底物	单氧化物	单氧化物
Ca^{2+}与活性关系	受 Ca^{2+}刺激	受 Ca^{2+}刺激	受 Ca^{2+}抑制	受 Ca^{2+}抑制

（一）IEF-PAGE 原理

等电聚焦（isoelectric focusing，IEF）简称电聚焦。电聚焦电泳法是在一定抗对流介质（如凝胶）中加入两性电解质载体，直流电通过时便形成一个由阳极到阴极 pH 逐步上升的梯度。这种梯度称为载体两性电解质 pH 梯度（carrier ampholyte pH gradient，CPG），若将缓冲基团变为凝胶介质的一部分，形成的 pH 梯度称为固相 pH 梯度（immobilized pH gradient，IPG）。两性化合物在此电泳过程中就被浓集在与其等电点相等的 pH 区域，从而使不同化合物能按其各自等电点得到分离。从分辨率看，采用固相 pH 梯度介质的效果较好。

鉴于电聚焦电泳法有浓缩效应、分辨率高、操作方便、设备简单和费时少等特点，它在蛋白质的等电点测定、纯度分析以及制备电泳纯样品等方面已得到较广泛的应用，但对于在等电点时发生沉淀或变性的样品却不适用。

1. pH 梯度的形成　若将 pK（解离常数）和 pI（等电点）值各自相异却又相近的两性电解质溶液倾倒入电泳支持物中，当电流通过时，等电点最小的两性电解质（pI_1）在中性溶液介质中发生解离，带负电荷，向以硫酸为电极溶液的正极方向泳动。当它泳动到阳性端支持物时，与正极溶液电离出来的 H^+中和失去电荷，停止泳动，这时缓冲力大的载体两性电解质就使周围溶液的 pH 等于其等电点 pI_1。同理，等电点稍大的两性电解质（pI_2）也向正极移动，当泳动到等电点最小的两性电解质（pI_1）阴极端时，就不能再向前泳动。如果穿过 pI_1 区域，则 pI_2 两性电解质带正电荷，反过来向阴极移动。所以该电解质一定位于 pI_1 的阴极端。以此类推，经过适当时间的电泳后，pK 和 pI 值各自相异却又相近的两性电解质将依等电点递增的次序在支持物中由正极排向负极，彼此互相衔接，形成一个平滑稳定的由正极向负极逐渐上升的 pH 梯度。

2. 等电聚焦分离蛋白质的过程　蛋白质是典型的两性电解质，它所带的电荷随着溶液酸碱度的变化而变化，即在酸性溶液中带正电荷，在碱性溶液中带负电荷。因此，蛋白质在外加电场作用下向正极或负极泳动。例如，当一个等电点为 pI_a 的蛋白质置于从正极向负极逐渐递增的稳定平滑 pH 梯度支持物的阴极端时，因为处在碱性环境中而带负电荷，故在电场作用下向正极移动，当泳动到 pH 等于其 pI_a 的区域时，泳动将停止。如果将此蛋白质放在阳极端，则带正电荷，向负极移动，最后也会泳动到与其等电点相等的 pH 区域。因此，无论把蛋白质放在支持物的哪个位置上，在电场作用下都会聚焦在 $pH=pI_a$ 的地方，这种行为叫聚焦作用。同理，如将等电点分别为 pI_1、pI_2、…、pI_a 的蛋白质混合物置于 pH 梯度支持物中，在电场作用下经过适当时间的电泳，其各组分将分别聚焦在支持物中 pH 等于各自等电点的区域，形成一条条的蛋白质区带（图 8-6），这就是等电聚焦分离蛋白质的过程，也是等电聚焦的基本原理。最早的等电聚焦电泳是垂直板式，后来发展为水平板式。超薄层水平板式也是近些年发展起来的，这种形式的电泳的优点是节省两性电解质试剂、加样数量多、利于比较不同样品的电泳结果，而且电泳后的固定、染色和干燥都很方便、迅速。水平板式等电聚焦电泳的最大优点是防止了由电极液的电渗作用而引起 pH 梯度的漂变。

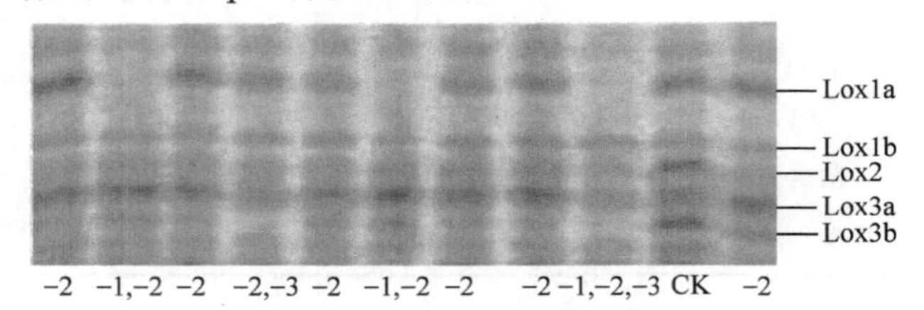

图 8-6　大豆脂肪氧化酶同工酶 IEF-PAGE 电泳图谱（引自闫彩霞，2008）

−2 指 Lox2 缺失；−1, −2 指 Lox1、Lox2 缺失；−2, −3 指 Lox2、Lox3 缺失；
−1, −2, −3 指 Lox1、Lox2、Lox3 缺失；CK 指对照材料（‘冀豆 12’）

（二）仪器与试剂

1. 仪器与用具　稳流稳压电源、水冷式平板等电聚焦电泳电槽、玻璃板（11.5 cm×11.5 cm×0.2 cm）、大铁夹、塑料模具（厚 0.5 mm，中间开孔 9.0 cm×9.0 cm）、小剪子、镊子、解剖刀、1 mL 注射器、50 μL 和 100 μL 微量注射器、擦镜纸、滤纸、精密 pH 试纸、凝血板、培养皿（120 mm）、脱脂棉、棕色试剂瓶、移液管、洗耳球、玻璃纸、坐标纸等。

2. 试剂　双蒸水、丙烯酰胺（重结晶）、甲叉双丙烯酰胺（重结晶）、过硫酸铵、TEMED（四甲基乙二胺）、载体两性电解质 Ampholine（pH 3.5～10）、考马氏亮蓝 R-250、液体石蜡、乙醇（95%）、硅油、磺基水杨酸、三氯乙酸、甲醇、乙酸（36%）、吐温 20、冰醋酸、磷酸、氢氧化钠、已知 pI 蛋白质样品和标准等电聚焦样品（市售）等。

3. 具体配制

1）单体贮液：丙烯酰胺（Arc）2.91 g，甲叉双丙烯酰胺（Bis）0.9 g，双蒸水溶解，定容到 100 mL，过滤备用（在棕色瓶中 4℃可保存两周）。

2）10%过硫酸铵（Ap）：称 1 g 溶在 10 mL 双蒸水中（纯过硫酸铵溶解时会有响声，使用当天配制）。

3）电极液。

a. 阳极 1 mol/L 磷酸（H_3PO_4）：原磷酸试剂的浓度约为 16 mol/L，故配制时用双蒸水稀释 16 倍即可。

b. 阴极 1 mol/L 氢氧化钠（NaOH）：称取 4 g 固体溶于 100 mL 双蒸水中。

4）凝胶显色溶液。

溶液 A：磷酸缓冲液 0.1 mol/L pH 7.5～7.6。

酶染液 B：34 mg 邻联茴香加 18 mL 无水乙醇与 170 μL 亚油酸、1.1 mL 吐温 20 及 0.8 mL 无水乙醇混合，用 A 液体积定容至 170 mL。

清洗液 C：甲醇、冰醋酸和水体积比为 3∶1∶6。

蛋白染液 D：2.25 g 考马斯亮蓝 R-250 溶入 440 mL 甲醇中，加 500 mL 水和 60 mL 95% 乙醇，用时取 10 mL 经过滤的母液，加 0.1 g $CuSO_4 \cdot 5H_2O$，再用 C 液稀释定容至 100 mL。

保存液 E：甘油 1～5 mL，乙醇 25 mL，冰醋酸 10 mL，加水定容到 100 mL。

5) 0.05 mol/L Tris-$CaCl_2$-HCl 缓冲液：1.2114 g Tris + 0.058 g $CaCl_2 \cdot 2H_2O$ 或 0.444 g $CaCl_2$，加双蒸水，用浓盐酸调 pH 至 8.0，定容至 200 mL。

6) 大豆提取液：15 mg 豆粉加入 0.2 mL 0.05 mol/L Tris-$CaCl_2$-HCl 缓冲液（pH 8.0）碾磨，振荡均匀放置 4℃下提取 1～2 h，12 000 r/min 冰冻离心 20 min，取上清液备用。

4. 操作步骤

(1) 配制凝胶　单体贮液 2.0 mL，双蒸水 5.3 mL，载体两性电解质 Ampholine 0.6 mL，真空抽气 15 min 后加 TEMED（原液）8 μL 和 10%过硫酸铵 60 μL，混匀立即灌胶。

(2) 灌胶

1) 取 3 mm 洗净晾干的玻璃板，涂上一层薄薄的防水硅油（1.5% Repel 疏水硅烷），以双蒸水冲洗，使硅油分布均匀。将平板电泳槽调水平，电泳槽上放上一张滤纸。滤纸上放一厚 2 mm 的玻璃板，玻璃板上面放上塑料模具（隔条宽 9 mm，厚 0.5 mm）。用文具夹将模具和玻璃板固定在平板电泳槽上。在模板上面，文具夹的另一端再放上涂有硅油（0.15% Bind 亲水硅烷）的玻璃板。

2) 小心、迅速地将混匀的胶灌到模具的框内。灌胶时胶液沿着上面有硅油的玻璃板的一端即文具夹的另一端，向文具夹方向推进，边灌胶边推上面的玻璃板，使模具框内充满胶液，框内不能有气泡，为赶走气泡可移动玻璃板，待气泡释放后再向前进，一直推到接触文具夹，使两块玻璃把胶封在框内，模具框内充满胶液，切不可有气泡，否则要重新制胶和灌胶。

在正式灌胶之前调水平之后，以 8 mL 水代替胶液练习灌胶，直到不产生气泡为止。操作熟练后，洗净玻璃板、模具、晾干备用。抽气后再加 TEMED 和过硫酸铵，混匀后迅速灌胶。过硫酸铵溶液要新鲜，应现配现用。

3) 去掉上面的玻璃板和模具。灌胶后室温静止 1 h，在模具和胶的边缘可观察到折光，这是胶已凝固的特征。再老化 0.5 h，然后小心将两块玻璃打开，凝胶和模具会自然地贴附在其中一块玻璃板上，去掉上面的模具及凝胶板周围的和渗出边缘的残胶，即可做加样准备。

(3) 加样、电泳

1) 加样前准备：在电泳槽上涂一层液体石蜡，再铺一张方格坐标纸（点样时做定位用）。用塑料片刮去电泳槽与坐标纸之间的气泡，并使坐标纸浸透石蜡。将带胶的玻璃板放至于涂有石蜡的坐标纸上面，赶走气泡。接通冷凝水，再调 1 次水平。

2) 铺电极条：将 1 cm 宽、9 cm 长的 3 层滤纸条浸透电极液（阳极用 1 mol/L 磷酸，阴极用 1 mol/L 氢氧化钠）后，放在另一张滤纸上吸干面上的电极液，用镊子将电极条铺在凝胶两端，轻压电极，使电极条和胶贴紧，一定要平直，多余部分剪去，胶面上的残液用滤纸吸净。

3) 加样：取 8 层擦镜纸重叠在一起，剪成约 5 mm× 5 mm 小块，浸透样品，放在离电极 1 cm 以外的胶面上。pI 6 以下的样品置于负极附近，pI 6 以上样品位于正极附近，贴紧。微量标准品可少几层擦镜纸或直接加样在胶面上。根据玻璃板下坐标纸所显示的格子，自由选择待测样品和标准品放置的部位。

压好电极板，盖好盖子，接通冷凝水，再调 1 次水平。

4) 电泳：开始恒压 60 V，15 min 后，改为恒流 8 mA，电泳时电压不断上升，直到电压升为 550 V 时，关电源。

开盖去掉加样纸，以免纸上残留的样品在染色时干扰结果的判断。

调节电源，恒压 580 V，继续电泳，至电流降为零（2～3 h），电泳结束，关闭电源。

(4) 检测 pH 梯度，固定，染色，脱色，制干板

1) pH 梯度的检测：从胶板上顺电场方向切下一条胶条，并切成 0.5 cm 等距离的小块，按顺序放入小试管内，加入 0.5 mL 双蒸水，浸泡 10 min。用 pH 试纸或微电极测定 pH，或以表面微电极直接测定 pH 梯度，以条带距离（cm）为横坐标，对应的 pH 为纵坐标，绘制标准 pH 梯度曲线。也可以用已知 pI 蛋白质样品所在位置的距离与 pI 绘图。

2) 固定、染色：采用电泳后的凝胶先进行特异性酶染去除杂蛋白。显色步骤为：A 液冲洗 3～5 min，B 液染色 1 h，A 液冲洗 3～5 min，C 液冲洗 3～5 min，D 液在 60～70℃染色 15 min，C 液反复冲洗至清晰。

注意：取胶时，先用磷酸缓冲液 A 液淋洗一下，使胶滑润，防止破裂，用缓冲液冲胶入培养皿，或将胶面向下，用小钢铲将胶铲下掉入培养皿内。

3) 脱色、保存：用保存液 E 浸泡 10 min 后，将胶板放在浸泡过保存液的两层玻璃纸之间，赶走气泡，下面垫块玻璃板，室温下自然干燥，制成干板。

5. 注意事项

1) 对两性电解质的要求：两性电解质是等电聚焦的关键试剂，所以对两性电解质的质和量都要特别注意。两性电解质含量 2%～3%较适合，能形成好的 pH 梯度。载体两性电解质是由多乙烯胺与丙烯酸进行加成反应生成的混合物，放置时间过长会长菌，分解变质，不能使用。

2) 制胶需注意的问题：丙烯胺最好是重结晶的；过硫酸铵一定要是新配制的；所有水都用双蒸水；制胶时，玻璃板和模板必须水平放置；模板要平直光滑，不然灌胶时易溅漏。

3) 对样品的要求：样品必须无盐，否则电泳时样品条带可能走歪、拖尾或根本不成条带；加样的量要适当，电泳后蛋白质条带才能清晰规整；加样方法可以多样，可用样纸加样；或把样品混在凝胶里；也可把样品直接点在不同位置。

4) 防止烧胶：平板等电聚焦电泳的胶很薄（0.6 mm），当电流稳定在 8 mA 时，电压可上升到 550 V 以上，由于阴极漂移，局部电流过大，胶承受不了而被烧断。

防止烧胶的办法：注意观察，稳流 8 mA，电压上升到 550 V 时，立即关电源。用恒功率电泳仪，控制输出功率在指定范围。在一定功率范围内，改进冷却条件，使因电流产生的热量及时散去。

如果胶被烧了，可在烧断的位置换上一条宽的电极条压过断缝或在电源电极条内侧加一电极条，以此补救。

5) 胶板制作注意事项：固定液可使蛋白质变性，不再扩散，故一定要多换 1 次；在电泳后取胶、固定、染色直至制干板都必须仔细，防止胶被损坏。

三、大豆胰蛋白酶抑制剂活性与缺失体检测

胰蛋白酶抑制剂（trypsin inhibitor，TI）或称抗胰蛋白酶因子（antitrypsin），是一种广泛存在于豆类、谷类、油料作物等植物中的重要抗营养因子。胰蛋白酶抑制剂在这些作物的各部位均有分布，但主要存在于作物的种子中。在种子内，胰蛋白酶抑制剂主要分布于蛋白质含量丰富的组织或器官，定位于蛋白体、液泡或存在于细胞液中。例如，大豆和绿豆种子中胰蛋白酶抑制剂的含量可达总蛋白的 6%～8%。在不同作物种子中，胰蛋白酶抑制剂的活性各不相同，其

中大豆胰蛋白酶抑制剂的活性最高。

大豆胰蛋白酶抑制剂的含量约为 30 mg/g，依氨基酸组成、相对分子质量、等电点、与不同蛋白酶的结合力以及免疫学的反应性等特点，可将其分为两大类（表 8-7）：Kunitz 类胰蛋白酶抑制剂（Kunitz trypsin inhibitor，KTI）和 Bowman-Birk 类胰蛋白酶抑制剂（Bowman-Birk trypsin inhibitor，BBTI）。通常认为这两类抑制剂具有贮藏、调节内源蛋白酶活性及植物防御作用。其中 KTI 在大豆种子中含量最丰富，能够特异性地抑制胰蛋白酶，迄今为止，至少已有 4 种基因被克隆，并通过转基因技术在烟草、水稻、小麦等作物中获得抗性植株；而 BBTI 则对胰蛋白酶、胰凝乳蛋白酶及弹性蛋白酶 3 种相关蛋白酶产生特异的抑制作用。近年来发现，BBTI 还具有抗炎和抗肿瘤的作用。

表 8-7　大豆中胰蛋白酶抑制剂（TI）的特点比较

名称	含量	相对分子质量与分子结构	作用特点	热酸碱稳定性
Kunitz 类胰蛋白酶抑制剂（KTI）	1.4%	20 000～25 000，含有 2 对二硫键，呈易变的非螺旋形	主要对胰蛋白酶直接专一地起作用，这类抑制剂与胰蛋白酶定量结合，即一个抑制剂分子可以结合一分子胰蛋白酶，属单头抑制剂	纯化的 Kunitz 类抑制剂在 30℃以下和 pH 1～12 时保持活性，在 80℃短时间加热出现可逆变性，而在 90℃加热则出现不可逆失活
Bowman-Birk 类胰蛋白酶抑制剂（BBTI）	0.6%	6000～10 000，含有大量的半胱氨酸，含较多的二硫键	可分别与胰蛋白酶和糜蛋白酶结合，由于抑制剂分子内有两个活动中心，因此称为双头抑制剂	比 Kunitz 类抑制剂对热、酸、碱的稳定性强，在干燥状态、105℃加热或用其 0.02%水溶液在 100℃加热 10 min，仍可保持活性

胰蛋白酶抑制剂对动物的有害作用主要是引起生长抑制和使某些动物产生胰腺肥大，所以大豆中存在的胰蛋白酶抑制剂是重要的抗营养因子。同时，大豆胰蛋白酶抑制剂在临床上广泛用于急性胰腺炎、手术后器官功能衰竭，以及再灌注损伤、早产、肺气肿、脑水肿、肿瘤的浸润和转移等疾病的防治。

大豆中胰蛋白酶抑制剂的去除方法有以下几种。①热处理法：通过采用常压蒸汽加热 30 min 或 98 kPa 压力的蒸汽处理 15～20 min，可使胰蛋白酶抑制剂失活。此外，挤压膨化的效果也比较好。②化学处理法：利用化学物质破坏胰蛋白酶抑制剂的二硫键，从而改变胰蛋白酶抑制剂的分子结构以达到灭活的目的。已采用过的化学物质有亚硫酸钠、偏重亚硫酸钠、硫酸铜、硫酸亚铁、硫代硫酸钠、戊二醛以及一些带硫醇基的化合物（胱氨酸、*N*-乙酰胱氨酸）等。③酶处理法：国外有人研究用某些真菌和细菌的菌株所产生的特异性酶来灭活大豆中的胰蛋白酶抑制剂，有一定的效果。④作物育种法：国内外对大豆 *Ti* 基因（不含胰蛋白酶抑制剂的隐性基因）及其遗传规律的研究，为通过作物育种手段降低大豆胰蛋白酶抑制剂的活性提供了依据。Hymowitz 于 1986 年已成功地培育出了低胰蛋白酶抑制剂的大豆新品种，其胰蛋白酶抑制剂的活性比一般大豆低 50%。中国农业科学院作物科学研究所等机构以胰蛋白酶抑制剂缺失为目标的大豆育种已经取得较大进展，并有相关的品种通过审定，如‘中豆 28’‘吉育 52’‘中黄 16’等。

（一）大豆胰蛋白酶抑制剂活性检测（比色法）

测定豆制品胰蛋白酶抑制剂活性或含量的方法有很多，主要是比色法。最初测定过程包括一系列大豆样品稀碱浸提液（含有不同含量胰蛋白酶）保温一段时间，通过添加一种合成底物引发反应，最后利用分光光度法测定从底物中释放出 *p*-硝基酰替苯胺盐酸盐作为胰蛋白酶活性。然而，当将吸收曲线上非线性部分所得数值转化为每 1 mL 胰蛋白酶抑制剂的量值时，胰蛋白酶抑制剂含量容易错误地得到高数值。为了避免这些问题，美国谷物化学师协会（AACC）和美国油脂化学家协会（AOCS）于 1981 年共同改进了这种测定方法，即测定一种浸提稀释液中能抑制至少 40%，但不超过 60%胰蛋白酶的蛋白酶抑制剂含量，并将改进方法收录为 AACC 标准测定方法。《大豆制品中胰蛋白酶抑制剂活性的测定》（GB 5009.224—2016）于 2017 年开始实施。

1. 原理 胰蛋白酶可与苯甲酰-L-精氨酸-对硝基苯胺（L-BAPA）发生反应，生成对硝基苯胺，该物质在 410 nm 处有特征吸收。大豆制品中的胰蛋白酶抑制剂可抑制此反应，使吸光度下降，其下降程度与胰蛋白酶抑制活性成正比。采用分光光度计在 410 nm 处测定该反应前后的吸光度，可定量分析胰蛋白酶抑制剂活性。

2. 仪器和设备 可见分光光度计，分析天平（感量分别为 0.01 g、0.001 g、0.0001 g），酸度计（精度为 0.05），离心机（转速≥4000 r/min），多功能食品粉碎机，涡旋振荡器，恒温水浴锅（精度±0.1℃），容量瓶，锥形瓶，烧杯等。

3. 试剂

1）一般试剂：盐酸（HCl）、冰醋酸（CH_3COOH）、氢氧化钠（NaOH）、氯化钙（$CaCl_2 \cdot 2H_2O$）、胰蛋白酶（Trypsin，–20℃冻藏）、苯甲酰-L-精氨酸-对硝基苯胺（L-BAPA）、三羟甲基氨基甲烷［$NH_2C(CH_2OH)_3$，Tris］、二甲基亚砜（C_2H_6OS，DMSO）等。

2）盐酸溶液（6 mol/L）：取 50 mL 盐酸加入水中，用水稀释定容至 100 mL，混匀。

3）盐酸溶液（1 mol/L）：取 83 mL 盐酸加入水中，用水稀释定容至 1000 mL，混匀。

4）盐酸溶液（0.1 mol/L）：取 8.3 mL 盐酸加入水中，用水稀释定容至 1000 mL，混匀。

5）盐酸溶液（0.001 mol/L）：取 1 mL 1mol/L 盐酸加入水中，用水稀释定容至 1000 mL，混匀。

6）乙酸溶液（5.3 mol/L）：取 30 mL 冰醋酸加入水中，用水稀释定容至 100 mL，混匀。

7）氢氧化钠溶液（0.01 mol/L）：称取 0.40 g 氢氧化钠，溶于 500 mL 水中，用水稀释定容至 1000 mL。

8）氯化钙盐酸溶液：称取 0.735 g 氯化钙溶解于 1 L 0.001 mol/L 盐酸溶液中，用 1 mol/L 盐酸溶液和 0.1 mol/L 盐酸溶液调节 pH 至 3.0±0.1。

9）胰蛋白酶储备液（0.270 mg/mL）：将胰蛋白酶放置至室温，称取胰蛋白酶 27 mg 于小烧杯中，用氯化钙盐酸溶液溶解，转移至 100 mL 容量瓶中，以氯化钙盐酸溶液定容至刻度。保存于 0～4℃冰箱中，最多可使用 5 d。

10）胰蛋白酶使用液（0.0135 mg/mL）：用移液管量取 5.0 mL 胰蛋白酶储备液于 100 mL 容量瓶中，用氯化钙盐酸溶液定容至刻度。

11）三羟甲基氨基甲烷-氯化钙缓冲液：称取 6.05 g Tris 和 0.735 g 氯化钙，溶于预先加入 900 mL 水的 1000 mL 烧杯中，用 1 mol/L 盐酸溶液和 0.1 mol/L 盐酸溶液调节 pH 至 8.2±0.1，加水至 1000 mL。

12）L-BAPA 溶液：称取 60 mg L-BAPA 用 1 mL 二甲亚砜溶解，用三羟甲基氨基甲烷-氯化钙缓冲液转移至 100 mL 容量瓶中，稀释定容至刻度。用时现配。

4. 操作步骤

1）对于粉末状样品，取有代表性样品至少 200 g，充分混匀后备用。对于块状或颗粒状样品，取有代表性样品至少 200 g，用多功能食品粉碎机粉碎并通过孔径 425 μm 以下筛，充分混匀备用。粉碎过程中避免样品过热(温度不超过 60℃)。

2)样品提取：称取 1～10 g(精确至 0.001 g)制备好的试样于 100 mL 锥形瓶中，加入 50 mL 0.01mol/L 氢氧化钠溶液，摇匀。用 1 mol/L 盐酸溶液调节 pH 至 9.5±0.1，置于 0～4℃冰箱中静置 15～24 h。

将样品提取液取出放置至室温，转移至 100 mL 容量瓶中，用水定容至刻度，摇匀。经过 15 min 的沉淀后，根据需要对样品提取液进行稀释。稀释度取决于预期的样品胰蛋白酶抑制剂活性(TIA)值。将提取液保存于 0～4℃冰箱中，可保存 1 d。

3)样品提取液稀释：将样品提取液稀释为 3 个不同浓度，确保在 3 个抑制百分率中至少有一个 TIA 值的测定结果在 40%～60%。如果 3 个测定结果均没有在此范围内，则需要改变稀释度重新测定。

4)胰蛋白酶使用液活性的测定。

a. 依据表 8-8 吸取一定量的溶液分别加入两个 10 mL 离心管中。

表 8-8　胰蛋白酶使用液活性测定时各溶液加入量　(单位：mL)

加入物	标准空白管	标准管
L-BAPA 溶液	5	5
水	3	3
5.3 mol/L 乙酸溶液	1	0

b. 用涡旋振荡器混匀离心管中的溶液，置于 37℃恒温水浴锅中，保温 10 min。

c. 在空白管和标准管中各加入 1 mL 胰蛋白酶使用液，用涡旋振荡器将试管内溶液混匀。将离心管放回恒温水浴锅中。在 37℃恒温水浴锅中保温 10 min±5 s。在标准管中加入 1 mL 乙酸溶液，用涡旋振荡器混匀。

d. 将离心管置于离心机中，以 4000 r/min 的速度离心 10 min。

e. 采用可见分光光度计，于 410 nm 波长，用 10 mm 比色皿，以水调零，测定上清液的吸光度。

f. 该溶液应在 5 h 内保持稳定，胰蛋白酶使用液的吸光度和空白液的吸光度之间的差值为 0.380±0.050 时，可以使用。否则，需重新配制胰蛋白使用液。必要时，取用一瓶新鲜的胰蛋白酶。

5)胰蛋白酶抑制剂活性的测定。

a. 按表 8-9 吸取一定量的 4 种溶液分别加入 4 个 10 mL 离心管中。

表 8-9　胰蛋白酶抑制剂活性测定时各溶液加入量　(单位：mL)

加入物	标准空白管	标准管	样品空白管	样品管
L-BAPA 溶液	5	5	5	5
试样稀释液	0	0	1	1
水	3	3	2	2
5.3 mol/L 乙酸溶液	1	0	1	0

b. 每一个样品的试样稀释液均需准备相应的空白溶液。样品提取液和相应的空白溶液在

测定过程中应同时进行测定(包括离心步骤)。

c. 用涡旋振荡器混匀离心管中的溶液，并置于 37℃恒温水浴锅中保温 10 min。

d. 在 4 个离心管中各加入 1 mL 胰蛋白酶使用液，用涡旋振荡器将试管内溶液混匀后，将离心管放回到恒温水浴锅中。在 37℃恒温水浴锅中保温 10 min±5 s。在标准管中加入 1 mL 乙酸溶液，用涡旋振荡器混匀。

e. 将离心管置于离心机中，以 4000 r/min 的速度离心 10 min。

f. 采用可见分光光度计，于 410 nm 波长，用 10 mm 比色皿，以水调零，测定上清液的吸光度。

g. 该溶液应在 2 h 内保持稳定。

5. 结果计算

(1) 样品提取液的抑制率(i)计算

$$i(\%) = \frac{(A_r - A_{br}) - (A_s - A_{bs})}{A_r - A_{br}} \times 100$$

式中，i 为抑制率(%)；A_r 为标准溶液的吸光度；A_{br} 为标准空白溶液的吸光度；A_s 为样品溶液的吸光度；A_{bs} 为样品空白溶液的吸光度。

(2) 胰蛋白酶抑制剂活性(trypsin inhibitor activity，TIA)计算　　以每克样品中抑制胰蛋白酶毫克数(mg/g)表示。

$$\text{TIA} = i \times \frac{\rho f}{mF}$$

式中，TIA 为胰蛋白酶抑制剂活性(mg/g)；i 为抑制率(%)；ρ为胰蛋白酶使用液的质量浓度(mg/mL)；f 为 5.6×10^3，该数值是在满足本实验胰蛋白酶活性条件下的胰蛋白酶纯度折算系数；m 为试样的质量(g)；F 为样品提取液的稀释度(mL/100 mL)，表 8-10 所示为理论稀释度，胰蛋白酶抑制剂活性与样品理论稀释度 F 的关系见图 8-7。

表 8-10　样品提取液的稀释表

预计的 TIA/(mg/g)	不同抑制百分率的理论稀释度(F)/(mL/100 g)		
	40%	50%	60%
0.5	61	76	91
1.0	30	38	45
1.5	20	25	30
2.0	15	19	23
2.5	12	15	18
3.0	10	13	15
3.5	8.6	11	13
4.0	7.6	9.5	11
4.5	6.7	8.4	10
5.0	6.0	7.6	9.1
6	5.0	6.3	7.6
7	4.3	5.4	6.5
8	3.8	4.7	5.7
9	3.4	4.2	5.0
10	3.0	3.8	4.5
11	2.7	3.4	4.1

续表

预计的 TIA/(mg/g)	不同抑制百分率的理论稀释度(*F*)/(mL/100 g)		
	40%	50%	60%
12	2.5	3.2	3.8
13	2.3	2.9	3.5
14	2.2	2.7	3.2
15	2.0	2.5	3.0
16	1.9	2.4	2.8
17	1.8	2.2	2.7
18	1.7	2.1	2.5
19	1.6	2.0	2.4
20	1.5	1.9	2.3
25	1.2	1.5	1.8

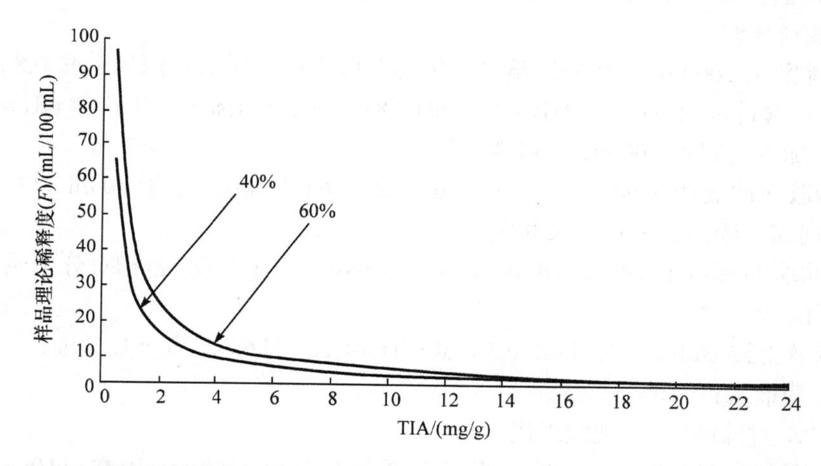

图 8-7　胰蛋白酶抑制剂活性与样品理论稀释度(*F*)的关系(引自 GB 5009.224—2016 附录 A)

计算结果精确到 0.1 mg/g。精密度要求：在重复条件下获得的 2 次测定结果的绝对差值不得超过算术平均数的 10%。本方法的检出限为 0.5 mg/mL。

(二)大豆胰蛋白酶抑制剂缺失体检测

大豆胰蛋白酶抑制剂缺失体(trypsin inhibitor deletant)检测在大豆品质育种中有重要应用价值。目前常用非变性聚丙烯酰胺凝胶电泳(native polyacrylamide gel electrophoresis，Native-PAGE)技术进行检测。

1. Native-PAGE 原理　非变性聚丙烯酰胺凝胶电泳(Native-PAGE)是在不加入 SDS、巯基乙醇等变性剂的条件下，对保持活性的蛋白质进行聚丙烯酰胺凝胶电泳，常用于同工酶的鉴定和提纯。未加 SDS 的天然聚丙烯酰胺凝胶电泳可以使生物大分子在电泳过程中保持其天然的形状和电荷，它们的分离是依据其电泳迁移率的不同和凝胶的分子筛作用，因而可以得到较高的分辨率，尤其是在电泳分离后仍能保持蛋白质和酶等生物大分子的生物活性，对于生物大分子的鉴定有重要意义。

2. 实验步骤　Native-PAGE 和变性的 SDS-PAGE 在操作上基本相同，只是非变性聚丙烯酰胺凝胶的配制和电泳缓冲液中不能含有变性剂。一般蛋白质进行 Native-PAGE 要先分清是碱性还是酸性蛋白质。分离碱性蛋白质要用低 pH 凝胶系统，分离酸性蛋白质要用高 pH 凝胶系统。酸性蛋白质通常在 Native-PAGE 中采用的是 pH 8.8 的缓冲系统，蛋白质会带负电荷，向阳极移动；而碱性蛋白质通常是在微酸性环境下进行电泳的，蛋白质带正电荷，这时候需要将阴极和阳极倒置才可以电泳。大豆胰蛋白酶抑制剂检测通常采用酸性 Native-PAGE 技术。

(1) 试样制备　低温豆粕经粉碎过 100 目筛后称取 100 g，加入 400 mL 100 mmol/L 硫酸抽提，用 NaOH 调节 pH 至 5.1，抽提后放置过夜以除杂蛋白，室温下 5500 *g* 离心 40 min，取上清液备用；将沉淀按照上述条件再抽提 1 次，合并 2 次上清液。上清液按热变性温度 72.8℃处理 10 min，室温 5500 *g* 离心 40 min，留上清液。调上清液的 pH 至 6.0，边搅拌边加入固体硫酸铵直至饱和度为 54.5%，4℃条件下放置 120 min，室温 5500 *g* 离心 30 min 留沉淀。沉淀用少量去离子水溶解，对溶液进行超滤(滤膜选择相对分子质量为 5000 的膜)除去小分子，超滤后即得胰蛋白抑制剂粗提物。

胰蛋白抑制剂粗提物用 0.092 mol/L Tris-HCl 缓冲液溶解，蛋白样品提取液的浓度为 50 mg/mL。

(2) 工作液的配制

1) 38%胶贮液：100 mL 丙烯酰胺溶液含丙烯酰胺 30 g，甲叉双丙烯酰胺 0.8 g。

2) 4×分离胶缓冲液(1.5 mol/L Tris-HCl，pH 8.8)：18.2 g Trisbase 溶于 80 mL 水，用浓 HCl 调 pH 至 8.8，加水定容到 100 mL，4℃贮存。

3) 4×堆积胶缓冲液(0.5 mol/L Tris-HCl，pH 6.8)：6 g Trisbase 溶于 80 mL 水，用浓 HCl 调 pH 至 6.8，加水定容到 100 mL，4℃贮存。

4) 10×电泳缓冲液(Tris-Gly，pH 8.8)：30.3 g Trisbase，144 g 甘氨酸(相对分子质量为 75.07)，加水定容到 1 L，4℃贮存。

5) 2×溴酚蓝上样 Buffer：1.25 mL 0.5 mol/L Tris-Cl，pH 6.8，3.0 mL 甘油，0.2 mL 0.5%溴酚蓝，5.5 mL 蒸馏水；–20℃贮存。

6) 10% APS(过硫酸铵)：现配现用。

7) 0.25%考马斯亮蓝染色液：2.5 g 考马斯亮蓝 R-250，450 mL 甲醇，100 mL 冰醋酸，450 mL 蒸馏水。

8) 考马斯亮蓝脱色液：100 mL 甲醇，100 mL 冰醋酸，800 mL 蒸馏水。

9) 10×电泳缓冲液(Tris-Gly，pH 8.8)：取 100 mL 稀释定容到 1 L。

(3) 电泳胶的配制　酸性 Native-PAGE 电泳胶配方见表 8-11。APS 和 TEMED 最后加入。轻轻搅拌烧杯中的混合物，注意不能产生气泡。室温下聚合凝固 60 min 后用电泳缓冲液冲洗凝胶，然后用 4 mL 电泳缓冲液覆盖凝胶表面。在室温下凝集 69 h。上样时用胰蛋白酶抑制剂标准品作对照以确定试样基因型，以此判断是不是胰蛋白酶抑制剂缺失体。

表 8-11　酸性 Native-PAGE 电泳胶配方

碱性非变性胶	10%分离胶(10 mL)	4%堆积胶(5 mL)
38%胶贮备液	2.63 mL	0.10 mL
4×分离胶缓冲液(1.5 mol/L Tris-HCl，pH 8.8)	4.12 mL	—
4×堆积胶缓冲液(0.5 mol/L Tris-HCl，pH 6.8)	—	1.65 mL

续表

碱性非变性胶	10%分离胶（10 mL）	4%堆积胶（5 mL）
水	3.2 mL	3.2 mL
10% APS	35 μL	35 μL
TEMED	15 μL	15 μL

（4）电泳　电泳为垂直式聚丙烯酰胺凝胶电泳，上槽电极为负，下槽电极为正。

电泳条件：100 V 恒压约 20 min，指示剂进入浓缩胶；改换 160 V 恒压，当指示剂移动到胶板底部时，停止电泳，整个过程约 80 min。

（5）染色和脱色　取出胶板于 0.25%考马斯亮蓝染色液中染色约 30 min，倾出染色液，加入考马斯亮蓝脱色液，缓慢摇动，注意更换脱色液，直至胶板干净清晰，如图 8-8 所示。也可以用银染或活性染色。

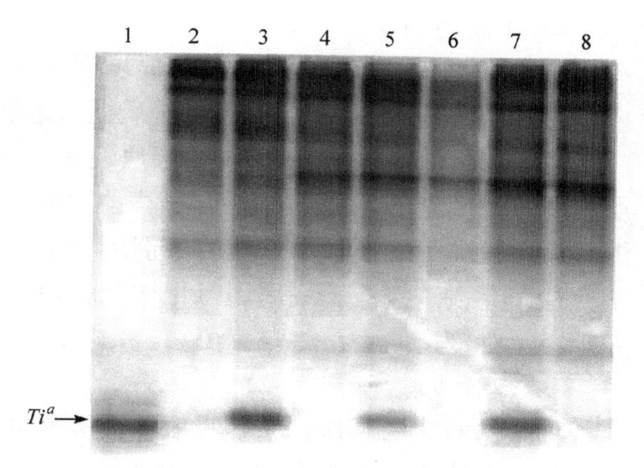

图 8-8　Ti^aTi^a 和 *titi* 的 Native-PAGE 酶图谱（引自韩粉霞等，2005）

1. SKTI 标准品；2，4，6，8. 缺失 SKTI 的 *titi* 类型；3，5，7. Ti^aTi^a 类型；Ti^aTi^a 为显性类型（胰蛋白酶抑制剂类型）；*titi* 为隐性类型（胰蛋白酶抑制剂缺失体类型）

四、大豆植酸相关指标测定

植酸（phytic acid）别名肌醇六磷酸（inositol-hexaphosphoric acid），是环已六醇磷酸酯（myo-inositol hexakis phosphate）。植酸以植酸钙镁钾盐的形式广泛存在于植物种子内，是植物种子中磷的主要贮存形式。禾谷类作物总磷为 4～5 mg/g（干种子），其中以植酸磷形式存在的磷 3 mg（占种子总磷的 65%～85%，占肌醇磷酸盐的 90%以上）；与植酸相关的测定指标有植酸含量测定、植酸磷含量测定和植酸酶活性测定等。

现在常用的植酸直接测定方法有：①铁沉淀法；②离子交换树脂法；③高效液相色谱法；④近红外反射法。前三种测定方法都包括提取、浓缩及纯化、分析测定三个主要步骤。近红外反射法通过建立大豆近红外光谱与其植酸含量之间的相关关系（测定模型），计算大豆样品的植酸含量。大豆中总磷含量（植酸磷和无机磷之和）常保持相对恒定，所以测定大豆中游离无机磷的含量可以间接反映植酸磷的含量，由此构建了低植酸大豆后代快速筛选方法。

1. 离子交换树脂法测定植酸含量　参考《食品安全国家标准 食品中植酸的测定》（GB 5009.153—2016）。本方法的检出限为0.006 g/kg，定量限为0.02 g/kg。

（1）原理　试样用酸性溶液提取，经阴离子交换树脂吸附和解吸附，洗脱液中的植酸与三氯化铁-磺基水杨酸混合液发生褪色反应，用分光光度计在波长 500 nm 处测定吸光度，计算试样中植酸含量。

（2）仪器和设备　分光光度计、离子交换柱（Φ 0.8 cm×10 cm）、具塞锥形瓶、天平、比色管、刻度具塞试管、阴离子交换树脂（AG1-X4，100～200 目）、离心机等。

（3）试剂

1）30 g/L 氢氧化钠溶液、0.7 mol/L 氯化钠洗脱溶液、0.05 mol/L 氯化钠洗涤溶液。

2) 100 g/L 硫酸钠-盐酸提取溶液：称取 50 g 无水硫酸钠溶于 1.2%盐酸溶液，并定容至 500 mL。

3) 三氯化铁-磺基水杨酸反应溶液：称取 1.5 g 三氯化铁和 15 g 磺基水杨酸，加水溶解并定容至 500 mL。使用前以水稀释 10 倍。

4) 植酸标准溶液：称取 1.7347 g 植酸钠标准品(纯度 98%)，精确至 0.0001 g。加水溶解并定容至 100 mL。使用前，吸取 5 mL 用水定容至 500 mL，其浓度为 0.1 mg/mL。

(4) 试液的制备

1) 提取：称取经干燥粉碎的均质试样 0.5~2.0 g(约含植酸 8 mg)，精确至 0.01 g，置于具塞锥形瓶中，加入 50 mL 硫酸钠-盐酸提取溶液，振荡提取 2 h，过滤，收集滤液备用。

2) 分离：将 0.5 g 阴离子树脂湿法装入交换柱中，用氯化钠溶液洗脱交换柱，再用水洗涤交换柱至无氯离子。取 5～10 mL 试样提取液，加 1 mL 氢氧化钠溶液，补加水至总体积 30 mL，混匀后倒入离子交换柱中。然后分别用 15 mL 水和氯化钠洗涤溶液，以 1 mL/min 的流速洗涤交换柱，弃去洗涤液。最后用氯化钠洗脱溶液洗脱交换柱，收集于 25 mL 刻度具塞试管中，并定容至刻度。

(5) 操作步骤

1) 工作曲线的制作：精确吸取植酸标准溶液 0.0 mL、1.0 mL、2.0 mL、3.0 mL、4.0 mL、5.0 mL 于 6 支 10 mL 比色管中，用水补足至 5 mL，加入三氯化铁-磺基水杨酸反应溶液 4 mL，摇匀，以 3000 r/min 离心 10 min。放置 10～20 min 后，将上层液倒入 1 cm 比色皿中，于波长为 500 nm 处测定吸光度，以吸光度为纵坐标，植酸含量为横坐标，绘制工作曲线(图 8-9)或计算回归方程。

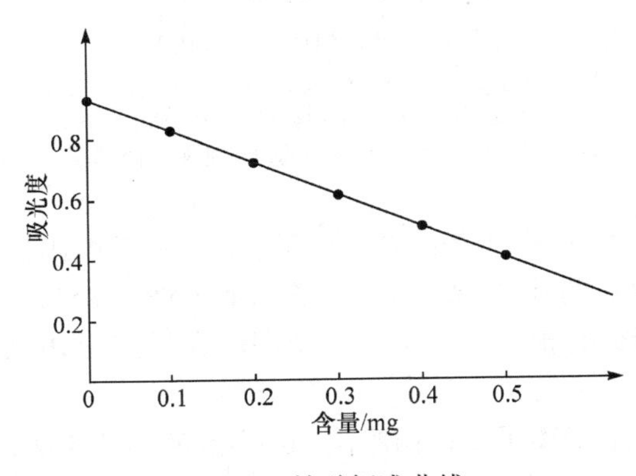

图 8-9　植酸标准曲线

2) 试液测定：取 0.7 mol/L 氯化钠洗脱溶液 5 mL(约含植酸 0.3 mg)于 10 mL 比色管中，加入三氯化铁-磺基水杨酸反应溶液 4 mL，摇匀，其余步骤同前，测其吸光度，并在工作曲线上查得或用回归方程计算出试液中植酸含量。

(6) 结果计算　试样中植酸含量按下式计算(计算结果保留两位有效数字)。

$$X=\frac{c}{m}\times\frac{V_1\times V_3}{V_2\times V_4}$$

式中，X 为试样中植酸含量(mg/g)；c 为样液含植酸量(mg)；m 为试样的质量(g)；V_1 为提取液定容后的体积(mL)；V_2 为分离后提取液的体积(mL)；V_3 为分离液定容后的体积(mL)；V_4 为试液测定时，取分离液的体积(mL)。

2. 光谱法直接测定植酸(磷)含量　参考 Mohamed 等(1986)提出的豆科种子植酸测定方法。

(1) 仪器和设备　分光光度计、离心机、恒温水浴锅、电炉、容量瓶、粉碎机、0.5 mm 孔径筛、密封瓶、烧瓶、摇床等。

(2) 试剂

1) 30% H_2O_2。

2) 纯度为 90%的植酸钠(每个植酸分子含 12 个 Na，相对分子质量为 923.81)，使用时测定含水量。

3) Na_2HPO_4 作为无机磷标准品。

4) 1 mol/L、0.5 mol/L HCl 溶液：量取 8.36 mL HCl，加水定容至 100 mL，即得 1 mol/L HCl 溶液；取 1 mol/L HCl 溶液 50 mL，加水稀释定容至 100 mL 即得 0.5 mol/L HCl 溶液。

5) 5 mol/L H_2SO_4 溶液：量取 271.7 mL 98%浓硫酸(密度 1.84 g/mL)，缓慢倒入约 900 mL 水中，搅拌，待冷却后转移至 1 L 容量瓶中，加水至刻度，即得 5 mol/L 硫酸。

6) 1.5 mol/L NaOH 溶液：量取 6 g 的 NaOH，加水定容至 100 mL 即得。

7) 显色剂溶液配制方法。

溶液 A：16 g 钼酸铵溶于 120 mL 蒸馏水中，必要时可适当加热，但温度不得超过 60℃。

溶液 B：40 mL 浓盐酸、10 mL 汞、80 mL 溶液 A，混合振荡 30 min。

溶液 C：将 200 mL 浓硫酸小心加入剩余的溶液 A 中，并与过滤的溶液 B 混匀。

取 45 mL 甲醇、25 mL 蒸馏水和 25 mL 溶液 C 混合配成显色剂溶液。该溶液可在 5℃下稳定保存至少 3 个月。

8) 植酸标准液：11.740 mg 植酸钠溶于蒸馏水，定容至 100 mL。

9) 无机磷标准母液：1.385 mg Na_2HPO_4(相对分子质量 142.14)溶于蒸馏水，定容至 100 mL。终浓度为 97.5 nmol/mL。

10) 1%三氯化铁盐酸溶液：1%$FeCl_3 \cdot 6H_2O$ 溶于 1 mol/L 盐酸溶液中。

11) 3%三氯化铁溶液：称取 3 g 三氯化铁，加 95%乙醇溶解并定容至 100 mL。

所有化学试剂均为分析纯。

(3) 准备豆科种子试样　将豆科种子磨碎，过 0.5 mm 孔径筛。油分用己烷提取，脱脂样品在室温下过夜干燥，置密封瓶中冷藏备用。

(4) 测定含水量　植酸钠和豆粉样品含水量用烘干法测定。

(5) 提取植酸

1) 取豆粉样品 0.5 g 放入 125 mL 烧瓶中，加入 3%三氯化铁溶液 25 mL，置于摇床上，室温下提取 45 min。

2) 取 8 mL 样品混合溶液在室温 20 000 *g* 离心 15 min。

3) 取上清液 5 mL，加入 3 mL 1%三氯化铁盐酸溶液，沸水浴温浴 45 min。

4) 冷却，20 000 *g* 离心 10 min。

5) 析出的植酸铁沉淀重新悬浮于 0.5 mol/L 盐酸，室温下温浴 2 h。

6) 沉淀用 0.5 mol/L 盐酸洗涤 2 次，2 次洗涤间保持温浴 10 min。

7) 加入 3 mL NaOH(1.5 mol/L)和 7 mL 蒸馏水于植酸铁沉淀中，沸水浴温浴 15 min。

8) 冷却、离心。上清液用于植酸含量的测定。

(6) 测定豆科试样提取植酸　取 0.2 mL 植酸提取液、4.6 mL 蒸馏水与 0.2 mL 显色溶液混合，在 95℃水浴中温浴 30 min，冷却，在波长为 830 nm 处测定吸光度，以空白为对照。

(7) 制作植酸标准曲线　在一系列试管中加入植酸标准液(17.8～177.8 nmol 植酸)，用蒸馏水调整体积到 5 mL，加入 3 mL 1%三氯化铁盐酸溶液混合。这些试管按前述测定豆科试样提取植酸步骤进行。标准液植酸直接测定与沉淀法结果相同。

(8) 测定植酸磷

1) 植酸提取液 2 mL，用 0.5 mL 硫酸 (5 mol/L) 消化。加入 3 滴 30% H_2O_2，再加热至完全氧化。

2) 用 1.5 mol/L NaOH 溶液中和，酚酞作指示剂，调整到一定体积。

3) 取 0.2 mL 中和溶液、46 mL 蒸馏水和 0.2 mL 显色剂混合于试管中，95℃水浴加热 15 min。

4) 冷却，在波长 830 nm 处测定吸光度。

5) 将无机磷标准母液 (含 Na_2HPO_4 9.18～97.5 nmol) 加入一系列试管中，用蒸馏水调至 4.8 mL，加入 0.2 mL 显色剂溶液混合。取 0.2 mL 混合溶液、46 mL 蒸馏水和 0.2 mL 显色剂混合于试管中，95℃水浴加热 15 min；冷却后在波长 830 nm 处测定吸光度。

假定 1 mol 植酸含 6 mol 磷，则植酸 (mg) = 3.553 × 植酸磷 (mg)，3.553 为经验系数。

3. 大豆种子植酸含量的间接测定——无机磷 (Pi) 法

(1) 原理　Wilcox 等 (2000) 发现，低植酸大豆品系中，植酸磷含量与无机磷 (Pi) 含量成反比，Chen's 反应液与 Pi 反应呈蓝色，蓝色深浅可以反映提取液 Pi 浓度的高低。能够产生深蓝色的大豆样品就来自低植酸大豆种子。

(2) 操作步骤

1) 切 1/4 大豆种子放入 96 孔板的小孔中。各孔中分别加入 0.5 mL Pi 提取液 (12.5%三氯乙酸+25 mmol/L $MgCl_2$)。

2) 浸泡切块 6 h (或过夜) 以软化组织。用玻璃棒搅拌或用类似的装置捣碎，防止样品相互污染。

3) 放在涡流搅拌器上搅拌让提取液和籽粒组织混匀。在温浴期间 (室温 4 h 或 4℃过夜) 重复该过程 1～2 次。

4) 涡流搅拌样品多次，静置 30 min。准备 Chen's 反应液 (配方见表 8-12)，96 个样品需要 Chen's 反应液 10 mL。

表 8-12　Chen's 反应液配方

储存液	体积分数	96 个样品使用量 (10mL)
3 mol/L H_2SO_4	1 体积	2mL
2.5%钼酸铵	1 体积	2mL
维生素 C (4℃保存)	1 体积	2mL
蒸馏水	2 体积	4mL

5) 分别吸取 90μL 蒸馏水和 10 μL 提取液转移至另一 96 孔板的小孔中，要求样品孔互相对应，防止吸头被种子颗粒堵塞。

6) 各孔分别加入 100 μL Chen's 反应液，室温下保持 2 h。

7) 比较待测样品与高 Pi/低植酸对照的颜色深浅，进行判定。

(3) 注意事项

1) 若固体钼酸铵纯度为 81.4%，则取 3.07 g 溶于 100 mL 蒸馏水中即可得 2.5%溶液。

2) 3 mol/L H_2SO_4 的配制：量取 167 mL 浓硫酸 (18 mol/L)，缓慢倒入水中，冷却后稀释定容至 1 L。

3）如果用于筛选群体，则正常亲本和低植酸亲本可作对照。

4）种子切块大小相当，可提高结果的稳定性。

五、大豆低聚糖含量测定

大豆低聚糖（soybean oligosaccharide）含量测定参考《大豆低聚糖》（GB/T 22491—2008）附录 A。大豆低聚糖是指以大豆、大豆粕或大豆胚芽为原料生产的产品，含有一定量的水苏糖（stachyose）、棉子糖（raffinose）、蔗糖（saccharose）等低聚糖。常采用高效液相色谱法进行测定。

（一）原理

试样用 80%乙醇溶解后，经 0.45 μm 滤膜过滤，采用反相键合相色谱测定，根据色谱峰保留时间定性，根据峰面积或峰高定量，各单体的含量之和为大豆低聚糖含量。

（二）仪器和设备

除常规实验仪器设备外，还包括天平（感量 0.0001 g）和高效液相色谱仪（有示差折光检测器）。

高效液相色谱分析参考条件：色谱柱为 Kromasil 100 氨基柱，25 cm×4.6 mm，或相同性质的填充柱；流动相为 V(乙腈)+V(H_2O)=80+20；流速为 1.0 mL/min；检测器为示差折光检测器；色谱柱温度为 30℃；检测器温度为 30℃；进样量为 10 μL。

（三）试剂（优级纯）

1）水（符合一级水的要求）、乙腈、80%乙醇溶液等。

2）低聚糖标准溶液：分别称取蔗糖、棉子糖、水苏糖标准品（含量均应≥98%）各 1.000 g，置于 100 mL 容量瓶中，用 80%乙醇溶液溶解并稀释定容至刻度，摇匀。每 1 mL 溶液分别含蔗糖、棉子糖、水苏糖 10 mg。经 0.45 μm 滤膜过滤，滤液供 HPLC 分析用。

（四）操作步骤

1. 试样准备　称取试样约 1 g，精确到 0.001 g，加 80%乙醇溶液溶解并定容至 100 mL，混匀，经 0.45 μm 滤膜过滤，滤液供 HPLC 分析用。

2. 绘制标准曲线　分别取低聚糖标准溶液 1 μL、2 μL、3 μL、4 μL、5 μL（相当于各低聚糖质量 10 μg、20 μg、30 μg、40 μg、50 μg）注入液相色谱仪，进行高效液相色谱分析，测定各组分色谱峰面积（或峰高），以标准糖质量对相应的峰面积（或峰高）制作标准曲线，或用最小二乘法求回归方程。

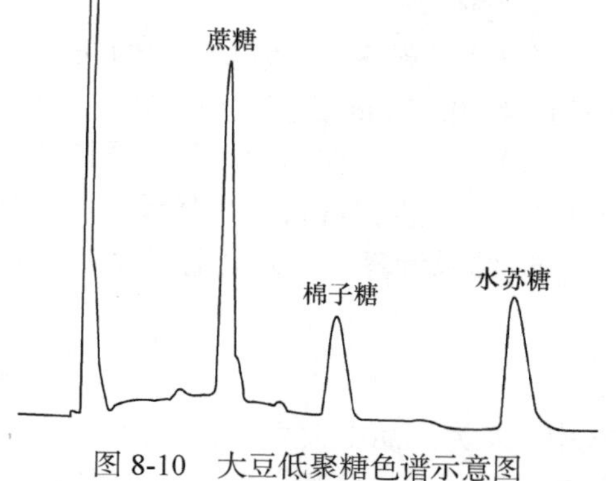

图 8-10　大豆低聚糖色谱示意图

3. 样品测定　在相同的色谱分析条件下，取 10 μL 试样溶液注入液相色谱仪，进行高效液相色谱分析，测定各组分色谱峰面积（或峰高），与标准曲线比较确定进样液中低聚糖 i 组分的质量（m_i），大豆低聚糖色谱示意图如图 8-10 所示（引自 GB/T

22491—2008 附录 A）。

（五）结果计算

大豆低聚糖的含量按下式计算（计算结果保留三位有效数字）。

$$X(\%)=\frac{\sum m_i \times V \times 100}{V_1 \times m \times 1000 \times (100-w)} \times 100$$

式中，X 为产品中大豆低聚糖的含量（%）；m_i 为低聚糖组分 i 的质量（mg）；V 为样品溶液的体积（μL）；V_1 为进样的体积（μL）；m 为样品的质量（g）；w 为样品的水分含量（%）；100/1000 为换算系数。

在重复性条件下获得的 2 次独立测定结果的绝对差值不得超过算术平均值的 5%。

六、大豆皂苷含量测定

大豆皂苷（soybean saponin）是以大豆、大豆粕或大豆胚芽为原料生产的、由非极性的三萜苷元和低聚糖链组成的五环三萜类齐墩果烷型皂苷产品。大豆皂苷含量测定方法参考《大豆皂苷》（GB/T 22464—2008）附录 A，包括高效液相色谱法和分光光度法。

（一）高效液相色谱法（HPLC）

1. 原理　试样用 80%乙醇溶解后，经 0.45 μm 滤膜过滤，采用反相键合相色谱测定，根据色谱峰保留时间定性，根据峰面积或峰高定量，计算大豆皂苷各单体的含量之和为大豆皂苷含量。

2. 仪器和设备　除常规实验仪器和设备外，还包括高效液相色谱仪（具紫外检测器）。

高效液相色谱分析参考条件：色谱柱为 Nova-pak C_{18} 柱，3.9 mm×300 mm，或相同性质的填充柱；流动相为甲醇水溶液，V(甲醇)+V(H_2O)=80+20；流速为 1.0 mL/min；检测器为紫外检测器，205 nm 波长，0.2 AUFS；色谱柱温度为 30℃；进样量为 10 μL。

3. 试剂（优级纯）

1）水（符合一级水的要求）、甲醇、80%乙醇溶液等。

2）大豆皂苷标准溶液：分别称取 A 类、B 类、E 类及 DDMP 类大豆皂苷单体标准品（含量≥98%）各 10.0 mg 置于 100 mL 容量瓶中，用 80%乙醇溶液溶解并稀释定容至刻度，摇匀。每毫升溶液分别含每种大豆皂苷单体标准品 0.10 mg。经 0.45 μm 滤膜过滤，滤液供 HPLC 分析用。

4. 操作步骤

（1）试样制备　称取试样约 0.1 g，精确到 0.001 g，加 80%乙醇溶液溶解并定容至 100 mL，混匀，经 0.45 μm 滤膜过滤，滤液供 HPLC 分析用。

（2）测定　在相同的色谱分析条件下，分别取 10 μL 大豆皂苷标准溶液和试样溶液注入液相色谱仪进行分析，根据保留时间定性，外标峰面积定量。

5. 结果计算　大豆皂苷含量按下式计算（计算结果保留三位有效数字）。

$$X(\%)=\frac{\sum A_i \times V \times 100}{V_1 \times m \times 1000 \times (100-w)} \times 100$$

式中，X 为产品中大豆皂苷的含量（%）；A_i 为进样体积中大豆皂苷单体组分 i 的质量（mg）；V 为样品稀释的总体积（μL）；V_1 为进样的体积（μL）；m 为样品的质量（g）；w 为样品的水分含量

(%)；100/1000 为换算系数。

在重复性条件下获得的 2 次独立测定结果的绝对差值不得超过算术平均值的 5%。

(二)分光光度法

1. 原理　样品用 50%甲醇溶液溶解后，在酸性条件下水解，以乙酸乙酯萃取苷元，与香草醛、高氯酸反应显色，在 560 nm 波长下测定吸光度，与标准曲线比较定量。

2. 仪器和设备　除常规实验仪器和设备外，还包括旋转蒸发器、分光光度计(具 1 cm 比色皿)等。

3. 试剂(优级纯)　水(符合一级水的要求)、高氯酸、95%乙醇、乙酸乙酯等。

1)50%甲醇溶液：量取 100 mL 甲醇，加入 100 mL 水稀释，摇匀。

2)2 mol/L HCl 溶液：量取 16.5 mL HCl，加水稀释定容至 100 mL。

3)5%香草醛冰醋酸溶液：称取 5.00 g 香草醛，溶于 100 mL 冰醋酸中，摇匀。

4)大豆皂苷标准溶液：分别称取 A 类、B 类、E 类及 DDMP 类大豆皂苷单体标准品或混合标准品(含量≥98%)各 10.0 mg，用 50%甲醇溶液溶解后，加入 60 mL 2 mol/L HCl，水解 5 h，用 70 mL 乙酸乙酯分数次萃取，提取液用旋转蒸发器蒸干后，用 95%乙醇溶解并转移至 100 mL 容量瓶中，用 95%乙醇溶液定容至刻度，摇匀。每 1 mL 溶液含大豆皂苷 0.10 mg。

4. 操作步骤

(1)试样制备　称取试样约 0.1 g，精确至 0.001 g，溶于 50 mL 50%甲醇溶液中，用 50%甲醇溶液定容至 100 mL，取 10 mL，加入 60 mL 2 mol/L HCl，水解 5 h，用 70 mL 乙酸乙酯分数次萃取，提取液用旋转蒸发器蒸干后，用 95%乙醇溶解并转移至 100 mL 容量瓶中，用 95%乙醇溶液定容至 100 mL 作为待测样液。

(2)标准曲线的绘制　取大豆皂苷标准溶液 0 mL、0.1 mL、0.2 mL、0.3 mL、0.4 mL、0.5 mL、0.6 mL、0.7 mL(相当于大豆皂苷 0 mg、0.01 mg、0.02 mg、0.03 mg、0.04 mg、0.05 mg、0.06 mg、0.07 mg)于 10 mL 具塞试管中，水浴蒸干溶液，加 5%香草醛冰醋酸溶液 0.2 mL，加入高氯酸 0.8 mL，摇匀，60℃水浴加热 15 min，取出后立即用流动水冷却，加入 4 mL 冰醋酸稀释摇匀后，在波长为 560 nm 处以 0 管调零，测定吸光度，每个浓度平行测定 2 次，计算平均吸光度，以吸光度为横坐标，大豆皂苷质量(mg)为纵坐标绘制标准曲线，或用最小二乘法求回归方程。

(3)样品测定　吸取待测样液 0.4 mL 于 10 mL 具塞试管中，水浴挥干，加 5%香草醛冰醋酸溶液 0.2 mL，加入高氯酸 0.8 mL，摇匀，60℃水浴加热 15 min，取出后立即用流动水冷却，加入 4 mL 冰醋酸稀释，摇匀后，在波长为 560 nm 处以 0 管调零，测定吸光度，与标准曲线比较定量。

5. 结果计算　计算结果保留三位有效数字。

$$X(\%)=\frac{A\times V\times V_2\times 100}{V_1\times V_3\times m\times 1000\times(100-w)}\times 100$$

式中，X 为产品中大豆皂苷的含量(%)；A 为样液中大豆皂苷的质量(mg)；V 为样品稀释的总体积(mL)；V_1 为水解时取样液的体积(mL)；V_2 为水解液定容的体积(mL)；V_3 为测定用水解液定容的体积(mL)；m 为样品的质量(g)；w 为样品的水分含量(%)；100/1000 为换算系数。

在重复性条件下获得的 2 次独立测定结果的绝对差值不得超过算术平均值的 5%。

七、大豆酸溶蛋白质、游离氨基酸和肽含量测定

大豆肽含量测定参考《大豆肽粉》(GB/T 22492—2008) 附录 B。

1. 原理　高分子蛋白质在酸性条件下容易被沉淀，相对分子质量较小的蛋白质水解物(酸溶蛋白质)可溶于酸性溶液(其中包含肽及游离氨基酸)。样品经酸化后，滤液中的酸溶蛋白质含量减去游离氨基酸含量即为肽含量。所以测定肽含量实际上要同时测定酸溶蛋白质含量和游离氨基酸含量。

2. 仪器和设备　除常规实验仪器和设备外，还有氨基酸自动分析仪、定氮蒸馏装置等。

3. 试剂　三氯乙酸(15%)、硫酸铜($CuSO_4 \cdot 5H_2O$)、硫酸钾、硫酸(密度为 1.8419 g/L)、硼酸溶液(20 g/L)、氢氧化钠溶液(500 g/L)、盐酸(优级纯)等。

1) 硫酸标准滴定溶液［$c(1/2\ H_2SO_4)=0.0500$ mol/L］或盐酸标准滴定溶液［$c(HCl)=0.0500$ mol/L］。

2) 混合指示液：1 份 1 g/L 甲基红乙醇溶液与 5 份 1 g/L 溴甲酚绿乙醇溶液临用时混合。或 2 份 1 g/L 甲基红乙醇溶液与 1 份 1 g/L 亚甲基蓝乙醇溶液临用时混合。

3) 混合氨基酸标准溶液：0.0025 mol/L。

4) pH 2.2 的柠檬酸钠缓冲液：称取 19.6 g 柠檬酸钠($Na_3C_6H_5O_7 \cdot 2H_2O$)，加入 16.5 mL 浓盐酸并加水稀释定容到 1000 mL，用浓盐酸或 500 g/L 氢氧化钠溶液调节 pH 至 2.2。

5) pH 3.3 的柠檬酸钠缓冲液：称取 19.6 g 柠檬酸钠，加入 12 mL 浓盐酸并加水稀释定容到 1000 mL，用浓盐酸或 500 g/L 氢氧化钠溶液调节 pH 至 3.3。

6) pH 4.0 的柠檬酸钠缓冲液：称取 19.6 g 柠檬酸钠，加入 9 mL 浓盐酸并加水稀释定容到 1000 mL，用浓盐酸或 500 g/L 氢氧化钠溶液调节 pH 至 4.0。

7) pH 6.4 的柠檬酸钠缓冲液：称取 19.6 g 柠檬酸钠和 46.8 g 氯化钠(优级纯)，加水溶解并稀释定容到 1000 mL，用浓盐酸或 500 g/L 氢氧化钠溶液调节 pH 至 6.4。

8) pH 5.2 的乙酸锂溶液：称取氢氧化锂($LiOH \cdot H_2O$) 168 g，加入冰醋酸(优级纯) 279 mL，加水稀释定容到 1000 mL，用浓盐酸或 500 g/L 氢氧化钠溶液调节 pH 至 5.2。

9) 茚三酮溶液：取 150 mL 二甲基亚砜(C_2H_5OS)和 50 mL 乙酸锂溶液，加入 4 g 水合茚三酮($C_9H_4O_3 \cdot H_2O$)和 0.12 g 还原茚三酮($C_{18}H_{10}O_5 \cdot 2H_2O$)，搅拌至完全溶解。

4. 操作步骤

(1) 酸溶蛋白质含量的测定　准确称取样品 1.000 g(精确至 0.001 g)，加入 15%三氯乙酸(TCA)溶液溶解并定容至 50 mL，混匀并静置 5 min，去除初滤液，滤液作为备用液。

后续消化、蒸馏、滴定等环节参见第二章第一节的凯氏定氮法步骤。

(2) 游离氨基酸含量的测定　准确称取样品(使供试样游离氨基酸含量在 10～20 mg)，用 pH 2.2 的柠檬酸钠缓冲液溶解，定容至 50 mL，供仪器测定用。

准确吸取 0.200 mL 混合氨基酸标准溶液，用 pH 2.2 的柠檬酸钠缓冲液稀释定容到 5 mL，此标准稀释液浓度为 5.00 nmol/50 μL，作为上机测定用的氨基酸标准，用氨基酸自动分析仪以外标法测定试样测定液的氨基酸含量。

5. 结果计算

(1) 氨基酸含量的计算　结果按如下公式计算。

$$X_2(\%)=\frac{c\times\frac{1}{50}\times F\times V\times M}{m\times10^9}\times100$$

式中，X_2 为试样氨基酸的含量(%)；c 为试样测定液中氨基酸的含量(nmol/50 μg)；F 为样品稀释倍数；V 为样品定容的体积(mL)；M 为氨基酸的相对分子质量(表 8-13)；m 为样品的质量(g)；1/50 为折算成每毫升试样测定的氨基酸含量(μmol/mL)；10^9 为 ng 与 g 的换算系数。

表 8-13　16 种主要氨基酸的相对分子质量

氨基酸	相对分子质量	氨基酸	相对分子质量	氨基酸	相对分子质量	氨基酸	相对分子质量
天冬氨酸	133.1	苏氨酸	119.1	丝氨酸	105.1	谷氨酸	147.1
脯氨酸	115.1	甘氨酸	75.1	丙氨酸	89.1	缬氨酸	117.2
异亮氨酸	131.2	亮氨酸	131.2	甲硫氨酸	149.2	酪氨酸	181.2
苯丙氨酸	165.2	组氨酸	155.2	赖氨酸	146.2	精氨酸	174.2

计算结果表示：试样氨基酸含量在 1%以下时，保留两位有效数字；含量在 1%以上时，保留三位有效数字。在重复性条件下获得的 2 次独立测定结果的绝对差值不得超过算术平均值的 12%。

(2) 多肽含量计算　按如下公式计算。

$$X=X_1-X_2$$

式中，X 为试样多肽的含量(%)；X_1 为试样中酸溶蛋白质的含量(%)；X_2 为试样中游离氨基酸的含量(%)；在重复性条件下获得的 2 次独立测定结果的绝对差值不得超过算术平均值的 12%。

八、大豆膳食纤维含量测定

大豆中膳食纤维(dietary fiber)是指大豆中的可食部分，不能被人体小肠消化吸收，对人体有健康意义，聚合度≥3 的碳水化合物和木质素，包括纤维素、半纤维素、果胶、菊粉等。大豆膳食纤维含量的测定包括总膳食纤维(total dietary fiber，TDF)、可溶性膳食纤维(soluble dietary fiber，SDF)和不溶性膳食纤维(insoluble dietary fiber，IDF)三部分，相关测定参考《食品安全国家标准 食品中膳食纤维的测定》(GB 5009.88—2014)。

(一) 原理

取干燥试样，经 α-淀粉酶、蛋白酶和葡萄糖苷酶酶解消化，去除蛋白质和淀粉，酶解后样液用乙醇沉淀、过滤，残渣用乙醇和丙酮洗涤，干燥后物质称重即为总膳食纤维残渣；另取试样经上述三种酶酶解后直接过滤，残渣用热水洗涤，经干燥后称重，即得不溶性膳食纤维残渣；滤液用4倍体积的95%乙醇沉淀、过滤、干燥后称重，得可溶性膳食纤维残渣。以上所得残渣干燥称重后，分别测定蛋白质和灰分。TDF、IDF和SDF的残渣扣除蛋白质、灰分和空白即可计算出试样中TDF、IDF和SDF的含量。

（二）仪器和设备

1）高型无导流口烧杯：400 mL或600 mL。

2）坩埚：具粗面烧结玻璃板，孔径40～60 μm。坩埚预处理：坩埚在马弗炉中525℃灰化6 h，当炉温降至130℃以下后取出，于洗液中室温浸泡2 h，分别用水和蒸馏水冲洗干净，最后用15 mL丙酮冲洗后风干。加入1.0 g酸洗硅藻土，130℃烘至恒重。取出坩埚，在干燥器中冷却约1 h，称重，记录坩埚加硅藻土的质量，精确到0.1 mg。

3）真空装置：真空泵或有调节装置的抽吸器。

4）振荡水浴：有自动“计时-停止”功能的计时器，控温范围(60±2)℃～(98±2)℃

5）分析天平：灵敏度为0.1 mg。

6）马弗炉：能控温(525±5)℃。

7）烘箱：105℃，(130±3)℃。

8）干燥器：二氧化硅或同等的干燥剂。干燥剂每两周130℃烘干过夜1次。

9）pH计：具有温度补偿功能，用pH=4.0、pH=7.0和pH=10.0的标准缓冲液校正。

10）样品筛：0.3～0.5 mm。

11）磁力搅拌器。

（三）试剂和材料

除特殊说明外，实验室用水为二级水，试剂为分析纯。

1）95%乙醇，稀释后得85%和78%乙醇溶液。

2）氢氧化钠溶液(6 mol/L)：称取24 g氢氧化钠，用水溶解至100 mL，混匀。

氢氧化钠溶液(1 mol/L)：称取4 g氢氧化钠，用水溶解至100 mL，混匀。

氢氧化钠溶液(0.1 mol/L)：称取0.4 g氢氧化钠，用水溶解至100 mL，混匀。

3）盐酸溶液(1 mol/L)：取8.33 mL盐酸，用水稀释至100 mL，混匀。

盐酸溶液(2 mol/L)：取167 mL盐酸，用水稀释至1 L，混匀。

4）热稳定α-淀粉酶溶液：于0～5℃冰箱中贮存。

5）蛋白酶：用MES-Tris缓冲液配成浓度为50 mg/mL的蛋白酶溶液，现配现用，于0～5℃冰箱中贮存。

6）淀粉葡萄糖苷酶溶液：于0～5℃冰箱中贮存。

7）酸洗硅藻土：取200 g硅藻土放于600 mL的2 mol/L盐酸中，浸泡过夜，过滤，用蒸馏水洗至滤液为中性，置于(525 ± 5)℃马弗炉中灼烧灰分后备用。

8）MES：2-(*N*-吗啉代)乙烷磺酸($C_6H_{13}NO_4S \cdot H_2O$)。

9）Tris：三羟基甲氨基甲烷($C_4H_{11}NO_3$)。

10）0.05 mol/L MES-Tris缓冲液：称取19.52 g MES和12.2 g Tris，用1.7 L蒸馏水溶解，用6 mol/L氢氧化钠调pH至8.2，加水稀释定容至2 L。(注：一定要根据温度调pH，24℃时调pH为8.2；20℃时调pH为8.3；28℃时调pH为8.1；20℃和28℃之间其他室温用插入法校正 pH）。

11）3 mol/L 乙酸（HAC）溶液：取 172 mL 乙酸，加入 700 mL 水，混匀后用水定容至 1 L。

12）0.4 g/L 溴甲酚绿（$C_{21}H_{14}O_5Br_4S$）溶液：称取 0.1 g 溴甲酚绿于研钵中，加 1.4 mL 0.1 mol/L 氢氧化钠研磨，加少许水继续研磨，直至完全溶解，用水稀释定容至 250 mL。

13）石油醚：沸程 30～60℃。

14）丙酮（CH_3COCH_3）、0.1 mol/L 和 6 mol/L 氢氧化钠溶液。

（四）操作步骤

1. 样品预处理　样品处理时若脂肪含量未知，膳食纤维测定前应先脱脂。大豆样品中脂肪含量超过 10%，正常粉碎困难，可用石油醚脱脂，每次每克试样用 25 mL 石油醚，连续 3 次，然后再干燥粉碎，要记录由石油醚造成的试样损失，最后在计算膳食纤维含量时进行校正。

将样品混匀后，70℃真空干燥过夜，然后置于干燥器中冷却，干样粉碎后过 0.3～0.5 mm 筛。干样存放于干燥器中待测。

2. 试样酶解　每个试样同时做 2 个试剂空白。

1）准确称取双份样品（m_1 和 m_2）（1.0000 ± 0.0020）g，把称好的试样置于 400 mL 或 600 mL 高型无导流口烧杯中，加入 pH=8.2 的 MES-Tris 缓冲液 40 mL，用磁力搅拌器搅拌直至试样完全分散在缓冲液中（避免形成团块，试样和酶不能充分接触）。

2）热稳定 α-淀粉酶酶解：加入 50 μL 热稳定 α-淀粉酶溶液缓慢搅拌，然后用铝箔将烧杯盖住，置于 95～100℃的恒温振荡水浴中持续振摇，当温度升至 95℃开始计时，通常总反应时间为 35 min。

3）冷却：将烧杯从水浴中移出，冷却至 60℃，打开铝箔盖，用刮勺将烧杯内壁的环状物及烧杯底部的胶状物刮下，用 10 mL 蒸馏水冲洗杯壁和刮勺。

4）蛋白酶酶解：在每个烧杯中各加入（50 mg/mL）蛋白酶溶液 100 μL，盖上铝箔，继续水浴振摇，温度达 60℃时开始计时，在（60±1）℃条件下反应 30 min。

5）pH 测定：30 min 后打开铝箔盖，边搅拌边加入 3 mol/L 乙酸溶液 5 mL。溶液 60℃时，调 pH 约 4.5（以 0.4 g/L 溴甲酚绿为外指示剂）（注：一定要在 60℃时调 pH，温度低于 60℃ pH 升高。每次都要检测空白的 pH，若所测值超出要求范围，同时也要检查酶解液的 pH 是否合适）。

6）淀粉葡萄糖苷酶酶解：边搅拌边加入 100 μL 淀粉葡萄糖苷酶溶液，盖上铝箔，继续水浴振摇，温度达 60℃时开始计时，在（60±1）℃条件下反应 30 min。

3. 测定

（1）总膳食纤维的测定

1）沉淀：在每份试样中，加入预热至 60℃的 95%乙醇 225 mL（预热以后的体积），乙醇与样液的体积比为 4∶1，取出烧杯，盖上铝箔，室温下沉淀 1 h。

2）过滤：用 15 mL 78%乙醇溶液将称重过的坩埚中的硅藻土湿润并铺平，抽滤去除乙醇溶液，使坩埚中硅藻土在烧结玻璃滤板上形成平面。将乙醇沉淀处理后的样品酶解液倒入坩埚中过滤，用刮勺和 78%乙醇将所有残渣转至坩埚中。

3）洗涤：分别用 78%乙醇、95%乙醇和丙酮 15 mL 洗涤残渣各 2 次，抽滤去除洗涤液后，将坩埚连同残渣在105℃烘干过夜。将坩埚置于干燥器中冷却1 h，称重(包括坩埚、膳食纤维残渣和硅藻土)，精确至0.1 mg。减去坩埚和硅藻土的干重，计算残渣质量。

4) 蛋白质和灰分测定：称重后的试样残渣，分别按GB 5009.5—2016的规定测定氮(N)，以6.25为换算系数，计算蛋白质质量；按GB 5009.4—2016测定灰分，即在525℃灰化5 h，于干燥器中冷却，精确称量坩埚总质量(精确至0.1 mg)，减去坩埚和硅藻土质量，计算灰分质量。

(2) 不溶性膳食纤维的测定　称取试样，按前述方法酶解，将酶解液转移至坩埚中过滤。过滤前用3 mL水润湿硅藻土并铺平，抽去水分使坩埚中的硅藻土在烧结玻璃滤板上形成平面。

过滤洗涤：试样酶解液全部转移至坩埚中过滤，残渣用70℃热蒸馏水10 mL洗涤2次，合并滤液，转移至另一600 mL高型无导流口烧杯中，备测可溶性膳食纤维。残渣分别用78%乙醇、95%乙醇和丙酮15 mL各洗涤2次，抽滤去除洗涤液，将坩埚连同残渣在105℃烘干过夜。将坩埚置于干燥器中冷却1 h，称重(包括坩埚、膳食纤维残渣和硅藻土)，精确至0.1 mg。减去坩埚和硅藻土的干重，计算残渣质量。

蛋白质和灰分测定方法同前。

(3) 可溶性膳食纤维的测定

1) 估算滤液体积：将不溶性膳食纤维过滤后的滤液收集到600 mL高型无导流口烧杯中，估算滤液的体积。

2) 沉淀：滤液加入预热至60℃的4倍体积的95%乙醇，室温下沉淀1 h。以下测定按总膳食纤维测定步骤进行。

4. 结果计算　试剂空白的质量计算公式如下。

$$m_B = \frac{m_{BR_1} + m_{BR_2}}{2} - m_{P_B} - m_{A_B}$$

式中，m_B为试剂空白的质量(mg)；m_{BR_1}和m_{BR_2}分别为双份空白测定的残渣的质量(mg)；m_{P_B}为残渣中蛋白质的质量(mg)；m_{A_B}为残渣中灰分的质量(mg)。

膳食纤维含量按下式计算。

$$X(\%) = \frac{[(m_{R_1} + m_{R_2})/2] - m_P - m_A - m_B}{(m_1 + m_2)/2} \times 100$$

式中，X为膳食纤维的含量(%)；m_{R_1}和m_{R_2}分别为双份试样残渣的质量(mg)；m_P为残渣中蛋白质的质量(mg)；m_A为残渣中灰分的质量(mg)；m_B为试剂空白的质量(mg)；m_1和m_2为试样的质量(mg)。

总膳食纤维、可溶性膳食纤维和不溶性膳食纤维含量都按上式计算。计算结果保留到小数点后两位。

第六节　除草剂残留量测定

在大豆种植中，除草剂(herbicide)的使用非常普遍，除草剂残留(herbicide residue)检测已成为农产品品质分析的重要组成部分。在世界范围内，大豆田常用的除草剂种类有：氨基酸类(草甘膦等)、磺酰脲类、酰胺类、芳氧苯氧丙酸类、三嗪类等。已颁布的国家标准中，分别对氟磺胺草醚、异丙甲草胺、磺酰脲类、咪唑啉酮类和三嗪类除草剂残留量的测定进行了规范。除草剂残留量的测定原理基本相似，即有机溶剂提取(有差异)→吸附柱净化→色谱法测定(定性与定量)。

一、大豆及谷物中氟磺胺草醚残留量的测定

氟磺胺草醚(fomesafen)为二苯醚类除草剂，化学名称为5-(2-氯-α，α，α-三氟-对甲苯氧基)-*N*-甲磺酰基-2-硝基苯甲酰胺，分子式为$C_{15}H_{10}ClF_3N_2O_6S$；相对分子质量为438.7629。除草剂通过叶部吸收，破坏植物的光合作用。主要用于豆田芽后除草，特效防除阔叶杂草，对大豆有一定药害，但很容易恢复，中国80%～90%的春大豆田都用该除草剂。其分子构象如图8-11所示。

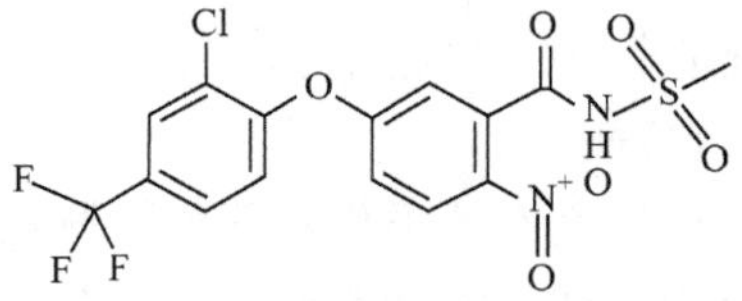

图8-11　氟磺胺草醚的分子构象

1996年中国发布《大豆及谷物中氟磺胺草醚残留量的测定》(GB/T 16337—1996)，2003年修订为GB/T 5009.130—2003。本标准规定了大豆及谷物中氟磺胺草醚残留量的高效液相色谱(HPLC)测定方法。本方法的检出限为0.02 mg/kg，线性范围为5～320 ng。

1. 原理　试样中氟磺胺草醚在酸性条件下用有机溶剂丙酮提取，经液-液分配及硅镁吸附柱净化除去干扰物质后，以高效液相色谱-紫外检测器测定，根据色谱柱的保留时间定性，外标法峰高定量。

2. 仪器和设备　高效液相色谱仪(带紫外检测器)，振荡器，电热恒温水浴锅，具塞锥形瓶(250 mL)，玻璃砂芯漏斗(G3，100 mL)，抽滤瓶(100 mL)，分液漏斗(250 mL)，20目筛，分析天平，振荡器，玻璃注射器(10 mL)，漏斗，滤纸等。

净化柱：硅镁吸附剂色谱预处理小柱，使用前先用5 mL三氯甲烷淋洗。

3. 试剂　甲醇(色谱纯)、乙醚(重蒸馏)、三氯甲烷等。

1)盐酸(83 mL/L)：吸取8.3 mL浓盐酸，加水稀释定容至100 mL。

2)氢氧化钠溶液(4.0 g/L)：称取0.4 g氢氧化钠，溶于水中，稀释定容至1000 mL。

3)硫酸钠溶液(20 g/L)：称取20 g硫酸钠，溶于水中，稀释定容至1000 mL，用氢氧化钠溶液调pH=11。

4)丙酮溶液：取980 mL丙酮(重蒸馏)，加20 mL盐酸。

5)甲醇+三氯甲烷(3+7)：吸取3 mL甲醇，7 mL三氯甲烷，混匀作为洗脱液。

6)高效液相色谱流动相(甲醇+0.01 mol/L乙酸钠=60+40，pH 3.2)：称取0.544 g结晶乙酸钠($CH_3COONa \cdot 3H_2O$)溶于水中，稀释定容至400 mL，加600 mL甲醇，混匀，用磷酸调pH=3.2，经0.5 μm滤膜过滤，超声波脱气，流速1.0 mL/min。

7)氟磺胺草醚标准储备液：准确称取氟磺胺草醚(纯度98%)0.1000 g，置于100.0 mL容量瓶中。加甲醇溶解后定容至刻度；此溶液1.00 mL含1.00 mg氟磺胺草醚。

8)氟磺胺草醚标准使用液：吸取5.0 mL氟磺胺草醚标准储备液于50.0 mL容量瓶中，加甲醇定容至刻度；此溶液1.00 mL含100.0 μg氟磺胺草醚。可稳定一周。

4. 操作步骤

(1)提取　将试样粉碎过20目筛，混匀。称取20 g试样，精确至0.001 g，置于锥形瓶中，加入100 mL丙酮溶液，于振荡器上振摇15 min，静置分层，取上清液用过滤器具过滤。

(2)净化　量取60 mL滤液于分液漏斗中，加入100 mL硫酸钠溶液，用氢氧化钠溶液

调节 pH 至 10～11，加入 50 mL 乙醚振摇，静置分层，弃去上层乙醚。

下层溶液用盐酸溶液调 pH 至 1～2，加入 50 mL 乙醚振摇，静置分层，收集上部乙醚层，下层溶液再用 50 mL 乙醚振摇一次，合并乙醚，静置 15 min，排尽水层，放入蒸发皿中，置于电热恒温水浴锅上蒸至近干。

用 6 mL 三氯甲烷分 3 次溶解残渣，合并移入已接好净化柱的注射器中，推动注射器使样液缓慢通过净化柱，用 10 mL 三氯甲烷淋洗净化柱，弃去淋洗液，用 20 mL 甲醇+三氯甲烷洗脱，收集洗脱液于蒸发皿中，置于电热恒温水浴锅上蒸至近干，用少量甲醇多次溶解残渣于刻度离心管中，最终定容至 1.0 mL 供液相色谱分析。

(3) 测定

1) 色谱参考条件：紫外检测器的测定波长为 290 nm，0.04 AUFS。色谱柱为十八烷基硅胶键合相，柱长为 200 mm，内径为 4.6 mm。

2) 绘制标准曲线：分别吸取 0.5 mL、1.0 mL、2.0 mL、4.0 mL、8.0 mL 氟磺胺草醚标准使用液于 5 支 100.0 mL 容量瓶中，加甲醇稀释定容至刻度，此标准系列的氟磺胺草醚浓度分别为 0.5 μg/mL、1.0 μg/mL、2.0 μg/mL、4.0 μg/mL、8.0 μg /mL。此溶液现配现用。取各浓度标准溶液 10 μL 进样，以氟磺胺草醚浓度为横坐标、响应值为纵坐标绘制标准曲线(图 8-12)。

3) 色谱分析：取 10 μL 试样溶液注入液相色谱仪，记录色谱峰的保留时间和峰高，用保留时间确定氟磺胺草醚，根据峰高，从标准曲线上查出氟磺胺草醚含量。氟磺胺草醚标准色谱见图 8-13。

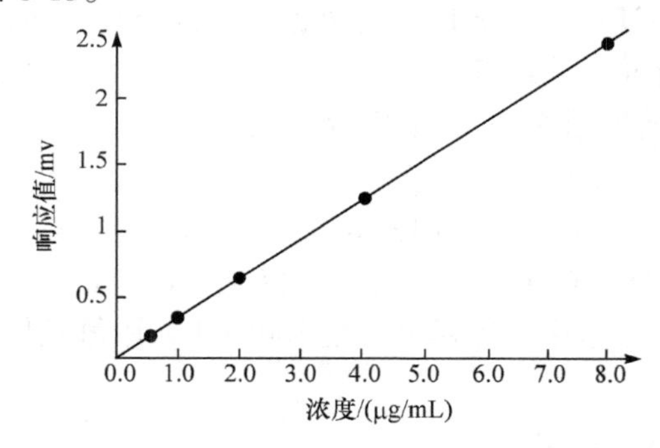

图 8-12 氟磺胺草醚标准曲线

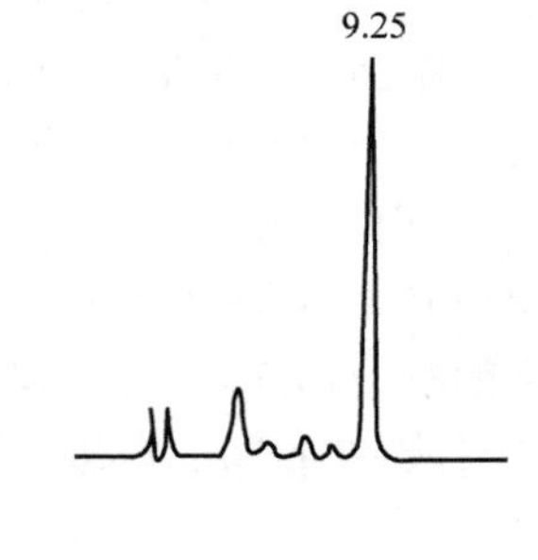

图 8-13 氟磺胺草醚标准色谱图

5. 结果计算 试样中氟磺胺草醚的含量按下式计算。

$$c = \frac{c_1 \times V_0}{m \times \dfrac{V_1}{V_2}}$$

式中，c 为试样中氟磺胺草醚的含量(mg/kg)；c_1 为试样提取液中氟磺胺草醚的浓度(μg/mL)；V_0 为净化液定容的体积(mL)；V_1 为量取过滤溶液的体积(mL)；V_2 为提取溶液的体积(mL)；m 为试样的质量(g)。

计算结果保留 2 位有效数字。

精密度要求：在重复性条件下获得的 2 次独立测定结果的绝对差值不得超过算术平均值的 10%。

二、花生和大豆中异丙甲草胺残留量的测定

异丙甲草胺(metolachlor)为酰胺类除草剂，分子式为$C_{15}H_{22}ClNO_2$；相对分子质量为283.79；化学名称为2-氯-2′, 6′-二乙基-*N*-(2-丙氧基乙基)乙酰基苯胺。分子构象如图8-14所示。

2003年中国发布《花生、大豆中异丙甲草胺残留量的测定》(GB/T 5009.174)。本标准规定了花生、大豆中异丙甲草胺残留量的气相色谱测定方法。本方法的检出限为0.16 ng，线性范围为0.05～5.0 ng。

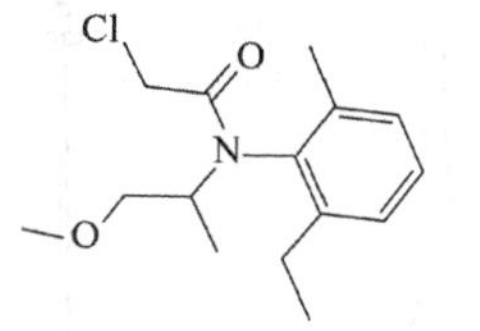

图8-14　异丙甲草胺的分子构象

1. 原理　样品中的异丙甲草胺经有机溶剂甲醇提取、PT-硅镁吸附柱净化，用附有电子捕获检测器的气相色谱仪测定，采用保留时间定性，与标准曲线比较定量。

2. 仪器和设备　气相色谱仪(具有电子捕获检测器)，超声波清洗器，电动离心机(3000 r/min)，K-D浓缩收集器，50 mL离心管，125 mL分液漏斗，容量瓶，烧杯，分析天平等。

3. 试剂　正己烷(重蒸馏)、乙醚等。

1)甲醇+水(80+20)：80 mL甲醇与20 mL水混合。

2)200 g/L氯化钠水溶液：称取20 g氢氧化钠，溶于水中，稀释定容至100 mL。

3)无水硫酸钠：650℃灼烧4 h，贮于密闭容器中备用。

4)预处理小柱：PT-硅镁吸附剂型。硅镁吸附剂型小柱依次用4 mL正己烷、4 mL正己烷-乙醚(2+1)、2 mL正己烷淋洗。

5)异丙甲草胺标准储备液(1 mg/mL)：称取异丙甲草胺(纯度＞97%)0.1000 g，精确度0.0001 g，置于100 mL容量瓶中，用正己烷溶解并定容至刻度。

6)异丙甲草胺标准使用液(50 μg/mL)：取储备液5.0 mL用正己烷定容至100 mL。

4. 操作步骤

(1)试样制备　称取捣碎试样5.00 g，精确至0.01 g，置于50 mL离心管中，加20 mL甲醇+水(80+20)，放入超声波清洗器中提取20 min，在离心机上离心10 min(3000 r/min)，将上清液移入125 mL分液漏斗中，在残渣中依次加入10 mL、10 mL甲醇+水(80+20)，各提取20 min，合并甲醇+水溶液于125 mL分液漏斗中，加5 mL 200 g/L氯化钠水溶液，加10 mL正己烷，萃取，合并萃取液，经无水硫酸钠脱水后，于25 mL容量瓶中定容。

(2)样品净化　取2 mL提取液过预处理小柱，用10 mL正己烷洗脱，5 mL正己烷+乙醚(2+1，体积比)洗脱，收集两种洗脱液与K-D浓缩器收集器中，氮气吹干，用正己烷定容至1.0 mL，备用。

(3)测定

1)气相色谱参考条件：色谱柱为SE-30交联毛细管柱，气化室温度为230℃，检测器温度为260℃，柱箱温度为175℃，载气(N_2)流速分流比为30∶1，尾吹50 mL/min。

2)绘制标准曲线：分别吸取0.1 mL、0.2 mL、1.0 mL、2.0 mL、4.0 mL、8.0 mL、10.0 mL异丙甲草胺标准使用液(50 μg/mL)于7支100.0 mL容量瓶中，加正己烷定容至刻度，此标准系列的异丙甲草胺浓度分别为0.05 μg/mL、0.10 μg/mL、0.50 μg/mL、1.00 μg/mL、2.00 μg/mL、4.00 μg/mL、5.00 μg/mL。各取1 μL标准溶液进行气相色谱分析，记录峰面积(或峰高)。以异丙甲草胺浓度为横坐标、峰高为纵坐标绘制标准曲线。

3) 取试样净化液 1 μL 进行气相色谱分析，记录峰面积(或峰高)。

气相色谱参考图如图 8-15 所示。

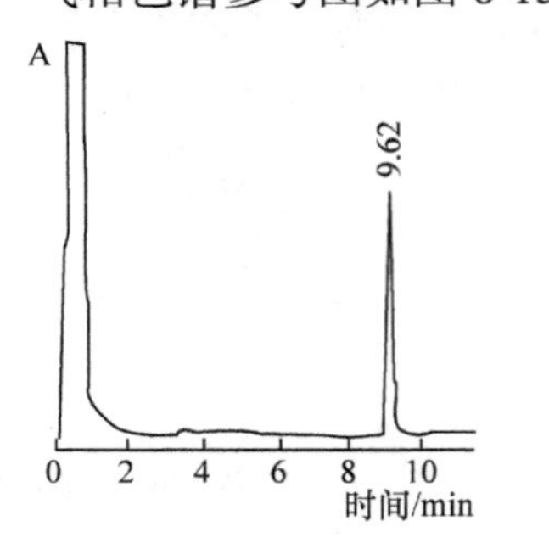

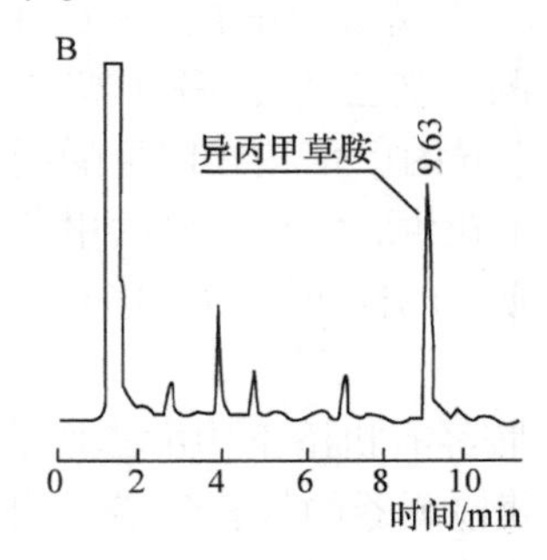

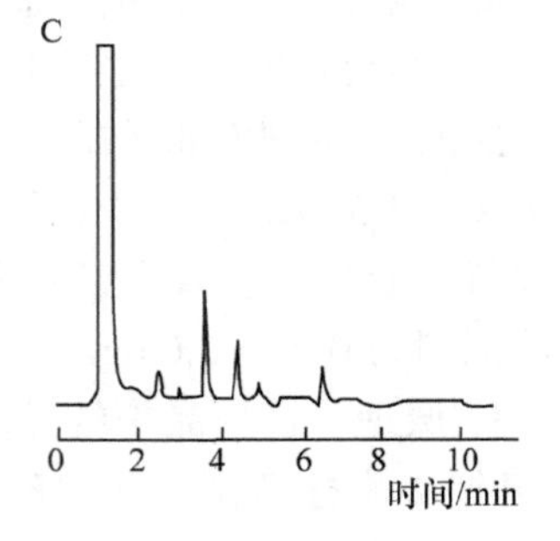

图 8-15　气相色谱参考图

A. 异丙甲草胺色谱图；B. 花生加标准品色谱图；C. 花生空白样品色谱图

5. 结果计算　异丙甲草胺含量按下式计算。

$$\rho = \frac{\rho_1 V}{m \times \frac{V_1}{V_2}}$$

式中，ρ 为试样中异丙甲草胺的含量(mg/kg)；ρ_1 为由标准曲线计算出的异丙甲草胺浓度(μg/mL)；V 为提取液体积(mL)；V_1 为提取液上预处理小柱的体积(mL)；V_2 为净化后样品定容体积(mL)；m 为试样质量(g)。

计算结果保留 2 位有效数字。

精密度要求：在重复性条件下获得的 2 次独立测定结果的绝对差值不得超过算术平均值的 10%。

三、大豆中磺酰脲类除草剂残留量的测定

磺酰脲类除草剂(sulfonylurea herbicide)以乙酰乳酸合成酶(ALS)为靶标，包括氯嘧磺隆、苯磺隆、苄嘧磺隆等，是目前世界上最大的一类除草剂。

大豆田常用 3 种磺酰脲类除草剂的结构式如图 8-16 所示。

氯嘧磺隆(chlorimuron-ethyl)　　噻吩磺隆(thifensulfuron-methyl)　　环氧嘧磺隆(oxasulfuron)

图 8-16　磺酰脲类除草剂分子结构式

《大豆中磺酰脲类除草剂残留量的测定》(GB/T 23817—2009)对大豆中磺酰脲类除草剂残留量的测定进行了规范。本标准适用于大豆中环氧嘧磺隆、噻吩磺隆、甲磺隆、醚苯磺隆、氯磺隆、苄嘧磺隆、氟磺隆、吡嘧磺隆、氯嘧磺隆、氟嘧磺隆的检测与确证。

1. 原理　试样中磺酰脲类除草剂用乙腈提取，经氟罗里硅土柱净化后，用高效液相色谱(HPLC)和液相色谱-质谱/质谱(LC-MS/MS)测定，外标法定量。

2. 仪器和设备　均质器，天平，振荡器，离心机，分液漏斗，旋转蒸发仪，梨形瓶，聚四氟乙烯离心管，0.22 μm 的滤膜，高效液相色谱仪（HPLC，配有二极管阵列检测器），液相色谱-质谱/质谱仪[LC-MS/MS，配有电喷雾离子源（ESI）]等。

玻璃净化柱：玻璃层析柱（Φ10 mm×300 mm），依次填入 2 cm 无水硫酸钠，2.5 g 的 5%氟罗里硅土，2 cm 高的无水硫酸钠。使用前用 20 mL 二氯甲烷活化。

3. 试剂　水（一级）、乙腈（色谱纯）、甲醇、丙酮、二氯甲烷、正己烷、甲酸等。

1）氟罗里硅土：60～100 mm，650℃烘 4 h，降至室温后，称取 95 g 氟罗里硅土加入 5 g 水，配制成含水量为 5%的氟罗里硅土，放入磨口瓶中在干燥器中平衡过夜后备用。

2）无水硫酸钠：650℃灼烧 4 h，冷却后置于干燥器中存放备用。

3）二氯甲烷-丙酮-甲醇（7.2+2+0.5，体积比）：量取 7.5 mL 二氯甲烷、2 mL 丙酮和 0.5 mL 甲醇，混匀。

4）二氯甲烷-甲醇（1+1，体积比）：量取 10 mL 二氯甲烷和 10 mL 甲醇，混匀。

5）标准品：环氧嘧磺隆、噻吩磺隆、甲磺隆、醚苯磺隆、氯磺隆、苄嘧磺隆、氟磺隆、吡嘧磺隆、氯嘧磺隆和氟嘧磺隆，纯度均大于 98%。

6）标准储备液：准确称取适量的 10 种磺酰脲标准品，用乙腈分别配制成浓度为 100 μg/mL 的标准储备液。

7）混合标准工作液：根据需要，分别吸取 10 种磺酰脲标准储备液用乙腈稀释配制成适当浓度的混合标准工作液。

4. 操作步骤

（1）提取　称取 5 g 试样（精确至 0.01 g）于 50 mL 聚四氟乙烯离心管中，加入 30 mL 乙腈于振荡器上提取 20 min，4000 r/min 离心 5 min，将上清液转入 150 mL 分液漏斗中。再向残渣中加入 30 mL 乙腈重复上述操作一次，合并两次提取液于分液漏斗中。向分液漏斗中加入 30 mL 用乙腈饱和的正己烷，振摇 2 min，静置分层后弃去正己烷层，乙腈层转于 100 mL 梨形瓶中于 40℃旋转浓缩蒸发至干，用 5 mL 二氯甲烷溶解残渣。

（2）净化　将上述提取液全部转移至柱上。用 10 mL 二氯甲烷-丙酮-甲醇（7.2+2+0.5，体积比）淋洗柱子并弃去，再用 20 mL 二氯甲烷-甲醇（1+1，体积比）进行洗脱并收集于梨形瓶中。洗脱液于旋转蒸发器上浓缩至干，用 1 mL 流动相溶解定容。过 0.22 μm 滤膜，供 HPLC 和 LC-MS/MS 测定。

（3）测定　利用 HPLC 法测定除草剂含量，相关条件设定参照表 8-14。

表 8-14　磺酰脲类除草剂高效液相色谱（HPLC）参考条件与梯度洗脱程序

液相色谱参考条件	流动相梯度洗脱程序		
	时间/min	磷酸水溶液（pH=2.5）/%	乙腈/%
色谱柱：C_{18} 柱（Φ4.6 mm × 250 mm），5 μm，或相当者	0.00	80	20
流动相：乙腈-水（磷酸调 pH 至 2.5），梯度条件见右侧程序	1.75	65	35
流速：1.0 mL/min	10.00	60	40
检测波长：230 nm	13.00	50	50
进样量：10 μL	15.00	40	60
柱温：30℃	22.00	40	60

续表

液相色谱参考条件	流动相梯度洗脱程序		
	时间/min	磷酸水溶液(pH=2.5)/%	乙腈/%
	22.01	10	90
	27.00	10	90

利用 LC-MS/MS 法测定除草剂含量，相关条件设定参照表 8-15 和表 8-16。

表 8-15　磺酰脲类除草剂 LC-MS/MS 液相色谱参考条件和梯度洗脱程序

液相色谱参考条件	液相色谱梯度洗脱程序		
	洗脱时间/min	0.1%甲酸水溶液/%	乙腈/%
色谱柱：C_{18} 柱（Φ2.1 mm×150 mm），5 μm，或相当者 流动相：乙腈-0.1%甲酸水溶液，梯度条件见右侧程序 流速：0.2 mL/min 进样量：10 μL 柱温：30℃	0.00	60	40
	8.00	10	90
	10.00	10	90
	11.00	60	40
	17.00	60	40

表 8-16　磺酰脲类除草剂 LC-MS/MS 质谱条件与多反应监测条件

质谱条件	多反应监测条件
电离方式：ESI+ 毛细管电压：3.0 kV 源温度：120℃ 去溶剂温度：350℃ 锥孔气流：氮气，100 L/h 去溶剂气流：氮气，600 L/h 碰撞气压：氩气，2.40×10^{-6} Pa 监测模式：多反应监测(MRM)	母离子：407 m/z 子离子：150 m/z 驻留时间：0.05 s 锥孔电压：40 V 碰撞能量：16 eV （以环氧嘧磺隆定量测定为例，其余可参见标准 GB/T 23817—2009 附表 B.4）

(4) 定量测定　　根据样液中磺酰脲的含量，选用浓度相近的标准工作溶液，待测样液中某种磺酰脲的响应值应在仪器检测的线性范围内。对标准工作溶液及样液等体积穿插进样测定。在仪器条件下，参考保留时间见表 8-17。

表 8-17　HPLC 和 LC-MS/MS 测定 10 种磺酰脲的参考保留时间

编号	除草剂名称	参考保留时间/min	
		HPLC	LC-MS/MS
1	环氧嘧磺隆	10.74	5.49
2	噻吩磺隆	11.25	5.63
3	甲磺隆	12.30	6.15
4	醚苯磺隆	13.59	6.63
5	氯磺隆	14.11	6.86
6	苄嘧磺隆	17.35	8.46

续表

编号	除草剂名称	参考保留时间/min	
		HPLC	LC-MS/MS
7	氟磺隆	19.15	9.49
8	吡嘧磺隆	19.33	9.91
9	氯嘧磺隆	19.84	9.91
10	氟嘧磺隆	20.89	10.46

（5）定性测定　按照上述条件测定试样和标准溶液，如果试样中化合物质量色谱峰的保留时间与标准溶液相比在±2.5%的允许偏差之内；样品中待测组分的两个子离子的相对丰度与浓度相当的标准溶液相比，相对丰度偏差不超过表 8-18 的规定，则可断定样品中存在相应的目标化合物。

表 8-18　定性测定时相对离子丰度的最大允许偏差

相对离子丰度/%	＞50	20～50	10～20	≤10
允许的相对偏差/%	±20	±25	±30	±50

标准物质液相色谱图和质量色谱图参见图 8-17 和图 8-18。

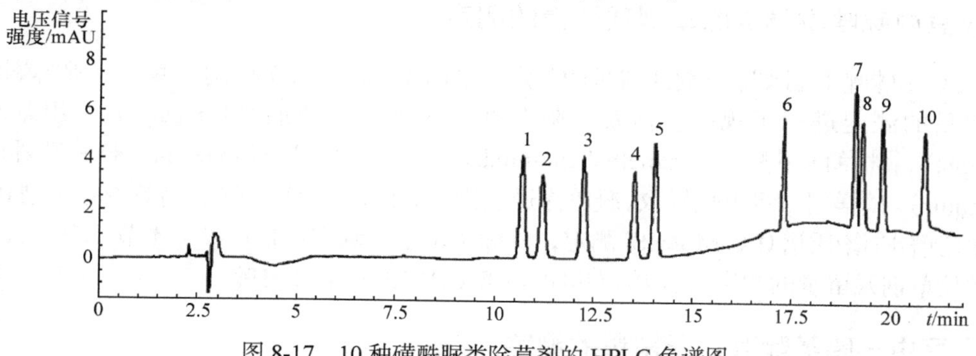

图 8-17　10 种磺酰脲类除草剂的 HPLC 色谱图

1～10 为磺酰脲类除草剂的编号（表 8-17）

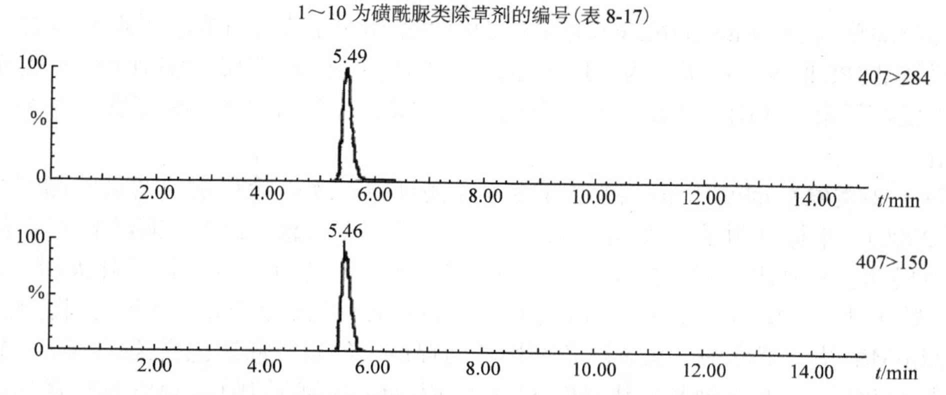

图 8-18　环氧嘧磺隆的 LC-MS/MS 多反应监测色谱图

407 为环氧嘧磺隆的相对分子质量；284 和 150 分别为不同色谱图中特征质谱碎片的相对分子质量；其他磺酰脲类除草剂的 LC-MS/MS 多反应监测色谱图可参见标准 GB/T 23817—2009 附录 C.2

(6) 空白试验　除不加试样外，按上述操作步骤进行。

5. 结果计算　试样中待测化合物的残留量可以采用测定仪器的软件处理器或者按下式计算。

$$X = \frac{A \times C_s \times V}{A_s \times m}$$

式中，X 为试样中被测组分的残留量（mg/kg）；A 为样液中被测组分的峰面积；A_s 为标准工作液中被测组分的峰面积；C_s 为标准工作液中被测组分的浓度（μg/mL）；V 为样液最终定容体积（mL）；m 为最终样液所代表的试样质量（g）。

注：计算结果需将空白值扣除。

6. 测定低限和回收率　测定低限和回收率见表 8-19。HPLC 测定回收率时，磺酰脲类除草剂添加浓度为 0.05～2.00 mg/kg；LC-MS/MS 测定回收率时，磺酰脲类除草剂添加浓度为 0.02～0.10 mg/kg。

表 8-19　测定低限和回收率

测定方法	测定低限/（mg/kg）	平均回收率/%	相对标准偏差/%
高效液相色谱（HPLC）	0.02	69.8～100.7	1.89～10.43
液相色谱-质谱/质谱（LC-MS/MS）	0.005	62.66～120.1	2.55～19.61

四、大豆中咪唑啉酮类除草剂残留量的测定

《大豆中咪唑啉酮类除草剂残留量的测定》（GB/T 23818—2009）对大豆中咪唑啉酮类除草剂残留量的测定进行了规范。涉及的除草剂有 5 种：咪唑烟酸（imazapyr）、甲基咪草烟（imazapic）、咪草酸甲酯（imazamethabenz-methyl）、咪唑乙烟酸（imazethapyr）和咪唑喹啉酸（imazaquin）。试样用二氯甲烷提取，凝胶渗透色谱法和液液分配法净化，高效液相色谱（HPLC）和液相色谱-质谱/质谱（LC-MS/MS）测定，外标法定量。测定过程可参考本节“三、大豆中磺酰脲类除草剂残留量的测定”，详细方法可参考 GB/T 23818—2019。

五、大豆中三嗪类除草剂残留量的测定

三嗪类除草剂（triazine herbicide）是早在 20 世纪 50 年代就推出的传统除草剂之一。它通过光合系统Ⅱ（PSⅡ）以 D1 蛋白为作用靶标，抑制植物的光合作用而发挥作用。这类除草剂曾在农业上发挥了很大作用，但由于其用量较大、残留较长，因此其市场销量在各大类除草剂中排位第五。

大豆三嗪类除草剂残留量的测定可参考《大豆中三嗪类除草剂残留量的测定》（GB/T 23816—2009），本标准附录 A 给出了 13 种除草剂的基本信息。13 种三嗪类除草剂包括：西玛通、西玛津、氰草津、阿特拉通（莠去通）、嗪草酮、西草净、莠去津、扑灭通、特丁通、莠灭净、特丁津、扑草净和异丙净。测定方法有高效液相色谱法（HPLC）和液相色谱-质谱/质谱（LC-MS/MS）法。试样中三嗪类除草剂用乙腈提取，经凝胶渗透色谱仪（GPC）及中性氧化铝 SPE 柱净化后，用高效液相色谱（HPLC）和液相色谱-质谱/质谱（LC-MS/MS）测定，外标法定量。测定过程可参考本节“三、大豆中磺酰脲类除草剂残留量的测定。详细方法可参考 GB/T 23816—2009。

第七节　大豆转基因成分检测

转基因大豆(genetically modified soybean)在全世界已经得到广泛商品化应用。大豆作为重要的粮食和油料作物，公众对转基因大豆的社会关注度很高。因此，大豆品种审定和大豆商品及其加工食品中关于转基因成分的检测已经成为必要的检验环节。也就是说，转基因成分检测已经成为大豆品质分析中一项重要内容。目前我国已经形成了较为完备的大豆转基因成分检测体系(表 8-20)。目前市场上也有针对特定转基因成分的转基因试纸条，可用于特定转基因大豆的快速筛查，并已用于种业田间转基因植株检测。

表 8-20　中国进出口大豆转基因成分检测的现行标准

标准名	转基因植物及其产品成分检测	标准类型
SN/T 1195—2003	大豆中转基因成分的定性 PCR 检测方法	出入境检验检疫行业标准
NY/T 675—2003	转基因植物及其产品检测 大豆定性 PCR 方法	农业行业标准
SN/T 3576—2013	转基因成分检测 大豆 PCR-DHPLC 检测方法	出入境检验检疫行业标准
农业部 2031 号 公告—2013	转基因植物及其产品成分检测 大豆内标准基因定性 PCR 方法(8)	国家标准
DB12/T 506—2014	大豆转基因成分筛查方法	天津市地方标准
农业部 1485 号 公告—2010	转基因植物及其产品成分检测 耐除草剂大豆 MON89788 及其衍生品种定性 PCR 方法(6) 耐除草剂大豆 A2704-12 及其衍生品种定性 PCR 方法(7) 耐除草剂大豆 A5547-127 及其衍生品种定性 PCR 方法(8)	国家标准
农业部 1782 号 公告—2012	转基因植物及其产品成分检测 耐除草剂大豆 356043 及其衍生品种定性 PCR 方法(1) 高油酸大豆 305423 及其衍生品种定性 PCR 方法(4) 耐除草剂大豆 CV127 及其衍生品种定性 PCR 方法(5)	国家标准
农业部 1861 号 公告—2012	转基因植物及其产品成分检测 耐除草剂大豆 GTS 40-3-2 及其衍生品种定性 PCR 方法(2)	国家标准
农业部 2122 号 公告—2014	转基因植物及其产品成分检测 耐除草剂和品质改良大豆 MON87705 及其衍生品种定性 PCR 方法(4) 品质改良大豆 MON87769 及其衍生品种定性 PCR 方法(5)	国家标准
农业部 2259 号 公告—2015	转基因植物及其产品成分检测 耐除草剂大豆 MON87708 及其衍生品种定性 PCR 方法(6) 抗虫大豆 MON87701 及其衍生品种定性 PCR 方法(7) 耐除草剂大豆 FG72 及其衍生品种定性 PCR 方法(8)	国家标准
SN/T 3767—2014	出口食品中转基因成分环介导等温扩增(LAMP)检测方法 第 15 部分：大豆 A2704-12 品系 第 16 部分：大豆 A5547-127 品系 第 17 部分：大豆 DP356043 品系 第 18 部分：大豆 GTS40-3-2 品系 第 19 部分：大豆 MON89788 品系	出入境检验检疫行业标准

大豆转基因成分的检测步骤主要分为试样制备、DNA 提取、PCR 反应、PCR 反应产物定性检测等步骤。其中试样制备和 DNA 提取的方法是通用的，下面的表述参考了中华人民共和国出入境检验检疫行业标准 SN/T 1195—2003《大豆中转基因成分的定性 PCR 检测方法》。

一、试样制备

称取约 50 g 大豆样品，用湿热灭菌（121℃处理 30 min）或干热灭菌（180℃处理 2 h）的研钵或合适的粉碎装置将样品粉碎至 0.5 mm 左右。

同时准备抗草甘膦转基因大豆（roundup ready soybean，RRS）标准品，非转基因大豆标准品。

二、大豆样品的 DNA 提取

1. 仪器和设备　1.5 mL 离心管，滤芯吸头（10 μL、20 μL、100 μL、200 μL、1000 μL），电子天平（感量为 0.001 g），恒温孵育装置，普通离心机，低温冷冻高速离心机，微型离心机，研钵及粉碎装置，低温冰箱，普通冰箱，涡旋振荡器，高压灭菌锅，高温干燥箱，超净工作台，冷冻干燥仪，核酸蛋白分析仪，实验用水制备装置，微量移液器（0.5 μL、2 μL、10 μL、20 μL、100 μL、200 μL、1000 μL）等。

2. 试剂　Tris 饱和酚，异丙醇，70%乙醇等，实验用水为双蒸水。酚：三氯甲烷：异戊醇（25：24：1）溶液、RNA 酶溶液（5 μg/μL）。

CTAB 缓冲液：CTAB 20 g/L，Tris-HCl 0.1 mol/L（pH 8.0），EDTA 0.02 mol/L。

TE 溶液：10 mmol/L Tris，1 mmol/L EDTA，pH 8.0。

3. DNA 提取步骤　参考中华人民共和国出入境检验检疫行业标准 SN/T 1195—2003《大豆中转基因成分的定性 PCR 检测方法》。

1）分别称取 100 mg 制备好的样品，加入两支 1.5 mL 离心管中，同时设置试剂提取对照。

2）加入 600 μL CTAB 缓冲液，振荡均匀，65℃温育 30 min。

3）加入 500 μL 酚：三氯甲烷：异戊醇（25：24：1）溶液，振荡均匀，12 000 r/min 离心 15 min。

4）吸取上清液，放入另一新试管中，加入等体积的异丙醇，12 000 r/min 离心 10 min。

5）弃去上清液，加入 70%乙醇溶液洗涤，12 000 r/min 离心 1 min。

6）弃去上清液，干燥，用 50 μL TE 溶液溶解沉淀。

7）加入 5 μL RNA 酶溶液，37℃温育 30 min。

8）加入 400 μL CTAB 溶液，振荡均匀。

9）加入 250 μL 三氯甲烷:异戊醇（24：1），振荡均匀，12 000 r/min 离心 15 min。

10）吸取上清液，放入另一新试管中，加入 200 μL 异丙醇，12 000 r/min 离心 10 min。

11）弃去上清液，干燥，用 50 μL TE 溶液溶解沉淀。

SN/T 3576—2013 采用的 CTAB 法略有不同：首先用 RNase 溶解 RNA，再提取 DNA。具体步骤如下。

1）称取 150 mg 磨碎的样品，迅速转入 2 mL 离心管中，加 65℃预热的 CTAB 提取液 700 μL，混匀，放入 65℃水浴锅中水浴 30 min。

2）加 5 μL RNase（10 mg/mL），37℃水浴 30 min。

3）加入等体积 Tris 饱和酚，充分混匀，12 000 r/min 离心 15 min。

4）取上清液，加入等体积的三氯甲烷：异戊醇（24：1）混匀，12 000 r/min 离心 10 min，重复该步骤 1 次。

5) 加入等体积预冷的异丙醇，轻轻摇晃，置于–20℃冰箱静置 30 min，12 000 r/min 离心 15 min。

6) 弃去上清液，加入 70 %乙醇溶液，12 000 r/min 离心 3 min，弃去上清液，重复该步骤 2 次。

7) 得到 DNA 沉淀，用冷冻干燥仪进行干燥，加入用 50～100 μL TE 溶液或无菌去离子水，充分溶解后，测量 DNA 的纯度和浓度后置于–20℃冰箱中保存。

若 DNA 提取采用商品化试剂盒，使用时按照操作说明书进行操作。选择商品化试剂盒的原则是所提取 DNA 质量好并且得率高。

4. 所提取样品 DNA 的质量评估

方法 1：样品中提取的 DNA 用核酸蛋白分析仪测定，分别计算核酸的纯度和浓度：DNA 纯度=$OD_{260\,nm}/OD_{280\,nm}$，比值在 1.7～2.0 较好，符合 PCR 检测要求。

根据 1 $OD_{260\,nm}$=50 μg/mL 双链 DNA 或 38 μg/mL 单链 DNA，估算 DNA 浓度。DNA 浓度不低于 10 ng/μL。

方法 2：用 1%的凝胶电泳进行检测，根据电泳结果来检测提取的 DNA。

方法 3：通过定性 PCR 来检测大豆样品的固有内源基因 *Lectin*（植物凝集素基因），根据检测结果来判断样品中提取的 DNA 是否满足 PCR 检测要求。

三、PCR 检测

目前，转基因大豆及其转基因成分的定性检测中使用的大豆内源基因为 *Lectin*，外源转基因成分包括 *CaMV 35 S*（花椰菜花叶病毒 35 S 启动子）、*NOS*（农杆菌的胭脂碱合成酶基因终止子）、*CP4 EPSPS*（5-烯醇丙酮酸莽草酸-3-磷酸合成酶基因）等。

转基因大豆及其转基因成分的定性检测方法有 3 种：普通 PCR 法，实时定量荧光 PCR 和 PCR-DHPLC（变性高效液相色谱技术）。大豆转基因成分检测的国家标准中普遍采用普通 PCR 技术，最新的标准中开始引入实时荧光定量 PCR 检测技术。而 PCR-DHPLC 技术只出台了行业标准。下面分别对 3 种方法进行介绍。

1. 普通 PCR 检测

（1）检测原理　聚合酶链反应（polymerase chain reaction，PCR）是模板基因序列先经高温变性成为单链，在 DNA 聚合酶作用和适宜的反应条件下，根据模板序列设计的两条引物分别与模板 DNA 两条链上相应的一段互补序列发生退火而相互结合，接着在 DNA 聚合酶的作用下以 4 种脱氧核糖核酸（dNTP）为底物，使引物得以延伸，然后不断重复变性、退火和延伸这一循环，使欲扩增的基因片段以几何倍数扩增。

利用植物遗传转化时构建的外源转化体所含元件的特异序列，设计引物，以待测大豆叶片 DNA 为模板，进行 PCR 扩增，通过电泳和凝胶成像定性检测异源目标片段是否得到扩增，从而验证待测大豆基因组中是否有转基因成分的存在。通用大豆本身含有的内源基因 *Lectin*（编码凝集素前体蛋白的基因）作为内标基因。

主要仪器：基因扩增仪，电泳仪，凝胶成像分析系统等。

（2）引物设计　在转基因定性检测中，大豆内标基因通常使用 *Lectin* 基因。针对最新定性 PCR 方法，内标基因 *Lectin* 的引物设计总结如表 8-21 所示。

表 8-21　不同 PCR 方法中大豆内标基因 *Lectin* 的引物设计

PCR 方法	引物	引物序列	扩增片段
普通 PCR	Lec-1672F	5′-GGGTGAGGATAGGGTTCTCTG-3′	210 bp
	Lec-1881R	5′-GCGATCGAGTAGTGAGAGTCG -3′	
实时荧光定量 PCR	Lec-1215F	5′-GCCCTCTACTCCACCCCCA-3′	118 bp
	Lec-1332R	5′-GCCCATCTGCAAGCCTTTTT-3′	
	Lec-1269P	5′AGCTTCGCCGCTTCCTTCAACTTCAC-3′	
PCR-DHPLC	Lectin-F	5′-CGTGGCCTCGCGATCTGACTTCCTCCAAGGAGACGCTATTG-3′	119 bp
	Lectin-R	5′-CTCAGCGGCGGAGCTACAGAGGTTTTGGGGTGCCGTTT-3′	

注：探针的 5′端标记荧光报告基因(如 FAM、HEX 等)；3′端标记对应的荧光淬灭基因(如 TAMRA、BHQ1 等)

(3) PCR 反应　PCR 反应程序包括 95℃变性 5 min；94℃ 30s，退火温度见表 8-22，30 s，72℃ 30 s，35 次循环；72℃延伸 7 min(参考中国出入境检验检疫行业标准 SN/T 1195—2003)。大豆外源转基因元件的引物序列与退火温度见表 8-22。

表 8-22　大豆外源转基因元件的引物序列与退火温度

检测基因	引物序列	扩增片段/bp	退火温度/℃
内标基因 *Lectin*	lec-1672F：5′-GGGTGAGGATAGGGTTCTCTG-3′ lec-1881R：5′-GCGATCGAGTAGTGAGAGTCG-3′	210	58
CaMV 35 S	35 S-F:5′-GCTCCTACAAATGCCATCATTGC-3′ 35 S-R:5′-GATAGTGGGATTGTGCGTCATCCC-3′	195	60
NOS	NOS-F:5′-GAATCCTGTTGCCGGTCTTG-3′ NOS-R:5′-TTATCCTAGTTTGCGCGCTA-3′	180	60
CP4-EPS PS	mCP4ES-F:5′-ACGGTGAYCGTCTTCCMGTTAC-3′ mCP4ES-R:5′-GAACAAGCARGGCMGCAACCA-3′ (不同转化事件中所用的引物略有差异)	333	63
Bt	Bt-F:5′-GAAGGTTTGAGCAATCTCTAC-3′ Bt-R:5′-CGATCAGCCTAGTAAGGTCGT-3′	301	56
bar	bar-F:5′-GAAGGCACGCAACGCCTACGA-3′ bar-R:5′-CCAGAAACCCACGTCATGCCA-3′	262	63
pat	pat-F:5′-GAAGGCTAGGAACGCTTACGA-3′ pat-R:5′-CCAAAAACCAACATCATGCCA-3′	262	63

进行 PCR 检测时反应体系必须设置阳性对照(以 RRS 标物提取的 DNA 为模板)、阴性对照(以非转基因大豆标物提取的 DNA 为模板)和空白对照(用配制反应体系的实验用水代替模板)。

检测 RRS 中内源和外源基因采用的 PCR 反应体系见表 8-23 和表 8-24。反应体系中各试剂的量根据反应体系的总体积进行适当调整(早期采用 50 μL 体系，近年来多用 25 μL 体系)。每个反应体系应该设置两个平行管。

表 8-23　*Lectin* 基因 PCR 检测反应体系（25 μL）

试剂	终浓度	加入量/μL
10×PCR 反应缓冲液	1×	2.5
$MgCl_2$（25 mmol/L）	1.5 mmol/L	1.5
dNTP 混合溶液（各为 2.5 mmol/μL）	各 0.2 mmol/μL	2.0
lec-1672F（10 μmol/L）	0.2 μmol/μL	0.5
lec-1881R（10 μmol/L）	0.2 μmol/μL	0.5
Taq 酶	0.025 U/μL	—
模板（样品 DNA 25 mg/L）	2 mg/L	2.0
双蒸水		补足总体积 25 μL
PCR 条件：94℃变性 5 min；94℃　30 s，58℃　30 s，72℃　30 s，35 次循环；72℃延伸 7 min		

注：参考农业部 2031 号公告—8—2013

表 8-24　转化体特异序列 PCR 检测反应体系（25 μL）

试剂	终浓度	加入量/μL
10×PCR 反应缓冲液	1×	2.5
$MgCl_2$（25 mmol/L）	1.5 mmol/L	1.5
dNTP 混合溶液（各为 2.5 mmol/μL）	各 0.2 mmol/μL	2.0
转化体上游引物（10 μmol/L）	0.4 μmol/μL	1.0
转化体下游引物（10 μmol/L）	0.4 μmol/μL	1.0
Taq 酶	0.025 U/μL	—
模板（样品 DNA 25 mg/L）	2 mg/L	2.0
双蒸水		补足总体积 25 μL
PCR 反应条件：94℃变性 5 min；94℃　30s，58℃　30s（退火温度可适当调整），72℃　30 s，35 次循环；72℃延伸 7 min		

注：参考农业部 2259 号公告—2015。反应条件还需根据扩增片段特征和检测仪器的性能做相应调整

（4）凝胶电泳　PCR 扩增反应结束后，普通 PCR 检测方法中用凝胶电泳检测 PCR 产物。制备凝胶：用 1×TAE（或 0.5×TBE）电泳缓冲液制备 2%的琼脂糖凝胶[凝胶熔化后凉至 60℃左右时加入溴化乙锭（EB），含量为 0.5 μg/mL；或者在电泳后用 EB 溶液进行染色；此外也可以选用其他染色剂]（注：1.0 g 溴化乙锭（EB）溶解于 100 mL 水中，避光保存。EB 有致癌作用，配制和使用时宜戴一次性手套操作并妥善处理废液）。

按比例将 10 μL 的 PCR 产物与上样缓冲液均匀混合，然后分别加入对应的凝胶孔中，同时加入合适的 DNA 分子质量标记物，选择合适的电压（3～5 V/cm）进行电泳，电泳时间为 20～40 min。用凝胶成像系统进行观察分析并记录。

（5）结果分析与判定　根据内源基因 *Lectin* 扩增情况来判断所提取样品 DNA 的质量，必要时进行样品 DNA 的纯化或重新提取，防止检测中产生假阴性现象。

样品的内源基因 *Lectin* 扩增为阳性，样品的外源转基因元件为阳性，其相应的阳性对照、

阴性对照和空白对照正确，可根据结果判定被检样品中含有转基因成分。如果外源特异基因的扩增也为阳性，其相应的阴性对照和空白对照均正确，可以判定此样品为某特定转基因大豆。

样品的内源基因 *Lectin* 扩增为阳性，样品的外源基因中仅有一个为阳性，判定被检样品的检测结果，应按照 SN/T 1204—2016《植物及其加工产品中转基因成分实时荧光 PCR 定性检验方法》 中规定的方法进行确证实验。

另外，在转基因植物及其产品成分检测中，利用普通 PCR 获得特异转化体扩增片段后还有 PCR 产物回收和测序验证环节。具体方法如下：按照 PCR 产物回收试剂盒的说明书，回收 PCR 扩增的 DNA 片段。将回收的 PCR 产物克隆测序，与转化体特异性序列进行比对，确定 PCR 扩增的 DNA 片段是否为目的 DNA 片段。

2. 实时荧光定量 PCR 分析　参考农业部 2013 号公告—8—2013《转基因植物及其产品成分检测 大豆内标准基因定性 PCR 方法》、农业部 2259 号公告—6—2015《转基因植物及其产品成分检测 耐除草剂大豆 MON87708 及其衍生品种定性 PCR 方法》、农业部 2259 号公告—7—2015《转基因植物及其产品成分检测 抗虫大豆 MON87701 及其衍生品种定性 PCR 方法》、农业部 2259 号公告—8—2015《转基因植物及其产品成分检测 耐除草剂大豆 FG72 及其衍生品种定性 PCR 方法》、SN/T 1204—2016《植物及其加工产品中转基因成分实时荧光 PCR 定性检验方法》。

（1）检测原理　根据基因序列设计特异性引物及探针，对试样进行 PCR 扩增。依据是否扩增获得典型的荧光扩增曲线，判断样品中是否含有特定基因组分。

主要仪器：实时荧光 PCR 仪。

（2）实时荧光 PCR 步骤

1）引物和探针设计：针对不同的转基因大豆品种及衍生品种设计转化体特异序列。

2）试样 PCR 反应：分别对大豆内标基因 *Lectin* 和转化体特异序列进行扩增。步骤基本相同，反应体系略有差别。每个试样 PCR 反应设置 3 次平行。在 PCR 扩增管中按表 8-25、表 8-26 依次加入反应试剂，混匀。也可采用经验性的、等实效的实时荧光 PCR 反应试剂盒配制反应体系。将 PCR 管放在离心机上，500～3000 *g* 离心 10 s，然后取出 PCR 管，放入 PCR 仪中。运行实时荧光 PCR 反应。反应程序为 95℃ 5 min；95℃ 15 s，60℃ 60 s，循环数 40；在第二阶段的退火延伸（60℃）时段收集荧光信号。可根据仪器要求将反应参数做适当调整。

表 8-25　大豆内标基因 *Lectin* 实时荧光 PCR 反应体系

试剂	终浓度	加入量/μL
10×PCR 缓冲液	1×	2.5
$MgCl_2$（25 mmol/L）	2.5 mmol/L	2.5
dNTP 混合溶液（各 2.5 mmol/μL）	各 0.2 mmol/μL	2.0
Lec-1215F（10 μmol/L）	0.4 μmol/μL	1.0
Lec-1332R（10 μmol/L）	0.4 μmol/μL	1.0
Lec-1269P（10 μmol/L）	0.2 μmol/μL	0.5 μmol/μL
Taq DNA 聚合酶	0.04 U/μL	—
DNA 模板（25 mg/L）	2 mg/L	2.0
双蒸水		补足总体积 25 μL

注：参考农业部 2013 号公告—8—2013

表 8-26　大豆转化体特异序列实时荧光 PCR 检测反应体系（20 μL）

试剂	终浓度	加入量/μL
10×PCR 缓冲液	1×	2.0
$MgCl_2$（25 mmol/L）	1.5 mmol/L	1.2
dNTP 混合溶液（10 mmol/μL）	0.3 mmol/μL	0.6
MON87708-QF（10 μmol/L）	0.3 μmol/μL	0.6
MON87708-QR（10 μmol/L）	0.3 μmol/μL	0.6
MON87708-P（10 μmol/L）	0.15 μmol/μL	0.3
Taq DNA 聚合酶	0.04 U/μL	—
DNA 模板（25 mg/L）	2.5 mg/L	2.0
双蒸水		补足总体积 20 μL

注：参考农业部公告 2259 号—6—2015。不同标准中转化体特异序列引物的最终反应浓度或略有差异，具体使用中可参考具体的标准

3）对照 PCR 反应：在试样 PCR 反应的同时，应设置阴性对照、阳性对照和空白对照。以大豆基因组 DNA 质量分数为 0.1%～1.0%的植物 DNA 作为阳性对照；以不含大豆基因组 DNA 的 DNA 样品（如鲑鱼精 DNA）作阴性对照，以水作空白对照。各对照 PCR 反应体系中，除模板外，其余组分及 PCR 反应条件与试样 PCR 相同。

（3）实时荧光定量 PCR 结果分析　实时荧光定量 PCR 反应结束后，以 PCR 刚好进入指数期扩增来设置荧光信号阈值，并根据仪器噪声情况进行调整。

1）对照检测结果分析：阴性对照和空白对照无典型扩增曲线，荧光信号低于设定的阈值，而阳性对照出现典型扩增曲线，且 Ct 值（反应管内的荧光信号达到设定的阈值时所经历的循环数）小于或等于 36，表明反应体系工作正常，否则，重新检测。

2）样品检测结果分析：*Lectin* 内标基因出现典型扩增曲线，且 Ct 值小于或等于 36，表明样品中检测出大豆成分；*Lectin* 内标基因无典型扩增曲线，荧光信号低于设定的阈值，表明样品中未检测出大豆成分；*Lectin* 内标基因出现典型扩增曲线，但 Ct 值在 36～40，应进行重复试验。

3. PCR-DHPLC　相关方法参考 SN/T 3576—2013《转基因成分检测　大豆 PCR-DHPLC 检测方法》。

（1）检测原理　变性高效液相色谱技术（denaturing high-performance liquid chromatography，DHPLC）是一种简单、快速、非凝胶的核酸分析方法，在 50℃条件下分析样品，由碱基对的数量决定样品峰的洗脱顺序，当过柱的乙腈浓度提高时，核酸片段会根据相对分子质量从小到大的顺序被洗脱出来。本标准采用多重 PCR 方法针对转基因大豆含有的转基因成分同时进行扩增，扩增产物用 DHPLC 进行分析，通过 DHPLC 得到的洗脱峰与 Marker 比较确定相对分子质量大小，判定是否带有外源基因成分及是否为转基因大豆。

（2）试剂与仪器　主要试剂如下。

多重 PCR 反应缓冲液（Multiplex PCR Mix），*Taq* DNA 聚合酶。

DHPLC 缓冲液 A：TEAA（0.1 mol/L，pH 7.0），乙腈（0.025%）。

DHPLC 缓冲液 B：TEAA（0.1 mol/L，pH 7.0），乙腈（25%）。

DHPLC 缓冲液 D：乙腈(75%，pH 7.0)、分子质量标记(Marker)。

主要仪器：DHPLC 仪。

表 8-27 引物设计参考标准 SN/T 3576—2013。上述引物合成后，用 TE 缓冲液(pH 5.6)或水稀释到工作浓度 10 μmol/L。

表 8-27　PCR-DHPLC 检测引物设计

检测基因	引物序列	目的片段/bp
Lectin	F:5′-CGTGGCCTCGCGATCTGACTTCCTCCAAGGAGACGCTATTG-3′ R:5′-CTCAGCGGCGGAGCTACAGAGGTTTTGGGGTGCCGTTT-3′	119
CaMV 35 S	F:5′-CGTGGCCTCGCGATCTGACTAAGATGCCTCTGCCGACAGT-3′ R:5′-CTCAGCGGCGGAGCTACAGAGCGAAGGATAGTGGGATTGT-3′	196
NOS	F:5′-CGTGGCCTCGCGATCTGACTTGAATCCTATTGCCGGTCTT-3′ R:5′-CTCAGCGGCGGAGCTACAGACGTATTAAATGTAYAATTGCGGGAC-3′	134
CP4-EPSPS	F:5′-CGTGGCCTCGCGATCTGACTCCCACCGGTCCTTCATGTT-3′ R:5′-CTCAGCGGCGGAGCTACAGACGTATTAAATGTATAATTGCGGGAC-3′	134
RRS	F:5′-CGTGGCCTCGCGATCTGACTTCAATTTAACCGATGCTAATGAGTT-3′ R:5′-CTCAGCGGCGGAGCTACAGATGCGAAGGATAGTGGGATTGT-3′	404

(3) 扩增条件　　分两组进行检测，第一组检测转基因大豆的筛选基因 *CaMV 35 S*、*NOS* 和结构基因 *CP4-EPSPS*，第二组检测转基因大豆的内源基因 *lectin* 和品系基因 *RRS*。检测时先进行 PCR 扩增，再以 DHPLC 分析扩增产物。每次检测应设置阳性对照、阴性对照和空白对照。PCR-DHPLC 反应体系见表 8-28。

表 8-28　PCR-DHPLC 反应体系

第一组反应体系		第二组反应体系	
PCR 反应底物	加入量	PCR 反应底物	加入量
Multiplex PCR Mix	25 μL	Multiplex PCR Mix	25 μL
CaMV 35 S 引物(10 μmol/L)	0.5 μL/引物	*Lectin* 引物(10 μmol/L)	0.5 μL/引物
NOS 引物(10 μmol/L)	0.5 μL/引物	*RRS* 引物(10 μmol/L)	0.5 μL/引物
CP4-EPSPS 引物(10 μmol/L)	0.5 μL/引物		
DNA	2 μL	DNA	2 μL
Taq 酶(5 U/μL)	0.25 μL	*Taq* 酶(5 U/μL)	0.25 μL
灭菌双蒸水	补足 50 μL	灭菌双蒸水	补足 50 μL
扩增反应条件：94℃变性 1 min；94℃　30 s，57℃　1 min，72℃　1 min，35 次循环；72℃延伸 10 min			

(4) DHPLC 上机检测　　按以下步骤操作。

1) PCR 产物开盖，放在 DHPLC 仪的自动进样平台上。

2) 打开 DHPLC 仪控制软件 Navigator，在检测方法中选择 DS. Multiple Fragments，同时设定最大片段为 600 bp，最小片段为 70 bp。

3) 运行两个 Blank，即空针，平衡色谱柱。

4) 运行一个 Marker。

5) 依次对待测样本进行分析。

(5) 结果判定　　观察 DHPLC 得到的洗脱峰，通过与 Marker 比对及系统自动分析确定洗脱峰位置的 DNA 片段大小，据此进行判断。

第一组反应阳性对照应得到 3 个洗脱峰，阴性对照及空白对照无洗脱峰，在此基础上，可对检测结果进行判定（表 8-29）。

表 8-29　第一组反应结果判定

阳性对照	阴性对照	空白对照	样品洗脱峰	结果判定
3 个洗脱峰	无洗脱峰	无洗脱峰	196 bp	含有 *CaMV 35 S*
			184 bp	含有 *NOS*
			134 bp	含有 *CP4-EPSPS*

第二组反应阳性对照应得到 2 个洗脱峰，阴性对照应得到 1 个洗脱峰，在此基础上，可对检测结果进行判定（表 8-30）。

表 8-30　第二组反应结果判定

阳性对照	阴性对照	空白对照	样品洗脱峰	结果判定
2 个洗脱峰	1 洗脱峰	无洗脱峰	1 个峰（119 bp）	含有 *lectin*，样品含有大豆成分
			2 个峰（119 bp，404 bp）	含有 *RRS* 转基因大豆

第九章　棉花品质分析原理与方法

棉花(cotton)是世界上最重要的天然纤维作物，是纺织工业的主要原料和关系国计民生的战略物资。我国常年植棉 540 万 hm^2，占全世界的 17%；棉花总产 750 万 t，占世界的 21%。

在改革开放以前，中国棉花产量较低，供求矛盾突出，重点解决的是产量问题。近几年，我国棉花生产受国际国内形势影响，总产量有所波动，但一直处于世界前三。2016～2017 年度我国棉花单产达 1708 kg/hm^2，高于世界平均(784 kg/hm^2)以及美国(972 kg/hm^2)、印度(542 kg/hm^2)等主产地的棉花生产水平，仅与澳大利亚等高产国家存在一定差距。

随着纺织工业的发展，对棉花的质量也有了更高的要求，因而从 20 世纪 80 年代后期开始，全国棉花界提出大力发展“优质棉”的口号。我国提倡培育优质棉品种，采取优质棉栽培技术措施，在生产领域相继建设了 200 多个优质棉基地县，把中国棉花生产引导到高产与优质并重的发展阶段，为中国棉花产业的持续辉煌做出了重要贡献。

在新的背景下，农产品供给侧结构性改革对棉花产量、品质提出了新要求。棉花生产由片面追求高产转向兼顾产量、效益和品质，重点是品质提升。用中高端品质引领现代棉纺织业发展，这是植棉业转型升级的主攻目标，只有全面提升品质才能赢得市场，只有全面提升品质才能与高成本相对应，只有全面提升品质才能保住生产规模。因此我国提出，要培育“双 30”(纤维长度在 30 mm 以上，纤维强度在 30 cN/tex 以上，长度整齐度指数超过 85%)的优质棉花新品种。

第一节　棉花品质概述

成熟棉花纤维的成分以纤维素为主，含量占干物质的 90%以上，其余部分是少量的纤维素伴生物，包括蛋白质、无机态氮、粗脂肪、木质素、水分等，如表 9-1 所示。纤维素是无色、不溶于水、由还原糖聚合成的碳水化合物，分子长约 5 μm。根据纤维素聚合度的大小及其在常温(20℃)下能溶于 17.5% NaOH 溶液的特点，可将纤维素分为 3 种，即聚合度大的α-纤维素、聚合度较小的β-纤维素和聚合度小的γ-纤维素。粗脂肪包括蜡质，存在于纤维的角质层中，在纺纱过程中有润滑作用，但妨碍印染着色。果胶质、糖类和含氮物均易溶于水，会增加纤维的吸湿性，用热水可将其漂洗掉。成熟纤维中灰分含量占 2%左右，含有 13 种元素，其中钾含量最高，其次是镁、磷、钙、钠，再次是硫、氯、铁、锰、硼、铜、锌等，含量极少。棉花品质的核心是棉花纤维品质(cotton fiber quality)。

表 9-1　棉花纤维的化学成分　(%)

成分	纤维素	木质素	蛋白质	粗脂肪	无机氮	多缩戊糖	单糖类	多糖	糊精	其他含氮物	淀粉	灰分	水分
含量	90.00	0.50	1.00	0.50	0.05	1.50	0.25	0.05	0.20	0.20	0.10	2.00	4.00

一、棉花纤维品质指标

棉花作为纺织品的主要原料，其品质应包括两个方面，一是质量要满足纺织工业的需求，纤维品质达到优质棉的指标；二是要符合健康的要求，对人与环境无毒无害。

棉花纤维结构特性由棉花纤维主要质量指标来具体体现。多年以来，研究者对棉花质量指标开展了深入研究，已被广泛使用的指标达数十个，但对纺纱性能影响较大的主要有：长度、长度整齐度、断裂比强度、断裂伸长率、细度、成熟度、麦克隆值、反射率和黄度等。

关于优质棉(high quality cotton)的定义，2007 年农业部下达了行业标准《棉花纤维品质评价方法》（NY/T 1426—2007），明确了“优质棉”的定义，即“符合纺织工业需要，各纤维品质指标之间匹配合理的棉花”，将品级(modal grade)、长度(fiber length)、长度整齐度(fiber length uniformity)、断裂比强度(fiber strength)和麦克隆值(micronaire value)作为衡量棉花纤维品质优劣的最重要指标，规定了不同档次“优质棉”的质量要求及其检验规则，适用于科研、生产、收购、加工、经营、贮备、使用等领域对棉花品质的评价。

（一）纤维长度

棉花纤维长度是指纤维伸直后两端间的长度，单位为 mm。一般海岛棉纤维长度为 33～45 mm，陆地棉为 21～33 mm，中棉为 15～25 mm。纤维越长，纺纱支数越高，成纱强力越高，条干越均匀。世界棉花按纤维长度可分为短绒棉(20.5 mm 以下)、中短绒棉(20.6～26.1 mm)、中长绒棉(26.2～28.5 mm)、长绒棉(28.6～34.8 mm)、超级长绒棉(34.9 mm 以上)。同一棉株，其下部棉铃的纤维最短，中部棉铃最长，上部棉铃次之，同株不同棉铃间，绒长可相差 10 mm。同一棉铃中不同棉籽的绒长相差可达 5 mm。

(1) 主体长度(modal length)　又称众数长度，指棉花纤维长度分布中，纤维根数最多或质量最大的一组纤维的平均长度。它与手扯长度相接近，是中国棉花收购中定级作价的依据。

(2) 品质长度(quartile length)　又称主体平均长度，指棉花纤维样品中主体长度以上各组纤维的质量加权平均长度。品质长度一般比主体长度长 3 mm 左右，代表纤维长度的使用价值，决定原棉的可纺支数和号数。

(3) 平均长度(mean length)　在用大容量纤维测试仪(HVI)测定棉花纤维品质时，在照影曲线图中，从纤维数量 100%处作照影曲线的切线，切线与长度坐标轴相交点所显示的长度值。

(4) 上半部平均长度(upper-half-mean length)　在用 HVI 测定棉花纤维品质时，在照影曲线图中，从纤维数量 50%处作照影曲线的切线，切线与长度坐标轴相交点所显示的长度值。

(5) 手扯长度(staple length)　用手扯及尺量方法测得的纤维长度，接近主体长度。

(6) 跨距长度(span length)　指用数字纤维长度照影仪测定的一定范围的纤维长度，即棉束指定百分数的纤维所跨过的距离，它与该试验棉束的一个确定的纤维数量百分比相对应。随机取一束纤维样品，测出长度分布曲线。曲线图中比平均长度长或短的纤维数量为 2.5%处的长度即为 2.5%跨距长度；纤维数量为 50%处的长度即为 50%跨距长度。2.5%跨距长度接近于主体长度。

(二)纤维长度整齐度

整齐度是纤维长度的集中性指标，取决于开花后较短时间内(0～3 d)胚珠表皮细胞伸长启动的一致性，以罗拉式长度分析仪测定。同一样品的棉花纤维，要求纤维长度的整齐度好。纤维越整齐，短纤维含量越低，则游动纤维越少，纱条中露出的头就越少，使成纱的表面光洁，纱的强度提高。

表示整齐度的指标有 5 种。

(1) 基数(base)　指主体长度组和其相邻两组长度差异在 5 mm 内的纤维质量占全部纤维质量的百分数。基数大(40%以上)表示整齐度好。陆地棉品质的基数应达 40%。

(2) 均匀度(uniformity)　为主体长度和基数的乘积(如主体长度 33 mm，基数 40%，则均匀度为 33×40)，是整齐度的可比性指标。因棉种不同，纤维有长有短，若同样用基数表示，势必出现短纤维整齐度高，长纤维整齐度较差的情况。因此，用均匀度更能合理地表示不同棉花纤维的整齐度。均匀度高(1000 以上)表示整齐度好。

(3) 整齐度指数(uniformity index)　棉花纤维长度测定时，平均长度与上半部平均长度之比，以百分数表示。

(4) 短绒率(short fiber content)　指棉花纤维中短于一定长度界限的短纤维质量或根数占纤维总质量或总根数的百分率。陆地棉短纤维界限为 15 mm，海岛棉界限为 20 mm。

(三)纤维细度

棉花纤维细度是指纤维的粗细程度，它的直接含义是纤维直径。由于棉花纤维的直径难以直接测定，且衡量棉纱粗细的主要是质量细度，即单位质量的长度，因此目前较多选用质量细度来描述纤维粗细，仅在某些理论研究中需了解纤维直径细度。

考虑到细度测试方法烦琐，人们发明了利用棉花纤维对气流的阻力来测试棉花的细度。后来深入研究表明，气流法测试的棉花细度与成熟度密切相关，因此，国际上又制定了一个反映纤维细度与成熟度的综合指标——麦克隆值。对同一品种或类型相近的品种而言，气流仪读数可综合反映纤维粗细与成熟程度。

纤维细度(fiber fineness)是表示棉花纤维粗细程度的指标，测定纤维细度多用间接法。国际上表示棉花纤维细度的常见指标有两个，分别为麦克隆值和特克斯数。

(1) 麦克隆值(micronaire value)　是棉花纤维细度和成熟度的综合指标。它是指一定长度纤维的质量(μg/0.0254 m)，能反映一定质量的试样在特定条件下的透气性。细的、不成熟的纤维对气流阻力大，麦克隆值低；粗的、成熟的纤维气流阻力小，麦克隆值大。陆地棉麦克隆值在 4.0～5.0 μg/0.0254 m，海岛棉在 3.5～4.0 μg/0.0254 m，麦克隆值在 3.0 μg/0.0254 m 以下的纤维为很细，3.0～3.9 μg/0.0254 m 为细，4.0～4.9 μg/0.0254 m 为中等，5.0～5.9 μg/0.0254 m 为粗，6.0～6.9 μg/0.0254 m 为很粗。国际贸易中，陆地棉的麦克隆值以 3.5～4.9 μg/0.0254 m 为正常，低于 3.5 μg/0.0254 m 的成熟度差。

(2) 特克斯数(tex)　国际标准通常以特克斯数表示纤维细度，是指纤维或纱线 1000 m 长度的质量(g)。特克斯数越高，表示纤维越粗；特克斯数越低，则越细。

(3) 公制支数(metric count)　中国习惯上采用公制支数表示棉花纤维细度。它是指一定质量纤维的总长度，单位为 m/g。用棉花纤维中段切取一束长度一定的纤维，称其质量，计数其根数，从而计算出棉花纤维的公制支数。纤维越细，公制支数越高。

$$公制支数(m/g) = \frac{I \times N}{M}$$

式中，M 为切取的纤维束质量(mg)；I 为切取的纤维长度(mm)；N 为纤维束的根数。

成熟陆地棉的细度为 5000～6500 m/g，海岛棉为 6500～8000 m/g。公制支数可用 Y145 型气流仪进行快速测定，数据稳定可靠。公制支数可与麦克隆值进行相互换算，麦克隆值=25400/公制支数。

(4) 纤维细胞的宽度(直径)(fiber diameter)　直径越小，纤维越细，海岛棉的纤维直径为 12～15 μm，陆地棉为 14～19 μm，亚洲棉为 20～24 μm，草棉为 19～22 μm。

(四) 纤维强度和强力

棉花纤维强度和强力是衡量纤维拉伸特性的重要指标，对成纱品质有重要影响。在其他物理性能基本相近的情况下，纤维强度越高，纺纱断头率越低、成纱强度越高，织成的布强度也越高，越坚牢耐穿。棉纺生产过程中，一般都要求先对棉花纤维强度和强力进行综合分析，作为指导选配原棉的重要指标。

纤维强力指纤维的绝对强力，即一根纤维拉断时所承受的力，单位为克力(gf)，1 gf=0.98 cN。纤维强度(又称相对强力)是指纤维拉断时所能承受的最大负荷，以克(g)或厘牛(cN)表示。纤维比强度(又称断裂比强度)是指一束纤维拉断时所承受的力，以 cN/tex(厘牛/特克斯)表示。由于纤维强力指标本身未考虑纤维细度，难以全面评价纤维的拉伸性能，材料之间无可比性。例如，亚洲棉由于纤维较粗、单纤维强力一般都比较高，但决不能据此认为亚洲棉的抗拉伸性能就好。

国际上通常用卜氏束纤维强度仪和斯特洛强力仪测定纤维比强度。断裂比强度因测试方法、标准及夹头与隔距不同而有多种指标。同种指标因采用仪器不同，结果也不相同。

纤维比强度与纱线强度关系密切，纤维比强度越高，则纺织过程中不易拉断，纱线强度也越高。

(五) 断裂长度

中国通常用断裂长度(fiber fragmentation length)表示纤维强力和细度的综合指标。它等于单纤维强力和纤维细度公制支数(m/g)的乘积，单位为 km。

断裂长度的值大，表示纤维既细且强，这是一个相对强度指标，只是因纤维细度以单位质量的长度(km/g)表示，和纤维强力(g)的乘积的单位是长度(km)，所以称为断裂长度。一般陆地棉的断裂长度多为 21～25 km；海岛棉可达 27～40 km。断裂长度对棉纱品质有重要影响。

(六) 纤维成熟度

纤维成熟度(fiber maturity)是指纤维细胞壁加厚及纤维素在细胞中沉积的程度，和纤维长度以外的其他纤维品质指标均有关系。充分成熟的纤维强力较高，天然转曲较多，洁白有光泽，品质高，棉纱的强力也较好。没有成熟的纤维，强力弱，吸湿性高，刚性差，转曲数少，影响成纱强度，纺织过程中易形成棉结。

棉花纤维成熟度是一项反映纤维胞壁加厚程度的重要指标。在纤维胞壁直径相似(如同为陆地棉)的情况下，细胞壁越厚，成熟度越高。棉花纤维的细度、麦克隆值、强力、强度及染色特征等都与成熟度有密切关系。对于成熟系数，一般要求在 1.6～1.8；1.6 以下认为成熟不好，小于 1.0 认为成熟很差，会影响纤维强度及染色均匀性等；成熟系数大于 2.0，则为过成熟纤维，其纤维转曲少，不利于纤维间抱合，影响成纱强力。

（七）纤维转曲

一根成熟的纤维上有许多螺旋状扭转，称为纤维转曲或扭曲（fiber twist）。一般以纤维 1 cm 长度中扭转 180°的个数表示。正常成熟的棉花纤维转曲数最多，不成熟的纤维转曲数最少，过成熟的纤维转曲数也少。棉花纤维的转曲数因不同棉种而异，陆地棉为 50～80 个，海岛棉为 100～200 个。

（八）棉花纤维颜色

棉花的颜色是直观判定棉花质量的重要指标。到目前为止，几乎所有棉花生产国和棉花消费国都将棉花颜色作为棉花交易的重要指标。由于棉花纤维是中空的椭圆形结构，具有对光线的折射和反射能力，因此可以用物理学上的反射率和黄色深度（简称黄度）两个指标来表示。其中，反射率表示棉花对光的反射程度，黄度则是评价棉花白度差别的物理量。棉花一般带有一定的黄色，带黄色越重则白度越低。

二、棉花纤维品质要求

《棉花纤维品质评价方法》（NY/T 1426—2007）规定了棉花纤维的品质要求。根据籽棉加工成皮棉的方式不同，分为皮辊棉和锯齿棉两种类型。

（一）品级

1. 细绒棉品级条件　细绒棉品级条件如表 9-2 所示。

表 9-2　细绒棉品级条件

品级	皮辊棉			锯齿棉		
	成熟程度	色泽特征	轧工质量	成熟程度	色泽特征	轧工质量
1 级	成熟好	色洁白或乳白，丝光好，稍有淡黄染	黄根、杂质很少	成熟好	色洁白或乳白，丝光好，微有淡黄染	索丝、棉结、杂质很少
2 级	成熟正常	色洁白或乳白，有丝光，有少量淡黄染	黄根、杂质少	成熟正常	色洁白或乳白，有丝光，稍有淡黄染	索丝、棉结、杂质少
3 级	成熟一般	色白或乳白，稍见阴黄，稍有丝光，淡黄染、黄染稍多	黄根、杂质稍多	成熟一般	色白或乳白，稍有丝光，有少量淡黄染	索丝、棉结、杂质较少
4 级	成熟稍差	色白略带灰、黄，有少量污染棉	黄根、杂质较多	成熟稍差	色白略带阴黄，有淡灰、黄染	索丝、棉结、杂质稍多
5 级	成熟较差	色灰白带阴黄，污染棉较多，有糟绒	黄根、杂质多	成熟较差	色灰白有阴黄，有污染棉和糟绒	索丝、棉结、杂质较多
6 级	成熟差	色灰黄，略带灰白，各种污染棉、糟绒多	杂质很多	成熟差	色灰白或阴黄，污染棉、糟绒较多	索丝、棉结、杂质多
7 级	成熟很差	色灰暗，各种污染棉、糟绒很多	杂质很多	成熟很差	色灰黄，污染棉、糟绒多	索丝、棉结、杂质很多

2. 长绒棉品级条件　长绒棉品级条件如表 9-3 所示。

表 9-3　长绒棉品级条件

品级	皮辊棉		
	成熟程度	色泽特征	轧工质量
1 级	成熟良好	色呈洁白、乳白或略带奶油色，富有光泽	稍有叶屑，轧工好，黄根少
2 级	成熟正常	色呈洁白、乳白或略带奶油色，有轻微的斑点棉，有光泽	叶片、叶屑等杂质较少，轧工尚好，黄根较少
3 级	基本成熟	色白或有深浅不同的奶油色，夹有霜黄棉及带光块片，稍有光泽	叶片、叶屑等杂质较多，轧工平常，黄根较多
4 级	成熟稍差	色略阴黄，霜黄棉、带光块片与糟绒较显著，并有软白棉及僵瓣棉，光泽差	叶片、叶屑等杂质甚多，轧工稍差，黄根多
5 级	成熟较差	色滞较暗，有滞白棉、霜黄棉，软白棉、带光块片及糟绒等显著，无光泽	叶片、叶屑等杂质很多，轧工差，黄根很多

(二) 上半部平均长度

棉花纤维上半部平均长度分档如表 9-4 所示。

表 9-4　上半部平均长度分档表

分档	上半部平均长度/mm	分档	上半部平均长度/mm
中短绒	25.0～27.9	长绒	33.0～36.9
中绒	28.0～30.9	超长绒	37.0 及以上
中长绒	31.0～32.9		

(三) 长度整齐度指数

棉花纤维长度整齐度指数分档如表 9-5 所示。

表 9-5　长度整齐度指数分档表

分档	长度整齐度指数/%	分档	长度整齐度指数/%
低	小于 77.0	较高	83.0～85.9
较低	77.0～79.9	高	86 及以上
中	80.0～82.9		

(四) 断裂比强度

棉花纤维断裂比强度分档如表 9-6 所示。

表 9-6 断裂比强度分档表

分档	断裂比强度[a]范围/(cN/tex)	分档	断裂比强度[a]范围/(cN/tex)
很弱	24.0 及以下	很强	32.0～33.9
弱	24.0～25.9	高强	34.0～36.9
中等	26.0～28.9	超强	37.0 及以上
强	29.0～31.9		

a. 断裂比强度为 3.2 mm 隔距

(五)麦克隆值

棉花纤维麦克隆值分级分档范围如表 9-7 所示。

表 9-7 麦克隆值分级分档表

分级	分档	范围
A 级	A	3.7～4.2
B 级	B1	3.5～3.6
	B2	4.3～4.9
C 级	C1	3.4 及以下
	C2	5.0 及以上

(六)异性纤维

在棉花的采摘、晾晒、贮存、收购、加工、包装过程中，严禁混入异性纤维。对异性纤维含量的分档及代号如表 9-8 所示。

表 9-8 异性纤维含量分档及代号表

含量范围/(g/t)	程度	代号
＜0.10	无	N
0.10～0.39	低	L
0.40～0.80	中	M
＞0.80	高	H

(七)优质棉

优质棉的纤维品质指标如表 9-9 所示。

表 9-9　优质棉的纤维品质分档

类型	品质指标					
	上半部平均长度/mm	长度整齐度指数/%	断裂比强度[a]/(cN/tex)	麦克隆值	品级	异性纤维/(g/t)
A(1A)	25.0～27.9		≥28	3.5～5.5	细绒棉 1～4 级	
AA(2A)	28.0～30.9		≥30	3.5～4.9		
AAA(3A)	31.0～32.9	≥83	≥32	3.7～4.2	细绒棉 1～3 级	<0.40
AAAA(4A)	33.0～36.9		≥36	3.5～4.2	长绒棉 1～2 级	
AAAAA(5A)	37.0 及以上		≥38	3.7～4.2		

a. 断裂比强度为 3.2 mm 隔距

第二节　棉花品质的检验方法

国家标准将棉花检验分成两部分，即品质检验和公量检验。品质检验内容包括品级、长度、麦克隆值、异性纤维、断裂比强度、短纤维率和棉结的检验；公量检验内容包括杂率、回潮率、籽棉公定衣分率和成包皮棉公量的检验。

一、原棉水分含量的测定

棉花纤维具有吸湿和散湿的性能，含水量大，既不利于棉籽加工和储存，又不利于纺织工业生产。通过棉花水分检验，一方面可以正确反映原棉的准确质量；另一方面可以在棉花收获过程中促进含水量的降低，提高棉花品质。国家规定棉花含水量标准为 10%，实际含水量不足或超过标准，收购时应给予补加或扣除。通过实验学习棉花纤维水分含量的测定方法。

检验籽棉、皮棉水分的方法有感官检验法和仪器检验法。仪器检验法有电烘检验法和电测仪检测法。

棉花纤维是由有机物组成的，具有较强的绝缘性能。但是，棉花纤维吸水以后具有导电性能。当棉花纤维含水较低时，其导电性能也较低，即电阻大。随着纤维含水量的增加，其导电率也随之增高，即电阻随之减小。温度对含水棉花的电阻也有影响，因为水的电阻在一定范围内是随着温度升高而降低的。当棉花纤维的密度和湿度一定时，不同的外加电压也影响含水棉花的电阻值。水分电测仪就是根据这些原理设计制造的。

(一) 材料和用具

不同棉花品种的籽棉、小型轧花机、1 号电池若干、原棉水分电测仪等。

(二) 测定步骤

以 Y412A 型电测仪为例，测定步骤如下。

1. 准备工作

1) 将6节1号电池装入电池盒，注意电池正负极应与盒盖上的标记符合，切勿接错。

2) 检查电表。在电源未接通前，检查电表指针是否在机械零位，如有偏移，可调节表壳中间的小螺丝，使之达到零位。在电源接通后，指针如有偏移，是仪器漏电，不需再调机械零位。

2. 满度调整　将校验开关扳至“满度调整”，开启“电源”开关，表头指针即向右偏转，旋动“满度调整”电位器旋钮指针与表盘底边线重合，此时上层测水、下层测水、温差测量的满度均已调整好。

调整后，不必每次测量都进行调整，只要每隔1～2 h检查1次。如果启用下层测水时，应将校验开关拨到“下层测水”位置，按下按钮，旋动“电压满调”电位，重新满度调整。

调整完毕，随即切断电源。

3. 水分测量

1) 取样：从准备的大试样中随机取50 g棉样（不少于45 g，不超过55 g）。用镊子将棉样均匀地置入两极板之间，盖好玻璃盖板，旋紧压力器，使压力器指针指到小红点处。

2) 水分测量：首先试感棉花纤维含水量的大小，决定使用上层还是下层。棉花纤维含水量在6%～12%的，使用上层；含水量在8%～15%的使用下层。将校验开关拨到“上层测水”（或“下层测水”）位置，接通电源，看指针停在“上层”（或“下层”）水分刻度线上的位置，记下读数。

3) 温差校验：水分测量后将校验开关拨到“温差测量”位置，按上按钮，待指针稳定在温差刻度上的位置时，记下读数，但要注意加减符号。

4) 含水量计算：把以上2次读数相加或相减，即为该棉样的含水量。例如，“上层测水”读数为9%，“温差测量”读数为+1.5%，则棉样实际含水量为9%+1.5%=10.5%。

5) 测量完毕应切断电源，退松压力器，将棉样取出。要求重复测定1次。

二、棉花纤维长度的测定

纤维长度是指纤维伸直后两端间的长度，以mm表示。检验纤维长度的方法很多，大致可分为逐根测定法、分组测定法和不分组测定法三大类。分组测定法能得到主体长度、品质长度、短纤维率、基数等。不分组测定法是直接测量一束纤维的长度值，能得到手扯长度、光电长度、分梳长度、跨距长度和上半部平均长度等。以上几项长度指标均是棉花纤维代表长度，除分梳长度仅在考种时应用外，其他几项都是常用指标。但由于它们各自的测试方法、对象和标准不同，同一棉样采用不同长度指标得到的代表长度有一定差异，这种差异随棉样类型而变化，一般情况下，它们大体符合下述长短差异关系：品质长度＞分梳长度＞手扯长度与光电长度＞主体长度＞上半部平均长度（2.5%跨距长度）＞50%跨距长度。

手扯长度是用手扯法整理出一端平齐、纤维平整、没有丝和杂志的小棉束，放在黑绒板上量取的纤维束长度。手扯长度测试简便，不需要特殊测试条件，可现场检验，测试结果代表性也比较高。近几年来，我国大力推广大容量纤维测试仪（HVI），逐步取代人工感官检验。棉花纤维手扯长度与HVI上半部平均长度在操作方法、样品取样部位、自身误差和样品整齐度等方面都有所不同。

纤维长度在检验部门都采用仪器测定，如Y111型罗拉式纤维长度仪、Y146型电光长度仪等。但在育种工作中，多采用籽棉左右分梳法量其实际长度；在棉花收购部门多采用手扯尺量法。这些方法简便易行，但误差较大。

（一）材料和用具

不同棉花品种的籽棉、小型轧花机、黑绒板、钢尺、骨梳等。

（二）测定步骤

1. 分梳法

1）取样：每品种取每瓢中部籽棉一粒，共取 10～20 粒。

2）分梳：以种子的脊为中线，向左右分开棉花纤维，然后梳成蝶形，先用梳子稀齿梳通后，再用密齿梳，尽量避免梳落纤维。

3）贴板：梳齐梳平后，用两手拇指与食指，轻轻拉住纤维两端，紧贴在黑绒板上（籽粒尖端向下）。

4）测量：用钢尺在纤维两端多数纤维的终点向内移半个种子宽度处刻划一印，并以此为界，量两边共有长度（mm），用 2 除之即得其长度。10～20 粒一一量毕，便可求出该品种纤维长度的平均值。

2. 手扯尺量法

1）取样：从轧花机轧出的皮棉中随机取有代表性的棉样 10 g 左右，加以整理，使棉样趋于平顺。

2）手扯：将棉样放在双拳对排的拇指与食指间，手心相对，两拇指并齐，其余四指为支点，用力由两拇指处缓缓向外分开后将两棉样合并于左手，棉样的截面呈刷状，清除索丝、杂物和游离纤维，然后用右手的拇指第一节与食指第一节平行对齐，挟取左手棉样截面上伸出的纤维末端，反复缓缓拉出，边扯取，边清除索丝、杂质，顺次重叠在右手的拇指与食指间，扯成适当棉束后，弃去左手剩余的少量棉样。

3）整理：用左手拇指与食指将松散的棉束轻轻捻拢（这时右手不能放开），稍加压力，使棉花纤维束面积缩小，达到初步平直、整齐。右手挟紧棉束，左手拇指、食指对齐，分层挟取右手棉束伸出的纤维末端，缓缓扯出一薄层，使纤维平行，并随时清除索丝、杂质，如此连续进行，至右手棉束抽完为止。

4）测量：用上法反复整理数次，直至整理成纤维平行、清洁均匀、一端很整齐的棉束，即可放在黑绒板上，用钢尺在棉束两端切线，整齐端少切，两端以不见黑绒板为度，测量两端距离即可得该棉束的手扯长度（mm）。将不同棉花品种纤维长度列于表 9-10。

表 9-10　不同棉花品种纤维长度　（单位：mm）

品种	棉样	分梳法长度	手扯尺量法长度
	1		
	2		
	3		
	4		
	5		
	平均		

续表

品种	棉样	分梳法长度	手扯尺量法长度
	1		
	2		
	3		
	4		
	5		
	平均		
	1		
	2		
	3		
	4		
	5		
	平均		

三、棉花纤维整齐度的测定

纤维长度是指一批棉样中各种长度纤维的平均值，不同棉样纤维长度有差异，这就涉及纤维整齐度。一般纤维越整齐，短纤维含量越低，则游动纤维少，纺织的质量越高。通常以整齐度高于90%或长度变异系数低于5%，表示纤维整齐；整齐度低于80%或变异系数高于7%，表示纤维不整齐。

棉花由长短不同的单根纤维组成，长度整齐度就是表示纤维束长度分布情况的一个指标，通常是在测定纤维长度的同时得到的，因长度测定方法不同，长度整齐度也有多项指标，常用的有以下几项：分梳长度整齐度、跨距长度整齐度。由于校准方法不同，跨距长度整齐度有整齐度百分比和整齐度指数两种。整齐度百分比是指50%跨距长度与2.5%跨距长度的比值。整齐度指数是指平均长度和上半部平均长度的比值。

（一）材料和用具

不同品种的棉花纤维、计算器等。

（二）测定步骤

根据不同品种棉样纤维长度测定结果，按下式计算纤维整齐度。一般应不少于 5 个棉样测定结果。

1. 变异系数表示法 按下式计算。

$$\text{纤维长度变异系数}(\%)=\frac{\sqrt{\text{各粒籽棉花纤维长度与其平均长度偏差自乘之和}/(\text{棉籽粒数}-1)}}{\text{纤维平均长度}}\times 100$$

5%以内为整齐，5%～7%为一般，超过 7%为不整齐。

2. 纤维整齐度表示法 按下式求出纤维整齐度(%)。

$$\text{纤维整齐度}(\%)=\frac{\text{纤维长度在样本平均纤维长度}\pm 2\text{mm范围内的籽棉粒数}}{\text{籽棉总粒数}}\times 100$$

90%以上为整齐，80%～90%为一般，80%以下为不整齐。

根据表 9-10 测定结果计算不同棉花品种的纤维整齐度。

四、棉花纤维强度的测定

纤维强度是指纤维拉断时所需的力(g)，又称断裂强度。纤维强度高，则织成的布强度大，结实耐穿。纤维强度一般用纤维强力机或棉纤维大容量测试仪测定，并可根据纤维强度计算纤维断裂长度(km)。成熟的单纤维强度一般为 4～5 g，断裂长度则按下式计算。

单纤维断裂长度(km) = 单纤维强度(g) × 公制支数(m/g) × 0.001

(一)材料和用具

Y162 型束纤维强力机、扭力天平、限制器绒板、1 号夹子、压锤、镊子、梳片、黑绒板、小钢尺、秒表等。

(二)测定步骤

1. 了解仪器 观察 Y162 型束纤维强力机的构造，了解其工作原理。此仪器由传动部分、测力部分、掣动部分组成。主要根据力矩平衡原理求得试样上所受的拉力。

2. 仪器校正和试样准备

1)仪器校正：首先校正仪器水平和指针零位，可调节扇形杆上平衡锤的位置。再用隔距片校正，上下夹持器之间的距离为 3 mm。然后调节下夹持器的下降速度为(300±5) mm/min(一般下夹持器的下降动程约 50 mm，在 10 s 内下降完毕)。最后检查其他零件是否灵活。

试样准备：从供试棉条中纵向取出适当数量的试样，数量依纤维长度而定，手扯长度在 31 mm 及以下的取样 30 mg 左右；手扯长度在 31 mm 以上的，取样 40 mg 左右。用手扯法将取得的试样反复扯理 2 次，叠成长纤维在下、短纤维在上的一端整齐的宽 32 mm 的棉束。梳去游离纤维，使纤维平直，并将棉束移至另一夹子上，使整齐一端露出夹子外，从棉束整齐一端梳去露出部分的短纤维。梳理时应先用稀梳，后用密梳，由外向内逐渐靠近夹子，徐徐梳理，防止折断纤维。梳去短纤维长度的规定是，手扯长度在 31 mm 以下的，梳去短纤维长度在 16 mm 及其以下的纤维。手扯长度在 31 mm 以上的，梳去短纤维长度为 20 mm 及其以下的纤维。

3. 测定 测试时用上夹持器夹住小棉束[(3±0.3) mg]整齐的一端，夹入长度为 8 mm(手扯长度在 31 mm 以下的试样)或 10 mm(手扯长度在 31 mm 以上的试样)。旋紧螺丝后再梳理一下。挂上夹持器，将小棉束不整齐的一端夹于下夹持器中，旋紧螺丝。扳动手柄，在加压重锤的重力作用下，使下夹持器下降，待小棉束断裂后记录断裂强力。根据下式计算平均单纤维强力。

$$\bar{F}=\frac{\sum F_{\Phi}}{G\times N_{\mathrm{g}}}\div 0.675$$

式中，$\bar{F}$ 为平均单纤维断裂强力(gf)；$\sum F_{\Phi}$ 为全部小束的断裂强力之和(gf)；G 为断裂的全部小棉束的质量之和(mg)；N_{g} 为每毫克纤维的根数(可在中段称量法测定纤维细度中求得)(根/mg)；0.675 为束纤维强力换算成单纤维断裂强力的常数，即 1000 根纤维的束纤维断裂强力，仅相当于 675 根单纤维强力的总和。

记载所测纤维强度的具体数据，并比较不同棉花品种纤维强度的差别。

五、棉花纤维细度的测定

细度即纤维的粗细程度，为棉花纤维的重要品质指标之一。棉花纤维的细度与长度、成熟度有着一定的关系。一般较长纤维的细度较细，短纤维的细度较粗。成熟差的棉花细度较细。棉花纤维细度的大小与棉花种类及品种也有很大关系。

纤维细度是指纤维的宽度，一般以微米(μm)表示，习惯上用公制支数(1 g 纤维的总长度，m/g)表示。纤维细度越高，成纱支数也越高。一般陆地棉的纤维长度为 4500～7000 m/g，海岛棉的纤维长度为 6500～9000 m/g。纤维细度测定方法主要有显微测定法、质量测定法和气流测定法。中段称量法是质量测定法的一种，方法简便，但数值偏大。

(一)材料和用具

Y171 型纤维切断器、Y145 型动力气流式纤维细度仪、棉花纤维等。

(二)测定步骤

1. 质量测定法　当前多采用棉花纤维中段称重法测定细度，所使用的仪器为 Y171 型纤维切断器。测试时可取 8～10 mg，根数为 1500～2000 的试样，应整理成平行伸直，宽 5～6 mm 的棉束，梳去游离纤维及短纤维。用纤维切断器切断后，置于温度(20±3)℃，相对湿度 65%±3%的条件下 1 h，分别称量中段和上下两端的质量，然后将中段纤维置于显微镜下数其根数。根据下列各公式计算各种参数。

$$N_{\mathrm{m}} = \frac{10 \times n}{G_{\mathrm{f}}}$$

$$N_{\mathrm{g}} = \frac{n}{G_{\mathrm{f}} + G_{\mathrm{c}}}$$

式中，N_{m}为公制支数(m/g)；N_{g}为每毫克纤维的根数；G_{f}为棉束中段纤维的质量(mg)；n 为纤维的根数；G_{c}为棉束两端纤维的质量之和(mg)；10 是纤维长度(mm)。

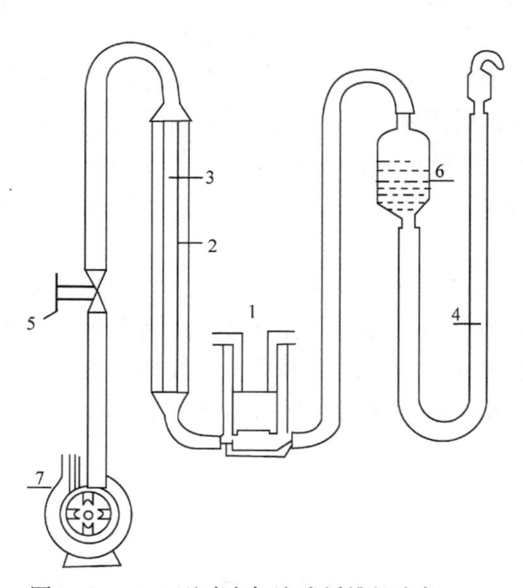

图 9-1　Y145 型动力气流式纤维细度仪

1. 试样筒；2. 转子流量计；3. 转子；4. 压力计；5. 气流调节阀；6. 贮水瓶；7. 抽水泵

2. 气流测定法　观察 Y145 型动力气流式纤维细度仪的结构，了解其工作原理。该仪器主要由压力计、试样筒、转子流量计、气流调节阀和抽气泵组成(图 9-1)。

当仪器工作时，试样筒内放置定重 5 g 压缩至固定体积的试样。抽气泵从试样筒吸入空气，气流通过试样受到阻力，从而在试样上下产生压力差。调节气流调节阀，使压力计上表示固定的 200 mm 水柱压力差，此时转子流量计内的转子被通过的气流带动而上升，由于支数低的棉花纤维对气流的阻力小，通过的流量较大，转子升得较高；相反，转子上升较低。因此，根据流量的大小，可以从转子顶部相齐处直接读出纤维的公制支数或麦克隆值，见表 9-11。

表 9-11　Y145 型动力气流式纤维细度仪流量读数与麦克隆值对照表

流量读数	麦克隆值	流量读数	麦克隆值	流量读数	麦克隆值	流量读数	麦克隆值
1.3	2.5	2.6	3.5	3.9	4.5	5.2	5.5
1.4	2.6	2.7	3.6	4.0	4.6	5.3	5.6
1.5	2.7	2.8	3.7	4.1	4.7	5.4	5.6
1.6	2.7	2.9	3.7	4.2	4.7	5.5	5.7
1.7	2.8	3.0	3.8	4.3	4.8	5.6	5.8
1.8	2.9	3.1	3.9	4.4	4.9	5.7	5.9
1.9	3.0	3.2	4.0	4.5	5.0	5.8	6.0
2.0	3.0	3.3	4.0	4.6	5.0	5.9	6.0
2.1	3.1	3.4	4.1	4.7	5.1		
2.2	3.2	3.5	4.2	4.8	5.2		
2.3	3.3	3.6	4.3	4.9	5.3		
2.4	3.4	3.7	4.3	5.0	5.3		
2.5	3.4	3.8	4.4	5.1	5.4		

六、棉花纤维成熟度的测定

纤维成熟度是指纤维细胞壁纤维素的沉积度，它与纤维强度、细度、转曲度、弹性、吸湿性、染色能力等都有密切关系。常用中腔壁对比法测定，用成熟系数表示。

（一）材料和用具

供试棉花纤维、生物显微镜、挑针、镊子、小钢尺、梳子（稀梳为 10 针/cm，密梳为 20 针/cm）、黑绒板、载玻片、盖玻片、玻璃皿、胶水、目镜测微尺、物镜测微尺、氢氧化钠、Y147 型偏光成熟仪等。

（二）测定步骤

1. 中腔胞壁对比法

（1）显微镜直接观察法　取棉样 4～6 mg，通过整理留下中间部分较长的纤维 180～200 根，置于载玻片上，用 400 倍显微镜观察纤维中段，对照图 9-2 所示的纤维形态，确定每根纤维的平均成熟系数。也可以根据中腔宽度（用 e 表示）与细胞壁厚度（用 s 表示）的比值（简称腔壁比 e/s）来确定，见图 9-3，查表 9-12 确定棉花纤维的成熟系数。

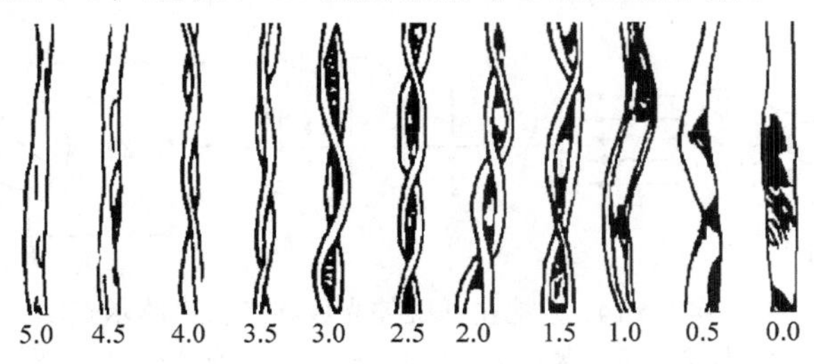

图 9-2　各种成熟度的棉花纤维（数字代表成熟系数）

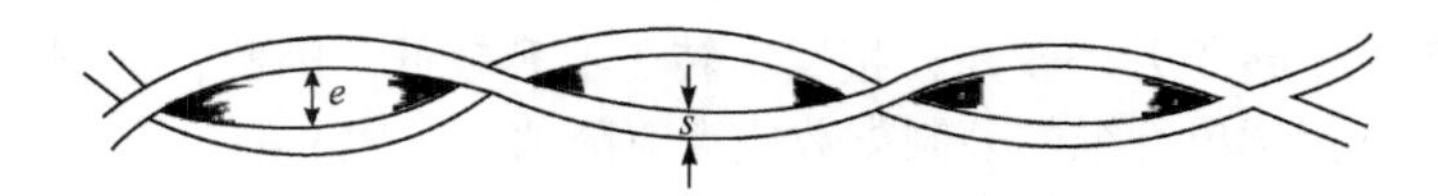

图 9-3　显微镜下棉花纤维中腔(e)与细胞壁厚度(s)示意图

表 9-12　棉花纤维腔壁比与成熟系数的关系

腔壁比(e/s)	成熟系数	腔壁比(e/s)	成熟系数	腔壁比(e/s)	成熟系数
30～22	0.00	3.00	1.50	0.50	3.00
21～13	0.25	2.50	1.75	0.33	3.25
12～9	0.50	2.00	2.00	0.20	3.50
8～6	0.75	1.50	2.25	0.00	3.75
5	1.00	1.00	2.50	不可察觉	4.00
4	1.25	0.75	2.75	不可察觉	5.00

(2) *氢氧化钠测定法*　棉花纤维在18%氢氧化钠溶液中形状会发生变化。根据细胞壁厚度与纤维最大宽度的比及形状变化判断类型，三种类型分别为死纤维、正常纤维和薄壁纤维。当纤维膨胀后细胞壁的厚度为纤维最大宽度的1/5或以下的纤维(或者细胞壁厚度等于或小于中腔的1/5)称为死纤维，这种类型的纤维细胞壁都很薄，中腔很大，从转曲数看，有的较多，有的较少。若纤维膨胀后出现不连续的中腔到几乎无中腔，无明显的转曲棒状纤维称为正常纤维。纤维膨胀后，既不属于正常纤维，也不属于死纤维，应称为薄壁纤维，这种类型纤维转曲分有无两种，它们细胞壁的厚度均大于纤维最大宽度的1/5。按下式计算成熟度比(M)。

$$M = \frac{N - D}{200} + 0.7$$

式中，N为正常纤维的平均百分率(%)；D为死纤维的平均百分率(%)；200和0.7为调整成熟度比的系数。

成熟度比低于0.8时，属于未成熟棉花纤维。此法比中腔胞壁对比法更为合理，因为死纤维百分率是纺、织、染后加工急需了解的指标，加之此法简便易掌握，另外，纤维用氢氧化钠处理后，正常纤维、死纤维、薄壁纤维比较容易区别，而且速度较快。

此法的优点是可以逐根观察并可了解成熟系数不匀率，直观可靠。缺点是烦琐费时，工效不高，技术上不易统一，测定结果稳定性较差。

2. Y147型偏光成熟仪测试法　首先观察仪器的结构，了解其工作原理。该仪器的电路示意图如图9-4所示。

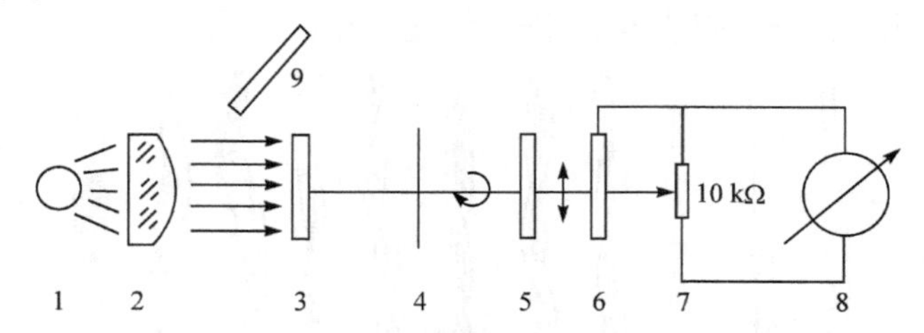

图 9-4　Y147型棉花纤维偏光成熟度仪光路示意图

1. 灯泡；2. 非球面集光镜；3. 起偏振片；4. 纤维试样；5. 检偏镜振片；6. 硒光电池；7. 电位器；8. 电流表；9. 中性滤光镜

仪器使用前预热 20 min 后，将夹有两片空白载玻片的夹子插入试样口中，将拨杆前移(中性滤光镜推入光路)，转动电位器旋钮，使电流表指针位于“100”上。拨出空白夹子，插入夹有纤维试样的夹子，此时电流表指针向左偏移，要求在“55～65”，指示纤维数量读数。将拨杆后移，使起偏振片进入光路，此时指示试样在直线偏振光照射下，透过偏振片的光强度读数。根据纤维试样数量读数和透射光的光强度读数，计算出试样的成熟系数。实验证明，透射光强度同棉花纤维成熟系数相关甚为显著。根据透射光强度查表 9-13，即可知成熟系数。

表 9-13　成熟系数与透射光强度对照表

成熟系数	透射光强度	成熟系数	透射光强度	成熟系数	透射光强度
0.8	36.89	1.3	49.91	1.8	64.51
0.9	39.10	1.4	53.00	1.9	66.90
1.0	41.48	1.5	56.03	2.0	69.11
1.1	44.17	1.6	58.98	2.1	70.93
1.2	47.02	1.7	61.83	2.2	72.44

该仪器结构简单，速度快，效率高，重演性好，代表性强；试样有仪器校正，操作规范，测试结果差异小。缺点是该仪器的光、电元件的规格和校正要求较高，稍有不慎就会影响测试结果。

记载所测定棉花纤维成熟度具体数据，并比较不同品种间差异。

七、棉花纤维转曲度的测定

纤维转曲度是因纤维细胞壁上有螺旋形排列的孔纹，使纤维细胞的厚度不均一，干燥时会形成转曲，故成熟纤维转曲较多。转曲越多，纺纱时相互抱合力越大，棉纱强度越高。一般陆地棉每英寸(in)[①]140～240 个，海岛棉 250～360 个，中棉 70～80 个。

(一)材料和用具

生物显微镜、载玻片、盖玻片、镊子、目镜测微尺、物镜测微尺等。

(二)测定步骤

先用玻璃棒蘸一滴稀胶水于载玻片上，并将其涂抹均匀。将纤维平铺在载玻片上，并盖上盖玻片，在显微镜下数计测微尺 50 格内所具有的转曲数，依次测定 10 根纤维样本，求出平均数，最后算出 1 cm 长度内所具有的转曲数。例如，已测定 50 格内平均转曲数为 4.5 个，目镜测微尺上 1 小格等于 15 μm，则 1 cm 长度内具有的转曲数为 $4.5 : (50\times15\times0.0001)=x : 1$，$x=60$，即每厘米内具有 60 个转曲。

记载所测定棉花纤维转曲度的结果，并比较不同品种差异。

八、大容量纤维测试仪(HVI)检测棉花纤维品质

大容量纤维测试仪(high volume inspection，HVI)的主要特点是集光、机、电、计算机技

① 1 in=2.54 cm

术于一体，采用模块结构，能自动快速完成取样、测试、数据统计分析等功能，具有样本容量大、测试效率高、数据正确等优点及多功能特点，代表了当代技术水平。

快速、自动化、大容量棉花测试技术路线不仅与当今经济、高效、信息化的要求相适应，还与当今世界棉花品质检验的发展趋势相适应。如今，棉花品质检验方法已由传统的感官检验向着仪器检验的方向发展，一些棉花主产国家正在逐步建立由第三方检验机构对棉花进行逐包检验制度。这样，棉花品质检验的发展趋势必然要求棉花测试仪器的快速和自动化，以大大节省人力、物力和检验时间。

计算机的应用不仅提高了单机自动化水平，扩大了测试指标内容，而且通过多台仪器联机，对各项指标自动综合分析，从而全面判定试样性能并为生产工艺和产品质量预测提供有价值的信息。当前，国内外大容量纤维测试仪主要型号有：美国 USTER HVI 1000、印度 Premier ART 和中国陕西长岭 XJ128 等。

（一）美国 USTER HVI 1000 大容量纤维测试仪

USTER HVI 1000 有两种型号，即 M1000 和 M700。两种型号的主要区别是 M1000 型的长度/强度控制柜包含两个梳夹和两个取样器，而 M700 型只有一个梳夹和一个取样器。HVI 1000 系统可提供精确可靠、带有计算机控制校准和诊断功能的自动化测试系统。所有功能均由精密的微处理器控制，从而简化操作并为测量参数提供了灵活性（图 9-5）。

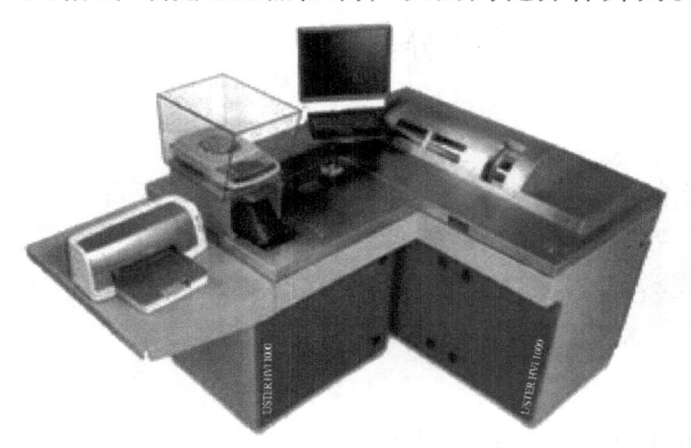

图 9-5　USTER HVI 1000 大容量纤维测试仪

HVI 1000 系统由两个直立的控制柜构成。大控制柜内包括长度/强度模块，小控制柜内包含麦克隆值模块、颜色和杂质模块。系统还包括置于控制柜上的数字和字母输入键盘，监视器和天平。监视器显示菜单选项、操作指导和测试结果。每个样品完成测试后，将结果传送至打印机或外部计算机系统。

（1）*长度/强度模块*　在长度/强度模块中，测量平均长度和上半部平均长度，以及与其相关的整齐度。强度值是由测量拉断样品所需的力来确定的。伸长可以计算得到，指纤维拉断前平均伸长的长度。在模块测试中，每个模块都能成为一个独立的仪器。

长度/强度模块由以下部分组成：自动取样装置；梳刷样品装置；测量长度和整齐度的光学系统；测量强度和伸长的夹钳系统。棉花放入自动取样器（桶）后，梳夹将自动取样。梳夹所取的棉样，由传动轨道送到刷子梳刷，再移去测量。取样器位于仪器上部，真空箱位于长度/强度控制柜的左下部。

（2）*麦克隆值模块*　麦克隆值是通过测量气流阻力和纤维表面特性的关系而得到的。在一设定体积的腔体中，气流通过已知质量的纤维，腔体中的压力差和纤维表面特性相关，由此来确定棉花的麦克隆值。样品称重由一精密电子天平来完成。麦克隆天平由一塑料护罩罩着，样品称重后，放入麦克隆腔体测试。麦克隆测试腔体位于天平下方。

（3）*颜色和杂质模块*　棉花的颜色（亮度和黄度）测量仪位于小控制柜内。颜色和杂质测试是同时进行的。用于放置纤维样品的托盘位于柜面上（M1000 型）。按下安装在柜面上的开始按钮测试颜色和杂质。颜色测量中，系统用氙闪光灯照射样品。通过纤维的反射光，由照相二极管接收，进而得到亮度和黄度这两个棉花颜色指标。用反射的百分比来表示亮度(%)，黄度用亨特值(+b)来表示。根据美国细绒棉和长绒棉的分级通用标准，有时也根据用户标准，这些测量值被转化成同等的 USDA 颜色等级代码。杂质模块是一个自动视频图像处理器，用于测量棉花样品内可见的叶屑或杂质量。图像经数字处理后，产生以下三个测量值：杂质面积——杂质所占样品面积的百分比；杂质数量——直径大于或等于 0.01 in 的杂质颗粒数；叶屑等级——和杂质区域及颗粒数量相关的代码值，或者杂质等级——由杂质模块测量而得，测量值最多可由 4 个数字或字母字符组成，或者杂质代码——校准过程中，根据结果，所测样品落入的区域。

表 9-14 为 USTER HVI 1000 测试指标缩写和数据格式。

表 9-14　USTER HVI 1000 测试指标缩写和数据格式

测试指标	缩写	单位	格式
上半部平均长度	UHML	in；mm	×.×××；××.×
长度整齐度指数	UI	%	××.×
短纤维指数	SFI	%	××.××
断裂比强度	Str	gf/tex	××.×
断裂伸长率	Elg	%	×.×
麦克隆值	Mic	—	×.××
成熟度指数	Mat	—	×.××
反射率	Rd	%	××.×
黄色深度	+b	%	××.×
色特征级	C Grade	—	××.×
杂质数量	TC	杂质数量/杂质面积	×××
杂质面积	Tr Area	%	×.××
杂质等级	Tr Grade	—	×
棉结	Nep	1/g	×××
回潮率	Moist	%	××.×
荧光度	UV	—	×××
纺纱均匀性指数	SCI	—	×××

注：×表示有效数字，—表示无单位

(二)印度 Premier ART 大容量纤维测试仪

Premier ART 大容量纤维测试仪(图 9-6)由以下模块组成。

图 9-6　Premier ART 大容量纤维测试仪

(1) 长度和强度测试模块　“平面取样”技术使长度和强度测试时的棉样在取样时能保持一致。托盘中的棉样自动转移到梳理区后，用一致的压力将试样压在打孔的薄片上。取样夹的运动是伺服电机通过螺杆来驱动的，并精确地向测试区域运动进行准确测试。

回潮测试和强力修正：自动回潮测量及对强力修正，消除环境条件对强力测试的影响，确保测试的准确性。

(2) 麦克隆值测试模块　自动麦克隆值测试模块可自动进行试样称重、试样测量和数据处理以及废样的排出收集。通过金属塞校准来确保可靠的测试结果。

含杂率(质量)分析：有独立的原料通道，自动进行杂质与棉花纤维的分离，以质量法精确测量棉花的含杂率。整个杂质的分离、称重和传送过程都是自动的。

(3) 色泽和光学测量杂质模块　1 次可连续测量 2 个以上棉样的反射率、黄度等级和杂质值；全部的操作是自动完成，且试样被自动转移到下一个模块——长度和强力模块进行测试；可单独出报表，如色泽、杂质，便于用户优化配棉。

综合统计分析功能：除对棉花纤维质量参数进行测试以外，还提供智能统计报表，对比分析纤维质量趋势。

统计报表：一张简单的报表提供了全部的信息，如长度、强度、麦克隆值、色泽和杂质性能。当选择了测量回潮时，显示在报表中的强力值是经回潮修正的。

质量趋势报表：可根据不同参数和测试周期进行趋势分析。

(三) 中国陕西长岭 XJ128 快速棉纤维性能测试仪

XJ128 快速棉纤维性能测试仪(图 9-7)是在手动取样型 XJ120 测试仪的基础上，借鉴国外仪器的优点，进行研制的一种快速、大容量、多指标的自动取样型棉花纤维性能综合测试仪器，它集光、机、电、气和计算机等技术于一体，能快速检测棉花纤维的长度、强度、麦克隆值、色泽和杂质等性能，给出平均长度、上半部平均长度、整齐度指数、短纤维指数、比强度、伸长度、最大断裂负荷、麦克隆值、成熟度指数、反射率、黄色深度、色泽等级、杂质粒数、杂质面积百分率、杂质等级和纺纱一致性指数等指标。

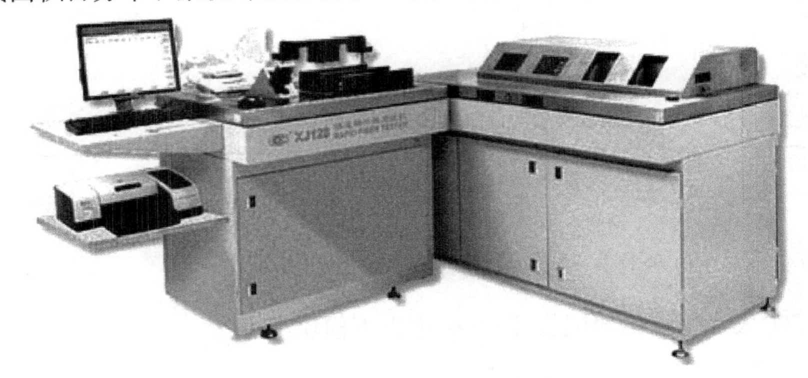

图 9-7　XJ128 快速棉纤维性能测试仪

1. XJ128 快速棉纤维性能测试仪的系统组成与特点　由长强主机(包括长度/强度模块)、色征主机(包括麦克隆值模块和色泽/杂质模块)、主处理机、显示器、键盘、鼠标、打印机、电子天平、条形码读码器等组成。主要特点如下。

1)长度/强度测量采用自动取样，数据一致性好。

2)各模块并行测量，效率高，输出信息量大。

3)光学零点自动调节和跟踪补偿，开机预热时间短，稳定性好。

4)具有在线故障诊断功能，维修方便。

5)短纤维和色泽分级具有中国和美国标准选择功能。

6)具有联网功能，测试数据可以直接上传至国家棉花数据信息中心。

2. XJ128 快速棉纤维性能测试仪的测试原理和指标　大容量棉纤维检测仪器是一种快速、大容量、多指标的棉花纤维性能综合测试仪器，可以对棉花纤维的长度、强度、成熟度、色泽、杂质、回潮率等指标进行测试。

自动取样时操作员只需把适量的棉样放入取样筒，用手按压启动开关，自动取样器会依照控制程序，依次进行打开梳夹、清理梳夹、压下压板、旋转取样筒、梳针取样、闭合梳夹、针布清理、丢弃棉样(可选)等过程，完成自动取样工作。

自动取样器采用双取样筒，同时取两把试样的方式；采用一体化伺服电机控制取样筒旋转运动，提高了可靠性；自动取样器压板形状为四根手指形，模仿手动取样的形式；压板气缸的气流通过专门的减压阀调整，保证了压力的均匀、恒定，提高了取样的成功率。

(1)长度测试模块　采用光电照影法。从取样器上用梳夹随机夹取一束棉花，经过仪器的自动梳理，使纤维伸直并梳掉浮游纤维后，进入光电检测区域进行扫描，感应出纤维束的遮光量，以此遮光量与纤维束的长度为坐标绘制的曲线称为照影曲线。根据照影曲线计算出棉花纤维 50%跨距长度(SL1)、2.5%跨距长度(SL2)、长度整齐度比(UR)、平均长度(Lm)、上半部平均长度(Luhm)、长度整齐度指数(Ui)。

由于无法直接测出较短纤维的含量，因此短纤维指数是通过上半部平均长度和整齐度指数按照一定的经验公式计算而来的。

(2)强伸度测试模块　采用等速拉伸方式(CRE)，3.175 mm(1/8 in)隔距束纤维拉伸方法，根据最大负荷 F_{max} 的读数、断裂点纤维的遮光量及麦克隆值等计算出棉花纤维比强度(STR)，根据拉伸曲线计算出伸长率(Elg)。

(3)麦克隆值测试模块　采用气流法 1 次压缩，根据气压差计算出棉花纤维的麦克隆值(Mic)，并根据质量的不同予以修正，根据麦克隆值和比强度计算出成熟度指数(Mat)。

(4)色泽测试模块　采用 45/0 照明方式，光线从与棉样表面法线成 45°角的方向入射至棉样表面，在法线上测量棉样表面漫反射光，分析光谱成分和反射率大小，获得反映棉样色征的反射率(Rd)和黄色深度(+b)，并根据二者的测试结果输出色泽等级(CG)。

(5)杂质测试模块　采用 CCD 相机对棉花表面进行摄像，利用图像处理和软件分析方法，计算出棉花表面叶屑颗粒数(TC)、叶屑面积(TA)、叶屑等级(TG)。

$$\text{叶屑面积比例(TA,\%)}=\frac{\text{杂质所占阴影面积}}{\text{被测量面积}}\times 100$$

叶屑数目(TC)=直径大于 0.25 mm 的叶屑在被测区域的数目

(6)回潮率测试模块　采用电阻法测量回潮率，根据 8 组不同位置电极所测得的回潮率数据计算平均值，给出最终结果，同时根据该结果修正比强度的测试结果。

3. XJ128 快速棉纤维性能测试仪的性能指标

长度：测量范围为 22～48 mm，误差±0.4 mm。

整齐度指数：误差±0.9%。

短纤维指数：误差±2.0%。

强度：比强度测量范围为 18～50 gf/tex，误差±1.3 gf/tex。

伸长度：误差±0.6%。

麦克隆值：试样质量为(10.0±1.5)g。

麦克隆值为 2.0～6.5 mic，误差±0.1 mic。

色泽：反射率测量范围为 0～90，误差±1.0。

黄色深度：测量范围为 0～25，误差±0.5。

杂质：杂质粒数，误差±6。

杂质面积百分比：误差±0.2%。

测试环境：温度(20±2)℃。

相对湿度：65%RH±3%RH。

测试效率：90 个样品/h(每个样品包括两把梳夹长度/强度、1 次麦克隆值、2 次色泽/杂质)。

第十章 烟草品质分析原理与方法

烟草(tobacco)种植以叶片为收获目的，即烟叶(tobacco leaf)。调制后的烟叶可以制成卷烟、旱烟、水烟、斗烟、鼻烟、嚼烟、雪茄烟等多种烟制品，满足人们吸食的需要。烟草制品属于嗜好性消费品，当今烟草贸易市场竞争的焦点是烟草质量，因此，烟草及其制品的品质分析非常重要。

烟草在世界上分布较广，从北纬60°到南纬45°均有烟草分布，各大洲均有烟草生产，其中以亚洲最多。中国是世界上烟草生产第一大国，烟草种植面积、总产量、卷烟产量、卷烟销售量均居世界首位。烟草生产较多的国家和地区还有巴西、印度、美国、欧盟、阿根廷、津巴布韦、孟加拉国、坦桑尼亚、印度尼西亚、菲律宾等。烤烟质量最好的国家是美国，其次是巴西和津巴布韦。白肋烟质量最好的国家是美国，其次是巴西。希腊、土耳其的香料烟质量最好。古巴的雪茄烟质量最好。

根据烟叶的调制方法和主要用途，烟草一般分为烤烟(flue-cured tobacco)、晒烟(sun-cured tobacco)、晾烟(air-cured tobacco)、白肋烟(burley tobacco)、香料烟(oriental tobacco)和黄花烟(rustica tobacco)6个类型。田间成熟的烟叶，经采收、编杆、装入烤房用人工控制的热能系统烘烤干燥所得的烟叶称为烤烟。烤烟是我国也是世界上栽培面积最大的烟草类型，是卷烟工业的主要原料。本章介绍的烟草品质分析原理与方法，主要适用于烤烟烟叶，对其他烟草类型及制品也有一定借鉴。

第一节 烟草品质概述

烟草品质(tobacco quality)是指对烟叶及其制品的质量要求。烤烟烟叶的主要用途是制作卷烟等烟草制品，作为嗜好性消费品供人们抽吸，以满足生理和心理体验，因此烟草品质主要是指消费者对烟叶燃烧后烟气特性的综合反映，被人们接受程度高的即为质量好。概括地讲，烟草品质是指消费者对烟叶燃吸过程中所产生的香气、劲头、吃味、刺激性等几个主要因素的综合感受和对吸烟安全性的综合评价。

烟草品质是非常复杂的。虽然烟草质量的核心主要是指香味、生理强度、安全性等烟气质量的优劣，对烟叶和卷烟的质量来说，评吸质量非常重要，但是，由于评吸鉴定主要是靠鼻腔、口腔、咽喉等感官来鉴定的，难免有一定的主观性和随意性，更何况对有害的和无害的化学成分仅靠感官很难形成量的概念。因此，烟草品质需要从外观、物理特性、化学成分等各方面进行综合评价，烟草品质是烟草外观质量、内在质量、化学成分、物理特性、安全性的综合表现。一般把评吸品质(即香气和吸味)称为内在品质，也把评吸品质与化学品质都归为内在品质。优质烟草应具有完美的外观特征，完善的物理特性，协调的化学成分，优良的评吸品质，无毒、无害、相对安全。质量是一个相对的术语，随时间、地点和消费人群的不同而变化。

本章主要以烟叶，特别是烤烟的烟叶为研究对象，从外观品质、内在品质、化学成分、物理特性、安全性等方面，介绍烟草品质分析的原理与方法。

一、烟草外观品质

烟草外观品质(appearance quality)即烟叶的外观质量，指人们的感官能直接感触和识别的烟叶外部特征。外观品质包括部位、色泽、成熟度、油分、身份、叶片结构、长度、宽度、残伤和破坏等。

(一)烟叶部位

烟叶部位(leaf position; stalk position)是指烟叶在烟株上着生的位置。同一株烟不同着生部位的烟叶，由于所处的光、温、水、气等环境及营养状况不同，其生物学、物理和化学性状存在明显差异。因此，烟叶的部位不同，其内外在品质差异较大。所以，在进行烟叶分级时，常把部位作为第一分组因素。现行烤烟分级国家标准将一株烤烟的烟叶划分为下部烟叶(lower leaf)、中部烟叶(cutter)、上部烟叶(upper leaf)。在烤烟栽培中又将各部位烟叶自上而下细分为顶叶、上二棚叶、腰叶、下二棚叶、脚叶5个部位。相关概念如下。

下部烟叶(lower leaf)：是指着生在烟株主茎下部的烟叶，包括脚叶和下二棚烟叶。

脚叶(fly)：是指着生在烟株主茎最下面的2或3片烟叶。

下二棚叶(lug)：是指着生在脚叶之上并与脚叶相邻的若干片下部烟叶。

中部烟叶(cutter)：又称腰叶，是指着生在烟株主茎中部的若干片烟叶。

上部烟叶(upper leaf)：是指着生在烟株主茎上部的烟叶，包括上二棚叶和顶叶。

上二棚叶(leaf)：是指着生在中部叶之上并与中部叶相邻的若干片上部烟叶。

顶叶(tip)：是指着生在烟株主茎最上部的3或4片烟叶。

一般认为在一株烤烟上，腰叶和上二棚叶的质量最好，使用价值最高；其次为下二棚叶、顶叶，脚叶的质量最差。

不同部位烟叶的质量特点如下。

下部烟叶(脚叶、下二棚叶)颜色浅淡，较薄，油分少，组织疏松，吸湿性差，单位面积质量轻。吸食时劲头小，刺激性小，烟味平淡，含梗率和填充力较高。糖分和烟碱含量也低于中上部烟叶。通常下部烟叶的钾、镁等矿质元素含量较高，燃烧性较好。

中部烟叶(腰叶)厚薄适中，颜色多为橘黄与正黄色，光泽强，油分多，烟味醇和，叶片组织较疏松，弹性好，单位面积质量、含梗率、填充性及劲头适中。碳水化合物含量较高，烟碱适中，总氮、不溶性氮、生物碱含量相对较低，钾、镁等矿质元素含量居中，燃烧性则介于下部烟叶和上部烟叶之间。

上部烟叶(上二棚叶、顶叶)叶片较厚，颜色偏深，油分低于中部烟叶，叶片组织较密，燃烧较慢，吸湿性比中部烟叶低，填充性、含梗率较低，烟气味浓，劲头大，刺激性较强。不溶性氮与生物碱含量较高，钾、镁等矿质元素含量较低。

不同部位烤烟的酸碱比的大小顺序为：上部＜中部＜下部。上部烟叶的有机酸含量低而烟碱含量高，故烟气的劲头较足，刺激性相对较大。而下部烟叶的有机酸含量高而烟碱含量较低，故烟气的劲头平淡。

(二)烟叶色泽

1. 颜色　烟叶颜色(color)是指同一类型烟叶经调制后烟叶的色彩、色泽饱和度和色值的状态。烟叶颜色是由烟叶反射或透过的光波通过视觉所产生的反映。烟叶颜色是鉴别烟叶外观质量的重要因素之一。鲜烟叶颜色由其本身所含的质体色素即叶绿素、胡萝卜素和叶黄素等共同形成，由于此时叶绿素的绿色掩盖了胡萝卜素和叶黄素的颜色，叶片为绿色；成熟衰老过程中，烟叶中叶绿素的分解速度大于叶黄素，叶片呈黄色；烟叶经调制后的颜色则由质体色素的变化和棕色化反应生成的棕色色素共同形成。在烤烟的分级标准中，烟叶颜色分为柠檬黄、橘黄、红棕、微带青、青黄色和杂色等几种。烤烟最佳的颜色为橘黄色、橘红色，晒晾烟则以黄色为好，而且要在加工贮藏过程中不褪色为好。

烟叶颜色因类型、品种、产地、栽培技术、调制方法、成熟度、部位和醇化条件等不同而产生变化。烟叶的颜色与其内在质量密切相关。一般情况下，烟叶若颜色较深，其劲头和刺激性则较大，香气质则较差；醇化后的烟叶由于化学成分发生了变化，虽然烟叶颜色变深，但劲头和刺激性却相对减少，香气质和量相对增加。烟叶中非挥发有机酸的总含量，按颜色计算平均值，橘黄色烟叶有机酸平均含量最高，其次是红棕色烟叶。烟叶的酸碱比大小依次为：红棕＜杂色＜橘黄＜柠檬黄。红棕色烟叶中酸少碱多，常表现为劲头足刺激大，柠檬黄烟叶中酸多碱少，常表现为劲头平淡。此外，颜色的均匀程度也是外观质量的一个标志，若颜色深浅不一致，则烟叶的香气差，刺激性较大；如有深褐色的焦斑，则会有焦枯气。

2. 光泽　烟叶光泽(brilliance)是指烟叶表面色彩的纯净鲜艳程度，分为鲜明、尚鲜明、稍暗、较暗、暗。光泽也可以说是烟叶颜色的洁净度或明暗度，是颜色对视觉反应的强弱。根据反应强弱分为强、较强、中等、弱 4 个档次。

烟叶光泽主要来自烟叶表面的黏性物质，它是由挥发油和树脂在调制和发酵过程中形成的。烟叶表面所含挥发油和树脂多，调制后叶片的色泽好、香气足、吃味佳；否则色泽灰暗、香气少、杂气重、品质差。烟叶总糖含量高，总氮、蛋白质、挥发碱含量较低，施木克值较高，则光泽鲜明；反之，光泽暗淡。另外，若烟叶在收获前或收获中淋雨，烘烤后即无光泽，在采收过程中应加以注意。

(三)烟叶成熟度

烟叶成熟度(maturity)是指调制后烟叶成熟的程度，包括田间成熟度和烘烤成熟度。田间成熟度是指烟叶在田间生长成熟的程度，也就是鲜烟叶外观形态所反映的烟叶在田间生长和干物质积累、转化过程中的程度，达到适于烘烤工艺要求和工业需求的一种生长状态，是田间发育过程和质量水平的重要指标。烘烤成熟度是指烟叶在烘烤过程中物质转化的程度。

烟叶生长过程中，内在成分不断地发生变化。不同成熟度烟叶的内在化学成分含量不同，导致烟叶的外观品质和内在品质存在差异。所以成熟度也是烟叶分级中的一个重要指标。随着烟叶成熟度的增加，烟叶中总糖、还原糖、多酚、石油醚提取物、烟碱和钾的含量增加，达到最大值后又开始下降；总氮、蛋白质含量随成熟度的增加而减少；氯含量随成熟度呈上升趋势；游离氨基酸和α-氨基酸则随成熟度的增加而减少，达到一定值后又开始上升。不同成熟度烟叶的油分、叶片结构、身份、颜色、光泽、香气、吃味、杂气、刺激性和燃烧性等不同，过低和过高成熟度的烟叶外观和内在质量都较差。

成熟度好的烟叶其外观特征是：颜色橘黄，色度浓，油分足，结构疏松，有明显成熟斑，闻香突出，弹性好，燃烧性强，香气质好，香气量足，吃味醇和。烟叶成熟度可分为假熟、欠熟、尚熟、成熟和完熟几个档次。达到工艺成熟的烟叶在烘烤过程中，一些不利的成分逐渐分解消失，同时又形成了一些有利吸食的成分，使烟气协调、香吃味好；而完熟叶、尚熟叶、欠熟叶和假熟叶，由于在采收前营养物质积累不足，或营养物质消耗过多，化学成分不协调，品质不佳，使用价值低。可见，适熟采收对提升烟叶质量是十分重要的。对烟叶成熟度的判断要借助于烟叶生长发育过程和调制过程中伴随显现的外观特征来综合判断。也就是说，烟叶成熟度不是一个孤立因素，它是烟叶在大田生长和调制过程中烟叶细胞发育程度的综合体现。

（四）烟叶油分

烟叶油分(oil)是指烟叶结构细胞内含有的一种柔软半液体或液体物质，触摸时有一种油油的感觉，这种物质反映在烟叶外观上有油润和丰满的感觉。烟叶外部油状物的油脂微滴含有芳香油、树脂，是烟叶香气的前体物质之一。其含量的高低直接反映烟质的好坏，也是烟叶等级评价的主要因素之一。油分足，则香气足、青杂气少、刺激性小；油分少，则香气少、杂气重、刺激性较强。油分和烟叶的类型、品种、环境、栽培、成熟度和部位等有密切的关系，并与水溶性碳水化合物、树脂和胶质等含量呈正相关。栽培技术的差异，往往导致烟叶油分含量的差异。收购时，将油分分为多、有、稍有、少几个档次。

（五）烟叶身份

烟叶身份(body)一般是指烟叶的厚薄及组织密度，常以叶的厚度表示。鲜叶厚度一般为0.22～0.33 cm，烤后叶的厚度多为0.12～0.14 cm。在烟叶收购标准中，厚度分薄、稍薄、中等、稍厚和厚 5 个档次。烟叶的厚度与其着生部位和营养累积有关，一般情况下，上部烟叶最厚，中部烟叶次之，下部烟叶最薄。田间管理、品种、营养状况对烟叶厚度影响也非常大。厚度适中的烟叶，油分多，弹性强，质量好；过厚的烟叶则劲头大，杂气重，刺激性强；薄的烟叶虽然填充性好，但油分少，弹性差，吃味平淡。

（六）烟叶叶片结构

烟叶叶片结构(leaf structure)是指叶片细胞排列的疏密程度。通常用疏、密、松表示。“疏”是指细胞组织疏密适当，叶片色泽饱满，有韧性，弹性好，手握烟叶松开后恢复原状能力强。成熟度好的中部烟叶多表现为疏。而“密”的烟叶，细胞排列紧密，细胞间隙小，结构紧密，韧性尚好，但外表粗糙。“松”的烟叶，细胞排列疏松，韧性和弹性差，给人以脆弱的感觉，下部烟叶多属此类。

不同类型的烟叶由于使用要求不同，对叶片厚度和结构紧松的标准也不同。例如，烤烟以厚薄适中，叶片结构疏松为佳；晒晾烟以稍厚而细致的叶片为最好；雪茄的外裹叶和白肋烟则要求组织细致，厚度稍薄。叶片结构与其类型、品种、环境、栽培、油分、部位和成熟度有关。一般情况下，气候干旱、低密度和低打顶条件下生产的叶片较厚，叶片结构粗糙；气候潮湿、相对密植、成熟过度、调制变黄期过长的烟叶结构疏松，叶片薄。此外，烟叶中含碳化合物与含氮化合物的含量对叶片结构也有影响，烟叶中含碳化合物含量较高及含氮化合物较低时，烟叶的组织较细致。

（七）烟叶长度与宽度

烟叶长度(leaf length)是指从叶片主脉柄端至烟叶尖端间的距离。对香料烟则是指烟叶叶尖到叶底的距离。烟叶宽度(leaf width)是指烟叶最宽处两个对边之间的最短距离。叶片长度与品种、施肥、水分及密度等有关。一般来说，烟叶叶片只有足够大，才可能在生长期获得充足营养，发育完全，充分成熟，组织结构疏松，质量好。过小的叶片不是施肥不足、灌溉不及时，就是田间管理不善，造成大田期营养不良、发育不全，烟叶成熟不充分、组织结构紧密、质量差。烟叶收购标准要求，中上部烟叶长度为35～45 cm，下部烟叶长度为30～40 cm，各部位烟叶均不得小于25 cm。

(八)烟叶残伤与破损

残伤(waste)是指烟叶组织受破坏，失去成丝的强度和坚实性，基本无使用价值。破损(injury)是指叶片因受到机械损伤而失去原有的完整性，且每片烟叶破损面积不超过50%。烟叶残伤与破损往往是烟叶在大田生产、采收、烘烤、扎把、运输等过程中造成的组织结构破坏，从而失去成丝的强度、长度和坚实性，降低工业利用效率的状况。残伤破损烟叶香气受损，杂气、刺激性加重，质量较差。因此，规范农事操作、防治病虫害、科学烘烤、保持烟叶的完整性是十分重要的。

二、烟草内在品质

烟草的内在品质(interior quality)又称评吸质量(sensory quality)，是指烟叶或烟丝通过燃烧所产生烟气的特征特性，包括烟叶各种化学成分的数量和协调性，烟叶燃吸时的香气、劲头、刺激性、余味等烟气品质的优劣和安全性。衡量烟气质量的因素很多，但总的泛指香气和吃味两项。香气是给人以一种愉快与舒适的气相物质在鼻腔里的生理反应，由香气类型、香气质、香气量和杂气组成。吃味由劲头、刺激性、浓度和余味组成。

(一)香气

香气(aroma)是指烟气本身所固有的烟草特有的芳香，是烟叶的致香物质作用于嗅觉器官所产生的感觉，主要是指烟叶燃烧后表现出来的一种特殊芳香，或令人愉快的感觉。香气的概念本身包括了质和量两个方面，即通常所说的“香气质好”和“香气量足”。香气评价主要以香气质为主，香气量服从于香气质。

香气产生主要取决于烟叶中的酚类、树脂类、醛、酮、挥发酸等致香物质。致香物质含量与烟叶类型、环境条件、营养状况、着生部位等有关。一般烤烟中上部叶片比下部叶片香气足。

1. 香气类型

(1)烤烟烟叶香气类型的传统分类　我国传统上把烤烟烟叶香气类型划分为清香型(fresh-sweetness type)、中间香型(pure-sweetness type)、浓香型(burnt-sweetness type)三大类，并进一步细分为：清香、清香偏中间香、中间偏清香、中间香、中间偏浓香、浓香偏中间香、浓香等7种类型。

清香型烟叶具有突出的清香香气，吃味舒适，烟味较淡，地方性杂气较轻至较重，劲头较小至适中，代表产地有云南、福建等。

中间香型是介于清香型和浓香型之间的一种特征香气类型，吃味干净，烟味浓度较淡至较浓，地方性杂气较重，劲头较小至较大，代表产地有贵州、山东及东北等。

浓香型烟叶具有烤烟本身特有的浓厚香气，烟味浓厚，吃味干净，地方性杂气轻至较重，劲头适中，代表产地有河南、湖南等。

(2)烤烟烟叶香型风格的最新分类　2010～2015年国家烟草专卖局组织实施了“特色优

质烟叶开发重大专项”，该研究遵循“特征可识别性、工业可用性、配方可替代性、产地典型性、管理可操作性”原则，从生态、感官、化学、代谢 4 个维度，对全国烤烟烟叶香型风格进行分析、评价和交叉验证。研究将全国烤烟烟叶风格划分为 8 种香型，即清甜香型、蜜甜香型、醇甜香型、焦甜焦香型、焦甜醇甜香型、清甜蜜甜香型、蜜甜焦香型、木香蜜甜香型，突破了传统的浓、中、清三大香型划分，并采用“典型地理生态+特征香韵”的方法命名。

1) 西南高原生态区-清甜香型（Ⅰ）。

区域分布：涵盖云南全部，四川大部，贵州、广西部分产地。具体包括：玉溪、昆明、大理、曲靖、凉山、楚雄、红河、攀枝花、普洱、文山、临沧、保山、昭通、毕节西部、黔西南西部、六盘水西部、德宏、丽江、百色西部。典型产地为江川(玉溪)。

风格特征：以干草香、清甜香、清香为主体，辅以蜜甜香、醇甜香、烘焙香、木香、酸香、焦香、辛香等，其特征为清甜香突出，青香明显，微有青杂气、生青气、木质气和枯焦气，烟气浓度、劲头中等。

生态条件：旺长期的光、温、水等适中，无明显影响烟叶生长的限制因子，有利于糖、氮类物质积累，成熟期温度较低，不利于淀粉、蛋白质等大分子降解，使得调制后的糖、氮含量高。光质中较高的紫外线比例刺激了芸香苷的合成。

代谢通路：脂肪酸去饱和代谢强；芸香苷合成代谢强；色素降解代谢水平较低。

化学成分：糖和芸香苷高。

香型风格：“清甜香突出，青香明显”。

2) 黔桂山地生态区-蜜甜香型（Ⅱ）。

区域分布：涵盖贵州、广西大部，四川部分产地。具体包括：遵义、贵阳、毕节中部和东部、黔南、黔西南中部和东部、安顺、黔东南、铜仁、泸州、宜宾、六盘水中部和东部、百色中部和东部、河池。典型产地为播州(遵义)。

风格特征：以干草香、蜜甜香为主体，辅以醇甜香、木香、清甜香、酸香、焦香、烘焙香、辛香等，其特征为蜜甜香突出，微有青杂气、生青气和木质气，烟气浓度、劲头中等。

生态条件：旺长期降水量最多、气温较高，日照时数较少，昼夜温差最小，与同期Ⅴ区接近，成熟期的降水量明显减少，气温基本保持稳定，日照时数增长，昼夜温差略有增大，与Ⅲ区接近。糖含量较高可能主要是因为旺长期气温较高提升了光合速率；含氮物质略低主要是因为旺长期较多的降水量和山地坡度较大而引起土壤氮损失；类胡萝卜素等香气物质总体略低可能是由于其阴雨天较长，光照强度略低。

代谢通路：多数代谢通路活跃程度基本居于各区中间。

化学成分：糖含量高。

香型风格：“蜜甜香突出”。

3) 武陵秦巴生态区-醇甜香型（Ⅲ）。

区域分布：涵盖重庆、湖北全部，陕西大部，湖南、甘肃部分产地。具体包括：重庆、恩施、十堰、宜昌、湘西、张家界、怀化、常德、安康、汉中、商洛(镇安)、襄阳、广元、陇南。典型产地为巫山(重庆)。

风格特征：以干草香、醇甜香为主体，辅以蜜甜香、木香、青香、焦香、辛香、酸香、烘焙香、焦甜香等，其特征为醇甜香突出，微有青杂气、生青气和木质气，烟气浓度、劲头中等。

生态条件：光照、温度、降水等基本居于各区中间。

代谢通路：多数代谢通路活跃程度基本居于各区中间。

化学成分：整体均衡，多数化学成分处于中等水平。

香型风格："醇甜香突出"。

4）黄淮平原生态区-焦甜焦香型（Ⅳ）。

区域分布：涵盖河南、山西全部及陕西、甘肃部分产地。具体包括：许昌、平顶山、漯河、驻马店、南阳、商洛（洛南）、洛阳、三门峡、宝鸡、咸阳、延安、庆阳、临汾、长治、运城。典型产地为襄城（许昌）。

风格特征：以干草香、焦甜香、焦香、烘焙香为主体，辅以木香、醇甜香、坚果香、酸香、树脂香、辛香等，其特征为焦甜香突出，焦香较明显，树脂香微显，微有枯焦气、木质气和青杂气，烟气浓度、劲头中等。

生态条件：降水量少、温度较高。旺长期降水量显著低于其他区，抑制了光合碳固定与同化物积累，使得烟叶糖类物质积累较少，但低降水、高蒸发可以减少土壤中氮的流失，有利于根部吸收或合成的无机、有机态氮输送至叶部，使得烟叶中的含氮物质含量较高。较强的光照、较高的蒸发量、较低的空气湿度促进了烟叶腺毛的发育和表面分泌物的增加，以减少角质层水分散失，使得茄酮等香气物质含量较高。

代谢通路：脂肪酸去饱和代谢较弱；甾醇脂合成代谢水平较高；糖酵解代谢途径较活跃；色素降解代谢、生物碱合成代谢水平较高；芸香苷合成代谢水平较低。

化学成分：糖含量高。

香型风格："焦甜香突出，焦香较明显，树脂香微显"。

5）南岭丘陵生态区-焦甜醇甜香型（Ⅴ）。

区域分布：涵盖江西、安徽全部，广东、湖南大部，广西部分产地。具体包括：郴州、永州、韶关、宣城、赣州、芜湖、长沙、衡阳、邵阳、池州、抚州、益阳、娄底、贺州、株洲、黄山、宜春、吉安、清远。典型产地为桂阳（郴州）。

风格特征：以干草香、焦甜香、焦香、烘焙香为主体，辅以醇甜香、木香、坚果香、酸香、辛香等，其特征为焦甜香突出，醇甜香较明显，甜香香韵较丰富，微有枯焦气、木质气和青杂气，烟气浓度中等至稍大，劲头中等。

生态条件：旺长期降水充沛，增加了土壤氮损失，不利于烟叶氮物质积累，较高气温提升了光合速率，利于糖类物质积累，成熟期温度急剧升高，日照时数明显增加，降水较多，十分有利于中部烟叶的淀粉、蛋白质、类胡萝卜素等大分子物质降解、转化和输出，较多降水增加了烟叶表面腺毛分泌物的损失。

代谢通路：脂肪酸去饱和代谢较弱；糖酵解代谢途径较活跃；色素降解代谢水平较高。

化学成分：糖低、氮低、巨豆三烯酮和焦糖香类香气成分丰富。

香型风格："焦甜香突出，醇甜香较明显，甜香香韵较丰富"。

6）武夷丘陵生态区-清甜蜜甜香型（Ⅵ）。

区域分布：涵盖福建全部及广东部分产地。具体包括：三明、龙岩、南平、梅州。典型产地为宁化（三明）。

风格特征：以干草香、清甜香、蜜甜香为主体，辅以青香、醇甜香、木香、烘焙香、焦香、花香、辛香等，其特征为清甜香突出，蜜甜香明显，花香微显，香韵种类丰富，微有青杂气、生青气、枯焦气和木质气，烟气浓度、劲头中等。

生态条件：日照短、降水量多、生育前期温度低。糖、氮中等可能主要是由于其旺长期、成熟前期和中后期温度均较低，烟叶同化物积累较少，但降解和输出也较少；茄酮等烟叶表面香气物质含量较低可能与该区降水量较多相关，这与Ⅱ区和Ⅴ区类似；除茄酮外的其他香气物质整体较高可能是由于成熟后期的高温提升了类胡萝卜素类物质的降解速率。

代谢通路：脂肪酸去饱和代谢水平高；糖酵解代谢活跃；苯丙烷、芸香苷合成代谢活跃；豆甾醇合成代谢较强。

化学成分：氮中等，芸香苷中等，香气物质中除茄酮略低外，整体含量较高。

香型风格："清甜香突出，蜜甜香明显，微显花香"。

7) 沂蒙丘陵生态区-蜜甜焦香型(Ⅶ)。

区域分布：涵盖山东全部产地。具体包括：潍坊、临沂、日照、淄博、青岛、莱芜。典型产地为诸城(潍坊)。

风格特征：以干草香、焦香、蜜甜香、木香为主体，辅以焦甜香、醇甜香、烘焙香、辛香、酸香等香韵，其特征为焦香突出，蜜甜香明显，木香较明显，香韵较丰富，微有枯焦气、木质气、青杂气和生青气，烟气浓度、劲头中等。

生态条件：特征与Ⅳ香型接近，成熟前期、中后期降水量稍多。相似的生态特征使其化学特征与Ⅳ香型相似，西柏烷类化合物降解产物等香气成分含量稍低于Ⅳ区，可能是由于成熟前期、中后期稍多的降水量增加了烟叶表面分泌物的损失。

代谢通路：生物碱代谢活跃；甾醇合成代谢途径较活跃；芸香苷合成代谢弱。

化学成分：糖低氮高，甜润感香气成分比例略低。

香型风格："焦香突出，蜜甜香明显，木香较明显"。

8) 东北平原生态区-木香蜜甜香型(Ⅷ)。

区域分布：涵盖黑龙江、辽宁、吉林、内蒙古、河北全部产地。具体包括：牡丹江、丹东、哈尔滨、绥化、赤峰、延边、朝阳、铁岭、大庆、白城、双鸭山、鸡西、七台河、长春、通化、抚顺、本溪、鞍山、阜新、锦州、张家口、保定、石家庄。典型产地为宁安(牡丹江)。

风格特征：以干草香、木香、蜜甜香为主体，辅以青香、醇甜香、酸香、焦香、烘焙香、辛香等，其特征为木香突出，蜜甜香明显，微有木质气、枯焦气、青杂气和生青气，烟气浓度和劲头较小。

生态条件：温差大、日照长、成熟期温度较低。该区最长的光合时间、成熟期低温等大多数条件均十分有利于烟叶中的糖类物质积累，使烤后烟叶糖含量较高。低温显著降低了根部硝酸还原酶、谷氨酰胺合成酶、谷氨酸合酶等氮同化酶的活性，大温差降低了夜间叶部的糖类物质等向根部的输送，不利于氮的吸收，低温也会降低烟叶呼吸酶的活性，不利于叶绿体内贮存的淀粉等糖类物质的降解，降低了根部氮吸收以及叶中氨基酸、蛋白质等含氮物质合成所需的能量或前体物含量。降低了烟叶含氮物质含量。

代谢通路：可替宁合成代谢较强；芸香苷合成代谢水平居中。

化学成分：糖高氮低，巨豆三烯酮较低。

香型风格："木香突出，蜜甜香明显"。

2. 香气质(quality of aroma) 是指香气质量的好坏。可分为：好、较好、中、较差、差。香气质与可溶性总糖、还原糖、酸组分呈正相关；与石油醚提取物呈显著正相关；与总细胞壁物质呈显著负相关，其中与纤维素负相关极显著；与氮组分和灰分、钙、硫、氯呈负相关；与钾、镁、磷、钾/氯呈正相关；与平衡含水量呈显著正相关；与单料烟的阴燃时间、焦油、烟气烟碱呈极显著正相关。

3. 香气量(concentration of aroma)　是指香气的多少。可分为：充足、尚充足、有、少、平淡。香气量与糖组分、氮组分、碱组分、酸组分呈正相关；与石油醚提取物呈显著正相关；与总细胞壁物质和纤维素呈极显著负相关；与总灰分、钙、镁、氯呈负相关；与钾、磷呈正相关；与单料烟的阴燃时间、焦油、烟气烟碱呈极显著正相关。

4. 杂气(offensive odor)　是指不具有本质气味的、轻微的和明显的不良气息，如青草气、枯焦气、土腥气、松脂气、花粉气、地方性杂气及呛人的气息等。烟气中的青杂气、枯焦气、土腥气和地方性杂气等令人产生不愉快的感觉。吸烟时产生令人愉快的气味即为前述的香气，而将令人不愉快的气味统称为杂气。这些杂气往往因烟区土壤、气候、栽培、调制等环节异常产生，如蛋白质含量过高、叶绿素没有完全降解等。此外，在储运、发酵、加工过程中混入了其他杂质或被异味污染也会导致杂气的产生。

(二)吃味

吃味(taste)是烟气在口腔内形成酸、甜、苦、辣等感觉的综合性反映。吃味是烟叶多种化学成分在燃烧过程中综合作用的结果，并不取决于任何单独成分的绝对含量。总糖、还原糖、烟碱、总氮等含量对烤烟吃味品质均产生极显著的影响，控制烟碱过高积累、提高还原糖含量、减小两糖差，均有利于提高烟叶吃味品质。烤烟中所含的挥发性酸成分与吃味呈正相关关系。烟叶等级越高，其挥发性酸含量越高，吃味也越好。烟叶中还原糖和烟碱含量对吃味的影响最大，而糖分中的总糖与还原糖的差值如超过5%，也会使吃味变差。

1. 劲头(taste strength)　是指卷烟烟气对人体产生的生理强度，主要是指烟碱(尼古丁)对人体的生理刺激程度，所以劲头又叫作生理强度。劲头有强、较强、中、较弱、弱之分。烟支的烟碱含量多，对人体的刺激强烈，劲头大；相反，烟碱含量少，对人体刺激弱，劲头小。不同吸烟者对劲头大小的要求不尽相同，多数人喜欢强度中等的烟气，但也有人喜欢劲头大的或者劲头小的卷烟。从安全性方面考虑，劲头中下是比较适宜的。

2. 刺激性(irritancy)　是指烟气在口腔、舌、喉部、鼻腔引起的刺、呛、辣等不愉快的感觉。引起刺激的感觉主要来自于挥发性碱类物质，其中主要包括氨、游离烟碱、木质素、纤维素等。这些物质在燃烧时的挥发作用，或产生了甲醇，引起刺激感觉器官的不良感受。

3. 浓度(smoke concentration)　是指烟气进入口腔后所感受的浓淡程度。烟味的浓淡与所用烟叶的类型、品质、特征及其化学成分含量，以及这些化学成分之间的平衡和协调性有很大关系。从评吸的感受来讲，烟味浓的卷烟给人一种满足感，同时也会给人一种近似粗糙的感觉；烟味淡的卷烟给人一种醇和细腻的感受，但在满足感上会觉得有所欠缺。

4. 余味(after taste)　是指烟气呼出后留在口腔的感觉，也就是指吸烟过程中烟气微粒沉降在口腔中的一种爽快与否的感觉，有甜、苦、辣、酸、涩等区别。纯净舒适略带甜味者好，不舒适及苦涩者差。优质的烟叶原料要求刺激性小，余味干净舒适，无滞口、滞舌的感觉。

三、烟草化学成分

化学成分(chemical component)是决定烟草品质的内在因素，它与烟草的类型、生态条件、栽培技术、调制方法等都有密切关系。目前已从烟草中鉴定出5289种化学物质。与烟草品质有关的化学成分很多，主要包括糖类、含氮化合物、钾、氯等。

(一) 烟草常规化学成分

1. 烟草糖类　烟草中的糖类与烟草品质的关系非常密切。与烟草品质相关的糖类主要有淀粉、葡萄糖、果糖等。不同的糖类对烟草质量有不同的影响。在烟草化学品质评价中，对糖类化合物的评价指标主要包括淀粉含量、可溶性糖含量、还原糖含量等。

(1) 淀粉含量　淀粉属于多糖，是光合作用的产物，可分为直链淀粉和支链淀粉。随着烟叶的生长和成熟，淀粉含量逐渐增加，成熟的新鲜烟叶中一般含淀粉 20%～40%；调制后淀粉转化为有利于品质的单糖，淀粉含量降低到了 2%～5%。若调制后烟叶的淀粉含量依然很高，就会影响烟叶的吃味和品质。优质烤烟要求淀粉含量低于 5%。因此，淀粉含量的高低可以作为调制是否得当的依据。

(2) 可溶性糖含量　烟叶中易溶于水的糖称为可溶性糖，习惯称为总糖，包括葡萄糖、果糖、蔗糖、麦芽糖等。可溶性糖在烟支燃吸时一方面能产生酸性反应，抑制烟气中碱性物质的碱性，使烟气的酸碱平衡适度，降低刺激性，产生令人满意的吃味；另一方面烟叶在加热及烟支燃吸过程中，糖类是形成香气物质的重要前体物，当温度在 300℃以上时，可单独热解形成多种香气物质，其中最重要的有呋喃衍生物、简单的酮类和醛类等羰基化合物。此外，可溶性糖含量高的烟叶比较柔软，富有弹性，色泽鲜亮，耐压而不易破碎。不同地区、品种、部位和等级的烟叶含糖量有较大差别，烤烟的可溶性糖含量一般在 15%～35%，适宜含量为 18%～24%。

(3) 还原糖含量　葡萄糖、果糖、麦芽糖等由于分子结构中的羰基具有还原性，又合称为还原糖。烤烟的还原糖含量为 5%～28%，最适含量为 18%～25%。不同部位烟叶的还原糖含量差异较大，一般中部烟叶的还原糖含量较高。

化学分析表明，随着烟叶商品等级的提高，其含糖量是增加的。因此，可溶性糖含量和还原糖含量被认为是体现烟草品质优劣的关键指标，是烟草化学成分评价的重要项目之一。一般来说，同一地区、同一品种的烟叶，含糖量高比含糖量低的质量好。尽管如此，烟叶中糖的含量并不是越高越好，不能简单地认为含糖量高的烟叶其品质就好。烟草的吸食质量是各种化学成分综合作用的结果，必须把糖类含量和蛋白质含量、烟碱含量等结合起来判断，可溶性糖与蛋白质、烟碱之间需要有适当的比例，即适度的酸碱平衡关系。

2. 烟草含氮化合物　烟草的含氮化合物主要包括蛋白质、氨基酸、生物碱、叶绿素、酰胺、硝酸盐等。烟草中的含氮化合物在一定范围内是有利因素，可以中和糖类燃烧后产生的酸性物质。含氮化合物的含量过高时热解产生的碱性物质过多，烟气辛辣，刺激性强，杂气重，味苦；含量过低时吃味虽然顺和，但烟气浓度低，劲头小，香气平淡，不能给消费者足够的生理满足。在烟草化学品质评价中，对含氮化合物一般主要测定总氮、蛋白质、烟碱、总挥发碱等成分的含量。

(1) 总氮含量　烤烟中含氮化合物（以总氮量表示）主要是蛋白质、烟碱和可溶性氮等，烤烟的总氮含量要求在 1.5%～3.5%，以 2.0%为宜。含氮化合物在卷烟燃吸时热裂解为吡啶、酰胺等及其衍生物，呈碱性，多具有强烈的刺激性和辛辣焦味。因此，如果含氮化合物含量过高，则烟气辛辣味苦，刺激性强烈；如果含氮化合物含量适中，则烟气中的酸碱性产物能得到平衡协调，吃味醇和；但如果含氮量过低，则烟气平淡无味。

(2) 蛋白质含量　蛋白质是烟叶的主要营养物质之一，对烟草的新陈代谢和生命活动起着非常重要的作用，含量一般在 5%～15%。鲜烟叶中的蛋白质自成熟落黄期即开始水解，随着变黄程度的增加蛋白质含量逐渐减少，至完全变黄后蛋白质水解趋于停止，这是因为鲜烟叶中叶绿素蛋白质要占蛋白质总量的一半左右，调制过程中减少的蛋白质大部分属于叶绿素蛋白质，这就客观地决定了调制后烟叶的蛋白质含量仍然相当于鲜烟叶蛋白质含量的一半左右。

尽管蛋白质在烟草生长发育过程中对生理生化过程具有重要意义，但是对于烟草制品来说，蛋白质在总体质量上是一种不利的化学成分。如果烟叶中蛋白质含量高，则烟气强度过大，香气和吃味变差，产生辛辣味、苦味和刺激性，并且在燃吸时会产生蛋白臭味。但是，蛋白质又是烟叶中客观存在而不可缺少的成分，它的水解产物及其衍生物是许多烟草香气物质的前提物。因此，烟叶中适量的蛋白质，能够赋予其充足的烟草香气和丰满的吃味强度，平衡糖过多而产生的烟味平淡。

(3) 烟碱含量　烟碱(尼古丁)属于吡啶族生物碱，是烟叶中最主要的生物碱，占烟草生物碱的95%以上。烟碱有强烈的刺激性，味辛辣，决定烟气的生理强度，即劲头。烟碱在烟叶或烟气中均以游离态和结合态两种形态存在，游离态烟碱的碱性强于结合态，产生刺激性强。若烟叶中烟碱含量高，游离态烟碱含量也高，则刺激性增强。因此，控制烟气的碱性可减轻刺激性。烤烟的烟碱含量一般要求在 1.5%～3.5%，以 2.5%为宜。烟碱含量过低，则劲头小，吸食淡而无味；烟碱含量过高，则劲头大，使人有呛刺不悦之感。烤烟上部叶的烟碱含量比中部叶高 0.50%～0.65%，比下部叶高 1.00%～1.50%，而比顶叶低 0.20%～0.50%。烟株中烟碱含量的分布受施氮量、叶位和留叶数影响较大，打顶后烟碱积累显著增加。

(4) 总挥发碱含量　总挥发碱主要包括氨类和易分解产生氨类的氮化合物及游离态烟碱。总挥发碱含量与烟草中可溶性挥发性氮化合物含量有一定的关系，可溶性挥发性氮化合物中酰胺、氨和可蒸馏出的生物碱等都是挥发碱的主要组成物质，但两者并不相等。烤烟总挥发碱含量为 0.3%～0.6%，白肋烟为 0.55%～0.85%。如果总挥发碱含量过高，会使烟气有较强的碱性，产生较大的刺激性，感觉辛辣、刺喉、呛咳等。

3. 烟草矿质元素

(1) 钾　钾是烟草中含量最高的矿质元素，烟叶钾含量为 1.5%～6.0%，增施钾肥可使烟叶分层落黄，品质提高，燃烧性增强。含钾多的叶片柔软，组织细致，外观质量好，但钾供应过多会引起淀粉大量积累，叶片变厚、变脆，调制后烟叶色泽不佳。钾对烟叶的燃烧性有较大作用，适量增加钾含量可以提高烟支的燃烧性和持火力，延长阴燃时间。因此，提高钾含量能够改善烟叶的燃烧性，降低焦油和 CO 含量，提升卷烟的安全性。钾离子最适含量一般在 3%左右，一般要求不低于 2%。

(2) 氯　氯元素是烟叶生长所必需的。研究表明，适量的氯可提高烟叶产量，改善品质，如颜色、弹性、油分和烟叶的储藏质量等。

氯元素是影响烟支燃烧性的主要因素。氯含量为 0.3%～0.8%比较理想，叶片结构疏松，富有弹性和油润性，膨胀性好；氯含量小于 0.3%时，叶片干燥粗糙、易破碎；氯含量在 0.8%以上时，烟叶质量明显下降，颜色暗淡，易发霉；氯含量超过 1%时，阻燃性明显增强；氯含量超过 2%时，就会发生熄火现象。氯离子含量过低，烟支的燃吸速度过快，虽然燃烧完全，但给卷烟吸食过程带来不良影响。

(3) 其他无机成分　烟草为了正常的生长发育必须吸收各种矿质元素，目前已在烟草中发现了 43 种主要的矿质元素，这些元素除满足烟草营养生长和生殖生长需要外，还对烟草品质产生一定的影响，其中除了钾和氯外还有如下几种。

1) 钙：一般认为，钙对烟草的填充力有好的作用，钙含量高，填充力也高。白肋烟和马里兰烟的填充力高，其含钙量高是原因之一。钙对烟草的燃烧性表现为中等。钙在烟草体内是最不易转移的元素之一，在老叶或其他老的组织中含量较高，缺乏症状多表现在新生的芽、叶和根尖上。

2) 镁：镁是叶绿素不可或缺的成分，在烟草体内是能够再利用的营养元素。正常烟叶的镁含量为 0.4%～0.5%，当镁含量低于 0.15%时，常常有明显的缺镁症状；镁含量大于 0.25%时，一般不会发生缺镁症状。烟叶中镁的含量与钾和钙的存在及其含量有着密切的联系，如果钾和钙缺乏，则镁含量增加，反之亦然。镁对烟草的燃烧性有重要影响，镁的含量适中能保持烟灰完整，不易散落。镁含量高时会降低烟草燃烧性，烟灰颜色变暗，且呈片状脱落，燃烧不均匀。

3) 硫：烟草中硫的含量随烟草类型和栽培条件不同而变化，一般为 0.2%～0.7%。据研究，烟叶中硫的含量与土壤和肥料中硫的供应量有着密切的相关性。硫对烟草燃烧性的不良影响仅次于氯，这是因为过量的硫会使钾与有机酸的结合减少，故显著地降低其燃烧性，表现为减少持火力，甚至造成熄火，并严重影响烟草的吃味。

4) 铜、锌、锰和硼：铜、锌、锰和硼等属于微量元素。铜含量过高对烟叶不利；适宜的锌含量可提高香气量，改善香气质；锰含量过高会使劲头提高；硼含量过高会降低香味和吃味。

(4) *灰分含量* 灰分(ash)是指烟草经完全燃烧后剩下的残余物，包括金属氧化物和酸性盐类，其中主要元素是钾、钙、镁、磷、硫、氯，以及少量硅、铁、锰等。灰分含量与烟草的燃烧性有直接关系。

$$总灰分(g/kg)=灰分总量(g)/样品质量(kg)\times(1-含水量)$$

4. 化学成分协调性指标 烟草质量不仅与各化学成分的绝对含量有关，而且与它们之间的相对比例及彼此间的协调性有关。很早以前就有人研究了化学成分之间的比值与品质的关系，并提出将各种比值作为评价烟草品质的指标。现对评价化学成分比例关系与协调性的几个主要指标介绍如下。

(1) *布吕克纳尔品质指数* 1936 年，布吕克纳尔(H. Bruckner)将烟草中一些化学成分对烟质的影响分为以下 4 类。①与烟气强度有关的化学物质：含氮化合物(包括总氮量、蛋白质和烟碱等)。②与和顺性和香气有关的化学物质：糖、淀粉、草酸等。③与刺激性有关的化学物质：如组成细胞膜的物质(包括总灰分、钾、硝酸盐及有机酸中的柠檬酸等)。④与香气有关的化学物质：单宁和树脂等。此外，他还将 pH 列为间接影响香气的不良因素。由此提出烟草品质指数，公式如下。

$$\begin{aligned}品质指数&=(提高品质的成分\times400)/降低品质的成分\\&=(糖+淀粉+草酸+单宁+树脂)\times400/(细胞膜物质+灰分组分+柠檬酸+氮化合物+pH)\end{aligned}$$

布吕克纳尔认为上部烟叶和中部烟叶的质量指数为 199.2，下部烟叶为 127.3，此结果与专家的评吸估计非常符合。但计算该品质指数需分析的数据较多，且各有利因素和不利因素与烟叶质量之间的关系只是量的叠加，故与生产实际情况不尽相符，未被广泛应用。

(2) *Pyriki 品质指数(庇利基品质指数)* 1948 年和 1958 年，C. Pyriki 两次简化布吕克纳尔计算式，得到如下公式。

$$庇利基品质指数=(总还原性物质+树脂+蜡)\times400/(灰分+烟碱+蛋白质+氨氮量+其他含氮化合物)$$

(3) *施木克值* 施木克值是 1953 年苏联烟草化学家施木克(Shmuk)提出来的，以可溶

性糖含量与蛋白质含量之比作为判断烟叶品质的指标，即

施木克值=可溶性糖含量/蛋白质含量

因为卷烟产品中可溶性糖含量随烟质提高而增加，蛋白质含量随等级提高而减少，所以在一定范围内施木克值越大，烟质越好。但并不是施木克值越大越好，因为可溶性糖量过高，烟气产生的酸性过强，也能产生刺激，且含氮物质过少，香气往往不足，品质反而下降。经验证明，施木克值在 2.5 以内，值越高烟草的质量越好。不同类型烟叶因加工方法不同，可溶性糖含量差别很大而蛋白质变化小，无法应用施木克值。此外，由于施木克值在评价烟质时仅取两种主要成分，不能反映烟叶的全部质量，因此施木克值在评价烟叶质量时存在一定的局限性。

(4) 糖氮比值和糖碱比值　由于施木克值实际上是反映烟叶中的酸碱平衡关系，因此有人提出直接用糖氮比(即可溶性糖含量与总氮含量的比值)来表示烟叶的质量。烤烟糖氮比一般为 6～10。

由于烟碱的含量与总氮量有一定的比例关系，一般以 1∶1 为好，因此又可以用糖碱比来代替糖氮比。糖碱比即烟叶中可溶性糖含量与烟碱含量的比值，是评价烟叶吃味的一项重要指标，主要反映烟气的生理强度和醇和度。烤烟的糖碱比一般为 6～10，以接近 10 的质量为最好。若比值过大，虽烟味柔和，但劲头小，香气平淡；若比值过小，则烟味强烈，有苦味。

(5) 氮碱比值　由于烟叶中总氮含量和烟碱含量比较接近，二者的比值大小取决于成熟过程中氮素转化为烟碱氮的程度，因此，可以反映烟叶的成熟情况。烤烟的氮碱比一般为 0.8～1，以 1 较为合适。比值过大，烟叶成熟不够，颜色浅，香味少；比值低于 1 时，烟叶的身份会重，烟味浓，刺激性加重。

(6) 钾氯比值　钾氯比值主要用来判定烟叶的燃烧性，比值越大，烟叶燃烧性越好。一般认为适宜的钾氯比值应在 4 以上，其比值＞1 时，烟叶不熄火；比值＞2 时，燃烧性好。

(7) 两糖差、两糖比　烟叶中可溶性糖包括单糖、双糖和其他可溶性的低聚糖，如葡萄糖、果糖、麦芽糖、蔗糖和棉子糖等，其中单糖占 80%以上。根据有无还原性可将可溶性糖分为还原糖和非还原糖。还原糖是指具有还原性的单糖、双糖和低聚糖，非还原糖则不具还原性，主要是指蔗糖。对于卷烟内在质量来说，还原糖比非还原糖的作用要好，如在卷烟加料实验中发现直接加蔗糖(非还原糖)不如加蔗糖的水解产物(称为转化糖，具有还原性)好，因而烟草行业把烟叶中可溶性糖测量指标分为总糖含量、还原糖含量和非还原糖含量，其关系是可溶性总糖含量等于还原糖含量与非还原糖含量之和。关于烟叶中可溶性糖、还原糖和非还原糖之间的比例关系，常用两糖差、两糖比来表示。

两糖差=可溶性糖含量−还原糖含量

两糖比=还原糖含量÷可溶性糖含量

优质烤烟不但要求总糖和还原糖的绝对含量适宜，而且对还原糖与总糖的比值也有着严格的要求。一般认为，调制后的烟叶还原糖与总糖的比值最好在 0.9 左右，此时烟叶的感官评吸质量较高。还原糖与总糖比值也在一定程度上反映了烟叶的工艺成熟度。

相对于两糖比而言，两糖差与烟叶感官质量的关系更为密切。通常认为两糖差越低，感官质量越好，因此，两糖差可作为评价烟叶吃味品质的重要指标，该值超过 5%，吃味品质变差。在烟叶生产加工过程中，提高还原糖相对含量，减小两糖差，能有效地提高烤烟吃味品质。

5. 烟草常规化学成分的适宜性指标　不同类型烟草的化学成分及含量差异很大。烤烟的还原糖含量最高，白肋烟和马里兰烟的糖含量极低，香料烟含糖量介于两者之间；白肋烟总氮含量最高，烤烟最低，香料烟居中；白肋烟的烟碱含量最高，烤烟次之，香料烟最低；挥发性有机酸含量以香料烟最高，而不挥发性有机酸含量以白肋烟为最高；挥发油与醇溶性树脂都以香料烟含量最高；果胶与粗纤维以马里兰烟含量最高；灰分以白肋烟和马里兰烟含量较高。质量好的烟叶要求各种化学成分的含量要适宜。《中国烟草种植区划》(王彦亭等，2010) 对烤烟烟叶化学成分的赋值见表 10-1，不同的含量指标被赋予<60 分、60～70 分、70～80 分、80～90 分、90～100 分、100 分的不同分值，得分越高表示化学指标越优。

表 10-1　烤烟化学成分指标赋值

指标	100	100～90	90～80	80～70	70～60	<60
烟碱/%	2.20～2.80	2.20～2.00 2.80～2.90	2.00～1.80 2.90～3.00	1.80～1.70 3.00～3.10	1.70～1.60 3.10～3.20	<1.60 >3.20
总氮/%	2.00～2.50	2.50～2.60 2.00～1.90	2.60～2.70 1.90～1.80	2.70～2.80 1.80～1.70	2.80～2.90 1.70～1.60	>2.90 <1.60
还原糖/%	18.00～22.00	18.00～16.00 22.00～24.00	16.00～14.00 24.00～26.00	14.00～13.00 26.00～27.00	13.00～12.00 27.00～28.00	<12.00 >28.00
钾/%	≥2.50	2.50～2.00	2.00～1.50	1.50～1.20	1.20～1.00	<1.00
淀粉/%	≤3.50	3.50～4.50	4.50～5.00	5.00～5.50	5.50～6.00	>6.00
糖碱比值	8.50～9.50	8.50～7.00 9.50～12.00	7.00～6.00 12.00～13.00	6.00～5.50 13.00～14.00	5.50～5.00 14.00～15.00	<5.00 >15.00
氮碱比值	0.95～1.05	0.95～0.80 1.05～1.20	0.80～0.70 1.20～1.30	0.70～0.65 1.30～1.35	0.65～0.60 1.35～1.40	<0.60 >1.40
钾氯比值	≥8.00	8.00～6.00	6.00～5.00	5.00～4.50	4.50～4.00	<4.00

(二) 烟草致香物质

烟叶致香物质或香气成分相当复杂。在烟叶和烟气中已发现数千种物质，其中对烟草香味有影响的物质接近一半。随着化学分析工作的深入，将陆续发现更多的致香物质。烟草有机酸、酚类、类脂、甾醇类和萜类化合物，不但本身对烟草香味有重要影响，而且它们的转化、降解产物也多是致香成分，杂环类化合物大多由相关物质转化而来，是一种特殊致香物质。

根据致香基团的不同，一般可把烟叶香气成分分为酸类、醇类、酮类、醛类、酯类、内酯类、酚类、氮杂环类、呋喃类、酰胺类、醚类及烃类等。

四、烟草物理特性

烟草的物理特性包括燃烧性、吸湿性、弹性、填充性、单位面积质量、含梗率等，与卷烟加工有关的一些因素，反映的是烟叶的加工性能。

(一) 燃烧性

燃烧性(combustibility)是指烟草持续、均匀、无火焰燃烧的能力。燃烧性包括阴燃持火力、燃烧速度、燃烧均匀性、燃烧完全性、残余烟灰的颜色和烧结性等燃烧因素。通常含有许多优良成分且协调程度很好的烟叶，也会因不同程度的燃烧性缺陷而改变它的烟气成分，因此，燃烧性决定着各式各样的烟气和吃味品质。烟草的燃烧性是物理指标，但习惯上多在卷烟的评吸过程中进行观察测定。

1. 阴燃性(smoldering)　是指烟草点燃后在无火焰状态下持续阴燃的能力，也称为阴燃持火力、静燃能力或自由燃烧能力。最低要求不应少于 2 s，否则为熄火烟。熄火的烟叶燃烧不完全，香气和吃味差，往往焦油含量也较高。持火力与烟草的外观质量、内在化学成分和湿度有关。阴燃持火力可以因化学处理发生改变，通过提高静燃速度可以减少烟气中有害成分的产生量，但静燃速度太快又会使消费者感到不满意。

2. 燃烧速度(combustion speed)　又称燃烧速率，是指单位时间内烟叶及其制品燃去的面积、质量或长度。燃烧速度分为快、中、慢 3 个档次，一般以中等燃烧速度为好。燃烧速度与烟草含水量及其他成分，如助燃、阻燃矿质元素有关。如果燃烧太快，烟气温度高，吸食者会有口感灼热的不舒服感觉；而如果燃烧太慢，则烟气中焦油的生成量增加，会降低吸烟的安全性。

3. 燃烧安全性(combustion safety)　是指烟草内所含物质燃烧的充分程度。烟草完全燃烧之后，烟丝所含的有机物消耗殆尽，仅剩下一些矿物质，烟灰呈白色。相反，燃烧不完全时残留有机物较多，烟灰较暗或呈黑色。锌、钙、镁促使烟草达到燃烧完全的程度，但钙、镁过多时也会使烟灰呈片状脱落，而降低卷烟燃烧的安全性。燃烧安全性好的卷烟在燃烧时的把握性好。

4. 燃烧均匀性(combustion uniformity)　是指烟叶及其制品在燃烧时各部分保持均匀的速度，当然以均匀为好。这与烟丝在烟支中的均匀性和松紧度有关。如果烟草燃烧均匀度差，出现部分燃烧、部分熄火的现象，便会影响烟草的吸食质量。

5. 烧结性(sintering property)　是指燃尽的烟灰凝聚力的大小。烧结性强的烟灰不易散落，凝聚呈团状；烧结性差的烟灰，每吸一口都要落灰。烧结性与烟草含镁量有关。可见，施肥时注意适当补充镁肥很必要。

影响燃烧性的因素很多，包括烟草的水分含量、有机和无机成分、烟叶的厚度和组织结构、燃烧温度、通气状况等。烟草的水分对燃烧性的影响较大，但易变化和控制，成品烟支的水分含量控制在 12.5%左右为宜。如烟叶或烟支水分含量高，则燃烧速度慢、不完全，烟气平淡无味。如水分含量过低，则烟气辛辣呛人。烟草中的纤维素、木质素、水溶性有机酸的钾盐、钠盐可增强持火力，促进燃烧完全。蛋白质、淀粉和可溶性糖类，不利于燃烧，持火力差，易焦化和炭化。烟草燃烧性与矿质元素含量及其比例关系也很大，其中钾和氯是影响最大的元素。钾含量与燃烧性呈正相关，氯是阻燃因素。钾氯比可以作为表示烟草燃烧性的指标，其比值＞1 时不熄火，比值＞2 时燃烧性好。钙和镁能使烟草燃烧完全，灰分变白。硫、磷、硅和氮过多，会阻碍烟草的燃烧。

烟叶的组织结构和身份也是和燃烧性关系密切的重要因素。组织结构紧密、叶片厚，则燃烧性差；组织结构疏松、叶片薄，持火力强，则燃烧性好。目前在卷烟工艺上可通过膨胀技术改变烟丝的组织结构来提高燃烧性。

(二) 灰色

灰色(ash color)是指烟支燃烧后烟灰的颜色。灰色以白色为好，淡灰色次之，黑灰最差。

卷烟燃烧后还要求烟灰具有良好的聚结性，不能过早地跌落和飞散。一般认为烟草中钾、钙、镁、硫、氯会对卷烟的灰色起到重要的综合作用。

(三) 吸湿性

吸湿性(hygroscopicity)是指烟草具有的从大气中吸收水分或向大气中散失水分的特性。烟草属于毛细管多孔的胶体质物体，其组织很像海绵体，使得这种组织很容易从空气中吸水或向空气中散失水分。烟草的吸湿性因品种、气候、叶位、化学成分、组织结构、身份等不同而异。一般而言，中部叶片组织疏松、叶片厚薄适中、弹性和质量好的烟叶吸湿能力大。烟草的吸湿性影响其含水量，在一定条件下，吸湿性越强含水量越高。烟草的吸湿性对收购、运输、存储、醇化、加工和烟制品的质量有重要影响。烟叶吸湿性可以使烤后烟叶出炕后吸收环境中水分而回软，减少破碎损失，保持烟叶的完整度；减少分级、扎把、包装时的损失；也便于卷烟加工。但是，吸水能力过强也不好。过强会使烟叶含水量过大，影响吸食质量，抽吸费力，燃烧性不良，使烟气中有害物质含量增加，不利健康。吸湿性过弱也不好，不但容易破碎，加工比率低，而且吸食质量也差。烟叶中氯的含量与吸湿性关系密切，呈正相关关系，因此，在施肥时应特别注意。

(四) 填充值

填充值(filling value)也称填充性、填充力，是通过测定烟叶切丝后的填充值进行评价的，指单位质量的一定含水量的烟丝在标准压力下，经过一定时间后所占有的体积，用 cm^3/g 表示。填充值与叶片弹性有关，一般为 3.5～4.5 cm^3/g。一般来说，轻质、疏松、低叶位的烟叶比光滑、紧密、较厚、高叶位的烟叶具有更高的填充能力，下部烟叶和上部烟叶填充值较高，中部烟叶填充值较低。就不同类型的烟草而言，白肋烟的填充力较高，烤烟次之，土耳其烟最低。填充值与总糖和氯化物的含量呈负相关，与钙含量呈正相关。填充力高的烟叶单箱卷烟的耗丝量低，燃烧性好，焦油产生量低，因此填充值的高低有经济性和安全性双重价值。

(五) 出丝率

出丝率(ration of cut tobacco yield)是指在一定的工艺条件下，一定质量的烟叶经加工制得的烟丝质量占该烟叶质量的比率，以百分数表示。出丝率是一项重要的物理性状，出丝率越高，工厂的成本越低。出丝率高低与烟叶的含水量、拉力及烟叶本身质量关系密切。

(六) 弹性

弹性(elasticity)是指含水量适中的烟叶拉伸时的抗碎能力或轻揉捏后的恢复能力。据测定，烟叶的弹性和含水量的关系很大，烟叶组织的拉断强度在一定范围内随含水量的增加而增加，超过一定限度后又开始降低。进一步的研究还证明，烟叶的弹性与化学成分如还原糖、钾、苹果酸、钙、铁和氯具有明显的相关性。一般烟叶质量好、油分多，则弹性大；反之，则弹性差。

(七) 含梗率

含梗率(stem ratio)是指烟叶叶脉质量占单叶质量的百分比。烟叶的含梗率因类型、品种、部位和叶片厚度等不同而不同。一般白肋烟含梗率稍高于烤烟，香料烟含梗率很低。从烟叶的着生部位来讲，下部叶较薄，含梗率高；中部叶居中；上部叶较厚，含梗率低。含梗率在20%～30%，烤烟多数等级集中在 28%左右。其变化规律是：随烟叶部位的升高而降低；随烟叶颜色的加深，下部烟叶、中部烟叶含梗率升高，上部烟叶含梗率依次降低；随烟叶成熟度的提高而升高；随烟叶厚度的增加而降低；随烟叶等级的升高而升高。其中烟叶含梗率随部位和厚度而变化的规律十分明显。

(八)单位叶面积质量

单位叶面积质量(weight per leaf area)是反映叶片厚度和结构疏密的常用指标，是指平衡水分后单位面积烟叶的质量。在叶面大小相似时单位叶面积质量随单叶重的增大而增大。烤烟适宜的单位叶面积质量为 65～90 g/m^2。单位叶面积质量也被俗称为叶面密度。

(九)单叶重

单叶重(single leaf weight)是指单叶叶片的质量。单叶重随部位升高而增加，单叶重小，叶片色淡而薄；太大，叶片厚而粗糙，烟叶质量降低。单叶重一般要求为下部烟叶 5～10 g，中部烟叶、上部烟叶 8～11 g。

(十)平衡含水量

平衡含水量(equilibrium moisture content)是指在标准空气条件下[温度(22±1)℃、相对湿度 60%±3%]，烟叶经长时间吸湿、解湿(一般为 7 d)，烟叶含水量达到平衡状态时的含水量。平衡含水量一定程度上代表内含物的类型和质量，一般为 12%左右。烤烟烟叶中的总糖、还原糖含量对平衡含水量有较大影响，即烟叶总糖、还原糖含量越高，其平衡含水量越大。

(十一)烟叶拉力

烟叶拉力(tensile force)是指在一定水分条件下烟叶被拉伸至断裂时所能够承受的最大外力，在一定程度上反映了烟叶的发育状况和成熟程度，是评价烟叶物理质量的重要指标之一。拉力大小与烟叶质量关系密切，烟叶质量越大承受外力的能力越强，柔性越好，在工业应用过程中造碎少、可用性高。一般认为拉力为 1.10～2.20 N。

《中国烟草种植区划》(王彦亭等，2010)对烤烟物理特性指标的赋值见表 10-2，分值越高表示指标越优。

表 10-2　烤烟物理特性指标赋值

指标	100	100～90	90～80	80～70	70～60	<60
叶面密度/(g/m^2)	75.0～80.0	80.0～85.0	85.0～90.0	90.0～95.0	95.0～100.0	>100.0
		75.0～70.0	70.0～65.0	65.0～60.0	60.0～50.0	<50.0
拉力/N	1.80～2.00	2.00～2.20	2.20～2.40	2.40～2.60	2.60～2.80	>2.80
		1.80～1.60	1.60～1.40	1.40～1.20	1.20～1.00	<1.00
平衡含水量/%	>13.50	13.50～13.00	13.00～12.00	12.00～11.00	11.0～10.00	<10.00
含梗率/%	<22.0	22.0～25.0	25.0～28.0	28.0～31.0	31.0～35.0	>35.0

五、烟草安全性

随着社会的进步和生活水平的提高，人们越来越注重自己的健康，吸烟与健康备受大家关注。进入20世纪，医学家和烟草学家做了大量关于吸烟与肺癌、心脑血管疾病等的研究，证实了烟草和烟气中的一些物质对动物和吸烟者的确有害。烟草和烟气中的致癌物质主要有：稠环芳烃类(PAH)、氮杂环芳烃类、亚硝胺类、芳香胺类、醛类、重金属元素、农药残留、CO、NO、HCN等。目前烟草的安全性重点关注焦油、烟碱、农药残留、烟草特有亚硝胺等方面。

(一)烟叶和烟气中的有害化学成分

目前烟叶和烟气中已鉴定出的化学成分有5000多种。吸烟时在烟气的气相和粒相中发现的对人体有害的成分主要有焦油、烟碱、亚硝胺、CO、NO、NH_3、HCN等，参见表10-3和表10-4。对这些有毒有害化学成分的定性和定量分析往往需要用到高效液相色谱仪、气相色谱仪、气相色谱-质谱联用仪、液相色谱-质谱联用仪等仪器设备。

表10-3　卷烟烟气粒相成分中的致癌物

化合物	含量/(μg/支)	化合物	含量/(μg/支)
肿瘤诱发剂		儿茶酚	240～500
苯并[a]芘	0.01～0.05	烷基儿茶酚	10～30
其他多环芳烃	0.3～0.4	器官特异性致癌物	
二苯[a，j]吖啶	0.003～0.1	*N*-亚硝基去甲基烟碱	0.14～3.70
其他氮杂环	0.01～0.02	4-CN-甲基-*N*-亚硝胺	0.11～0.42
尿烷	0.035	钋-210	0.03～0.07
协同致癌物		镍化合物	0～0.58
芘	0.05～0.2	镉化合物	0.01～0.07
其他多环芳烃	0.5～1.0	*p*-氨基苯	0.001～0.022
1-甲基吲哚	0.8	4-氨基联苯	0.001～0.002
9-甲基咔唑	0.14	*o*-甲基苯	0.16
4,4-二氯芘	0.5～1.5		

表10-4　卷烟烟气气相成分中的致癌物

化合物	含量/(μg/支)	化合物	含量/(μg/支)
致癌物质		甲醛	30
二甲基亚硝胺	0.013	HCN	110
乙基甲基亚硝胺	0.001 8	丙烯醛	70
二乙基亚硝胺	0.001 5	槭醛	800
亚硝基吡咯烷	0.011	毒性剂	
肼	0.032	氮氧化物	350
乙烯基氯	0.012	吡啶	10
尿烷	0.03	CO	18 000
纤毛毒素			

1. 烟碱(nicotine)　烟气中影响人体健康的有害成分之一。烟碱既能对烟叶的吃味、刺激性等品质因素产生影响，又能给人体生理满足，但若大量吸食则会引起身体不适，甚至中毒。从安全角度来看，烟碱的半致死剂量是50～60 mg/kg，每支卷烟含烟碱10～20 mg，但只有1/9～1/6被吸入人体，加之烟碱是可溶性的，能随液体排出体外，因此烟碱对人体健康的影响相对较小。

2. 焦油(tar)　烟气中的总粒相物包括焦油、烟碱和水分。在构成烟气总量中，粒相物质约占8%，除去水分和烟碱，这些粒相物就是通常所说的焦油。目前研究认为焦油是烟气中最主要的有害物质。据报道，组成焦油的化学成分总量在5200种以上，其中有99.4%的成分对人体健康无害，0.2%的成分是致癌物质，0.4%的成分是癌症促进剂。焦油生成量越低，安全性越好。但是焦油又与卷烟的香气有一定关系，同时又是烟叶燃烧不完全的产物，彻底除去既无必要又不可能。总粒相物与烟碱之比越小，安全性越大。通常用烟碱与焦油之比表示安全性。我国烤烟这一比值为6～15。焦油的生成量与烟叶内部化学成分有着密切的关系，与烟叶的总氮、烟碱、石油醚提取物、总挥发碱含量呈极显著正相关。目前可以降低烤烟焦油含量的栽培调制技术措施有：选育并推广焦油量低的烤烟品种；增施钾肥；进一步提高烟叶成熟度等。焦油含量测定方法可采用国家烟草专卖局标准《卷烟 侧流烟气中焦油和烟碱的测定》(YC/T 185—2004)、《卷烟 用常规分析用吸烟机测定总粒相物和焦油》(GB/T 19609—2004)。

3. 烟草特有亚硝胺(tobacco specific *N*-nitrosamine，TSNA)　因仅在各种类型的烟草、烟草制品以及烟气中发现，所以称为烟草特有亚硝胺，是烟草和烟气中含量最高的致癌物。TSNA主要有：4-(*N*-甲基-亚硝胺)-1-(3-吡啶基)-1-丁酮(NNK)、*N*-亚硝基去甲基烟碱(NNN)、*N*-亚硝基新草碱(NAT)和*N*-亚硝基假木贼碱(NAB)，它们的结构式如下。

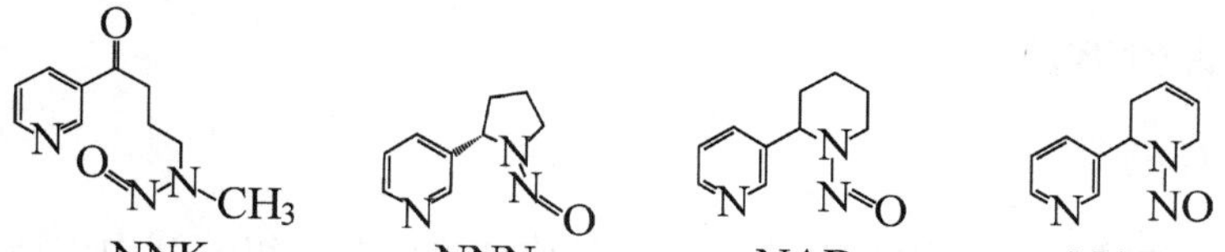

NNK　　NNN　　NAB　　NAT

烟草特有亚硝胺的测定可采用国家烟草专卖局标准《烟草及烟草制品 烟草特有*N*-亚硝胺的测定》(YC/T 184—2004)(该方法为气相色谱仪法)和GB/T 23228—2008《卷烟 主流烟气总粒相物中烟草特有*N*-亚硝胺的测定 气相色谱-热能分析联用法》。

4. 一氧化碳　卷烟在燃烧过程中，一定会产生CO，而CO是一种对健康有害的气体，易与血红素结合，造成血液输氧量下降。研究表明，组织疏松、填充力强、含钾量高、燃烧性好的烟叶释放CO相对较少。一氧化碳的测定可采用国家标准方法GB/T 23356—2009《卷烟 烟气气相中一氧化碳的测定 非散射红外法》。

5. 重金属　重金属原意是指密度大于4.5 g/cm^{3}的金属，包括金、银、铜、铁、汞、铅、镉等，重金属在人体中积累达到一定程度，会造成慢性中毒。但就环境污染与人体健康方面所说的重金属主要是指汞、镉、铅、铬以及类金属砷等生物毒性显著的重元素。重金属在人体内能和蛋白质及酶等发生强烈的相互作用，使它们失去活性，也可能在人体的某些器官中积累，造成慢性中毒。所以，在栽培过程中，要择土种植，合理选用肥料以减少重金属的污染。对汞、砷、铅含量的测定可采用国家烟草专卖局标准方法YC/T 250—2008《烟草及烟草制品 汞、砷、铅含量的测定氢化物原子荧光光度法》。

(二) 农药残留

在烟草的生长发育过程中，为了减少病虫草等对烟草质量和产量的影响，不可避免地要使用一些农药。研究表明，化学农药的残留已经在卷烟的主流烟气中发现，这些残留进入人体后，会影响人体的正常生理代谢，损伤神经或者致癌。烟草的农药残留，国际烟草科学研究合作中心(CORESTA)目前关注的主要有 14 种，主要是有机氯类、有机磷类、氨基甲酸酯类及生长调节剂类。

烟草的安全性是当前人们关注的焦点。首要的问题是烟草本身所含的焦油、烟碱以及烟草特有亚硝胺含量，农业、工业、卫生部门都在研究各种可能的降焦减害的措施和方法。农药残留、环境污染以及霉菌污染是烟草安全性的又一重要问题，因此烟草生产要尽量使用高效低毒、安全的农药，尽可能将烟草种植在没有水源污染、大气污染及重金属污染的地区，另外烟草贮存要防止霉烂变质。

第二节　烟草外观品质分析与分级

烟草外观品质分析是指人们通过观察、手感和利用测试仪器来判断烟叶品质的优劣。外观品质是烟叶分级的主要依据，由烟叶的部位、色泽、身份(厚度、密度)、成熟度、油分、异物、残伤、尺寸、组织(颗粒性、柔软性)等组成。这些特征和烟叶质量有密切的关系，是烟叶质量划分的依据。一般认为，优质烟叶的外观特征是烟叶成熟度好，叶组织疏松，叶片厚薄适中，颜色金黄、橘黄，油分足，光泽强。

一、外观品质评价方法

(一) 评价目的

在对烟叶分级之前，首先对烟叶进行外观品质评价以及分组，其中包括部位分组，颜色识别，成熟度、油分、身份等的判定，通过准确合理的评价，为科学分级奠定基础。

(二) 评价标准

1. 部位　按部位将烟叶分为上部、中部、下部 3 组。

1) 上部叶(B)：包括上二棚叶、顶叶。

2) 中部叶(C)：包括上腰叶、正腰叶、下腰叶。

3) 下部叶(X)：包括脚叶、下二棚叶。

2. 颜色

(1) 基本色组　依颜色深浅分柠檬黄色、橘黄色和红棕黄色。

1) 柠檬黄色(lemon)：烟叶表观全部呈现黄色，在淡黄、正黄色色域内。

2) 橘黄色(orange)：烟叶表观呈现橘黄色，在金黄色、深黄色色域内。

3) 红棕色(red)：烟叶表观呈现红黄色或浅棕黄色，在红黄、棕黄色色域内。这里所指的红棕色是基本色，是指正常生长、调制所形成的烟叶颜色，那些因调制不当或其他原因造成的红色、棕色，如烤红、潮红等不能视为红棕色。

(2) 非基本色组　分为杂色组、青黄烟组和微带青组。

1)杂色组(variegated)：任何杂色面积与全叶片面积之比达20%以上的均视为杂色。

2)青黄烟组(green-yellow)：黄色烟叶上有任何可见的青色，且不超过三成者。

3)微带青组(greenish)：黄色烟叶上叶脉带青或叶片含微浮青面积在10%以内者。青筋和微浮青10%不能同时存在，即含青程度为微浮青，面积不超过10%。

3. 色度(color intensity) 是指烟叶表面颜色的饱和程度、均匀度和光泽强度，分为下列几个档次。

1)浓：叶表面颜色均匀，色泽饱和。

2)强：颜色均匀，饱和度略逊。

3)中：颜色尚匀，饱和度一般。

4)弱：颜色不匀，饱和度低。

5)淡：颜色不匀，色泽淡薄。

4. 成熟度(maturity) 是指调制后烟叶的成熟程度(包括田间和调制后成熟度)，成熟度划分为下列几个档次。

1)完熟(mellow)：指上部烟叶在田间达到高度成熟，且调制后熟充分。

2)成熟(ripe)：烟叶在田间及调制后熟均达到充分成熟。

3)尚熟(mature)：烟叶在田间刚达到成熟，生化变化尚不充分或调制失当后熟不够。

4)欠熟(unripe)：烟叶在田间未达到成熟。

5)假熟(premature)：一般是指脚叶外观似成熟，但未达到真正成熟。

5. 油分(oil) 是指烟叶含有的一种柔软半液体物质，根据其含量的多少，分为下列几个档次。

1)多：含油分丰富，表观油润。

2)有：含油分尚多，表观有油润感。

3)稍有：油分较少，表观尚有油润感。

4)少：油分贫乏，表观无油润感。

6. 身份(body) 是指烟叶厚度、密度或单位面积的质量。以厚度表示，分为下列几个档次：①薄(thin)；②稍薄(less thin)；③中等(medium)；④稍厚(fleshy)；⑤厚(heavy)。

7. 叶片结构(leaf structure) 是指烟叶细胞的疏密程度，分为下列几个档次：①疏松(open)；②尚疏松(firm)；③稍密(close)；④紧密(tight)。

8. 长度(length) 是指从叶片主脉柄端至烟叶尖端间的距离。对香料烟则是指烟叶叶尖到叶底的距离。以cm表示。

9. 残伤(waste) 是指烟叶组织受破坏，失去成丝的强度和坚实性，使用价值极度低下，以百分数表示。

10. 破损(injury) 是指叶片受到损伤，失去的完整度，以百分数表示。

烟叶外观品质评价记录表见表10-5。

二、烤烟分级

分级(grading)是指将同一组列内的烟叶，按质量的优劣划分级别。

因自然条件、生产水平、品种及叶片着生部位不同，烟农生产出来的烟叶，质量有差异；卷烟生产对烟叶有档次、风格、吃味等不同需求。为了满足市场需求，促进烟农提高生产水平，并有效利用资源，必须按照烟叶质量的优劣进行归类，划分成不同等级。

我国现行烤烟分级国家标准将烤烟分为42级，下面介绍烤烟分级的原则、方法和标准。

（一）烤烟分级的组别划分原则

分组（group）是依据烟叶着生部位、颜色和其他与总体质量相关的主要特征，将相近似的等级划分成组。

烤烟在分级过程中首先要进行分组，它是对同一类烟叶进行初分，是进一步分清烟叶质量、划清等级的基础。这样做便于进一步分级操作；便于工业加工企业组织烟叶原料；有利于卷烟工艺配方和产品质量的稳定。按国家烤烟四十二级分级标准（表10-6），烤烟分为13个组别，其中主组8个，副组5个。烟叶组别划分的原则如下。

1. 明显可见，便于识别、掌握　分组是分级操作的第一步，只有在分清组别的基础上，才能划分等级。区分组别的特征，一定要突出、清晰，一目了然；与分级因素相比，组别因素应该更为明显。

2. 与烟叶内在质量密切相关　分组因素是烟叶的外观特征，这些外观特征必须对应相应的品质特点，外观特征的优劣档次要尽可能反映烟叶内在质量的好坏。这样，才能真正发挥烟叶分组的作用，实现烟叶分组的目的。

3. 要有相对的独特性　作为分组的因素，要具备3个方面的性质：①要保证所划分出来的每一组，都具有该组的共同特点；②这一特点，是其他组所不具备的；③组别之间的特点，是在初烤烟叶质量评定前提下，对彼此特征的相对划分。

4. 要与国际先进的标准保持相对一致　烟叶分级标准与国际先进的标准保持相对一致，有利于与国际贸易接轨和国际交流。对扩大烟叶进出口贸易具有重要的作用。

烤烟四十二级国家标准包括主组和副组两部分。主组是为那些生长发育正常、烘烤适当的烟叶而设置的。主组的分组指标主要有部位和颜色，是依据烟叶着生部位和基本色（黄色）深浅划分的。副组主要是为那些生长发育不良、采收不当或烘烤失误及其他原因造成的低质量烟叶而设置的。

（二）烤烟分级的主组划分

1. 部位分组　部位是第一分组因素。烤烟四十二级国家标准将一株烤烟的烟叶划分为下部烟（X），包括下二棚叶、脚叶；中部烟（C），包括上腰叶、正腰叶、下腰叶；上部烟（B），包括顶叶、上二棚叶。

2. 颜色分组　烤烟四十二级国家标准按烟叶基本色的深浅程度将烤烟划分为4组。

1）柠檬黄色组（L）：烟叶表面呈现纯正的黄色，习惯认为处在淡黄至正黄色域内，产生于下部、中部、上部烟叶。

2）橘黄色组（F）：叶表面以黄色为主，并表现出较明显的红色，习惯认为处在金黄至深黄色域内，产生于下部、中部、上部烟叶。

3）红棕色组（R）：烟叶表面呈现红黄色和棕黄色，多产生于上部烟叶。

4）完熟叶组（H）：产生于上二棚叶和顶叶，达到高度的充分成熟，外观表现为钩尖、卷边，有明显成熟斑；烟叶油分稍有，质地干燥，手摸烟叶有硬纸质感觉；叶面皱折，颗粒多，有明显的香甜味；手摇烟叶有干燥的“嘶嘶”声。该组在烟叶产量中所占比例很小，通常在1%～3%。

表 10-5　烟叶外观品质评价记录表

样品编号	部位			颜色						色度					成熟度					油分				身份					叶片结构				长度/cm	残伤/%	破损/%
	上	中	下	柠檬黄	橘黄	红棕色	杂色	青黄烟	微带青	浓	强	中	弱	淡	完熟	成熟	尚熟	欠熟	假熟	多	有	稍有	少	薄	稍薄	中等	稍厚	厚	疏松	尚疏松	稍密	紧密			
1																																			
2																																			
3																																			
4																																			
5																																			
6																																			
7																																			
8																																			
9																																			

3. 主组组别设置　经部位和颜色两次分组，主组共分为 8 个组别：下部柠檬黄色组(XL)、下部橘黄色组(XF)、中部柠檬黄色组(CL)、中部橘黄色组(CF)、上部柠檬黄色组(BL)、上部橘黄色组(BF)、上部红棕色组(BR)、完熟叶组(H)。

表 10-6　烤烟四十二级品质规定

组别		级别	代号	成熟度	叶片结构	身份	油分	色度	长度/cm	残伤/%
下部 X	柠檬黄 L	1	X1L	成熟	疏松	稍薄	有	强	40	15
		2	X2L	成熟	疏松	薄	稍有	中	35	25
		3	X3L	成熟	疏松	薄	稍有	弱	30	30
		4	X4L	假熟	疏松	薄	少	淡	25	35
	橘黄 F	1	X1F	成熟	疏松	稍薄	有	强	40	15
		2	X2F	成熟	疏松	稍薄	稍有	中	35	25
		3	X3F	成熟	疏松	稍薄	稍有	弱	30	30
		4	X4F	假熟	疏松	薄	少	淡	25	35
中部 C	柠檬黄 L	1	C1L	成熟	疏松	中等	多	浓	45	10
		2	C2L	成熟	疏松	中等	有	强	40	15
		3	C3L	成熟	疏松	稍薄	有	中	35	25
		4	C4L	成熟	疏松	稍薄	稍有	中	35	30
	橘黄 F	1	C1F	成熟	疏松	中等	多	浓	45	10
		2	C2F	成熟	疏松	中等	有	强	40	15
		3	C3F	成熟	疏松	中等	有	中	35	25
		4	C4F	成熟	疏松	稍薄	稍有	中	35	30
上部 B	柠檬黄 L	1	B1L	成熟	尚疏松	中等	多	浓	45	15
		2	B2L	成熟	稍密	中等	有	强	40	20
		3	B3L	成熟	稍密	中等	稍有	中	35	30
		4	B4L	成熟	紧密	稍厚	稍有	弱	30	35
	橘黄 F	1	B1F	成熟	尚疏松	稍厚	多	浓	45	15
		2	B2F	成熟	尚疏松	稍厚	有	强	40	20
		3	B3F	成熟	稍密	稍厚	有	中	35	30
		4	B4F	成熟	稍密	厚	稍有	弱	30	35
	红棕 R	1	B1R	成熟	尚疏松	稍厚	有	浓	45	15
		2	B2R	成熟	稍密	稍厚	有	强	40	25
		3	B3R	成熟	稍密	厚	稍有	中	35	35
完熟叶 H		1	H1F	完熟	疏松	中等	稍有	强	40	20
		2	H2F	完熟	疏松	中等	稍有	中	35	35
杂色 K	中下部 CX	1	CX1K	尚熟	疏松	稍薄	有	—	35	20
		2	CX2K	欠熟	尚疏松	薄	少	—	25	25
杂色 K	上部 B	1	B1K	尚熟	稍密	稍厚	有	—	35	20
		2	B2K	欠熟	紧密	厚	稍有	—	30	30
		3	B3K	欠熟	紧密	厚	少	—	25	35

续表

组别		级别	代号	成熟度	叶片结构	身份	油分	色度	长度/cm	残伤/%
光滑叶 S		1	S1	欠熟	紧密	稍薄、稍厚	有	—	—	10
		2	S2	欠熟	紧密	—	少	—	30	20
微带青 V	下二棚 X	2	X2V	尚熟	疏松	稍薄	稍有	中	35	15
	中部 C	3	C3V	尚熟	疏松	中等	有	强	40	10
	上部 B	2	B2V	尚熟	稍密	稍厚	有	强	35	10
		3	B3V	尚熟	稍密	稍厚	稍有	中	—	10
青黄色 GY		1	GY1	尚熟	尚疏松至稍密	稍薄、稍厚	有	—	35	10
		2	GY2	欠熟	稍密至紧密	稍薄、稍厚	稍有	—	30	20

“—”表示没有或不考虑

（三）烤烟分级的副组划分

副组是指因生长发育不良或采收、烘烤不当以及烤后处理、保管不当等原因造成的低质量烟叶，依据其影响质量的主要外观特征而划分的组别，分为杂色烟叶组（又分中下部杂色组和上部杂色组）、光滑烟叶组、青黄烟叶组和微带青叶组等组别。

1. 杂色烟叶组（K）　杂色（variegated）是指烟叶表面存在的非基本色的颜色斑块（青黄烟除外），包括轻度洇筋、蒸片及局部挂灰、全叶受污染、青痕较多、严重烤红、严重潮红、受蚜虫损害的烟叶等。凡杂色面积达到或超过20%者，均视为杂色叶片。

洇筋（swelled stem，wet rib）是指由于干筋期烤房内温度下降，尚未烤干的主脉中水分渗透到已烤干的叶片内，使烘烤后烟叶沿主脉旁边呈现褐色长条状斑块。

挂灰（scalding）是指烟叶表面呈现局部或全部浅灰色或灰褐色。

青痕（green spotty）是指烟叶在调制前受到机械损伤而造成的青色痕迹。

烤红（scorched leaf）是指由于干筋期烤房内温度过高，烘烤后烟叶叶面有红色、红褐色斑点或斑块。

潮红（sponged leaf）是指调制后的烟叶因回潮过度而引起烟叶变成红褐色。

杂色烟叶的定级标准为烟叶表面任何杂色面积≥20%，即烟叶表面任何杂色面积≥20%的烟叶称为杂色烟叶。按部位分为中下部杂色组（CXK）、上部杂色组（BK）。

2. 光滑烟叶组（S）　光滑叶（slick）是指烟叶组织平滑或僵硬。任何叶片上平滑或僵硬面积超过 20%者，均列为光滑叶。光滑叶无颗粒，手摸似塑胶或硬纸质的感觉，喷水后不易吸收。

光滑烟叶的定级标准为光滑面积≥20%的烟叶，即光滑面积≥20%的烟叶称为光滑叶。

3. 青黄烟叶组（GY）　青黄烟叶组是按烟叶含青程度和含青面积指标划分的一个副组。青黄色是指任何黄色烟上含有任何可见的青色，但不超过三成。该定义规定了青黄色的界限：下限为任何可见的青色，无论其含青程度多么微弱；上限为不超过三成，含三成。超过三成视为不列级。

4. 微带青叶组（V）　微带青叶组是青黄烟叶组中进一步划分的一个副组，指青黄烟叶组中含青程度和面积均极微，是烟叶品质因素尚好，质量及使用价值与青黄烟叶差异较大的一个组。

微带青叶的定级标准为黄色烟叶上的叶脉带青或叶片微浮青面积在10%以内的烟叶。青筋和微浮青面积10%不能同时存在，即含青程度为微浮青，面积不超过10%。

（四）定级原则

烟叶验收规则，是检验和确定烟叶等级时所应遵循的规范原则，是烟叶标准的组成部分，是收购验级人员必须遵守的原则。

1. 定级原则 烤烟成熟度、叶片结构、身份、油分、色度、长度都达到某级规定，残伤不超过某级允许度时，才定为某级。这一原则表明，标准中对各级品质因素的规定，都是最低档次要求，而控制因素规定的是最大允许度。只有当烟叶品质因素达到或超过某级的要求，且控制因素不超过该级允许度时，才可以定为某级。也就是，对于某一等级而言，允许一个或多个因素高于要求，但不允许任何一个品质因素低于要求。

2. 最终等级的确定原则 在烟叶收购、调拨过程中，当重新检验时，若与确定之级不符合，则原定级无效。

3. 色界烟叶定级原则 对介于两种颜色界限上的烟叶，则视其他品质因素，先定色后定级。这里所说的其他品质因素，主要是指身份和油分。通常，同部位烟叶，橘黄色烟叶要比柠檬黄色烟叶身份偏厚，油分偏多；橘黄色烟叶比红棕色烟叶身份偏薄，油分偏多。依据这些规律，对界限上的烟叶适当定组、定级。

4. 烟叶介于两个等级界限上的定级原则 一批烟叶位于两个等级界限上，则定较低等级。烟叶分级因素，主要靠人的感官识别，各因素程度档次之间没有明显的界限，而烟叶品质的千变万化，必然会出现某些烟叶的品质因素介于两种程度档次的界限上，该条款明确了其归属，在较低等级定级。

5. B级烟叶的调整原则 一批烟叶等级为B级，其中一个因素低于B级规定，则定为C级；一个或多个因素高于B级，仍定为B级。

6. 不予收购的烟叶 青片、霜冻叶片、火伤、火熏、异味、霉变、掺杂、水分超限等均为不列级，不予收购。

7. 定级的限制性规定

1) 中下部杂色1级限于腰叶、下二棚部位烟叶。

2) 光滑1级限于腰叶、上下二棚部位烟叶。

3) 青黄1级限于含青二成以下的烟叶。

4) 完熟叶组中H1F为橘黄色、H2F包括橘黄色和红棕色。

5) 中部微带青质量低于C3V的烟叶应列于X2V定级。

6) 中部烟叶短于35 cm者在下部叶组定级。

7) 杂色面积小于20%的烟叶，允许在主组定级，但杂色和残伤相加之和不得超过相应等级的残伤百分数，超过者定为下一级；杂色和残伤之和超过该组最低等级的残伤允许度者，可在杂色组内适当定级。

8) CX1K杂色面积不超过30%，超过30%为下一个级，B1K杂色面积不超过30%，B2K杂色面积不超过40%，超过40%为下一个等级。

9) 褪色烟在光滑叶组定级。

10) 对基本色影响不明显的轻度烤红烟，在相应部位颜色组别2级以下定级。

11) 叶片上同时存在光滑与杂色的烟叶，在杂色组定级。

12) 青黄烟叶片存在杂色时，仍在青黄烟组按质定级。

8. 定级的破损率计算方法和规定　计算公式如下。

$$破损率(\%)=\frac{烟叶破损总面积}{烟叶应有总面积}\times 100$$

烤烟四十二级国家标准对破损率的规定是，上等烟应在10%以下，中等烟应在20%以下，下等烟应在30%以下。

9. 定级的纯度允差　指某一等级允许混有上下一级烟叶的幅度，不得只低不高，也不得只高不低。

$$纯度允差(\%)=\frac{被检样品内上下一级质量之和}{被检样品总质量}\times 100$$

烤烟四十二级国家标准中对各等级的纯度允差限定如下。

1)上等烟：上等烟包括11个等级，即中部橘黄1级(C1F)、中部橘黄2级(C2F)、中部橘黄3级(C3F)、中部柠檬黄1级(C1L)、中部柠檬黄2级(C2L)、上部橘黄1级(B1F)、上部橘黄2级(B2F)、上部柠檬黄1级(B1L)、上部红棕1级(B1R)、完熟叶1级(H1F)、下部橘黄1级(X1F)。上等烟的纯度允差为10%。

2)中等烟：中等烟包括19个等级，即中部柠檬黄3级(C3L)、中部柠檬黄4级(C4L)、中部橘黄4级(C4F)、上部橘黄3级(B3F)、上部橘黄4级(B4F)、上部柠檬黄2级(B2L)、上部柠檬黄3级(B3L)、上部红棕2级(B2R)、上部红棕3级(B3R)、下部橘黄2级(X2F)、下部橘黄3级(X3F)、下部柠檬黄1级(X1L)、下部柠檬黄2级(X2L)、完熟叶2级(H2F)、中部微带青3级(C3V)、下二棚微带青2级(X2V)、上部微带青2级(B2V)、上部微带青3级(B3V)、光滑叶1级(S1)。中等烟的纯度允差为15%。

3)下等烟：下等烟包括12个等级，即上部柠檬黄4级(B4L)、下部橘黄4级(X4F)、下部柠檬黄3级(X3L)、下部柠檬黄4级(X4L)、中下部杂色1级(CX1K)、中下部杂色2级(CX2K)、上部杂色1级(B1K)、上部杂色2级(B2K)、上部杂色3级(B3K)、青黄色1级(GY1)、青黄色2级(GY2)、光滑叶2级(S2)。下等烟的纯度允差为20%。

10. 对级外烟的收购原则　凡列不进标准级别但尚有使用价值的烟叶，可视作级外烟，收购部门可根据用户的需要议定收购，否则拒绝收购。

11. 自然碎片的规定　每包(件)内烟叶自然碎片不得超过3%。

第三节　烟草物理品质分析

烟草的物理品质特性是指影响烟草质量和加工工艺的物理方面的特性，主要包括燃烧性、吸湿性、弹性、填充性、单位面积质量、含梗率等。这些物理品质因素直接影响卷烟的生产过程和卷烟的风格、吃味，进而影响卷烟的成本和其他经济指标。

一、单叶重测定

在样品群体中，随机抽取10片平衡水分后的初烤烟叶，用电子天平称取单叶重，然后求平均值作为该样品的单叶重。

二、烟叶含梗率测定

在样品群体中，随机抽取 10 片平衡水分后的初烤烟叶，将样品中超过 1.5 mm 的烟梗抽下和拣出，称取烟梗质量。抽下和拣出的烟梗质量占取样质量的百分比，即为烟叶含梗率。求出 10 片烟叶的平均值作为该样品的含梗率。按照下式计算。

$$C_T(\%)=G_T/G\times100$$

式中，C_T 为含梗率(%)；G_T 为烟梗的质量(g)；G 为烟叶的质量(g)。

三、单位叶面积质量测定

在样品群体中，随机抽取 10 片平衡水分后的初烤烟叶，在每片烟叶主脉两侧相同部位，用直径为 1 cm 的圆形打孔器打 2 个圆片。将 20 个圆片放于称量瓶中称重，记录并计算单位叶面积质量。计算式如下。

$$单位叶面积质量(g/cm^2)=圆片重(g)/(20\pi R^2)$$

式中，20 为圆片个数；R 为圆片半径(cm)。

四、叶片厚度测定

仪器：薄片厚度计(测量范围：0～3 mm)。

方法：把样品叶片放于厚度计探头下，一片叶测 3 次，分别为叶尖、叶中、叶基。每个样品做 10 次重复，然后取平均值。

五、平衡含水量测定

仪器：剪刀、烘箱、小方框若干、干燥皿、小圆铝盒或铁盒、烘箱、干燥器、天平等。

方法如下。

1)将烟叶样品抽梗后，切成(1.0±0.1)mm 的烟丝，放入小方框后，在标准空气条件下[温度(22±1)℃，相对湿度 70%±3%]放入干燥皿中平衡水分 7 d。

2)把空铁盒称重。将平衡水分后的烟丝 5～10 g 装入铁盒内，每个样品装两盒。

3)把装样品的铁盒称重，得到烘烤前试样质量(g)。

4)把称重后的铁盒放入 100℃烘箱中烘 12 h，取出，放入干燥器内，冷却至室温。

5)把烘干后的样品盒称重，得到烘烤后试样质量(g)。

6)根据样品烘干前后的质量变化计算含水量，每个样品的两个测定值的平均值即为平衡含水量。计算公式如下。

$$平衡含水量(\%)=\frac{烘前试样质量(g)-烘后试样质量(g)}{烘前试样质量(g)}\times100$$

六、填充值测定

现在普遍采用量筒法。方法为将已知质量的叶片、烟丝、梗片或烟末样品置于量筒内，施加一定的压力，当压力与受压样品平衡时，测量样品的体积，单位是 cm^3/g。其计算公式如下。

$$F=H\times\pi\times R^2/m$$

式中，F 为填充值（cm^3/g）；H 为样品的高度（cm）；R 为量筒的半径（cm）；m 为样品的质量（g）。

测试条件：温度为（20±1）℃；样品平衡水分 24 h 以上；样品含水量为 12%±0.5%。

注意事项：①严格控制测试环境的温湿度；②保证取样的均匀性、代表性；③不同配方烟丝要分别测定。

七、拉力测定

仪器：烟草薄片抗张实验机（测量范围：0～30 N）、干燥皿、小方框若干、裁刀、剪刀、直尺等。

方法如下。

1）去掉叶片主脉，然后裁取 15 cm 长、1.5 cm 宽的长条，每片烟叶最好裁一条。每个样品最少裁 10 条以上。

2）把裁好的烟条放入干燥皿中平衡水分（环境湿度为 70%）7 d。

3）取出长条在烟草薄片抗张实验机上做拉力测定，做 10 次重复。

4）10 个数值中，去掉 1 个最大值和 1 个最小值，剩余 8 个求平均值。

第四节　烟草化学品质分析

以前人们多是通过烟草的外观品质和评吸质量来对烟草优劣进行评价，难免会带有主观差异，往往不同的人会有不同的评价结果，而且评吸花费大、时间长，给烟草质量评定的准确性和大批量评价带来一定困难。因此，人们提出了优质烟的化学成分指标，通过烟草内在化学成分的含量及其协调性来判断烟草质量的高低，使烟草的质量评定更具科学性和准确性。

对于烟草主要常规化学成分含量的测定，中国烟草行业标准多采用连续流动法，大型专业测试机构也主要采用的是连续流动法。连续流动法自动化程度高，测定效率高，而且结果可靠。连续流动法是建立在连续流动分析仪基础上的，在有连续流动分析仪的实验室，可以用这些标准方法进行测定。在没有连续流动分析仪的实验室，也可以用一些其他的替代方法进行测定，但为了便于对测定结果的可靠性进行比较，最好在测定试验样品时，同步测定由国家烟草质量监督检验中心标定过相应化学成分含量的标准品。

由于这些烟草行业标准方法都有已经正式出版的资料可供使用，受篇幅所限，本节仅对连续流动法做简要介绍，重点介绍的是不需要连续流动分析仪、普通实验室可实现的且经过多个实验室验证过、测定效果较好的测定方法。

一、烟草主要常规化学成分的连续流动法测定

（一）连续流动法的原理

参与反应物质的充分混合以及相关化学反应达到平衡是经典化学分析的必要条件，连续流动分析仪是基于 1957 年 Skeggs 提出的连续流动分析体系实现该分析目的的一种分析仪器。其主要原理是根据蠕动泵将标准工作溶液、试剂与样品引入模块的管路中，并在连续的流入中送入大小相同的气泡，使管路中形成液流分隔系统，保持样品的完整性。通过混合、加热、透析等步骤发生化学反应，改变液流的颜色，最终通过比色计检测透光度，以一系列峰值电

信号表达分析结果，并由数据采集处理系统打印输出。

（二）连续流动分析仪的基本构造

连续流动分析仪一般由进样器、泵管、蠕动泵、分析管路、检测器和信息采集处理系统构成。各模块具有其具体的功能。进样器按照事先编好的顺序吸取清洗液、标准溶液和样品。蠕动泵利用一个微型电机的主轴带动一组辊轴转动并断续挤压弹性塑料管，利用所形成的负压吸取并推动液流，引入空气将液流分成等断液节。样品与试剂在分析管路中进行混合、透析、加热等处理，使其完全反应。反应完全后的待测液通过检测器进行测定，不同的分析方法可选择合适的待测器进行测定，通常有火焰光度计、分光光度计等。信息采集处理系统连续监测分析系统的信号值并记录分析的结果。

（三）连续流动法的特点

连续流动分析仪是以完全化学反应为基础，将烦琐的手工操作变成仪器简便的自动化操作，它具有以下几个特点。

1）等体积的空气泡规律地引入管路中，将液体均匀分断，有效地防止了各段液体扩散混合，待反应达到平衡后采集数据信号。

2）连续流动分析仪可与多种检测器连接，样品多以液体形式存在。

3）连续流动分析仪可以消除手工操作带来的误差，降低污染，实现大量样品的检测分析，检测数据准确、可靠。

4）连续流动分析仪把原来手工操作的部分转移入仪器内完成，降低了检测人员接触有毒有害试剂的概率，提高了操作的安全性。

5）连续流动分析仪在溶液配制的过程中，加入了一定量的润滑剂，有效地防止了液体滞流。

（四）连续流动分析仪在烟草分析中的应用

连续流动法被中国烟草行业应用于多个标准，用于测定烟草主要常规化学成分，如总糖、还原糖、总植物碱、总氮、蛋白质、钾、氯含量的测定（表 10-7）。具体操作方法在此不做详细介绍，可查阅相关标准。

表 10-7　连续流动分析仪在烟草主要化学成分中的应用汇总

序号	检测项目	标准号	标准名称
1	总糖、还原糖	YC/T 159—2002	《烟草及烟草制品 水溶性糖的测定 连续流动法》
2	淀粉	YC/T 216—2007	《烟草及烟草制品 淀粉的测定 连续流动法》
3	总植物碱	YC/T 160—2002	《烟草及烟草制品 总植物碱的测定 连续流动法》
4	总氮	YC/T 161—2002	《烟草及烟草制品 总氮的测定 连续流动法》
5	钾	YC/T 217—2007	《烟草及烟草制品 钾的测定 连续流动法》
6	氯	YC/T 162—2011	《烟草及烟草制品 氯的测定 连续流动法》
7	氰化氢	YC/T 253—2008	《卷烟主流烟气中氰化氢的测定 连续流动法》

注：可溶性糖又称为水溶性糖

二、总氮的测定——凯氏定氮法

1. 原理 该方法需要凯氏定氮仪。采用模块式消化，在硫酸作用下样品中的蛋白氮转化为硫酸铵。通过添加硫酸钾升高沸点，高的沸腾温度有助于打断蛋白质中的肽键并把氨基转化成氨离子，加入铜催化剂用于提高反应速率。氨由碱性蒸馏释放并用标定的酸溶液滴定定量，采用颜色终点检测技术。最后，通过计算得出含氮量。

2. 仪器和设备 分析天平、消煮炉、消煮管、凯式定氮仪等。

3. 试剂

1）浓硫酸（98%）。

2）含铜凯氏催化片（每片含 3.5 g K_2SO_4 和 0.4 g $CuSO_4 \cdot 5H_2O$）。

3）40% NaOH（m/V）：4000 g NaOH 溶于 10 L 水中。

4%NaOH（m/V）：40 g NaOH 溶于 1L 水中。

4）1%硼酸（H_3BO_3）吸收液：称取 100 g 硼酸于 10 L 水中，加 100 mL 溴钾酚绿溶液（100 mg 溴钾酚绿溶于 100 mL 乙醇中），再加入 100 mL 甲基红溶液（100 mg 甲基红溶于 100 mL 乙醇中），最后加适量的 4% NaOH 溶液调 pH，使溶液颜色呈蓝绿色。

5）0.1 mol/L 盐酸标准溶液，标定后使用。

4. 操作步骤

1）向每个消化管中加入 0.1 g 样品，一片凯氏催化片，10 mL 浓硫酸。接通消化器的电源，加热到 420℃，消化 30 min，直到管内液体变为清澈透明为止。

2）待消化管冷却后放入全自动凯氏定氮仪，按仪器说明进行操作，最后读数即可。

用下列公式计算氮含量。

$$\text{氮}(\%)=\frac{(V_s-V_b)\times N\times 0.0140}{W}\times 100$$

式中，V_s 为用于滴定样品的标准酸的体积（mL）；V_b 为用于滴定试剂空白的标准酸的体积（mL）；N 为标准盐酸的浓度（0.1 mol/L）；0.0140 为 1.0 mL 硫酸［$c(1/2\ H_2SO_4)$=1.000 mol/L］或盐酸［$c(HCl)$=1.000 mol/L］标准滴定溶液相当的氮的摩尔质量（g/mol）；W 为样品或标准品的质量（g）。

注意：称样时切勿将样品粉末附着于凯氏烧瓶壁上。

三、还原糖、总糖的测定——3,5-二硝基水杨酸（DNS）比色法

1. 原理 还原糖是指含有自由醛基或酮基的糖类，单糖都是还原糖，双糖和多糖不一定是还原糖，其中乳糖和麦芽糖是还原糖，蔗糖和淀粉是非还原糖。利用糖的溶解度不同，可将植物样品中的单糖、双糖和多糖分别提取出来，对没有还原性的双糖和多糖，可用酸水解法使其降解成有还原性的单糖进行测定。还原糖的测定是糖定量测定的基本方法，其基本原理是用比色法对还原性的单糖进行测定，再分别求出样品中还原糖和总糖的含量。

在碱性条件下，还原糖与 3,5-二硝基水杨酸（DNS）共热，3,5-二硝基水杨酸被还原为 3-氨基-5-硝基水杨酸（棕红色物质），还原糖则被氧化成糖酸及其他产物。在一定范围内，还原糖的量与棕红色物质颜色深浅的程度成一定的比例关系，在 540 nm 波长下测定棕红色物质的吸光度，查标准曲线并计算，就可以分别求出样品中还原糖和总糖的含量。由于多糖水解为单糖时，每断裂一个糖苷键需加入一分子水，因此在计算多糖含量时需要扣除已加入的水的

量，测定所得的总糖的量乘以 0.9 即为实际总糖的量。

2. 仪器和设备　25 mL 刻度试管，离心管，100 mL 玻璃烧杯，100 mL 锥形瓶，容量瓶，烘箱，刻度吸管(1 mL、2 mL、10 mL)，水浴锅，离心机，电子天平，白瓷板，分光光度计等。

3. 试剂

1) 1 mg/mL 葡萄糖标准溶液：准确称取 100 mg 分析纯葡萄糖(预先在 80℃烘至恒重)，在小烧杯中用蒸馏水溶解后定容至 100 mL，摇匀，冰箱中保存备用。

2) 3,5-二硝基水杨酸(DNS)试剂(显色液)：6.3 g 3,5-二硝基水杨酸和 262 mL 2 mol/L NaOH 溶液，加到 500 mL 含有 185 g 酒石酸钾钠的热水溶液中，再加 5 g 结晶酚和 5 g 亚硫酸钠，搅拌溶解。冷却后加蒸馏水定容至 1000 mL，贮于棕色瓶备用。

3) 碘-碘化钾溶液：称取 0.3 g 碘化钾溶于少量水中，加 0.1 g 碘并使其溶解，定容至 100 mL。

4) 酚酞指示剂：称取 0.04 g 酚酞，溶于 100 mL 70%乙醇中。

5) 6 mol/L HCl，80%乙醇，1 mol/L NaOH，2 mol/L NaOH 等。

4. 操作步骤

(1) 制作葡萄糖标准曲线　取干洁 25 mL 刻度试管 7 支，编号，依次加入葡萄糖标准溶液(1 mg/mL) 0 mL、0.2 mL、0.4 mL、0.6 mL、0.8 mL、1.0 mL、1.2 mL 和蒸馏水 2.0 mL、1.8 mL、1.6 mL、1.4 mL、1.2 mL、1.0 mL、0.8 mL，再分别加入 DNS 试剂 1.5 mL(表 10-8)。

表 10-8　制作葡萄糖标准曲线试剂用量

试管编号	0	1	2	3	4	5	6
葡萄糖标准溶液/mL	0.0	0.2	0.4	0.6	0.8	1.0	1.2
蒸馏水/mL	2.0	1.8	1.6	1.4	1.2	1.0	0.8
3,5-二硝基水杨酸试剂/mL	1.5	1.5	1.5	1.5	1.5	1.5	1.5
沸水浴时间/min	煮沸 5 min(取出后立即浸入冷水冷却至室温)						
蒸馏水定容/mL	21.5	21.5	21.5	21.5	21.5	21.5	21.5

将各试管摇匀，于沸水浴中加热 5 min，取出后立即浸入冷水冷却至室温，再用蒸馏水定容至 25 mL 刻度处，用橡皮塞塞住管口(或用一次性手套堵住试管口上下颠倒)，颠倒摇匀。然后，在 540 nm 波长下，用 0 号管调零，分别读取 1～6 号管的吸光度。

以 $A_{540\ nm}$ 为纵坐标，以葡萄糖质量为横坐标，应用 Excel 绘制线性回归曲线，并计算回归方程。

(2) 样品中还原糖的提取与测定

1) 还原糖的提取：准确称取烟叶样品 0.100 g，可加少量活性炭，置于离心管中，加入 8 mL 蒸馏水，于 80℃水浴浸提 30 min，冷却后于 4000 r/min 离心 5 min，收集上清液，残渣再加入 8 mL 蒸馏水，再次于 80℃水浴浸提，重复 2 次，将 3 次提取的上清液合并于 100 mL 容量瓶中并定容至 100 mL，作为还原糖待测液。

2) 显色和比色：取干洁 25 mL 刻度试管，编号，参比管 1 个，每个样品重复 2 次(即 2 个试管)。参比管加入蒸馏水 2 mL，样品测定管加入还原糖待测液 2 mL，再分别加入 DNS 试剂 1.5 mL(表 10-9)。

表 10-9　还原糖含量测定的试剂用量

试管编号	参比管	还原糖测定管	
	0	1	2
还原糖待测液/mL	0.0	2.0	2.0
蒸馏水/mL	2.0	0.0	0.0
3,5-二硝基水杨酸试剂/mL	1.5	1.5	1.5

将各试管摇匀，于沸水浴中加热 5 min，取出后立即浸入冷水冷却至室温，再用蒸馏水定容至 25 mL 刻度处，用橡皮塞塞住管口(或用一次性手套堵住试管口上下颠倒)，颠倒摇匀。然后，在 540 nm 波长下测定吸光度。

3)结果计算：根据每个样品的 2 个测定管的平均吸光度，在标准曲线上查出相应的还原糖质量(mg)数，按照下面公式计算出样品的还原糖含量。

$$\text{还原糖含量}(\%)=\frac{\text{查标准曲线所得的还原糖质量}\times\dfrac{\text{提取液总体积}}{\text{测定时取用体积}}}{\text{样品质量}}\times 100$$

(3)样品中总糖的提取与测定

1)样品中总糖的水解和提取：准确称取烟叶样品 0.100 g(可加少量活性炭)，置于 25 mL 刻度试管中，加入 1 mL 6 mol/L HCl 及 5 mL 蒸馏水，于 80℃水浴水解 60 min。取 1 或 2 滴水解液于白瓷板上，加 1 滴碘-碘化钾溶液，检查水解是否完全。如已水解完全，则不显蓝色；如水解不完全，则继续在水浴中水解。待水解液冷却后，加入 1 滴酚酞指示剂(酚酞的变色范围是 pH 8.2～10.0)，以 1 mol/L NaOH 中和滴定至微红色。过滤或离心，收集滤液，定容至 100 mL，作为总糖待测液。

2)显色和比色：取干洁 25 mL 刻度试管，编号，参比管 1 个，每个样品重复 2 次(即 2 个试管)。参比管加入蒸馏水 2 mL，样品测定管加入总糖待测液 1 mL 和蒸馏水 1 mL，再分别加入 DNS 试剂 1.5 mL(表 10-10)。

表 10-10　总糖含量测定的试剂用量

试管编号	参比管	总糖测定管	
	0	1	2
总糖待测液/mL	0.0	1.0	1.0
蒸馏水/mL	2.0	1.0	1.0
3,5-二硝基水杨酸试剂/mL	1.5	1.5	1.5

将各试管摇匀，于沸水浴中加热 5 min，取出后立即浸入冷水冷却至室温，再用蒸馏水定容至 25 mL 刻度处，用橡皮塞塞住管口(或用一次性手套堵住试管口上下颠倒)，颠倒摇匀。然后，在 540 nm 波长下测定吸光度。

3)结果计算：根据每个样品的 2 个测定管的平均吸光度，在标准曲线上查出相应的还原糖质量(mg)，按照下面公式计算出样品的总糖含量。

$$\text{总糖含量}(\%)=\frac{\text{查曲线所得的水解后还原糖质量}\times\text{稀释倍数}}{\text{样品质量}}\times 0.9\times 100$$

由于多糖水解为单糖时，每断裂一个糖苷键需加入一分子水，所以在计算多糖含量时需要扣除已加入的水的量，测定所得的总糖的量乘以 0.9 即为实际总糖的量。

5. 注意事项

1）在称取烟叶前，试管或离心管内先加入 4 mL 80%乙醇，加入烟叶后立即充分摇匀，以防烟叶凝结成块，影响还原糖测定。

2）称取完烟叶后，在浸提之前先混匀后静置 10 min。

3）在第一次浸提过程中应充分摇匀 3 或 4 次，第二次和第三次充分摇匀 2 次，摇匀之前先将盖子打开，释放管内热蒸汽，以防管内液体喷出。

4）吸取提取液之前应再次摇匀提取液，比色之前也应将待测液充分摇匀后才能进行比色，因为还原糖沉降速度极快，不充分摇匀将严重影响数据的准确性。

5）水浴锅内的水位必须达到离心管内液面之上。

6）比色之前应先检查比色杯空杯（内盛双蒸水）的吸光度是否一致。最好选用差别在 0.003 之内的比色杯。

四、烟碱的测定——提取比色法

1. 原理 由于烟碱和无机酸结合较有机酸强，因此，用一定浓度的无机酸提取，完全可以把烟碱从烟叶中分离出来。同时，用粉状活性炭脱去提取液中杂色。然后，根据烟碱对紫外光有选择吸收的作用，其吸光度与烟碱含量呈正相关，可由紫外分光光度计测得待测液的浓度，计算出烟碱的含量。

2. 仪器和设备 分析天平、锥形瓶、紫外分光光度计（石英比色皿）、60 目筛、容量瓶、恒温水浴锅等。

3. 试剂

1）47.2 g/L HCl：吸取 20 mL HCl（37%的盐酸），定容至 500 mL。

2）其他实验常规试剂。

4. 操作步骤

（1）待测液的制备 称取粉碎均匀的通过 60 目筛的烟样 30 mg 左右，置于 100 mL 锥形瓶中，加入 1/3 角勺粉状活性炭和 25 mL HCl，不断振荡 10 min，然后过滤到 100 mL 容量瓶中，并用蒸馏水少量多次冲洗锥形瓶，将洗液滤入容量瓶中，并定容至刻度，充分摇匀，以备测定用。

另把 25 mL HCl 加入 100 mL 容量瓶中，用蒸馏水定容后，摇匀做空白。

（2）测定 将上述待测液置于紫外分光光度计上，以空白作参比，调吸光度为零，分别在波长 236 nm、259 nm、282 nm 处测定待测液的吸光度。

5. 结果计算

$$\text{烟碱}(\%)=\frac{1.059\times[A_{259}-0.5(A_{236}+A_{282})]\times 100}{W(100-w)\times 34.3\times 1000}\times 100$$

式中，W 为干样的质量（g）；A_{236} 为在波长 236 nm 处测得的吸光度；A_{259} 为在波长 259 nm 处测得的吸光度；A_{282} 为在波长 282 nm 处测得的吸光度；w 为试样的水分含量（%）；1.059 为换算为质量法测定值的校正系数（g）；34.3 为烟碱的吸光系数；100/1000 为换算系数。

6. 注意事项

1）不要用颗粒状活性炭。

2）及时清洗用具，否则活性炭很难清洗干净。

五、氯的测定——热蒸馏水浸提法

1. 原理　依据烟叶中的氯大都以离子状态存在的特点，用热水将氯从烟叶中提取出来，可节省时间、提高效率，但提取液中有影响滴定终点的黄色素。根据碱性乙酸铅常用作液体澄清剂的特点，在用热蒸馏水浸提烟叶中氯的同时，加入碱性乙酸铅，有效去除浸提液中干扰测定的色素，得到一个快速制备氯待测液前处理的简便方法（浸提法）。在含有 Cl^- 的溶液中，以 K_2CrO_4 为指示剂，用 $AgNO_3$ 标准溶液滴定，由于 AgCl 的溶解度比 Ag_2CrO_4 小，开始时只生成 AgCl 沉淀，待 Cl^- 作为 AgCl 全部沉淀完毕后，过量的一滴 $AgNO_3$ 才生成 Ag_2CrO_4（砖红色沉淀）。

$$NaCl+AgNO_3 = AgCl\downarrow(\text{乳白色})+NaNO_3$$

铬酸钾和银盐的反应如下。

$$K_2CrO_4+2AgNO_3 = 2KNO_3+Ag_2CrO_4\downarrow(\text{砖红色})$$

由消耗的标准硝酸银用量，即可计算出氯离子的含量。

2. 材料　烟叶样品经 40℃烘干，粉碎过 60 目筛，混匀。

3. 仪器和设备　离心机、恒温振荡器及各种玻璃器皿、实验室常规仪器和设备。

4. 试剂　0.01 mol/L $AgNO_3$ 标准溶液、50 g/L K_2CrO_4、活性炭、12% $NaHCO_3$ 等。

5. 操作步骤

1）准确称取 0.3 g 烟叶样品，置于 50 mL 离心管中，加入 60℃热蒸馏水 25 mL，活性炭 0.4～0.5 g，振荡 15 min。

2）4000 r/min 离心 6 min 后，过滤到 50 mL 容量瓶中，冷却后定容至刻度，充分摇匀。

3）吸取滤液 25 mL 于 100 mL 锥形瓶中，用 12% $NaHCO_3$ 调待测液到微碱性（加 0.35 mL 左右，pH 基本为 7～9）。

4）加入 50 g/L K_2CrO_4 指示剂 10 滴（0.4 mL），用 0.01 mol/L $AgNO_3$ 标准溶液滴定，不断摇动，当待测液出现砖红色沉淀时，记下 $AgNO_3$ 的用量，计算测定结果。

6. 结果计算

$$\text{氯含量}(\%)=\frac{N\times V\times 0.0355\times \text{分取倍数}\times 100}{W\times(100-w)}\times 100$$

式中，V 为滴定时所消耗硝酸银的体积（mL）；N 为硝酸银的浓度（mol/L）；W 为样品的质量（g）；w 为试样的水分含量（%）；0.0355 为每 1 mmol 氯离子的克数（g/mol）；分子中的 100 为抵消含水量的系数。

7. 注意事项

1）用铬酸钾作指示剂只能在中性或微碱性溶液中进行，测定溶液 pH 应在 6.5～10.5。这是因为在酸性溶液中，指示剂的铬酸根离子与氢离子发生如下反应。

$$2H^+ + 2CrO_4^{2-} = Cr_2O_7^{2-} + H_2O$$

因而降低了铬酸根离子的浓度，影响铬酸银沉淀的生成。然而在强碱性溶液中，银离子与氢氧根离子反应生成氧化银沉淀，又会影响分析结果，其反应如下。

$$2Ag^+ + 2OH^- = Ag_2O\downarrow + H_2O$$

2）氯离子含量太高时，生成白色氯化银沉淀过多而影响终点，此时可减少待测液吸取量。

3）大量硫酸盐存在会对测定产生干扰，当待测液中硫酸根离子存在量在 32 mg 以下时对本测定一般无干扰。

4) 滴定时要充分摇动，避免因为 Cl^- 被 AgCl 沉淀吸附，而使终点提前到来。

5) 可以提前烘干样品，计算时不考虑含水量。

六、钾的测定——NH_4OAc 浸提火焰光度法

1. 原理 以 NH_4OAc 作为浸提剂与阳离子起交换作用，NH_4OAc 浸出液常用火焰光度计直接测定。为了抵消 NH_4OAc 的干扰影响，标准钾溶液也需要用 1 mol/L NH_4OAc 配制。

2. 仪器和设备 火焰光度计、离心机、容量瓶、天平、往返式振荡机等。

3. 试剂

1) 1 mol/L 中性 NH_4OAc (pH = 7.0) 溶液：称取 CH_3COONH_4 77.09 g，加水稀释，定容至近 1 L。用 HOAc 或 NH_4OH 调 pH = 7.0，在酸度计上调节。根据 50 mL 所用 NH_4OH 或稀 HOAc 的体积，算出所配溶液大概需要的量，最后调至 pH = 7.0。

2) 钾标准溶液：称取 KCl（二级，110℃烘干 2 h）0.1907 g 溶于 1 mol/L NH_4OAc 溶液中，定容至 1 L，即为含 100 μg/mL 的 NH_4OAc 溶液。同时分别准确吸取钾标准溶液 0 mL、2.5 mL、5.0 mL、10.0 mL、15.0 mL、20.0 mL、40.0 mL 放入 100 mL 容量瓶中，用 1 mol/L NH_4OAc 溶液定容，即得 0 μg/mL、2.5 μg/mL、5.0 μg/mL、10.0 μg/mL、15.0 μg/mL、20.0 μg/mL、40.0 μg/mL 钾标准系列溶液。

4. 操作步骤 称取通过筛的烟样 0.02 g 于 50 mL 离心管中，加 1 mol/L NH_4OAc 溶液 25 mL，振荡 15 min，4000 r/min 离心 4 min，用干的普通定性滤纸过滤到 100 mL 容量瓶中。同钾标准系列溶液一起在火焰光度计上测定。记录其检流计上的读数，然后从标准曲线上求得其浓度。

标准曲线的绘制：将上面配制的钾标准系列溶液，以浓度最大的一个定到火焰光度计上，检流计为满度（100），然后从稀到浓依序进行测定，记录检流计上的读数。以检流计读数为纵坐标，钾（K）的浓度（μg/mL）为横坐标，绘制标准曲线。

5. 结果计算

$$钾含量(\%)=\frac{c\times V_1\times V_3\times 100}{m\times(100-w)\times V_2\times 10^{-6}}\times 100$$

式中，c 为从标准曲线得到的待测样品的钾浓度（μg/mL）；V_1 为初始定容体积（mL）；V_2 为分取体积（mL）；V_3 为测试液定容体积（mL）；m 为试样质量（g）；w 为试样水分含量（%）；分子中的 100 为抵消含水量百分比的系数；10^{-6} 为μg 与 g 的换算系数。

$$以 K_2O 计算钾含量=钾含量\times 1.2046$$

式中，1.2046 为由钾换算成 K_2O 的系数。

第五节 烟草评吸品质分析

感官评吸是通过评吸人员的嗅觉、味觉感受而引起的反应来感知烟草或卷烟中物质的特征或性质的一种科学方法。烟草行业中，感官评吸技术已成为烟草新品种培育，以及卷烟新产品研发、配方成分替换、品质管理、市场预测等许多方面的重要技术手段。它解决了一般理化分析所不能解决的复杂的生理感觉问题，实用性强、灵敏度高、结果可靠。由于卷烟产品的最终消费形式就是吸食，卷烟的风格特征和香味品质要经过燃烧才能给消费者提供感受，

因此，最直接、最及时、最能够代表消费者意志的就是对卷烟的感官分析与评价。

一、感官评吸要求及类别

（一）感官评吸对人的素质要求

评吸是靠人体的嗅觉器官和味觉器官来感受烟气的信息，然后由神经系统传递给大脑中枢，通过大脑的分析来综合衡量和判断其质量的优劣。感官评吸对人员素质的要求是：身体健康，嗅、味觉正常；熟悉卷烟工艺知识，对烟叶生产及烟叶原料知识有一定了解；理解并熟悉感官评吸相关专用术语；有一定的生理承受能力。此外，评吸人员在评吸前一定要休息好，以保证头脑清醒和感觉器官高度敏感；评吸前身体不适或患轻微感冒者不能参加评吸，因为这时人的感觉器官的敏感度差，不能对烟气的特征进行准确判断；评吸前切忌饮酒或吃刺激性强的食物。

（二）评吸器官的作用

1. 口腔的作用　口腔对烟气的浓淡程度，烟气的细腻感和粗糙感，刺激性的种类和大小有明显的感觉。同时还可以感觉到烟味的酸、甜、苦、辣、涩等，这是由口腔中烟气溶解的物质引起的、通过舌部获得的感受，其中，甜味以舌尖的味蕾比较敏感；酸味以舌头两侧的味蕾比较敏感；苦味以舌根部的味蕾比较敏感。

2. 鼻腔的作用　鼻腔能对香气的特征、香气的优劣、杂气的轻重、刺激性的大小做出判断，这是由口腔中烟气逸出的挥发性成分引起的、通过鼻腔获得的感受。

3. 喉部的作用　喉部的作用有两个方面，一是可以感觉到刺激性的种类和大小；二是可以感觉到劲头的大小，这是由口腔中烟气碱性等成分引起的、通过喉部获得的感受。

（三）评吸的分类

1. 单料烟评吸　单料烟即单一地区、单一品种、单一等级的烟叶卷制而成的样品。单料烟评吸适用于两个方面：鉴定烟叶的质量，指导烟叶生产；掌握烟叶质量，指导卷烟配方。

2. 叶组配方评吸　用于确定卷烟的叶组配方，包括各类型、各地区、各等级烟叶的最佳使用量。

3. 加香加料评吸　筛选出香味适宜，协调性、增香性和掩盖性好的料液和香精配方。

4. 烟制品评吸　烟制品的对比评吸常用于牌号对比、生产检验、会议评比和评优工作。

（四）评吸样品的分类

1）单料烟主要用于农业鉴定、工业配方筛选、发酵前后对比等。准备单料烟样品应注意的事项：单料烟样品不应加香加料；单料烟样品应使用同一盘纸；单料烟样品卷制规格应一致，以免影响烟气量和烟气流速；单料烟样品评吸前应平衡水分，要求在湿度 65%环境下平衡 24 h，使水分含量在 12%左右。

2）成品烟是指成品卷烟烟支。

3）掺配品是指由薄片、梗丝、膨胀烟丝等制作的样品烟支。

4）配方组分（指特殊处理样品、模块）。

5）在制品。

（五）评吸方式分类

1. 嗅吸方式　将评吸样品的烟气收集到干净无异味的玻璃瓶中盖好，然后依次打开，嗅吸其香气。多用于鉴定比较多的样品或着重比较其香气时使用。

嗅吸方式不能全面地反映烟叶的质量特征，尤其是在吃味和劲头方面，因此具有较大的局限性，但对耐烟量不大的人较为适用。

2. 燃烧方式　将烟叶点然后，吹熄火焰，嗅吸其阴燃的烟气。这是一种最粗放的方式，可用于烟叶的现场鉴定。

和嗅吸方式一样，它也不能反映出烟叶的全部质量状况，只是在烟叶产区或仓库临时想知道某种烟叶的大致质量情况时采用。

采用以上两种方式时，要求鉴定人员必须掌握烟气嗅香与抽吸之间的相关性和规律性。

3. 单评方式　将评吸样品一支一支地单独进行评吸。这种方式对评吸人员要求较高，应对各类型、香型，以及各等级的烟叶或成品烟的质量状况和标准有较深刻的理解和认识，能够熟练掌握和运用各种专用术语，掌握各等级烟叶的评分标准。例如，什么是烤烟香型、白肋烟香型、香料烟香型？什么是清香型和浓香型？什么质量的卷烟可以评多高的分数？等等。此方式多用于单料烟评吸和产品评比时评吸。

4. 对比方式　首先点燃 2 或 3 支样品，用茶水帮助恢复感觉后或停一会后，再进行评吸。评吸时先按 1、2、3 号的顺序进行，用茶水恢复感觉后，再按 3、2、1 号的顺序进行评吸。经过几个循环即可完成评吸过程。

该方式常用于：会议对比评优；新老产品对比；同一产品在加料、加香和原辅材料规格发生变化后的对比评吸；国内外同类产品对比；不同发酵方法的烟叶质量对比；新烟和陈烟的质量对比；单料烟不同产地、品种、栽培方法的质量对比。

5. 选择方式　将 3 支或 3 支以上的样品划分为一组，同时进行评吸、筛选。其目的是比较出同一组中各烟支的优劣，并根据其质量优劣程度排列出名次。

多用于新产品在试制过程中的评吸，如叶组配方、加料和加香配方的筛选，也适用于多类型同等级烟叶的筛选。

6. 明评与暗评　明评是指让评吸人知道所评吸的是什么样品。暗评是不让评吸人知道所评吸的是什么样品，为此有时甚至采用特殊手段(比如在晚上或黑暗房间里评吸)。

（六）评吸方法分类

1. 局部循环法　局部循环法也叫小循环法，是指利用部分感觉器官进行评吸，即将烟气吸入口腔后，人为地不让烟气通过咽喉，而是直接由鼻腔呼出，以此来鉴定烟叶的质量。

局部循环法只能对上颚和鼻腔的刺激性烟气的浓度等部分项目做出判断，不能感受烟气的劲头和余味的全部(苦味在舌后根)，有一定的局限性。

2. 整体循环法　整体循环法也叫大循环法，是指采用全部的感觉器官进行评吸。当烟气吸入口腔后通过咽喉将烟气吞咽下去，然后再从鼻腔中缓慢呼出，通过一个吸、吞、呼的过程完成 1 次评吸过程。整体循环法评吸得到的结论是综合性的。

3. 结合法　结合法是指在感受香气等项目时用局部循环法，在感受劲头等项目时用整体循环法。有人认为这种方法是不可取的，因为同一支烟用两种方法抽吸，会在感受上产生很大的差异，使评吸者无法下评语，容易造成混乱。

（七）评吸的一般步骤

当烟支点燃后，用最大的抽吸量将烟气吸入口腔。吸入—少许吐出—吸入—少许吐出—吸入，直到口腔为烟气所充斥，此为一口。评吸时不能以点燃后的第一口烟气作为判断依据。评吸的步骤如下。

1）从第二口烟气开始，用适量的抽吸量将烟气吸入口腔，让烟气在口腔中停留2～4 s后，在吐出一缕烟气的同时吸气，顺势将烟气吞咽下去。这一过程中要集中精力捕捉烟气的浓度的大小、刺激性和劲头的大小。

2）咽下烟气后紧闭双唇，使烟气从鼻腔中缓慢呼出。这时要集中精力判断香气、杂气、刺激性的特点。最后，再体会余味的舒适程度，判断口腔内有无不适、不干净的感觉。

（八）评吸项目

1）香气类型：烤烟香型（清香性、浓香型、中间香型）、白肋烟香型、香料烟香型。
2）香气质：好、尚好、中等、稍差、差。
3）香气量：充足、尚足、中等、较少、少。
4）浓度：大、较大、中等、较淡、淡。
5）劲头：大、较大、中等、较小、小。
6）杂气：重、较重、中等、较轻、无。
7）刺激性：大、较大、中等、微有、无。
8）余味：纯净（舒适）、尚纯净（舒适）、微滞舌、滞舌、苦涩。
9）燃烧性：强、较强、中等、较差、差。
10）灰色：白、灰白、灰、黑灰。

二、烟叶质量风格特色感官评价方法

中国烟草行业标准《烤烟　烟叶质量风格特色感官评价方法》（YC/T 530—2015）规定了烤烟烟叶质量风格特色感官评价的术语、一般要求和结果统计方法，适用于烤烟烟叶质量风格特色的感官评价与分析。

（一）烟叶质量风格特色感官评价要求

1. 感官评价表　本方法的感官评价表由表10-11给出。

表10-11　烤烟烟叶质量风格特色感官评价表

样品编码：

项目	指标		标度值
风格特征	香韵	干草香	0[ ]　1[ ]　2[ ]　3[ ]　4[ ]　5[ ]
		清甜香	0[ ]　1[ ]　2[ ]　3[ ]　4[ ]　5[ ]
		正甜香	0[ ]　1[ ]　2[ ]　3[ ]　4[ ]　5[ ]
		焦甜香	0[ ]　1[ ]　2[ ]　3[ ]　4[ ]　5[ ]
		青香	0[ ]　1[ ]　2[ ]　3[ ]　4[ ]　5[ ]
		木香	0[ ]　1[ ]　2[ ]　3[ ]　4[ ]　5[ ]
		豆香	0[ ]　1[ ]　2[ ]　3[ ]　4[ ]　5[ ]

续表

样品编码：

项目	指标			标度值
风格特征	香韵	坚果香		0[ ] 1[ ] 2[ ] 3[ ] 4[ ] 5[ ]
		焦香		0[ ] 1[ ] 2[ ] 3[ ] 4[ ] 5[ ]
		辛香		0[ ] 1[ ] 2[ ] 3[ ] 4[ ] 5[ ]
		果香		0[ ] 1[ ] 2[ ] 3[ ] 4[ ] 5[ ]
		药草香		0[ ] 1[ ] 2[ ] 3[ ] 4[ ] 5[ ]
		花香		0[ ] 1[ ] 2[ ] 3[ ] 4[ ] 5[ ]
		树脂香		0[ ] 1[ ] 2[ ] 3[ ] 4[ ] 5[ ]
		酒香		0[ ] 1[ ] 2[ ] 3[ ] 4[ ] 5[ ]
	香气状态	飘逸		0[ ] 1[ ] 2[ ] 3[ ] 4[ ] 5[ ]
		悬浮		0[ ] 1[ ] 2[ ] 3[ ] 4[ ] 5[ ]
		沉溢		0[ ] 1[ ] 2[ ] 3[ ] 4[ ] 5[ ]
	香型	清香型		0[ ] 1[ ] 2[ ] 3[ ] 4[ ] 5[ ]
		中间香型		0[ ] 1[ ] 2[ ] 3[ ] 4[ ] 5[ ]
		浓香型		0[ ] 1[ ] 2[ ] 3[ ] 4[ ] 5[ ]
	烟气浓度			0[ ] 1[ ] 2[ ] 3[ ] 4[ ] 5[ ]
	劲头			0[ ] 1[ ] 2[ ] 3[ ] 4[ ] 5[ ]
品质特征	香气特性	香气质		0[ ] 1[ ] 2[ ] 3[ ] 4[ ] 5[ ]
		香气量		0[ ] 1[ ] 2[ ] 3[ ] 4[ ] 5[ ]
		透发性		0[ ] 1[ ] 2[ ] 3[ ] 4[ ] 5[ ]
		杂气	青杂气	0[ ] 1[ ] 2[ ] 3[ ] 4[ ] 5[ ]
			生青气	0[ ] 1[ ] 2[ ] 3[ ] 4[ ] 5[ ]
			枯焦气	0[ ] 1[ ] 2[ ] 3[ ] 4[ ] 5[ ]
			木质气	0[ ] 1[ ] 2[ ] 3[ ] 4[ ] 5[ ]
			土腥气	0[ ] 1[ ] 2[ ] 3[ ] 4[ ] 5[ ]
			松脂气	0[ ] 1[ ] 2[ ] 3[ ] 4[ ] 5[ ]
			花粉气	0[ ] 1[ ] 2[ ] 3[ ] 4[ ] 5[ ]
			药草气	0[ ] 1[ ] 2[ ] 3[ ] 4[ ] 5[ ]
			金属气	0[ ] 1[ ] 2[ ] 3[ ] 4[ ] 5[ ]
	烟气特性	细腻程度		0[ ] 1[ ] 2[ ] 3[ ] 4[ ] 5[ ]
		柔和程度		0[ ] 1[ ] 2[ ] 3[ ] 4[ ] 5[ ]
		圆润感		0[ ] 1[ ] 2[ ] 3[ ] 4[ ] 5[ ]
	口感特性	刺激性		0[ ] 1[ ] 2[ ] 3[ ] 4[ ] 5[ ]
		干燥感		0[ ] 1[ ] 2[ ] 3[ ] 4[ ] 5[ ]
		余味		0[ ] 1[ ] 2[ ] 3[ ] 4[ ] 5[ ]
总体评价	风格特征描述			
	品质特征描述			

评吸员：　　　　　　　　　　　　　　　　日期：　　年　　月　　日

2. 感官评价评分标度

(1)风格特征指标评分标度　风格特征指标评分标度由表10-12给出。

表10-12　风格特征指标评分标度

指标	评分标准					
	0	1	2	3	4	5
香韵	无至微显		稍明显至尚明显		较明显至明显	
香型	无至微显		稍显著至尚显著		较显著至显著	
香气状态	欠飘逸		较飘逸		飘逸	
	欠悬浮		较悬浮		悬浮	
	欠沉溢		较沉溢		沉溢	
烟气浓度	小至较小		中等至稍大		较大至大	
劲头	小至较小		中等至稍大		较大至大	

(2)品质特征指标评分标度　品质特征指标评分标度由表10-13给出。

表10-13　品质特征指标评分标度

指标		评分标度					
		0	1	2	3	4	5
香气特性	香气质	差至较差		稍好至尚好		较好至好	
	香气量	少至微有		稍有至尚足		较充足至充足	
	透发性	沉闷至较沉闷		稍透发至尚透发		较透发至透发	
	杂气	无至微有		稍有至有		较重至重	
烟气特性	细腻程度	粗糙至较粗糙		稍细腻至尚细腻		较细腻至细腻	
	柔和程度	生硬至较生硬		稍柔和至尚柔和		较柔和至柔和	
	圆润感	毛糙至较毛糙		稍圆润至尚圆润		较圆润至圆润	
口感特性	刺激性	无至微有		稍有至有		较大至大	
	干燥感	无至弱		稍有至有		较强至强	
	余味	不净不舒适至欠净欠舒适		稍净稍舒适至尚净尚舒适		较净较舒适至纯净舒适	

(二)实验方法

1. 样品采集与制备　按照《烟草成批原料取样的一般原则》(GB/T 19616—2004)要求采集烤烟烟叶样品，使用统一烟用材料卷制成卷烟样品，评吸前按照《烟草及烟草制品调节和测试的大气环境》(GB/T 16447—2004)要求平衡水分。

2. 评价要求

1)评价时应成立由7名以上评吸员组成的评价小组，设组长一名。

2)采用“烤烟烟叶质量风格特色感官评价表”(表10-11)记录评价数据，在[　]内打“√”选定各项指标标度值。

3)香型、香气状态为必选项，且只能选择一种香型和香气状态赋予标度值。当某种香型或香气状态标定人数达到评吸员总数1/2以上，视为有效标度，否则由组长负责组织讨论后确定。

4）样品的总体评价，由组长根据统计结果，组织讨论后统一描述。

3. 结果统计

1）香型、香韵、香气状态及杂气的单项指标得分仅统计有效标度值（指 1/2 以上评吸员对香型、香韵、香气状态及杂气的共同判定），其他指标所有评吸员标度值均有效。

2）按以下公式计算单项指标平均得分，结果保留两位小数。

$$\overline{X_i}=\frac{\sum X_i}{N}$$

式中，$\overline{X_i}$ 为某单项指标平均得分；$\sum X_i$ 为某单项指标有效标度值加和；N 为参加评吸人数。

第六节　烟草安全性分析

一、烟草特有 *N*-亚硝胺的测定

中国烟草行业标准《烟草及烟草制品 烟草特有 *N*-亚硝胺的测定》（YC/T 184—2004）规定了烟草和烟草制品中 4 种烟草特有 *N*-亚硝胺——*N*-亚硝基降烟碱（NNN）、*N*-亚硝基新烟碱（NAT）、*N*-亚硝基假木贼碱（NAB）、4-甲基亚硝胺基-1-（3-吡啶基）-1-丁酮（NNK）的测定方法。

1. 原理　用二氯甲烷的碱性溶液萃取烟草和烟草制品中的 TSNA，萃取液经碱性氧化铝层析柱纯化，通过气相色谱-热能分析联用仪（GC-TEA）定量分析检测其中 4 种 TSNA 的含量。

2. 仪器和设备　分析天平（感量 0.1 mg），锥形瓶，气相色谱仪（配有热能分析仪检测器），色谱柱（弹性毛细管柱 *Φ*0.32 mm×30 m，1 μm，固定液 5%二苯基-95%二甲基聚硅烷），柱前保护柱（弹性毛细管柱 *Φ*0.32 mm×1 m，1 μm，固定液 5%二苯基-95%二甲基聚硅烷），超声波发生器，浓缩仪，玻璃层析柱（具塞，内径为 20 mm，长度为 500 mm）等。

3. 试剂　二氯甲烷（色谱纯），甲醇（色谱纯），无水硫酸钠（分析纯），10%氢氧化钠溶液（分析纯），碱性氧化铝（层析用，200～300 目）。

1）内标溶液：配制浓度为 4000 ng/mL 的 *N*-戊基-（3-甲基吡啶基）-亚硝胺溶液作为内标溶液，以二氯甲烷为溶剂。

2）TSNA 标准系列溶液：按下列浓度范围配制 TSNA 标准系列溶液，以二氯甲烷为溶剂，其中内标溶液浓度为 400 ng/mL。标准溶液应当存放在−20℃冰箱中，有效期 6 个月。

NNN：100 ng/mL，200 ng/mL，500 ng/mL，1000 ng/mL，2000 ng/mL，5000 ng/mL。

NAT：100 ng/mL，200 ng/mL，500 ng/mL，1000 ng/mL，2000 ng/mL，5000 ng/mL。

NAB：30 ng/mL，60 ng/mL，150 ng/mL，300 ng/mL，600 ng/mL，500 ng/mL。

NNK：100 ng/mL，200 ng/mL，500 ng/mL，1000 ng/mL，2000 ng/mL，5000 ng/mL。

4. 操作步骤

（1）抽样　按 GB/T 19616—2004 和 GB/T 5606.1—2004 抽取样品。

（2）试样制备　按 YC/T 31—1996 制备试样，并测定水分含量。

（3）测定次数　每个样品应平行测定两次。

（4）试样分析

1）样品萃取：称取 1.00 g 烟样，将其放入 100 mL 锥形瓶中，加入 1 mL 10%氢氧化钠溶

液和 20 mL 二氯甲烷溶液，置于超声波发生器(频率 40 kHz)上提取 20 min。

2)柱层析。

a. 层析柱准备：碱性氧化铝在 110℃条件下活化 2 h 待用。层析柱保持洁净干燥，先加入 30 mL 二氯甲烷，将 15 g 碱性氧化铝经湿法处理后加入层析柱中，用玻璃棒搅拌氧化铝赶走气泡。再加入 2 g 已烘干的无水硫酸钠，用 50 mL 二氯甲烷洗脱层析柱。当液面下降至硫酸钠层时关闭层析柱活塞。

b. 层析：将锥形瓶中所有样品加入层析柱，并用 5 mL 二氯甲烷洗涤锥形瓶内壁，洗 3 次。洗涤液加入层析柱。等液面接近柱头后，再用 30 mL 二氯甲烷洗脱层析柱，该部分洗脱液不收集。最后用 100 mL 甲醇-二氯甲烷溶液(体积比为 8∶92)洗脱层析柱，收集该部分洗脱液。

3)洗脱液浓缩：在洗脱液中准确加入 100 μL 内标溶液，在高纯氮气保护吹扫下将其浓缩至 1 mL 左右，转移到 2 mL 色谱小瓶中进行 GC-TEA 分析，白肋烟和烤烟样品的色谱图示例见图 10-1 和图 10-2。

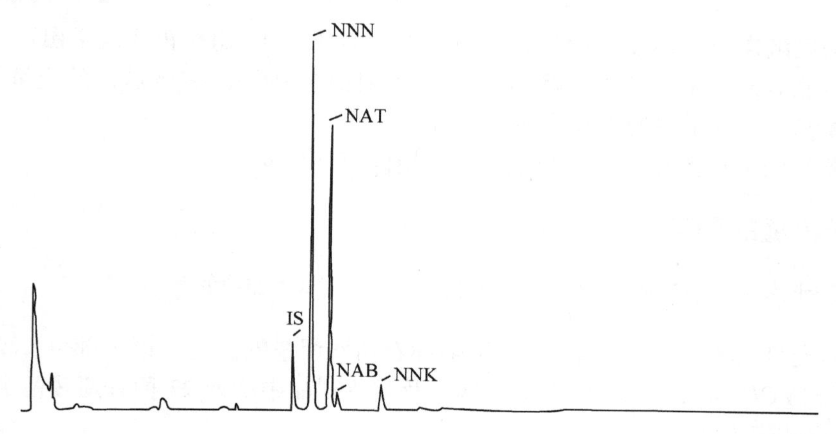

图 10-1 白肋烟中 TSNA 分析典型色谱图

NNN、NAT、NAB、NNK 分别对应四种待测的烟草特有亚硝胺：*N*-亚硝基降烟碱、*N*-亚硝基新烟碱、*N*-亚硝基假木贼碱、4-（甲基亚硝胺基）-1-（3-吡啶基）-1-丁酮；IS（internal standard）为内标物

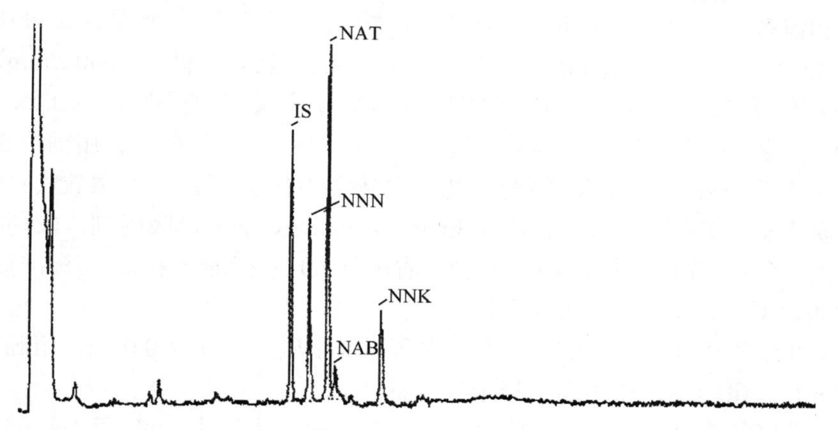

图 10-2 烤烟中 TSNA 分析典型色谱图

NNN、NAT、NAB、NNK 分别对应四种待测的烟草特有亚硝胺：*N*-亚硝基降烟碱、*N*-亚硝基新烟碱、*N*-亚硝基假木贼碱、4-（甲基亚硝胺基）-1-（3-吡啶基）-1-丁酮；IS（internal standard）为内标物

(5) GC-TEA 分析

1) 气相色谱仪条件。

a. 柱前保护柱在进行 100 次样品分析后需更换。

b. 程序升温：初始温度 50℃，保持 2 min；10℃/min 升至 180℃；保持 10 min；10℃/min 升至 230℃；30℃/min 升至 260℃；保持 20 min。

c. 进样口温度：225℃。

d. 载气：氦气，2.5 mL/min。

e. 进样量 2 μL，不分流，不分流时间 1 min，吹扫流量 50 mL/min。

2) 热能分析仪条件：①热裂解温度为 550℃；②接口温度为 250℃。

5. 结果计算　以干基计的 4 种 TSNA 的含量，按下式进行计算。

$$m=\frac{f\times A\times m_{s}\times 100}{A_{s}\times n\times(100-w)}$$

式中，m 为每克试样的 TSNA 含量(ng/g)；f 为相对校正因子(由校正曲线求出)；m_s 为样品溶液中内标物的量(ng)；A 为 TSNA 峰面积；A_s 为内标物峰面积；n 为试样的质量(g)；w 为试样的水分含量(%)；分子中的 100 为换算系数。

以两次测定的平均值作为测定结果，结果精确至 0.1 ng/g。

二、农药残留量的测定

(一) 多种农药残留量的测定：高效液相色谱-串联质谱法

中国烟草行业标准《烟草及烟草制品 多种农药残留量的测定 第 1 部分：高效液相色谱-串联质谱法》(YC/T 405.1—2011) 规定了烟草及烟草制品中所列 73 种农药残留量的高效液相色谱-串联质谱测定方法。

1. 原理　向粉碎的样品中添加适量水，充分浸润后使用乙腈振荡提取，盐析离心分层，取上层清液经吸附剂净化后，用高效液相色谱-串联质谱仪检测，内标法定量。

2. 仪器和设备　除常规实验室仪器和设备外，还有分析天平(感量为 0.0001 g)，0.22 μm 滤膜，高速离心机(应能使用 50 mL 及 1.5 mL 的离心管，转速不低于 7000 r/min)，漩涡混合振荡仪(转速不低于 2500 r/min)，高效液相色谱-串联质谱仪[配备电喷雾离子源(ESI)]。

3. 试剂　乙腈(农残级)；甲醇(农残级)；无水硫酸镁(分析纯，用前应在 650℃灼烧 4 h，贮存于干燥器中备用)；氯化钠(分析纯)；柠檬酸钠(分析纯)；柠檬酸氢二钠(分析纯)；*N*-丙基乙二胺键合固相吸附剂，即 PSA (primary secondary amine) 吸附剂；农药标准物质(纯度≥95%)；丙草丹[用作内标物，纯度≥95%(质量分数)]；标准溶液(农药标准溶液应避光贮存于 0～4℃条件下，可至少稳定 6 个月)。

1) 单一标准储备液(1000 μg/mL)：每种农药标准物质分别称取 0.01 g，精确至 0.0001 g，至不同的 10 mL 容量瓶中，用甲醇稀释定容至刻度。

2) 混合标准储备液(10 μg/mL)：移取各农药单一标准储备液 1 mL 于 100 mL 容量瓶中，用甲醇稀释定容至刻度。

3) 内标储备液：称取 0.01 g 丙草丹，精确至 0.0001 g，于 100 mL 容量瓶中，用甲醇稀释定容至刻度。

4) 内标工作液（1 μg/mL）：移取 1 mL 内标储备液于 100 mL 容量瓶中，用甲醇稀释定容至刻度。

5) 标准工作溶液：分别移取混合标准储备液 500 μL、250 μL、100 μL、50 μL 及 25 μL 到 5 个 10 mL 容量瓶中，每个容量瓶中移入 1 mL 内标工作液，用甲醇稀释定容至刻度。

6) 基质混合标准工作溶液：每次制作基质混合标准工作曲线时现配现用。空白样品按后面所述的“提取”“净化”方法进行提取和净化后得到空白样品提取液。分别移取 200 μL 标准工作溶液和 200 μL 空白样品提取液，混合后用乙腈稀释定容至 1 mL。

7) 萃取剂：移取 100 μL 内标储备液于 100 mL 容量瓶中，用乙腈稀释定容至刻度。

4. 试样制备　按 YC/T 31 制备样品，并测定样品水分含量。

5. 操作步骤

(1) 提取　称取约 2 g 样品，精确至 0.01 g，于 50 mL 具盖离心管中，加入 10 mL 水，振荡至样品被水充分浸润后静置 10 min。移取 10 mL 萃取剂至离心管中，并置于漩涡混合振荡仪上以 2000 r/min 速度振荡 1 min。在离心管中分别加入 4 g 无水硫酸镁、1 g 氯化钠、1 g 柠檬酸钠和 0.5 g 柠檬酸氢二钠，立即于漩涡混合振荡仪上以 2000 r/min 速度振荡 2 min，以防止无水硫酸镁遇水反应造成局部过热并结块，然后以 4000 r/min 离心 10 min。

(2) 净化　移取 1 mL 样品提取液上清液于 1.5 mL 离心管中，加入 150 mg 无水硫酸镁和 25 mg *N*-丙基乙二胺键合固相吸附剂，于漩涡混合振荡仪上以 2000 r/min 速度振荡 2 min，以 6000 r/min 离心 2 min，收集上清液备用。

(3) 稀释　吸取 200 μL 上清液，用乙腈稀释定容至约 1 mL，经 0.22 μm 有机相滤膜过滤后得试样萃取液，待检测分析。

(4) 测定

1) 测定条件：①色谱柱为 C_{18} 液相色谱分析柱（柱长 150 mm，内径 2.1 mm，固定相粒径 3 μm）或相当者；②柱温为 25℃；③进样量为 10 μL；④流动相组成、流速及梯度变化，见表 10-14；⑤扫描方式为正离子扫描；⑥监测方式为多反应监测；⑦电喷雾电压为 5500 V；⑧雾化气压力为 0.414 MPa；⑨离子源温度为 500℃。

表 10-14　液相色谱流动相组成、流速及梯度变化

时间/min	流速/(μL/min)	水/%	乙腈/%
0.00	200	90	10
1.00	200	50	50
5.00	200	50	50
16.00	200	40	60
25.00	200	20	80
30.00	200	5	95
40.00	200	5	95
40.01	200	90	10
45.00	200	90	10

2) 基质混合标准工作曲线的制作：对基质混合标准工作溶液进行高效液相色谱-串联质谱

分析，得到每个农药目标化合物与内标物的峰面积之比以及浓度之比，通过线性拟合检查质谱检测器的响应是否呈线性。当相关系数 $R^2 \geqslant 0.99$，可以采用单一水平的基质混合标准工作曲线。单一水平基质混合标准工作曲线应使用中等浓度的基质混合标准工作溶液制作。

每次实验均应制作基质混合标准工作曲线，每进样 10 次后应加入一个中等浓度的基质混合标准工作溶液，如果测得值与原值相差超过 10%，则应重新进行基质混合标准工作曲线的制作。

3）样品测定：对试样萃取液进行分析，依据内标法由基质混合标准工作曲线计算得到测定值。平行进行两次样品测定，以两次平行测定结果的平均值作为最终测定结果。两次平行测定结果的相对平均偏差应小于 10%。

6. 结果计算 每个农药的响应系数 E_p 由下式计算。

$$E_p = \frac{C_{pst} \times A_{ist}}{A_{pst} \times C_{ist}}$$

式中，C_{pst} 为基质混合标准工作溶液中农药的浓度（μg/mL）；A_{ist} 为基质混合标准工作溶液中内标物的峰面积或峰高；A_{pst} 为基质混合标准工作溶液中农药的峰面积或峰高；C_{ist} 为基质混合标准工作溶液中内标物的浓度（μg/mL）。

以干基计的农药残留量 R_p，以毫克每千克（mg/kg）表示，由下式计算。

$$R_p = \frac{A_p \times E_p \times Q_{ist} \times 100}{A_i \times m \times (100 - w)}$$

式中，A_p 为试样萃取液中农药的峰面积或峰高；E_p 为每个农药的响应分数；Q_{ist} 为萃取剂中内标物的质量（μg）；A_i 为试样萃取液中内标物的峰面积或峰高；m 为样品质量（g），w 为样品的水分含量（%）；公式中数据为换算系数。

（二）多种农药残留量的测定：有机氯和拟除虫菊酯农药残留量的测定-气相色谱法

中国烟草行业标准《烟草及烟草制品 多种农药残留量的测定 第 2 部分：有机氯和拟除虫菊酯农药残留量的测定 气相色谱法》（YC/T 405.2—2011）规定了烟草及烟草制品中所列有机氯和拟除虫菊酯类农药残留量的气相色谱测定法。详细测定方法见 YC/T 405.2—2011。

（三）多种农药残留量的测定：气相色谱质谱联用和气相色谱法

中国烟草行业标准《烟草及烟草制品 多种农药残留量的测定 第 3 部分：气相色谱质谱联用和气相色谱法》（YC/T 405.3—2011）规定了烟草及烟草制品中 38 种农药残留量的气相色谱质谱联用（GC-MS）和气相色谱测定方法。详细测定方法见 YC/T 405.3—2011。

（四）多种农药残留量的测定：二硫代氨基甲酸酯农药残留量的测定——气相色谱质谱联用法

二硫代氨基甲酸酯（DTC）是一类有机硫农药的总称，分为福美类和代森类，因其广谱、高效的杀菌作用，被广泛应用于烟草、粮食、蔬菜、果木、棉花等病害防治，在烟草上主要用于防治炭疽病、立枯病、根腐病、赤星病或黑胫病等，DTC类农药在烟叶表面比较稳定，故很容易在烟草中造成残留。DTC是烟草农残检测的重要指标。

中国烟草行业标准《烟草及烟草制品　多种农药残留量的测定　第4部分：二硫代氨基甲酸酯农药残留量的测定　气相色谱质谱联用法》(YC/T 405.4—2011)规定了烟草及烟草制品中二硫代氨基甲酸酯农药残留量的测定方法。详细测定方法见YC/T 405.4—2011。

(五)多种农药残留量的测定：马来酰肼农药残留量的测定——高效液相色谱法

中国烟草行业标准《烟草及烟草制品　多种农药残留量的测定　第5部分：马来酰肼农药残留量的测定　高效液相色谱法》(YC/T 405.5—2011)规定了烟草及烟草制品中马来酰肼农药残留量的测定方法。详细测定方法见YC/T 405.4—2011。

参考文献

布 · 卡 · 阿克赫斯特. 1990. 烟草-栽培加工与化学. 訾天镇, 等译. 上海: 上海交通大学出版社

蔡一荣, 李望丰, 刘立侠, 等. 2006. 大豆品质改良的基因工程育种概况. 大豆科学, 25(1): 62-65

陈国平. 1994. 玉米的干物质生产及分配. 玉米科学, 2(1): 48-53

陈均辉. 2003. 生物化学实验. 北京: 科学出版社

陈丽华, 李云海, 李俊良. 2006. 马铃薯新品系还原性糖含量与油炸片片色关系研究. 现代农业科技, (23): 23-24

陈玲, 赵月, 张攀峰, 等. 2013. 不同品种马铃薯淀粉的结构. 华南理工大学学报(自然科学版), 1: 24

陈义欢. 2015. 马铃薯: 被误解的"营养价值之王". 农经, (9): 37

崔宁波, 张正岩. 2016. 转基因大豆研究及应用进展. 西北农业学报, 25(8): 1111-1124

董晓燕. 2008. 生物化学实验. 北京: 化学工业出版社

段民孝, 郭景伦, 王元东, 等. 2003. 利用近红外透射分析仪快速测定玉米子粒品质的初步研究. 华北农学报, 18(1): 37-40

范成明, 田建华, 胡赞民, 等. 2018. 油菜育种行业创新动态与发展趋势. 植物遗传资源学报, 19(3): 447-454

盖钧镒. 2006. 作物育种学各论. 2 版. 北京: 中国农业出版社

甘纯玑, 崔喜艳. 2014. 生物化学与分子生物学实验. 北京: 高等教育出版社

宫长荣. 2003. 烟草调制学. 北京: 中国农业出版社

顾晓红. 1998. 中国玉米种质资源品质性状的分析与评价. 玉米科学, 6(1): 14-16

郭世华. 2006. 分子标记与小麦品质改良. 北京: 中国农业出版社

郭祯祥. 2003. 小麦加工技术. 北京: 化学工业出版社

韩粉霞, 丁安林, 孙君明, 等. 2005. 大豆脂肪氧化酶及 Kunitz 胰蛋白酶抑制剂缺失种质的创新. 遗传学报, 32(4): 417-423

韩富根. 2010. 烟草化学. 2 版. 北京: 中国农业出版社

韩锦峰. 2003. 烟草栽培生理. 北京: 中国农业出版社

韩黎明, 原霁虹, 童丹, 等. 2017. 国内马铃薯主食产品开发研究进展——基于专利分析. 中国食物与营养, 23(2): 26-30

韩黎明. 2015. 马铃薯质量检测技术. 武汉: 武汉大学出版社

韩熹, 严红兵, 卢福杰, 等. 2009. 基于国产近红外谷物分析仪的大豆种粗蛋白与粗脂肪含量的检测研究. 现代科学仪器, 2: 119-121

郝元峰, 张勇, 何中虎. 2015. 作物锌生物强化研究进展. 生命科学, 27(8): 1047-1054

何凤田, 连继勤. 2012. 生物化学与分子生物学教程. 北京: 科学出版社

何中虎, 夏先春, 陈新民, 等. 2011. 中国小麦育种进展与展望. 作物学报, 37(2): 202-215

何中虎, 晏月明, 庄巧生, 等. 2006. 中国小麦品种品质评价体系建立与分子改良技术研究. 中国农业科学, 39(6): 1091-1101

洪德林. 2010. 作物育种学实验技术. 北京: 科学出版社

胡琼英, 狄冽, 聂理, 等. 2007. 生物化学实验. 北京: 化学工业出版社

黄红苹, 郭华春, 王琼, 等. 2011. 云南马铃薯品种（系）块茎中的龙葵素含量测定. 中国农业科学, 44(7): 1512-1518

黄凯, 郑田要, 朱建华, 等. 2008. 大豆胰蛋白酶抑制剂的研究进展. 江西农业学报, 20(8): 95-98

黄卓烈, 朱利泉. 2010. 生物化学. 2 版. 北京: 中国农业出版社

蒋江虹, 革丽亚, 麦琦. 2006. 全自动凯氏定氮仪测定食品中蛋白质. 光谱仪器与分析, (Z1): 258-260

康玉林, 东惠茹, 徐利群. 1994. 马铃薯块茎中糖的分级. 中国马铃薯, (1): 34-35
李冰冰, 单林娜. 2014. 生物化学与分子生物学实验指导. 北京: 中国矿业大学出版社
李次力, 刘畅, 刘天怡, 等. 2014. 马铃薯皮中绿原酸提取工艺优化. 食品科学, (12): 70-74
李合生. 2000. 植物生理生化试验原理和技术. 北京: 高等教育出版社
李进, 李铭东, 阿不来提 · 阿布拉, 等. 1999. 特用玉米营养价值及综合加工利用. 新疆农业科学, (4): 162-165
李浪. 2008. 小麦面粉品质改良与检测技术. 北京: 化学工业出版社
李霞. 2014. 生物技术综合实验. 西安: 西北农林科技大学出版社
李霞忻, 顾晓红, 苏萍. 1996. 我国玉米品种资源主要品质的鉴定与筛选. 中国粮油学报, 11(6): 1-3
李燕, 黄波. 2009. 饲用植酸酶活性测定的研究. 福建畜牧兽医, 31(6): 15-17
梁雪莲. 2016. 生物技术综合实验. 北京: 化学工业出版社
林夕, 祁葆滋. 2003. 我国玉米品质近况及其展望. 农业质量标准, (4): 34-36
林作楫. 1994. 食品加工与小麦品质改良. 北京: 中国农业出版社
刘贵富, 陈明江, 李明, 等. 2018. 水稻育种行业创新进展. 植物遗传资源学报, 19(3): 416-429
刘国顺. 2003. 烟草栽培学. 北京: 中国农业出版社
刘洪进. 2015. 鲜为人知的马铃薯四大功效. 甘肃农业, (15): 58
刘淑云, 董树亭, 胡昌浩. 2002. 生态环境因素对玉米子粒品质影响的研究进展. 玉米科学, 10(1): 41-45
刘英. 2002. 陈化稻米品质的研究. 粮食与饲料工业, (12): 1-3, 9
刘志勇, 王道文, 张爱民, 等. 2018. 小麦育种行业创新现状与发展趋势. 植物遗传资源学报, 19(3): 430-434
刘钟栋. 2006. 面粉品质改良技术及应用. 北京: 中国轻工业出版社
卢其能, 杨清. 2007. 马铃薯花色苷研究进展. 北方园艺, (9): 54-57
卢肖平. 2015. 马铃薯主粮化战略的意义、瓶颈与政策建议. 华中农业大学学报(社会科学版), (3): 1-7
罗鹏涛, 李佛琳. 2007. 烤烟的品质与质量. 成都: 西南财经大学出版社
马玺, 赵玉华, 单安山. 2007. 麦类籽实中植酸酶的活性及体外降解植酸盐效果的研究. 中国饲料, 16: 13-16
梅赶年. 1990. 马铃薯加工粉丝技术. 农业科技通讯, (5): 36
门福义, 刘梦芸. 1995. 马铃薯栽培生理. 北京: 中国农业出版社
牟杰, 马越, 李新华, 等. 2009. 彩色马铃薯及其花色苷研究进展. 食品研究与开发, 30(2): 155-158
宁正祥. 1998. 食品成分分析手册. 北京: 中国轻工业出版社
牛丽娜, 阎瑾. 2015. 连续流动分析技术在烟草分析中的应用. 科技资讯, (20): 107-108
牛森. 1992. 作物品质分析. 北京: 农业出版社
农业部种植业管理司组. 2005. 中国玉米品质区划及产业布局. 北京: 中国农业出版社
屈振国. 1997. 水稻裂纹米的成因与防止对策研究. 中国稻米, (9): 30-32
师俊玲, 魏益民, 张国权, 等. 2001. 蛋白质与淀粉对挂面和方便面品质及微观结构的影响. 西北农林科技大学学报, 29(1): 44-50
石德权, 郭庆法, 汪黎明, 等. 2001. 我国玉米品质现状、问题及发展优质食用玉米对策. 玉米科学, (2): 3-7
石太渊, 叶春苗, 韩艳秋. 2017. 构建玉米加工品质评价体系和评价标准. 科技经济导刊, (3): 107-109
宋同明. 1996. 发展我国特用玉米产业的意义潜力与前景. 玉米科学, (4): 6-11
孙婧超, 刘玉田, 赵玉平. 2011. pH 示差法测定蓝莓酒中花色苷条件的优化. 中国酿造, 30(11): 171-173
孙君茂, 郭燕枝, 苗水清. 2015. 马铃薯馒头对中国居民主食营养结构改善分析. 中国农业科技导报, 17(6): 64-69
孙君明, 韩粉霞, 闫淑荣, 等. 2008. 傅里叶近红外反射光谱法快速测定大豆脂肪酸含量. 光谱学与光谱分析, 28(6): 1290-1295
孙其信. 2011. 作物育种学. 北京: 高等教育出版社
孙星邈, 李明姝, 颜秀娟, 等. 2008. 脂肪氧化酶缺失大豆研究进展. 农业与技术, 28(6): 43-44
孙耀邦. 1991. 特用玉米种植技术. 北京: 中国农业出版社
陶娜, 罗松明, 张崟, 等. 2007. 小麦品质指标及蛋白质测定方法比较. 粮食贮藏, 36(1): 36-39
万书波. 2007. 花生品质学. 2 版. 北京: 中国农业科学技术出版社

王连铮, 郭庆元. 2007. 现代中国大豆. 北京: 金盾出版社
王瑞新, 韩富根, 杨素琴, 等. 1990. 烟草化学品质分析法. 郑州: 河南科学技术出版社
王瑞新. 2003. 烟草化学. 北京: 中国农业出版社
王世杰, 欧行奇. 2009. 作物育种学总论. 北京: 中国农业科学技术出版社
王卫国, 刘来亭, 曹振华, 等. 2001. 饲料专用玉米品种的筛选. 中国粮油学报, 16(3): 56-59
王文玲, 陈洪化, 高炳德. 1998. 内蒙古西辽河平原灌区春玉米营养品质的初步研究. 内蒙古农业科技, (增刊): 16-18
王雪莲, 薛雅琳, 赵会义, 等. 2009. 近红外法测定大豆脂肪酸值方法的研究. 中国粮油学报, 24(8): 152-154
王彦亭, 谢剑平, 李志宏. 2010. 中国烟草种植区划. 北京: 科学出版社
王肇慈. 2000. 粮油食品品质分析. 北京: 中国轻工业出版社
王正银, 胡尚钦, 孙彭寿. 1999. 作物营养与品质. 北京: 中国农业出版社
魏益民. 2002. 谷物品质与食品品质——小麦籽粒品质与食品品质. 西安: 陕西人民出版社
吴兵, 王安虎. 2000. 马铃薯全粉膨化食品的加工技术. 西昌农业高等专科学校学报, 14(4): 16-18
吴文标, 盛德贤, 吕世安, 等. 2001. 马铃薯酚类化合物的研究. 中国马铃薯, (3): 158-162
谢俊贤. 2001. 特用型玉米研究进展. 甘肃农业科技, (8): 5-9
熊宗伟, 王雪姣, 顾生浩, 等. 2012. 中国棉花纤维品质检验和评价的研究进展. 棉花学报, 24(5): 451-460
徐兆飞, 张慧叶, 张定一. 2000. 小麦品质及其改良. 北京: 气象出版社
许飞, 王瑜, 曹珊珊. 2012. 简述马铃薯淀粉的制取. 黑龙江科技信息, (24): 66
闫彩霞, 马峙英, 张彩英, 等. 等电聚焦凝胶电泳检测 5 个大豆杂交组合中脂肪氧化酶的缺失突变. 安徽农业科学, 2008, 36(16): 6691-6694, 6697
闫克玉. 2003. 烟叶分级. 北京: 中国农业出版社
闫龙, 蒋春志, 于向鸿, 等. 2008. 大豆粗蛋白、粗脂肪含量近红外检测模型建立及可靠性分析. 大豆科学, 27(5): 833-837
杨春燕, 姚利波, 刘兵强, 等. 2009. 国内外大豆品质育种研究方法与最新进展. 华北农学报, 24(增刊): 75-78
杨光圣, 员海燕. 2009. 作物育种原理. 北京: 科学出版社
杨剑虹. 2008. 土壤农化分析与环境监测. 北京: 中国大地出版社
杨联松, 白一松, 许传万, 等. 2001. 水稻粒形与稻米品质间相关性研究进展. 安徽农业科学, 29(3): 312-316
杨铁钊. 2003. 烟草育种学. 北京: 中国农业出版社
杨文钰, 屠乃美. 2011. 作物栽培学各论(南方本). 2 版. 北京: 中国农业出版社
于天峰. 2005. 马铃薯淀粉的糊化特性、用途及品质改良. 中国马铃薯, 19(4): 223-225
袁天军, 王家俊, 者为, 等. 2013. 近红外光谱法的应用及相关标准综述. 中国农学通报, 29(20): 190-196
袁有禄, 魏晓文, 毛树春, 等. 2018. 棉花育种行业创新与进展. 植物遗传资源学报, 19(3): 455-463
云南省烟草科学研究所, 中国烟草育种研究(南方)中心. 2007. 云南烟草栽培学. 北京: 科学出版社
翟凤林. 1991. 作物品质育种. 北京: 农业出版社
张彩莹. 2009. 生物化学实验. 北京: 化学工业出版社
张国良, 翟中洋, 许轲. 2008. 农产品品质及检验. 北京: 化学工业出版社
张建华, 金黎平, 谢开云, 等. 2007. 高效液相色谱法测定马铃薯块茎的绿原酸含量. 食品科学, 28(5): 301-304
张建奎, 李德谋, 廖宇静, 等. 2003. 高等农业院校农学专业开设作物品质分析课程的探索与实践. 高等农业教育, (4): 61-64
张建奎. 2012. 作物品质分析. 重庆: 西南师范大学出版社
张凯, 李新华, 赵前程, 等. 2005. 不同品种玉米淀粉糊化特性比较. 沈阳农业大学学报, 36(1): 107-109
张丽, 董树亭, 刘存辉, 等. 2007. 不同类型玉米籽粒容重与产量和品质的相关分析. 中国农业科学, 40(2): 405-411
张若寒. 1997. 植酸酶活性的检测方法. 中国饲料, 5: 31-32
张艳, 阎俊, 肖永贵, 等. 2012. 中国鲜面条耐煮特性及评价指标. 作物学报, 38(11): 2078-2085
张颖君, 高慧敏, 蒋春志, 等. 2008. 大豆种子脂肪酸含量的快速测定. 大豆科学, 27(5): 859-862

张永成，田丰. 2007. 马铃薯试验研究方法. 北京：中国农业科学技术出版社
张勇，郝元峰，张艳，等. 2016. 小麦营养和健康品质研究进展. 中国农业科学, 49(22): 4284-4298
赵久然，王帅，李明，等. 2018. 玉米育种行业创新现状与发展趋势. 植物遗传资源学报, 19(3): 435-446
赵克明. 2000. 改善玉米品质推广优质玉米. 玉米科学, 8(1): 8-11
赵新亮. 2010. 高校农学专业作物品质分析课程设置与教学设计. 农业教育研究, (3): 37-39
赵煜，彭涛，张小燕，等. 2016. 马铃薯主食化面条新产品的研究. 食品工业科技, 7: 39
郑金贵. 2004. 农产品品质学. 厦门：厦门大学出版社
中国烟叶生产购销公司. 2004. 烤烟分级国家标准培训教材. 北京：中国标准出版社
周胜男，陆宁. 2009. 马铃薯中多酚类物质提取方法的研究. 食品工业科技, (9): 217-219
庄巧生. 2003. 中国小麦品种改良及系谱分析. 北京：中国农业出版社
Alfthan G, Laurinen M S, Valsta L M, et al. 2003. Folate intake, plasma folate and homocysteine status in a random finnish population. European Journal of Clinical Nutrition, 57(1): 8
Batey I L, Curtin B M. 2000. Effect on pasting viscosity of starch and flour from different operating conditions for the Rapid Visco Analyser. Cereal Chem, 77: 754-760
Bettge A D, Morris C F. 2000. Relationships among grain hardness, pentosan fractions, and end-use quality of wheat. Cereal Chem, 77: 241-247
Blazek J, Gilbert E P. 2011. Application of small-angle X-ray and neutron scattering techniques to the characterisation of starch structure: a review. Carbohydrate Polymers, 85(2): 281-293
Brown C R, Culley D, Yang C P, et al. 2005. Variation of anthocyanin and carotenoid contents and associated antioxidant values in potato breeding lines. Journal of the American Society for Horticultural Science, 130(2): 174-180
Cahoon E B. 2003. Genetic enhancement of soybean oil for industrial uses: prospects and challenges. AgBio Forum, 6: 11-13
Clemente T E, Cahoon E B. 2009. Soybean oil: genetic approaches for modification of functionality and total content. Plant Physiology, 151: 1030-1040
Finglas P M, De Meer K, Molloy A, et al. 2006. Research goals for folate and related B vitamin in Europe. European Journal of Clinical Nutrition, 60(2): 287-294
Goo Y M, Kim T W, Lee M K, et al. 2013. Accumulation of PrLeg, a *Perilla legumin* protein in potato tuber results in enhanced level of sulphur-containing amino acids. Comptes Rendus Biologies, 336(9): 433-439
Hatzis C M, Bertsias G K, Linardakis M, et al. 2006. Dietary and other lifestyle correlates of serum folate concentrations in a healthy adult population in Crete, Greece: a cross-sectional study. Nutrition Journal, 5(1): 5
He Z H, Liu A H, Peňa R J, et al. 2003. Suitability of Chinese wheat cultivars for production of northern style Chinese steamed bread. Euphytica, 131: 155-163
Jane J L, Ao Z, Duvick S A, et al. 2003. Structures of amylopectin and starch granules: how are they synthesized? Journal of Applied Glycoscience, 50(2): 167-172
Jane J L, Chen J F. 1992. Effect of amylose molecular size and amylopectin branch chain length on paste properties of starch. Cereal Chemistry, 69(1): 60-65
Jansen G, Flamme W. 2006. Coloured potatoes (*Solanum tuberosum* L.) anthocyanin content and tuber quality. Genetic Resources and Crop Evolution, 53(7): 1321-1331
Jiang H X, Campbell M, Blanco M, et al. 2010. Characterization of maize amylose-extender (*ae*) mutant starches: Part Ⅱ. Structures and properties of starch residues remaining after enzymatic hydrolysis at bioling-water temperature. Carbohydrate Polymers, 80(1): 1-12
Jiang H X, Jane J L, Acevedo D, et al. 2010. Variations in starch physicochemical properties from a generation-means analysis study using amylomaize Ⅴ and Ⅶ parents. Journal of Agricultural & Food Chemistry. 58(9): 5633-5639

Konik C M, Mikkelsen L M, Moss R, et al. 2010. Relationships between physical starch properties and yellow alkaline noodle quality. Starch, 46(8): 292-299

Lachman J, Hamouz K, Šulc M, et al. 2009. Cultivar differences of total anthocyanins and anthocyanidins in red and purple-fleshed potatoes and their relation to antioxidant activity. Food Chemistry, 114(3): 836-843

Lewis C E, Walker J R L, Lancaster J E, et al. 1998. Determination of anthocyanins, flavonoids and phenolic acids in potatoes. Ⅰ: coloured cultivars of *Solanum tuberosum* L. Journal of the Science of Food and Agriculture, 77(1): 45-57

Nielsen S S. 2002. 食品分析. 2 版. 杨严峻, 等译. 北京: 中国轻工业出版社

Raboy B, Young K A, Dorsch J A, et al. 2001. Genetic and breeding of seed phosphorus and phytic acid. J Plant Physiol, 158: 489-497

Rodriguez-Saona L E, Giusti M M, Wrolstad R E. 1998. Anthocyanin pigment composition of red-fleshed potatoes. Journal of Food Science, 63(3): 458-465

Scott J, Rébeillé F, Fletcher J. 2000. Folic acid and folates: the feasibility for nutritional enhancement in plant foods. Journal of the Science of Food and Agriculture, 80(7): 795-824

Song J, An G, Kim C. 2003. Color, texture, nutrient contents, and sensory values of vegetable soybeans [*Glycine max* (L.) Merrill] as affected by blanching. Food Chem, 83: 69-74

Spinneker A, Sola R, Lemmen V, et al. 2007. Vitamin B6 status, deficiency and its consequences: an overview. Nutrición Hospitalaria, 22(1): 7-24

Tambasco-Studart M, Titiz O, Raschle T, et al. 2005. Vitamin B6 biosynthesis in higher plants. Proceedings of the National Academy of Sciences of the United States of America, 102(38): 13687-13692

Tan J S L, Wang J J, Flood V, et al. 2008. Dietary antioxidants and the long-term incidence of age-related macular degeneration: the Blue Mountains Eye Study. Ophthalmology, 115(2): 334-341

Teraishi M, Takahashi M, Hajika M, et al. 2001. Suppression of soybean β-conglycinin genes by a dominant gene, *Scg-1*. Theoretical and Applied Genetics, 103: 1266-1272

Vahteristo L, Lehikoinen K, Ollilainen V, et al. 1997. Application of an HPLC assay for the determination of folate derivatives in some vegetables, fruits and berries consumed in Finland. Food Chemistry, 59(4): 589-597

Wilcox J R, Premachandra G S, Young K A, et al. 2000. Isolation of high seed inorganic P, low-phytate soybean mutant. Crop Science, 40: 1601-1605

Yamamoto H, Worthington S T, Hou G, et al. 1996. Rheological properties and baking qualities of selected soft wheats grown in the United States. Cereal Chem, 73: 215-221

Zhang B, Chen P Y, Florez-Palacios S L, et al. 2010. Seed quality attributes of food-grade soybeans from the U. S. and Asia. Euphytica, 173: 387-396

Zhang B, Chen P, Chen C Y, et al. 2008a. Quantitative trait loci mapping of seed hardness in soybean. Crop Sci, 48: 1341-1349

Zhang B, Tamura M, Berger-Doyle J, et al. 2008b. Comparison of instrumental methods for measuring hardness of food-grade soybean. J Texture Stud, 39: 28-39

附录Ⅰ 汉英名词术语

3,5-二硝基水杨酸 3,5-dinitrosalicylic acid, DNS

A

氨基酸 amino acid
氨基酸比值 ratio of amino acid, RAA
氨基酸比值系数 ratio coefficient of amino acid, RC
氨基酸比值系数分 score of ratio coefficient of amino acid, SRC
氨基酸评分 amino acid score, AAS

B

白度 whiteness
白肋烟 burley tobacco
半纤维素 hemi-cellulose
薄(烟草) thin
曝光时间指数 exposal time coefficient, ETC
爆裂玉米 popcorn
苯丙氨酸 phenylalanine
变性高效液相色谱技术 denaturing high-performance liquid chromatography, DHPLC
表面硬度 surface firmness
丙烯酰胺 acrylamide
病斑粒 spotted kernel
伯尔辛克值(小麦) Pelshenke velum
不溶性膳食纤维 insoluble dietary fiber
部位(烟草) leaf position, stalk position
不完善粒 unsound kernel
Bowman-Birk 类胰蛋白酶抑制剂 Browman-Birk trypsin inhibitor, BBTI

C

彩色马铃薯 colored potato, pigmented potato
残伤(烟草) waste
糙米 brown rice
糙米率 brown rice yield
长度 length
长度整齐度(棉花) fiber length uniformity
超低亚麻酸 ultra-low linolenate
潮红(烟草) sponged leaf
沉降值(小麦) sedimentation value
陈化品质 aging quality
成熟(烟草) ripe
成熟度 maturity
吃味(烟草) taste
虫蚀粒 injured kernel, insect-bored kernel
稠度(小麦) consistency
出粉率 flour yield
出丝率(烟草) ration of cut tobacco yield
除草剂 herbicide
除草剂残留 herbicide residues
穿冲(小麦) bite
吹泡示功图(小麦) alveogram
吹泡示功仪(小麦) alveograph
纯仁率(大豆、花生) pure kernel yield
纯质率 pure rate
醇溶蛋白 gliadin
次生代谢产物 secondary metabolic product
刺激性(烟草) irritancy
粗蛋白质含量 crude protein content
粗纤维 coarse fiber
粗脂肪含量 crude fat content
脆性(小麦) fracturability

D

大豆 soybean
大豆苷 daidzin
大豆低聚糖 soybean oligosaccharide
大豆胰蛋白酶抑制剂缺失体 trypsin inhibitor deletant
大豆异黄酮 soybean isoflavone
大豆皂苷 soybean saponin
大容量纤维测试仪 high volume inspection, HVI
带宽(小麦) width of curve
单不饱和脂肪酸 mono-unsaturated fat
单糖 monosaccharide
单位叶面积质量 weight per leaf area
单叶重 single leaf weight
蛋白质 protein
稻谷加工品质 rice processing quality
稻米品质 rice quality
等电点聚焦 isoelectric focusing, IEF

低筋小麦粉　low gluten wheat flour
低聚糖含量　oligosaccharides content
低亚麻酸　low linolenate
淀粉　starch
淀粉糊化特性　starch pasting
淀粉酶活性　amylase activity
淀粉破损率　damaged starch content
顶叶(烟草)　tip
冻伤粒　frost-damaged kernel
短绒率　short fiber content
断裂比强度(棉花)　cotton fiber strength
断裂长度(棉花)　fiber fragmentation length
断裂强度　breaking stress
断裂时间(小麦)　breakdown time
多不饱和脂肪酸　poly-unsaturated fat
多糖　polysaccharide

E

垩白(水稻)　chalkiness
垩白度(水稻)　chalkiness degree
垩白粒(水稻)　chalky grain
垩白粒率(水稻)　chalky rice percentage
垩白面积(水稻)　chalkiness area
二次加工品质　end-use quality

F

非变性聚丙烯酰胺凝胶电泳　native polyacrylamide gel electrophoresis, Native-PAGE
非还原糖　non-reducing sugar
分级(烟草)　grading
分组(烟草)　group
酚类化合物　phenolic compound
粉质图(小麦)　farinogram
粉质仪(小麦)　farinograph
峰值黏度　peak viscosity
峰高时间　peak time
峰值时间　peak time
峰值温度　peak temperature
麸星(小麦)　bran speck
氟磺胺草醚　fomesafen

G

干物质　dry matter
干物质损失率(小麦)　cooking loss
高蛋白大豆　high protein soybean
高筋小麦粉　high gluten wheat flour
高赖氨酸玉米　highlysine corn
高效毛细管电泳　high performance capillary electrophoresis, HPCE
高效液相色谱法　high performance liquid chromatography, HPLC
高油大豆　highoil soybean
高油玉米　highoil corn
工业品质　industrial quality
公差指数(小麦)　mixing tolerance index
公制支数(棉花)　metric count
谷蛋白　glutenin
固相 pH 梯度　immobilized pH gradient, IPG
寡糖　oligosaccharide
挂灰(烟草)　scalding
光滑叶(烟草)　slick
光泽(烟草)　brilliance
果胶类物质　pectic substances

H

含梗率(烟草)　stem ratio
含油量　oil content
烘焙品质　baking quality
红棕色(烟草)　red
厚(烟草)　heavy
糊化温度　gelatinization temperature
糊化性(水稻)　pasting properties
灰分　ash
灰分含量　ash content
灰色(烟草)　ash color
回复性(小麦)　resilience
回生值　setback
化学成分　chemical component
化学品质　chemical quality
还原糖　reducing sugar
环已六醇磷酸酯　myo-inositol hexakis phosphate
环氧嘧磺隆　oxasulfuron
黄豆黄素　glycitin
黄豆黄素苷元　glycitein
黄花烟　rustica tobacco
黄籽油菜　yellow-seed rapeseed
磺酰脲类除草剂　sulfonylurea herbicide
糊化仪　amylograph
花色苷　anthocyanin
花色素　anthocyanidin
花生　peanut
花生仁　peanut kernel

J

机械损伤 mechanical injury
肌醇六磷酸 inositol-hexaphosphoric acid
基数(棉花) base
加工品质 processing quality
甲硫氨酸 methionine
甲咪唑烟酸/甲基咪草烟 imazapic
甲氧咪草烟 imazamox
假熟(烟草) premature
坚实度 frimness
碱消值(水稻) alkali spreading value
降落数值仪 falling number, FN
胶稠度(水稻) gel consistency
焦油(烟草) tar
脚叶(烟草) fly
芥子酶 myrosinase
紧密(烟草) tight
近红外测定法 near-infrared spectroscopy method
劲头(烟草) taste strength
腈类 nitriles
精氨酸 arginine
精米 milled rice
精米率 milled rice yield
精米外观品质 rice appearance quality
净稻谷 clean paddy
净花生仁 peeled peanut kernel
橘黄色(烟草) orange
咀嚼度(小麦) chewiness
聚合酶链式反应 polymerase chain reaction, PCR
均匀度 uniformity

K

卡茄碱 chaconine
抗压力(小麦) resistance to compression
抗胰蛋白酶因子 antitrypsin
烤红(烟草) scorched leaf
烤烟 flue cured tobacco
可溶性膳食纤维 soluble dietary fiber
可溶性糖 soluble sugar
跨距长度(棉花) cotton span length
快速黏度分析仪 rapid viscograph analyzer, RVA
宽度 width
宽度直径(棉花) fiber diameter
矿物 mineral
Kunitz类胰蛋白酶抑制剂 Kunitz trypsin inhibitor, KTI

L

拉力(烟草) tensile force
拉伸 extension
拉伸图(小麦) extensogram
拉伸仪(小麦) extensograph
赖氨酸 lysine
类脂 lipid
粒宽 grain width
粒型 grain shape
粒长 grain length
亮氨酸 leucine
晾烟 air-cured tobacco
裂纹(水稻) fissure
硫代葡萄糖苷 glucosinolate
硫代葡萄糖苷含量 glucosinolate content
硫苷 glucosinolate
硫氰酸酯 thiocyanate
龙葵素 solanine
绿原酸 chlorogenic acid
氯嘧磺隆 chlorimuron-ethyl

M

马铃薯 potato
麦克隆值(棉花) micronaire value
酶联免疫法 enzyme-linked immunosorbent assay, ELISA
咪草酸甲酯 imazamethabenz-methyl
咪唑喹啉酸 imazaquin
咪唑啉酮类除草剂 imidazolinone herbicide
咪唑烟酸 imazapyr
咪唑乙烟酸 imazethapyr
棉花 cotton
棉花纤维品质 cotton fiber quality
棉花纤维长度 cotton fiber length
棉子糖 raffinose
面包评分 loaf score
面包体积 loaf volume
面粉色泽 flour color
面筋 gluten
面筋含量 gluten content
面筋指数 gluten index
面条 noodle
面条弹性 noodle springiness
面条黏性 noodle adhesiveness
面条韧性 noodle chewiness

面条硬度　noodle hardness
面团初始形成时间　arrival time
面团形成时间　development time
磨粉品质(小麦)　milling quality
木质素　lignin

N

耐揉性(小麦)　mixing tolerance
内在品质　interior quality
黏度回生值　setback value
黏度破损值　breakdown value
黏度仪　visco-graph
黏附性　adhesiveness
黏结性　cohesiveness
黏聚性　cohesiveness
黏弹性　viscoelasticity
碾磨品质(水稻)　milling quality
酿造品质　brewing quality
尿素酶　urease
尿素酶活性　urease activity
脲酶　urease
柠檬黄色(烟草)　lemon
扭曲(棉花)　fiber twist
农药残留　pesticide residue
浓香型(烟草)　burnt-sweetness type
糯玉米　waxy corn

P

膨胀性　swelling
偏最小二乘法　partial least squares
品级(棉花)　cotton modal grade
品质长度(棉花)　cotton quartile length
平衡含水量(烟草)　equilibrium moisture content
平均长度(棉花)　cotton mean length
评价值(小麦)　valorimeter value
评吸质量(烟草)　sensory quality
破碎粒　broken kernel
破损　injury

Q

起糊温度　pasting temperature
起始温度　onset temperature
气味　odour
气相色谱法　gas chromatography, GC
气相色谱-质谱联用法　gas chromatography-mass spectrometry, GC-MS
欠熟(烟草)　unripe
强筋小麦　strong gluten wheat
切断力(小麦)　cutting stress
茄啶　solanidine
茄碱　solanine
青痕(烟草)　green spotty
青黄(烟组)　green-yellow
青皮(马铃薯)　greening
清蛋白　albumin
清香型(烟草)　fresh-sweetness type
球蛋白　glycinin

R

燃烧安全性(烟草)　combustion safety
燃烧均匀性(烟草)　combustion uniformity
燃烧速度(烟草)　combustion speed
燃烧性　combustibility
染料木苷(大豆)　genistin
热焓值　enthalpy of gelatinization
热糊黏度指示仪　paste viscograph indicator
热损伤粒　heat-damaged kernel
热损伤粒率　rate of heat-damaged kernel
容重　test weight
溶解性　water solubility
柔软性　softness
揉面时间(小麦)　mixing time
揉面图(小麦)　mixogram
揉面仪(小麦)　mixograph
软化度(小麦)　degree of softening
弱筋小麦　weak gluten wheat

S

噻吩磺隆　thifensulfuron
三嗪类除草剂　triazine herbicide
色氨酸　tryptophane
色度(烟草)　color intensity
色泽　colour
色泽和气味　colour and odour
筛下物　passed sieve material
晒烟　sun-cured tobacco
膳食矿物质　mineral substance
膳食纤维　dietary fibre
商品品质　commodity quality
上部烟叶　upper leaf
上二棚叶(烟草)　top leaf
尚疏松(烟草)　firm

尚熟(烟草) mature
烧结性(烟草) sintering property
稍薄(烟草) less thin
稍厚(烟草) fleshy
稍密(烟草) close
身份(烟草) body
生霉粒 moulded kernel
生物价 bioavailability
生芽 sprouted kernel
生芽粒 sprouted kernel
湿面筋含量 wet gluten content
十二烷基硫酸钠-聚丙烯酰胺凝胶电泳 sodium dodecyl sulfate-polyacrylamide gel electrophoresis, SDS-PAGE
石豆(大豆) stone seed
食品加工品质 food processing quality
食味品质 eating quality
食用品质 food quality
食用品质感官评价 sensory evaluation of rice eating quality
市场品质 market quality
收回(小麦) withdrawal
手扯长度(棉花) cotton staple length
疏松(烟草) open
薯片 potato chips
薯条 French fries
双丙烯酰胺 bis-acrylamide
双低油菜/低芥酸低硫苷油菜 low erucic acid low glucosinolate rapeseed
水分 water ; water content
水苏糖 stachyose
饲用品质 forage quality
苏氨酸 threonine
损伤淀粉 damaged starch
损伤粒 damaged kernel
损伤粒率 rate of damaged kernel
索氏提取法 Soxhlet extraction method

T

肽 peptide
肽含量 peptide content
弹性(小麦) springness
弹性(烟草) elasticity
碳水化合物/糖类 carbohydrate
特克斯(棉花) tex
特种玉米 special corn
甜玉米 sweet corn
填充性(烟草) filling value
通心面 pasta
透明度 translucency

W

外观品质 appearance quality
完熟(烟草) mellow
完整粒 perfect kernel
完整粒率 perfect kernel rate
微带青组(烟草) greenish
微型黏度糊化仪 micro visco-amylograph
维生素 vitamin
卫生品质 hygienic quality
未熟粒 immature kernel, shrivelled kernel, shrivelled pod
稳定时间(小麦) stability time
无机杂质 inorganic impurity
物理品质 physical quality

X

吸湿性(烟草) hygroscopicity
吸水率 absorption
吸水性 water absorption
下部烟 lower leaf
下部烟叶 lower leaf
下二棚叶(烟草) lugs
下压(小麦) compression
纤维 fibre
纤维成熟度 fiber maturity
纤维强度 fibre strength
纤维强力 strand strength
纤维素 cellulose
纤维细度 fiber fineness
鲜重 fresh weight, FW
香料烟 oriental tobacco
香气 aroma
香气量(烟草) concentration of aroma
香气质(烟草) quality of aroma
香味 aroma
小麦 wheat
缬氨酸 valine
形态品质 morphologic quality

Y

亚麻酸 linolenic acid
亚油酸 linoleic acid

烟草　tobacco
烟草品质　tobacco quality
烟碱　nicotine
烟气浓度(烟草)　physiological strength
烟叶　tobacco leaf
烟叶长度　leaf length
烟叶宽度　leaf width
烟叶特有亚硝胺　tobacco specific *N*-nitrosamine, TSNA
延伸性　elongation
叶片结构　leaf structure
液相色谱-质谱联用法　liquid chromatograph-mass spectrometer, LC-MS
一次加工品质　primary processing quality
胰蛋白酶抑制剂　trypsin inhibitor
胰蛋白酶抑制剂活性　trypsin inhibitor activity
胰蛋白酶抑制剂活性缺失　trypsin inhibitor activity-deficient
异丙甲草胺　metolachlor
异黄酮含量　isoflavone content
异亮氨酸　isoleucine
异硫氰酸酯　isothiocyanate
阴糯米　translucent glutinous rice
阴糯米率　translucent glutinous rice grain percentage
阴燃性(烟草)　smoldering
洇筋(烟草)　swelled stem, wet rib
营养品质　nutrient quality, nutritional quality
硬度　hardness
硬实种子(大豆)　hard seed
硬脂酸　stearic acid
优质棉　highquality cotton
优质小麦　high quality wheat
油菜　oilseed rape, rape
油菜籽　rapeseed
油分　oil
油酸　oleic acid
有机杂质　organic impurity
余味(烟草)　after taste
玉米　corn, maize

Z

杂气(烟草)　offensive odor
杂色(烟草)　variegated
杂质　impurity
载体两性电解质 pH 梯度　carrier ampholyte pH gradient, CPG
皂苷　saponin
皂苷含量　saponin content
涨大粒(大豆、花生)　sprouted kernel
蔗糖　saccharose
蒸煮品质　cooking quality
蒸煮食用品质　cooking and eating quality
整半粒花生仁　whole half peanut kernel
整半粒限度(大豆、花生)　total whole half peanut kernel content
整精米　head rice
整精米率　head rice yield
整齐度　uniformity
整齐度(棉花)　cotton fibber uniformity
整齐度指数(棉花)　uniformity index
支链淀粉　amylopectin
脂肪　fat
脂肪含量　fat content
脂肪酸　fatty acid
脂肪氧化酶　lipoxygenase, Lox
脂肪氧化酶活性缺失　lipoxygenase activity-deficient
脂类　lipids
直链淀粉　amylose
直链淀粉含量　amylose content
植酸　phytic acid
植酸磷含量　phytate phosphorus content
制粉试验　milling test
质地剖面分析　texture profile analysis, TPA
中部烟叶　cutters
中等　medium
中间香型(烟草)　pure-sweetness type
终止温度　conclusion temperature, Tc
种子品质　seed quality
主体长度(棉花)　cotton modal length
煮面质量(小麦)　cooked weight
煮制损失率(小麦)　cooking loss
贮藏保鲜品质　storage and preservation quality
转基因大豆　genetically modified soybean
转曲(棉花)　fiber twist
籽粒含水量　grain moisture
籽粒膨胀率　seed swell ratio
籽粒硬度　seed hardness; seed texture
棕榈酸　palmitic acid
总膳食纤维　total dietary fiber
总膳食纤维含量　total dietary fiber content
总糖　total sugar
总糖苷生物碱　total glycoalkaloid, TGA
总有机物测定值　total organic matter test, TOM

最低黏度　minimum viscosity
最高黏度　maximum viscosity
最终黏度　final viscosity
作物品质　crop quality
作物品质分析　crop quality analysis
作物品质性状　crop quality trait

附录Ⅱ 英汉名词术语

3,5-dinitrosalicylic acid, DNS　3,5-二硝基水杨酸

A

absorption　吸水率
acrylamide　丙烯酰胺
adhesiveness　黏附性
after taste　余味(烟草)
aging quality　陈化品质
air-cured tobacco　晾烟
albumin　清蛋白
alkali spreading value　碱消值(水稻)
alveogram　吹泡示功图(小麦)
alveograph　吹泡示功仪(小麦)
amino acid　氨基酸
amino acid score, AAS　氨基酸评分
amylase activity　淀粉酶活性
amylograph　糊化仪
amylopectin　支链淀粉
amylose　直链淀粉
amylose content　直链淀粉含量
anthocyanidin　花色素
anthocyanin　花色苷
antitrypsin　抗胰蛋白酶因子
apotted kernel　病斑粒
appearance quality　外观品质
arginine　精氨酸
aroma　香气，香味
arrival time　面团初始形成时间
ash　灰分
ash color　灰色(烟草)
ash content　灰分含量

B

baking quality　烘焙品质
base　基数(棉花)
bioavailability　生物价
bis-acrylamide　双丙烯酰胺
bite　穿冲(小麦)
body　身份(烟草)
bran speck　麸星(小麦)
breakdown time　断裂时间(小麦)
breakdown value　黏度破损值
breaking stress　断裂强度
brewing quality　酿造品质
brilliance　烟叶光泽
broken kernel　破碎粒
Browman-Birk trypsin inhibitor, BBTI　Bowman-Birk 类胰蛋白酶抑制剂
brown rice　糙米
brown rice yield　糙米率
burley tobacco　白肋烟
burnt-sweetness type　浓香型(烟草)

C

carbohydrate　碳水化合物，糖类
carrier ampholyte pH gradient, CPG　载体两性电解质 pH 梯度
cellulose　纤维素
chaconine　卡茄碱
chalkiness　垩白(水稻)
chalkiness area　垩白面积(水稻)
chalkiness degree　垩白度(水稻)
chalky grain　垩白粒(水稻)
chalky rice percentage　垩白粒率(水稻)
chemical component　化学成分
chemical quality　化学品质
chewiness　咀嚼度(小麦)
chlorimuron-ethyl　氯嘧磺隆
chlorogenic acid　绿原酸
clean paddy　净稻谷
close　稍密(烟草)
coarse fiber　粗纤维
cohesiveness　黏聚性
cohesiveness　黏结性
color intensity　色度(烟草)
colored potato　彩色马铃薯
colour　色泽
colour and odour　色泽和气味
combustibility　烟叶燃烧性

combustion safety 燃烧安全性(烟草)
combustion speed 燃烧速度(烟草)
combustion uniformity 燃烧均匀性(烟草)
commodity quality 商品品质
compression 下压(小麦)
concentration of aroma 香气量(烟草)
conclusion temperature, Tc 终止温度
consistency 稠度(小麦)
cooked weight 煮面重量(小麦)
cooking and eating quality 蒸煮食用品质
cooking loss 干物质损失率(小麦),煮制损失率(小麦)
cooking quality 蒸煮品质
corn 玉米
cotton 棉花
cotton fibber uniformity 整齐度(棉花)
cotton fiber strength 断裂比强度(棉花)
cotton fiber length 棉花纤维长度
cotton fiber quality 棉花纤维品质
cotton mean length 平均长度(棉花)
cotton modal grade 品级(棉花)
cotton modal length 主体长度(棉花)
cotton quartile length 品质长度(棉花)
cotton span length 跨距长度(棉花)
cotton staple length 手扯长度(棉花)
crop quality 作物品质
crop quality analysis 作物品质分析
crop quality trait 作物品质性状
crude fat content 粗脂肪含量
crude protein content 粗蛋白质含量
cutters 中部烟,中部烟叶
cutting stress 切断力(小麦)

D

daidzin 大豆苷
damaged kernel 损伤粒
damaged starch 损伤淀粉
damaged starch content 淀粉破损率
degree of softening 软化度(小麦)
denaturing high-performance liquid chromatography, DHPLC 变性高效液相色谱技术
development time 面团形成时间(小麦)
dietary fibre 膳食纤维
dry matter 干物质

E

eating quality 食味品质
elasticity 弹性(烟草)
elongation 延伸性
end-use quality 二次加工品质
enthalpy of gelatinization 热焓值
enzyme-linked immunosorbent assay, ELISA 酶联免疫法
equilibrium moisture content 平衡含水量(烟草)
exposal time coefficient, ETC 曝光时间指数
extension 拉伸
extensogram 拉伸图(小麦)
extensograph 拉伸仪(小麦)

F

falling number, FN 降落数值仪
farinogram 粉质图(小麦)
farinograph 粉质仪(小麦)
fat 脂肪
fat content 脂肪含量
fatty acid 脂肪酸
fibre 纤维
fiber diameter 宽度直径(棉花)
fiber fineness 纤维细度
fiber fragmentation length 断裂长度(棉花)
fiber length uniformity 长度整齐度(棉花)
fiber maturity 纤维成熟度
fibre strength 纤维强度
fiber twist 扭曲,转曲(棉花)
filling value 填充性(烟草)
final viscosity 最终黏度,最终(冷糊)黏度值
firm 尚疏松(烟草)
fissure 裂纹(水稻)
fleshy 稍厚(烟草)
flour color 面粉色泽
flour yield 出粉率
flue cured tobacco 烤烟
fly 脚叶(烟草)
fomesafen 氟磺胺草醚
food processing quality 食品加工品质
food quality 食用品质
forage quality 饲用品质
fracturability 脆性(小麦)
French fries 薯条
fresh weight, FW 鲜重
fresh-sweetness type 清香型(烟草)
frimness 坚实度

frost-damaged kernel　冻伤粒

G

gas chromatography, GC　气相色谱法
gas chromatography-mass spectrometry, GC-MS　气相色谱-质谱联用法
gel consistency　胶稠度(水稻)
gelatinization temperature　糊化温度
genetically modified soybean　转基因大豆
genistin　染料木苷(大豆)
gliadin　醇溶蛋白
glucosinolate　硫代葡萄糖苷，硫苷
glucosinolate content　硫代葡萄糖苷含量
gluten　面筋
gluten content　面筋含量
gluten index　面筋指数
glutenin　谷蛋白
glycinin　球蛋白
glycitein　黄豆黄素苷元
glycitin　黄豆黄素
grading　分级(烟草)
grain length　粒长
grain moisture　籽粒含水量
grain shape　粒型
grain width　粒宽
green spotty　青痕(烟草)
greening　青皮(马铃薯)
greenish　微带青组(烟草)
green-yellow　青黄烟组(烟草)
group　分组(烟草)

H

hard seed　硬实种子(大豆)
hardness　硬度
head rice　整精米
head rice yield　整精米率
heat-damaged kernel　热损伤粒
heavy　厚(烟草)
hemi-cellulose　半纤维素
herbicide　除草剂
herbicide residues　除草剂残留
high gluten wheat flour　高筋小麦粉
high oil soybean　高油大豆
high performance capillary electrophoresis, HPCE　高效毛细管电泳
high performance liquid chromatography, HPLC　高效液相色谱法
high protein soybean　高蛋白大豆
high quality wheat　优质小麦
high volume inspection, HVI　棉花纤维大容量测试仪
highlysine corn　高赖氨酸玉米
highoil corn　高油玉米
high-quality cotton　优质棉
holding strength　最低黏度
hygienic quality　卫生品质
hygroscopicity　吸湿性(烟草)

I

imazamethabenz-methyl　咪草酸甲酯
imazamox　甲氧咪草烟
imazapic　甲基咪草烟；甲咪唑烟酸
imazapyr　咪唑烟酸
imazaquin　咪唑喹啉酸
imazethapyr　咪唑乙烟酸
imidazolinone herbicide　咪唑啉酮类除草剂
immature kernel　未熟粒
immobilized pH gradient, IPG　固相 pH 梯度
impurity　杂质
industrial quality　工业品质
injured kernel　虫蚀粒
injury　破损
inorganic impurity　无机杂质
inositol-hexaphosphoric acid　肌醇六磷酸
insect-bored kernel　虫蚀粒
insoluble dietary fiber　不溶性膳食纤维
interior quality　内在品质
irritancy　刺激性(烟草)
isoelectric focusing, IEF　等电点聚焦
isoflavone content　异黄酮含量
isoleucine　异亮氨酸
isothiocyanate　异硫氰酸酯

K

Kunitz trypsin inhibitor, KTI　Kunitz 类胰蛋白酶抑制剂

L

leaf　上二棚叶(烟草)
leaf length　烟叶长度
leaf position　烟叶部位
leaf structure　叶片结构

leaf width 烟叶宽度
lemon 柠檬黄色(烟草)
length 长度
less thin 稍薄(烟草)
leucine 亮氨酸
lignin 木质素
linoleic acid 亚油酸
linolenic acid 亚麻酸
lipid 类脂
lipids 脂类
lipoxygenase activity-deficient 脂肪氧化酶活性缺失
lipoxygenase, Lox 脂肪氧化酶，脂氧酶
liquid chromatograph-mass spectrometer, LC-MS 液相色谱-谱联用法
loaf score 面包评分
loaf volume 面包体积
low erucic acid low glucosinolate rapeseed 低芥酸低硫苷油菜；双低油菜
low gluten wheat flour 低筋小麦粉
low linolenate 低亚麻酸
lower leaf 下部烟，下部烟叶
lugs 下二棚叶(烟草)
lysine 赖氨酸

M

maize 玉米
market quality 市场品质
mature 尚熟(烟草)
maturity 成熟度
maximum viscosity 最高黏度
mechanical injury 机械损伤
medium 中等
mellow 完熟(烟草)
methionine 甲硫氨酸
metolachlor 异丙甲草胺
metric count 公制支数(棉花)
micro visco-amylograph 微型黏度糊化仪
micronaire value 麦克隆值(棉花)
milled rice 精米
milled rice yield 精米率
milling quality 磨粉品质(小麦)，碾磨品质(水稻)
milling test 制粉试验
mineral substance 膳食矿物质
minerals 矿物质
minimum viscosity 最低黏度
mixing time 和面时间(小麦)
mixing tolerance 耐揉性(小麦)
mixing tolerance index 公差指数(小麦)
mixogram 揉面图(小麦)
mixograph 揉面仪(小麦)
monosaccharide 单糖
mono-unsaturated fat 单不饱和脂肪酸
morphologic quality 形态品质
moulded kernel 生霉粒
myo-inositol hexakisphosphate 环己六醇磷酸酯
myrosinase 芥子酶

N

native polyacrylamide gel electrophoresis, Native-PAGE 非变性聚丙烯酰胺凝胶电泳
near-infrared spectroscopy method 近红外测定法
nicotine 烟碱
nitriles 腈类
non-reducing sugar 非还原糖
noodle 面条
noodle adhesiveness 面条黏性
noodle chewiness 面条韧性
noodle hardness 面条硬度
noodle springiness 面条弹性
nutrient quality 营养品质
nutritional quality 营养品质

O

odour 气味
offensive odor 杂气(烟草)
oil 油，油分(烟草)
oil content 含油量
oilseed rape 油菜
oleic acid 油酸
oligosaccharide 寡糖
oligosaccharides content 低聚糖含量
onset temperature, To 起始温度
open 疏松(烟草)
orange 橘黄色(烟草)
organic impurity 有机杂质
oriental tobacco 香料烟
oxasulfuron 环氧嘧磺隆
oxazo-lidinethione 噁唑烷硫酮

P

palmitic acid 棕榈酸
partial least squares 最小二乘法

passed sieve material　筛下物
pasta　通心面
paste viscograph indicator　热糊黏度指示仪
pasting properties　糊化性(水稻)
pasting temperature　起糊温度
peak temperature, Tp　峰值温度
peak time　峰高时间，峰值时间
peak viscosity　峰值黏度
peanut　花生
peanut kernel　花生仁
pectic substance　果胶类物质
peeled peanut kernel　净花生仁
pelshenke velum　伯尔辛克值(小麦)
peptide　肽
peptide content　肽含量
perfect kernel　完整粒
perfect kernel rate　完整粒率
pesticide residue　农药残留
phenolic compound　酚类化合物
phenylalanine　苯丙氨酸
physical quality　物理品质
physiological strength　烟气浓度(烟草)
phytate phosphorus content　植酸磷含量
phytic acid　植酸
pigmented potato　彩色马铃薯
polymerase chain reaction, PCR　聚合酶链反应
polysaccharide　多糖
poly-unsaturated fat　多不饱和脂肪酸
popcorn　爆裂玉米
potato　马铃薯
potato chips　薯片
premature　假熟(烟草)
primary processing quality　一次加工品质
processing quality　加工品质
protein　蛋白质
pure kernel yield　纯仁率(大豆、花生)
pure rate　纯质率
pure-sweetness type　中间香型(烟草)

Q

quality of aroma　香气质(烟草)

R

raffinose　棉子糖
rape　油菜
rapeseed　油菜籽
rapid viscograph analyzer, RVA　快速黏度分析仪
rate of damaged kernel　损伤粒率
rate of heat-damaged kernel　热损伤粒率
ratio coefficient of amino acid, RC　氨基酸比值系数
ratio of amino acid, RAA　氨基酸比值
ration of cut tobacco yield　出丝率(烟草)
red　红棕色(烟草)
reducing sugar　还原糖
resilience　回复性(小麦)
resistance to compression　抗压力(小麦)
rice appearance quality　精米外观品质
rice processing quality　稻谷加工品质
rice quality　稻米品质
ripe　成熟(烟草)
rustica tobacco　黄花烟

S

saccharose　蔗糖
saponin　皂苷
saponin content　皂苷含量
scalding　挂灰(烟草)
scorched leaf　烤红(烟草)
score of ratio coefficient of amino acid, SRC　氨基酸比值系数分
secondary metabolic products　次生代谢产物
sedimentation value　沉降值(小麦)
seed hardness　籽粒硬度
seed quality　种子品质，种子播种品质
seed swell ratio　籽粒膨胀率
seed texture　籽粒硬度
sensory evaluation of rice eating quality　食用品质感官评价
sensory quality　评吸质量(烟草)
setback　回生值
setback value　黏度回生值
short fiber content　短绒率
shrivelled kernel　未熟粒
shrivelled pods　未熟粒
single leaf weight　单叶重
sintering property　烧结性(烟草)
slick　光滑叶(烟草)
smoldering　阴燃性(烟草)
sodium dodecyl sulfate-polyacrylamide gel electrophoresis, SDS-PAGE　十二烷基硫酸钠-聚丙烯酰胺凝胶电泳

softness 柔软性
solanidine 茄啶
solanine 龙葵素，茄碱
soluble dietary fiber 可溶性膳食纤维
soluble sugar 可溶性糖
Soxhlet extraction method 索氏提取法
soybean 大豆
soybean isoflavone 大豆异黄酮
soybean oligosaccharide 大豆低聚糖
soybean saponin 大豆皂苷
special corn 特种玉米
sponged leaf 潮红(烟草)
spotted kernel 病斑粒
springiness 弹性(小麦)
sprouted kernel 生芽，生芽粒，涨大粒(大豆、花生)
stability time 稳定时间(小麦)
stachyose 水苏糖
stalk position 烟叶部位
starch 淀粉
starch pasting properties 淀粉糊化特性
stearic acid 硬脂酸
stem ratio 含梗率(烟草)
stone seed 石豆(大豆)
storage and preservation quality 贮藏保鲜品质
strand strength 纤维强力
strong gluten wheat 强筋小麦
sulfonylurea herbicide 磺酰脲类除草剂
sun-cured tobacco 晒烟
surface firmness 表面硬度
sweet corn 甜玉米
swelled stem 泅筋(烟草)
swelling 膨胀性

T

tar 焦油(烟草)
taste 吃味(烟草)
taste strength 劲头(烟草)
tensile force 拉力(烟叶)
test weight 容重
tex 特克斯(棉花)
texture profile analysis, TPA 质地剖面分析
thifensulfuron 噻吩磺隆
thin 薄(烟草)
thiocyanates 硫氰酸酯
threonine 苏氨酸
tight 紧密(烟草)
tips 顶叶(烟草)
tobacco 烟草
tobacco leaf 烟叶
tobacco quality 烟草品质
tobacco specific N-nitrosamine, TSNA 烟叶特有亚硝胺
total dietary fiber 总膳食纤维
total dietary fiber content 总膳食纤维含量
total glycoalkaloid, TGA 总糖苷生物碱
total organic matter test, TOM 总有机物测定值
total sugar 总糖
total whole half peanut kernel content 整半粒限度(大豆、花生)
translucency 透明度
translucent glutinous rice 阴糯米
translucent glutinous rice grain percentage 阴糯米率
triazine herbicide 三嗪类除草剂
trypsin inhibitor 胰蛋白酶抑制剂
trypsin inhibitor activity 胰蛋白酶抑制剂活性
trypsin inhibitor activity-deficient 胰蛋白酶抑制剂活性缺失
trypsin inhibitor deletant 大豆胰蛋白酶抑制剂缺失体
tryptophane 色氨酸

U

ultra-low linolenate 超低亚麻酸
uniformity 均匀度，整齐度(棉花)
uniformity index 整齐度指数(棉花)
unripe 欠熟(烟草)
unsound kernel 不完善粒
upper leaf 上部烟叶
urease 尿素酶，脲酶
urease activity 尿素酶活性

V

valine 缬氨酸
valorimeter value 评价值(小麦)
variegated 杂色，杂色组(烟草)
viscoelasticity 黏弹性
visco-graph 黏度仪
vitamin 维生素

W

waste 残伤(烟草)
water absorption 吸水性
water content 水分

water solubility　溶解性
weak gluten wheat　弱筋小麦
weight per leaf area　单位叶面积质量
wet gluten content　湿面筋含量
wet rib　泅筋（烟草）
wheat　小麦
whiteness　白度
whole half peanut kernel　整半粒花生仁
width　宽度
width of curve　带宽（小麦）
withdrawal　收回（小麦）

X

X-ray fluorescence spectroscopy　X射线荧光光谱

Y

yellow-seed rapeseed　黄籽油菜